中国地质大学(武汉)地学类系列精品教材
国家地质学理科基地专项基金资助

地学遥感概论

DIXUE YAOGAN GAILUN

主　编　薛重生
副主编　张　志　董玉森　陈　于

中国地质大学出版社有限责任公司
ZHONGGUO DIZHI DAXUE CHUBANSHE YOUXIAN ZEREN GONGSI

内 容 提 要

本书是中国地质大学(武汉)地学类系列精品教材编著规划的研究成果,是地理类专业公共核心课教材,也是地质类专业基础课程教材。

教材在多年教学实践中,注重反映地学遥感理论及应用技术的最新成果,在遥感技术系统、遥感物理、图像处理、摄影测量的基础上,以较大的篇幅系统介绍了地学图像解译原理、地理遥感、地质遥感、遥感找矿、矿山环境遥感、工程地质遥感及地质旅游资源遥感。

本教材在教学方法上强调理论与实践的结合,并特别注重遥感实践能力的培养,全书引用了各类遥感图像近200幅,并做了适当解译说明。

本书适合地学类及相关专业的遥感概论课程教学,也适合遥感专业技术人员阅读参考。

图书在版编目(CIP)数据

地学遥感概论/薛重生主编,张志、董玉森、陈于副主编. —武汉:中国地质大学出版社有限责任公司,2011.7(2020.7重印)
ISBN 978-7-5625-2596-7

Ⅰ.①地…
Ⅱ.①薛…②张…③董…④陈…
Ⅲ.①遥感技术-应用-大地测量学
Ⅳ.①P22

中国版本图书馆CIP数据核字(2011)第129453号

地学遥感概论

薛重生 主 编
张 志 董玉森 陈 于 副主编

责任编辑:段连秀 技术编辑:阮一飞 责任校对:戴 莹

出版发行:中国地质大学出版社有限责任公司(武汉市洪山区鲁磨路388号) 邮政编码:430074
电 话:(027)67883511 传真:67883580 E-mail:cbb @ cug.edu.cn
经 销:全国新华书店 http://www.cugp.cug.edu.cn

开本:787毫米×1092毫米 1/16 字数:710千字 印张:27.5
版次:2011年7月第1版 印次:2020年7月第2次印刷
印刷:荆州鸿盛印务有限公司 印数:5 001—7 000册

ISBN 978-7-5625-2596-7 定价:49.80元

如有印装质量问题请与印刷厂联系调换

中国地质大学(武汉)地学类系列精品教材

策划、编辑委员会

前　言

《地学遥感概论》第一版校内教材于1998年开始用于“地理科学”及“资源环境与城乡规划管理”本科专业教学，由薛重生、张志编写，王京名做编务协助工作。2005年列入中国地质大学出版社规划教材计划。

《地学遥感概论》教材的核心内容是系统介绍地学遥感过程中的应用理论、应用技术及其所需的图像识别和地学解译的知识系统。地学遥感过程可以分为从电磁辐射信号到图像数据、从原始图像数据到图像增强处理后的数据、从图像数据到地学专题信息、从地学信息到地学信息工程四个层次。本教材的重点是第三层次的理论、知识及其应用技术，兼顾第四层次的地学遥感信息工程的实践能力和行业遥感规范和技术标准。

本次编写过程中，结合教学实践对教材编写提纲进行了系统的调整和修改，删减了航空相片特性、卫星遥感图像特性等一般性内容，增加了航空摄影测量制图及部门遥感信息工程应用等章节的内容，将原教材的矿产资源遥感、工程地质遥感内容单列成章（第九章、第十章），将原教材的“旅游资源遥感”改为“地质旅游资源遥感”（第十一章），并以地质地貌景观遥感与旅游资源评价为重点。结合地球科学领域对遥感及空间信息技术的教学需求，本教材以地理遥感、地质遥感为重点，从地学遥感图像认知理论到地学遥感图像解译的基础理论系统、基本知识系统及实践环节作了较大的结构性改进和知识集成。

原稿编写人员：

薛重生：绪论、第一章、第三章、第六章至第十一章；张志：第一章（部分）、第二章、第三章（部分）、第七章（部分）；董玉森：第四章；陈于：第五章；全书由薛重生统编修改定稿。

中国地质大学出版社段连秀副编审对全书进行了系统编辑，提出了重要的修改意见，在出版中对本教材作了大量细致的编辑加工和文字工作，为教材顺利出版作出了贡献；教材图件由彭凤娟进行整理清绘，对此特表衷心感谢！

特别感谢曲梅兰编审对全书所做的审查和系统校对工作，对她提出的问题已做了全面的响应和修改。

中国地质大学（武汉）教务处、教材科对本教材的出版提供了经费支持和工作指导，特表衷心的谢意！

中国地质大学（武汉）地球科学学院为本教材的出版提供了经费支持和编写人员的组织安排，特此表示感谢！

编　者
2010 年 12 月于武汉

目　录

绪　论

遥感(Remote Sensing)技术是20世纪60年代迅速发展起来的一门综合性空间探测技术。它是建立在地球科学技术、空间科学技术、现代物理学(如光学技术、红外技术、微波技术、雷达技术、激光技术、全息技术等)、计算机技术科学和现代信息科学技术基础上的一种高新技术,已成为现代空间高新技术的重要组成部分和空间信息科学的基础,是现代社会从工业化时代发展到信息化社会的重要支撑技术,也将成为实现全球信息社会(Global Information Society,GIS)的重要的空间信息源。

遥感是当代对地观测的最重要的技术手段之一。现代遥感技术扩大了人们对地观测的视野与观察的领域,标志着人类对地球的研究手段与监测技术进入了一个新的发展阶段。它使我们能够从宇宙高度、从不同尺度去观测我们赖以生存的地球及地外的其他星球。空间遥感信息的处理和应用改变了我们对世界及其环境的理解,也首次使我们能到邻近的行星周围去进行观察,从而对地球的星外环境从本质上有了新的认识。

地学遥感概论课程是学习空间信息科学的入门课程,它是全面介绍摄影测量、遥感和地理信息系统的普及型课程。从空间信息科学角度看,地学遥感概论又是将地球信息科学研究领域的空间信息处理、地学空间数据采集、地学制图与地理信息系统相结合的一门综合性课程。

1.现代空间遥感技术的发展现状

现代空间遥感技术的最新发展标志主要体现在以下三个领域。

(1)空间运载工具。即空间飞行器,它是携载遥感传感器的遥感平台。遥感平台经历了从探空气球到飞机再到卫星飞行器的三个发展阶段。从20世纪40年代的以航空飞行器为运载工具的航空摄影测量发展到以人造地球卫星、航天飞机等航天(轨道)飞行器为运载工具的航天遥感平台,现已构成了当今高、中、低轨道结合,大卫星与小卫星协同,粗、精、细分辨率图像互补的多平台、多数据源的空间遥感平台及天地一体化的对地观测系统。天地一体化的核心技术是以形成国家快速空间信息流为基础,借以满足国家对建设信息高速公路的地学空间信息和其他关联信息的需求,其技术目标是:①构建由航空-航天-地面台站多级遥感平台组成的互联网络系统;②构建图像图形海量数据宽带传送数据流;③构建地球圈层多层次遥感-遥测-动态监测的对地观测系统。对地观测和空间科学探索研究是空间信息探测的科学目标和重要技术之一。对地观测包括地球表层的资源-环境动态监测、地球的磁场、重力场、地热场、地震场的动态监测以及对大气层的外层空间辐射、磁暴及臭氧层的动态监测等内容。

(2)遥感传感器(Sensor)。即基于现代光电技术的数字成像系统。遥感传感器的光谱探测范围从20世纪60年代的可见光航空摄影测量扩展到红外谱段、紫外谱段、微波谱段等非可见光谱范围;空间遥感器已经从摄影方式的光学照相机发展到基于扫描方式的全数字成像多光谱传感器;多光谱遥感的光谱分辨率从宽波段发展到基于细分光谱的成像光谱仪,出现了高光谱、超光谱高分辨率的遥感图像;从基于二维的成像传感器发展到基于三维成像的激光遥感成像传感器(Lidar);扫描传感器从基于二维的线扫描成像方式发展为基于面阵推扫方式的CCD数字成像技术,从而极大地提高了图像的几何分辨率。目前卫星遥感图像的空间分辨率已从公里级发展到了米级及亚米级,商用卫星遥感图像的地面分辨率已经达到了0.46m。航空航天遥感传感器的数据获取技术趋向于“三多”特征(多平台、多传感器、多角度)和“三高”品质(高空间分辨率、高光谱分辨率和高时相分辨率)的发展方向。

(3)“3S”技术与空间信息的综合集成。现代空间信息技术的另一个特征是遥感(RS)、全球定位系统(GPS)和地理信息系统(GIS)(称为“3S”技术)的系统集成和空间数据的一体化综合处理及数据集成技术。它为地球科学提供了全新的研究手段,从而推进地球科学在理论研究和方法技术研究领域上的重大变化,标志着在地学信息获取和分析处理方法的一场革命。

遥感技术为地球系统科学研究提供了对地观测的全新资料和先进的技术手段。遥感技术提供了全球或大区域精确定位的高精度宏观影像,它为数字地球和地球表层系统的岩石圈、水圈、气圈和生物圈研究提供了多尺度、多时相、多频谱、多观测视角、多光谱信息的空间数据源,提高了人类的对地观测能力。

全球定位系统是为空间信息探测和对地观测系统提供准确定位信息的技术系统,GPS的位置测量技术可以全天候地提供各类观测和空间探测点的地理位置坐标(X,Y)及其高程数据。GPS技术已经广泛地应用于大地测量、工程测量、导航定位、动态监测和基于社会民众应用的生活领域。

基于RS、GPS和GIS的集成技术和数字地球的定量分析技术,促进了人类对地球从以定性描述为主到以定量分析为主的研究方法的过渡,实现了从空间维度和时间维度综合角度定量地研究地球资源环境演变格局,为全球社会的可持续发展研究提供了科学依据和数据基础。

2. 遥感信息科学与地球空间信息科学的学科理论

遥感技术是对地观测技术的重要组成部分,对地观测技术是基于空间遥感技术、现代高精度数字摄影测量技术和地理信息科学及空间定位系统(GPS)等数字信息技术所构成的现代地球空间信息科学(Geoinfomatics)。地球空间信息科学的产生与发展是当代地球科学发展的必然产物,随着人类社会信息化进程的快速发展,对地球科学的研究就需要引入空间信息技术来研究全球的资源、环境及其全球变化问题。空间信息科学是研究地球表层资源、环境及其全球变化的数据获取与动态监测的基础;遥感信息技术将为全球性的整体研究提供最新、最快、最精细的科学数据。遥感图像数据为数字地球和地球信息科学提供了最佳的空间信息源。

图像信息理论是基于摄影测量、遥感和地理信息系统相结合的一门空间信息科学分支。王之卓院士首先提出图像信息学(Iconic Informatics)概念,将图像信息学定义为记录、存储、传输、测量、处理、解译、分析和显示由非接触式传感器影像获得的目标图像及其环境的信息科学、技术和经济实体。有的学者提出地球信息科学(Geo - Informatics)概念,认为其所研究的内容比图像信息学更宽广。李德仁院士提出基于航测、制图和地理信息系统相结合的“空间信息科学”(Geomatics)概念,指出地球科学研究的最终目标是运用空间信息技术为监测全球变化和区域可持续发展服务。随着世界信息社会的快速发展,地球信息科学的研究更需要以遥感信息科学作为基础信息源为现代社会发展提供更加快速和准确的资源环境信息和全球变化的动态信息。地球空间信息科学作为地球科学的一个重要分支学科将为地球环境、全球变化监测及区域可持续发展提供理论指导与技术支持,而监测全球变化与区域可持续发展的应用研究也将极大地推动地球空间信息科学的学科发展。

地球空间信息科学的支撑技术是全球定位系统(GPS)、地理信息系统(GIS)、遥感(RS)技术,并以计算机和通讯技术为主要协调技术,将对地观测的数据采集、量测、分析、存储、管理、显示、传播和应用集成到一起,形成一门综合和集成的地球信息科学与技术。目前,地球空间信息科学是地球科学的一个前沿研究领域,也是地球系统科学的一个重要组成部分,其理论系统与方法系统尚处于初步发展阶段,一个完整成熟的地球空间信息科学理论体系有待进一步建立和完善。

目前,就地球空间信息科学提出了一系列专业术语,如地球信息机理(Geo -Informatics)、图像测量学(Iconicmetry)、图像信息学(Iconic Informatics)、地理信息科学(Geographic Information Science)、地球信息科学(Geo - Information Science)等,但其研究内容却基本相似,大体上涵盖了以下三个领域:

(1)地球空间信息的组成与性质;

(2)地球空间信息的形成机理与分类系统;

(3)地球空间信息应用的基础理论。

3.遥感信息科学的学科构成

遥感信息科学是一门跨越理学、工学、农学三大学科门类的综合性交叉学科。从空间遥感技术系统领域看,它偏重于工学;从遥感应用系统看,它偏重于理学和农学。

理学所涉及的一级学科有物理学(0702)、地质学(0709)、地理学(0705)、大气科学(0706)、海洋科学(0707)等学科。

“遥感物理学”就是基于光学(070207)及电子学中的电磁场理论(080904)应用于遥感基础理论研究的,如多光谱遥感理论、红外遥感理论、微波遥感理论、激光遥感理论等以及遥感成像理论都是在现代物理学的理论基础上展开应用研究的。

“遥感地质学”是遥感信息科学应用研究的主要领域,它所研究的内容,如区域地质遥感与遥感地质填图、高光谱矿物填图、遥感找矿等应用领域就是将遥感技术应用与“矿物学、岩石学、矿床学”(070901)、构造地质学(070904)、地层学(070903)、第四纪地质学(070905)等学科结合的产物;在地学多源数据综合处理或地学遥感空间数据融合处理研究中,还引入了地球化学(070902)、地球探测与信息技术(081802)等数据处理的理论和方法。

“资源与环境遥感”是遥感信息科学在地球系统科学理论和地球表层学研究领域中综合交叉的重要应用领域,也称为“地理学遥感”。它涉及到大气科学(0706)包括大气物理学与大气环境(070602);海洋科学(0707)包括海洋生物学(070703)和海洋地质(070704);地理学(0705);林学(0907);生物学(0710);地图学与地理信息系统(070503)等学科。其中主要相关的学科有自然地理学(070501)、生态学(071012)、环境科学(083001)、水文学及水资源(081501)、农业资源利用(0903)、土壤学(090301)、水土保持与荒漠化防治(090707)等重要应用学科。资源与环境遥感的进一步划分,则形成部门遥感应用的分支学科,如海洋遥感、大气层遥感、气象遥感、土地资源遥感、林业遥感、农业遥感、水资源遥感、土壤遥感、土壤侵蚀遥感、生态资源遥感、城市遥感、环境遥感等。

工学所涉及的一级学科有:测绘科学与技术(0816),包括大地测量学与测量工程(081601)、摄影测量与遥感(081602)、地图制图学与地理信息工程(081603);地质资源与地质工程(0818),包括矿产普查与勘探(081801)、地球探测与信息技术(081802)、地质工程(081803)及计算机科学与技术(0812)等。其中,测绘科学与计算机科学构成了遥感信息科学的技术基础，构成了基于空间信息处理的测绘制图技术和基于信息科学的空间数据采集、存储、传输和信息表达的形式化技术，包括数字地球技术、现代网络技术、信息高速公路、虚拟现实技术等。而在地学工程领域，其重点研究的领域是资源、环境和地球表层变化的快速动态检测的理论和关键技术，数字地球信息机理与智能管理的应用技术。

4. 地学遥感的发展趋势

地学遥感的总体发展趋势是：①从航空遥感向航天遥感发展；②从多光谱遥感向高光谱遥感发展；③基于多平台、多尺度、多方向、多维度（空间维度与时间维度）遥感数据融合技术向地学空间信息综合应用的发展趋势；④多层次对地观测与遥感动态监测技术的发展趋势；⑤遥感与GIS、GPS技术的集成应用发展趋势；⑥遥感空间数据与地学分析数据的多层次融合技术的深层次应用发展趋势；⑦基于栅格数据与矢量数据混合处理技术的应用。

在地学遥感应用研究中，由于地球圈层之间的相互作用及影响，基于遥感图像信息的地学图像理解和实际应用还存在着一系列的理论问题和关键技术问题，尚需进行探索性的深入研究。这些问题涉及到以下研究领域：地球系统动力模型的研究、地学遥感信息模型的研究、遥感图像认知模型与信息图谱的研究、地理目标空间信息特征及其构像机理等基础理论的研究。其前沿研究领域如下：

遥感图像信息机理的研究　地学信息机理是地球信息科学研究的热点，图像信息科学和理论研究的重点就是建立光谱数据库，研究面向地学对象的图像模型和地理图谱；研究遥感图像信息机理，建立基于地球科学及其知识系统的语义化标志体系；研究地球表层系统的成像机理及其识别机理、识别模式。目前在图像处理方法研究中多注重数学方法和数学模型的研究，而忽视了对地理空间结构、图谱类型、环境本底、构图特征进行语义识别方法研究。目前国土资源环境遥感调查还是以图像目视解译为主要方法，在很大程度上依靠专家的经验。而人的视觉识别能力、专家经验认识的局限性，特别是对覆盖层或与背景相混淆的信息，目视解译已无能为力，需要通过有效的数字图像处理方法，将其从背景或噪声中分离出来。在基于图像特征光谱分析基础之上，采用图像处理与目视解译相结合的综合信息方法，将大大增强获取资源环境信息的能力。

地学图像信息处理的技术流程研究　目前遥感地学信息识别与目标信息提取的方法研究多属案例型的方法研究，缺乏通用方法、通用工具和实用化平台的研究。在遥感数据的应用上，由于光谱图像的数据特性及其图像结构从数值的物理量值上就存在"同质异谱"与"异质同谱"现象，因此，依赖于数理统计分类识别或图像纹理识别都不可能达到普适性和推广性的应用水平。究其原因，主要是缺乏对其光谱信息的深入研究和如何有效地进行图像光谱增强与信息提取处理。图像信息识别是在图像光谱信息研究与图像空间结构分析的基础上进行的，如将图像统计与分形分维研究相结合，将图像模型识别与基于对象的构图语义识别相结合，在图像识别中引入图像融合技术、多尺度层次识别技术、向量机技术、小波技术、混合模型技术等都是当前研究的热点。

基于知识工程的地学图像理解过程及地学图像认知基础理论的研究　遥感图像所反映的是地球表层信息，由于地球表层系统的复杂性和非线性特性，地面目标经过空间或时间的分割而被离散化，成为以像元为基本单元的遥感图像，这必然要损失地质地理目标的整体结构特征信息，使得遥感信息的地学空间分析和过程反演具有多解性和不确定性。具体表现为同质异谱、同谱异质、混合像元、时相变化以及遥感信息传输过程中信息的衰减和增益，地表目标之间相互作用而造成的影像上地物单元空间交错分布等特点。因此地学遥感解译必须充分利用地学知识，包括遥感岩石学、影像地层学、遥感构造分析等，进行地学遥感分析，弥补遥感信息的复杂性和不确定性带来的图像解译偏差，从而获得可以准确地反映地质现象和地质过程的地学信息。

第一章　遥感技术概论

本章内容提要：介绍遥感信息科学与遥感技术系统的基本概念及其发展趋势；重点论述遥感定义及其技术系统构成与发展历史；较系统地介绍遥感技术的主要应用领域及其科学意义。

遥感技术是在航天技术、传感器技术、计算机技术等的推动下，于20世纪60年代兴起并迅速发展起来的一门综合性对地探测技术，它促使摄影测量技术产生革命性的变化，从以飞机为主要运载工具的航空遥感，发展到以航天飞机、人造地球卫星等为运载工具的航天遥感，极大地拓展了人们的观察领域，形成了对地球资源和环境进行探测和监测的立体观测体系。遥感技术在城市规划、环境保护、地质勘探、农业、林业以及军事领域的广泛应用，产生了十分可观的经济效益和显著的社会效益。

第一节　遥感及分类

一、遥感的基本概念

1. 遥感的定义

遥感(Remote Sensing)即"遥远的感知"。从广义理解，遥感泛指一切无接触的远距离探测，包括对电磁场、力场、声波、地震波的探测。狭义遥感的概念是指基于电磁辐射场的探测和成像过程。

对重力场和磁场的空间探测称为地球物理探测，地球物理测量主要应用于区域测量、地质找矿、工程测量等；对水体的探测称为声纳测量，主要用于水下测量，如海洋探测或河道水下地形测量等；对地震波的探测称为地震测量，主要用于石油资源勘测。实际工作中，我们将这些领域的探测统称为物理探测范畴，而"遥感"仅仅是指用于电磁波谱探测或基于电磁辐射测量的对地观测范畴。

遥感定义：遥感是从不同高度的平台上，使用各种传感器，不与物体、区域目标或现象直接接触，接收来自地球表层各类地物的电磁波信息，通过信息处理、分析，揭示出目标的结构性质及其变化的综合性空间探测技术。

地学遥感则是以电磁波与地球表面物质相互作用为基础，探测、分析和研究地球资源与环境，揭示地球表面各要素的空间分布与时空变化规律的一门科学技术。

2. 遥测与遥控

遥测(Telemetry)也称为远程测量，是利用传感技术、通信技术和数据处理技术的一种综合性技术，将对象参量的近距离测量值传输至远距离的接收站或网络，实现对远距离目标的数据获取。遥测技术分接触测量和非接触测量两种。遥测技术主要用于检测分散的或难以接近的被测目标，如相距遥远、环境恶劣，或处于高速运动状态下的目标。

遥控(Remote Control)是对受控对象进行远距离控制和监测的技术，它是利用自动控制技术、通信技术和计算机技术的一门综合性技术，在国民经济各部门，特别是航空航天和导弹核武器等方面具有重要作用。被遥控的目标可以是固定的装置，如自动化水电站；也可以是活动的，如无人驾驶飞机、人造卫星、弹道导弹等。

3. 遥感、遥测、遥控的关系

在空间遥感过程中，遥感探测任务的完成需要综合运用遥测和遥控技术。如在卫星遥感中，必须对卫星轨道运行参数进行遥测和对卫星姿态及遥感传感器工作状态进行遥控等。在现代综合遥感探测过程中，为了取得多元信息来解决地学及其空间关系问题，需要采用多传感器技术来获取多类物理信息或空间信息，如现代环境监测中的环境传感器、地面 GPS 基站等，都是遥感、遥测、遥控多传感器协同工作与交互验证的典型案例。

二、遥感技术分类

依据遥感技术分类标准的不同，遥感分类的方案也不同，通常有如下几种分类。

1. 根据遥感平台的分类

遥感平台(Platform for Remote Sensing)是空间遥感过程的工作平台。平台由运载工具(飞行器)、传感器及其他用于遥测、遥控的装备所组成，遥感平台的基本功能是维护平台运行、进行数据存储、传输各种数据。按遥感平台的距地高度，可以分为近地遥感、航空遥感、航天遥感、星际遥感等不同平台类型。

(1)近地遥感平台：指以高塔、车、船为平台的遥感探测系统，地物波谱仪或传感器安装在这些平台上，可进行各种地物波谱测量。

(2)航空遥感平台：传感器搭载在航空飞行器上，主要指飞机、气球等。

(3)航天遥感平台：传感器搭载在环地球的航天器上，以地球人造卫星为主体，包括载人飞船、航天飞机和太空站，有时也把各种行星探测器包括在内。

(4)星际遥感平台(Planetary Remote Sensing)：也称深空探测平台，传感器搭载在星际飞船上；星际遥感探测的目标是地月系统以外的其他太空目标。

2. 根据电磁波的工作波段分类

(1)紫外(UltraViolet，UV)遥感：探测波段在 0.05～0.38μm，收集与记录目标物的紫外辐射能，由于波长小于 0.3μm 的信息被大气中的臭氧所吸收，可以通过大气传输的只有 0.3～0.4μm 的紫外信息才可适用于紫外摄影，主要用于监测气体污染和海面油膜污染。但由于该谱段受大气中的散射影响十分严重，故对成像条件的要求十分苛刻，由于探测的成功率低、应用范围狭窄，在实际应用时很少采用。

(2)可见光(Visible，VIS)遥感：可见光是电磁波谱中人眼可以感知的部分，遥感探测波段为0.38～0.76μm，只收集与记录目标物反射的可见光辐射能，所用传感器有摄影机、扫描仪、摄像机，是进行航空摄影测量、自然资源与环境调查的主要谱段。

(3)红外(InfraRed，IR)遥感：探测波段在 0.76～1 000μm。可以进一步划分为：近红外(0.76～1.3μm)、中红外(1.3～3μm)、热红外(3～14μm)、远红外(大于 14μm)。其中 0.76～

0.9μm 波长范围的辐射可以用于摄影(胶片)方式探测,故也称摄影红外,它对探测植被和水体有特殊效果。中、远红外可以探测物体的热辐射,所以也叫热红外。热红外辐射不能用摄影方式探测,须用光学机械扫描方式获取信息。在热红外遥感主要采用 3～5μm 和 8～14μm 两个窗口。热红外可以夜间成像,除用于军事侦察外,还可以用于调查浅层地下水、城市热岛、水污染、森林火灾和区分岩石类型等,具有广泛的应用价值。而波长大于 15μm 的超远红外辐射,绝大部分被大气层吸收。

(4)微波(Microwave,MW)遥感:探测波段在 1mm～1m,收集与记录目标物发射、散射的微波能量,所用传感器有扫描仪、微波辐射计、雷达、高度计等。

3. 根据电磁辐射源的分类

(1)被动式遥感(Passivity Remote Sensing):指不利用人工辐射源,直接接收与记录目标反射的太阳辐射或者目标物本身发射的热辐射和微波辐射。如航空摄影、多光谱扫描、热红外扫描等。

(2)主动式遥感(Active Remote Sensing):使用人工辐射源从平台上向目标发射电磁辐射,然后接收和记录目标物反射或散射回来的电磁波的遥感,如雷达遥感、激光遥感。

4. 根据遥感资料的显示形式分类

(1)成像方式遥感:是把目标物发射或反射的电磁波能量以图像方式来表示遥感探测过程。

(2)非成像方式遥感:是将目标发射或反射电磁波辐射的各种物理参数记录为数据或者曲线图形式,主要包括以下传感器:光谱辐射计、散射计、高度计等。

5. 根据波段宽度及波谱连续性的分类

(1)宽波段遥感:波段宽度大于 100nm,其工作波段的波谱也不连续。宽波段遥感图像的光谱分辨率较低,对地物的光谱识别能力也较低。

(2)高光谱遥感(Hyperspectral Remote Sensing):波段宽度小于 20nm,波段之间波谱区间接近连续,它可以同时获取空间、辐射和光谱三种类型的图像数据信息。由于高光谱图像的波谱变量维数多达数十甚至数百个波段,构成了多光谱阵列图像数据,故称高光谱图像数据为"立方体"数据。高光谱遥感的理论基础是测谱学(Spectroscopy)。测谱学是用于识别原子结构的成分测试技术,从 1980 年开始,基于测谱学原理创立了成像光谱学(Imaging Spectroscopy)。成像光谱学是在电磁波谱的紫外、可见光、近红外和中红外区域进行图谱合一的遥感探测成像过程,具有地质遥感、遥感找矿探测的应用潜力。

图 1-1 说明高光谱遥感绝不仅仅是图像数据量的增加,而是光谱信息量以十倍以至数百

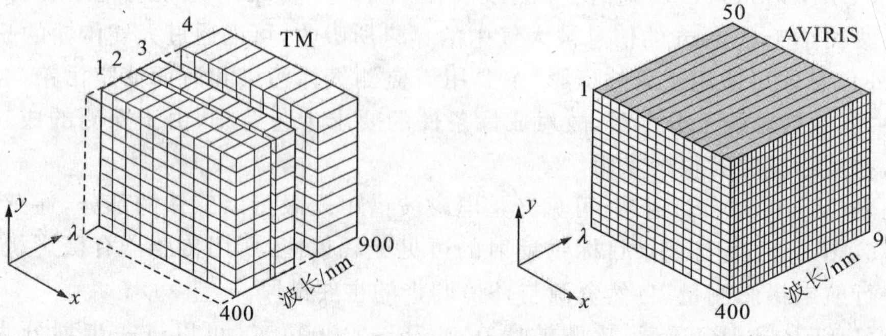

图 1-1　高光谱光谱分辨率与数据立方体示意图(据 Schowengerdt,1997 改编)

倍信息容量的增加。

6. 根据应用学科领域的分类

(1)按遥感应用领域可以分为星际遥感、地球大气层遥感、陆地遥感和海洋遥感。

(2)按对地观测应用领域可以划分为:地质遥感(基础地质遥感、工程地质遥感、矿产资源遥感、地质灾害遥感、能源遥感)、地理遥感(地貌遥感、土地利用与地表覆盖遥感、环境遥感、水文遥感、城市遥感)、农业遥感、林业遥感、气象遥感和海洋遥感。

依据行业应用需求还可进一步划分为各种遥感专题应用项目。

三、遥感技术发展简史

遥感技术的形成与发展同传感器技术、宇航技术、通讯技术以及电子计算机技术的发展相联系,与军事侦察、环境监测、资源开发利用和全球变化研究的需要相适应。

(一)航空摄影的早期阶段

航空摄影技术的早期阶段是从空中照相活动开始的,到 1840 年人们就主张利用空中摄影来进行地形测量,称之为地貌摄影。

1. 气球平台阶段

世界第一张航空相片是在升空气球上获取的,气球离地仅 80m 高度,拍摄到法国比弗雷的空中相片。但目前保存的最早一幅航空相片是 1860 年从 630m 高的气球上拍摄的波士顿市空中相片(图 1-2)。

图 1-2　1860 年拍摄的波士顿航片

2. 风筝平台阶段

风筝摄影在 1882 年前后开始投入使用。第一张利用风筝拍摄的航空相片是一位英国气象学家完成的。1900 年初期美国风筝摄影师在旧金山大地震之后的火灾险情下拍摄了旧金山的航空相片。

3. 飞机平台阶段

飞机发明于 1903 年,1908 年首次利用飞机拍摄电影。1909 开始在飞机上进行航空摄影。在第一次世界大战期间就开始利用航空摄影技术进行军事侦察,引起人们极大的关注。第一次世界大战结束后,由美国军人摄影师协会成立了航空调查公司,航空摄影开始广泛应用。1934 年美国摄影测量协会(现为美国摄影测量与遥感协会)科学专业组织成立,推动了航空摄影领域的学科和技术的发展。

(二)航空遥感的发展阶段

1. 航空遥感光谱探测范围的发展

1924 年彩色胶片开始出现,彩色航空摄影增加了地表图像信息的识别能力。航空摄影从军事侦查开始转入民用摄影测量与地形制图。

从 20 世纪 30 年代起,航空相片广泛应用于地学研究及应用领域,以认识地理环境和编制各种专题地图为主题。1930 年美国开始运用航空遥感进行全国测绘制图,编制中小比例尺地形图,并将航空图像应用于农业服务。1931 年开始应用近红外航摄胶片,并首次获得了目标物的非可见光信息。1937 年首次生产出假彩色红外胶片，并探索进行多光谱和紫外航空摄影。第二次世界大战期间已开始应用雷达和红外遥感探测技术进行军事侦查。自 20 世纪 50 年代起，开始研制非摄影成像的扫描成像技术和侧视雷达成像技术并投入应用，航空摄影技术已从可见光摄影发展到航空多光谱多方式成像的遥感阶段。

2. 航空遥感学的萌芽及发展

随着航空遥感技术的发展和空间探测技术的进步，基于航空摄影测量学的理论研究也得到了相应的发展。1941 年《航空相片：应用与判读》专著出版，随后，基于测绘遥感的专著《航空摄影与航空测量》亦出版问世。美国于 1949 年在大学中开设航摄和相片判读课程，1949 年国际地理学会设立了航片应用专业委员会，1945 年美国创刊出版了《摄影测量工程学》杂志，1975 年改名为《Photogrammetric Engineering & Remote Sensing》。航空遥感学术研究的深入促进了遥感事业的大发展，并逐步使航空遥感发展成为独立的基础学科。

（三）航天遥感阶段

1. 航天遥感早期阶段

1957 年 10 月 4 日，前苏联发射了世界上第一颗人造地球卫星，从此，遥感平台从飞机发展到了卫星和飞船。1959 年 9 月美国发射的“先驱者 2 号”探测器拍摄了地球云图，同年 10 月前苏联的“月球 3 号”航天器拍摄了月球背面的照片。现代遥感史以人类首次登月为重要里程碑。当时美苏在空间技术上的竞争，导致各种空间系统的迅速发展。美国宇航局（NASA）、欧空局（ESA）和其他一些国家，如加拿大、日本、印度和中国先后建立了各自的遥感系统。所有这些系统已提供了大量从太空向地球观测而获取的有价值的数据和图片。

1960 年 4 月 1 日美国发射第一颗气象卫星“泰罗斯”（TIROS）卫星，全称为电视和红外观察卫星。卫星上电视摄像机首次送回地球大气层的可见光云图，并具有气象价值。1964—1965 年间共发射了八颗第二代“云雨”（Nimbus）系列卫星。1965 年 12 月 4 日国际标准时间 19 点 30 分，美国在肯尼迪州用“大力神Ⅱ”式火箭发射了“双子星座七号”卫星式宇宙飞船。宇宙飞船上有两名宇宙航行员：博尔曼和洛弗尔。

2. 地球资源技术卫星阶段

美国基于“泰罗斯”（TIROS）、“云雨”（Nimbus）等气象卫星和双子星座（Glimni）、阿波罗（Apllo）飞船的遥感技术，于 1972 年发射了第一颗地球资源技术卫星（ERTS-1），后改名为陆地卫星（Landsat-1），标志着地球遥感新时代的开始。陆地卫星所携带的传感器由四个波段的多光谱扫描仪（MSS，分辨率为 80m）发展到 80 年代初的专题制图仪（TM）的 7 个波段，到 1999 年 4 月发射的陆地卫星-7 号则搭载了增强型专题制图仪（ETM^{+}）。

3. 现代航天遥感阶段

到 20 世纪 80 年代末至 90 年代初，法国发射了 Spot 卫星，其星载 CCD 成像传感器的空间分辨率达到 5m 及 2.5m。1999 年 9 月，美国光谱成像公司（Spectral Imaging Inc.）发射的小卫星上载有 IKONOS 传感器，其空间分辨率高达 1m。Quickbird 卫星于 2001 年 10 月由美国 Digital Globe 公司发射，是目前世界上唯一能提供亚米级分辨率的商业卫星，其星下点空间分辨率为0.61m，并实现了卫星遥感图像的高精度地理定位功能。NOAA 卫星系统又推出了低空间分辨率的高光谱遥感及短覆盖周期的卫星遥感数据。向全球免费开放的 MODIS 高光谱卫星数据，促进了环境遥感监测技术的快速发展。在常规卫星遥感技术的发展中，立体测图卫星、成像光谱仪卫星也逐渐进入到卫星遥感应用领域，形成了集高空间分辨率、高光谱分辨率、高时间分辨率为一体的卫星遥感系统。

(四)中国遥感发展概况

20世纪30年代,中国仅在少数城市进行过航空摄影,而系统的遥感技术发展始于20世纪50年代初期,主要是引进常规航空摄影技术,进行了大面积航空摄影测量,并开始航测成图和航空相片的综合利用(主要是进行自然资源勘测);到了60年代航空摄影与航空相片的应用已形成了一套完整的体系。

中国遥感事业大致经历了20世纪70年代至80年代中期的起步阶段、80年代中后期至90年代前期的试验应用阶段、至90年代后期进入实用化和产业化阶段。

20世纪70年代以来,随着国际遥感技术的飞速发展,我国开始引进和研究现代遥感技术。一方面是从国外购进一批陆地卫星影像和少量仪器设备,开展图像的解译应用工作;另一方面积极开展我国自己的遥感研究工作,多次发射和回收地球卫星,开展不同自然地理区域的航空遥感试验和地物波谱测试工作,研制成功了多光谱相机、多光谱扫描仪、红外扫描仪、微波辐射计、激光测高仪、合成孔径侧视雷达等各种类型的传感器,同时研发出彩色合成仪、密度分割仪、数字图像处理系统等;建立了遥感卫星地面接收站,发射了一系列对地观测卫星,如科学探测与技术试验卫星、环境卫星、气象卫星、地球资源卫星和海洋卫星等。

中巴资源一号卫星(CBERS-01)于1999年10月14日由CZ-4B运载火箭在太原卫星发射中心发射升空。01星在轨稳定运行了近5年,CBERS-02星于2003年接替01星继续为中巴两国提供卫星遥感数据服务。CBERS-02B星于2007年进入轨道,搭载有CCD相机、红外扫描仪(也称红外相机)、宽视场相机、图像数据传输、空间环境监测和星上数据收集(DCS)等分系统。CCD相机有蓝、绿、红、近红外和全色等五个光谱段,采用推扫式成像技术获取地球图像信息。红外扫描仪有可见光、两个短波红外和一个热红外共四个谱段,采用双向扫描技术获取地球图像信息,它可昼夜成像。宽视场相机包含红光波段和近红外谱段,由于扫描辐宽达890km,因而在五天内可对地球覆盖一遍(图1-3)。

中巴资源卫星已向全国160余家用户提供了14 000多景数据产品。卫星图像及数据产品广泛应用于监测国土资源变化,更新全国土地利用图,测量耕地面积;估计森林蓄积量、农作

图1-3 新疆吐鲁番盆地中巴地球资源卫星图像

(图片来源:中国航天报)

物长势、产量和草场载蓄量及每年变化；监测生态环境与地质灾害，快速查清洪涝、地震、风沙等灾情及损失；提供沿海经济开发、滩涂利用、水产养殖、环境污染等动态情报；勘探地下资源，圈定金矿、石油、煤炭和建材等资源靶区，并监督资源的开发及其环境的影响。

2007 年 10 月 24 日 18 时 05 分，长征三号甲运载火箭将“嫦娥一号”卫星顺利载入绕月轨道。中国探月工程是中国遥感发展史上的一个里程碑，开辟了中国宇航事业的新纪元。图 1-4 为“嫦娥一号”探月卫星获取的第一幅月球表面全景图像。这幅月境影像涵盖了月境的全部“领地”（图 1-5）。

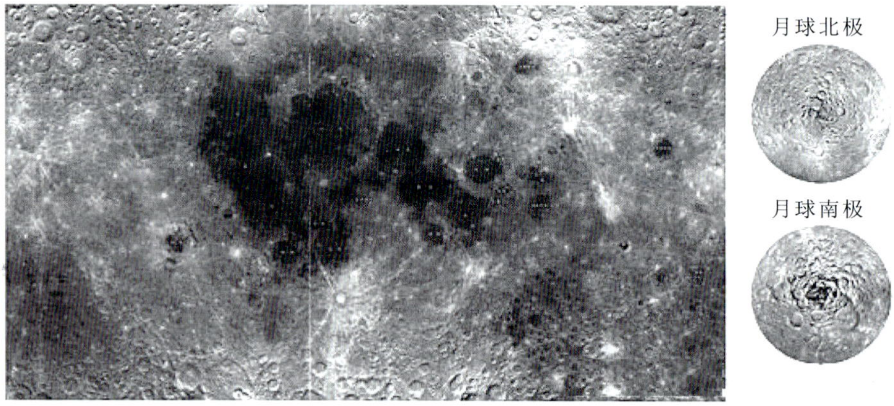

图 1-4　中国探月卫星“嫦娥一号”第一幅月球全景图像

（图片来源：中华网）

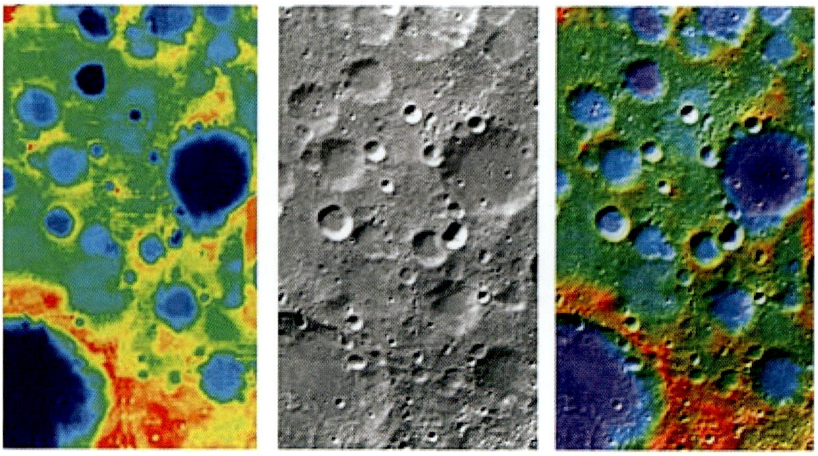

图 1-5　中国探月卫星“嫦娥一号”第一幅月面图像

（图片来源：中华网）

在遥感理论研究和人才培养上，中国科学院、高等院校和一些应用部门陆续成立了遥感研究单位、教育机构，设置了专门培养遥感技术人才的专业和学科，许多相关专业也开设了遥感课程，国家成立了空间科学技术委员会和遥感中心，组织、领导和协调全国的遥感工作，积极开展与国外的技术与人才交流。

四、遥感技术的特点

遥感具有多学科交叉特征，及其宏观、综合、动态、快速的技术特点，故遥感图像被广泛应用于地理、地质、测绘、气象、海洋、农林、水电、交通、军事等国民经济各个领域，并产生较大的社会和经济效益。

1. 宏观性

航空遥感飞机的飞行高度为10km左右，陆地卫星的卫星轨道高度达910km左右，可及时获取大范围的信息。一张23cm×23cm航片可覆盖$60km^2$的地表面积。而陆地卫星图像的覆盖面积可超过$3\times10^4km^2$。遥感图像对地球资源调查和环境监测具有明显的宏观性。

2. 时效性

卫星遥感可获取地表重复覆盖及最新图像数据，例如，陆地卫星每16天可覆盖地球一遍，NOAA气象卫星每天能接收2次图像数据。Meteosat每30分钟可获得同一地区的图像。遥感图像的时效性有利于对资源环境、自然灾害进行动态监测，为抗灾、减灾工作提供可靠的科学数据。

3. 连续性

卫星图像具有连续覆盖特征，可获取一个区域的完整图像数据并进行资源环境遥感调查。对自然条件恶劣、人类难以到达的地域，如沙漠、沼泽、高山峻岭、雪山等均不受地面条件限制，可方便及时地获取各种图像资料和地学解译的连续性信息。

4. 多尺度性

遥感图像具有多平台、多尺度性的特点，卫星遥感图像的像元分辨率可从1 000m的低分辨率到0.5m的高分辨率，形成了一个多层次、多尺度的综合观测体系。地学遥感应用可根据不同的任务选用不同平台和空间尺度的图像数据进行解译。

5. 综合性和可比性

遥感图像的综合性体现在光谱数据的综合性和季节物候信息的综合性。光谱信息可综合分析来自紫外、可见光、红外、微波的地物电磁辐射信息差异，不同季节图像信息可综合对比地表生态物候信息的电磁辐射差异。热红外遥感可对比目标物在昼夜之间的信息差异，微波遥感数据可对目标进行全天候、全天时探测。综合信息可反映地质、地貌、土壤、水文、灾害、城市等光谱特征与空间结构变化信息，并对同一地域的多时相图像，进行空间结构综合分析和动态监测。

6. 普适性

遥感数据可广泛应用于地质调查、成矿预测、地理环境分析、资源勘查、灾害监测、农业估产、环境保护、城市规划、土地清查等领域，具有多专业应用的普适性。

7. 局限性

遥感技术及其图像信息也具有应用的局限性，表现在电磁波特性的局限性、空间尺度的局限性、探测深度的局限性、应用领域的局限性等方面。

当前遥感技术的发展趋势体现在以下四个方面。

(1)进行近地、航空、航天的多层次综合遥感，建立地球环境的卫星观测网络，系统获取地球表面不同分辨率的立体遥感数据。遥感传感器向电磁波谱全区间覆盖，传感器件向固体化、小型化、高分辨率、高灵敏度与高光谱方向发展。

(2)加强地物波谱形成机制与遥感信息传输理论研究，建立地物波谱与影像特征的图像模型，以实现遥感分析解译的定量化和精确化。

(3)遥感图像信息处理将实现光学-计算机协同处理及实时处理，并将与地学数据库结合，建立遥感信息系统，引进人工神经网络、小波变换、分形技术、模糊分类与专家系统等理论，进行遥感图像的自动分类与模式识别。

(4)遥感、地理信息系统与全球定位系统相互依存，共同发展，构成一体化的技术体系，将广泛应用于资源开发、环境评估、区域规划、工程建设和交通管理等领域，成为资源环境、地球科学、测绘、农林、工程地质的重要技术和辅助决策手段。

第二节　遥感技术系统

现代遥感技术系统由四部分构成：遥感平台系统、传感器系统、遥感数据接收与处理系统、遥感资料解译分析系统。

一、遥感平台系统

遥感平台是运载传感器(遥感器)的飞行器，如气球、飞机、人造地球卫星和载人航天器等。对地观测的遥感平台由姿态控制系统、电源系统、通信及传输系统等构成，实现对地定向、飞行高度、速度等特定要求。高精度、高分辨率的传感器对平台有严格要求的姿态控制和安装精度要求。对雷达传感器则还需提供安装天线和较大电源等条件。而对热红外传感器，遥感平台还需提供能满足传感器冷却所需工作温度(致冷)的致冷器条件。

二、传感器系统

传感器也称遥感器(Romote Sensor)，是远距离探测目标电磁辐射特性的仪器。通常由敏感元件和转换元件组成。传感器是一种检测装置，能将地表目标的电磁辐射能变换成电信号或其他信号输出，并经传输、处理、存储、显示、记录成图像信号或数据形式。

可依据传感器工作原理分为物理传感器和化学传感器两大类。物理传感器是运用物理效应，诸如压电、极化、热电、光电、磁电等效应。化学传感器是以化学吸附、电化学反应等原理设计的传感器。

传感器系统一般由收集系统、探测系统、信号转换系统、记录系统四个子系统所组成。

三、数据传输系统

遥感平台获得的图像数据，经过数据采集、编码、压缩后，调制到载波(一般是微波)上直接或经过中继卫星发回地面，也可先将数据实时地记录下来，在适当时刻传输到地面。

四、遥感图像解译分析系统

用户获取遥感数据的目的是进行地学专业解译和应用，基于专业知识从遥感数据中获取有用信息，并将解译数据用于地学专题制图，这一工作过程称为遥感应用系统。目前常用的有人机交互式目视解译系统和计算机图像自动分类和信息提取系统。在实际工作中两种工作系统经常是相互结合使用。遥感图像解译分析系统与地理信息系统(GIS)相结合便形成了空间数据采集系统，为地球资源环境调查和监测提供了新的技术平台。

第三节　遥感应用的学科领域

一、测绘领域

遥感在测绘中的应用开始很早，现在已开发出立体测图卫星的测绘传感器进行航天测绘制图。如：IKONOS、Spot5 卫星都具有立体成像能力，均可用来进行立体测图。

1. 卫星测绘制图

航空摄影测量是测绘制图的主要方法，目前已开始利用航天遥感资料制作地形图。如处于热带雨林区的亚马逊流域地区，如果运用常规测绘方法需要 100 年支付 70 亿美元的工程费用才能完成，而用侧视雷达遥感测绘制图，则仅用不到 1 年时间就可完成 1∶40 万的雷达图像测绘制图工作。喀麦隆用航测制图技术，经历了 20 年才完成了国土面积 9%的制图工作，而采用侧视雷达卫星测图技术仅 90 天就完成全部测图任务。

2. 更新现有地图

据有关统计资料，现有地形图的 70%基础地理信息资料不全，30%的资料陈旧，如采用常规测图方法更新需要 50 年。而利用遥感图像数据进行地图更新，具有快速、准确、经济的技术优势，且可保证地形图具有最新地理现势特征，更利于工程使用。

3. 制作影像地图

影像地图(Pohotographic Map)是一种基于遥感影像的地图，对航空或航天遥感影像进行几何纠正，再叠加配准地理信息、符号和必要注记，将地理要素综合表示在遥感图像上的地图。影像地图必须进行投影变换和比例尺标准化处理，使其具备地形图技术规范的各项基本要素及测绘精度。由于影像地图既具有地表真实信息，又具有地图的线划要素、数学基础和图廓整饰等地图特征，因此被广泛采用。

四川汶川地震后，仅用 3 天时间就完成了汶川部分地区灾后的高分辨率卫星遥感影像数据和 5m 分辨率的雷达数据处理，灾后第 3 天凌晨就完成了重灾区影像地图，及时反映出灾情的宏观信息，为救灾方案决策提供了科学数据和依据。

4. 制作专题地图

遥感影像信息量丰富，地理现势性强，各行业、各专业都可运用遥感数据制作各种专题地图，并具有成本低、周期短和质量高的特点。如美国通过试验，分别采用地面测量、航摄和卫星资料编制 1∶100 万～1∶25 万的土地利用图，费用分别是 20 美元/km^2、6 美元/km^2 和 0.4 美元/km^2。

二、地理遥感领域

遥感技术为地理与资源环境科学研究提供了新的手段和最新资料，地理遥感领域可分为区域地理学遥感、环境地理学遥感、部门地理学遥感、计量地理学遥感、地理制图遥感等分支学科。

1. 地貌遥感

遥感图像为地貌的研究提供了最为直观真实的信息。地貌遥感可应用于区域地貌解译制图、工程地质地貌条件解译分析、地貌景观旅游资源解译等诸多领域。

在引入数字高程模型(DEM)后，为地形地貌的定量研究提供了精准的三维数据，激光雷达遥感为地貌的精细分析和数字地貌分类提供了新的技术支撑。

2. 植被遥感

陆地表面的植被是遥感图像反映的最直接的信息，也是人们研究地球生态环境的主要对象。植被作为地理环境的重要组成部分，与一定的气候、地貌、土壤条件相关，受多种因素控制，对地理环境的依赖性最大，对环境变化的反映也最敏感。

植被遥感广泛应用于农业遥感、林业遥感、生态环境遥感及景观遥感等领域。

3. 城市规划遥感

城市是人类改造自然最强烈、社会经济和文化科技功能最集中的地域。不同性质、等级的城市具有不同的影像特征。遥感技术在城市建设中发挥着重要的作用，如城市基础地理遥感制图、城市土地利用遥感监测、城市规划遥感、城市交通遥感、城市绿化遥感等技术，都可应用于城市规划和环境管理领域。

4. 城市环境遥感

城市环境遥感应用包括了城市生态环境、水环境、大气环境、空间环境及地质环境等领域。城市热岛效应在遥感图像上就具有典型的识别特征。城市大气污染遥感调查可以指示大气污染源的分布、污染源周围的扩散条件、污染物的扩散影响范围等。遥感技术也广泛应用于城市水污染监测、城市固体废弃物调查与监测等方面。

5. 水资源与水环境遥感

水资源与水环境遥感包含了遥感调查与遥感监测两个技术领域。水资源调查是运用地表水体光谱特征和形态特征进行图像解译制图；水环境监测则是运用多时相遥感图像及其波谱变化信息对水体生态环境与水质变化进行图像异常信息检测。遥感技术已逐步形成水体环境质量监测、水域分布及变化监测、水体沼泽化监测、赤潮和富营养化监测、泥沙污染监测、废水污染监测、固体废弃物污染监测应用体系。

(1)地表水资源调查。由于水体光谱性质的特殊性，在进行水资源的调查时比较容易解译识别与制图。主要应用领域包括流域水资源遥感、水库资源遥感等。

(2)湖泊资源调查。湖泊遥感调查主要应用于湖泊类型及成因演化变迁分析、湖泊盆地构造地质分析、湖泊湿地遥感分析等领域。如我国青藏高原发现500多个湖泊，应用卫星遥感又发现了300多个新的湖泊，并对原发现湖泊的位置、大小做了改正。

(3)河流及流域调查。利用遥感可查清大江、大河的源头，水流的特点，泥沙状况，河道变迁等；进行旱涝灾害监测、调查、预报与评价；利用多时相遥感影像还研究河流、湖泊、水库的演变过程和规律。

(4)冰雪覆盖现状与雪线变化调查。运用卫星影像可解译雪盖面积、分布范围、雪线高度变化等信息，分析冰川的动态状态及冰川前缘的进退演化速度。在高纬度地区，还可用来监测海冰运动规律。

(5)水质遥感监测。多光谱遥感数据可以反映大面积水质的差异性，包括水体温度、密度、颜色、透明度等水质状况，运用遥感图像的水质差异信息还可进行水环境遥感监测。如海面污染、水温异常、废水污染流、水体富营养化、藻类繁殖异常、工业废水等。中国在运用多时相卫星图像数据进行水体富营养化遥感监测、悬浮固体物的遥感监测、石油污染遥感监测、废水污染遥感监测、热污染遥感监测等均取得良好的应用效果。

三、地质遥感领域

1. 基础地质遥感

(1)区域地质遥感填图。基于多尺度、多光谱遥感图像解译的区域地质调查与填图,已广泛应用于全国1∶25万、1∶5万区调工作中。

(2)构造地质遥感研究。构造地质的遥感图像解译分析已广泛应用于造山带构造、区域构造、线性构造和环形构造的科学研究。如遥感控矿构造研究、遥感灾害地质构造地质条件研究、遥感工程地质构造条件研究、遥感地质旅游资源构造要素研究等,都广泛应用于多个专业领域。

2. 资源勘查遥感

(1)遥感矿产勘查。运用多光谱遥感数据进行矿产勘察与成矿预测、蚀变岩遥感解译与制图、高光谱遥感找矿与成矿地质条件解译分析等遥感方法,已得到广泛应用,尤其是运用高光谱遥感数据进行成矿带的热液蚀变岩精细填图具有更明显的技术优势。

(2)能源勘查。煤田地质遥感、油田地质遥感已经被作为一种辅助勘察技术被广泛应用。如在沉积盆地中寻找圈闭构造,在油气资源勘察中检测油气藏烃类微渗漏及其蚀变信息,高光谱遥感数据的油气藏烃类蚀变异常的计算机提取方法研究,海底油气藏烃类微渗漏的雷达遥感数据研究都具有一定的应用基础和工程勘测案例。

3. 地质灾害遥感

(1)地震地质遥感。地震地质遥感是对具有地震属性的活动断层进行解译和动态监测,结合其他检测数据研究地面形变,为地震预报提供依据。对地震构造带的遥感图像解译,是研究强震多发地带最为有效的手段和技术之一,已经被广泛应用于地震地质研究领域,重点是研究活动断层地震构造带。

(2)火山活动与遥感。运用遥感技术并结合火山口的环境传感器数据可监测火山活动的动态变化信息,并用于火山活动预报系统。如腾冲是集火山、地热及地震三位一体的重要监测研究地区,其研究内容包括火山监测台网、火山地震活动、火山地质构造异常、火山地球化学异常、火山地壳形变异常等观测项目。

(3)边坡地质灾害遥感。运用遥感图像对崩塌、滑坡、泥石流地质灾害进行调查、监测与预测是地质灾害遥感中应用最为广泛的领域,尤其是对山地地质灾害的调查与监测。

(4)地面塌陷。地面塌陷类型主要有矿产资源开发引起的地面沉降、地下水开采引起的地面沉降和可溶性岩石引起的地面塌陷等。运用干涉雷达遥感进行地面塌陷及沉降的研究已在国内外得到广泛应用。

四、农业、林业遥感领域

农林业是遥感的最大用户,也是遥感科学技术的最大受益者。特别是在一些发展中国家和国土面积较大的国家,农业和林业遥感应用都具有重要的社会发展意义及经济效益。

1. 土地利用与土地覆盖遥感调查

土地利用与土地覆盖遥感调查既属于农业和林业遥感应用领域,也是地球系统科学研究中的热点问题。如全球土地利用/土地覆盖变化LUCC(Land-Use and Land-Cover Change)是IGBP与IHDP(全球变化人文计划)两大国际纲领性交叉科学研究课题,重点研究地球环境系统与社会生产系统(农业化、工业化、城市化等)相互作用过程及其变化。

2. 资源遥感调查与动态监测

自然资源遥感应用主要是制作土地覆盖类型图、土地利用现状图、土壤类型图、森林资源图、草场资源图等。利用遥感动态监测技术进行草场退化、森林积蓄量、土壤退化、水土流失、荒漠化等资源调查与监测已得到广泛的推广和应用。

3. 农作物估产

利用遥感资料可确定作物类型、种植面积和生长状况，再根据观测资料和实地调查资料，建立数字模拟模式，确定单产并进行总产预报。建立农作物卫星遥感估产系统是实现种植业可持续发展的主要信息获取手段和可持续发展的保障条件。

4. 病虫害监测预报

农作物病虫害监测是有害生物综合防治的重要环节，运用高光谱遥感图像监测农作物病虫害的基本原理是基于植被指数的特征信息提取方法来进行预测预报的。

5. 生产管理与精准农业

精准农业是根据作物生长过程的遥感标志进行作物长势分析，确定作物对水肥需要的情况，并适时进行灌溉和施肥，亦可及时发现灾情，采取防灾减灾救灾措施。

五、考古遥感领域

考古遥感是现代考古学研究领域中一种新的考古方法。遥感技术在从空间观测地球时，也记录了大量人类历史文化遗迹，客观地反映了它们的空间分布规律和特征。这为考古学研究开启了一扇新的科技之窗，使我们能从全方位、多时像的四维角度去理解和重现人类文明历史的进程。

考古遥感是利用地面植被的生长和分布规律，基于土壤类型及微地貌特征的图像差异及其形成的图像结构差异或图形异常进行田野考古，借以探索及发现历史文化遗址和历史城市的轮廓。考古遥感主要应用于古代大规模遗址的区域勘察、地下遗迹的勘察、水下考古、环境考古和城市遥感考古等几个方面。尤其是近年来的虚拟现实技术可用来重建古地理环境或古建筑群遗迹三维景观，促进了遥感考古的应用研究和发展。

六、海洋遥感领域

海洋遥感是以海岸带和海洋环境、海洋资源调查为探测目标，其主要应用领域是海岸地形地貌调查、浅海海底地貌、海流方向和边界及流速、海面温度、浮游生物运移规律及海洋生物量和盐分及水质等。中国从 1977 年开始海洋遥感技术的研究，并先后在海岸带与滩涂资源调查、海洋环境监测、海冰观测、海洋气象预报、海洋渔场动态分析、大尺度海洋现象研究和基础理论研究等领域进行了遥感技术试验，其中海况预测、台风跟踪、海冰遥感和海洋环境污染监测已进入到实用阶段。

七、军事遥感领域

遥感技术的发展是基于军事遥感侦察技术而发展起来的，军事遥感是空间遥感技术的最新尖端领域，并采用最先进的技术设备。遥感技术在军事侦察的主要应用领域如下。

(1)红外遥感侦察技术，主要用于识别军事场地伪装。如第二次世界大战期间，英国利用红外彩色航摄，发现了德军在法国阿拉斯北部 V-1 武器制造基地，而用黑白航空摄影进行过两个星期的重点侦察，均未发现该军事目标。

(2)跨越边境线的侧视雷达侦察技术。该项遥感技术可使侦察飞机不侵犯敌对方的领空而获取军事情报。

(3)军事侦察遥感卫星。其图像面积覆盖面更广，速度更快，数量更多，分辨率更高。军事侦察卫星占空间卫星总数的80%，目前第四代军事侦察卫星图像的分辨率已达0.3m。

(4)全天候、全天时的实时遥感技术。

(5)动态目标追踪遥感探测技术。

第四节　遥感应用的技术类型

按照地学遥感应用的目的及其应用技术上的差异，可以将遥感应用技术划分为以下六类：

(1)测绘制图类：以地图制图学为基础的遥感制图应用，主要为测绘部门的遥感应用，如各种比例尺的普通地图遥感测图、城市大比例尺地图的更新和专题地图的遥感测绘制图等。

(2)区域调查类：属于部门专业领域或行业的区域调查及遥感解译应用，目前主要应用于地学基础调查或部门的专题调查，如区域地质调查、国土资源调查(土地资源、水资源)、农业调查、林业调查、地质旅游资源调查、环境调查等。

(3)动态监测类：地理环境与地表覆盖的动态监测工作可以为各级行政部门提供必需的科学管理数据，特别是对资源与环境的监测数据尤其重要。监测频率依据不同的部门而不同，监测的方法多采用不同时相的遥感数据或专题数据，其技术难点是空间数据与属性数据的一致性与多尺度图像数据的统一性。

(4)预测预报类：这类应用研究需要与其他学科进行综合，特别是近几年来应用较多的灾害预测预报、遥感图像的专题解译和预测预报模型的建立将成为其核心技术。

(5)科学考察类：科学考察具有一定的未知性和探险性，需要及时了解当地的自然资源环境的现势性，而遥感技术具有其他技术的不可替代性。科学考察有综合性的考察：如中国极地科学考察、环球远洋科学考察、青藏高原综合科学考察；也有一些专题性的科学考察：如长江源头科学考察、中国水土流失与生态安全综合科学考察等。

(6)规划评价类：规划的本质是以理性预测和筹谋克服市场的不足和人类行为的盲目性。规划过程需要大量历史和现实基础数据。遥感技术可以为各类专题规划和综合规划提供必需的科学数据，如交通线路规划遥感应用、城市规划遥感应用、旅游规划遥感应用等。

复习思考题

1. 遥感的概念及其定义。
2. 查阅资料，讨论遥感、遥测、遥控三者之间的区别与技术关系。
3. 讨论遥感技术分类系统与地学遥感的科学研究意义。
4. 遥感平台的概念及其系统构成。
5. 讨论遥感技术在不同专业领域的应用现状及其发展趋势。
6. 讨论遥感技术在国民经济建设中的作用和科学意义。

第二章　遥感物理基础

本章内容提要：介绍遥感物理中与电磁波有关的物理概念，主要包括电磁波与电磁波谱；电磁辐射基本定律；太阳辐射与地球辐射的基本特征；太阳的电磁辐射与大气层相互作用机理；电磁波与地表的相互作用机理和常见地物的光谱曲线。①

第一节　电磁波的理论基础

从空间平台对地球表面进行遥感的物理学原理是基于地球的电磁辐射作用。物理学证明，在热力学温度为 0K(−273℃) 以上时，所有物体都会发射电磁辐射，也会吸收、反射其他物体发射的电磁辐射。遥感图像所反映的地物电磁辐射信息是由地物的宏观(形态)特性和微观(分子级)特性共同决定的。这样，我们通过记录地物发射或反射辐射能量，就能够建立对地表目标(植被、土壤、岩石、地质构造、地貌等)的图像识别的波谱标志。

一、电磁波与电磁波谱

(一) 电磁波与电磁辐射

振动的传播称为波。电磁波是电磁场振荡在空间的传播。电磁波是典型的横波。电磁波由变化的电场(E)和与电场成直角的磁场(H)的振动所构成(图 2-1)，二者互相激发并以相同的相位传播各自的能量，二者的振动方向都垂直于电磁波的传播方向。电场随时间变化产生磁场，磁场随时间变化产生电场，两者互为因果，形成电磁场。电磁场的产生机制有许多方式，如电子的能级跃迁、电荷的加速、物质的放射性衰变以及原子和分子的热运动等。电磁场总是以光速向四周传播，电磁场是电磁作用的媒递物，并具有能量和动量，是物质存在的一种形式。在遥感物理研究中，强调电磁场在

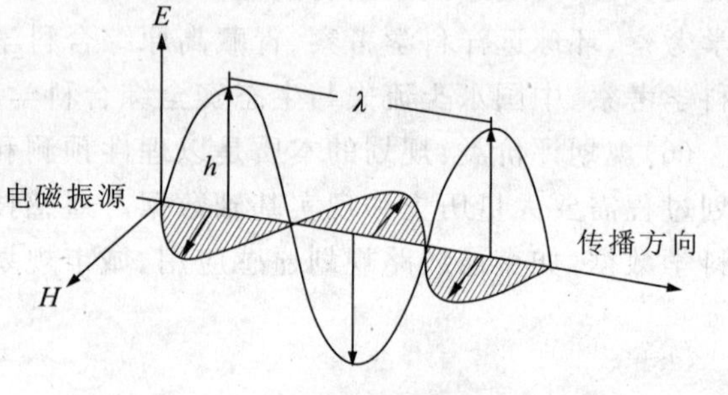

图 2-1　电磁波示意图

① 本章主要参考了中国科学院研究生教材：童庆禧、张兵、郑兰芬编著的《高光谱遥感——原理、技术与应用》；赵英时等编著的《遥感应用分析原理与方法》。

空间的传播时的波动特性及其粒子特性，关注交变电磁场在空间的产生过程及其影响因素，并将近代物理学中电磁波的振动过程称为电磁辐射。

(二)电磁波特性

电磁波具有波粒二象性，即波动性和粒子性。

1. 波动性

单色光的波动性可用波函数来描述，通常电磁波有以下三个属性参数。

波长：波长是指相邻波峰之间的距离；

频率：频率是指单位时间内通过某固定点的波数，频率的单位通常为赫兹(Hz)；

振幅：振幅是振动的物理量偏离平衡位置的最大值，振幅常用能量级别(正式术语为光谱辐照度)来衡量。

电磁波频率(ν)和波长(λ)的关系有 $c=\lambda\nu$，传播速度(c)是常数，为 299 893km/s。因此电磁波的特征可以用频率或波长来表征。在不同的学科和应用领域中，视情况选择波长(单位常用埃、微米、纳米、毫米等)或频率(常用单位有赫、千赫、兆赫)来描述电磁辐射。虽然没有统一的使用标准，但是在遥感应用中通常用微米、毫米等长度单位划分波段。

电磁波的波动性形成了波的干涉、衍射和偏振等现象。

(1)相干性。干涉是指满足一定条件的两列相干光波相遇叠加，合成波的振幅为各波振幅的矢量和。在叠加区域某些点的光振动始终加强，某些点的光振动始终减弱，即在干涉区域内振动强度有稳定的空间分布，这就是波的干涉。满足相干条件的波即称为相干波，所有单色波都具有相干波特性。光波具有时间相干性和空间相干性，时间相干性是指同一点光源，在不同时间发射光束的相干状态；空间相干性是指不同空间位置的光源之间的相干状态。取得时间和空间相干波是利用干涉特性进行距离测量的重要方法。激光就是相干波，是光波测距的理想光源。微波遥感中的雷达也是应用了干涉原理成像的，其影像上会出现颗粒状或斑点状的特征，这是一般非相干的可见光影像所没有的，对微波遥感的解译具有重大意义。

激光测距原理是激光在军事上应用的起点。在 20 世纪 60 年代的越南战争和中东战争中首先将其应用到火炮系统，大大提高了火炮射击精度。雷达是二战中的产物，而激光雷达(Light Detection and Ranging)又给雷达发展开创了新方向。相比于微波雷达(Radiao Direction and Range)，由于激光发散角小，方向性好，因此其测量精度大幅度提高。由于同样的原因，激光雷达不存在“盲区”，因此尤其适宜于对导弹初始阶段的跟踪测量。但由于大气的影响，激光雷达并不适宜在大范围内搜索，还只能作为微波雷达的一种补充。

目前研究成功的激光器种类很多。按照物质类型可分为：气体激光器、液体激光器、固体激光器、半导体激光器和化学激光器等；按激光输出方式可分为：连续输出激光器和脉冲输出激光器。激光器发射光谱的波长范围较宽，短波波长可至 0.24μm 以下，长波波长可至1 000 μm，输出功率低的仅几微瓦，高的可达几兆瓦以上。

激光在遥感技术中逐渐得到应用，其中应用较广的为激光雷达测高系统。激光雷达使用脉冲激光器，可精确测定卫星的位置、高度、速度等；也可测量地形，绘制地图，记录海面波浪情况；还可利用物体的散射性及荧光、吸收等性能监测污染和勘查资源。在遥感图像处理中，采用激光输出器和激光存储器，可大大提高图像处理的速度和精度。

(2)光波的衍射。光通过有限大小的障碍物时偏离直线路径的现象称为光的衍射。衍射(Diffraction)又称为绕射，衍射现象是波的特有现象，一切波都会发生衍射现象。依据产生衍射的条件，衍射类型有单缝衍射、圆孔衍射、圆板衍射及泊松亮斑等。入射光的波长很短，通常物体都比它大得多，当光射向一个针孔、一条狭缝、一根细丝时，可以清楚地看到光的衍射。在入射光垂直于单缝平面所形成的单缝衍射实验图样中，中间有特别明亮的条纹，两侧对称地排列着一些亮度逐渐减弱的条纹。如果单缝变成小孔，在屏幕中心会形成一个亮斑，其周围还有逐渐减弱的阴暗相间的环状条纹。一个物体通过物镜成像，实际上就是物体各点发出的光线在屏幕上形成的亮斑组合。

研究电磁波的衍射现象对设计传感器和提高遥感图像的几何分辨率具有重要意义。另外，在数字图像的处理中也要考虑衍射现象及其所构成的影响因素。

(3)偏振性。振动方向对于传播方向的不对称性称为偏振，它是横波区别于其他纵波的一个最明显的标志，因为只有横波才具有偏振现象。

在垂直于光传播方向的平面上，光矢量在各个可能方向上的取向是均匀的，光矢量的大小、方向具有无规律性变化，这种光称为自然光，也称为非偏振光。

完全偏振光可以划分为：①线偏振光，光矢量端点的轨迹为直线，即光矢量只沿着一个确定的方向振动，其大小、方向不变，称为线偏振光；②椭圆偏振光，光矢量端点的轨迹为一椭圆，即光矢量不断旋转，其大小、方向随时间有规律地变化；③圆偏振光，光矢量端点的轨迹为一圆，即光矢量不断旋转，其大小不变，但方向随时间有规律地变化。

部分偏振光是在垂直于光传播方向的平面上含有各种振动方向的光矢量，但光振动在某一方向更显著。部分偏振光是自然光和完全偏振光的叠加现象。

许多散射光、反射光、透射光都具有部分偏振光的特性。遥感技术中的偏振摄影和雷达成像就是利用了电磁波的偏振特性，偏振在雷达遥感技术中称为“极化”。

2. 电磁波的粒子性

地磁波是由密集的光子微粒组成的，电磁辐射的实质是光子微粒有规律地运动。电磁波的粒子性，使得电磁辐射的能量具有统计性，光的量子理论阐明光的粒子性。光电效应试验证明在特定波长入射光的照射下物体具有发射电子的现象，自然界的各种金属都存在极限频率，当入射光波大于其极限频率时，才能发生光电效应；光子的最大初动能与入射光的强度无关，只与入射光的频率有关。爱因斯坦的光电效应方程表达了光子的能量 ε：

$$\varepsilon = hv$$

光子的动量 P：

$$P = \frac{hv}{c} = \frac{h}{\lambda}$$

上述两个公式既描述波动特征的量——波长和频率，又描述粒子特性的量——能量和动量，很好地表达了光的波粒二象性。

(三)电磁波谱

不同的电磁波由不同的波源产生。如果按照电磁波在真空中传播的波长或频率递增或递减顺序排列，则构成电磁波谱。电磁波谱区段间的界限是渐变的，一般按照产生电磁波或测量电磁波的方法来划分。实验证明，无线电波、红外线、可见光、紫外线、X 射线、γ 射线都是电磁波，它们的区别仅在于频率或波长有很大差别。电磁波谱的划分如表 2-1 所示。

从电磁波谱表上可以看出，电磁波的波长范围非常宽，从波长最短的 γ 射线到最长的无线电波，它们的波长相差 10^{22} 倍以上。遥感采用的电磁波波段分布在从紫外到微波波段的范围内。

表 2－1　电磁波谱

<table>
<tr><th colspan="2">波　段</th><th colspan="2">波　长</th></tr>
<tr><td colspan="2">长　波</td><td colspan="2">＞3 000m</td></tr>
<tr><td colspan="2">中波和短波</td><td colspan="2">10～3 000m</td></tr>
<tr><td colspan="2">超短波</td><td colspan="2">1～10m</td></tr>
<tr><td colspan="2">微　波</td><td colspan="2">1mm～1m</td></tr>
<tr><td rowspan="4">红外波段</td><td>超远红外</td><td rowspan="4">0.76～1 000μm</td><td>15～1 000μm</td></tr>
<tr><td>远红外</td><td>6～15μm</td></tr>
<tr><td>中红外</td><td>3～6μm</td></tr>
<tr><td>近红外</td><td>0.76～3μm</td></tr>
<tr><td rowspan="7">可见光</td><td>红</td><td rowspan="7">0.38～0.76μm</td><td>0.62～0.76μm</td></tr>
<tr><td>橙</td><td>0.59～0.62μm</td></tr>
<tr><td>黄</td><td>0.56～0.59μm</td></tr>
<tr><td>绿</td><td>0.50～0.56μm</td></tr>
<tr><td>青</td><td>0.47～0.50μm</td></tr>
<tr><td>蓝</td><td>0.43～0.47μm</td></tr>
<tr><td>紫</td><td>0.38～0.43μm</td></tr>
<tr><td colspan="2">紫外线</td><td colspan="2">10^{-3}～0.38μm</td></tr>
<tr><td colspan="2">X 射线</td><td colspan="2">10^{-6}～10^{-3} μm</td></tr>
<tr><td colspan="2">γ 射线</td><td colspan="2">＜10^{-6} μm</td></tr>
</table>

按照电磁波产生的方式将其划分成三个组成部分：①高频区：包括 X 射线、γ 射线和宇宙射线，它们的辐射特点是量子能量高，其波动性弱而粒子性强；②长波区：包括长电振荡、无线电波和微波等最低频率的辐射，其辐射特点更多地表现为波动性；③中间区：包括红外辐射、可见光和紫外辐射，红外辐射主要产生于分子的转动和振动；可见与紫外辐射主要产生于电子在原子场中的跃迁。红外辐射与紫外、可见光辐射统称为光辐射，光辐射具有明显的波动性和粒子性的双重特性。

二、电磁辐射的基本术语

对于电磁辐射的定量度量形成了若干基本量，根据测定方式的不同分为辐射测量（radiometry）和光度测量（photometry）。其中，辐射测量是以 γ 射线到无线电波整个波长范围为对象的测定；光度测量则是对引起人类视觉感应的波段的测定。辐射测量的主要基本量如下。

（1）辐射能量（radiant energy，W）：以电磁波形式传送的能量，单位为 J（焦耳）。

（2）辐射通量（radiant flux，Φ）：单位时间内传送的辐射能量，$\Phi = \mathrm{d}W/\mathrm{d}t$，单位为 W（瓦），$t$ 为时间；辐射通量是波长的函数，总辐射通量是各谱段辐射能量之和或辐射通量的积分值。

(3) 辐射通量密度 (E)：单位时间内通过单位面积的辐射能量，$E = \mathrm{d}\Phi/\mathrm{d}S$，单位为 $\mathrm{W/m^2}$，S 为面积。

(4)立体角 sr：在球面上由面积 A 张开的立体角 ω，等于该面积除以球半径的平方单位。

(5)辐射强度(radiant intensity，I_e)：在单位立体角、单位时间内，从点辐射源向某方向辐射的能量，$I_e = \mathrm{d}\Phi/\mathrm{d}\omega$，单位为 W/sr(瓦/球面度)，$\omega$ 为立体角。

(6)辐射照度(irradiance，I)：在单位时间内，辐射物体表面单位面积上接收的辐射通量，$I = \mathrm{d}\Phi/\mathrm{d}S$，单位为 $\mathrm{W/m^2}$。

(7)辐射出射度(radiant exitance，M)：单位时间内从辐射源单位表面积上发射的辐射通量，$M = \mathrm{d}\Phi/\mathrm{d}S$，单位为 $\mathrm{W/m^2}$。

(8)辐射照度 (I) 与辐射出射度(M) 都是辐射通量密度的概念，区别就在于 I 为物体接收的辐射，M 为物体发出的辐射，它们都与波长 λ 有关。

(9)辐射亮度(radiance，L)：假定有一辐射源呈面状，向外辐射的强度随辐射方向而不同，则 L 定义为辐射源在单位立体角、单位时间内从表面单位面积上的辐射通量，即 $L = \dfrac{\Phi}{w(S\cos\theta)}$，单位为 $\mathrm{W/(sr \cdot m^2)}$。

需要注意的是，在辐射测量的各个量中，当加上“光谱(spectral)”这一术语时，则是指单位波长宽度的量，如光谱辐射通量(spectral radiant flux)、光谱辐射亮度(spectral radiance)等。

辐射量如图 2-2 所示。当辐射源向外辐射电磁能量时，L 往往随 θ 角而变化。L 与 θ 无关的辐射源称为朗伯源。一些粗糙的表面可以看作近似朗伯源，涂有氧化镁的表面也可以称为近似朗伯源，常被用作遥感光谱测量时的标准板。太阳通常作为近似朗伯源，以简化对太阳辐射的研究。然而，严格地讲，只有绝对黑体才是朗伯源。

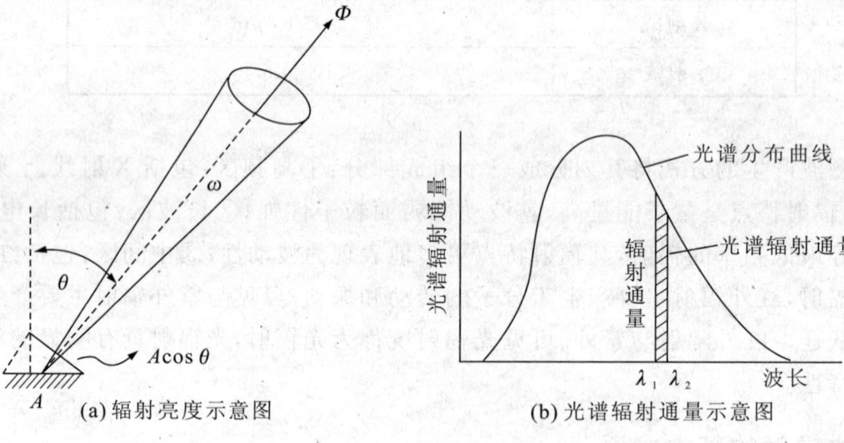

图 2-2 辐射量示意图

三、电磁辐射定律

电磁辐射原理离不开黑体(black body)的概念。黑体是假设的理想辐射体，其定义为对入射的电磁波全部吸收，既没有反射，也没有透射，其辐射能量仅随温度的变化而变化。黑体是朗伯源，其辐射是各向同性的。黑体是假想的物理实体，自然界的所有物体都具有不断辐射、吸收、发射电磁辐射的能力。物体电磁辐射的能量分布在各个波段是不同的，即具有一定的谱分布特征。这种谱分布与物体本身的特性及其温度有关。尽管自然界并不存在真正的绝对黑体,但可通过实验模拟黑体辐射源,这些实验为物体温度和辐射关系奠定了基础。以下介绍的电磁辐射定律是电磁场能量传播时所遵循的物理定律。

1. 斯忒藩-玻耳兹曼(Stefan - Boltazmann)定律

任一物体辐射能量的大小是物体表面温度的函数。斯忒藩-玻耳兹曼定律[Stefan (1835—1892 年)- Boltazmann(1844—1906 年)]表述了黑体总辐射出射度(W/m^2)与其温度(T)(热力学温度,K)之间的定量关系,即:

$$M(T) = \sigma T^4 \tag{2-1}$$

式中:σ 为斯忒藩-玻耳兹曼常数,常数值 $5.669\,7\times10^{-8}\,Wm^{-2}\cdot K^{-4}$;$T$ 为发射体的热力学温度(K)。

斯忒藩-玻耳兹曼定律从本质上说明了单位面积上较热的黑体辐射的能量要多于较冷的黑体。同时,该定律也表明,随着温度的增加,辐射能量增加是很迅速的。

以上讨论说明了一个物体的发射能量既随温度变化,又随波长而变化,图 2-3 显示了各种温度(200～6 000K)的黑体表面辐射能量的波谱分布曲线。纵坐标表示单位波长间隔的辐射出射度。图中曲线与坐标轴间的面积相当于总辐射出射度 M。曲线说明斯忒藩-玻耳兹曼定律所表达的物理含义,辐射温度越高,发射的辐射总量越大,另外,这些不同温度的黑体辐射曲线几何图式相似,而且它们的能量峰值的分布随着温度的升高向短波方向移动。

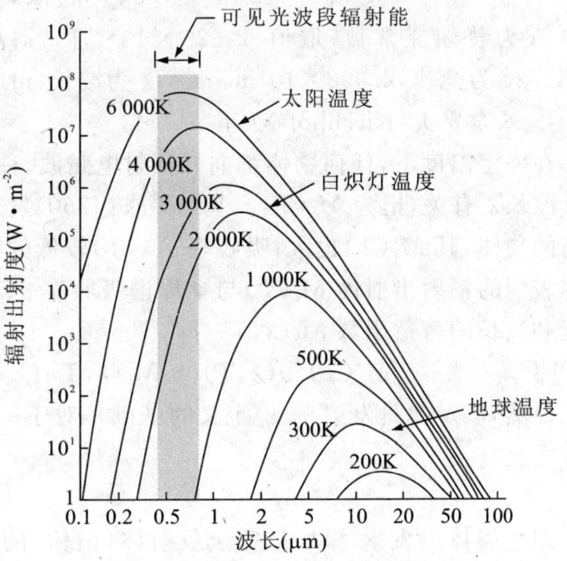

图 2-3 不同温度黑体辐射波谱曲线

2. 维恩(Wien)位移定律

维恩位移定律[Wien's Displacement Law(1864～1928 年)]表述了物体辐射出射度的峰值波长与温度的定量关系。可表示为:

$$\lambda_{max} = A/T \tag{2-2}$$

式中:λ_{max} 为辐射出射度峰值处的波长;T 为热力学温度(K);A 为常数,取值为 $2\,897.8\mu m\cdot K$。

此式表明,黑体最大辐射出射度所对应的波长 λ_{max} 与黑体的热力学温度 T 成反比,随着黑体温度的升高(或降低),黑体最大辐射峰值波长 λ_{max} 向短波(或长波)方向变化。如加热一块金属时,我们可以观察到随着温度的升高,其颜色会依次呈暗红→橙色→黄色→白色的顺序变化,即发射电磁波向短波变化的现象。地球表层(包括土壤、水、植被等)的平均温度约 300K(27℃),其相应的最大辐射峰值波长约为 9.7μm,这部分辐射与热相关,故称为热红外能。热辐射能量可采用特殊热仪器如辐射计、扫描仪进行探测。太阳表面的温度近似 6 000K,其最高能量峰值波长约为 0.48μm,这部分辐射属于人眼的敏感范围。

在图 2－3 中，太阳发射的波谱曲线相当于温度属于 6 000K 的黑体辐射曲线，白炽灯发射的波谱曲线相当于温度 3 000K 的黑体辐射曲线。两者辐射能量差异较大，且后者蓝光能量较低。因此在摄影遥感中，人们研制不同的胶片，以适应不同的光照条件。“日光型”胶卷是针对户外光照条件的，若将之用于室内灯光下，因光源不同所得照片偏向黄色，但是用闪光灯后，因补充了高强的蓝光能量，照片的效果就可以得到明显的改善。

3. 普朗克(Planck)辐射定律

普朗克(1990)在维恩公式 $M_v = \alpha v^3 e^{-\beta v/T}$(适用于短波区、高频区)和瑞利-金斯公式 $M_v = \frac{2\pi}{c^2}kT$(适用于可见光谱的长波部分、低频率范围)的基础上，成功地给出了其辐射出射度(M)与温度(T)、波长(λ)的关系，Planck 定律表示为：

$$M_\lambda(T) = 2\pi hc^2\lambda^{-5}[\exp(hc/\lambda kT) - 1]^{-1} \qquad (2-3)$$

式中：h 为普朗克常数，取值 6.626×10^{-34} J·s；k 为玻耳兹曼常数，取值 $1.380\ 6\times10^{-23}$ J·K^{-1}；c 为光速，2.998×10^8 m·s^{-1}；λ 为波长(m)；T 为热力学温度(K)。

4. 基尔霍夫(Kirchhoff)定律

在一定温度下，任何物体都向外辐射电磁波，称为热辐射。物体表面的辐射出射度与温度 T 及波长 λ 有关，记为 $M_\lambda(T)$。基尔霍夫(1860)发现吸收率 $\alpha(\lambda,T)$(实际上是半球谱吸收率)较高的物体，其 $M_\lambda(T)$ 也大；吸收率 $\alpha(\lambda,T)$ 较低的物体，其 $M_\lambda(T)$ 也小。他将该定律表达为：物体表面的辐射出射度 $M_\lambda(T)$ 与半球谱吸收率 $\alpha(\lambda,T)$ 的比值与物体的性质无关，该比值是温度和波长的普适函数 $M_b(\lambda,T)$，即：

$$M_\lambda(T)/a(\lambda,T) = M_b(\lambda,T) \qquad (2-4)$$

显然，该定律是发射率(ε)定义的基础。对于一个给定物体，其与同温度下黑体的辐射出射度之比有：

$$\varepsilon = M/M_b \qquad (2-5)$$

理想黑体的发射率为 1，完全反射体(白体)的发射率为 0。黑体和白体在自然界并不存在，但在实验中可被人为地模拟，自然界的物体的发射率都介于此两者之间(灰体)。发射率是表征物体辐射率特性的参数。

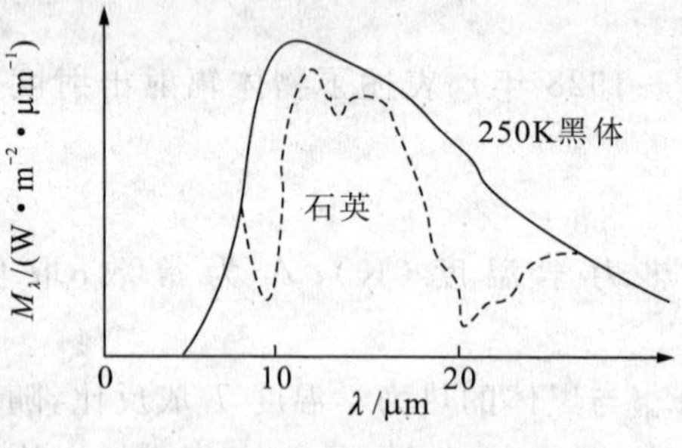

图 2－4　石英的辐射曲线

以石英的辐射为例，测出对应不同波长的光谱辐射出射度 M_λ。假定石英温度为 250K。分别作出 250K 时绝对黑体的辐射曲线和石英的辐射曲线(图 2－4)，从图可以看出，石英的辐射出射度 M_λ 显然低于黑体辐射，而且随波长不同而不同，即说明比辐射率(或吸收系数)与波长有关。图 2－4 的纵坐标是石英对应于每一波长的光谱辐射出射度，曲线下面积是整个电磁波谱的总辐射出射度。

自然界的物体与绝对黑体作辐射比较，都有与石英晶体类似的性质，只不过吸收系数 α_λ 不同而已(表 2－2)。基尔霍夫定律的基本规律是绝对黑体不仅具有最大的吸收率，也具有最大的发射率，其反射率为零。如果物体的吸收本领大，即 α_λ 越接近 1，它的发射本领也大，即越接近黑体辐射。

表 2－2　常温下 λ 为 8～14μm 自然物体的比辐射率(或发射率)

物　体	温度	比辐射率	物　体	温度	比辐射率
橡木平板	常温	0.90	石　英	常温	0.627
蒸馏水	常温	0.96	长　石	常温	0.819
光滑的冰	－10℃	0.96	花岗岩	常温	0.780
雪	10℃	0.85	玄武岩	常温	0.906
沙	常温	0.90	大理石	常温	0.942
柏油路	常温	0.93	麦　地	常温	0.93
土　路	常温	0.83	稻　田	常温	0.89
混凝土	常温	0.90	黑　土	常温	0.87
粗钢板	常温	0.82	黄黏土	常温	0.85
炭	常温	0.81	草　地	常温	0.84
铸　铁	常温	0.21	腐殖土	常温	0.64
铝(光面)	常温	0.04	灌　木	常温	0.98

注：常温一般指 20℃。

第二节　太阳辐射与地球辐射

一、太阳辐射

太阳是地球最强的电磁辐射源，也是遥感探测的主要能源。太阳中心温度约为 1.5×10^7K，表面温度约 6 000K，其辐射的总功率为 3.826×10^{26} W，表面的辐射出射度为 6.284×10^7 W·m^{-2}。太阳的辐射波谱从 X 射线一直延伸到无线电波，是一个综合波谱。

从图 2－5 可以看出，太阳辐射的大部分能量集中于近紫外—中红外(0.31～5.6μm)内，占全部能量的 97.5%，其中可见光占 43.5%，近红外占 36.8%。在此区间内太阳辐射强度的变化很小，可以当作很稳定的辐射源。其他波段的太阳辐射则可以忽略。

到达地球大气外边界的太阳辐射，一部分被大气层反射回太空(约 30%)；另一部分被大气吸收(约 17%)；还有一部分被散射成漫射辐射到达地表(约 22%)。这样，只有约 31% 的太阳辐射到达地球表面。

地面接收到的太阳辐射照度(E)与太阳天顶角 θ 有关：

$$E = E_0\cos\theta/D^2 \tag{2-6}$$

式中：E_0 为太阳常数(描述太阳辐射能流密度的物理量)，即在日地平均距离处，单位时间内，垂直于太阳光线的单位面积上所接收到的全部太阳辐射能，数值为 1.36×10^3 W·m^{-2}；D 为日地平均距离。

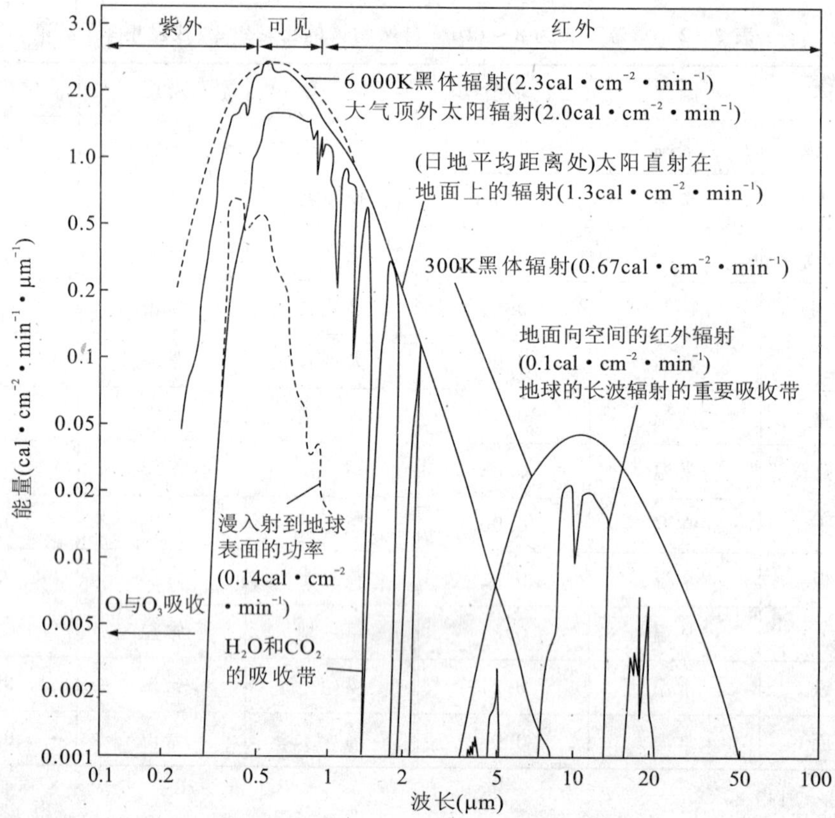

图 2-5　太阳与地球的辐射波谱

从式(2-6)可以看出，当 θ 取某地正午时分太阳天顶角(0°)时，E 为到达该地的最大辐照度。

由于地球的公转和自转，到达地球任一点的太阳总辐射随时间呈近似正弦形式变化：

$$E_i = E_{\max}\sin(\pi t/N) \tag{2-7}$$

式中：t 为日出到 E_i 时刻的时间间隔；N 为理论日照时数。

太阳天顶角随纬度、季节、时间等因素而变化，可通过下式计算：

$$\cos\theta = \sin\varphi \cdot \sin\delta + \cos\varphi \cdot \cos\delta \cdot \cos t \tag{2-8}$$

式中：φ 为地理纬度；δ 为太阳赤纬(赤纬指太阳光与地球赤道平面的夹角，一年内 δ 在 $\pm 23°27'$ 范围内变化，春分、秋分时，太阳直射赤道，$\delta = 0$；夏至时太阳直射北回归线，$\delta = 23°27'$，冬至时太阳直射南回归线 $\delta = -23°27'$。一年之内赤纬的变化值可以从有关表中查得)；t 为太阳时角(定义为地方时 12 点的时角 t 为 0，6 点 t 为 $-\pi/2$，18 点 t 为 $+\pi/2$)。

式(2-8)中，第一项 $\sin\varphi \cdot \sin\delta$ 表示季节变化对天顶角的影响；第二项则表示一天内天顶角随时间 t 的变化。高纬度地区 $\sin\varphi$ 大，所以天顶角随季节的变化大，而随日变化小；低纬度地区则相反，$\sin\varphi$ 小，$\cos\varphi$ 大，天顶角随季节变化不大，而随日变化大。这就是说，太阳辐照度是太阳天顶角 θ 和纬度 φ 的函数。地面接收的太阳辐照度还与大气的吸收及散射有关。地物的电磁辐射特征，也与太阳的照射有关。

二、地球辐射

地球辐射主要为长波辐射和热红外辐射(图 2-6)。由地球(包括地面和大气)发射的长波电磁辐射的大部分被云层和大气层所吸收,一小部分透过大气层直射太空。在地球辐射中,由地面向上发射的长波辐射称为地面辐射或地面射出辐射;而大气发射的长波辐射称为大气辐射,大气向下发射的长波辐射称为大气逆辐射。地球辐射的波长范围约为 4～120μm,辐射能量的 99%集中在 3μm 以上的波长范围内。地球辐射的最强波长约为 9.7μm。地球的短波辐射波长为 0.3～2.5μm(图 2-5)。地球的短波辐射以地球表面对太阳的反射为主,而其长波辐射主要为地表物体自身的热辐射。介于两者之间的 2.5～6μm 中红外波段的辐射则是由太阳辐射和热辐射的共同作用所形成。

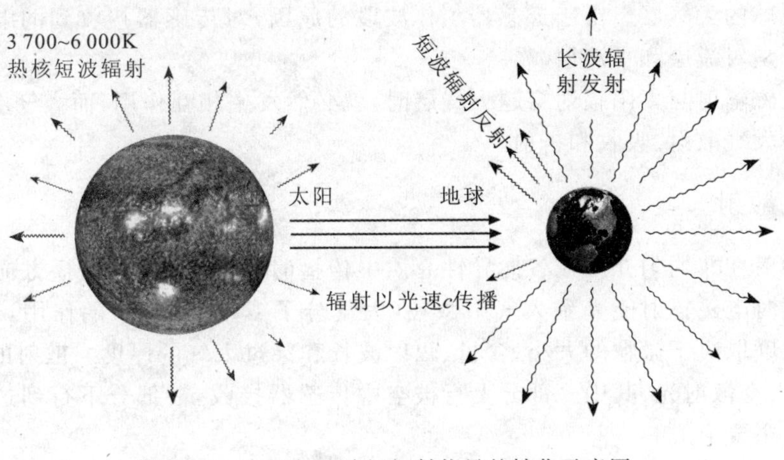

图 2-6　太阳与地球间辐射能量的转化示意图

地球长波辐射的辐射亮度 L 与地物的比辐射率 ε、地物温度 T 及波长 λ 有关:

$$L(\lambda,T)=\varepsilon(\lambda,T)L_b(\lambda,T) \tag{2-9}$$

式中:L_b 为黑体的辐射亮度。

地球上的能源来自太阳辐射,包括太阳直射能量与天空漫射能量。但入射到地面的太阳短波辐射能量($R_s\downarrow$ 或 Q)中还有一部分被地面反射($R_s\uparrow$),则地面实际吸收的太阳短波辐射能量为:

$$R_s\downarrow - R_s\uparrow = (1-\rho)R_s\downarrow = (1-\rho)Q \tag{2-10}$$

式中:ρ 为地表全波段的反射率(即反照率)。

地表在吸收太阳辐射能的同时,也向外界发射长波辐射能量 $R_L\uparrow$,而大气的长波辐射到达地面为 $R_L\downarrow$。因此地表的净辐射收入 R_n 或(Q_n)为

$$R_n=(1-\rho)R_s\downarrow + R_L\downarrow - R_L\uparrow \tag{2-11}$$

且净收入的大小与地表的反射率有关。

第三节　电磁波与大气层的相互作用

国际宇航第32届大会(1981)将陆地、海洋、大气层和外层空间分别称为人类的第一、第二、第三和第四环境。其中,将100～120km以下的大气层界定为稠密大气层,也称为大气环境或人类的第三环境;将100～120km以上称为外层空间或人类的第四环境。大气层主要由一些气体分子和其他微粒所构成。气体分子主要有N_2和O_2,约占99%,其余1%是O_3、CO_2、H_2O及其他气体(N_2O、CH_4、NH_3等)。大气中的微粒主要有烟、尘埃、雾霾、小水滴及气溶胶。气溶胶是一种固体和液体的悬浮物,一般直径大小在0.01～30μm之间,多分布在高度5km以下的大气中。

大气层自下而上依次分为对流层、平流层、中间层、热层和散逸层。遥感利用的一切辐射都必然经过地球的大气层。由于遥感器工作波段的原因,对传感器接收到的电磁辐射信号最大的影响因子是对流层和平流层。

当地球电磁辐射与太阳辐射穿越大气层时,就必然发生相互作用,而大气层的电磁辐射作用主要表现为大气散射、吸收和折射。

一、大气散射

当电磁辐射在非均匀介质或各向异性介质中传播时,将改变原来传播方向的现象称为散射。大气散射时电磁辐射能受到大气中微粒(大气分子或气溶胶等)的作用,改变传播方向。大气散射的强度取决于微粒的大小、含量、辐射波长和穿过大气的厚度。散射的结果改变了辐射方向,产生天空散射光,其中一部分上行被空中传感器接收,一部分下行到达地表。大气散射有以下几种主要形式。

1. 选择性散射

(1)瑞利(Rayleigh)散射。当大气中粒子的直径远小于波长时发生散射。这种散射主要由大气中的原子和分子,如氮、二氧化碳、臭氧和氧分子等引起。特别是对可见光而言,瑞利散射现象非常明显,因为这种散射的特点是散射强度与波长的四次方(λ^4)成反比,即波长越长,散射越弱。当向四面八方的散射光线较弱时,原传播方向上的透过率便越强。当太阳辐射垂直穿过大气层时,可见光波段损失的能量可达10%。

瑞利散射对可见光的影响很大(图2-7)。无云的晴空呈现蓝色,就是因为蓝光波长短,散射强度较大,因此蓝光向四面八方散射,使整个天空蔚蓝,使太阳辐射的蓝光被大大削弱。这种现象在日出和日落时更为明显,因为这时太阳高度角小,阳光斜射向地面,通过的大气层比阳光直射时要厚得多。在大气的传播中,蓝光波长最短,几乎被散射殆尽。波长次短的绿光也大部分被散射,只剩下波长最长的红光,散射最弱,因此透过大气最多是红光,加上剩余的绿光合成呈现橘红色。所以朝霞和夕阳都偏橘红色。

瑞利散射对于红外和微波的散射强度更弱,可以认为几乎不受大气散射作用的影响。

(2)米氏(Mie)散射。当大气中粒子直径与辐射波长相当时所发生的散射称为米氏散射。米氏散射主要由大气中的微粒,如烟、尘埃、小水滴及气溶胶等引起。米氏散射的散射强度与波长的二次方(λ^2)成反比,并且散射在光线向前方向比向后方向更强(图2-8),方向性比较明显。如云雾的粒子大小与红外线(0.76～15μm)的波长接近,所以云雾对红外线的散射主要是

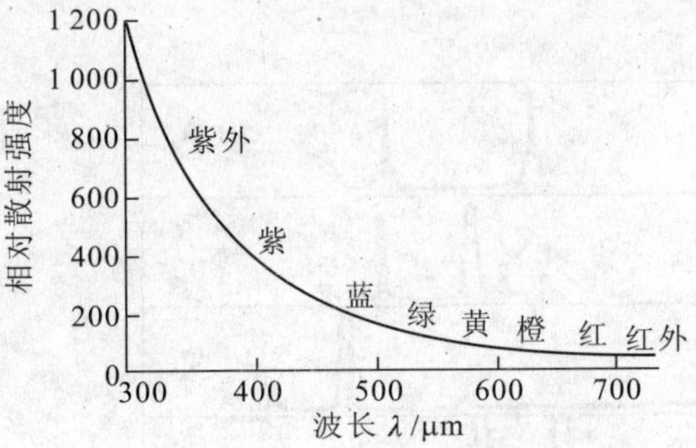

图 2-7 瑞利散射与波长的关系示意图

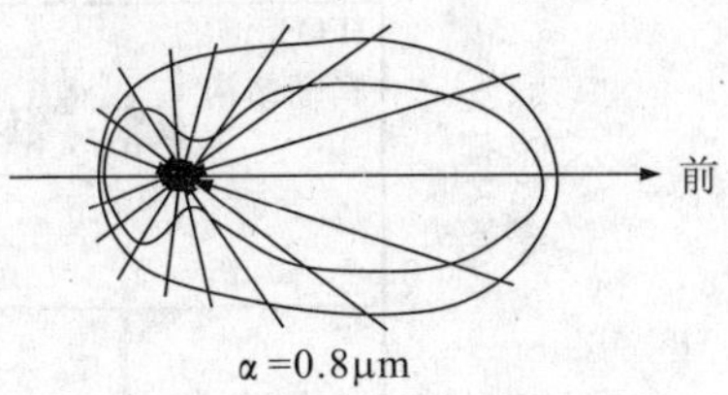

图 2-8 米氏散射示意图

米氏散射。因此,潮湿天气米氏散射的影响较大。

2. 无选择性散射

无选择性散射的条件是当大气中粒子直径比波长大得多时所发生的散射。这种散射的特点是散射强度与波长无关。也就是说,在符合无选择性散射条件的波段中,任何波长的散射强度都相同。如云、雾粒子直径虽然与红外线波长接近,但相比可见光波段,云雾中水滴的粒子直径就比波长大很多,因而对可见光中各个波长的光散射强度相同,所以人们看到云雾呈白色,并且无论从云下还是乘飞机从云层上面看都是白色的。

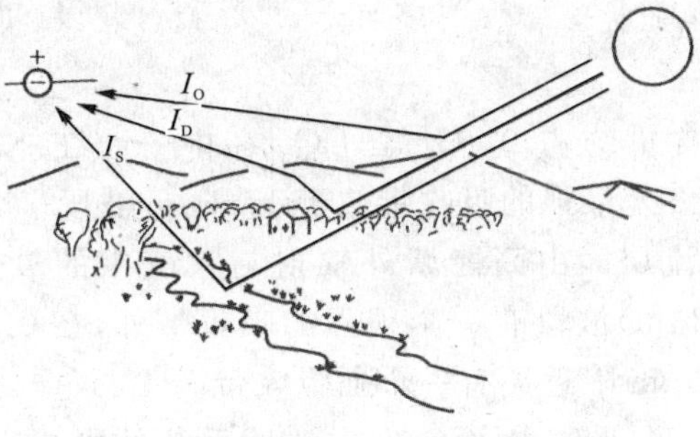

图 2-9 遥感器接收的辐射亮度的波谱辐射成分

在入射光照射地面时,由于无选择性散射强度的增加而导致了漫入射成分的加入,使反射的辐射成分有所改变;而返回到传感器的反射光也增加了大气散射能量进入图像像元之中,从而增加了信号中的噪声成分,造成遥感图像的质量下降。实际上,传感器所探测到的辐射能量 I 是由三部分信号之和组成的(图 2-9)。

$$I = I_S + I_O + I_D \tag{2-12}$$

式中:I_S 为被地表直接反射的辐射;I_O 为被大气向上散射没有到达地面就直接进入探测器的程辐射(path radiance);I_D 为天空漫辐射光射入地面后,又反射到大气中,然后再进入到传感器的部分。遥感图像的大气校正处理将详细介绍其处理方法。

二、大气吸收

电磁辐射穿过大气时受到大气分子的吸收作用,造成能量的衰减称为大气的吸收作用。大气中的臭氧(O_3)、二氧化碳(CO_2)、水汽(H_2O)对太阳辐射的吸收最为显著(图 2-10)。

水汽(H_2O)一般分布在低空,其含量随时间、地点的差异性而变化很大(约 0.1%～3%)。而且,水汽的吸收辐射是其他大气组分的几倍,最重要的吸收带分布在 2.5～3.0μm、5.5～7.0μm和>27.0μm(在这些区段,水汽的吸收可能超过 80%)的波段。另外,水汽在 0.94mm、1.63mm及 1.35cm 处还有 3 个吸收谷。

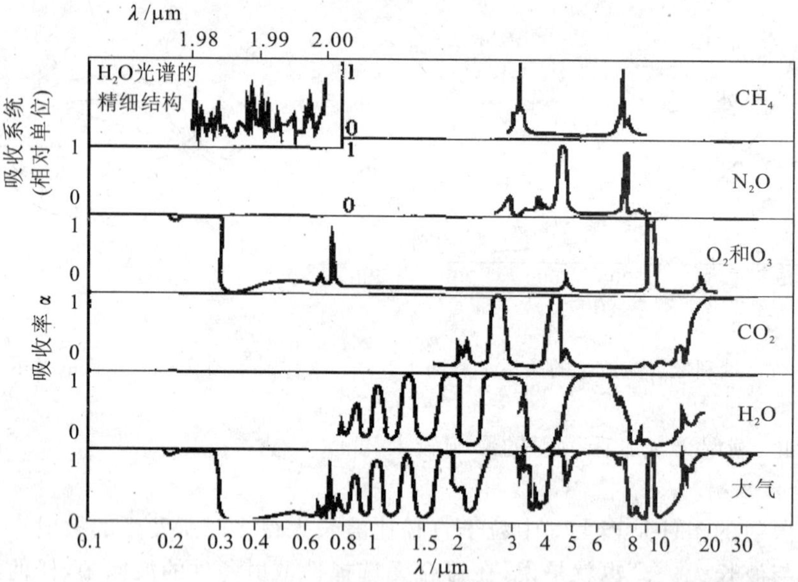

图 2-10 大气吸收谱

二氧化碳(CO_2)主要分布于底层大气,其含量约占 0.03%。CO_2 在中—远红外区段(2.7μm、4.3μm、14.5μm 附近)均为强吸收带,远红外最强的吸收带位于 17.5μm 波段。

臭氧(O_3)主要集中在 20～30km 高度的平流层。由高能紫外辐射与大气中的氧分子(O_2)相互作用生成。O_3 除了在紫外(0.22～0.32μm)波段有一个很强的吸收带外,在 0.6μm 附近也有一个较宽的弱吸收带,而且在远红外 9.6μm 附近还有一个强吸收带。

由于上述这些气体在特定的波长范围吸收电磁辐射,因而它们对遥感系统的影响很大。大气的选择性吸收不仅能使气温升高,而且造成太阳发射的连续光谱中的某些波段不能传播到地球表面。

图 2-10 最下面一条曲线综合了大气中几种主要分子的吸收作用,反映出大气吸收带的分布规律。

三、大气折射

电磁波穿过大气层时,会发生折射而改变传播方向。大气的折射率与大气密度相关,密度越大,折射率越大;离地面越高,空气越稀薄,折射率也越小。由于折射率的变化使得电磁波在大气中的行进轨迹是一条曲线。这样当电磁波到达地面后,地面接收的电磁波方向与实际的太阳辐射方向相比就会偏转一定的角度,即折射角 $R=\theta-\theta'$(图 2-11)。当太阳垂直入射时,天顶角为 0°,折射值 $R=0$,随着天顶角加大,折射值增加,天顶角为 45°时,折射值 $R=1'$;天顶角为 90°时,折射值 $R=35'$;这时折射值达到最大。这也是为什么早晨看到的太阳圆面比中午看到的圆面大,因为当太阳在地平线上时,折射角最大,甚至它还没有出地平线,由于折射,地面上就已经可以见到初升的太阳。

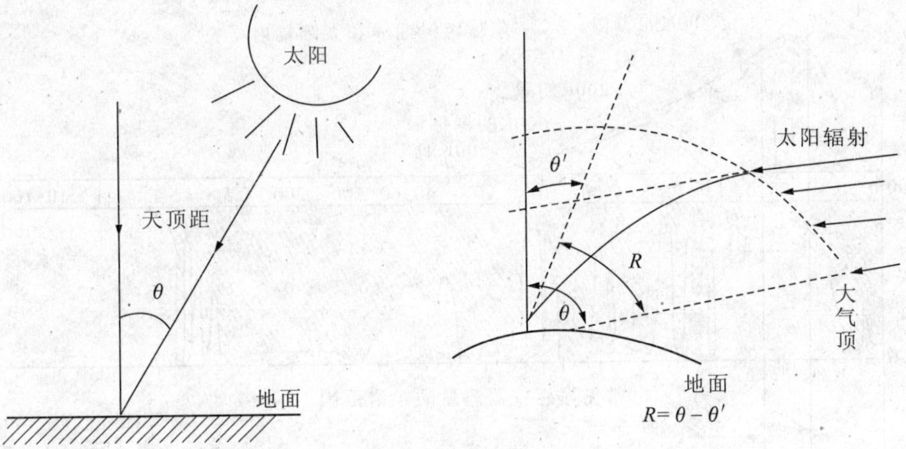

图 2-11　天顶角(θ)与折射值(R)简图

四、大气窗口

太阳辐射在穿过大气层时要受到大气反射、吸收和折射等多重作用，不同的电磁波段通过大气后衰减的程度是不一样的。因而，地面遥感所能够使用的电磁波是有限的。有些波段的透过率很小，甚至完全无法透过，这称为“大气屏障”；反之，有些波段的电磁辐射通过大气后衰减很小，透过率很高，通常称为“大气窗口”。研究和选择有利的大气窗口，最大限度地接收有用信息，是遥感技术的重要课题之一。对遥感传感器而言，只能选择透过率高的波段，对遥感探测才有意义。

目前遥感常用的大气窗口有五个。图 2-12 显示了电磁辐射能源与大气吸收特征、大气窗口的遥感系统的相互关系。

(1)0.30～1.15μm 大气窗口，包括全部可见光波段、部分紫外线和部分近红外波段，是遥感技术应用最主要的窗口之一。其中，0.30～0.40μm 近紫外窗口，透过率约为 70%；0.40～0.70μm 可见光窗口，透过率约为 95%；0.70～1.10μm 近红外窗口，透过率约为 80%。其光谱特性主要反映地物对太阳光的反射，通常称为短波区，一般采用摄影或扫描成像方式并在白天进行成像。

(2)1.30～2.50μm 大气窗口，属于近红外波段。该窗口按习惯分为 1.55～1.90μm 及 2.00～2.50μm 两个子窗口，透过率在 60%～95%之间。其中，1.55～1.75μm 透过率较高，白天夜间都可以进行扫描成像，并主要用于地学遥感。

(3)3.50～5.00μm 大气窗口，属于中红外波段，透过率约为 60%～70%。该窗口为地物热红外发射光谱，可以用来探测高温目标，如森林火灾、火山、核爆炸等。

(4)8～14μm 大气窗口，属于热红外波段，透过率约为 80%。由于常温下地物光谱辐射出射度最大值对应的波长为 9.7μm，故该窗口是地表常温下地物热辐射能量最集中的波段，其波谱信息主要反映地物的发射率及温度。

(5)1mm～1m 大气窗口，分为毫米波、厘米波和分米波。其中，1.0～1.8mm 窗口的透过率约为 35%～40%；2～5mm 窗口的透过率约为 50%～70%；8～1 000mm 微波窗口的透过率为 100%。该窗口主要适用于微波雷达成像，分别对应于 K 波段、X 波段、C 波段及 S 波段。

微波的特点是能穿透云层、植被和一定厚度的冰与土壤，具有全天候工作能力。

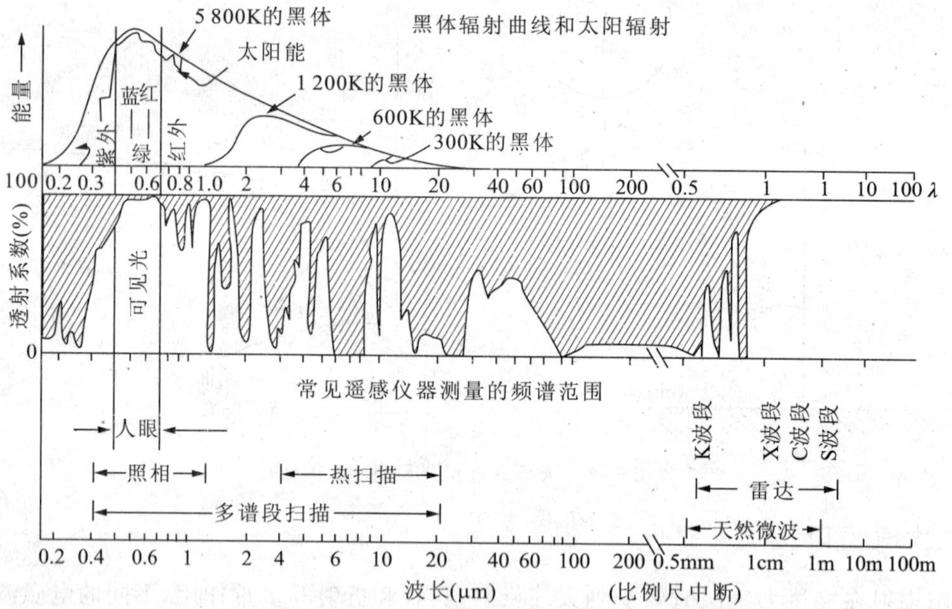

图 2-12　遥感系统的电磁波探测范围与大气窗口及成像方式间的关系简图

第四节　电磁波与地表的相互作用

当电磁波到达地表后，电磁辐射与地表必然要发生相互作用，主要有三种基本物理过程——反射、吸收和透射。

图 2-13 是以水体表面为代表来表示这些基本过程。应用能量守恒原理，可以将三者的关系表述为

$$E_I(\lambda) = E_R(\lambda) + E_A(\lambda) + E_T(\lambda) \qquad (2-13)$$

式中：E_I 为入射能；E_R 为反射能；E_A 为吸收能；E_T 为透射能。它们均是波长的函数。

电磁辐射能量的反射、吸收和透射的比例及其辐射性质对于不同的地表目标是变化的，其变化特性依赖于地表的物质组成和状态，如矿物成分、几何特征、光照角等，我们可以根据这些

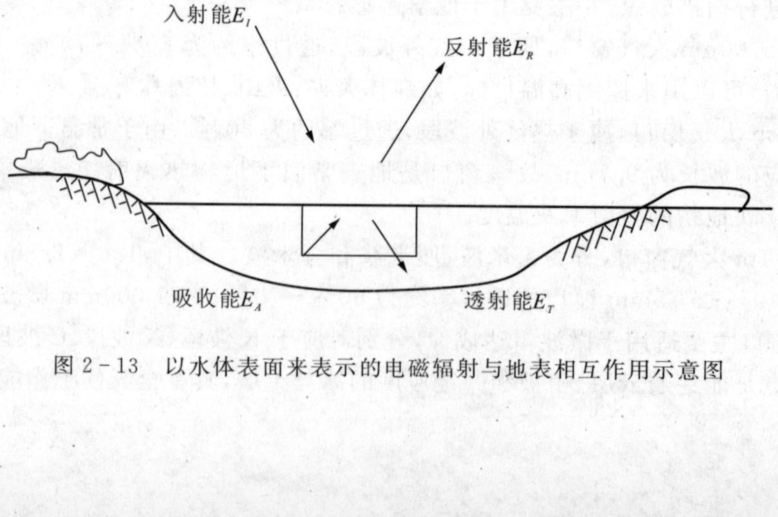

图 2-13　以水体表面来表示的电磁辐射与地表相互作用示意图

特性在图像上识别不同地物；另一方面依赖于不同波长的光谱反射或反射特征。如在某个波谱范围内不易识别的两个物体，可能在另一个波谱范围内易于进行识别。

一、反射

当电磁辐射到达两种不同介质的分界面时，入射能量的一部分或全部返回原介质的现象称为反射。地物的反射特征可以通过目标的反射能量所占入射能量的比例，即反射率的测定来确定。反射率是波长的函数，定义为

$$\rho(\lambda) = E_R(\lambda)/E_I(\lambda) \tag{2-14}$$

式中：$\rho(\lambda)$以百分数表示，取值在0～1之间；$E_R(\lambda)$为反射能量；$E_I(\lambda)$为入射能量。

物体的反射率随波长变化的曲线称为反射光谱，其形状反映了地物的波谱特征。影响反射率的因素包括物质的类型、组成、结构、入射角、物体的电学性质（电导、介电、磁学性质）以及表面特征（粗糙度、质地）等。因此，任何物体的反射光谱都蕴含着目标的本质信息，研究地物的反射光谱特征对遥感图像解译是十分重要的。

物体对于电磁波的反射特性通常可以分为镜面反射、漫反射和方向反射三种（图2－14）。

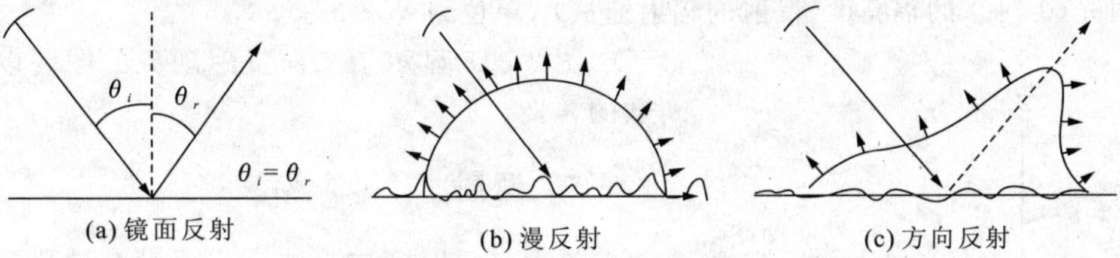

图2－14　电磁波反射作用的三种形式示意图

对任何表面，其反射特征是由其表面的粗糙度决定的，而粗糙度是相对于入射波的波长而言的。关于表面粗糙度，瑞利判别准则是

$$h \leqslant \lambda/(8\cos\theta) \tag{2-15}$$

式中：h为某一平面上的高度度量，以波长计；λ为波长；θ为入射角。满足该判别标准的表面视为光滑表面；反之，则视为粗糙表面。

1. 镜面反射（Specular Reflection）

镜面反射是指满足入射波和反射波在同一平面内，且入射角和反射角相等的反射条件。镜面反射分量具有相位相干特性，振幅变化小，可能还具有极化（偏振）特性。当物体表面相对于入射波长是光滑时，就会出现镜面反射。

2. 漫反射（Diffuse Reflection）

漫反射是指入射波在所有方向上均匀反射，即入射能量以入射点为中心，在整个半球空间内向四周各向同向同性反射能量的现象，又称为朗伯（Lambert）反射和各向同性反射。

漫反射相位和振幅的变化无规律，且无极化（偏振）。

一个完全的漫反射体称为朗伯体，其电磁波的反射服从朗伯余弦定律：

$$I(\theta) = I_0\cos\theta \tag{2-16}$$

式中：θ为观测方向与法线的夹角；$I(\theta)$为观测方向的辐射强度；I_0为法线方向的辐射强度。

3. 方向反射(Directional Reflection)

方向反射是介于镜面反射和朗伯反射之间的一种反射。方向反射率是指特定方向的反射能与其面上的总入射能之比。入射和反射的方向可以按照微小立体角、任意立体角和半角全方向三种方法来确定。当入射、反射均为微小立体角时，称为二向性反射。二向性反射是自然界物体表面反射的基本现象，即反射不仅具有方向性，且其方向还随入射的方向而异。这表明随着太阳入射角及观测角度的变化，物体表面的反射有明显的差异。当然，这种差异还随物体空间结构要素的变化而变化。

为了描述这种现象，Nicodemus(1977)提出了二向性反射率分布函数 BRDF(Bidirectional Reflectance Distribution Function)概念，并用之作为描述表面反射特征空间分布的基本参数。它被定义为

$$\mathrm{BRDF}(\theta_i,\phi_i,\theta_r,\phi_r)=\frac{\mathrm{d}L(\Omega_r)}{\mathrm{d}E(\Omega_i)}=\frac{\mathrm{d}L(\theta_r,\phi_r)}{\mathrm{d}E(\theta_i,\phi_i)} \tag{2-17}$$

式中：θ_i 为入射辐射天顶角；ϕ_i 为入射辐射方位角；θ_r 为反射辐射天顶角；ϕ_r 为反射辐射方位角；Ω_i，Ω_r 分别表示入射和反射方向上的两个微小立体角；$\mathrm{d}E(\Omega_i)$ 为微小面积元 dA 上特定入射光(θ_i，ϕ_i) 的辐照度(入射的辐射通量)，单位为 $\mathrm{W\cdot m^{-2}\cdot Sr^{-1}}$；$d\mathrm{L}(\Omega_r)$ 为微小面积元 dA 上特定反射光(θ_r，ϕ_r) 的辐亮度(反射的辐射通量)，单位为 $\mathrm{W\cdot m^{-2}\cdot Sr^{-1}}$。

图 2－15 显示了二向反射现象的图解以及各参数的含义。

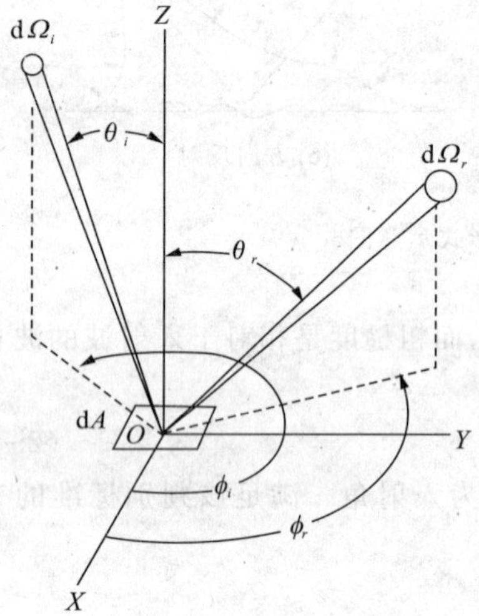

图 2－15　二向反射现象的图解

二、透射

透射是辐射穿过一种介质而没有被严重衰减的现象。对于特定物体，其透射能力用透过率(t)表示：

$$t=E_T(\lambda)/E_I(\lambda) \tag{2-18}$$

式中：$E_T(\lambda)$为透射能量；$E_I(\lambda)$为入射能量。

自然界中水体对可见光具有明显的透射现象，但对紫外波段至微波波段而言，许多介质的透过率是随波长变化而变化的，如植物叶子对可见光是不透明的，但对红外波或微波而言却具有一定的能力。

三、荧光效应

荧光效应是指物体被单一波长辐射照射而发射出另一种波长辐射的现象。我们最为熟悉的例子是一些硫化物矿物被紫外线照射时会发出可见光。尽管荧光的观察需要专门的传感元件和非常精确的测量方法，但还是被应用于许多特殊领域之中。

荧光光谱分析是利用物质的荧光光谱进行各种化学分析和物质研究的方法，它主要是指利用光学频率的谱线来激发物质发射荧光。荧光光谱分析的特点是灵敏度高，同时选择性较好，可对多种元素进行定量或定性分析，并广泛应用于石油污染监测、遥感找矿等领域。

第五节　地物的反射光谱特征

地物的反射光谱是指地物反射率随波长的变化规律。通常利用平面坐标曲线来表示，横坐标表示波长 λ，纵坐标表示反射率 ρ，这样可以形成地物反射光谱曲线(图 2-16)。同一物体的反射光谱曲线反映出它的不同光谱反射率，将其与对应的辐射数据对照，可以获得利用遥感数据识别该地物的光谱规律。地物反射曲线除了随不同地物(反射率)而发生变换外，还可能因为同种地物的内部结构和外部条件而不同。一般而言，地物反射率是随波长变换而且具有其特定的规律，从而为遥感影像的地物识别提供了依据。

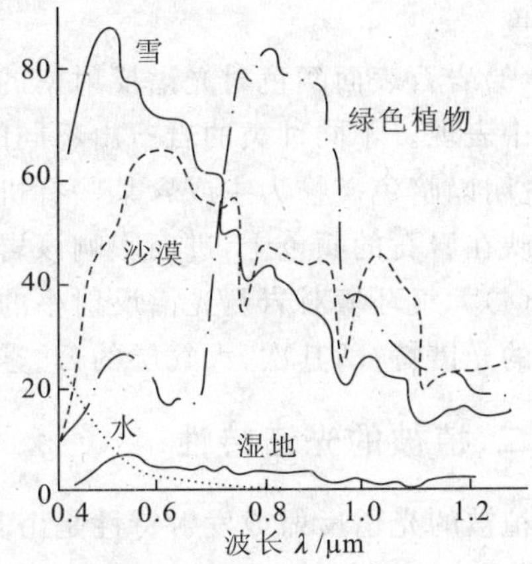

图 2-16　几种地物的反射光谱曲线

一、岩石的反射光谱特性

岩石的光谱特性非常复杂，其中最重要的原因是岩石光谱是矿物的混合光谱，其光谱特征受矿物成分、结构、构造和表面状态等因素的影响(图 2-17)。研究表明，这种混合效应是非线性的(Hapke,1981)。因此在分析岩石光谱特性与成分关系时，样品表面结构和成分非常重要。

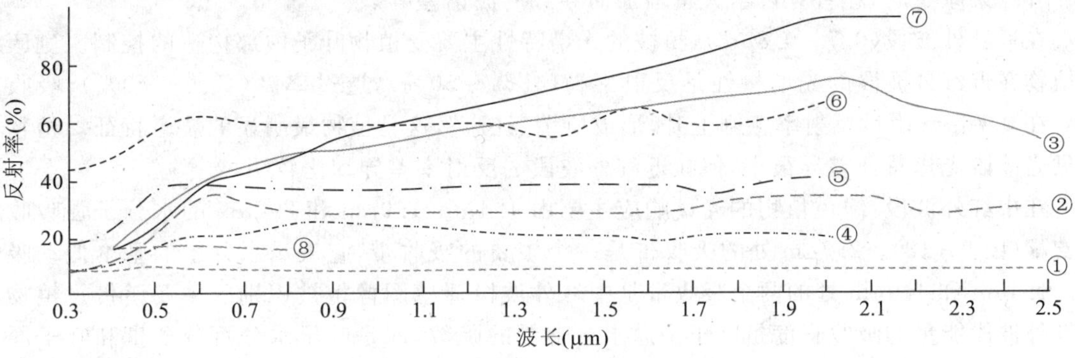

图 2-17　岩石的反射光谱曲线

①超基性岩；②大理岩；③砂岩；④玄武岩；⑤花岗闪长岩；⑥花岗岩；⑦页岩；⑧安山岩

由图 2-17 可见，在可见光部分，岩石的反射率差别很小，在 0.6～0.7μm 的红光波段不同岩石的反射率曲线彼此很少交叉；在近红外波段，反射率差值较大，有利于进行光谱分类，但由于大气窗口的限制，空间遥感探测只能采用 1.55～1.75μm 和 2.08～2.35μm 两个波段。

影响岩石光谱特性的因素如下。

(1)风化作用对岩石光谱反射率的影响。风化作用对原岩的成分、结构的改变是显而易见的。岩石受风化剥蚀作用生成残积层或坡积层，并残留或覆盖于岩石表面。就沉积岩而言，岩石风化面与新鲜面的光谱差异主要表现在光谱反射率大小的变化。而在光谱曲线形态上，由于 Fe^{3+} 和 Fe^{2+} 的影响，在可见光部分变化略大，而在其他部分变化较小。

(2)岩石表面结构对光谱反射率的影响。在矿物成分基本相同时,矿物颗粒的粒度减小会导致光谱反射强度的增高,这是因为粒度愈小,它对入射光的散射愈强,减少了消光作用。在斜入射的情况下,细粒的矿物颗粒的微阴影覆盖的面积会变得更小,因而也提高了该表面的反射强度。

(3)岩石表面颜色对光谱反射率的影响。岩石的颜色是矿物成分、金属杂质及有机质含量的集中表现。不同种类的岩石由不同的矿物所组成,它们在颜色上是有差别的。岩石颜色越深,说明以暗色矿物为主或含某些有机质(如炭质)杂质,则反射率亦低。岩石中的杂质成分往往反映在岩石的颜色上,进而影响该岩石的光谱反射率,有时甚至改变该岩石的光谱特征。

(4)大气环境对岩石光谱反射率的影响。大气环境首先影响遥感图像的成像质量及地表目标的光谱特征;其次,大气层的云、雾、霾环境也影响太阳辐射到达地表的光谱特征。

二、植被的光谱特性

植被的光谱反射或发射特性是由其生物化学和植冠层形态结构特征决定的,并与植被的发育阶段、健康状况以及植被生境条件密切相关。

植被的反射波谱曲线(光谱特征)规律可分为三段:在可见光波段(0.4～0.76μm)由各种色素支配植物光谱响应,其中叶绿素所起的作用最为重要。在0.45μm(蓝色)和0.65μm(红色)两个谱带内,为叶绿素吸收带;在叶绿素吸收带之间形成一个反射峰。叶红素和叶黄素在0.45μm(蓝色)附近有一个吸收带,当植物衰老时,由于叶绿素的消失,叶红素和叶黄素在叶子的光谱响应中起主导作用,并使植物叶子变黄。在秋季,有些树木的叶子会呈现红色,这是因为在叶绿素减少时,花青苷色素大量增加而导致的波谱差异。

在近红外波段(0.7～0.8μm),植被的光谱特性主要受植物叶子内部构造的控制。健康绿色植物在近红外波段的光谱特性是反射率高(45%～50%),透过率高(45%～50%),吸收率低。在0.76μm附近反射率急剧上升,形成所谓"红边",这是植物最明显的波谱特征。植物在可见光波段光谱特征差异很小,但在近红外波段的反射率差异却比较明显。

在中红外波段,绿色植物的光谱响应主要由1.4μm、1.9μm和2.7μm的水分子强吸收带所支配(图2-18)。2.7μm处的吸收带是一个主要的吸收带,它表示水分子的基本振动吸收带。1.4μm和1.9μm处的两个吸收带是中红外波段遥感图像植被识别的主要谱带。植物对中红外波段能量的吸收程度是叶子中总水分含量的函数,即是叶子水分百分含量和叶子厚度的函数。随着叶子水分减少,植物中红外波段的反射率明显增大。

三、土壤的光谱特性

土壤是一种复杂的混合物,它是由物理和化学性质各不相同的物质所组成,土壤的光谱特性主要受成土矿物(特别是氧化铁)、含水量、有机物和质地等因素的影响。

土壤的许多性状都来源于土壤母质。土壤中的次生矿物主要有三类:①简单的盐类,如碳酸盐、硫酸盐和氯化物等;②含水的氧化铁、氧化铝、氧化硅等氧化物类;③次生层状铝硅酸盐、高岭石、蒙脱石和水化云母类等。

土壤水分是土壤的重要组成部分,也是评价土壤资源优劣的主要指标之一。当土壤的含水量增加时,土壤的反射率就会下降,在水的各个吸收带处(1.4μm、1.9μm和2.7μm),反射率的下降尤为明显。在可见光波段,潮湿土壤与干燥土壤相比,其反射率也明显下降(图2-18)。

土壤有机质是指土壤中那些来源于生物(主要是植物和微生物)的物质,其中腐殖质是土壤有机质的主体,腐殖质可分为胡敏酸和富里酸。胡敏酸的反射能力特别低,几乎在整个波段均为一条平直线,呈黑色。富里酸则在黄红光部分具强反射特性。有机质的影响主要是在可见光和近红外波段,而影响最大的是在 0.6～0.8μm 之间。随土壤中有机质的增加,土壤的光谱反射率成比例地减小(图 2－19)。除有机质外,土壤的不同组成也对土壤光谱反射特性有显著的影响。

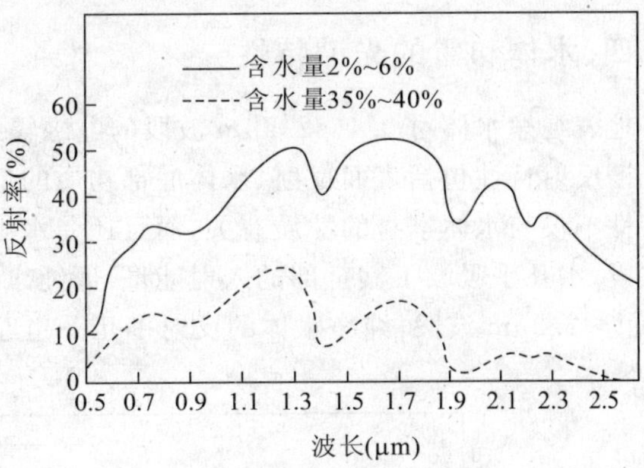

图 2－18　土壤湿度的反射波谱曲线

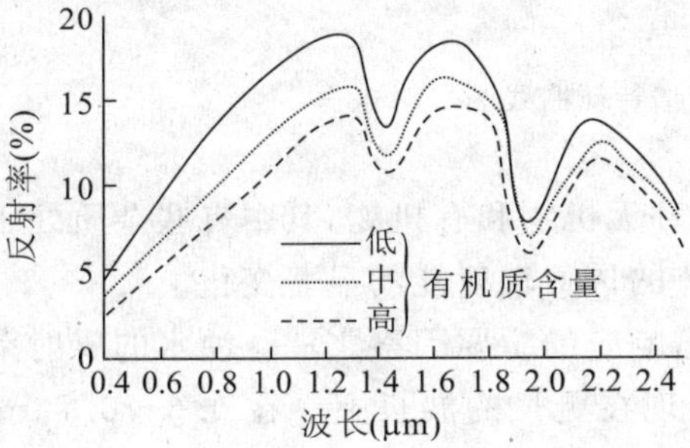

图 2－19　土壤有机质含量的反射波谱曲线

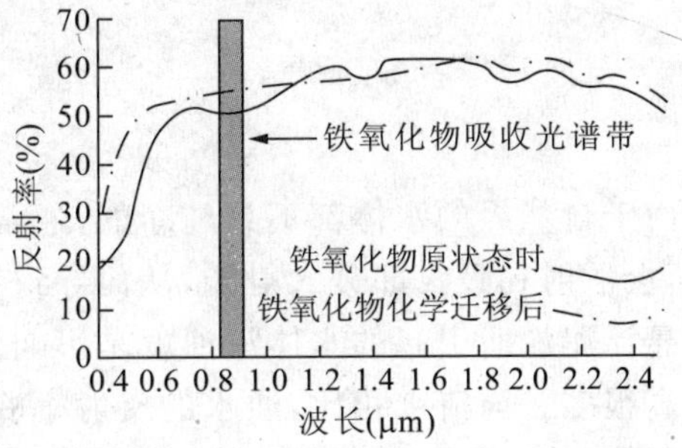

图 2－20　土壤中铁氧化物含量的反射波谱曲线

铁在土壤中的存在形式主要是氧化铁。氧化铁是影响土壤光谱反射特性的重要土壤成分,其含量的增加会使反射率降低(图 2－20)。通常情况下,土壤的氧化铁含量与反射率之间呈负相关,但其在 0.5～0.7μm波段的相关性却不明显。当土壤处于还原状态时,土壤呈现蓝绿、灰蓝等色,当土壤处于氧化状态时,土壤呈现出红、黄等颜色。同有机质一样,铁氧化物的影响的光谱区间主要在可见光和近红外波段。

土壤质地是指土壤中各种粒径的颗粒所占的相对比例。它对土壤光谱反射特性的影响主要表现在两个方面:一是影响土壤持水能力,进而影响土壤光谱反射率;二是土壤颗粒大小本身也对土壤的反射率有很大影响。对于土壤粒径较小的黏粒部分,由于其具有很强的吸湿作用,它在 1.4μm、1.9μm、2.7μm 等处的水吸收带异常明显,甚至在干旱状态下,黏土光谱反射曲线的水吸收带也比较明显。随土壤颗粒变小,颗粒间的空隙减少,比表面积增大,表面更趋平滑,使土壤中粉粒的反射率比砂粒高,但当颗粒细至黏粒时,又使土壤持水能力增加,反而降低了反射率。土壤质地中砂粒和粉砂粒的主要成分是石英和少量原生硅酸盐矿物,色调较浅,反射率较高;黏粒的主要成分是含水的次生硅酸盐矿物和其他次生矿物,色调较深,且富含层间水和吸附水,故其反射率较低。

四、水体和雪的光谱特性

地表纯净水体对 0.4～2.5μm 波段的电磁辐射具有很强的吸收能力。在可见光波段水体的光谱反射特性包括表面反射、水体底部物质的反射和水中悬浮物质的反射，而光谱吸收和透射特性不仅与水体本身的性质有关，而且还受水中有机物和无机物的影响。在近红外和中红外波段，水几乎吸收了其全部的入射能量，即纯净水体在近红外波段近似于一个“黑体”，因此，在 1.1～2.5μm 波段，纯净水体的反射率几乎趋近于零，如图 2-21 所示。

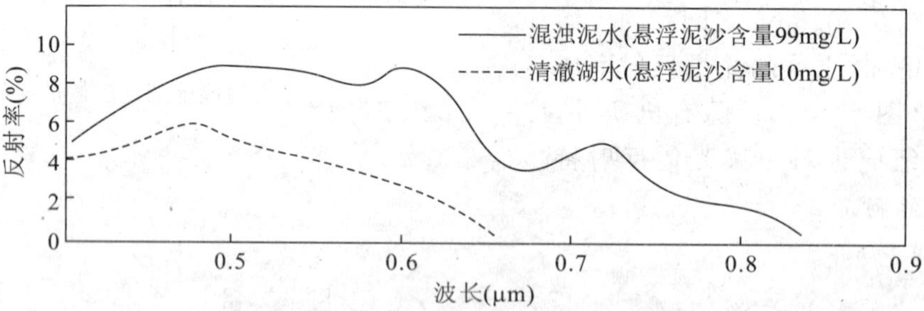

图 2-21　水的反射光谱特征曲线图

由于自然界的水体都不是纯净的，通常含有各种无机物和有机物，其中有些杂质处于悬浮状态，会散射和吸收部分入射能，从而导致穿过水体的透射辐射能的显著变化。

悬浮泥沙所引起的水体浑浊度是影响水体光谱响应的主要因素之一。浊水的反射率比清水要高很多。与清水相比，浊水的反射率峰值都出现在更长的波长上。在 0.6～0.7μm 波段内，水体的反射率与水体的浑浊度呈线性相关关系。

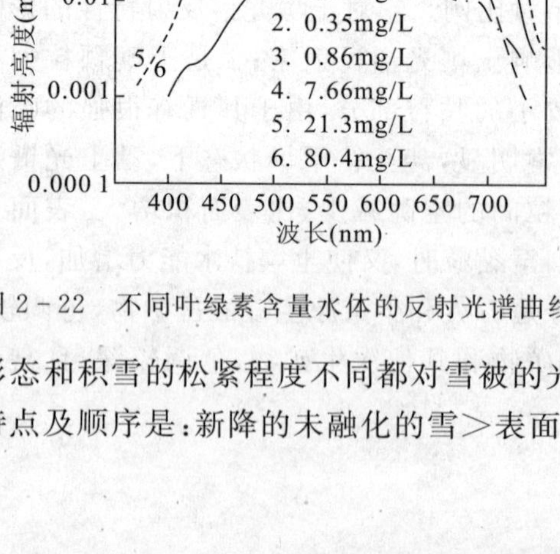

图 2-22　不同叶绿素含量水体的反射光谱曲线

水中的叶绿素浓度是影响水体光谱特性的另一个重要因素(图 2-22)。当叶绿素浓度增加时，蓝光波段的反射率显著下降，而绿光波段的反射率上升。这种波谱特征具有识别水体叶绿素浓度值和富营养化程度的指示意义。

水体中的无机化学组分特性对水体的光谱特征几乎没有影响，如将气体(如 O_2，N_2，CO_2 等)或无机盐类(如 NaCl，$NaSO_4$ 等)溶于蒸馏水中就观察不到任何光谱特征的变化。水体的酸度差别(pH 介于 3 和 7 之间)对其光谱特征也不存在任何影响。

雪虽然是水的一种固态形式，但它与水的光谱特性截然不同，地表雪被的反射率明显高于自然水体。雪的晶粒大小(图 2-23)、雪花的形态和积雪的松紧程度不同都对雪被的光谱特性有明显的影响。雪光谱反射率的平均值变化特点及顺序是：新降的未融化的雪＞表面融化的雪＞湿的融化的雪＞重新冻结的雪。

五、城市目标的光谱特性

城市遥感涉及的人工目标主要为建筑物和道路。人类的社会活动使城市下垫面的成分复杂多样，光谱特性复杂；地表均质性较差，这就给利用遥感手段进行城市用地分类和建筑物分类带来一定的困难。

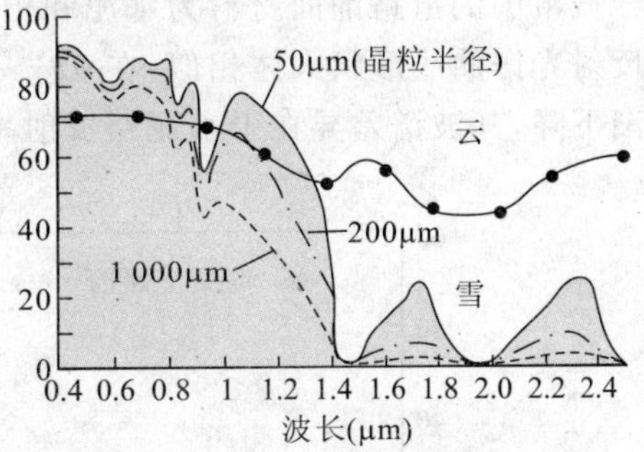

图 2-23　雪的不同晶粒尺度的反射光谱曲线

在遥感图像上，通常只能看到建筑物的顶部。因此构成屋顶的不同建筑材料的波谱特征是城市遥感研究的重点。城市建筑物顶部的主要材料种类有油毡石子、沥青石子、烧制的红瓦、灰瓦、青瓦、水泥制的灰瓦、石棉瓦、各种琉璃瓦和颜料等。图 2-24 显示了从推扫式超光谱成像仪(Pushbroom Hyperspectral Imager)图像中抽取的几种典型屋顶材料的光谱曲线。

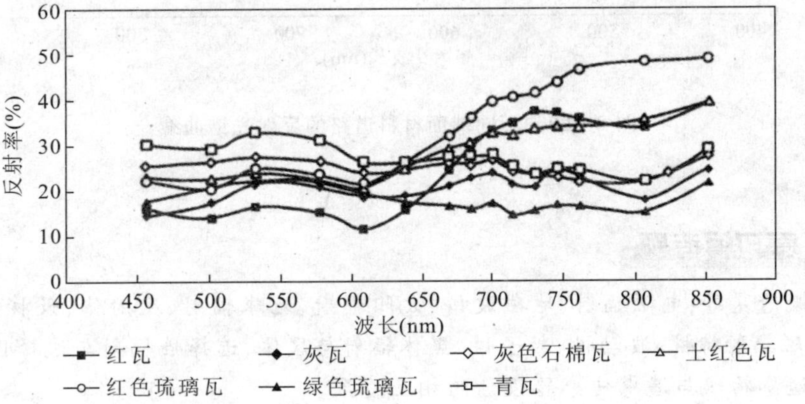

图 2-24　不同建筑物屋顶材料图像的光谱曲线

在图 2-24 中，红瓦、土红色瓦、红色琉璃瓦在红波段反射率上升的趋势比较明显，而在可见光的短波部分反射率相对比较低。在可见光短波部分土红色瓦的反射率高于红色瓦，这与其受风雨侵蚀时间较长以及表面沾染其他杂质有关；而在长波部分反射率上升速度没有新鲜红色瓦快；在红波段反射率反而低于红瓦。红色琉璃瓦整体反射率都不如其他两者高，显然与表面光洁度有关。绿色琉璃瓦在红波段到近红外波段反射率比较低，呈下降的趋势。灰色的石棉瓦以及灰色的水泥瓦在所有波段范围反射率中等，且变化比较平缓。青瓦在可见光波段反射率最高，而在红波段到近红外波段的下降趋势也最明显。白颜色涂料屋顶的反射率显著高于其他类型屋顶，达 80%左右，且变化非常平缓。反射率比较低的是沥青屋顶，而沥青石子屋顶的反射率高于纯沥青屋顶。

人工建筑物热红外的发射特征取决于建筑材料的热特性，因此可通过“热惯量”对建筑物的材质进行区分。在同一个太阳日周期内，热惯量不同的物质表面温度涨落的幅度不同。所以可先在某一太阳日周期内，获取最高和最低气温两个时相的热红外扫描图像，制成“热惯量图”，并区分某些建筑物的材质类型。

城市中的道路铺面材料为水泥和柏油两大类，在城乡结合部有少量的土路。这三种道路的反射光谱曲线形状大体相似，在 0.4～0.6μm 之间缓慢上升，后趋于平缓，至 0.9～1.1μm处逐渐下降，其波谱差异在于水泥路反射率最高，其次为土路，而柏油路反射率较低(图 2-25)。

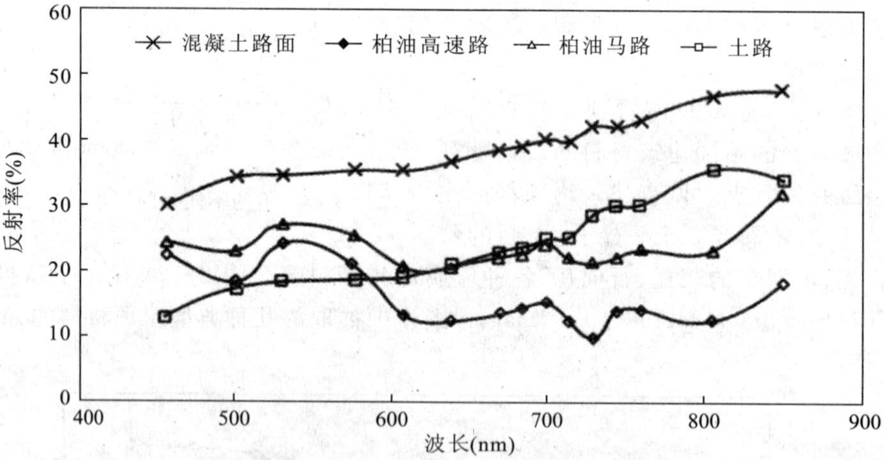

图 2-25　不同铺面材料道路的反射光谱曲线

复习思考题

1. 名词概念复习：电磁辐射、地磁波谱、太阳辐射、地球辐射、反射体、吸收体、漫反射体、大气窗口、电磁辐射特性、波动性、粒子性、黑体辐射与黑体、选择性辐射与选择性辐射体。

2. 简述遥感物理与遥感传感器设计的相互关系。

3. 简述电磁辐射的基本特性。

4. 简述热红外辐射的基本定律。

5. 综合论述太阳辐射传播到地球表面又反射到遥感器的整个过程中发生的物理过程。它们对遥感成像产生什么影响？

6. 简述大气窗口的概念及其应用意义。

7. 简述瑞利散射的基本概念，试论述瑞利散射对卫星遥感过程的基本影响。

8. 试论述植被、水体、雪层、岩石的反射光谱具有哪些特点？

9. 试论述漫反射和双向反射对遥感图像光谱特性的影响因素。

第三章　遥感平台及其图像特性

本章内容提要：概略介绍了遥感平台类型及其图像特性；系统介绍航空遥感平台及其图像类型、航天遥感平台及卫星遥感图类类型；较系统地介绍了遥感图像分辨率类型及图像质量评价指标。

第一节　遥感平台分类

依据遥感探测目的、对象和技术特点，遥感平台可分为：①近地遥感平台，如固定的遥感塔、可移动的遥感车、舰船等；②航空遥感平台，如各种航空摄影测量飞机、无人驾驶飞机、高空探测气球等；③航天遥感平台，如各种不同轨道高度的人造地球卫星、载人或不载人的宇宙飞船、航天站和航天飞机等。不同遥感平台可以组成一个多层次立体化的现代化遥感信息获取系统，为完成各种遥感活动提供了技术保证（表 3－1）。

表 3－1　主要遥感平台及其特性

遥感平台	高　度	目的用途	典型平台
静止卫星	36 000km	定点地球观测	气象卫星(GMS 等)
地球观测卫星	500～1 000km	轨道地球成像观测	Landsat、Spot
航天飞机	240～350km	不定期地球观测及成像	奋进号航天飞机
高空遥感飞机	10 000～12 000m	大范围地面调查	U2 侦察飞机
中空遥感飞机	4 000～10 000m	航空摄影测量	航空遥感飞机
地面测量车	0～30m	地面实况调查	车载升降台

一、近地遥感平台

近地遥感平台包括三角架、遥感塔、遥感车（船）、建筑物的顶部等，主要用于在近距离测量地物波谱和获取地物细节信息的近景测量图像。

近地遥感平台主要用于地面遥感试验场的地物波谱测试研究，它是遥感信息科学基础研究的重要组成部分。地物波谱测试仪器通过地面遥感平台而获取地表待测试目标的反射光谱、发射光谱的电磁辐射数据，为空间遥感传感器的波段设计研究和建立地学环境解译标志提供科学依据。

近景摄影测量是在地面进行近地遥感的一种方式，也是现代遥感技术一个新的应用领域。现代近景测量主要是运用激光扫描成像原理，通过非量测性激光成像而获取地面目标的三维图像及数据，因而广泛应用于水利勘测设计、地质、文物保护、大型工矿测量、城建、规划、交通、房产、环保、矿山、电厂等行业领域。其主要功能有：①地形测量；②地面目标的三维重建；③大型工业测量；④土石方量计算；⑤滑坡监测等。

二、航空遥感平台

航空遥感平台主要是大气层内飞行的各类飞机，具有机动、灵活的特点。航空遥感平台的技术分类指标很多，一般可以按其高度分为高空平台(10 000～12 000m)、中空平台(4 000～10 000m)、低空平台(500～4 000m)；按平台姿态可分为垂直航空遥感和倾斜航空遥感；按平台传感器类型分为黑白航空摄影、彩色航空摄影、假彩色航空摄影、多光谱航空扫描成像、航空侧视雷达成像、航空激光雷达成像等。由航空摄影机获取的图像资料为多种形式的航空相片(如黑白片、黑白红外片、彩色片、彩红外片等)；由航空多谱段扫描仪获得多光谱遥感图像；由航空侧视雷达获得雷达图像。

航空遥感具有技术成熟、成像比例尺大、地面分辨率高、适于大面积地形测绘和小面积详查以及不需要复杂的地面处理设备等优点。如灾后灾情调查(如地震、洪灾、泥石流灾害等)、公路、铁路等线路工程地质遥感等多运用航空遥感平台技术。

三、航天遥感平台

航天遥感平台是在地球大气层以外宇宙空间运行的各类航天运载器，如人造卫星、宇宙飞船、航天飞机、火箭等，现代航天遥感主要是卫星遥感和航天飞机遥感两类平台。在资源与环境遥感应用中，所用的航天遥感资料主要来自于卫星遥感平台。航天遥感平台分为对地观测卫星和深空探测卫星两大类。本教材的航天遥感平台以对地观测卫星(即地球轨道卫星)为主。

航天遥感具有感测面积大、范围广、速度快、效果好，可定期或连续监视一个地区，不受国界和地理条件限制，能取得其他手段难以获取的信息。对地球科学研究、全球环境变化、大气科学及天气预报、数字地球、空间定位导航、军事侦查、区域经济、自然科学等领域的应用研究均有重要作用。

第二节　航空遥感平台与图像特性

遥感技术起源于20世纪30年代的航空摄影测量技术，而现代航空遥感技术在光谱探测范围、传感器类型和信息载体等方面都取得了重大的进展。早期航空遥感以可见光黑白图像摄影测量为主，主要应用于地形测绘制图。自20世纪60年代开始，依据军事侦查和地学解译应用的技术需求，航空遥感从可见光摄影测量发展为包括非可见光在内的彩色航空摄影、彩色红外摄影、多光谱扫描成像、合成孔径微波雷达成像遥感(SAR)、高光谱的成像光谱仪遥感、激光测高雷达遥感(Lidar)、航空数码相机(DMC)等多光谱、多成像方式、高分辨率遥感系统。

一、航空遥感平台类型

1. 按航高分类

低空航空遥感：航高 500～4 000m，主要用于大比例尺遥感调查制图和资源环境、自然灾害的监测。

中空航空遥感：航高 4 000～10 000m，主要用于航空摄影测量和各类区域调查。

高空航空遥感：航高 10 000～12 000m，主要用于军事侦查。

2. 按摄影仪主光轴姿态分类

垂直航空摄影：航摄仪主光轴与地面水平面呈铅垂几何关系，主光轴与摄影仪器铅垂线之间的夹角小于 2°时称为垂直航空摄影。垂直航空摄影是航空摄影测量的主要类型，对于地学遥感而言，也主要运用垂直航空摄影的图像进行地学解译。

倾斜航空摄影：主光轴与铅垂线之间的夹角大于 2°时称为倾斜航空摄影。一般在航摄测量及地学遥感中很少使用倾斜航空摄影方式。

3. 按航线布局分类

面积性航空遥感：按区域布局的多航线航空摄影，航线一般为东西向，在航线之间摄影范围必须具有一定宽度的重叠量。航线长度一般不超过 120km。

单航线航空遥感：一般为单航线航空摄影，主要应用于铁路、公路、输油管道选线测量、海岸线研究、河流航道调查等。

监测性航空实时遥感系统：全天候实时航空遥感系统是综合利用微波遥感、全球定位系统、航空卫星通信、计算机图像处理以及地理信息系统等多种高新技术，实时（秒级）传输遥感图像数据和各类变化监测信息。可以对洪涝、地震等突发性自然灾害进行全天候实时监测与快速灾情评估。

4. 按感光胶片分类

按感光胶片可分为全色光黑白摄影、黑白红外摄影、彩色摄影、彩色红外摄影等成像类型。

(1)全色光黑白摄影：这种摄影采用全色片，能感受可见光波段内的各种色光。我国为测绘国家基本地形图而拍摄了这类黑白航空相片。

(2)黑白红外摄影：光谱范围包括可见光和近红外波段，对水体和绿色植物反应灵敏。所摄相片具有较高的色调反差和空间分辨率。

(3)彩色摄影：彩色相片光谱范围包括可见光波段内的各种色光，能真实记录物体的自然色度、明暗度光谱特征，与普通黑白相片相比，其信息量丰富得多。

(4)彩色红外摄影：彩色红外摄影光谱范围包括可见光和近红外波段，其特点是绿光感光之后变为蓝色，红光感光之后变为绿色，近红外光感光之后变为红色。这种彩色红外片与彩色片相比，在色别、明暗度和饱和度上都有很大的不同。例如在彩色片上绿色植物是绿色，在彩色红外片上却呈红色。由于红外线的波长比可见光的波长长，受大气分子的散射影响小，因此，图像色彩要鲜艳得多。

5. 按传感器分类

航空遥感平台所携带的传感器可分为被动式传感器和主动式传感器两大类。

(1)被动式传感器有航空摄影仪、航空多光谱扫描仪、成像光谱仪、航空数码照相机等，均为成像遥感方式。

(2)主动式传感器有航空侧视雷达、航空激光扫描仪(亦称为激光雷达)、航空微波辐射仪等。主动遥感分为成像方式与非成像方式两类。激光雷达属于测高探测,仅获取地面高程数据,并不直接成像,它需要与同步测量的多光谱数码成像数据进行融合处理后,才可获得具有三维立体特征的可视化图像;微波辐射测量不能直接进行成像。

二、航空摄影与中心投影图像

中心投影概念:地面上每一物点所反射的光线均通过镜头中心投影线交于一点会聚在焦平面上而产生该物点的像称为中心投影。航空摄影属于中心投影,而感光胶片就位于固定的焦平面上。中心投影成像的几何特征是:点的像还是点,直线的像一般还是直线。但当直线的延长线通过投影中心时,则该直线的像就是一个点。地表目标经过中心投影后直线仍为直线,但地面两条平行线可能变成了相交的直线。中心投影后的图形与原图形相比虽然在长度、面积、角度、形状等几何特性方面产生了变化,但其图像却具有直观性和透视特性,并与人的视觉效果一致等优点,也可借助仪器进行光学立体观测和地形测量制图。

1. 中心投影和垂直投影的区别

航空相片是中心投影,地形图是垂直投影。两者的差别表现在对目标的几何特性的影响和所产生的变化,如长度、面积、角度、形状。

(1)投影距离变化。对于垂直投影,构像比例尺和投影距离无关。而航空相片的比例尺则取决于航高(物距)和焦距(像距)的几何关系。

$$\frac{1}{M}=\frac{f}{H} \tag{3-1}$$

式中:M 为航空相片比例尺的分母;f 为焦距;H 为航高。

当航空摄影机选定以后,焦距就固定了,由于航高的变化,相片比例尺随之改变。航高就是投影距离,故航空相片的比例尺与航高有关。

(2)投影面倾斜。对于垂直投影,投影面总是水平的,图上各部分的比例尺是一致的。对于中心投影,若投影面倾斜时,相片各部分的比例尺就不一致。

(3)地形变化。地形起伏对垂直投影没有影响,而对中心投影则会产生投影差。地形起伏愈大,这种投影差就愈大。

根据上述可知,将中心投影变为垂直投影必须统一相片比例尺,纠正因投影平面倾斜和地形起伏所引起的误差,这是用航空相片绘制地形图必须解决的问题。这一处理过程称为正射纠正,所取得的处理图像称为正射图像。现代数据图像处理均可生成数字正射影像图 DOM 产品(digital orthophoto map)。

中心投影与垂直投影虽然存在着投影性质的差别,但当投影平面水平、地面绝对平坦时(如平原区),中心投影和垂直投影的结果是相同的,这种航空相片与平面图投影性质一样。

2. 像点位移

像点位移是由于地形起伏在中心投影图像上产生投影差(像点位移)而形成的图像几何特性。航空图像像点位移的基本规律如下。

(1)投影差大小与像点距离成正比,即距像主点愈远,投影差愈大。相片中心部分投影差小,像主点是唯一不因高差而引起投影差的点。

(2)投影差大小与高差成正比,地形高差愈大,投影差也愈大。高差为正时,投影差为正,即像点自中心点向外移动;高差为负时,投影差为负,即实际像点向着像中心点移动。

(3)投影差与航高成反比,即航高愈高,投影差愈小。如卫星图像即使是采用中心投影成像方式,它所形成的像点位移量也非常小。

三、航空相片的注记和特征点线

航空摄影图像具有中心投影和胶片感光成像的共同特点。航空相片的像幅大小有 18cm×18cm、23cm×23cm 和 30cm×30cm 三种形式。按成像光谱特性可分为全色黑白航片、自然彩色航片、黑白红外航片、假彩色红外航片四种类型。它主要应用于测绘制图和地学专业遥感。

1. 航空相片注记

在航空相片的四边,通常印有一些摄影状态的记录(图 3-1),称为航空相片注记。注记是对图像摄影条件和遥感平台姿态的记录和说明。

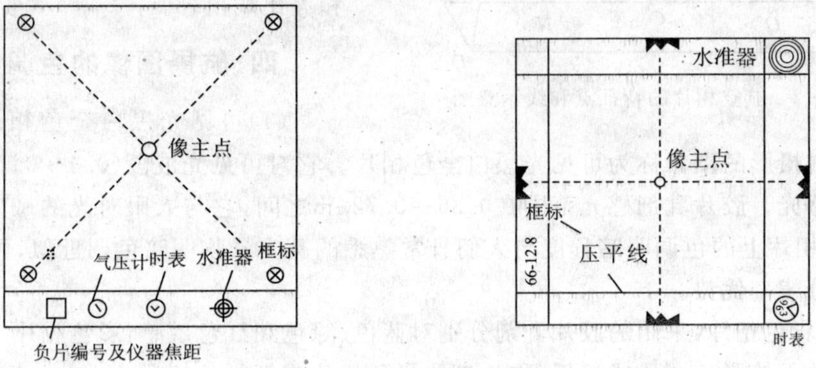

图 3-1　航空相片上的注记

(1)框标:相片四边中部的黑色箭头(或在相片四角的"X"标志),称为框标。对称的两个框标连线的交点为相片中心点,通常与像主点重合。

(2)时表:记录本张相片的拍摄时刻(右图右下角)。

(3)水准器:水准气泡位置说明本张相片摄影时光轴的倾斜与焦平面水平状态。水准气泡居中时说明焦平面水平。水准器上的同心圆,每圈为 1°(或 0.5°),读数从中心算起(右图右上角)。

(4)压平线:相片四边井字形直线叫压平线,其弯曲度说明摄影时感光胶片与焦平面是否压平,如果未压平,则产生影像变形。

(5)相片编号:表示航摄区的位置、摄影日期、本张相片在整个图幅及本条航线内的摄影顺序。

2. 特征点、线

航空摄影图像的特征点、线是对中心投影几何关系的主要参考(图 3-2)。

(1)像主点(o):航空摄影机主光轴 SO 与像面的交点,称为像主点。

(2)像底点(n):通过镜头中心 S 的铅垂线(主垂线)与像面的交点,称为像底点。当像主点与像底点重合时,说明主光轴与铅垂线重合,属于绝对垂直投影。

(3)等角点(c):主光轴与主垂线的夹角是相片倾斜角 α,相片倾斜角的分角线与像面的交点称为等角点。当地面平坦时,只有以等角点为顶点的方向角,才是地面与相片上对应相等的角度。

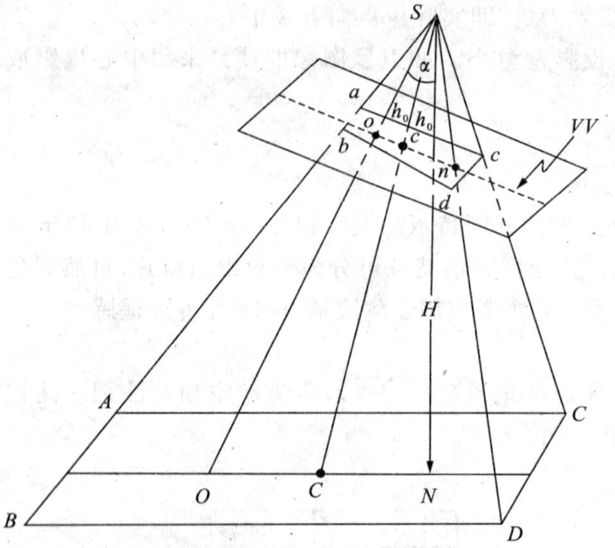

图 3-2 航空相片的特征点和线示意图

(4)主纵线与主横线：包含主垂线与主光轴的平面称为主垂面，主垂面与像面的交线 VV 称为主纵线，它在相片上是通过像主点和像底点的直线。与主纵线垂直且通过像主点的直线 h_0h_0，称为主横线。主纵线与主横线构成相片上的直角坐标轴。

(5)等比线：通过等角点且垂直于主纵线的直线 h_0h_0 称为等比线。在等比线上比例尺不变。在绝对垂直摄影的相片上，像主点、像底点和等角点重合，主横线和等比线重合。

四、航摄图像的色调与光谱特性

(1)可见光黑白全色相片：采用全色黑白感光材料摄影的图像称为可见光黑白全色相片。它对可见光波段(0.4～0.76μm)内的各种色光都能感光。胶片乳剂感光范围在0.36～0.72μm之间，它与人眼对光的敏感范围 0.4～0.7μm接近，相片上的色调明暗程度与人们日常熟悉的真实景物明暗色调近似，黑白航空相片具有高空间分辨率优势。

(2)自然彩色相片：采用的胶片乳剂分别对蓝色、绿色和红色敏感，彩色胶片上记录的影像色调与目标的天然彩色一致或接近，称为自然彩色相片或真彩色相片。

(3)黑白红外摄影图像：采用黑白红外感光材料进行的摄影。它能对可见光及近红外光(0.4～1.3μm)的反射光谱进行胶片感光，尤其对水体、植被近红外反射光谱能量反应灵敏，所摄相片具有较高的色调反差和几何分辨率。黑白红外摄影首先由军事侦察应用，它对新鲜的植被覆盖物具有敏感性，能识别人工覆盖的植灌枝叶与天然植被覆盖物的反射波谱差异，可以揭示野外军事伪装。新鲜植被呈白—灰白色调，水体总是呈现黑到深灰色调。

(4)彩色红外摄影：彩色红外摄影虽然也是感受可见光和近红外波段(0.4～1.3μm)的光谱反射能量，但其胶片的色调乳剂却使绿光波段感光之后变为蓝色，红光波段感光之后变为绿色，近红外波段感光后则记录成红色，生成假彩色图像。这种假彩色红外片与真彩色片相比，在色别、明暗度和饱合度上都有很大的不同。绿色植物呈红色，水体呈黑色或蓝绿色。由于红外线反射受大气分子的散射影响小，故其图像色彩要鲜艳得多。假彩色红外图像已广泛应用于农业遥感、林业遥感、环境遥感、水利遥感、地质遥感和地理遥感等领域。

(5)多波段摄影相片：其基本成像原理是把电磁波分成多个特定的波段，每个摄像镜头使用不同波段的滤光片和不同感光胶片，采用多镜头同步摄取同一区域的多波段黑白相片，记录目标在不同波段的光谱反射能量值。这种相片的优点是可以利用地物在不同波段具有不同的电磁波反射率和吸收率的特点，通过多波段黑白相片的比较来识别地物目标。它也可以选取同一地区的三个波段相片进行组合，利用光学合成方法生成彩色图像来增强目标地物与背景之间的对比度。由于现代多光谱乃至超光谱遥感都采用数字记录方式而生成数字遥感图像，因此，该摄影方式基本上被淘汰。

五、多光谱扫描数字成像与成像光谱仪图像特性

多光谱扫描成像是利用分光和光电技术同时记录地表目标被扫描点上的多个乃至数十个、数百个波段的光谱反射能的信息(记录单位为像元),并将同一波段的诸扫描像元构成一帧扫描图像,因此获得多个光谱波段的扫描图像。根据分光装置特性,当波段的波长区间范围大,则为低光谱分辨率图像;当其波段区间很小时,则为高光谱分辨率图像,如成像光谱仪图像就是高光谱分辨率图像。目前,多光谱扫描成像已经采用 CCD 多光谱扫描成像系统,它是提高多光谱成像质量的关键技术。

航空多光谱图像是区域地质遥感与矿产勘查的重要遥感资料。它同时具备光谱分辨率高和地面分辨率高的特点,在岩性识别,尤其是对蚀变岩及含矿岩系的识别方面具有独特的优势。在多数情况下,航空多光谱图像包含有热红外波段,亦有专门热红外多光谱扫描图像系列。美国的 Daedalus 公司 12 通道多光谱扫描成像仪、ATM(模拟 Landsat - TM)航空 11 通道专题制图仪、TIMS 热红外多光谱扫描成像仪和近年来推出的 HIRIS 甚窄光谱段可调式多光谱扫描仪,光谱分辨力可达 10nm,在 0.4~2.5μm 波段区间内可分割出 192 个工作波段。这对区域地质调查研究和找矿勘查无疑是一种十分有效的图像信息(表 3-2)。

表 3-2 机载专题制图仪 ATM(Airborne Thematic Mapper)图像及其波谱特征

ATM 波段 (TM 波段)	波长范围 (μm)	光谱信息特征
ATM1	0.42~0.45	植被吸收谱带、与二价铁相关的暗色矿物吸收谱带、侵入岩体边界信息等
ATM2	0.45~0.52	水体高反射率带,反映水下地形及地质构造;Fe^{2+} 与 Fe^{3+} 叠加宽吸收谱带;与 ATM5、ATM3 波段合成可模拟天然彩色,适用于遥感地质填图和遥感找矿
ATM3 (TM2)	0.52~0.60	植被弱反射峰谱带,反映地表植冠之绿色生物总量及水体中蓝藻/绿藻比值,适用于森林强覆盖区地质调查及遥感找矿,亦可用于海岸带环境调查
ATM4	0.605~0.625	石英岩类特征识别谱带
ATM5 (TM3)	0.63~0.69	地表地貌结构特征谱带,成像清晰度最高,反映各类残坡积及土壤类型边界、地质体边界、微地貌形态及地形单元边界
ATM6	0.695~0.75	植被强反射峰肩部斜坡带,是基性、超基性岩复杂吸收谱带,适用于遥感图像植被-岩石相关识别和岩体解译
ATM7 (TM4)	0.76~0.90	植被叶绿素强反射谱带,针阔叶林种类、植叶含水量、绿色生物量差异,第四系地层中含水量差异,适用于区域构造地质、隐伏岩体及隐伏(掩埋)构造识别及解译成图
ATM8	0.91~1.05	基性-超基性岩及铁帽特征谱带,与 ATM11、ATM10 或 ATM9 波段合成,用于识别岩石类别及蚀变岩类型
ATM9(TM5) ATM10(TM7) ATM11 (TM6)	1.55~1.75 2.08~2.35 8.5~13.0	ATM9、ATM10、ATM11 分别对应于 TM 图像的 TM5、TM7 和 TM6

中国在20世纪80年代末推出了甚高分辨率多光谱扫描仪，并在重要成矿区带（西北区、东北区、华北、长江中下游）进行了飞行试验，运用航空多光谱图像和热红外扫描图像进行区域地质研究和矿产勘查的遥感研究试验。由于航空多光谱遥感图像覆盖面小，加之其图像的几何畸变率较大，图像纠正处理难度大，因此在很大程度上限制了它的推广使用。

目前多采用数字成像方式的CCD成像系统。如成像光谱仪就是在特定光谱域以高光谱分辨率获取连续的地物光谱图像，这就可以基于光谱维进行遥感图像定量分析，研究地表目标物的光谱特征并进行光谱特征信息提取，运用连续窄波段成像数据就可进行地表矿物的直接识别和填图。成像光谱仪主要性能有：①基于超光谱图像数据生成图像立方体；②可进行光谱重建、光谱数据定标、建立定量化大气纠正模型与算法，实现成像光谱信息的图像-光谱转换；③进行光谱编码，匹配光谱吸收位置、深度、对称性等光谱特征参数与算法；④基于光谱数据库建立地物光谱匹配识别算法；⑤建立混合光谱分解模型；⑥基于光谱模型进行地质矿物识别填图。

图3-3为中国"嫦娥一号"卫星获取的月表干涉成像光谱仪数据。该图分别展示了32个谱段中的第4谱段、第17谱段、第30谱段和它们合成的假彩色图像。

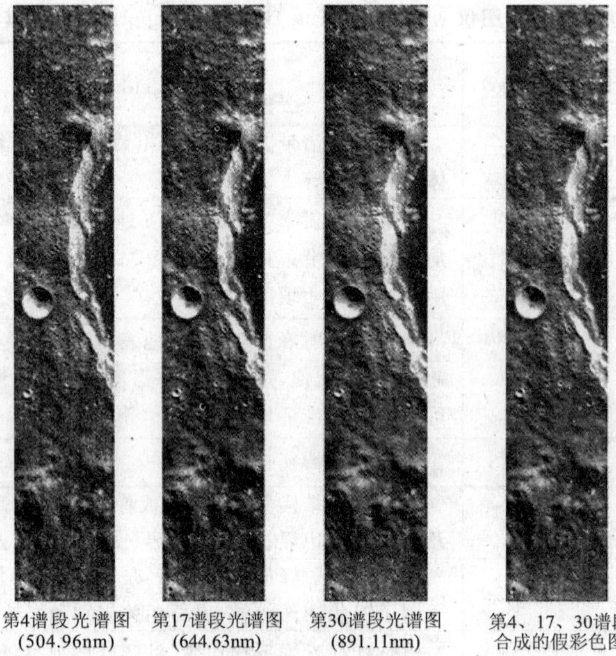

图3-3　中国"嫦娥一号"卫星获取的月表干涉成像光谱仪图像

六、侧视雷达图像特性

合成孔径侧视雷达属于主动成像遥感探测方式，用来测定物体的微波波谱特性。侧视雷达是视场方向在飞机的一侧并垂直于飞行器的前进方向，用来获取飞行器一侧地带的微波反射图像。侧视雷达属于主动式遥感技术，平台上的侧视雷达设备包括微波发射机、接收机、传感器、数据存储和处理装置等。合成孔径是一种相干成像天线技术，它是利用飞行器与景物的相对运动产生多普勒频移，经过二维相关处理或匹配滤波处理获得高分辨率图像。采用合成孔径技术使雷达探测分辨率提高几十倍至几百倍。侧视雷达的工作原理是当飞行器在航线运动中，发射机不断向天线所扫掠的狭长地带发射强功率的窄脉冲波，天线接收从地面反射回来的回波，由接收机输出视频信号。侧视雷达遥感的技术特点是：①具有全天候工作性能；②分辨率高，所摄照片清晰；③覆盖面积大，提供信息快；④不易受大气、云层、浓雾大气条件干扰；⑤具有分辨地面固定和活动目标的能力。侧视雷达遥感在农业、地质勘探、资源考察、环境保护和海洋调查等方面已获广泛的应用。

七、航空数字制图照相(DMC)系统

数字制图相机(Digital Mapping Camera，简称 DMC 系统)，亦称为航空数码相机，是一个专门用于可见光-近红外多光谱摄影的高分辨率和高精度的数字摄影系统，具有高地面分辨率的技术优势，多用于城市大比例尺数字测图工程项目。

航空数码相机于 2000 年开始出现，到 2004 年就已成为研究热点。航空数码相机主要有线阵(Linear Array)CCD 传感器和面阵(Plane Array)CCD 传感器两种成像模式。DMC 是基于面阵 CCD 传感器航空数码相机，CCD 的像元尺寸为 12μm，焦距为 120mm，视场角为 69.30，每幅 CCD 像元为 7 680×13 824，一般采取 4 台或 8 台独立的 CCD 相机集成在一起，保证其类似胶片成像的光学几何精度，还具有自动像元补偿和 12 比特的灰度分辨率。多组 DMC 被分别安装在一个刚性的经过精确定位的光学框架内，这样就大大提高了 CCD 器件的信噪比和减少系统内的电磁干扰。

图 8 - 39 为 DMC 与 Lidar 两种数据融合生成的三维立体图像，既利用了 Lidar 测高数据生成的 DEM 数据，又利用 DMC 多光谱图像数据，通过数据融合处理生成三维遥感图像。图 8 - 39 为四川宜宾侏罗系近水平岩层的三维航空数码图像，图像的实际分辨率可达 15cm。

八、航空激光雷达测高系统及图像

激光遥感是利用激光的瑞利(Rayleigh)散射、Mie 散射、Raman 散射、萤光效应和吸收等不同物理过程对目标进行距离探测和识别的技术，称为激光雷达(Lidar)。激光雷达 Lidar (Light Detection and Ranging)，又称机载激光雷达。激光测距技术是利用激光的特点，即单色性好、方向性强、能量高、光束窄等特点，实现高精度的测量目标距离、速度和角度等空间要素，直接获得点位三维坐标的高程信息，是当代一项最新的测绘遥感技术。而目标的光谱信息则是利用高分辨率的数码相机的多波段数字影像与其进行配准融合处理，便可生成包括 DEM 数据的彩色立体遥感图像(参看图 8 - 39)。

航空激光雷达遥感主要有下列几种类型：

(1)机载激光测高(airborne laser altimetry，ALA)；

(2)机载激光地形测绘(airborne laser topographic mapping，ALTM)；

(3)机载激光制图系统(airborne laser mapping，ALM)；

(4)机载激光扫描(airborne laser scanning，ALS)。

第三节　航天遥感平台与图像特性

一、航天遥感平台类型

1. 高空探测火箭

探空火箭是在高空进行遥感探测和科学实验的一种遥感平台。在运载火箭的头部安放遥感探测传感器，对高空大气层的成分结构及大气参数进行遥感观测。火箭的有效载荷将探测到的数据通过通信装置发回到地面台站进行接收处理，或在火箭下降过程中将有效载荷弹出火箭，利用降落伞等气动减速装置安全降落到地面进行回收。

探空火箭主要探测地球大气层的物化性质、地磁场、宇宙辐射和太阳辐射、X 射线、紫外辐射、微陨石活动等高空电磁辐射场信息，服务于弹道导弹、运载火箭、人造地球卫星、载人飞船等飞行器设计的高空环境参数。

2. 人造地球卫星

人造卫星可分为三类：①科学卫星：用于科学探测和研究；②技术实验卫星：为新技术进行试验；③遥感卫星：提供对地观测的多光谱图像数据。

按遥感卫星的轨道高度和寿命可分为三类：

(1)低高度、短寿命卫星：轨道高度为 150～350km 的短寿命卫星。可获得高地面分辨率图像，主要用于军事侦察。近年发展的小卫星对地观测遥感也采用此类卫星。

(2)中高度、长寿命卫星：轨道高度为 350～1 800km，寿命在 1 年以上。属于对地观测遥感卫星的主体，如陆地卫星、海洋卫星、低轨气象卫星等。

(3)高高度、长寿命卫星：也称为地球同步卫星或静止卫星，高度约为 36 000km，主要有通讯卫星、气象卫星，用于地球环境动态监测，如火山、地震、森林、洪水等。

气象卫星、海洋卫星和陆地卫星构成地球资源环境遥感卫星系列，成为从不同尺度观测地球表层各个圈层之间能量交换、相互联系和变化规律的多层次对地观测系统。

3. 宇宙飞船

宇宙飞船又称载人飞船(manned spacecraft)，载人飞船可以独立进行航天活动，也可用作往返于地面和空间站之间的“渡船”，还能与空间站或其他航天器对接后进行联合飞行。如“东方号”、“上升号”、“联盟号”、“水星号”、“双子星座号”、“阿波罗号”等载人飞船。“阿波罗号”是登月载人飞船。

载人飞船系统构成：由结构系统、姿态控制系统、轨道控制系统、无线电测控系统、电源系统、返回着陆系统、生命保障系统、仪表照明系统、应急救生系统等子系统构成。

载人飞船用途：①进行近地轨道飞行，试验各种载人航天技术，如轨道交会和对接、航天员出舱进入太空等；②考察轨道上失重和空间辐射等因素对人体的影响，发展航天医学；③为航天站接送人员和运送物资；④利用各种遥感设备进行对地球的观测，图 8－24、图 8－25 为载人飞船用手持相机拍摄的火山口图像；⑤进行空间探测和天文观测；⑥进行登月飞行或星际飞行。

4. 航天飞机

航天飞机(space shuttle)，也称为空间运输系统(space transportation system)，是一种往返于地面和近地轨道之间的可重复使用的太空飞行器，也被喻为天地往返“穿梭器”。航天飞机集火箭、卫星和飞机的技术特点，是一种新型的多功能航天飞行器。

航天飞机遥感传感器主要为雷达遥感系统 SIR 系列，分别于 1981 年、1984 年和 1994 年将 Sir－A、Sir－B 和 Sir－C/X－SAR 三部成像雷达载入太空，其中 Sir－C/X－SAR 为多波段、多极化成像雷达传感器，具有成像模式多变、波段、极化组合的成像特点，可用于全球地表高程测量，生成全球 DEM 数据层。

航天遥感的特点：航天遥感探测面积大、范围广、速度快、效果好，可定期或连续监视一个地区，不受国界和地理条件限制；能取得其他手段难以获取的信息，对于军事、经济、科学等均有重要作用。目前正在使用的航天平台主要有：Landsat 系列卫星、Spot 系列卫星、EOS 的 Terra 卫星以及 NOAA/TIROS 卫星、中国风云系列卫星、IKONOS、Quickbird 卫星等和中巴地球资源卫星。

对地观测技术由最初的陆地资源卫星探测发展到今天多角度立体观测和微波遥感的全天候对地监测系统。可以预测在今后一段时间里，将有更多的不同类型的对地观测卫星发射，组成星座或星群，形成全天候、多角度、高分辨率、高光谱及具有日覆盖能力的卫星遥感观测系统，可以实时地开展从空间对地观测、进行地球资源与环境调查、监测与研究工作。

二、陆地卫星(Landsat)

1. Landsat 系列卫星概述

地球资源技术卫星 ERTS(Earth Resource Technology Satellite)是美国国家航空和航天局(NASA)用来对地球资源环境进行研究的遥感卫星，ERTS 以探测陆地资源和环境为主，故随后改称为陆地卫星(Landsat)。到目前为止，Landsat 已经发射了 7 颗卫星，现在仍正常运行的仅有 Landsat5 卫星。

地球资源技术卫星(ERTS－1、2、3)装有返束光导摄像机(Return Beam Vidicon, RBV)和多光谱扫描仪(Multispectral Scanner, MSS)传感器，分别有 3 个和 4 个谱段，空间分辨率为 80m，18 天即可覆盖全球一次，共生成了约 45 万幅卫星遥感图像。

20 世纪 80 年代发射的 Landsat－4、5 卫星平台增加了专题绘图仪(Thematic Mapper, TM)。TM 的波谱范围比 MSS 大，每个波段范围较窄，因而波谱分辨率比 MSS 图像高，其地面分辨率为 30m(TM6 的地面分辨率为 120m)，Landsat－5 卫星现仍在运行。

90 年代发射的 Landsat－6、7 卫星，其中，Landsat－6 未进入轨道而失败。Landsat－7 卫星装载了增强型专题绘图仪 ETM^+(Enhanced Thematic Mapper plus, ETM^+)，该设备增加了具有 15m 分辨率能力的全色波段，热红外波段的空间分辨率也提高到 60m。ETM^+ 图像像幅为 185km×185km，16 天可覆盖全球一次。该卫星同时还搭载有海洋观测宽视场传感器 SeaWiFs(分辨率 1.13～4.5km，覆盖范围 2 800km)。

表 3－3 为 Landsat 系列卫星运行发射及传感器简况。

2. 轨道运行特征

(1)近圆形近极地轨道。Landsat 为近圆形近极地轨道，与地球表面保持等距离，目的是使卫星图像比例尺基本一致；圆形轨道可控制卫星星下点速度，控制卫星姿态，使图像预处理程序简化。

近极地轨道有利于增大卫星对地观测范围，可从最北 N81°到最南 S81°，可利用地球自转与卫星轨道的角度关系控制卫星轨道运行周期，实现对全球的合理覆盖。

表 3－3　Landsat 系列卫星简况

卫星名称	发射时间	传感器	分辨率(m)	卫星名称	发射时间	传感器	分辨率(m)
Landsat－1	07/12/1972	RBV	80	Landsat－4	07/16/1982	MSS	30,120LWIR
		MSS				TM	
Landsat－2	01/22/1975	RBV	80	Landsat－5	03/01/1984	MSS	30,120LWIR
		MSS				TM	
Landsat－3	03/05/1978	RBV	80	Landsat－6	10/05/1993	ETM	发射失败
		MSS		Landsat－7	04/23/1999	ETM^+	30,60 LWIR,15PAN

(2)卫星轨道与太阳同步。Landsat 的轨道运行既要保证传感器在相同的太阳光照条件下对地观测,又要保证卫星运行周期对全球地表的完整覆盖。这就要求卫星轨道与太阳同步,即卫星轨道相对于地球的角进动,与太阳相对于地球的角进动相等,即卫星轨道通过任意纬度的地方时基本一致。因此,要实现轨道运行与太阳光照条件一致,其轨道运行的序次必须西移,轨道倾角必须大于 90°,使两条轨道之间的距离(夹角)与该运行时段内太阳由东向西移动的距离(角度)相等。

卫星轨道与太阳同步可使传感器在相同的太阳光照条件下进行成像,从而获得同一地区近似相同光照条件下的图像,便于对同一地区不同季节图像的光谱信息进行对比。

地球对太阳的进动一年为 360°,每天的进动角为 0.985 6°,为保证轨道与太阳同步,使光照角保持不变,就必须对卫星轨道参数进行修正,卫星轨道每圈的修正量:

$$\Delta\Omega = \frac{0.985\,6°}{n}$$

式中:n 为一天中卫星运行的轨道数。

(3)全球覆盖周期。全球覆盖周期是指地球观测卫星对地表重复覆盖一次所需的时间,是地球观测卫星的一个重要性能指标。全球覆盖周期与时间分辨率的概念相同,表明卫星提供同一地区多时相图像数据的能力。全球覆盖周期的长短同卫星轨道高度、倾角、绕地球运行一周的周期等轨道参数有关。全球覆盖周期在理论上是任意的,仅取决于传感器对地观测的频度。如气象卫星每 12 小时进行一次红外扫描成像,其覆盖周期即为 12 小时。Landsat 1～3 的轨道高度 910km,倾角 98°,绕地一周 103.2 分钟,覆盖周期 18 天;Landsat 4～5 的轨道高度 705km,倾角 98.23°,绕地一周 99 分钟,覆盖周期为 16 天。

卫星轨道对全球的覆盖周期如图 3－4 所示。轨道的重复回归性有利于对环境变化的动态监测。

3. Landsat 图像光谱特征

Landsat MSS 及 ETM 均为多光谱图像成像模式,图像光谱特征是指图像的多波段光谱数据对观测物体本身光谱反射特性的表达能力及其分辨识别能力。图像光谱特性是卫星光学传感器的性能指标之一,也称为光谱分辨率。光谱分辨率是指传感器在接收目标辐射时,能分

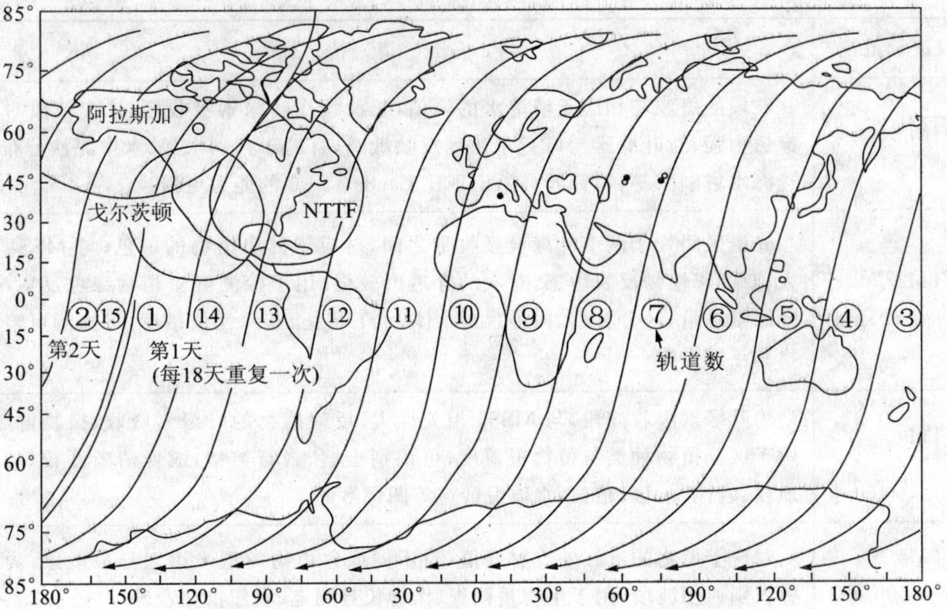

图 3-4　Landsat 全球覆盖卫星轨道运行周期图

辨的最小波长间隔。

(1)MSS 图像。Landsat 1～5、7 均采用了 MSS，其中除 Landsat3 采用 5 个波段外，其余均采用可见光-近红外 4 个波段。

MSS4：为可见光蓝绿波段，地表蓝绿、黄色景物在该波段呈浅色调，随着红色成分的增加而变暗。水体色调最浅，对水体有一定的穿透能力，可测一定的水深(约 10～20m)的水下地形，并利于识别水体浑浊度、沿岸流、沙地、沙洲等。

MSS5：为可见光红光波段，地表橙红景物在该波段显示为浅色调，随着绿色成分的增加而变暗。水体色调最浅，对水体有一定的穿透能力(约 2m)，对水中泥沙流反映明显，对裸露的地表、植被、土壤、岩性地层、地貌景观识别可提供较丰富的信息，为可见光最佳波段。

MSS6、MSS7：为红外波段，两个波段具有一定的相关性，植被为浅色调，水体为深色调。尤其 MSS7 水陆界限清晰，对土壤含水量反映明显，对寻找地下水以及识别与水有关的地质构造、隐伏构造、作物病虫害、植物生长状态、军事伪装、土壤岩石类型等具有其光谱识别优势。

Landsat3 的 MSS 有 5 个通道，增加了一个热红外波段 MSS8(10.4～12.6μm)，其空间分辨率为 240m。

(2)TM(Thematic Mapper)图像。TM 图像有 7 个光谱段图像，其中 TM7 为地质遥感增加的专门波段，也称为蚀变岩波段。其图像光谱特性见表 3-4。

(3)ETM$^+$。Landsat7 ETM$^+$ 是 TM 的增强型，ETM$^+$ 与 TM 的波段、光谱特性和分辨率基本相似，最大的区别有以下三点：①增加了分辨率为 15m 的全色波段 PAN(0.52～0.90 μm)；②波段 6 的分辨率由 120m 提高到 60m；③辐射定标误差率小于 5%，比 Landsat 5 提高了一倍。

表 3-4 Landsat TM 图像波段及光谱识别特征

波段及波长范围	光谱特征
TM1 (0.450～0.515μm)	波段的短波端相应于清洁水的峰值，长波端在叶绿素吸收区；这个波段对水体的穿透力强，对叶绿素与叶色素浓度反映敏感，有助于判别水深、水中泥沙分布和进行近海水域制图等；对针叶林的识别比 Landsat1-3 的能力更强
TM2 (0.525～0.605μm)	光谱区间处于两个叶绿素吸收带之间，对应于健康植物的绿色；与 MSS4 相关性大；对健康植物反映敏感，对水的穿透力较强；用于探测健康植物绿色反射率，评价叶绿素总量，区分林型、树种。对水体、水下特征、蓝绿比值敏感，可探测可溶性有机物和浮游生物
TM3 (0.630～0.69μm)	为叶绿素吸收波段，与 MSS5 相关性大，反映植物的叶绿素吸收、植物健康状况，用于区分植物种类与植物覆盖度；可识别土壤、岩石类型，成像清晰度较好；可用于地貌、岩性、土壤、植被、水体泥沙流等图像解译
TM4 (0.775～0.90μm)	对应于植物的近红外反射峰值，对不同绿色植物类型光谱差异最敏感，为植物遥感识别通用波段，用于生物量调查、作物长势测定、农作物估产等
TM5 (1.55～1.75μm)	处于水的吸收谱带内，对岩石土壤含水量敏感，对植物叶面湿度敏感；可用于土壤湿度、植物含水量、水分状况、地质体类型，作物类型，作物长势，云层类型、冰川、雪线等图像解译和调查
TM6 (10.4～12.50μm)	地表热红外辐射量波段，可区分农、林覆盖类型，辨别表面湿度、水体类型、岩石类型及监测与人类活动有关的热特征，进行热测量与制图，可进行地表温度场反演
TM7 (2.09～2.35μm)	为地质波段或蚀变岩波段，可区分岩石类型，用于遥感找矿与蚀变岩制图，特别是热液蚀变岩制图。水体及水分子强吸收带波段，可用于水体边界识别、土壤湿度调查等

三、Spot 卫星

1. 概述

Spot 卫星由法国国家空间研究中心(CNES)设计制造。Spot 卫星的成像传感器为高分辨率可见光扫描仪(High Resolution Visible，HRV)。Spot-4 在 HRV 中增加了 1.5～1.7μm 波段，地面分辨率为 20m；原来的全色通道改为 0.61～0.68μm 的红色通道。Spot5 增加了立体成像(HRS)装置，高分辨率立体成像装置用两个相机沿轨道成像，获取立体像对。Spot 的立体像对在卫星立体测图和虚拟现实技术等领域得到广泛应用。

2. Spot 卫星轨道特征

Spot 是近极地轨道卫星，其轨道为近圆形轨道，轨道高度 832km，轨道倾角 98°，一天绕地球 $14\frac{5}{26}$ 圈，绕地球一圈运行周期为 101 分钟，全球覆盖周期 26 天，Spot5 全球覆盖周期缩短为 5 天。

Spot 轨道与太阳同步，所有图像都具有相同的太阳光照条件。

3. 光谱模式

(1)Spot1、2、3。

"P"全色模式:采用可见光范围(不含蓝色波段)进行成像,波段覆盖的范围为0.51~0.73μm。具有空间分辨率为10m的全色影像,主要应用于高分辨率图像解译和制图领域。

"XS"多光谱模式:为三个多光谱波段,包括B1波段:0.50~0.59μm(绿色);B2波段:0.61~0.68μm(红色);B3波段:0.79~0.89μm(近红外)。通过三个波段图像数据合成,可生成假彩色红外图像。

(2)Spot4。

"M"全色模式:采用可见光范围的B2波段(0.61~0.68μm)进行成像,空间分辨率为10m。

"Xi"多光谱模式:四个波段包括上述的B1、B2和B3的三个波段及由短波红外波段B4波段(1.58~1.75μm),B4波段影像的分辨率为20m。

(3)Spot5。

"P"全色模式:波段范围0.48~0.71μm,两景全色波段影像(5m),通过它们可以生成一景2.5m影像。

"Xi"多光谱模式:为三个多光谱波段(10m),B1为0.50~0.59μm,B2为0.61~0.68μm,B3为0.78~0.89μm;一个短波红外波段(20m),1.58~1.75μm。Spot 5可提供分辨率2.5m图像,可满足用户对地理信息数据的需求,适用于测绘制图、国防、农业、土地利用及城市规划,以及自然灾害调查等领域。

四、对地观测卫星——TERRA卫星

TERRA卫星是NASA对地观测卫星计划——EOS卫星系列的第1颗试验卫星,第2颗卫星取名为Aqua("水色"卫星)。星载成像传感器除MODIS外,还有CERES等。MODIS无偿提供全球使用,主要用于全球环境遥感及海洋遥感。

对地观测系统(Earth Observing System,EOS)主要针对全球变化研究,EOS的目标是进一步研究地球环境,认识地球系统的结构特征,研究地球系统的变化规律。该系统由以下三大部分组成。

(1)EOS科学研究计划:主要是地球系统科学的研究,研究全球变化规律,建立地球系统模型。

(2)EOS航天观测系统:主要由大型极轨平台EOS-a,EOS-b组成,并搭载多种遥感传感器组合平台,如成像光谱仪、合成孔径雷达、微波辐射计等。各遥感传感器之间具有互为修正、观测周期互补等特点。

(3)数据信息系统:数据信息系统EOSDIS(EOS Data and Information System)包括:①极轨平台的运营管制;②EOS数据的处理和深加工;③EOS搭载设备的运营管制;④数据的保存、分配;⑤信息管理;⑥网络;⑦数据长期保存;⑧数据算法的交换。

1. 云和地球辐射能量系统(CERES)

云层和地球辐射能量系统(CERES)有短波段、全波段和长波段三个辐射波段。

短波段(0.2~5μm)专门测量地球对太阳光的反射。

全波段(0.2~200μm)测量地球的长波辐射。

长波段（8～12μm）测量大气窗口的热辐射，研究全球温室气体 CO_2 与全球变暖的关系。

CERES 可以测量云的覆盖面积、云层高度、云中液态水含量，从而获得云层的参数。云层和辐射通量的测量数据可建立海洋和大气动态模型。

CERES 所测得的辐射能量包括地球大气顶部和地表的辐射通量及大气内部引起通量的差值。基于长尺度时间周期的观测就可测得地球辐射的收支状况，有助于认识未来气候的形成及地表辐射特性的作用机理。

2. 多角度成像光谱辐射计（MISR）

多角度成像辐射计（MISR）是在可见光和近红外四个光谱波段，按平台飞行前后八个角度方向摄取地面具有角度反射特征的多光谱图像。MISR 的数据可以测得有云和无云地区的双向反射率，获取不同云层类型在空间和季节尺度上的变化及其对地球太阳辐射能量收支的影响，可以测量大气气溶胶总量变化及其对气候和环境的影响，建立地面双向反射率与反照率的关系模型，用于研究生物圈-大气圈的相互作用及生态系统的变化。

3. MODIS 成像光谱仪

MODIS 是中分辨率成像光谱仪，其空间分辨率最高可达 250m。"MODIS"为中分辨率成像光谱仪（Moderate - resolution Imaging Spectroradiometer）的缩写，是对地观测系统的主要传感器之一，并实时将观测数据通过 X 波段向全世界直接发布，也可进行免费接收，目前全球许多国家和地区都在接收和使用 MODIS 数据。中国已建有多个 MODIS 图像数据接收站。

MODIS 是"图谱合一"的遥感图像，共有 36 个离散光谱波段，光谱范围从 0.4μm（可见光）到 14.4μm（热红外）。MODIS 数据可提供陆地环境、云边界、云特性、海洋水色、浮游植物、生物地理、化学、大气中水汽、气溶胶、地表温度、云顶温度、大气温度、臭氧层和云顶高度等特征信息，主要用于对陆表、生物圈、固态地球、大气和海洋进行长期的全球观测。MODIS 图像像幅宽度为 2 330km。

MODIS 图像数据的特点和应用优势如下：

（1）空间分辨率可基本满足大尺度对地观测需求；

（2）时间分辨率为 6 小时重复观测一次，对各种突发性、快速变化的自然灾害有更强的实时监测能力；

（3）光谱分辨率大大提高，有 36 个波段，这种多通道观测增强了对地球复杂系统的观测能力和对地表类型的识别能力。

表 3 - 5 为 MODIS 图像波段及其主要用途信息。

4. ASTER 多光谱图像

ASTER 属于 EOS 计划的一部分。成像传感器分成三个独立的子系统，分别对应于：①可见光/近红外子系统，为第一、第二、第三波段，空间分辨率为 15m；②短波红外子系统，为第四至第十波段，空间分辨率为 30m；③热红外波段子系统，为第十至第十四波段，地面分辨率为 90m。ASTER 具有较高的光谱分辨率，在近红外部分，ASTER 的光谱分辨率都高于 ETM 与 Spot 多光谱图像。ASTER 数据服务的特点是可基于用户要求进行波段选取（表 3 - 6）。

ASTER 图像数据主要应用于区域尺度的地质、地理、环境调查及工程地质勘察，包括地表圈层与大气的相互作用、冰川、水文、城市扩展、火山预报、地表温度反演等应用领域。

表 3-5　MODIS 波段范围和主要用途

通道	光谱范围	信噪比 ΔT	主要应用领域	分辨率(m)
1	620～670nm	128	陆地遥感 云边界遥感	250
2	841～876nm	201		250
3	459～479nm	243	陆地资源环境遥感 云层遥感	500
4	545～564nm	228		500
5	1 230～1 250nm	74		500
6	1 638～1 652nm	275		500
7	2 105～2 135nm	110		500
8	405～420nm	880	海洋水色 浮游植物 生物地理化学	1 000
9	438～448nm	8 380		1 000
10	483～493nm	802		1 000
11	526～536nm	754		1 000
12	545～556nm	750		1 000
13	662～672nm	910		1 000
14	673～683nm	1 087		1 000
15	743～753nm	586		1 000
16	862～877nm	576		1 000
17	890～920nm	167	大气、水汽	1 000
18	931～941nm	57		1 000
19	915～965nm	250		1 000
20	3.660～3.840μm	0.05	地球表面和云顶温度	1 000
21	3.929～3.989μm	2.00		1 000
22	3.929～3.989μm	0.07		1 000
23	4.020～4.080μm	0.07		1 000
24	4.433～4.498μm	0.25	大气温度	1 000
25	4.482～4.948μm	0.25		1 000
26	1.360～1.390μm	1 504	卷云、水汽	1 000
27	6.535～6.895μm	0.25		1 000
28	7.175～7.475μm	0.25		1 000
29	8.400～8.700μm	0.05		1 000

续表 3-5

通道	光谱范围	信噪比 ΔT	主要用途	分辨率(m)
30	9.589～9.880μm	0.25	臭氧层	1 000
31	10.780～11.280μm	0.05	地球表面和云顶温度	1 000
32	11.770～12.270μm	0.05		1 000
33	13.185～13.485μm	0.25	云顶高度	1 000
34	13.485～13.785μm	0.25		1 000
35	13.785～14.085μm	0.25		1 000
36	14.085～14.385μm	0.35		1 000

表 3-6 ASTER 多光谱图像波段技术参数

波段序号	波长范围(mm)	地面分辨率(m)	波段序号	波长范围(mm)	地面分辨率(m)
1	0.52～0.60	15	8	2.295～2.365	30
2	0.63～0.69	15	9	2.36～2.43	30
3	0.76～0.86	15	10	8.125～8.475	90
4	1.60～1.70	30	11	8.475～8.825	90
5	2.145～2.185	30	12	8.925～9.275	90
6	2.185～2.225	30	13	10.25～10.95	90
7	2.235～2.285	30	14	10.95～11.65	90

五、IKONOS、Quickbird、World view 高分辨率卫星图像

高分辨率卫星图像的像元尺度在 10m 以内，主要属于商业卫星数据服务领域。1993 年美国 Space Imaging 公司首先经营 3m 分辨率传感器卫星数据，随后即发展到 1m 分辨率图像数据和亚米级图像数据，促使航天遥感图像进入高精度测图与立体测图应用阶段。

1. IKONOS 卫星图像

IKONOS-2 是 Space Imaging 公司第一颗高分辨率商用卫星，IKONOS 卫星图像提供分辨率达 1m 的高清晰度卫星影像，可以部分代替航空遥感，广泛用于城市、港口、土地、森林、环境、灾害调查和军事目标动态监测；也可用于国家级、省级、市县级空间数据库的建设与更新，已经成为“数字地球”主要的空间信息源，在地理信息系统建设中具有重要意义。

IKONOS 卫星轨道高度 681km，太阳同步轨道倾角 98.1°，成像时间为 10:30，轨道周期 98 分钟，重访周期 1～3 天。图像幅宽 11km。图像多光谱模式分辨率为 4m，有四个波段：红波段(0.63～0.69μm)；绿波段(0.52～0.60μm)；蓝波段(0.45～0.52μm)；近红外波段(0.76～0.90μm)。全色波段(0.45～0.90μm)空间分辨率 1m。采用数据融合处理，可生成彩色图像。

2. Quickbird 卫星图像

Quickbird 亦为高分辨率遥感商业卫星，太阳同步轨道高度 450km，重复周期 1～6 天，全色光成像模式的空间分辨率达 0.61m，多光谱成像模式的空间分辨率为 2.44m，四个波段分别为蓝波段：450～520nm；绿波段：520～600nm；红波段：630～690nm；近红外波段：760～900nm。图像像幅为 16.5km×16.5km。

3. WorldView 卫星图像

WorldView 卫星是 Digitalglobe 公司的商业卫星系统，由 WorldView－Ⅰ和 WorldView－Ⅱ卫星组成，是目前全球分辨率最高、响应最敏捷的商业成像卫星。卫星轨道高度 482km、倾角 9.8°、太阳同步轨道周期 93.4 分钟，重访周期为 1.7 天。全色成像模式空间分辨率达 0.46m。卫星具备 GPS 定位数据，具有立体测图能力。多光谱模式为红、绿、蓝、近红外标准谱段，分辨率为 1.8m。多光谱成像模式的四个波段的光谱特征如下：

(1)海岸波段(400～450nm)支持基于叶绿素的植物鉴定和分析，支持深海探测研究；

(2)黄色波段(585～625nm)支持提取 yellow－ness 特征指标，是植物应用波段；

(3)红色边缘波段(705～745nm)支持植物生长状态信息提取，可反映植物健康状况信息；

(4)近红外 2 波段(860～1 040nm) 部分重叠在 NIR 1 波段上，但较少受大气层干扰，支持植物叶绿素指数提取和单位面积生物量研究。

上述 IKONOS、Quickbird、WorldView 图像均可用于立体测图，测图精度可满足 1∶10 000到 1∶5 000 精度要求。

六、中巴资源卫星

中巴资源卫星系列(CBERS)属于地球资源遥感卫星，采用太阳同步轨道，轨道高度 778km，倾角 98.5°，重复周期为 26 天。星上搭载了 CCD 相机、IRMSS 红外扫描仪、宽视场成像仪(WFI)。

CCD 相机的空间分辨率为 19.5m，图像幅宽为 113km。在可见、近红外光谱范围内有四个波段和一个全色波段。CCD 相机配置有内定标系统。

红外多光谱扫描仪(IRMSS)有一个全色波段、两个短波红外波段，空间分辨率为 78m；一个热红外波段，图像幅宽为 119.5km，空间分辨率为 156m。IRMSS 配置有内定标系统。

宽视场成像仪(WFI)扫描幅宽为 890km，一个可见光波段和一个近红外波段。WFI 具有在短时间内获得高重复率的图像覆盖能力。

CBERS－2 图像质量有较大改善，可更好地满足用户要求，图像数据可以满足 1∶10 万比例尺的卫星影像解译及制图要求。

七、气象卫星系列

气象卫星系统由气象观测专用系统和保障系统两部分组成。气象观测专用系统是气象遥感传感器，接收和测量地球及其大气层的可见光、红外与微波辐射。传感器采用大气窗口遥感光谱成像仪和大气吸收带的垂直探测器两类。垂直探测器探测大气微量组成成分及大气温度的垂直分布，可以绘制成云层、地表和洋面图，经进一步处理，即可得出各种气象资料，用于天气预报。

从 1960 年起，全世界已经发射了 100 多颗气象卫星，组成了一个气象卫星观测系列，观测范围覆盖了全球。对地球任一地区，每天将可获得四次云图，形成对台风、暴雨等灾害性天气预报、数值预报、海洋表层水温与海水预报；并对海区水系配置乃至渔业生产等都有重要意义。

气象卫星轨道分为低轨和高轨两种。低轨道卫星为近极地太阳同步轨道，轨道高度为800～1 500km，每天可获得两次观测资料，它的优点是提高了图像的空间分辨率与探测数据的精度；高轨道卫星的高度近 36 000km，圆形轨道平面与赤道平面重合，始终与地球同步。它的优点是能进行不间断观测，每隔 20 多分钟就可获得一次观测资料；它的缺点是对地球极地获取的数据不如低轨卫星理想。所以气象卫星系列采用高、低轨道卫星的组合观测是一种理想的观测方式。

1. 低轨气象卫星

(1)泰罗斯卫星系列。泰罗斯(Television and Infrared Obseration Satellite，TIROS)卫星属于第一代实验气象卫星，1960 年以来共发射了 10 颗卫星，并作了多次改进。星载传感器分为电视摄象机与高分辨率辐射计(Advanced Very High Resolution Radiometer，AVHRR)。

(2)雨云卫星系列。雨云卫星与 Landsat 系列卫星的形状、运行轨道都十分相似(Landsat-1、2、3 实际上是由雨云卫星改装而成)，从 1964 年起至 1978 年共发射了 7 颗卫星。雨云卫星可获取地球大气层的光谱图像和云图，其海岸带水色扫描仪(Coastal Zone Color Scanner，CZCS)可获取海洋遥感图像数据。

(3)艾萨卫星系列。从 1966 年起共发射了 9 颗艾萨(Environmental Science Service Administration Satellites，ESSA)卫星。艾萨卫星轨道为近圆形太阳同步轨道，轨道倾角在 97.9°～102°之间，轨道上同时保持两颗卫星，地面站每隔 6 分钟收到一张云图，云图星下点分辨率为 4km。

(4)诺阿卫星系列。从 1970 年起共发射了 16 颗诺阿(National Oceanic and Atmospheric Administration，NOAA)卫星。诺阿卫星为近圆形太阳同步轨道，轨道高度为 833～870km，轨道倾角为 99.092°，运行周期为 102 分钟，重复周期为 9 天。同一地区每天可以获得四次观测数据。诺阿卫星还能广泛用于非气象领域，如进行海洋石油监测、探测火山喷发、测定森林火灾和田野禾草燃烧位置；测定海洋涌流、探测植被生产力、监测作物长势与进行作物估产、探测湖面水位变化等。

在诺阿卫星上携带的传感器为甚高分辨率扫描辐射计(AVHRR)和泰罗斯垂直分布探测仪(TIROS Operational Vertical Sounder，TOVS)，其主要参数见表 3-7。

表 3-7　NOAA 为 AVHRR 辐射计参数

通道号	波长(μm)	主要应用(1.1km 分辨率)
1	0.58～0.68 黄-红谱段	天气预报、云图、冰雪探测
2	0.725～1.10 深红-近红外谱段	水体位置、冰雪融化、植被和农作物评价及草场调查
3	3.55～3.93 中红外谱段	海面温度、夜间云覆盖、水陆边界、森林火灾、禾草燃烧探测
4	10.30～11.30 远红外谱段	海面温度、昼夜云量、土壤湿度测定
5	11.50～12.50 远红外谱段	海面温度、昼夜云量、土壤湿度测定

(5)风云一号卫星系列。“风云”(FY-1A)是中国发射气象遥感卫星，为太阳同步极地轨道，轨道高度900km，倾角约99°。可以每天两次获取当地的观测数据，并免费向全球开放。

FY-1装有两台甚高分辨率扫描辐射计，与NOAA卫星上的AVHRR很相似，共有5个通道，其光谱覆盖范围为0.58～12.5μm，波段宽50～2 000nm，各谱段特性见表3-8。

FY-1C装有可见-红外扫描辐射计(MVIRS)，为10个通道，见表3-9。

表3-8　FY-1(A,B)辐射计各谱段光谱特性

通道号	波长(μm)	主　要　用　途
1	0.58～0.68	获取白天云图及地表图像
2	0.725～1.1	获取白天云图及水、冰雪和植被监测
3	0.48～0.53	海洋水色遥感
4	0.53～0.58	海洋水色遥感
5	10.5～12.5	获取昼夜云图及监测地表和海面温度

表3-9　FY-1C可见红外扫描辐射计各谱段特性

通道号	波长(mm)	主要用途
1	0.58～0.68	白天云层、水、冰雪和植被监测
2	0.84～0.89	白天云层、植被、水监测
3	3.55～3.93	火点热源、夜间云层监测
4	10.3～11.3	洋面温度、白天/夜间云层监测
5	11.5～12.5	洋面温度、白天/夜间云层监测
6	1.58～1.64	土壤湿度、冰雪识别
7	0.43～0.48	海洋水色监测
8	0.48～0.53	海洋水色监测
9	0.53～0.58	海洋水色监测
10	0.90～0.965	水汽监测

2. 高轨静止气象卫星

高轨静止气象卫星与地面保持相对静止状态，又称地球同步气象卫星。只有美国、日本、俄罗斯、欧洲空间局、中国和印度发射过这类卫星，其中美国研制和发射最早，数量最多。我国以风云-2卫星系列为代表。

风云-2卫星系列。1997年中国发射了第二代气象卫星风云-2(FY-2)，由国家卫星气象中心使用，进行气象预报和研究。FY-2为地球同步轨道静止气象卫星，卫星与地球自转同步运转，因此与地面保持相对静止状态，又称地球同步气象卫星。

FY-2载有三通道可见光、红外和水汽自旋扫描辐射计、云图广播和数据收集转发器等仪器。可见光通道(0.55～1.05μm)可得到白天云图和地表反射的可见光信息；热红外通道

(10.5～12.5μm)可得到昼夜的云图和地表热红外信息；水汽通道(0.62～0.76μm)可得到对流层中上部水汽分布信息。

FY-2辐射计覆盖视场角为20°×20°，能覆盖以我国为中心的约1×10^8 km^{2}的地球表面图像，包括亚洲、大洋洲、非洲和欧洲的一部分；FY-2每隔半小时可出一幅云图，可连续监测我国及周边地区的云层、湿度、水汽、风场等气象动态信息，提高了对影响我国的多尺度天气系统的监测能力。

美国的地球同步气象卫星系列为SMS/GOES系列、日本为葵花气象卫星系列，俄罗斯则为Elecktro L_1"准天顶"气象卫星，其像幅可覆盖半个地球。

第四节　航天遥感图像的分辨率与图像质量评价

遥感图像是由各种传感器所获取的数据产品，也是对地观测卫星的主要产品。地学遥感应用要求图像产品能提供地表目标的四种基本信息，即时间、地点、目标、变化(When，Where，WhatObject，WhatChange)。这四类信息的图像解释效果及质量均取决于遥感图像的空间分辨率、光谱分辨率、时间分辨率。对目标地物的大小、形状及空间分布规律的解译识别需要图像具有高空间分辨率；对目标地物的物理及结构属性的识别需要图像具有高光谱分辨率；对目标地物的属性变化及空间位置变化的动态监测需要图像具有多时间尺度的分辨率。遥感图像的三类分辨率特征将决定图像的数据质量和应用效果，也是构成遥感图像几何特征、光谱特征及时间特征的基本信息。因此，遥感图像的空间分辨率、光谱分辨率和时间分辨率构成了图像质量评价的基本要素。

一、空间分辨率(Spatial Resolution)

空间分辨率又称地面分辨率，空间分辨率是针对传感器或图像而言，指图像能够区分目标的最小单元的尺度或大小，或识别图像相邻目标的最小角度或线性距离的度量；地面分辨率是针对地面目标而言，即图像可识别的最小地面距离或最小目标物的大小。它们均表示对图像中两个非常靠近的目标物的识别或划分能力，所以也被称为图像分辨力或解像力。

空间分辨率有如下三种表示法。

(1)像元(pixel)尺度(grid cell size)：指单个像元网格所对应的地面面积大小，单位为米(m)或千米(km)。如Quickbird卫星一个像元相当地面0.61m×0.61m面积，其空间分辨率就表达为0.61m；Landsat/TM一个像元相当地面28.5m×28.5m面积，简称空间分辨率为30m；NOAA/AVHRR一个像元约相当地面1 100m×1 100m面积，简称空间分辨率1.1km(或1km)。像元是构成图像的基本单元，具有不可再分割性，也是遥感成像过程或计算机图像处理时的基本记录单元或采样点，并由亮度值来表示其光谱辐射值。

像元与CCD的关系：CCD是Charge-Coupled Device，即电荷耦合元件，是推扫传感器固件化的半导体器件，它能够把光学信号转化为数字信号。CCD上植入的微小光敏物质称作像元(Pixel)，一块CCD上包含的像元数越多，其提供的图像空间分辨率也就越高。CCD的作用就像胶片一样，但直接把图像像元转换成数字信号。

(2)线对数(line pairs)：是对摄影镜头能够区分1mm长度间隔内所包含的线对数，单位为线对/mm。所谓线对数是指一对同等大小的明暗相间的条纹数。

(3)瞬时视场(instantaneous - field - of - view,IFOV):指传感器内单个探测元件的受光角度或观测视野,单位为毫弧度(mrad)。IFOV越小图像中最小可分辨单元(像元)就越小,图像空间分辨率就越高。一个瞬时视场内的信息,用一个像元来表示。

上述三种表示法的意义相近,只是对空间分辨率表达的角度不同。它们之间也可相互转换,例如,若IFOV为2.5mrad时,从1 000m高度上扫描的图像最小投影单元为2.5m×2.5m地面面积。总之,空间分辨率所表示的是图像像元的尺度或大小,在图像上都是独立的栅格单元,其本身是可以识别的。空间分辨率表达图像对地表目标显示的详细程度。如城市遥感图像对城市街道空间网络的表达程度就取决于图像的空间分辨率,1m分辨率的图像可显示最小街道构成的网络细节信息,而30m分辨率的图像就不可能显示如此详细的街道网络细节信息。按像元尺度概念换算,30m分辨率的一个像元包含了900个1m分辨率的图像像元栅格单元,这就是图像解像力的空间内涵。

任何遥感图像都存在"混合"像元的问题。产生"混合"像元的成像机理是在遥感探测过程中,任何一个瞬时视场(IFOV)内所对应的地面覆盖目标就可能不止一种目标,它所记录的是一个或多个目标的复合信号响应。因此,遥感图像包含的是"纯"像元和"混合"像元的集合体,IFOV越小,其图像中"混合"像元的比例就会减少,图像的解像力就会增大。

空间分辨率虽然决定了对地表目标细节的表达程度,但它也与目标物与背景的光谱反差强度及目标的形状、大小及空间结构特性有关。如Landsat MSS的空间分辨率为80m,但是宽度仅15~20m的铁路线或仅10m宽的公路线也可以在平原地理单元的图像中显示出来。这是因它目标独特的线状形态及其与背景目标之间的高反差亮度差异所决定的。空间分辨率的大小,仅表明对目标细节的表达程度,但真正的图像显示效果还与图像的光谱分辨率及目标在混合像元中的波谱贡献比例、目标物背景环境的复杂程度等因素密切相关。

二、光谱分辨率(Spectral Resolution)

遥感信息的光谱特性用光谱分辨率来表达,光谱分辨率是指传感器所选用的波段数量、光谱探测范围、波段的波长间隔的宽窄等光谱参数。即传感器的通道数、通道的中心波长、波段带宽三个光谱参数共同决定的多光谱图像的光谱分辨能力。

全色光波段图像,光谱范围为可见光的全部谱段,波谱区间为0.4~0.7μm,波段带宽为0.3μm,图像像元记录了全部可见光范围的反射能量,图像的光谱分辨率低,而空间分辨率高;Landsat - TM有7个波段,能较好地区分同一物体或不同物体在7个不同波段的光谱响应特性及其差异,其中以TM3为例,传感器用一个较窄的波段(0.63~0.69μm)记录下红光谱段的反射亮度值,其光谱分辨率就比全色光波段高;而成像光谱仪有224个波段,光谱区间包括了可见光、近红外1与近红外2,波长范围为0.4~2.45μm,波段间隔近10nm,其光谱分辨率就比Landsat TM波段高。光谱分辨率越高,对物体光谱识别的能力就越高。

图3-5表明水铝矿在不同光谱分辨率下波谱曲线形态及特征谱带吸收强度的响应灵敏器。当光谱分辨率在512nm时曲线形态为光滑的直线;当光谱分辨率为64nm时就可以显示出在1.2μm波长附近的吸收谱带特性;当光谱分辨率为4nm时就具有明显的双谷形态的光谱细节信息。由此可以看出,波段区间越窄对物体连续光谱曲线特征的表现能力就越强,因此,其光谱分辨率就越高。

高光谱遥感是基于成像光谱仪的新型光电检测技术,具有"图谱合一"特性,高光谱的"图

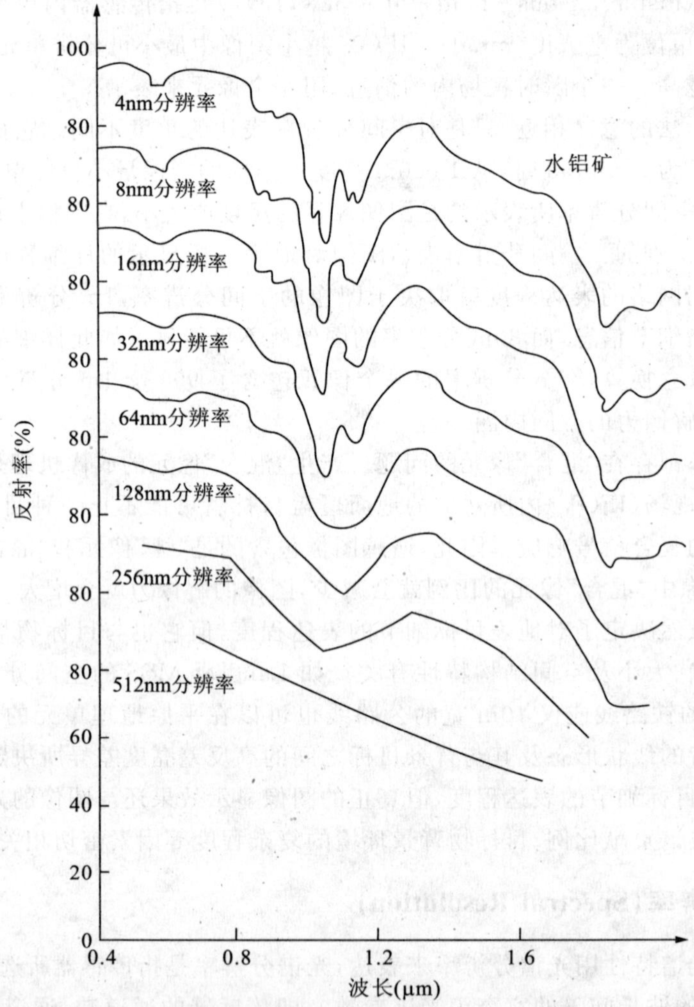

图 3-5 不同光谱分辨率的水铝矿反射光谱曲线形态的影响

（据 Cloutis,1996）

谱合一”成像获得更加丰富的光谱信息,并可近似地表达目标物的连续波谱特征,利用图像处理也可自动生成像元的光谱曲线进行岩矿直接识别,基于地物连续波谱形态特征就可利用光谱角识别技术直接提取岩石、矿物,乃至蚀变矿物的光谱特征信息,进行高光谱矿物填图。

三、时间分辨率(Temporal Resolution)

时间分辨率是指对同一地点进行遥感采样的时间间隔,即采样的时间频率,也称覆盖周期、重访周期等,都是表达在同一地区获得图像的时间间隔尺度。

卫星遥感的时间分辨率是由其轨道运行周期与全球覆盖周期来决定的。例如:

静止气象卫星(地球同步气象卫星)的时间分辨率为 1 次/0.5 小时;

太阳同步气象卫星的时间分辨率为 2 次/天;

中巴卫星为 1 次/26 天;

Landsat 为 1 次/16 天等；

Quickbird 为 1 次/2 天。

也有更长周期甚至不定周期的遥感平台。

时间分辨率对地球环境的动态监测非常重要。如天气预报需要每日进行信息公布，而获取云图的时间周期直接影响预报的准确性；对自然灾害、地质灾害的遥感监测所需要的时间分辨率就具有不同的要求，即取决于灾害过程的时间尺度。如对洪灾的监测时间周期可能以“小时”为单位；对地震灾害的灾情评估监测可能以“天”为单位；而对植物、作物的长势监测、估产等需要用物候期的固定时间段或称为关键时间段的图像信息为最佳监测期；而对城市扩展、河道变迁、土地利用变化的监测或数据更新等则多以“年”为单位。对遥感图像的时间分辨率需要根据不同的地理对象的变化周期及其演变过程的关键时间段来决定。

四、图像质量评价

遥感图像质量除上述三类分辨率评价指标外，还有成像过程的质量因素，主要有大气散射强度因素，它影响图像的清晰度；云层覆盖量，一般要求云层覆盖率<2%；几何投影误差，要求其符合成像技术规范标准等。

复习思考题

1. 简述遥感平台的概念及平台分类。
2. 简述中心投影的概念及其图像几何特性。
3. 简述中心投影图像的像点位移规律。
4. 简述航空遥感图像的比例尺决定因素，在中心投影图像中，图像比例的变化规律是什么？
5. 简述航空相片的色调特征。
6. 简述航空多光谱成像的原理及基本类型。
7. 简述航天遥感平台的类型及其图像特征。
8. 简述 Landsat TM 图像的光谱特征及其应用意义。
9. 简述对地观测系统的主要目的和研究目标。
10. 简述卫星轨道运行参数及其覆盖周期的应用意义。
11. 简述太阳同步卫星轨道的运行特征。
12. 简述空间分辨率的概念及其意义。
13. 简述光谱分辨率的概念及其意义。
14. 简述时间分辨率的概念及其意义。

第四章　遥感数字图像处理

本章内容提要：主要介绍遥感数字图像处理的概念、数学原理、图像纠正和图像增强处理、图像分类技术、数据融合技术等。

第一节　遥感数字图像处理的基本概念

遥感数字图像处理是将遥感图像的数字或模拟信息输入到计算机中，利用遥感图像处理软件，按照一定的数学模型，进行图像几何配准、图像变换、图像增强、图像分类和信息提取等处理，生成能够供专业人员解译的图像或数据。

一、数字图像二维表达

遥感数字图像(Digital Image)是指以数字形式表达，能够被计算机存储、处理和使用的遥感图像。遥感数字图像的最基本的单位是像元。像元(Pixel，也称像素)是遥感成像过程中的采样点，或是在 A/D 转换中的取样点，它也是计算机图像处理中的最小单元。每一个像元都具有空间特征和属性特征。

像元的空间特征可以用离散的 X、Y 来表示。一幅图像可以表示为一个矩阵，若 x 方向上取 M 个样点，y 方向上取 n 个样点，则成为一个有 $M \times N$ 个像元的矩阵的函数，可以表示为：

$$f(x,y)=\begin{bmatrix} f(x_1,y_1) & f(x_2,y_1) & \cdots & f(x_m,y_1) \\ f(x_1,y_2) & f(x_2,y_2) & \cdots & f(x_m,y_2) \\ \cdots\cdots & & & \\ f(x_1,y_n) & f(x_2,y_n) & \cdots & f(x_m,y_n) \end{bmatrix} \tag{4-1}$$

式中：m 为列数；n 为行数。m、n 为正整数，矩阵中的每一个元素代表图像中的一个像元。

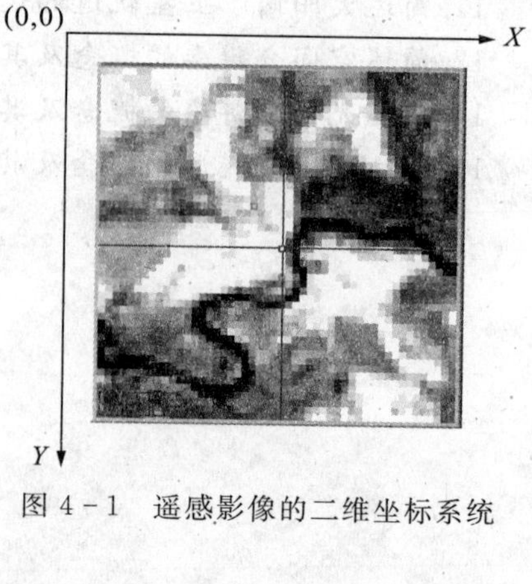

图 4-1　遥感影像的二维坐标系统

图 4-1 是一个小范围的遥感图像。其具体数字信息可以直接以矩阵的形式显示出来，如图 4-2 所示。图像以左上角为坐标原点，横向为 X 轴，纵向为 Y 轴。

像元的值表示传感器探测到的像元对应地面面积上目标物的电磁辐射强度。它的取值可以是整型、实型和字节型。其中字节型最常用，即每个像元记录为一个字节(byte)，8 位，其取值范围为 0～255，共 256 级灰阶。0 表示黑色，255 代表白色，其他值居中渐变。彩色图像可以采用 3 个 8 位字节，分别赋值给红、绿、蓝三原色，每个颜色通道数据为 0～255。

遥感数字图像需要相当大的存储空间。在一般情况下，一幅大小为 $M\times N$，且像元值为字节型的单波段遥感数字图像，其所需的存储空间为：

$M\times N$　字节

	95	96	97	98	99	100	101	102	10
139	32	32	37	40	40	37	28	20	21
140	33	31	34	38	38	34	28	24	23
141	34	32	34	36	37	36	26	15	10
142	35	33	31	33	37	36	22	11	17
143	35	35	35	36	36	30	19	17	23
144	39	37	38	39	37	23	16	22	22
145	40	38	37	39	38	22	17	28	29
146	36	35	36	38	40	25	17	31	34
147	36	35	37	38	40	26	14	24	28
148	39	37	38	39	36	31	19	15	28
149	37	35	34	33	28	33	26	15	34
150	31	27	26	24	27	31	22	18	34
151	24	22	27	30	33	25	15	25	34
152	21	23	24	25	24	17	20	36	36

图 4－2　遥感影像的像元值

二、遥感图像数字处理概念

遥感图像数据处理（processing of remote sensing image data）是对遥感数据进行辐射纠正、图像整饰、投影变换镶嵌、特征提取、分类和各种专题处理的方法。遥感图像处理可以分为两类：①利用光学、照相和电子学的方法对遥感模拟图像（照片、底片）进行处理，简称为遥感图像光学处理；②利用计算机对遥感数字图像进行一系列数字处理，从而获得某种预期结果的技术，称为遥感图像数字处理。

遥感图像处理可以分为三个层次：狭义的图像处理、图像分析和图像解译。

狭义的图像处理强调在图像之间进行变换。主要是对图像进行各种操作以改善图像的视觉效果，或校正图像误差，或对图像进行压缩编码，以减少所需的存储空间或传输时间。狭义的图像处理是从一个图像到另一个图像的数据处理过程，可称为从数据到数据。

图像分析主要是对图像中感兴趣的目标进行检测和量测，从而对图像识别特征进行分析和描述。图像分析是从一个图像到数值或符号的表示过程，可称为从数据到信息符号的数据处理过程。

图像解译是进一步研究图像中各目标物的性质、特征和它们之间的相互关系，并得出对图像内容的理解以及对原来地面客观地物、场景的解译，从而为用户提供真实的、全面的客观世界的专业信息或工程信息。图像解译是借助专业知识和经验对遥感图像进行图像理解和解译的认知过程，可以称为从图像信息到地学信息或工程信息的认知过程。

三、遥感数字图像处理分类

根据遥感图像处理目的的不同，遥感数字图像处理可以分为以下几种。

(1)图像转换：为了使图像处理问题简化或有利于信息的提取而进行的一系列图像变换工作被称为图像转换，包括二维傅立叶变换、沃尔什-哈达玛变换、哈尔变换、小波变换等。

(2)数字图像校正：由于在成像过程中受到各种因素的影响，而导致图像出现误差和变形，为了消除这种误差和变形而进行的一系列图像变换工作称之为图像校正，包括辐射校正和几何校正。

(3)数字图像增强：采用一系列的技术改善图像的视觉效果，提高图像的清晰度、对比度，突出所需要的信息称之为图像增强。目前常用的方法有对比度增强、空间滤波、彩色变换、图像运算和多光谱运算。

(4)数字图像分割及分类：图像分割是基于图像结构特征的一种区域分类算法的处理，图像分类是基于知识工程的图像光谱、结构、纹理等多项特征的专业分类算法的处理。

第二节　遥感数字图像的预处理

在遥感图像应用之前，常常需要对遥感图像进行一些必要的处理，如不同格式的遥感数据的输入，多波段彩色合成处理，遥感图像的辐射校正、几何校正、镶嵌、裁剪处理等，这些都可以称为遥感图像的预处理。遥感图像的预处理能够提高遥感数据的质量和利用价值。

一、几何纠正

由于遥感传感器、遥感平台以及地球本身等方面的原因，在遥感成像时往往会引起难以避免的几何畸变。按照畸变的性质划分，几何畸变可分为系统畸变和随机畸变。系统畸变指由遥感系统造成的畸变，这种畸变一般具有一定的规律性，其大小事先能够预测，例如扫描镜的结构方式和扫描速度等造成的畸变。随机畸变的大小是不能够预测的，例如地形起伏造成的几何误差。

几何校正(geometric correction，也称几何纠正)就是要校正成像过程中所造成的各种几何畸变。几何校正分为两种：即几何粗校正和几何精校正。几何粗校正是针对传感器的内部畸变和运载工具姿态的外部畸变而进行的校正。由于这种畸变是按照比较简单和相对固定的几何关系分布在图像中的，因而它比较容易校正。进行校正时只需将传感器的校准数据、遥感平台的位置以及卫星运行姿态等一系列测量数据代入理论校正公式即可。几何精校正是利用控制点进行的几何校正，它是用一种数学模型来近似描述遥感图像的几何畸变过程，并利用畸变的遥感图像与标准地图之间的一些对应点(即控制点数据)求出几何畸变模型，然后利用模型进行几何畸变的校正。这种校正不考虑畸变的具体形成原因，而只考虑如何利用畸变模型来校正遥感图像。

在通常处理中，首先由卫星地面站对遥感图像进行几何粗校正，然后交给用户。用户根据实际应用需求，进行不同精度的精校正。

(一)遥感图像变形的原因及影响因素

1. 遥感平台位置和运动状态变化的影响

无论是卫星还是飞机,在其运动过程中都会由于种种原因产生飞行姿势的变化,从而引起遥感图像的几何变形(图 4－3)。

航高:当平台运动过程中受到力学的影响,导致相对于标准航高的偏离。航高越向高处偏离,图像对应的地面越宽。

航速:由于平台的飞行速度不均匀,在航速快时,扫描带超前,航速慢时,扫描带滞后,导致图像在平台前进方向上(图像上下方向)的位置错动。

俯仰:遥感平台的俯仰变换能够引起图像上下方向的变化。即星下点俯时后移,仰时前移,发生行间位置错动。

翻滚:遥感平台姿态翻滚是指以前进方向为轴旋转了一个角度,导致星下点在扫描线方向偏移,使整个图像向偏离航线的方向的错动。

偏航:指遥感平台在前进过程中,相对于原前进的航向偏转了一个角度,从而引起扫描行方向的变化,导致图像的倾斜畸变。

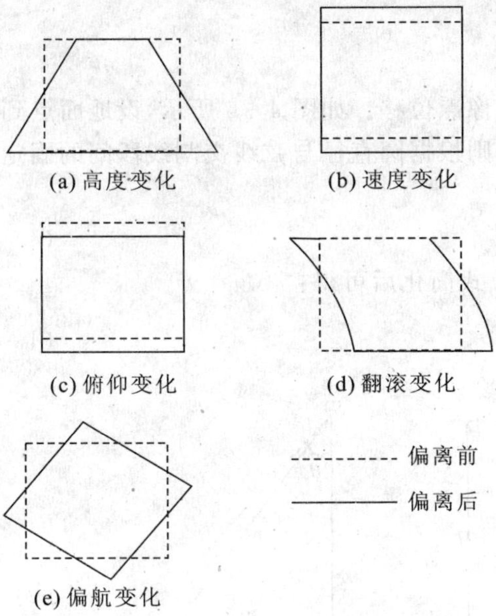

图 4－3　遥感平台位置与运动状态对成像过程的影响示意图

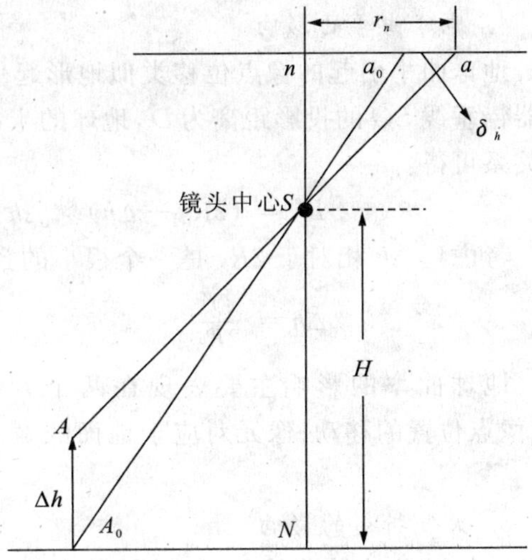

图 4－4　地形起伏对成像的影响示意图

2. 地形起伏的影响

当地形存在起伏时,会产生局部像点的位移,使原来本应是地面点的信号被同一位置上较高点的信号代替。由于高差的原因,实际像点 a 相对于理想点 a_0 发生了移动(图 4－4)。

3. 地球表面地形的影响

地球表面的高低变化,将使影像点产生位移。不过,具有方向投影几何形态(中心投影、全景投影等)的传感器与具有斜距投影几何形态(侧视雷达)的传感器将有不同的地形起伏像点位移规律,比如在高差同为正值的情况下,地形起伏在中心投影影像上造成的像点位移是远离原点向外移动的，而在雷达影像上则是向内变动的，如图 4－5 所示。这种投影差相反的特点，使得我们对雷达影像进行立体观测时，看到的是反立体。此外，高出地面物体的雷达影像还可能带有“阴影”，远处的影像可能被近景影像的阴影所覆盖，这也是与中心投影影像不同之处。

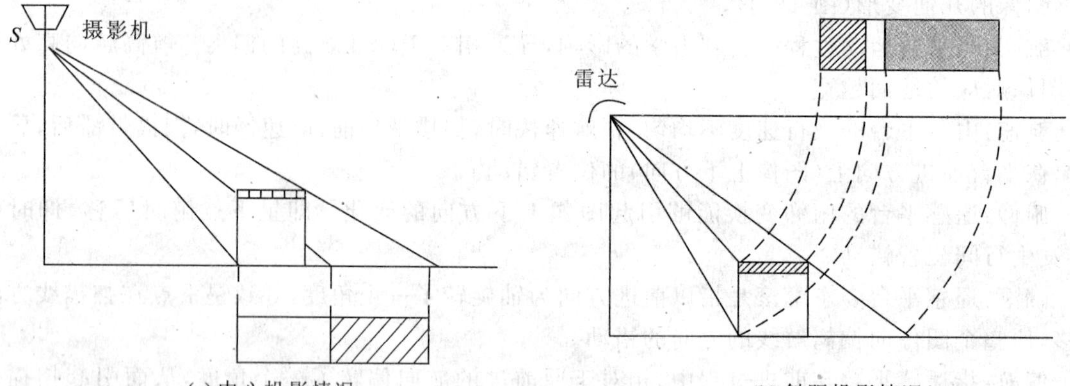

(a) 中心投影情况　　(b) 斜距投影情况

图 4－5　地球表面地形起伏对成像的影响示意图

4．地球曲率的影响

地球曲率引起的像点位移类似地形起伏引起的像点位移。如图 4－6 所示，设地面点到传感器铅垂线 SO 的投影距离为 D，地球的半径为 R_0，则根据圆直径与弦线交割线段间的固定数学关系可得：

$$D^2 = (2R_0 - \Delta h) \times \Delta h \tag{4-2}$$

考虑到 Δh 相对于 $2R_0$ 是一个很小的数值，对上式简化后可得：

$$\Delta h = \frac{D^2}{2R_0} \tag{4-3}$$

地球曲率的影响主要表现在两个方面：像点位置的移动；像元对应于地面的宽度。

5．大气折射的影响

大气层是一种非均匀的介质，它的密度随离地面的高度增加而递减，所以电磁波在大气中传播的折射率也随高度而变，从而使电磁波传播的路径不是一条直线而变成了曲线，进而引起了像点位移。

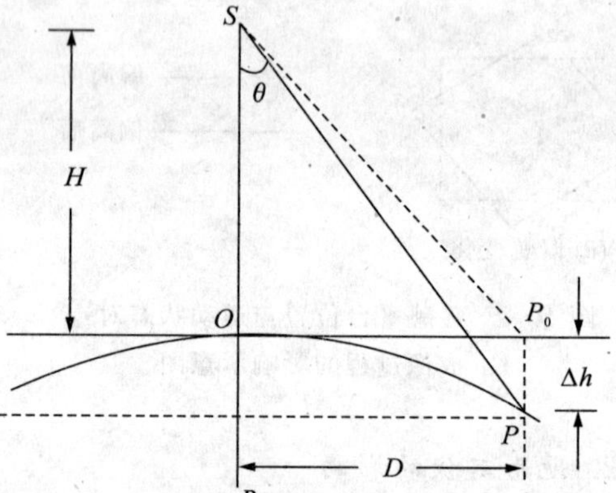

图 4－6　地球表面曲率对成像的影响示意图

大气折射对方向投影成像和距离投影成像的影响不一样。中心投影和全景投影都属于方向投影，其成像点的位置取决于地物点入射光线的方向。如图 4－7 所示，在无大气折射影响时，地物点 A 通过直线光线 AS 成像于 a_0 点；当有大气折射影响时，A 点通过曲线光线成像于 a_1 点，因此而引起像点位移 Δr。

侧视雷达图像是按斜距投影原理形成的。雷达波在大气中传播时，其对图像的变形影响不是通过电磁波传播方向的改变，而是通过电磁波传播路径长度的改变，以及电磁波传播时间的改变来起作用的。如图 4－8 所示，在无大气折射时，地面点 P 的斜距 R，而有大气折射时，电磁波则通过弧距 R' 到达 P 点，其等效的斜距为 $R'=R_c$，从而使影像点从 P 位移到 P'(图 4－8)。

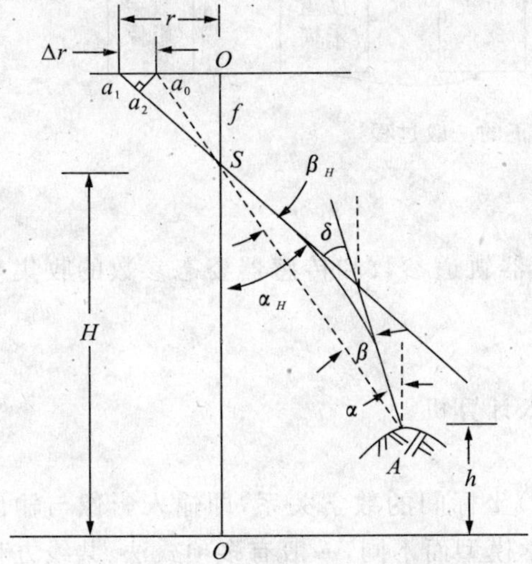

图 4－7　方向投影成像时大气折射对成像的影响示意图

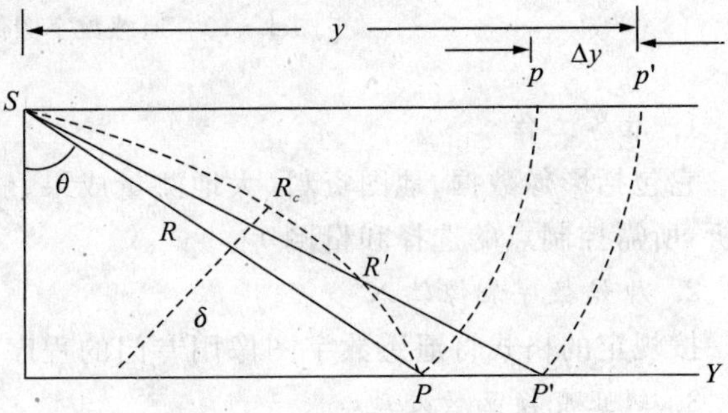

图 4－8　距离投影成像时大气折射对成像的影响示意图

6. 地球自转的影响

在静态传感器(常规框幅式摄影机)成像的情况下，地球自转不会引起图像变形，因为其几何整幅图像是在瞬间一次曝光成像的。地球自转主要是对动态传感器的图像产生变形影响，特别是对卫星遥感图像。以陆地资源卫星多光谱扫描仪为例，当卫星由北向南运行的同时，地球表面也在由西向东自转，由于卫星图像每条扫描线的成像时间不同，因而造成扫描线在地面上的投影依次向西平移，最终使得图像发生扭曲(图 4－9)。

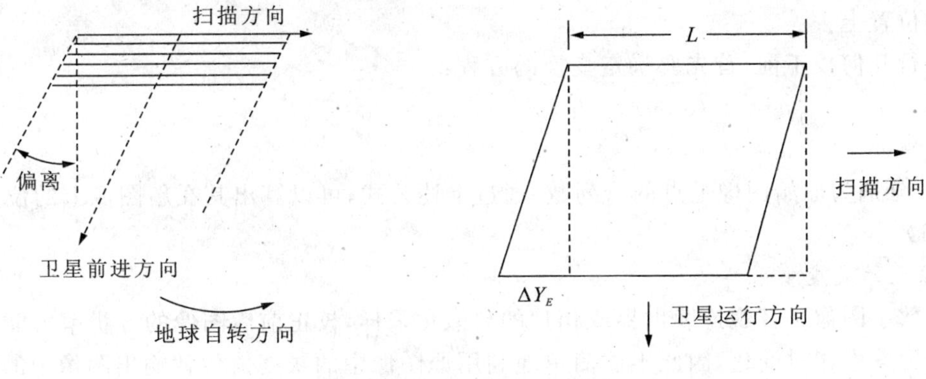

图 4－9　地球自传对遥感图像的影响示意图

(二)遥感图像几何纠正的一般过程

遥感图像的几何纠正的目的就是改正原始影像的几何变形，生成一幅符合某种地图投影或图形表达要求的新的图像，几何纠正的一般步骤见图 4－10。

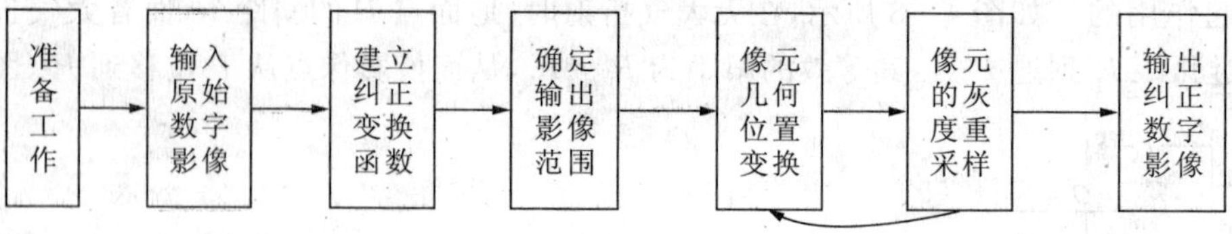

图 4-10　遥感数字图像纠正的一般过程

1. 准备工作

它包括影像数据、地图资料、大地测量成果、航天器轨道参数和传感器姿态参数的收集与分析，所需控制点的选择和量测等。

2. 原始数字影像输入

按规定的格式将遥感数字图像用专门的程序读入计算机。

3. 纠正变换函数处理

纠正变换函数用来建立图像坐标和地面(或地图)坐标间的数学关系，即输入影像与输出影像间的坐标变换关系。纠正的方法按照采用的数学模型而不同，一般有多项式法、共线方程法、随机场内插值法等。纠正变换函数中的系数，可以利用控制点数据解算，也可以利用卫星轨道参数、传感器姿态参数、航空影像的内外方位元素等来直接构成。

4. 确定输出图像范围

当输出图像范围定义不恰当时，就会造成纠正后图像输出的范围的不完整，而且会出现输出图像空白过多的现象。如果定义的输出图像范围恰当，纠正后的图像就全部在定义的范围内，且能使空白面积尽可能少。通常情况下把原始影像的 4 个角点 a,b,c,d 按照纠正变换函数投影到地图坐标系中，得到 8 个坐标值(4 对坐标)，分别找出 X、Y 的最大值和最小值，并以此确定输出图像的范围。

5. 像元几何位置变换

像元几何位置变换是按选定的纠正变换函数把原始的数字图像逐个像元地变换到输出图像相应的位置上去。

在进行几何校正前，首先要确定变换的方程：

$$\begin{cases} v = f_x(x,y) \\ u = f_y(x,y) \end{cases} \tag{4-4}$$

式中：x,y 分别为原始图像上点的行列数，通过上述公式，可以算出其在新图像上的位置(v,u)(图 4-11)。

6. 像元的灰度重采样

由于数字图像是客观连续世界或相片的离散化采样，校正前后图像的分辨率可能变化，像元点的位置发生相对变化，因此不能简单地利用原图像中的灰度值代替输出图像中的灰度值，必须通过内插的方法求出原始图像上该位置的灰度值。利用像元周围多个像点的灰度值求出该像元灰度值的过程称为灰度内插。常用的内插方法有最近邻法、双线性内插法、三次卷积法等。

(1)最近邻法。这种方法是利用距离投影点最近的像元灰度值代替输出像元灰度值。该方法简单、省时，但是精度差。

(2)双线性内插法。该方法考虑投影点周围 4 个相邻的像元灰度值，通过各自的权重来计

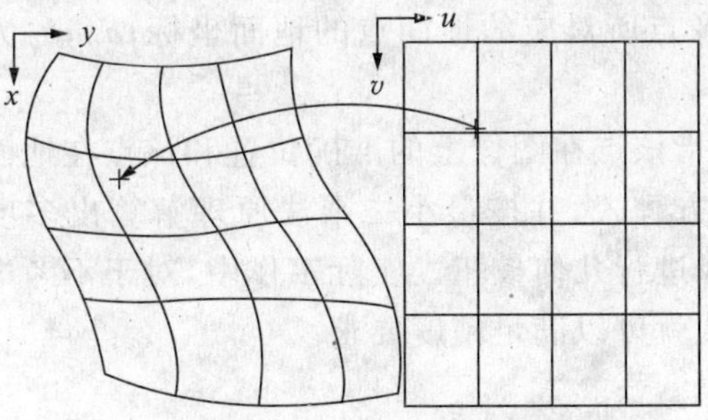

(a) 校正前　　(b) 校正后

图 4-11　几何纠正效果示意图

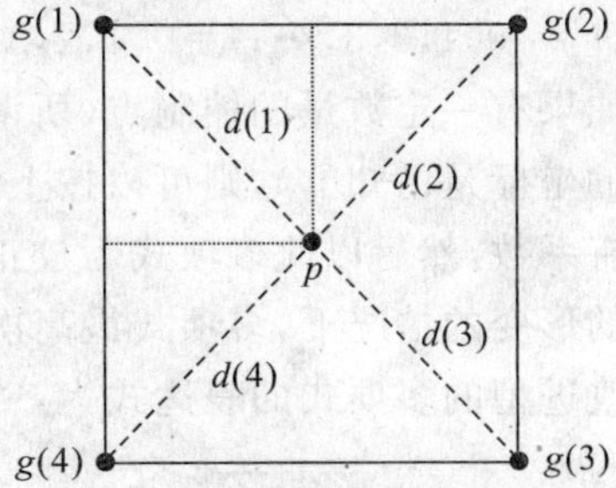

图 4-12　双线性内插法示意图

算输出像元的灰度值，如图 4-12 所示，这种方法可以简单地表示为：

$$p(x,y)=\frac{\sum_{i=1}^{4}\frac{g(i)}{d(i)}}{\sum_{i=1}^{4}\frac{1}{d(i)}} \tag{4-5}$$

式中：$p(x,y)$为输出像元灰度值；$g(i)$为邻近点的灰度值；$d(i)$为与邻近点到投影点的距离相关，距离越远，权重越低。

双线性内插法的内插精度和运算量都比较适中。

(3)三次卷积法。该方法是取与投影点邻近的 16 个像元灰度值进行计算输出像元灰度值，计算公式可以简化为：

$$p(x,y)=\frac{\sum_{i=1}^{16}\frac{g(i)}{d(i)}}{\sum_{i=1}^{16}\frac{1}{d(i)}} \tag{4-6}$$

式中：$p(x,y)$为输出像元灰度值；$g(i)$为邻近点的灰度值；$d(i)$的意义与公式(4-5)相同。

(三)数字图像的几何校正方法

遥感影像的几何变形是多种因素引起的，当其变形规律难以用严格的数学表达公式描述时，通常选择合适的多项式作为物像之间的关系式，并依此为基础对图像进行几何校正。该方法的基本思想是回避了成像的空间几何过程，而直接对图像变形的本身进行了数学模拟。它把遥感图像的变形看作是平移、缩放、旋转、仿射、弯曲以及更高层次的基本变形的综合结果，因此校正前后图像对应点的坐标关系可以用适当的多项式来进行表达。

目前常用的多项式有两种：一种为适合平面或图像覆盖区域内高差变化不大的情况下使用的多项式纠正法；另一种为当地形有较大的起伏或者遥感图像的分辨率较高的情况下，采用了引入地面高程数据的改进的多项式法。

一般多项式的形式为：

$$\begin{cases} x=a_{00}+a_{10}X+a_{01}Y+a_{20}X^2+a_{11}XY+a_{02}Y^2+a_{30}X^3 \\ \quad +a_{21}X^2Y+a_{12}XY^2+a_{03}Y^3+\cdots \\ y=b_{00}+b_{10}X+b_{01}Y+b_{20}X^2+b_{11}XY+b_{02}Y^2+b_{30}X^3 \\ \quad +b_{21}X^2Y+b_{12}XY^2+b_{03}Y^3+\cdots \end{cases} \tag{4-7}$$

式中：(x,y)为像点的像平面坐标；(X,Y)为该像点所对应的地面点的地面坐标；a_{ij}，b_{ij}为待求系数$(i=0,1,2,3,\cdots;j=0,1,2,3,\cdots)$。

如果有一定数量的控制点(所谓控制点，是指该点在图像上的准确位置和该点在地面坐标系中的坐标是已知的)，则可以按上式列出一组方程式，并按最小二乘法原理解算出多项式中的所有系数，然后以此多项式为校正公式对图像进行几何校正。实际工作中，对于不考虑地形引起的形变的情况下，多项式最高次数一般取 2 就可以满足精度要求。

改进型的多项式的表达式为：

$$\begin{cases} x = a_{000} + a_{100}X + a_{010}Y + a_{001}Z + a_{200}X^2 + a_{020}Y^2 + a_{002}Z^3 \\ \quad + a_{110}XY + a_{101}XZ + a_{011}YZ + \cdots \\ y = b_{000} + b_{100}X + b_{010}Y + b_{001}Z + b_{200}X^2 + b_{020}Y^2 + b_{002}Z^3 \\ \quad + b_{110}XY + b_{101}XZ + b_{011}YZ + \cdots \end{cases} \tag{4-8}$$

式中：(x,y)为像点的像平面坐标；(X,Y,Z)为该像点所对应的地面点的地面坐标；a_{ijk}，b_{ijk}为待求系数$(i=0,1,2,3,\cdots;j=0,1,2,3,\cdots;k=0,1,2,3,\cdots)$。通过改进的多项式，基本上可以在引入地形因素的情况下，获得较高的几何校正精度。

控制点的选择中，应该注意以下原则：表征空间位置的可靠性，如道路交叉点、标志物、水域的边界、山顶、小岛中心、机场等；同名控制点要在图像上均匀分布，能够清楚辨认；在控制点的数量上，应当超过多项式系数的个数$[(n+1)\times(n+2)/2]$。当控制点的个数超过多项式的系数个数时，采用最小 2 乘法进行系数的确定，使得到的系数最佳。通常情况下，在条件允许时，尽可能在控制误差的情况下增加控制点的数量。

另外，还有一种有理函数法，采用有理函数模型作为物像之间的关系式：

$$\begin{cases} x = \dfrac{P_1(X,Y,Z)}{P_3(X,Y,Z)} \\ y = \dfrac{P_2(X,Y,Z)}{P_4(X,Y,Z)} \end{cases} \tag{4-9}$$

其中，$P_1(X,Y,Z)$，$P_2(X,Y,Z)$，$P_3(X,Y,Z)$，$P_4(X,Y,Z)$的表达式为：

$$\begin{cases} P_1(X,Y,Z) = \sum\limits_{i=0}^{m_1}\sum\limits_{j=0}^{m_2}\sum\limits_{k=0}^{m_3} a_{ijk}X^iY^jZ^k \\ P_2(X,Y,Z) = \sum\limits_{i=0}^{m_1}\sum\limits_{j=0}^{m_2}\sum\limits_{k=0}^{m_3} b_{ijk}X^iY^jZ^k \\ P_3(X,Y,Z) = \sum\limits_{i=0}^{m_1}\sum\limits_{j=0}^{m_2}\sum\limits_{k=0}^{m_3} c_{ijk}X^iY^jZ^k \\ P_4(X,Y,Z) = \sum\limits_{i=0}^{m_1}\sum\limits_{j=0}^{m_2}\sum\limits_{k=0}^{m_3} d_{ijk}X^iY^jZ^k \end{cases} \tag{4-10}$$

式中：(x,y)为该点的图像坐标；(X,Y,Z)为该点所对应的地面点的地面坐标；a_{ijk}、b_{ijk}、c_{ijk}、d_{ijk}为待求系数$(i=0,1,2,\cdots;j=0,1,2,\cdots;k=0,1,2,\cdots)$。在有理函数模型中，$P_3(X,Y,Z)$和$P_4(X,Y,Z)$的形式可以相同，$m_1$、$m_2$、$m_3$可取不同的值。

对有理函数模型线性化后，利用一定数量的控制点可以解算出模型中的所有系数a_{ijk}、b_{ijk}、c_{ijk}、d_{ijk}。在结算过程中，控制点的数量应不小于有理函数系数总和的一半。且有理函数的次数越高，要求的控制点的数量越多。

有理函数模型是多项式模型的广义形式，其优点在于引入了较多的定向参数，校正精度较高，且不需要传感器参数和平台星历数据；但是该方法运算量大，要求较多的控制点。对于面幅式图像和线阵推扫图像的几何校正较好。

二、辐射校正

在遥感成像时，由于太阳位置、高度角、大气影响、硬件设备以及处理软件的影响，传感器得到的测量值与目标的光谱反射率或光谱辐射亮度等物理量是不一致的，使得遥感图像存在一定的辐射量失真现象。图 4-13 反映了大气辐射对遥感图像的影响因素与辐射过程。为了正确评价目标的反射或辐射特性，必须清除这些失真，消除图像数据中依附在辐射亮度中的各种失真的过程称为辐射量校正(radiometric calibration，简称辐射校正)。一般所购买到的遥感图像已经消除了大部分辐射量失真，但有些引起图像失真的辐射量仍会存在，在实际问题中，应视具体情况加以处理。

辐射校正的目的：尽可能地消除由于传感器自身条件、大气影响、太阳位置和角度影响以及其他的噪音所引起的传感器测量值与目标的光谱反射率或光谱辐射亮度等物理量之间的差异，尽可能恢复图像的真实信息，为遥感图像的分类、识别和解译等工作提供相对准确的基础数据。

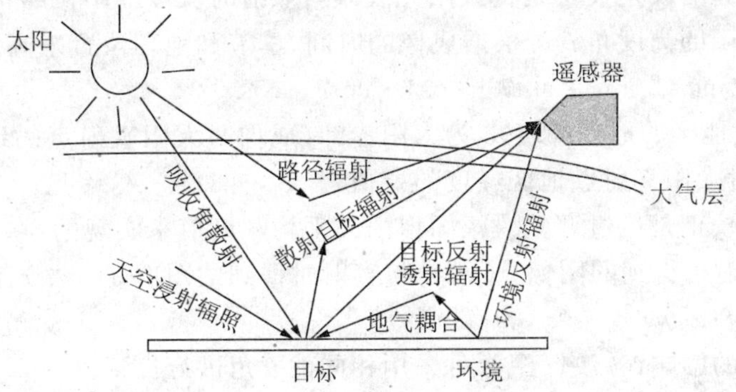

图 4-13 大气辐射对遥感图像的影响因素示意图

(一)遥感图像辐射传输方程

由辐射传输方程可知，传感器所接收的电磁能的各种成分为：

$$E_\lambda = K_\lambda \cdot \{ | \rho_\lambda \cdot E_0(\lambda) e^{-T(Z_1, Z_2)\sec\theta} + \varepsilon_\lambda \cdot W_e(\lambda) | e^{-T(0,H)} + b_\lambda \} \quad (4-11)$$

式中：$T(Z_1, Z_2)$为 $Z_1 \sim Z_2$ 区段大气层的光学厚度；E_λ 为传输器的输出；θ 为太阳天顶角；E_0 为太阳辐射照度；ρ_λ 为地物的光谱发射率；H 为平台高度；W_e 为地物发射通量密度；K_λ 为遥感器的光谱响应系数；b_λ 为大气辐射所形成的天空辐射密度；ε_λ 为地物的波谱发射率系数。

从式(4-12)中可以看出：传感器的输出除了与地物本身的反射和发射波谱特性有关外，还与传感器的光谱响应特性、大气条件、光照情况等因素有关。

遥感影像辐射误差的校正主要包括三个方面。

(1)传感器的灵敏度特性引起的辐射误差校正。如光学镜头的非均匀性引起的边缘减光现象的校正、光电变换系统的灵敏特性引起的辐射误差校正等。

(2)光照条件的差异引起的辐射误差校正。例如，因太阳高度角不同所引起的辐射误差校正、因地面倾斜所引起的辐射误差校正。

(3)大气的散射和吸收引起的辐射误差校正等。

1. 光学镜头非均匀性引起的边缘减光现象的校正

在使用透镜的光学系统中，由于镜头光学特性的非均匀性，在其成像平面上存在着边缘部分比中间部分暗的现象，称为边缘减光。如果光线以平行于主光轴的方向通过镜头到达像平面点的光强度为E_0，以与主光轴成ϕ角度的方向通过镜头到达像平面点的光强度为E_p，则$E_p=E_0\cos^4\theta$。按照这一性质可以进行边缘减光现象造成的辐射进行校正。

另外，视场较大的成像光谱仪图像在扫描方向上也存在明显的辐射亮度不均匀的现象。这种辐射误差主要是由光线路径长短不同造成的。当扫描角较大时，光线路径越长，大气衰减越严重；星(机)下点位置的地物辐射路径最短，大气衰减所产生的影响也最小。

2. 光电转换系统的特性引起的辐射误差校正

传感器的光谱响应特性与传感器的输出有直接的关系。在扫描方式的传感器中，传感器接收系统收集到的电磁波信号需经光电转换系统变成电信号记录下来，这个过程也会引起辐射量的误差。由于这种光电变换系统的灵敏度特性通常有很高的重复性，所以可以定期地在地面测量其特性，根据测量值可以对其进行辐射误差校正。

3. 太阳高度角引起的辐射误差校正

太阳高度角引起的误差校正是将太阳光线倾斜照射时获取的图像纠正为太阳光线直照射时获取的图像。太阳的高度角θ可根据成像的时间、季节和地理位置来确定：

$$\sin\theta=\sin\varphi\cdot\sin\delta\pm\cos\varphi\cdot\cos\delta\cdot\cos t \tag{4-12}$$

式中：φ为图像对应地区的地理纬度；δ为太阳赤纬(成像时太阳直射点的地理纬度)；t为时角(地区经度与成像时太阳直射点地区经度的差值)。

太阳高度角的校正是通过调整一幅图像内的平均灰度值来实现的，在太阳高度角求出后，太阳以高度角θ斜射时得到的图像$g(x,y)$与直射时得到的图像$f(x,y)$有如下关系：

$$f(x,y)=g(x,y)/\sin\theta \tag{4-13}$$

如果不考虑天空光的影响，各波段图像可采用相同的θ角进行校正。

太阳方位角的变化也会改变光照条件，它随成像季节、地理纬度的变化而变化。太阳方位角引起的图像辐射值误差通常只对图像细部特征产生影响，可以采用与太阳高度角校正相类似的方法进行处理。

由于太阳高度角的影响，在图像上形成的阴影会压盖地物。一般情况下，图像上地形和地物的阴影是难以消除的，但是多光谱图像上的阴影可以通过图像之间的比值予以消除。比值图像是用同步获取的相同地区的任意两个波段图像相除而得到的新图像。在多光谱图像上，地物阴影区的灰度值可以认为是无阴影时的影像灰度值再加上对各波段影响相同的阴影亮度值，当两个波段相除时，阴影的影响在比值图像上基本被消除。阴影的消除对图像的定量分析和自动识别是非常重要的，因为它消除了非地物辐射而引起的图像灰度值的误差，有利于提高定量分析和自动识别的精确度。

4. 地形坡度引起的辐射误差校正

太阳光线与地表作用以后再反射到传感器的辐射亮度与地面倾斜度有关。如果光线垂直入射时水平地表受到的光照强度为I_0，则光线垂直入射时倾斜角为α的坡面上入射点处的光强度I为：

$$I = I_0 \cos\alpha \tag{4-14}$$

因此，若处在坡度为 α 的倾斜面上的地物影像为 $g(x,y)$，则校正后的图像 $f(x,y)$ 为：

$$f(x,y) = g(x,y)/\cos\alpha \tag{4-15}$$

由式(4-15)看出，地形坡度引起的辐射校正方法需要地形坡度参数，一般可选对应地区的 DEM 数据，因此校正较为麻烦，故一般对地形坡度引起的辐射量误差不做校正。另外，在进行此项校正时，也可采用比值图像来消除地形坡度所产生的辐射量误差。

(二)大气校正

太阳光到达地面目标之前，大气会对其产生吸收和散射作用。同样，来自目标物的反射光和散射光在到达传感器之前也会被吸收和散射。入射到传感器的电磁波能量除了地物本身的辐射以外还有大气引起的散射光，消除这些影响的处理过程称为大气校正。大气校正的方法主要如下。

1. 利用辐射传递方程进行大气校正

若地面目标的辐射能量为 E_0，遥感器高度为 H，所接收到的电磁波能量为 E，则由辐射传递方程可得到经过大气层衰减后，遥感器接收系统所得到的能量为：

$$E = E_0 \cdot e^{-T(0,H)} \tag{4-16}$$

式中：$e^{-T(0,H)}$ 为大气的衰减系数。

如果对上式能够给出适当的近似解，就可以求出地面目标的真实辐射能量 E_0。在可见光和近红外区，大气的影响主要是由气溶胶引起的散射造成的。在热红外区，大气的影响主要是由水蒸气的吸收造成的。为了消除大气的影响，需要测定可见光和近红外区的气溶胶的密度以及热红外区的水蒸气浓度。但是仅从图像数据中很难正确测定这些数据，因此在利用辐射传输方程时，通常只能得到近似解。

2. 利用地面实况数据进行大气校正

在采集图像数据时，预先在地面设置反射率已知的标志，或事先测出若干地面目标的反射率，把由此得到的地面实况数据和图像数据(传感器的输出值)进行比较，以消除大气的影响。

通常选用同类仪器测量，将地面测量结果与卫星影像对应的像元亮度值进行回归分析，如图 4-14 所示。在进行比较时，应将图像像元亮度值转换为辐射率。回归方程为：

$$L = a + bR \tag{4-17}$$

式中：a 为常数；b 为回归系数；R 为地面反射率。

设 $bR = L_G$，则 $L = a + L_G$，L_G 表示地面实际的辐射率，即不受大气影响的值，而 a 为大气影响的附加部分，L 为卫星观测结果，故 a 值为：

$$a = L - L_G \tag{4-18}$$

校正公式为：

$$L_G = L - a \tag{4-19}$$

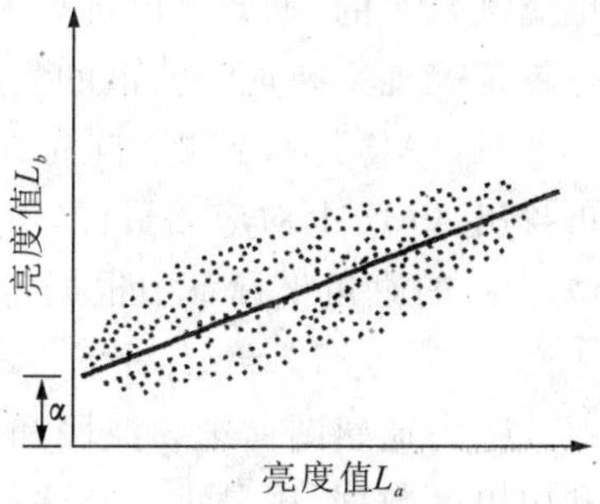

图 4-14 回归分析图

图像中的每一像元值都必须扣除 a 的影响，才可获得大气校正后的图像。在卫星扫描地面时，若能同时获得大气路径辐射参数，便可按照卫星垂直观测的模型计算出大气干扰值。

由于遥感过程是动态的，在特定地区、特定条件和一定时间段内测定的地面目标反射率不具备普适性，因此该方法仅适用于包含地面实况数据的图像。

3. 利用辅助数据进行大气校正

在获取地面目标图像的同时，利用搭载在同一平台上测量气溶胶和水蒸气浓度的传感器所获取的气溶胶和水蒸气浓度数据，利用这些数据可以进行大气校正。

在 Landsat－4(5)的 MSS 数据处理中，采用了一种简单的大气散射补偿方法：从全部图像像元亮度值中减去一个辐射偏置量，辐射偏置量等于图像直方图中最小的亮度值。这种偏置量随不同景的图像而有所差异，同一景的不同波段也可能具有不同的偏置量，因为一景图像辐射中的大气散射成分与波长成反比，第一波段的偏置量最大，第四波段的偏置量最小。

在 Spot 的数据处理中，由于瑞利散射（分子散射）在 0.89μm 处比在可见光的 0.5μm 处要低得多，所以由瑞利散射引起的辐射校正只涉及到 Spot HRV 的多光谱数据中的第 1 波段和第 2 波段和全色波段的一部分，多数情况下分子散射的影响可以得到满意的改正。而米氏散射（悬浮微粒散射）只随波长逐渐变化，因此所有成像的光谱段都受到微粒散射的影响。要想正确校正米氏散射对辐射量的影响，需要知道米氏散射的三个特征——视觉上的微粒密度（与水平可见度有关）、微粒类型和米氏散射的相位函数。米氏散射的影响比瑞利散射的影响要更难校正。大气吸收对辐射量的影响只发生在第 3 波段（主要是由水蒸气的吸收造成的）和第 1 波段（由臭氧的吸收造成的），而水蒸气和臭氧含量可从与观测地区的季节和地理位置有关的统计资料中估算出来，水蒸气的含量可以通过查阅气象资料来估算，利用这些数据就可以按辐射传输方程校正大气吸收对辐射量的影响。

4. 波段对比法

其理论依据在于大气散射的选择性，即大气散射对短波影响大，对长波影响小。因此对陆地卫星来说，第 4 波段受散射的影响最严重，其次为第 5 波段和第 6 波段，而第 7 波段受散射影响最小。因此可以把近红外图像看作无散射影响的标准图像，通过对不同波段的对比分析计算出大气干扰值。一般有两种方法：回归分析法和直方图法。

(1)回归分析法。在不受大气影响的波段和待校正的某一波段图像中，选择最黑区域（通常为高山阴影区）中的一系列目标，将每一目标的两个待比较的波段亮度值提取出来进行回归分析。例如在 TM 图像中，蓝光波段 TM1 大气散射最大，红外波段 TM7 散射最小，因为图像中的深大水体与地形阴影在 TM7 中是黑的，如果不存在附加的辐射，深大水体与阴影在其他波段也应该是黑的，据此可以进行大气辐射的校正。由于第 7 波段几乎不受大气辐射的影响，它能够较正确地反映地物波谱的实际情况，因而可以以第 7 波段为基础对其他波段进行辐射校正。若对 TM3 进行校正，首先在 TM3 上的最黑区域中选择一系列目标（例如地形阴影区），再找出 TM7 上对应的目标，然后取出这两个波段的灰度值，在第 3 波段和第 7 波段为坐标轴(I_3，I_7)的直角坐标系中根据各点绘图，并做出回归直线，回归方程为：

$$I_3 = aI_7 + b \tag{4-20}$$

式中：I_3，I_7 为遥感图像第 3 波段和第 7 波段的灰度值；a，b 为直线的斜率和截距。

利用黑区数据，用最小二乘法作直线拟合计算得到：

$$a = \frac{\sum[(I_7 - \bar{I}_7)(I_3 - \bar{I}_3)]}{\sum[(I_7 - \bar{I}_7)^2]}, \quad b = \bar{I}_3 - a\bar{I}_7 \tag{4-21}$$

式中：$\bar{I}_3$，$\bar{I}_7$ 为第 3 波段和第 7 波段的平均值。

校正公式为：

$$I'_3 = I_3 - b \tag{4-22}$$

式中：I'_3为第 3 波段校正后的亮度值。

对于任一波段都有一个校正值，它是该波段回归分析的截距，即校正量。同理，用上述方法可以对 TM1～TM5 分别做出校正。

(2)直方图法。如果在某一像场中存在亮度值为零的目标，例如深海水体、高山背阴处等，在这种情况下，任一波段亮度值都应为零。但实际上只有不受大气影响的波段才为零，其他波段由于受大气散射、辐射等影响而使目标亮度值不为零。这个值就是大气散射导致的程辐射值。一般来说，由于程辐射主要来自米氏散射，其散射强度随波长的增大而减少，到红外波段也有可能接近于零。

校正的方法是，首先确定条件满足的地区，即该图像上确实有辐射亮度或反射亮度为零的地区，则亮度最小值必定是这一地区大气影响的程辐射增值。如图 4－15 所示，校正时，将每一波段中每个像元的亮度值都减去本波段的最小值，从而使图像亮度动态范围得到改善，对比度增强，从而提高了图像质量。根据具体像场的大气条件，不同波段的校正量是不同的。

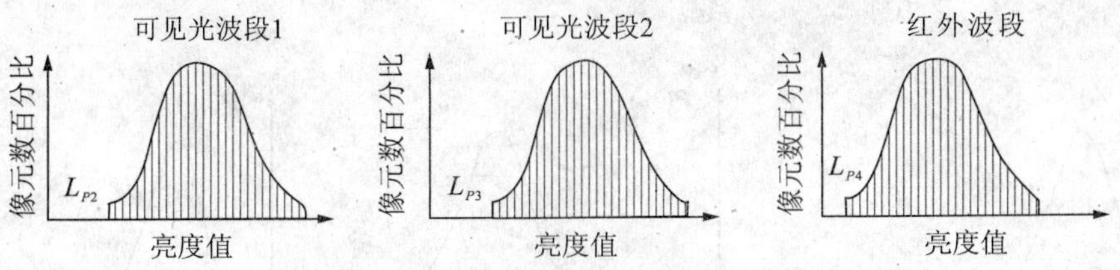

图 4－15　直方图辅助的大气辐射纠正示意图

第三节　遥感图像的增强

图像增强处理是将原来不清晰图像变得清晰，或增强用户所关注的图像特征，或抑制非关注的特征，并用计算机图像处理技术来改善图像质量。在遥感图像的增强处理中，没有一个方法是最优的。一个方法的优劣取决于它是否能改变图像视觉效果，突出用户所关心的地物特征。

一、点域增强处理

(一)图像灰度的直方图

图像灰度直方图反映了一幅图像中灰度级与其出现概率之间的关系。对于数字图像，由于图像空间坐标和灰度值都已离散化，可以统计出灰度等级的分布状况。数字图像的灰度编码为 $0,1,2,\cdots,2^n-1$(n 为图像量化时的比特数)，每一个灰度级的像元个数 m 可以从图像中统计出来，整幅图像的像元数为 M，则任意灰度级出现的频率为：

$$P_i = \frac{m_i}{M} \tag{4-23}$$

$$M = \sum_{i=0}^{2^n-1} m_i$$

由 2^n 个 P 值即可绘制出数字图像的灰度直方图，如图 4－16 所示。图像直方图随图像不同而不同,不同图像有不同的直方图。灰度直方图可以看成是一个随机分布密度函数,其分布状态用灰度均值和标准差两个参数来衡量。灰度均值为:

$$\overline{X} = \frac{1}{R \cdot L} \sum_{i=0}^{R-1} \sum_{j=0}^{L-1} X_{ij} \qquad (4-24)$$

式中:$\overline{X}$ 为整幅图像灰度平均值;X_{ij} 为$(i,\ j)$处像元的灰度值;R 为图像行数;L 为图像列数。

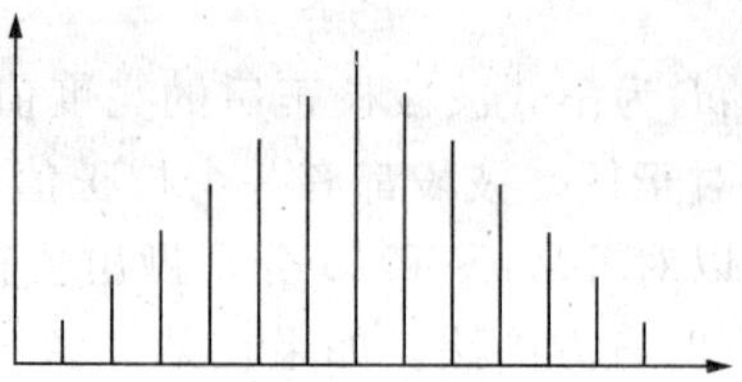

图 4-16　数字图像直方图

直方图分布状态不同,图像特征不同,如图 4-17 所示。图像直方图所包含的面积为 1,即有:

$$\sum_{i=0}^{2^n-1} p_i = 1 \qquad (4-25)$$

如果用 F 表示累积分布函数,则有:

$$F_j = \sum_{i=0}^{j} P_i \qquad (4-26)$$

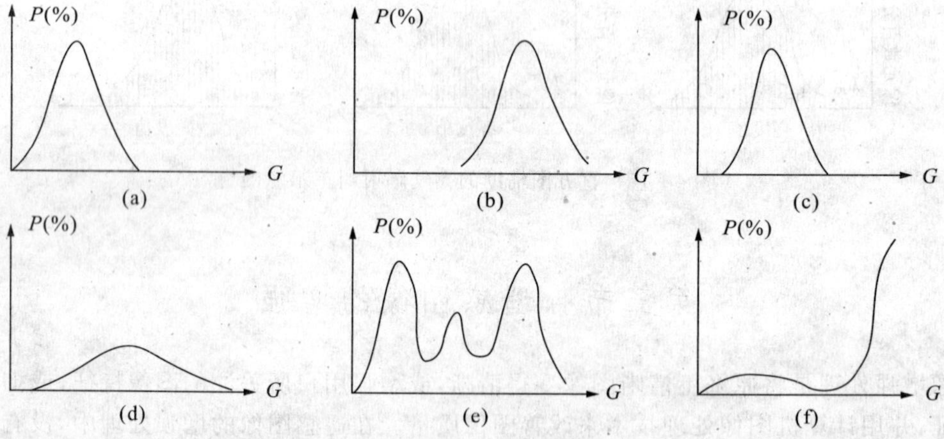

图 4-17　各种图像的直方图形态类型

(a)图像直方图靠近低灰度区,该图像属于低反射率景物图像;(b)图像为高反射率景物图像;(c)图像直方图标准差偏小,为低反差景物图像;(d)图像直方图的标准差较大,为高反差景物的图像;(e)图像直方图呈现出多峰,图中有多种地物出现的频率较高;(f)图像直方图呈现出双峰,并且高亮度地物(如云、白背景等)出现频率高

累计分布函数用图 4-18 来表示,图像下部为图像直方图,虚线部分为累积直方图。运用直方图增强方法对给定图像的直方图按一定的要求进行直方图的分布函数匹配修正或其他算法处理,以达到改善图像的目的。

(二)线性变换

简单线性变换是按比例拉伸原始图像灰度等级范围,一般为了充分利用显示设备的显示范围,使输出直方图的两端达到饱和。变化前后图像每一个像元呈一对一关系,因此像元总数不变,亦即直方图包含面积不变。

如果一幅图像,其亮度范围为 $a_1 \sim a_2$,则需要将它的亮度范围变换为 $b_1 \sim b_2$,进行变换的线性函数为:

$$x_b = \frac{b_2 - b_1}{a_2 - a_1}(x_a - a_1) + b_1 \tag{4-27}$$

式中：x_b 为变换后的灰度值；x_a 为变换前的灰度值。

通过不同的变换方程，可以调整灰度直方图的分布，进而按照需求调整图像的特征。如图 4-19 所示，可以采用不同的分段线性变换方程，以达到最佳图像应用效果。依据变换方程的不同，可以实现图像亮度值的压缩与拉伸（图 4-19 中第一种情况）。当需要对图像中某一部分或几部分分别进行亮度拉伸和压缩时，就可以采用分段线性变换，如图 4-19 中第二种情况，a,b,c 分别实现了不同的变换效果。

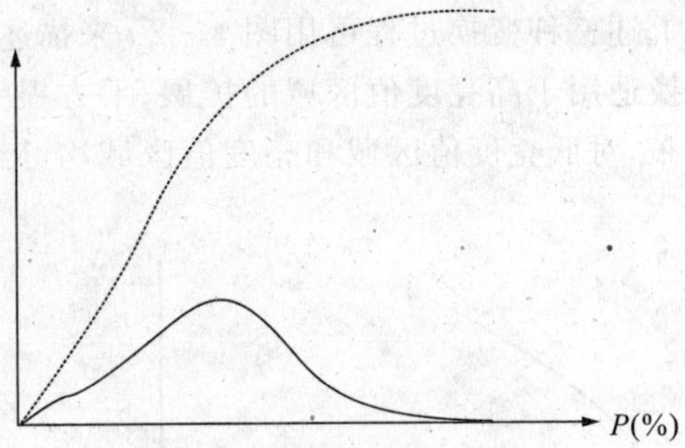

图 4-18 图像累积直方图

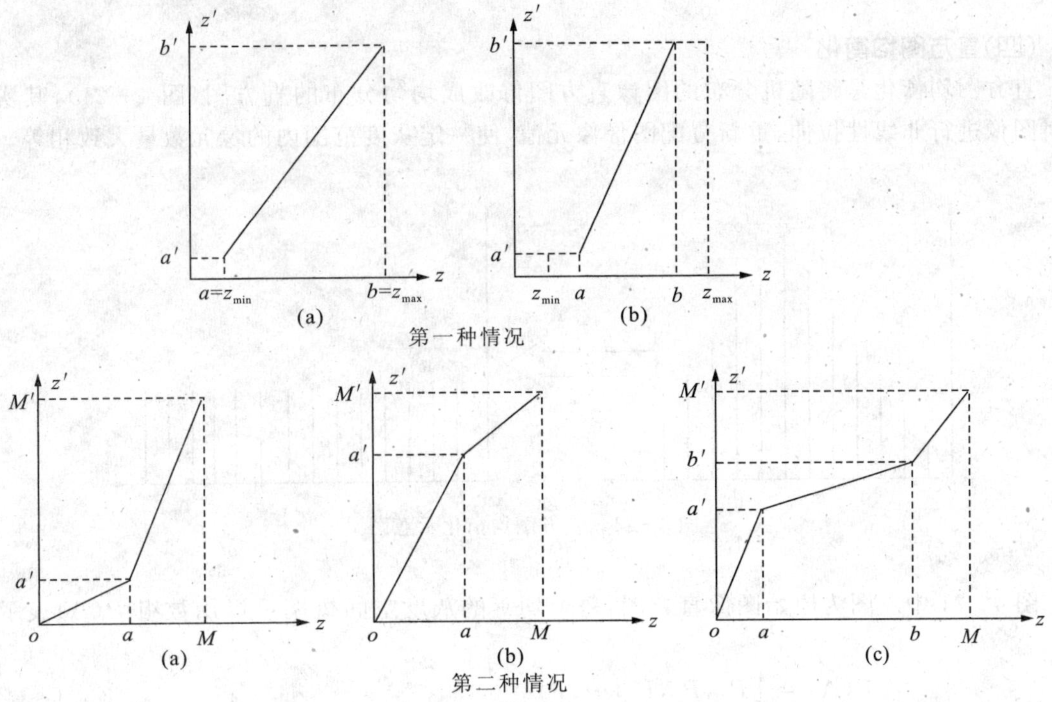

图 4-19 不同的线性变换方程的处理效果图

(三)非线性变换

非线性变换有很多方法，如对数变换、指数变换、平方根变换、标准偏差变换、直方图周期性变换。前三种变换可用下面的算式。

对数变换：与人眼的视觉特性相匹配，扩张低的灰度，压缩高的灰度。

$$x_b = A\log x_a + B \tag{4-28}$$

指数变换：可以扩展高灰度区。

$$x_b = Ae^{x_a} + B \tag{4-29}$$

平方根变换：

$$x_b = A\sqrt{x_a} + B \tag{4-30}$$

上述三种变换过程可用图 4-20 来描述。其中，对数变换适用于低亮度值区域的扩展；指数变换适用于高亮度值区域的扩展；平方根变换可改变图像数据偏态分布或方差与均数的病态分布，对低亮度值区域和亮度值区域均可给予改善。

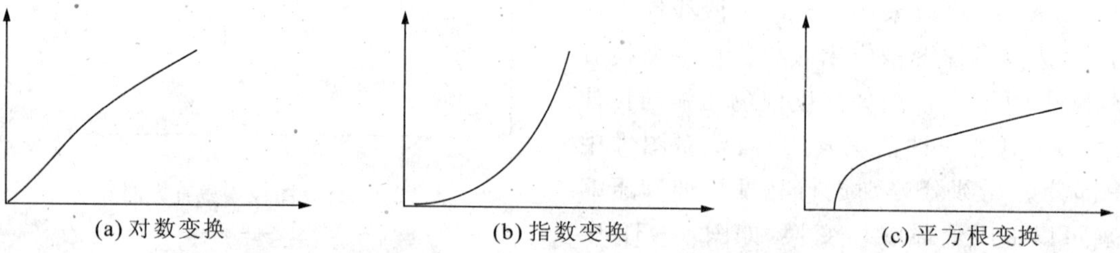

图 4-20　三种非线性变换方程的效果图

(四)直方图均衡化

直方图均衡化是将随机分布的图像直方图修改成均匀分布的直方图(图 4-21)，其实质是对图像进行非线性拉伸，重新分配图像像元值，使一定灰度范围内的像元数量大致相等。

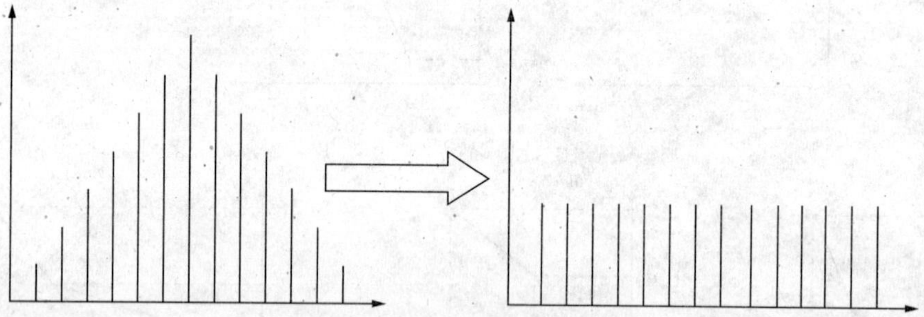

图 4-21　直方图均衡化示意图

图 4-21 中左图为原始图像直方图，每个均等的灰度空间概率可以用数组 $P(A)$ 表示如下：

$$P(A) = [P_0, P_1, P_2, \cdots, P_{n-1}] \tag{4-31}$$

图 4-21 中右图为均衡后的图像直方图，也可用数组表示如下：

$$\bar{P}(A) = [\bar{P}_0, \bar{P}_1, \bar{P}_2, \cdots, \bar{P}_{n-1}] \tag{4-32}$$

其中：$\bar{P}_0 = \bar{P}_1 = \bar{P}_2 = \cdots = \bar{P}_{n-1} = \dfrac{1}{m}$；$m$ 为均衡后的直方图灰度级。因此直方图均衡需知道图像均衡后的灰度级 m。由直方图可知：

$$\sum_{i=0}^{n-1} P_i = \sum_{j=0}^{m-1} \bar{P}_j = 1 \tag{4-33}$$

为了达到均衡直方图的目的，结合累积值直方图，利用图解法来解算均衡直方图在原灰度轴上的区间，如图 4-22 所示，在 P 轴上等分 m 份，通过累积值曲线，投影到 G 轴上，则 G 轴上交出的各点就为均衡所取的原直方图灰度轴上的区间值。一般先求出区间阈值，列成查找表，然后对整幅图像每个像元查找它们变换后的灰度值。

直方图均衡后每个灰度级的像元频率，理论上应相等，实际上为近似相等，直接从图像上看，直方图均衡效果如下。

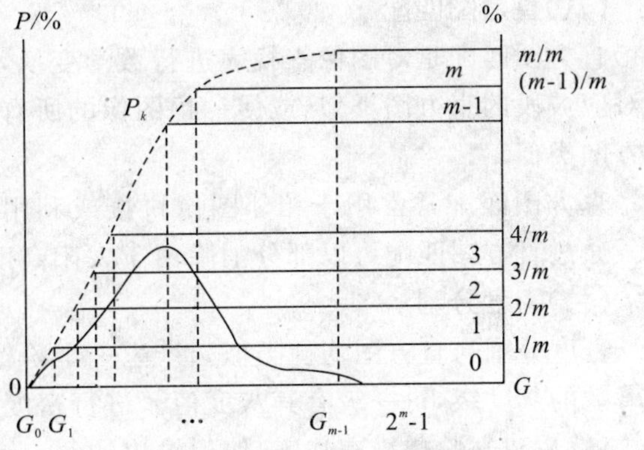

图 4－22 直方图均衡示意图

(1)各灰度级所占图像的面积近似相等，因为具有相同灰度值的像元不可能分割。

(2)原图像上频率小的灰度级被合并，频率高的灰度级被保留，因此可以增强图像上大面积地物与周围地物的反差(图 4－23)。

(3)如果输出数据分段级较小，则会产生一个初步分类的视觉效果。

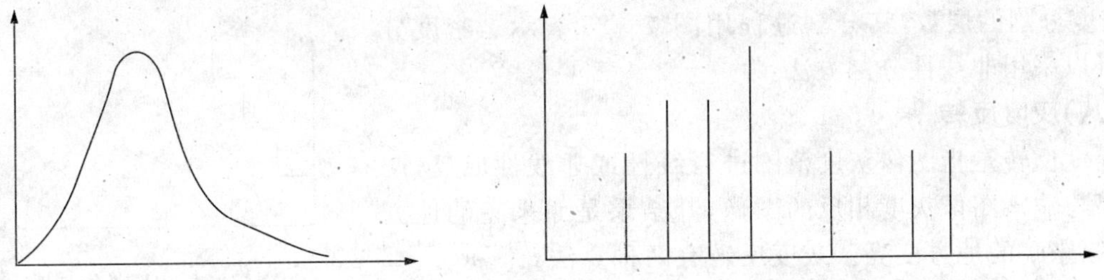

图 4－23 直方图均衡的结果示意图

(五)直方图正态化

通常情况下，图像灰度的频率如果接近正态分布，则该图像色调最适合人眼的视觉感受。直方图正态化是将随机分布的原图像直方图修改成高斯分布，如图 4－24 所示。

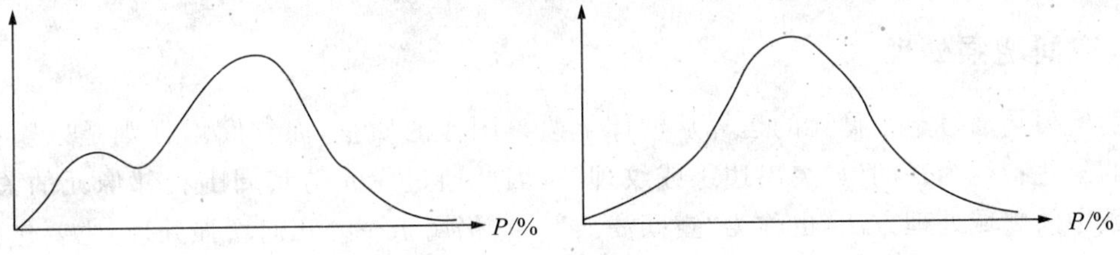

图 4－24 直方图正态化示意图

图像灰度的分布频率往往取决于地表景观目标的辐射特性，如果把与正态分布差异极大的原图像的灰度频率勉强变换为正态分布，往往会产生以下问题，当原图像的某一灰度的频率很高时，如果转变为正态分布，则其所对应的灰度值的频率变低，就会造成对该部分的压缩而丢失重要的目标信息。

(六)直方图匹配

直方图匹配是对图像查找表进行数学变换,使一幅图像的某个波段的直方图与另一幅图像对应波段的直方图类似,或使一幅图像的所有波段的直方图与另一幅图像所有对应波段的直方图类似。

直方图匹配常常用于相邻图像拼接或利用多时相遥感图像进行动态变化研究时的预处理。通过直方图匹配可以部分消除由于太阳高度角或大气影响造成的相邻图像的效果差异。

(七)密度分割

密度分割与直方图均衡类似。产生一个阶梯状查找表,原始图像的灰度值被分成等间隔的离散的灰度级,每一级有其灰度值。进行密度分割时,需知道输出直方图的范围和密度分割层数,然后建立阶梯级查找表,使得输出的每一个层有相同的输入灰度级。最后对每一层赋新灰度值或颜色,就可以得到一幅密度分割图像。

密度分割可以看成是线性变换的一种,计算公式如下:

$$x_b = \mathrm{mod}\left(\frac{x_a - x_{a\min}}{x_{a\max} - x_{a\min}}\right) \times n \tag{4-34}$$

n 为密度分割的层数,其分割过程用图 4－25 表示。密度分割也可以采用非线性分割方法。

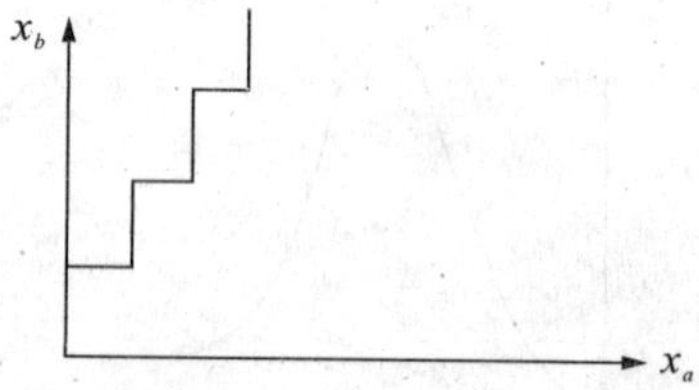

图 4－25　密度分割图

(八)灰度反转

灰度反转是指图像灰度范围进行线性或非线性取反,产生一幅与输入图像灰度相反的图像,其结果是原来亮的地方变暗,原来暗的地方变亮。灰度反转有两种算法:

一个是条件反转,其表达式为:

$$\begin{cases} x_b = 1.0 & (0.0 < x_a < 0.1) \\ x_b = 0.1/x_a & (0.1 < x_a < 1) \end{cases} \tag{4-35}$$

式中:x_a 为输入图像灰度且已归一化(0～1.0);x_b 为输出反转灰度。

另一个为简单反转,其表达式为:

$$x_b = 255 - x_a \tag{4-36}$$

第一种方法强调输入图像中灰度较暗的部分,第二种方法则是像元灰度值简单取反。

二、空间增强处理

辐射增强是通过单个像元的运算从整体上改善图像的质量,而空间增强则是以重点突出图像上的某些特征为目的,如突出边缘或纹理等,因此通过像元与其周围相邻像元的关系,采用空间域中的邻域处理方法,也称为“空间滤波”。它仍属于一种几何增强处理,主要包括平滑和锐化。

(一)图像卷积运算

它是在空间域上对图像进行局部检测的运算,以实现平滑和锐化的目的。具体做法是选定一卷积函数,又称“模板”,实际上是一个 $M \times N$ 矩阵。二维的卷积运算是在图像中使用特定的模板来进行运算的。运算方法如图 4－26 所示,从图像左上角开始,开一与模板同样大小的活动窗口,图像窗口与模板像元的亮度值对应相乘再相加。假定模板大小为 $M \times N$,窗口为 $\phi(m,n)$,模板为 $t(m,n)$,则模板运算为:

$$r(i,j)=\sum_{m=1}^{M}\sum_{n=1}^{N}\phi(m,n)t(m,n) \tag{4-37}$$

将计算结果 $r(i,j)$ 放在窗口中心的像元位置，成为新像元的灰度值。然后活动窗口向右移动一个像元，再按上式与模板进行同样的运算，仍旧把计算结果放在移动后的窗口中心位置上，依次进行，逐行扫描，直到全幅图像扫描一遍结束，则生成新图像。

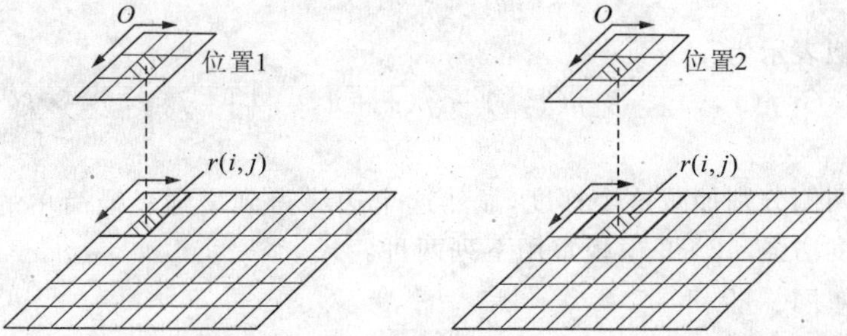

图 4-26　卷积运算时模板移动示意图

(二)平滑

图像平滑的目的在于消除各种干扰噪声，使图像中高频成分消退，即平滑掉图像的细节信息，使其反差降低而保存低频成分。图像平滑包括空间域处理和频率域处理两大类。

1. 邻域平均法

邻域平均法属于空间域处理方法。其算法是利用图像点及其邻域若干个像元的灰度平均值来代替该点的灰度值，计算结果是对亮度突变的点产生了"平滑"效果。邻域平均是基于图像上的背景或目标部分灰度的变化是连续的、缓慢的，而颗粒噪声使图像上一些像元的灰度造成突变。通过邻域平均可以消除颗粒噪声的影响。

平滑的方法为：以 (x, y) 点为中心取一个 $N\times N$ 的窗口（$N=3,5,7,\cdots$），窗口内像元组成的点集以 A 来表示，经邻域平均法滤波后，像元 (x,y) 的输出为：

$$g(x,y)=\frac{1}{M\times N}\sum_{i=1}^{M}\sum_{j=1}^{N}g(x-\frac{M+1}{2}+i,y-\frac{N+1}{2}+j) \tag{4-38}$$

式中：$g(x,y)$ 为平滑后的灰度值；(M,N) 为 $M\times N$ 的滤波模板。

2. 中值滤波

它是将每个像元在以其为中心的邻域内取中间亮度值来代替该像元值，以达到去尖锐"噪声"和平滑图像的目的。具体计算方法与模板卷积方法类似，仍采用活动窗口的扫描方法。取值时，将窗口内所有像元按亮度值的大小排列，取中间值作为输出值，所以 $M\times N$ 取奇数为好。

(三)锐化

为了突出图像的边缘、线状目标或某些亮度变化率大的部分，可采用边缘锐化方法。有时可通过锐化，直接提取出需要的信息。锐化后的图像已不再具有原遥感图像的特征而成为边缘图像。

1. 梯度法

梯度反映了相邻像元的亮度变化率，也就是说，图像中如果存在边缘，如湖泊与河流的边界、山脉、道路等，则边缘处有较大的梯度值。对于亮度值较平滑的部分，亮度梯度值较小。因此，找到梯度较大的位置，也就找到了边缘，然后再用不同的梯度计算值代替边缘处像元的值，可以突出边缘，实现图像的锐化。在图像上，边缘灰度值的变化可以用一阶微分的形式表示梯度矢量：

$$G[f(x,y)] = \begin{pmatrix} \dfrac{\partial f}{\partial x} \\ \dfrac{\partial f}{\partial y} \end{pmatrix} \tag{4-39}$$

用绝对值近似表示为：

$$G[f(x,y)] = |f(x,y) - f(x+1,y)| + |f(x,y) - f(x,y+1)| \tag{4-40}$$

如果令边缘两侧分别加减这个梯度，显然这个边缘得到增强。最简单的办法是用下列模板实现类似的梯度增强。2×2 模板常用下列两种：

$$\begin{bmatrix} 1 & 0 \\ 0 & -1 \end{bmatrix} \quad \begin{bmatrix} 2 & -1 \\ -1 & 0 \end{bmatrix}$$

3×3 模板如下列所示：

$$\begin{pmatrix} 1 & 2 & 1 \\ 0 & 0 & 0 \\ -1 & -2 & -1 \end{pmatrix} \quad \begin{pmatrix} 1 & 0 & -1 \\ 1 & 0 & -1 \\ 1 & 0 & -1 \end{pmatrix} \quad \begin{pmatrix} -1 & 0 & 1 \\ -2 & 0 & 2 \\ -1 & 0 & 1 \end{pmatrix}$$

2. 拉普拉斯算法

拉普拉斯算法相当于二阶差分，是通过拉普拉斯算子实现的：

$$\nabla^2 g(x,y) = \frac{\partial^2 g}{\partial x^2} + \frac{\partial^2 g}{\partial y^2} \tag{4-41}$$

拉普拉斯算法也可以通过模板运算来实现。在模板卷积运算中，将模板定义为：

$$\begin{pmatrix} 0 & 1 & 0 \\ 1 & -4 & 1 \\ 0 & 1 & 0 \end{pmatrix}$$

即上下左右 4 个邻点的值相加再减去该像元值的 4 倍，作为这一像元的新值。

拉普拉斯算法的意义与前述两种算法不同，它不检测均匀的亮度变化，而是检测灰度边缘变化的变化率，相当于二阶微分。其计算结果更加突出图像亮度值突变的位置。

(四)多光谱图像代数运算

在同一区域，对地物目标的不同波段间进行运算的图像处理过程叫图像间运算。它包括多光谱图像的波段间运算及不同时期观测的图像间运算等。运算的结果生成新图像数据。通过图像运算，可以实现图像增强，达到提取某些信息或去掉某些不必要信息的目的。图像运算包括差值运算和比值运算。

1. 差值运算

两幅同样行、列数的图像，对应像元的亮度值相减就是差值运算，即：

$$B_m = B_x - B_y \tag{4-42}$$

其中 B_x，B_y 为两个不同波段的图像或者不同时相同波段的图像。差值运算应用于两个波段时，相减后的值反映了同一地物光谱反射率之间的差别。由于不同波段地物反射率差值不同，两波段亮度值相减后，差值大的被突出出来。例如，当用红外波段减红波段时，植被的反射率差异很大，相减后的差值就大，而土壤和水在这两个波段反射率差值就很小，因此相减后的图像可以把植被信息突出出来。图像的差值运算适用于目标与背景反差较小的图像信息提取，如冰雪覆盖区、黄土高原区的界线特征，海岸带的潮汐线等。

2. 比值运算

两幅同样行、列数的图像，对应像元的亮度值比就是比值运算，即：

$$B_m = B_x / B_y \tag{4-43}$$

通过比值运算能压抑因地形坡度和坡向引起的辐射量变化，消除地形起伏的影响；也可以增强某些地物之间的反差，如植物、土壤、水在红色波段与红外波段图像上反射率是不同的，通过比值运算可以加以区分，如表 4-1 所示。

表 4-1 植被、水、土壤在红/红外波段的灰度及其比值结果

类 别	红波段	红外波段	红波段/红外波段
植 被	暗	很 亮	更 暗
水	稍 亮	很 暗	更 亮
房 屋	较 亮	较 亮	不 变

比值运算对于去除地形影响也非常有效。由于地形起伏及太阳倾斜照射，使得山坡的向阳处与阴影处在遥感影像上的亮度有很大区别，同一地物向阳面和背阴面亮度不同，给判读解译造成困难，特别是在计算机分类时不能识别。由于阴影的形成主要是地形因子影响引起的，比值运算可以去掉这一因子影响，使向阳与背阴处都只与地物反射率的比值有关。

比值处理还有其他多方面的应用，例如对研究浅海区的水下地形，对土壤富水性差异、微地貌变化、地球化学反应引起的微小光谱变化等，对与隐伏构造信息有关的线性特征等，都有不同程度的增强效果。

在实际的应用中，常用到混合模式的运算，比如利用 NOAA 卫星数据进行估产采用的绿度模式：

$$G = \sqrt{\frac{\mathrm{CH2} - \mathrm{CH1}}{\mathrm{CH2} + \mathrm{CH1}} + 0.5} \tag{4-44}$$

三、遥感图像的变换

在数字信号处理中常用离散的傅立叶变换，把信号转换成不同幅度和相位的频率分量，经滤波后再用傅立叶反变换恢复成信号，以提高信号的质量。图像是二维信息，可以用二维的离散傅立叶变换把图像的灰度分布转换成空间频率分量。图像灰度变化剧烈的部分对应于高的空间频率，变化缓慢的部分对应于低的空间频率。滤去部分高频分量可消除图像上的斑点条纹而显得较为平滑；增强高频分量可突出景物的细节而使图像锐化；滤去部分低频分量可使图像上被成片阴影覆盖的部分的细节更清晰地显现出来。精心设计的滤波器能有效地提高图像的质量。经傅立叶变换、滤波和逆变换以提高图像质量的处理，有时称为图像的空间频率域处理。

同时，遥感图像数据量很大，直接在空间域中进行处理，所需的计算量很大。在图像处理中，常常将图像从空间域转换到另一种域，利用这种域的特性来快速、方便地处理或分析图像

(如傅立叶变换可在频域中进行数字滤波处理),将空间域的处理转换为频谱域的处理,不仅可减少计算量,而且可获得更有效的处理,有时处理结果需要再转换到空间域。遥感影像处理中的图像变换不仅是数值层面上的空间转换,每一种转换都具有物理层面上的特定意义。遥感图像处理中的图像变换主要有:傅立叶变换、沃尔什变换、离散余弦变换、小波变换、K-L变换、K-T变换等。

(一)傅立叶变换

傅立叶变换是图像处理中最常用的变换。它是进行图像处理和分析的有力工具。传统的傅立叶变换是一种纯频域分析,它可将一般函数 $f(x)$ 表示为一簇标准函数的加权求和,而权函数亦即 f 的傅立叶变换。设 f 是 R 上的实值或复值函数,则 f 为一能量有限的模拟信号,具体定义如下:

一维傅立叶变换:

$$F(u) = \int_{-\infty}^{+\infty} f(x) e^{-j2\pi ux} \mathrm{d}x \tag{4-45}$$

一维傅立叶逆变换:

$$F^{-1}(u) = f(x) = \int_{-\infty}^{+\infty} F(u) e^{j2\pi ux} \mathrm{d}u \tag{4-46}$$

图像的频率是表征图像中灰度变化剧烈程度的指标,是灰度在平面空间上的梯度。如:大面积的沙漠在图像中是一片灰度变化缓慢的区域,对应的频率值很低;而对于地表属性变换剧烈的边缘区域在图像中是一片灰度变化剧烈的区域,对应的频率值较高。傅立叶变换有非常重要的物理意义,设 f 是一个能量有限的模拟信号,则其傅立叶变换就表示 f 的谱。从纯粹的数学意义上看,傅立叶变换是将一个函数转换为一系列周期函数来处理的。从物理效果看,傅立叶变换是将图像从空间域转换到频率域,其逆变换是将图像从频率域转换到空间域。换句话说,傅立叶变换的物理意义是将图像的灰度分布函数变换为图像的频率分布函数,傅立叶逆变换是将图像的频率分布函数变换为灰度分布函数。

(二)K-L变换

K-L变换是由 Karhument 和 Loeve 提出的一种图像变换方法,故名之。K-L变换在遥感图像处理中也称为主成分分析(Principal Component Analysis,PCA)。多光谱图像数据包含多个波段,数据量较大,当复合使用时数据量更大,往往难于直接使用。实际上各波段图像之间虽有差别,但也存在一定的相关关系。例如,明亮的物体反射的电磁波强度在各波段上虽有差别,但都比阴暗的物体反射的电磁波强度大。主成分分析法是用各波段图像数据的协方差矩阵的特征矩阵进行多波段图像数据的变换,以消除它们之间的相关关系。把大部分信息集中在第一主成分,部分信息集中在第二主成分,少量信息保留在第三主成分和以后各成分的图像上(图4-27)。因此,前面几个主成分就包含了绝大部分信息。信息过分集中的主成分图像往往并不一定有利于分析应用。

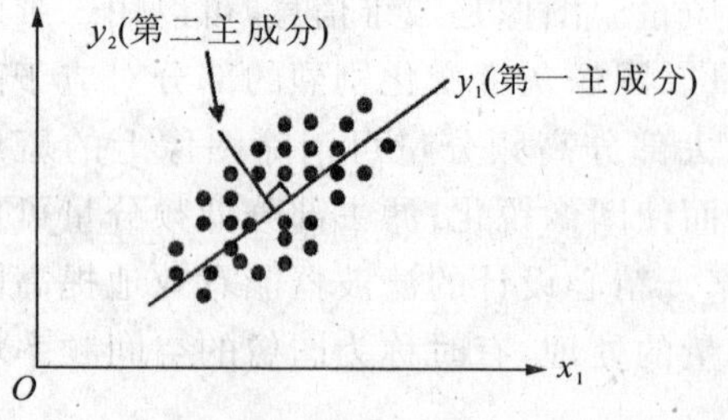

图4-27 主成分变化的第一、第二主分量示意图

从几何意义来看,变换后的主分量空间坐标系与变换前的多光谱空间坐标系相比,旋转了一个角度,而且新的坐标系的坐标轴一定指向数据

信息量较大的方向。以二维空间为例，假定某图像像元的分布为椭圆状，那么经过旋转后新坐标系的坐标轴一定分别沿椭圆的长半轴和短半轴方向，因为长半轴这一方向信息量最大。

基于上述特点，在遥感数据处理时常常用 K－L 变换作数据分析前的预处理，可以实现数据压缩和图像增强的效果。在遥感图像分类中，常常利用主成分分析算法来消除特征向量中各特征之间的相关性，并进行特征选择。以 TM 影像为例，共有 7 个波段(除去分辨率低的第六波段，使用 TM1～5 和 7 共 6 个波段)处理起来数据量很大，进行主成分分析后，7 维的多光谱空间变换成 7 维的主分量空间，这时亮度不再与地物光谱值直接关联，但第 1，或前 2 个或前 3 个主分量，已包含了绝大多数的地物信息，同时数据量却大大地减少了。应用中常常只取前 3 个主分量进行假彩色合成，数据量可减少近一半，既压缩了数据，又可以作为分类前的特征选择。

(三)K－T 变换

K－T 变换又称缨帽变换。1976 年，Kauth 和 Thomas 发现了一种线性变换，它使坐标空间发生旋转，但旋转后的坐标轴不是指向主成分的方向，而是指向另外的方向，这些方向与地面景物有密切的关系，特别是与植物生长过程和土壤有关。这种变换既可以实现信息压缩，又可以帮助解译分析农业特征，因此具有很强的实际应用意义。缨帽变换也是一种线性变换，它也遵循一般线性变换的形式。目前对这个变换的研究主要集中在 MSS 与 TM 两种遥感数据的应用分析方面。TM 数据 K－T 变换后的景观意义可通过图 4－28 形象说明，图中 1，2，3，4 分别代表作物从发芽生长到枯黄的不同阶段。绿度与亮度组成的二维空间称植被视面，它反映了植被从破土发芽到生长旺盛阶段随叶面积增加而绿度值增加，之后开始成熟枯黄，绿度也逐渐降到最低点。湿度与亮度组成的平面为土壤视面，绿度与湿度组成的平面称过渡区视面，都不同程度地反映了作物生长过程中植被与土壤的变化信息。

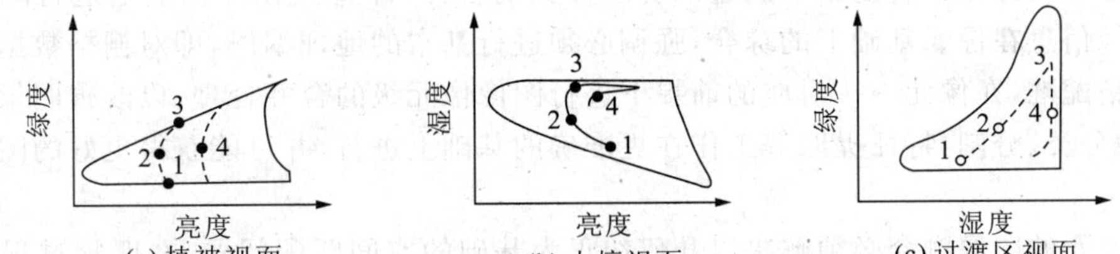

(a) 植被视面　(b) 土壤视面　(c) 过渡区视面

图 4－28　TM 图像 K－T 变换的景观含义示意图

1. 裸土(种子破土前)；2. 生长；3. 植被最大覆盖；4. 衰老

第四节　图像数据的融合

多元信息的融合是将多种遥感平台、多时相遥感数据之间以及遥感数据与非遥感数据之间的信息组合匹配的技术。这可以更好地发挥不同数据源的优势，弥补单一遥感数据的不足，提高遥感数据的可应用性。

图像融合着重于把那些在空间上或时间上冗余或互补的多源数据，按照一定的规则(或算法)进行运算处理，获得比任何单一数据更准确、更丰富的信息，生成一幅具有新的空间、波谱、时间特征的合成图像。

通过融合,对信息进行了优化,以突出有用的专题信息,改善目标识别的图像环境,从而增加解译的可靠性。例如利用低分辨率的TM多波段数据与Spot全色数据融合,即保留了TM的光谱特征,又可以加入Spot高分辨率的地面信息,扩大应用范围和效果。

一、图像融合的分类

进行遥感图像融合的三个不同的层次为:基于像元、基于特征和基于决策(图4-29)。

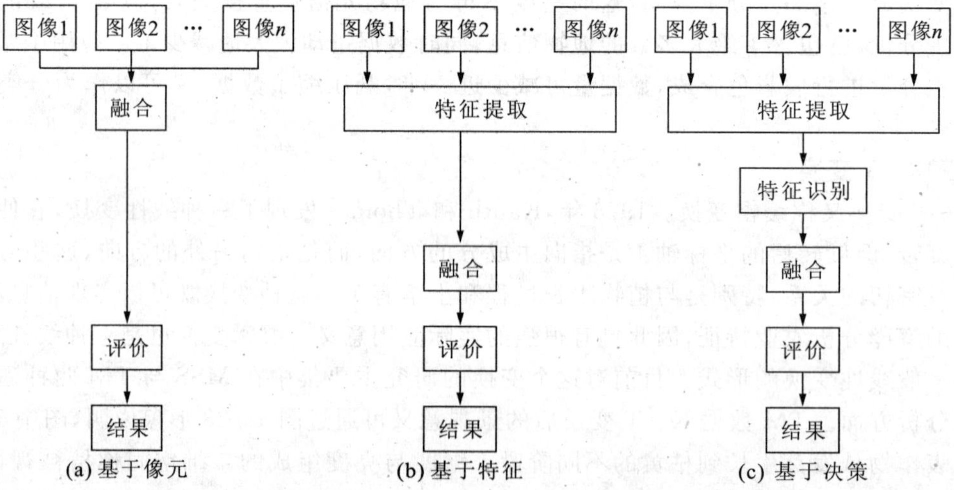

图4-29　遥感图像数据融合的等级层次处理流程对比示意图

1. 基于像元的图像融合

基于像元的图像融合是指对测量的物理参数的合并,即直接在图像层上进行融合。它强调不同图像信息在像元基础上的综合,强调必须进行基本的地理编码,即对栅格数据进行相互间的几何精配准,在像元一一对应的前提下进行图像像元级的合并处理,以改善图像处理的效果,使图像分类、分割、特征提取等工作在更准确的基础上进行,并可能获得更好的图像视觉效果。

基于像元的图像融合必须解决以几何纠正为基础的空间匹配问题,在匹配过程中可能会产生误差。而且它是对每个像元进行运算,涉及到的数据处理量大。尽管基于像元的图像融合有一定的局限性,但它是基于图像数据,能更多地保留图像原有的真实感,提供其他融合层次所不能提供的细微信息,因而被广泛应用。

2. 基于特征的图像融合

基于特征的图像融合是指运用不同算法,首先对各种数据源进行目标识别的特征提取,如边缘提取、分类等,也就是先从遥感图像中提取特征信息(空间结构信息),如范围、形状、邻域、纹理等,然后对这些特征信息进行综合分析与融合处理。这些多种来源的相似目标或区域等特征,在空间上一一对应,并非与像元一一对应,可运用统计方法或神经网络、模糊积分等方法进行融合。

基于特征的图像融合,强调"特征(结构信息)"之间的对应,并不突出像元的对应,在处理上避免了像元重采样等方面的误差。由于它强调对"特征"进行关联处理,把"特征"分类成有意义的组合,因而它对特征属性的判断具有更高的可信度和准确性,围绕辅助决策的针对性更强，应用更有效，且数据处理量大大减少，有利于进行实时处理。它是基于原始图像数据的特征，所以在特征提取过程中不可避免地会出现信息的部分丢失，并难以提供细微信息。

3. 基于决策的图像融合

基于决策的图像融合是指在图像理解和图像识别基础上的融合，也就是经"特征提取"和"特征识别"过程后的融合。它是一种高层次的融合，直接面向应用，为决策支持服务。此种融合先经图像数据的特征提取以及一些辅助信息的参与，再对其有价值的复合数据运用判别准则、决策规则加以判断、识别、分类，然后在一个更为抽象的层次上，将这些有价值的信息进行融合，获得综合的决策结果，以提高目标识别和解译能力，更好地理解研究目标，更有效地反映地学过程。

图像融合可以在单层次上进行，也可以在多层次上进行，但往往是从低层到高层、逐步抽象的数据处理过程。对于图像融合效果的评价，由于涉及到不同的数据源，其数据获取方式不同，采用的图像融合方法也不同，因此对融合效果的评价也是复杂的。目前一般采用多种统计分析方法从图像信息量、清晰度等方面对融合图像的质量进行评价。

二、多源遥感数据融合

1. 不同传感器遥感数据的融合

不同传感器获取的图像数据具有不同的空间、光谱和时间分辨率，所以目前应用较多的遥感图像数据融合处理是以不同传感器的图像数据的融合为主，主要有 TM、Spot、气象卫星、雷达影像以及航空相片的融合。这种融合的关键是传感器的选择和融合前两幅图像的精确配准，以及融合方法的选择，如雷达遥感中的合成孔径雷达 SAR 具有全天时、全天候和对地表有一定的穿透能力，可提供隐伏断裂等地质信息；而多光谱遥感只有在晴天无云条件下才能获取有效的数据，因此 SAR 图像与 TM 图像的融合可以显示云覆盖下的地表信息，其融合方法有 PCA 法、IHS 法、加权相关法、小波变换等。在研究洪水监测时，可选择 TM 图像、俯视雷达图像、气象卫星图像等，可提高复合后的图像的实用性。将 TM 图像与俯视雷达图像融合，既可获得洪水灾情分布信息，也可获得大堤、水渠等线性地物信息。

多传感器数据融合处理方法需包括配准和融合两个步骤。

(1) 配准。为了使两幅图像所对应的地物吻合，必须先完成配准。配准是采用几何校正的方法，分别在不同数据源的影像上选取控制点，用双线性内插或三次卷积内插运算等对分辨率较低的图像进行重采样，完成配准。

(2) 融合。遥感影像的融合有很多方法，下面介绍一些常用的融合方法。

① IHS 变换融合。图像从颜色 RGB(红、绿、蓝)空间变换到 IHS 空间的融合处理。其处理方法有两种：一是先将多波段遥感图像进行 RGB 空间到 IHS 空间的变换，然后将高空间分辨率图像替换其中的 I，构成新的 IHS 空间，再反变换回 RGB 空间，生成空间分辨率提高的融合图像。二是将多波段遥感图像的三个波段进行 IHS 变换后，以非遥感图像代替 H 分量，经过适当的直方图调整后，再从 IHS 空间反变换回 RGB 空间。

② 主成分变换融合。主成分变换是建立在图像统计特征基础上的线性变换，具有信息浓缩、数据压缩的作用，可以更确切地揭示多波段数据结构内部的图像信息，各主成分是由各波段协方差矩阵的特征向量的线性组合而成。采用经过灰度拉伸的高分辨率数据代替 PCA 变换后的第一主成分，再进行主成分逆变换，生成具有高空间分辨率的多波段融合图像。或把非

遥感信息作为一个通道，参加与 TM 各波段的 PCA 变换，通过变换中信息的再分配，达到与 TM 图像信息融合的目的。

③ 小波变换融合。小波变换可将图像分解为一些具有不同空间分辨率、频率特性和方向特性的图像。它提供了一种简洁的层次框架以融合不同空间分辨率的遥感图像，图像被分解为低频信息图像和高频细节、纹理信息。小波图像融合的本质是在一定的分解水平对低分辨率图像的相应小波系数按某种算法结合高分辨率图像的对应系数，构成融合图像的小波系数，再进行逆变换生成新图像，以获取所需的光谱与空间分辨率信息。遥感图像小波变换算法有 ARSIS 法、非降维采样小波变换法以及冗余小波变换法等。小波变换融合使图像获得高空间分辨率的同时光谱信息损失最低，它具有变焦性、信息保持性等优点。

④ Brovey 比值变换融合。Brovey 比值变换融合是将遥感数据的波段按照下面的公式进行计算：

$$B_i^* = \frac{B_{mi}}{B_{mr} + B_{mg} + B_{mb}} \times B_h \tag{4-47}$$

式中：B_i^* 为融合后的波段数值；B_{mr}，B_{mg}，B_{mb} 分别为低分辨率多波段图像中的红、绿、蓝波段数值；B_{mi} 为低分辨率多波段图像中的红、绿、蓝波段数中的任意一个；B_h 为高分辨率全色遥感数据。与其他方式相比较，Brovey 比值变换融合几乎保留了原始图像的色调信息。

2. 遥感信息与地理信息的融合

在某些情况下，仅通过遥感手段获取信息仍不够，不能解决遇到的全部问题，因此将地形、气象、水文等专题信息以及行政区划、人口、经济收入等人文与经济信息作为遥感数据的补充，有助于综合分析问题，发现客观规律。因此遥感数据与地理数据的融合也是遥感分析过程中不可缺少的手段之一。

遥感数据采用栅格数据的格式记录，而地面采集的地理数据常呈现出多等级、多量纲的特点，数据格式也多样化。为了使各种地理数据能与遥感数据兼容，首先需要将获取的非遥感数据按照一定的地理网格系统重新量化和编码，以完成各种地理数据的定量和定位，转换为栅格数据格式；甚至可以将其制作成与遥感数据类似的波段，以便与遥感数据融合。

这样，遥感数据与非遥感数据可在空间上对应一致，又可在成因上互相说明，满足深入分析的要求。以下简单介绍遥感数据与非遥感数据融合的步骤。

(1) 地理数据的栅格化。地理数据与遥感数据融合，前提条件是必须使地理数据可作为遥感数据的一个“波段”，这就是说，要通过一系列预处理，使地理数据转换成为网格化的栅格数据，地面分辨率与遥感数据一致，并且与遥感影像配准。

① 网格数据生成。原始采集的地理数据多种多样，其中以离散形式采样的数据居多，如高程点值、土壤酸碱度值、气温值、降雨量等。这种数据不能以统一的数学模型生成网格，但在某一局部仍可用近似的数学函数来表达，因此常采用局部拟合法进行逐点内插，求出各个网格点的数值。

② 与遥感数据配准。地理数据生成网格时，网格所对应的地面分辨率应与遥感数据的地面分辨率一致。如果从地理数据无法得到与遥感数据一致分辨率的数据，只有用配准的方法同时调整分辨率与位置。

配准仍采用几何校正法，但需特别注意控制点选取的准确性。

(2)最优遥感数据的选取。融合时的遥感数据常常只需一个或两个波段，如为使信息优化，可选取 Spot 数据的全色波段，当用 TM 数据时，则可选用 K－L 变换后的前两个波段，以达到减少数据量、保持信息量的目的。因此根据需要选取适合需要的遥感波段十分重要。

（3）数据融合。在完成分辨率与位置配准后，多采用两种方法：一是将非遥感数据与遥感数据共组成三个波段，实行假彩色合成；二是将两种数据直接叠加，波段之间可进行加法或其他数学运算，也可在波段之间进行适当的“与”、“或”等布尔运算。

图 4－30　地学多源空间数据融合示意图

总之，多源信息融合实现了遥感数据之间的优势互补，实现了遥感数据与地理数据的有机结合（图 4－30）。这种融合的意义不仅仅是提高了目视解译的效果，更重要的是，提高了定量分析的精度，扩大了遥感数据的应用面，具有重要的实际意义。

第五节　遥感数字图像的分类处理

遥感数字图像反映了地物的波谱特性，图像分类通过计算机对图像像元多光谱数列的统计、运算、对比和归纳进行分类，这种图像数据处理称为遥感数字图像分类处理，或称为计算机图像自动识别。

图像的分类在数学或计算机处理上可归结为统计分类模式和句法识别模式。统计模式分类分为监督分类和非监督分类两种算法类型，监督分类是通过对已知类别的样本统计运算获得分类参数和判别函数进行的数据处理；非监督分类是通过对像元数值统计特征进行的一种图像分类。

一、监督分类（Supervised Classification）

监督分类是指在有先验知识参与情况下进行的分类方法，又称为训练区分类。它是基于统计方法对遥感图像分类的，也是目前应用较多、算法较为成熟的分类方法。它利用对地面样区的实况调查资料，从已知训练样区得出实际地物的统计资料，然后再用这种统计资料作为图像分类的判别依据，并依一定的判别准则对所有图像像元进行判别处理，使得具有相似特征并满足一定识别规则的像元归并为一类，完成对整幅图像的处理。

1．先验知识与训练样本

监督分类首先根据类别的先验知识确定判别函数和相应的判别准则，其中利用一定数量的已知类别的样本（称为训练样本）的观测值确定判别函数中待定参数的过程称之为学习或训练。通过选择特征参数（如像元亮度均值、方差等），建立判别函数或模型，然后依据样本类别的特征来识别非样本像元，将未知类别的样本的特征代入判别函数或者模型，再依据判别准则对该样本的所属类别作出判定。

2．监督分类的步骤

（1）依据地表已知地物类别选择有代表性的典型训练区，确定图像类别的训练区及其边界。

(2)对已知训练区的已知地物样本的光谱特征或已知地物所有像元各波段的数值(亮度值)进行统计,提取各地物类别的数值特征。例如:各类型地物不同波段的均值、标准差(或称方差)等。

(3)选择和确定分类的方法,确定分类判别函数。可依据图像光谱特性及地物类别的空间分布特征选择最小距离分类法(minimum distance classifier)、最大或然率分类法(maximum likelihood classifier)、多级切割分类法(multi - level slice classifier)、决策树分类法(dicision tree classifier)、模糊分类法(fuzzy classifier)、相似判别法、专家系统分类法等分离器进行分类处理。

(4)确定分类参数和类内边界阈值。各类地物像元数值的分布都是围绕各自的中心特征值,散布在光谱空间的一定范围内,在分类判别前必须确定出各类地物的光谱聚类中心特征值(参数)及其分布范围(类型阈值的大小)。一般将地物各波段均值所在的光谱空间位置作为类型的中心特征值,波段的标准差作为类别边界的阈值,限定类内的光谱分布范围。

(5)图像分类处理。利用选定的分类方法及"分类器"对待定的区域进行分类,将输入的像元数值与各类型的中心特征值比较,并按所确定的阈值,把像元归入到最相近的类别空间里,并赋于类别编码值,完成像元分类。

(6)分类后的检验。是指对"分类器"分类精度的检验,统计分类器对已知样本像元的分类精度,若不合格,则返回 (4)或 (3)中,重新调整分类参数,直到"分类器"分类精度达到要求为止。

(7)利用已调整好的"分类器"将图像全部未知像元进行分类,输出分类结果。

监督分类简单实用,但在处理分类前必须确定好已知地物样本的分类特征及其参数。这是分类成败的关键。已知样本分类特征及其参数要有代表性,并且要有足够的样本数作为统计的基础。由于地物的图像光谱数列受地理环境变化影响,及外界干扰因素的多样性和随机性,由训练区已知样本所获得的分类特征及其参数只能代表一定时间和具体地域的情况,不能无条件地推广。

二、非监督分类(Unsupervised Classification)

非监督分类是以不同地物在特征空间中类别特征的差别为依据的一种无先验知识的图像分类。即事先对分类过程不施加任何的先验知识,而仅凭目标类别的光谱特征的自然聚类的特性,进行聚类分析。一般的聚类算法是先选择若干个模式点作为聚类中心。每一中心代表一个类别,按照某种相似性度量方法(如最小距离方法)将各模式归于各聚类中心所代表的类别,形成初始分类,然后由聚类准则判断初始分类是否合理,如果不合理就修改分类,如此反复迭代运算,直到合理为止。

非监督分类又称边学习边分类法,通过学习找到相同的类别,然后将该类与其他类区分开。非监督分类与监督法都是以图像的灰度数列为基础进行图像分类,通过统计图像特征参数(如均值、协方差等)进行分类的。在分类过程中,二者都需要选择训练样本,但二者之间的区别是非监督分类无需先验知识,监督分类需要先验知识。

遥感图像非监督分类实际上是一个聚类过程,常用的聚类方法有 K -均值聚类法、层次聚类算法、基于分割的聚类算法、最邻近聚类算法、模糊聚类算法和进化聚类方法。

1. K-均值聚类法

K-均值算法的聚类准则是首先设置 K 个聚类中心，计算像元到各类别中心距离的平方和并将最小距离的像元点聚类到各自的类别中，通过迭代算法修正并逐次移动各类的中心参数，直至得到最好的聚类结果为止。

K-均值算法的聚类步骤如下。

第一步：首先假设图像待分类目标为 K 类别，K 为给定的已知数。适当地选取 m 个类的初始中心 $Z_1, Z_2(2), \cdots, Z_m(m)$。

第二步：在第 k 次迭代中，对任一样本 x 按如下方法把它调整到 m 个类别中的某一类别中去。对于所有的 $i \neq j, i=1,2,3,\cdots,m$，如果 $\| X-Z_j(k) \| < \| X-Z_i(k) \|$，则 $X \in S_j(k)$，其中 $S_j(k)$ 是以 $Z_j(k)$ 为中心的类。

第三步：由第二步得到 $S_j(k)$ 类新的中心 $Z_j(k+1)$，$Z_j(k+1)=\frac{1}{N_j}\sum_{x \in S_j(k)} X$。

式中：N_j 为 $S_j(k)$ 类中的样本数。$Z_j(k+1)$ 是按照使 J 最小的原则确定的，J 的表达式为：

$$J=\sum_{j=1}^{m}\sum_{X \in S_j(k)} \| X-Z_j^{(k+1)} \|^2$$

第四步：对于所有的 $i=1,2,\cdots,m$，如果 $Z_j(k+1)=Z_j(k)$，则迭代结束，否则转到第二步继续进行迭代。其算法框图如图 4-31。

这种算法的结果受到所选聚类中心的数目和其初始位置以及模式分布的几何性质和读入次序等因素的影响，并且在迭代过程中又没有调整类数的措施，因此可能由不同的初始分类得到不同的结果，这是这种方法的缺点。可以通过其他的简单的聚类中心试探方法，如最大最小距离定位法，来找出初始中心，提高分类效果。

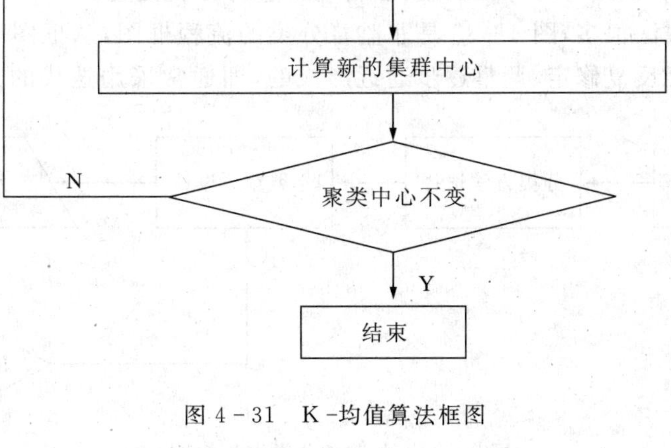

图 4-31 K-均值算法框图

2. 基于分割的聚类算法

分割算法分为基于边界的算法和基于区域的分割算法。如区域生长算法是将具有相似性质的像元集合起来构成区域。其分割聚类步骤是先将每个需要分割的区域找一个种子像元作为生长的起点，然后将种子像元周围邻域中与种子像元有相同或相似性质的像元根据事先确定的相似准则来判定是否合并到种子像元所在的区域中。将这些新像元当做新的种子像元继续进行上面的过程，直到再没有满足条件的像元可被包括进来，这样一个区域就生成了。区域生长算法的优点是计算复杂度低、速度快；算法的缺点是在没有先验知识的情况下，采用随机种子点和随机相似性准则分割的结果可能会与实际情况相差甚远。

3. 人工神经网络法

神经网络法是基于人类大脑的结构和功能而建立起来的新学科，尽管目前它还只是大脑的低级模仿，但它在结构、容错性和稳健性、自适应性等很多方面与人类的智能特点类似。由于神经网络能在一定程度上模仿生物神经系统的智慧和功能，使得它在信息处理和智能科学中有着极其重要的地位。

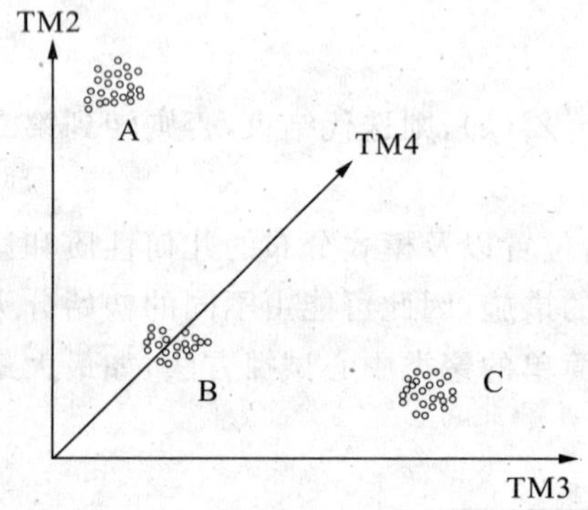

图 4-32　TM2、TM3 和 TM4 波段组合的不同地物集群示意图

人工神经网络是进行模式识别的重要工具和方法。它直接对输入的数字图像像元值进行统计运算处理，分别将每个像元归纳到由图像各波段构成的多维空间中的集群中，达到分类识别的目的。例如，一幅陆地卫星 TM 图像有 6 个波段（不包括 TM6 波段），图像中的每个像元即由这 6 个波段（TM1，2，3，4，5，7），构成的六维空间中有一确定的点与之对应。由于同一类型的地物有着相近似的光谱特性，这样相同性质的像元点就汇集在空间中的一定范围的区域内，形成点的集群。不同类型的地物，则在空间中的不同地域形成集群。如图 4-32，是由 TM2、TM3 和 TM4 三个波段构成的三维空间，A、B、C 分别为三种不同类型的地物汇集的集群。显然，可以采用数理统计或其他数学处理方法，将定量地确定各集群的空间分布状态、范围界线等参数，归纳成一定的数学模式或判别函数，用来区分和识别每一像元的属性，自动地进行分类处理。

非监督分类的方法很多，图 4-33 是非监督分类的流程框图，从框图中不难看出：非监督分类时“分类器”是经反复修定、调整逐步逼近形成的，即通常采用迭代的方法构成。处理时，

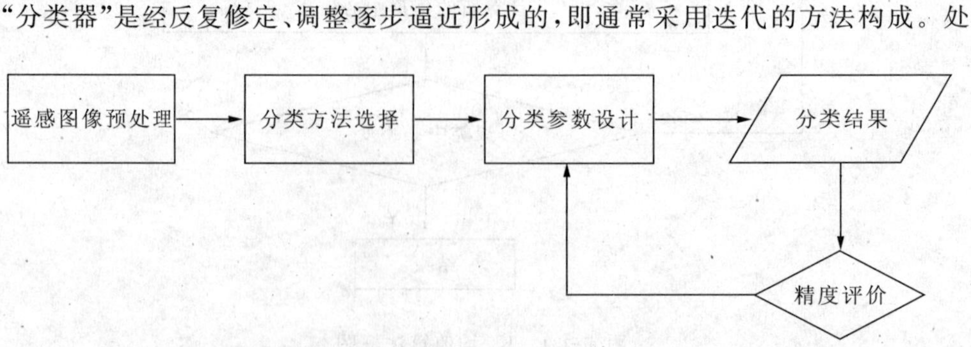

图 4-33　非监督分类流程框图

只在选定分类方法设定分类集群数目以及在迭代过程中决定是否中止过程时需要人为地干预处理外，其余部分人为的干扰很少。因此，非监督分类客观而真实，特别适用于对工作地区了解较少或已知资料不多时，对遥感图像的分类。非监督分类的成果最终也需要到实地去检查验证。核对各个集群所对应的地物类型，检查评价分类的精度。

三、非监督分类与监督分类的结合

监督分类与非监督分类各有其优缺点，常常将监督法分类与非监督法分类相结合，取长补短，使分类的效率和精度进一步提高。基于最大似然原理的监督法分类的优势在于如果空间聚类呈现正态分布，那么它会减小分类误差，而且分类速度较快。监督法分类主要缺陷是必须在分类前圈定样本性质单一的训练区，而这可以通过非监督法来进行，即通过非监督法将一定区域聚类成不同的单一类别，监督法再利用这些单一类别区域"训练"计算机。通过"训练"后的区域分类样本数及其分类参数的计算都高于人工选择的"训练区"，在保证分类精度的前提下，提高了分类速度。其步骤如下。

第一步：选择有代表性的区域进行非监督分类。这些区域尽可能包括所有感兴趣的地物类别，以便使所有感兴趣的地物类别都能得到聚类。

第二步：将聚类的类别作为监督分类的训练样区，获得多个类别的先验知识。

第三步：特征选择。从训练样区选择最适合的特征图像进行后续分类。

第四步：使用监督法对整个影像进行分类。根据前几步获得的先验知识以及聚类后的样本数据设计分类器，并对整个影像进行分类。

第五步：输出分类图像。由于分类结束后影像的类别信息也已确定，所以可以将整幅影像的相应类别按图形符号标记输出成分类图。

复习思考题

1. 数字图像的基本概念是什么？
2. 遥感图像中的误差主要来源有哪些？
3. 什么是大气纠正？试说明大气纠正的原理。
4. 几何纠正中为什么要进行灰度重采样？有几种方法？各自的优缺点是什么？
5. 简述直方图的概念及其意义。
6. K－L 变换和 K－T 变换的主要作用是什么？
7. 遥感数据融合处理主要有哪些方法？试简述融合处理在地学遥感应用中的意义。
8. 简述图像分类处理的基本方法及其应用效果。
9. 简述图像监督分类的处理步骤，试结合处理实例分析其分类精度的影响因素。
10. 简述图像非监督分类处理的常用方法，试论述各自的分类效果。

第五章 摄影测量与遥感制图

本章内容提要：摄影测量的基本知识，运用摄影测量方法进行高精度点位测定的理论、方法及作业流程；摄影测量常用的坐标系，遥感制图学的基础理论和方法；数字摄影测量及高分辨率遥感制图及地图更新的新理论、新技术、新方法；基于遥感图像的数字测图基本知识和工作方法。

摄影测量学由摄影测量学基础和数字摄影测量学两部分构成。

摄影测量学基础包括摄影测量基本知识、解析空中三角测量理论与方法等内容。摄影测量学的重点是影像解析和运用摄影测量方法进行高精度点位测定的理论、方法、作业流程。

数字摄影测量学主要研究从影像中自动-半自动提取地物特征信息的基本理论和方法，其内容包括数字影像与特征提取、数字影像匹配、数字高程模型建立与应用、数字微分纠正及数字测图及数字摄影测量系统。

摄影测量与遥感制图学是基于 RS－GIS 进行普通地图及专题地图制图过程的理论、知识和方法学的课程，它是地图学与遥感、地理信息系统的交叉学科。

第一节 摄影测量学基础

摄影测量学基础主要涉及摄影测量的基本知识、解析空中三角测量理论与方法。随着全数字摄影测量系统的建立和遥感技术的发展，影像地图的制图方式或手段也随之得到了更快的发展，现今影像地图的制作过程是全数字的，并且已经被广泛应用于国土、规划、测绘、遥感、军事、水利、电力、通讯、环保、农林等领域。

一、摄影测量学的概念

1. 摄影测量学定义

摄影测量学是通过影像研究信息的获取、处理、提取和成果表达的一门信息科学。传统的摄影测量学是利用光学摄影机获得的影像，研究和确定被摄物体的形状、大小、性质和相互关系的一门科学与技术。它包括的内容有：获取被研究物体的影像，单张和多张相片处理的理论、方法、设备和技术，以及将所测得的成果如何用图形、图像或数字表示。

2. 摄影测量学任务

摄影测量学的主要任务是测制各种比例尺的地形图，建立地形数据库，并为各种地理信息系统和土地信息系统提供基础数据。因此，摄影测量学在理论、方法和仪器设备等方面的发展，都对地形测量、地图制图、数字测图、测量数据库和地理信息系统具有重大的影响。

3. 摄影测量学分类

摄影测量学可从以下不同角度进行分类。

(1)按摄影距离，可分为航天摄影测量、航空摄影测量、地面摄影测量、近景摄影测量和显微摄影测量。

(2)按照用途，可分为地形摄影测量与非地形摄影测量。

地形摄影测量用于国家基本地形图，工程勘察设计和城镇、农业、林业、土地等部门的规划与资源调查用图及相应的地图数据库。

非地形摄影测量用于解决资源调查、变形观测、环境监测、军事侦察和地质工程等方面的科学技术问题。

(3)按测量技术手段，可分为模拟法摄影测量、解析法摄影测量和数字摄影测量。

模拟法摄影测量的成果为各种图件(地形图、专题图等)。

解析法和数字摄影测量除可提供各种图件外，还可直接为各种数据库和地理信息系统提供数字化产品。

4. 摄影测量学学科构成

现代的摄影测量学可以分解为“基础摄影测量”、“解析摄影测量”和“数字摄影测量”三门课程。

摄影测量系列教材和专著主要包括：《摄影测量与遥感概论》、《摄影测量学》、《数字摄影测量学》、《误差处理与可靠性理论》、《GPS辅助空中三角测量原理及应用》等。

5. 摄影测量学与地图制图学的关系

摄影测量与遥感制图的主要特点是在遥感图像上进行量测和解译，无需直接接触物体，因而很少受自然和地理等条件的限制。地图制图是根据测量资料与其他地学、人文、资源、经济等信息，编制成各种比例尺的地形图与专题地图。

现代的航空遥感制图与航天遥感制图是编制现势性最强的各类地图及专题图的最为经济快捷的方法，所以地图制图学与摄影测量学学科关系极为密切。摄影测量成果已从常规纸介质产品向数字化产品过渡，而地图制图也从传统的手工绘图变革为基于GIS技术数字制图技术和空间信息图形传输的全新学科，两者之间已无明显的界限与分工。

6. 摄影测量学的发展阶段(表5-1)

表5-1　摄影测量发展阶段

发展阶段	原始资料	投影方式	仪　器	操作方式	产　品
模拟摄影测量	相　片	物理投影	模拟测图仪	作业员手工操作	模拟产品
解析摄影测量	相　片	数字投影	解析测图仪	机助作业员操作	模拟、数字产品
数字摄影测量	相　片 数字影像	数字投影	计算机	自动化操作＋ 作业员的干预	数字产品 模拟产品

二、摄影测量中常用的坐标系

为解求像点与相应物点之间的数学关系式，常需进行一系列的坐标变换，因此，必然涉及到各种坐标系统的建立。下面介绍摄影测量中常用的坐标系。

1. 像平面上的坐标系

像平面上的直角坐标系，是用来确定像点在相片上的位置的坐标系。像平面上的直角坐标系的原点和坐标轴，依实际需要进行选取。常用的像平面上坐标系有如下两种。

(1)框标坐标系。框标坐标系是以相片上相应框标连线作为基准建立的直角坐标系。对于框标设在像幅四边中央的相片，通常依航线方向两边对应框标连线作为 x 轴；旁向两边对应框标连线作为 y 轴；两连线的交点 P 作为坐标原点，如图 5-1(a)所示。而对于框标设在像幅四角隅处的相片，仍以相对框标连线的交点 P 作为坐标原点，取两对相对框标连线在航线方向夹角的平分线作为 x 轴，垂直 x 轴的方向作为 y 轴，如图 5-1(b)所示。坐标轴的正方向都按右手定则确定。

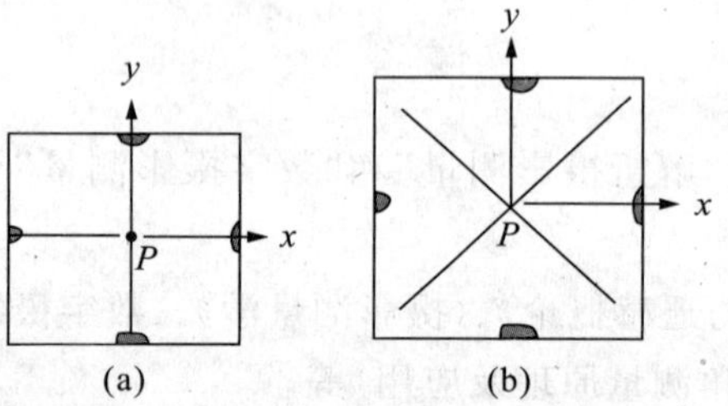

图 5-1 框标坐标系

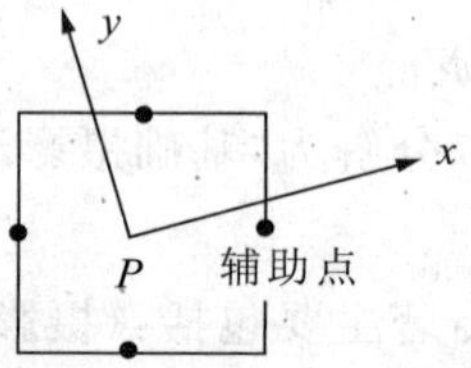

图 5-2 辅助点直角坐标系

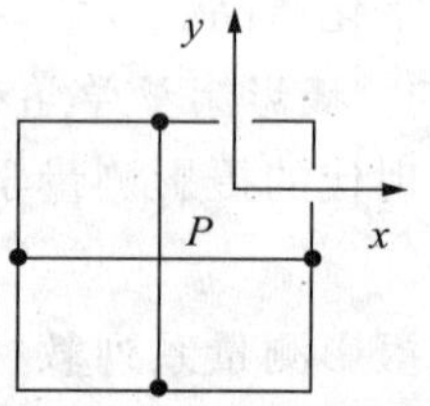

图 5-3 像平面直角坐标系

(2)辅助点直角坐标系。当框标标志难以精确判准时，在沿航线方向框标附近找一明显点，称为辅助点。用辅助点与框标连线交点 P 的连线作为 x 轴，以航线方向为正方向，以过原点 P 垂直于 x 轴的直线作为 y 轴，正方向按右手定则确定，如图 5-2 所示。

在量测像点坐标时，通常采用框标坐标系和辅助点坐标系。而解析摄影测量计算中，常用像平面直角坐标系，即将量测的像点坐标，通过平面坐标变换转换为像平面坐标，然后用于解析计算，如图 5-3 所示。

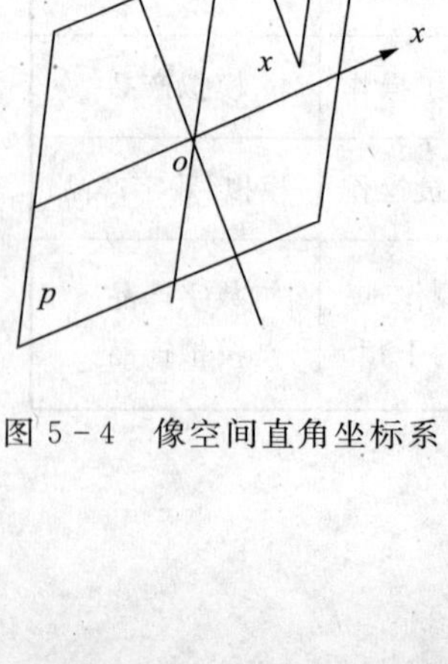

图 5-4 像空间直角坐标系

2. 像空间直角坐标系($S-xyz$)

为了描述像点在空间的位置需将像平面直角坐标系转换成像空间直角坐标系。取投影中心 S 作为像空间直角坐标系 $S-xyz$ 的坐标原点，z 轴与摄影方向 So 重合，朝上为 z 轴的正方向；x 轴和 y 轴分别平行于像平面坐标的相应轴，方向一致，如图 5-4 所示。轴系的正方向仍按右手定则确定。像点在此坐标系 $S-zyz$ 中坐标值为$(x,y,z=-f)$，其中 x,y 为像点的像平面直角坐标系的坐标，可以通过像点的量测得到；而 f 为相片主距，任何像点的 z 坐标都等于$-f$ 值。

像空间直角坐标系是随着每张航摄相片摄影瞬间的空间方位而定的。所以，不同航摄相片的像空间直角坐标系方向是不统一的。

3. 像空间辅助坐标系（$S-xyz$）

以摄站点（或投影中心）S 为坐标原点，坐标轴可根据需要选定，一般以铅垂方向（或设定的某一竖直方向）为 Z 轴，航线方向为 X 轴，如图 5-5 所示。

应用相片测图的过程中，像空间辅助坐标系是一种过渡性坐标系，它的 Z 轴可以取铅垂方向，也可以是某一设定的方向（如与航线中第一张相片的主光轴相平行），而 X 轴通常与航线方向相适应。

4. 摄影测量坐标系（$O_p-X_pY_pZ_p$）

摄影测量坐标系是物空间选定的一种符合右手定则的空间直角坐标系，是航带网中一种统一的坐标系，用以表示诸模型点在构成航带网后的统一坐标。坐标轴通常分别与第一张相片（或第一个像对）的像空间辅助坐标系的各坐标轴平行，如图 5-6 所示。

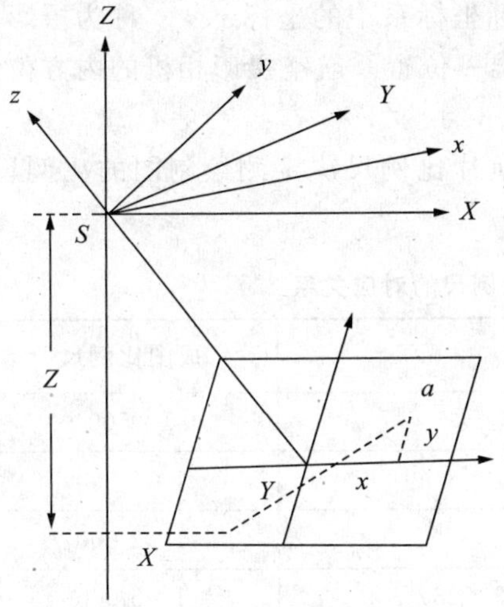

图 5-5　像空间辅助坐标系

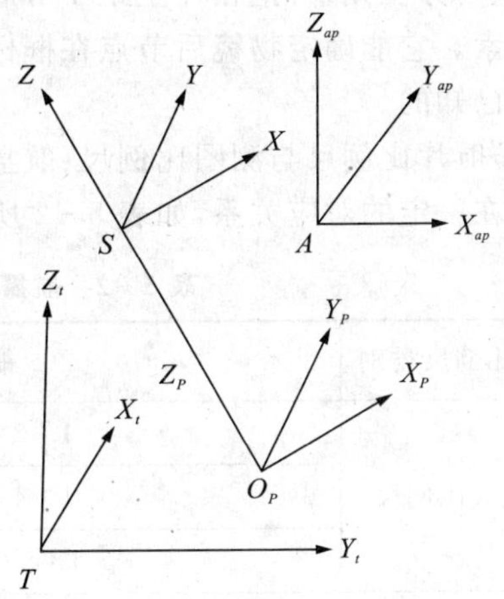

图 5-6　摄影测量、地面测量及地面摄影测量坐标系

5. 地面测量坐标系（$T-X_tY_tZ_t$）

地面测量坐标系是指国家统一的坐标系，也就是国家测图所用的高斯-克吕格三度带或六度带投影的 1980 年西安坐标系和 1985 年国家高程基准黄海高程系。

地面测量坐标系是左手系。航测外业联测是以大地测量成果为依据，测定的控制点坐标是属于地面测量坐标系上的坐标，如图 5-6 所示。

6. 地面摄影测量坐标系（$A-X_{ap}Y_{ap}Z_{ap}$）

摄影测量中，习惯于用右手空间直角坐标系，而野外控制测量提供的控制点坐标是属于左手系的地面测量坐标。由于摄影测量工作的需要，需将地面控制点的左手系坐标转化为右手系坐标，最后再将摄影测量成果转换到地面测量坐标系。为此，选定了摄影测量坐标与地面测量坐标互相转换的过渡性坐标系，称为地面摄影测量坐标系。

三、航空摄影影像构像方程

1. 航空相片与航空摄影测量

航空摄影图像通常称为航空相片，它是航空摄影测量的基础图像资料。采用摄影测量方法测制地形图，必须要对测区进行有计划的空中摄影。基于测图目的的航空摄影要求遥感平台保持高度稳定、平台水准稳定和航线稳定，并采用垂直投影方式。航空摄影图像的基本特征源于航摄仪的成像技术，主要特征如下。

(1)固定像距：由于航空摄影的物距要比像距大得多，所以航摄仪在摄影时摄影物镜都是固定调焦于无穷远点处，因此其像距是一个固定的已知值。

(2)框标坐标系：在航空摄影曝光瞬间，感光材料展平并紧贴在框标平面上，曝光时框标记号也成像于感光材料上。航空相片框标平面称为框标坐标系。像点在相片平面上的位置就可以按框标坐标系来确定。在航空摄影测量中，将航空相片有无框标坐标系作为区分航空测绘摄影机和非测绘用摄影机的重要标志。

(3)内方位元素：把相片主距 f 和相片主点在框标坐标系中的坐标 x_0，y_0 称为摄影机的内方位元素。它能确定物镜后节点在框标坐标系中的惟一位置。航空摄影相机的内方位元素的数值是已知的。

(4)航片比例尺与测图比例尺：航空摄影测量的航片比例尺决定测绘制图的比例尺，二者之间存在一定的对应关系，如表 5－2 所示。

表 5－2　航摄比例尺与成图比例尺的对应关系

比例尺类别	航摄比例尺	成图比例尺
大比例尺	1∶2 000～1∶3 000	1∶500
	1∶4 000～1∶6 000	1∶1 000
	1∶8 000～1∶12 000	1∶2 000
中比例尺	1∶15 000～1∶20 000(像幅 23×23)	1∶5 000
	1∶10 000～1∶25 000 1∶25 000～1∶35 000(像幅 23×23)	1∶10 000
小比例尺	1∶20 000～1∶30 000	1∶25 000
	1∶35 000～1∶55 000	1∶50 000

应该指出，随着航摄质量的不断提高，当运用航摄相片进行地图修测时，相片比例尺还可以选小一些，以便充分发挥航摄相片的作用。

2. 航摄相片的内、外方位元素

为了由像点反求物点，必须知道摄影时摄影物镜(或投影中心)、相片与地面三者之间的相关位置。而确定它们之间相关位置的参数称为相片的方位元素。相片的方位元素分为内方位元素和外方位元素两部分。

(1)相片(摄影机)的内方位元素。内方位元素可以确定摄影物镜后节点相对于相片平面的关系。因此，测图时可以利用相片的内方位元素建立和摄影光束完全相似的投影光束。从解析观点看，利用相片的内方位元素，可将像点在框标坐标系 $P-xy$ 中的量测坐标转换成像空间直角坐标系 $S-xyz$ 中的坐标，用于解析计算。它是摄影测量中重要的基本数据。

(2)相片(摄影机)的外方位元素。在恢复相片内方位元素的基础上，确定相片摄影瞬间在地面直角坐标系中空间位置和姿态的参数，称为相片的外方位元素。如果已知相片的外方位元素，就能恢复相片在空间的位置和姿态。因此，相片的外方位元素在摄影测量中也是很重要的。

三个直线元素：三个直线元素是指摄影曝光时，摄影物镜 S 在地面选定的空间直角坐标系中的坐标值 X_S, Y_S, Z_S。地面空间直角坐标系可以是左手系的地面测量坐标系，亦可以是右手系的地面摄影测量坐标系。

三个角元素：它是描述在摄影瞬间空间姿态的要素。其中两个角元素用以确定摄影机主光轴在空间的方向，另一个角元素则确定相片在相片面内的方位。可以认为相片摄影时的姿态是由理想姿态绕空间三个轴依次旋转三个角值后所得到的。相片由理想姿态到实际摄影时的姿态依次旋转的三个角值，也就是相片的三个外方位角元素。

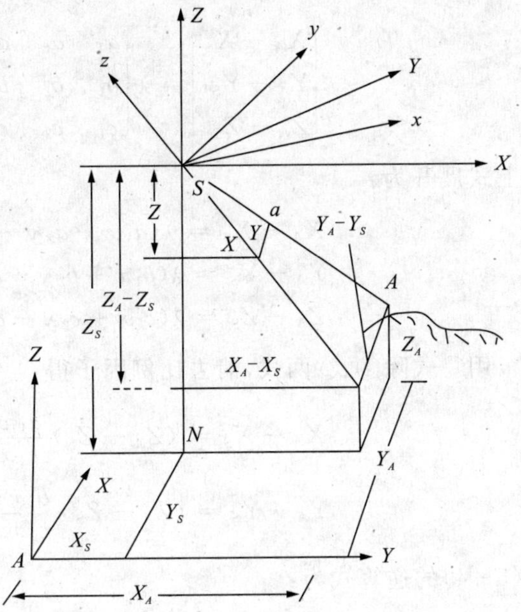

图 5-7　中心投影的构像方程示意图

3. 中心投影的构像方程

构像方程分不同地区而构建，对不同地貌地理单元构像方程也有所不同，基本上可分为一般地区的构像方程、平坦地区的构像方程与倾斜相片的构像方程等。下面主要讲述一般地区的构像方程。

为了研究像点与相应点的数学关系，必须建立中心投影的构像方程，如图 5-7 所示。

$A-XYZ$ 为选定的一个右手系地面直角坐标系。地面点 A 和投影中心 S 在该坐标系中的坐标分为 X_A, Y_A, Z_A 和 X_S, Y_S, Z_S；A 在相片上的构像点 a，在像空间辅助坐标系 $S-XYZ$ 和像空间坐标系 $S-xyz$ 中的 S 坐标分别为 X, Y, Z 和 $x, y, -f$。坐标系 $S-XYZ$ 与 $A-XYZ$ 的对应轴平行。

由于摄影时 S, a, A 三点位于一条直线上，由图 5-7 中各相似三角形的关系，可得像点的像空间辅助坐标 (X, Y, Z) 与对应地面点在指定地面坐标系中坐标 (X_A, Y_A, Z_A) 间的关系为：

$$\frac{X}{X_A - X_S} = \frac{Y}{Y_A - Y_S} = \frac{Z}{Z_A - Z_S} = \lambda \tag{5-1}$$

按矩阵形式表示为：

$$\begin{bmatrix} X_A - X_S \\ Y_A - Y_S \\ Z_A - Z_S \end{bmatrix} = \lambda \begin{bmatrix} X \\ Y \\ Z \end{bmatrix} \tag{5-2}$$

式中：λ 为比例因子。

由式(5－3)可知,像点的像空间坐标$(x,y,-f)$与像空间辅助坐标(X,Y,Z)的关系为:

$$\begin{bmatrix} X \\ Y \\ Z \end{bmatrix} = R\begin{bmatrix} x \\ y \\ -f \end{bmatrix} = \begin{bmatrix} a_1 & a_2 & a_3 \\ b_1 & b_2 & b_3 \\ c_1 & c_2 & c_3 \end{bmatrix}\begin{bmatrix} x \\ y \\ -f \end{bmatrix} \tag{5-3}$$

将上式带入式(5－2)得:

$$\begin{bmatrix} X_A - X_S \\ Y_A - Y_S \\ Z_A - Z_S \end{bmatrix} = \lambda\begin{bmatrix} a_1 & a_2 & a_3 \\ b_1 & b_2 & b_3 \\ c_1 & c_2 & c_3 \end{bmatrix}\begin{bmatrix} x \\ y \\ -f \end{bmatrix} \tag{5-4}$$

将上式展开为:

$$\left.\begin{aligned} X_A - X_S &= \lambda(a_1 x + a_2 y - a_3 f) \\ Y_A - Y_S &= \lambda(b_1 x + b_2 y - b_3 f) \\ Z_A - Z_S &= \lambda(c_1 x + c_2 y - c_3 f) \end{aligned}\right\} \quad \begin{matrix} ① \\ ② \\ ③ \end{matrix}$$

用③式除①、②两式,消去比例因子得:

$$\begin{aligned} X_A - X_S &= (Z_A - Z_S)\frac{a_1 x + a_2 y - a_3 f}{c_1 x + c_2 y - c_3 f} \\ Y_A - Y_S &= (Z_A - Z_S)\frac{b_1 x + b_2 y - b_3 f}{c_1 x + c_2 y - c_3 f} \end{aligned} \tag{5-5}$$

式(5－4)的逆算式为:

$$\begin{bmatrix} x \\ y \\ -f \end{bmatrix} = \frac{1}{\lambda}\begin{bmatrix} a_1 & b_1 & c_1 \\ a_2 & b_2 & c_2 \\ a_3 & b_3 & c_3 \end{bmatrix}\begin{bmatrix} X_A - X_S \\ Y_A - Y_S \\ Z_A - Z_S \end{bmatrix}$$

展开为:

$$x = \frac{1}{\lambda}[a_1(X_A - X_S) + b_1(Y_A - Y_S) + c_1(Z_A - Z_S)] \quad ①$$

$$y = \frac{1}{\lambda}[a_2(X_A - X_S) + b_2(Y_A - Y_S) + c_2(Z_A - Z_S)] \quad ②$$

$$-f = \frac{1}{\lambda}[a_3(X_A - X_S) + b_3(Y_A - Y_S) + c_3(Z_A - Z_S)] \quad ③$$

同样用③式除①、②两式,消去比例因子,同时顾及内方位元素时,得:

$$\begin{aligned} x &= -f\frac{a_1(X_A - X_S) + b_1(Y_A - Y_S) + c_1(Z_A - Z_S)}{a_3(X_A - X_S) + b_3(Y_A - Y_S) + c_3(Z_A - Z_S)} \\ y &= -f\frac{a_2(X_A - X_S) + b_2(Y_A - Y_S) + c_2(Z_A - Z_S)}{a_3(X_A - X_S) + b_3(Y_A - Y_S) + c_3(Z_A - Z_S)} \end{aligned} \tag{5-6}$$

式(5－6)为一般地区中心投影的构像方程。由于这个方程中像点、投影中心和地面点三点共线,故又称共线方程式。此式是摄影测量中重要的基本公式之一,应用十分广泛。如在单张相片的空间后方交会、解析测图仪、光束法区域网平差及利用 DEM 进行单张相片测图等方面都要用到这个基本公式。

第二节　航空摄影测量与制图

航空摄影测量是 20 世纪 40 年代逐步形成的测绘科学技术。中国自 20 世纪 50 年代起就运用航空摄影测量技术,测制了全国 1∶20 万、1∶5 万、1∶2.5 万地形图。现今使用的基础地形图多源自航空摄影测量成果。

尽管现代卫星立体测图技术已经取得了飞速的发展,但是,航空摄影测量与制图技术仍然是现代测绘科学与制图的主要技术方法。

从理论上讲,航空摄影测量的控制理论及解析算法理论仍然是现代航空、航天遥感测图的基础理论,它所形成的摄影测图技术及其技术规范仍然是现代测图工程的技术标准。因此,学习航空摄影测量及其制图技术规范仍然是非常必需和重要的任务。

一、外业控制测量与调绘

控制测量的概念是指在整个测区范围内,选定若干个具有控制作用的点,用精密的测量仪器和工具进行外业测量,并根据外业资料用准确的测量平差计算方法确定控制点的平面位置和高程的工作。控制测量的目的是为测图或工程建设的测区建立统一的平面控制网和高程控制网,作为各种细部测量的基准。控制测量分为平面控制测量和高程控制测量两大类。平面控制测量按控制点精度可分为一等、二等、三等、四等;一级、二级、三级。常规控制测量方法可分为三角测量、导线测量和水准测量。

外业控制测量的工作内容如下。

1. 控制点布设

平面控制点按一般要求进行,高程控制点则根据精度要求按基线数敷设高程导线。

2. 地面标志布设

对于高精度测绘项目,在航空摄影前应在计划的平面控制点位置布设特定形状的标志。

3. 控制点联测

控制点实测可用全站仪、激光测距仪、GPS 全球定位系统等仪器进行。

4. 野外调绘

外业调绘系指利用航摄相片、放大相片或地形原图,实地辨认并绘注植被、边界、电力线、通讯线、道路、居民地、水系的名称等。

二、双像解析摄影测量

1. 双像解析摄影测量方法

双像解析摄影测量是研究立体像对与被摄物体之间的数学关系,并计算求解被摄物体的三维空间位置。由于单张相片不能唯一确定被摄物体的空间位置,即使在单张相片的内外方位元素已知的条件下,它也只能确定被摄物体点的摄影方向线。而要确定被摄物体点的空间位置,就必须利用具有一定重叠比例的两张相片所构成的立体像对的光学立体模型来确定被摄物体的空间位置。按照立体像对与被摄物体的几何关系,以数学计算方式,通过计算机解求被摄物体的三维空间坐标,称之为双像解析摄影测量。

从式(5-6)中已知中心投影的构像条件方程式,顾及相片内方位元素(x_0,y_0,$-f$)即可得到物点投影中心点和相应像点的坐标关系式为：

$$\begin{aligned} x - x_0 &= -f\frac{a_1(X-X_S)+b_1(Y-Y_S)+c_1(Z-Z_S)}{a_3(X-X_S)+b_3(Y-Y_S)+c_3(Z-Z_S)} \\ y - y_0 &= -f\frac{a_2(X-X_S)+b_2(Y-Y_S)+c_2(Z-Z_S)}{a_3(X-X_S)+b_3(Y-Y_S)+c_3(Z-Z_S)} \end{aligned} \tag{5-7}$$

当相片内外方位元素一定时，式(5－7)表示地面上一物点(X,Y,Z)，在相片上就有一对应像点(x,y)，这相当于摄影的过程，即由物点经投影中心点到像点的过程。根据前述公式：

$$\begin{bmatrix} x \\ y \\ z \end{bmatrix} = \begin{bmatrix} a_1 & b_1 & c_1 \\ a_2 & b_2 & c_2 \\ a_3 & b_3 & c_3 \end{bmatrix} \begin{bmatrix} X-X_S \\ Y-Y_S \\ Z-Z_S \end{bmatrix} = \begin{bmatrix} x \\ y \\ -f \end{bmatrix}$$

可把(5－7)式变为：

$$\begin{aligned} \frac{X-X_S}{Z-Z_S} &= \frac{a_1x+a_2y+a_3z}{c_1x+c_2y+c_3z} \\ \frac{Y-Y_S}{Z-Z_S} &= \frac{b_1x+b_2y+b_3z}{c_1x+c_2y+c_3z} \end{aligned} \tag{5-8}$$

上式表示由像点经投影中心点到相应物点的投影过程，即使相片的内外方位元素和像点坐标(x,y)已知，也无法确定物点的空间位置(X,Y,Z)，因为一张相片上一个像点只能组成两个方程，但未知数是三个，要求解也只能是一个不定解。按上述关系式，确定物点唯一的三维空间坐标，必须要从不同摄站对同一物体摄影，以获得具有一定重叠的相片对，按照构像方程分别对各相片的同名像点组成条件方程组，通过计算求解相应物点的三维空间坐标。

立体模型的建立是双像解析摄影测量的理论基础，它是解决由影像的几何信息到用数学方式建立数学模型，从而得到被摄物体的三维空间坐标，为用户提供数字化的模型。

2. 立体像对的空间前方交会公式

假定在空中 S_1 和 S_2 两个摄站对同一地面进行摄影，获得一个立体像对，如图 5－8 所示任一地面点 A 在该像对内左片上的构像为 a_1，在右片上的构像为 a_2。为了确定其对应关系，在地面选定一空间直角坐标系 $t-XYZ$，X 轴向与航向基本一致。

过左、右摄站点 S_1 和 S_2 分别各作一像空间辅助坐标系 $S_1-X_1Y_1Z_1$ 和 $S_2-X_2Y_2Z_2$，使坐标系的轴向分别保持与地面空间直角坐标系的轴向平行，此时三个坐标系统轴向彼此平行，只是坐标系的原点不同。左摄站点 S_1 在 $t-XYZ$ 坐标系中的坐标为 X_{S1}, Y_{S1}, Z_{S1}，右摄站点 S_2 在 $t-XYZ$ 坐标系中的坐标为 X_{S2}, Y_{S2}, Z_{S2}。两摄站点的坐标差就是摄影基线 B 在该坐标系中的基线分量。即 $Bx=X_{S2}-X_{S1}$，$By=Y_{S2}-Y_{S1}$，$Bz=Z_{S2}-Z_{S1}$。

地面点 A 在 $t-XYZ$ 坐标系中的坐标 X_A, Y_A, Z_A，其相应像点 a_1 和 a_2 在像空间坐标系 $S_1-x_1y_1z_1$ 和 $S_2-x_2y_2z_2$ 中的坐标分别为 $x_1, y_1, -f$ 和 $x_2, y_2, -f$(图 5－8 中未画出相片位置)。而像点 a_1 和 a_2 分别在像空间辅助坐标系 $S_1-X_1Y_1Z_1$ 和 $S_2-X_2Y_2Z_2$ 中的坐标为 X_1, Y_1, Z_1 和 X_2, Y_2, Z_2。只要已知各相片的姿态角，可根据像空间坐标与像空间辅助坐标之间的变换关系式进行变换，即：

$$\begin{bmatrix} X_1 \\ Y_1 \\ Z_1 \end{bmatrix} = R_1 \begin{bmatrix} x_1 \\ y_1 \\ -f \end{bmatrix}, \quad \begin{bmatrix} X_2 \\ Y_2 \\ Z_2 \end{bmatrix} = R_2 \begin{bmatrix} x_2 \\ y_2 \\ -f \end{bmatrix} \tag{5-9}$$

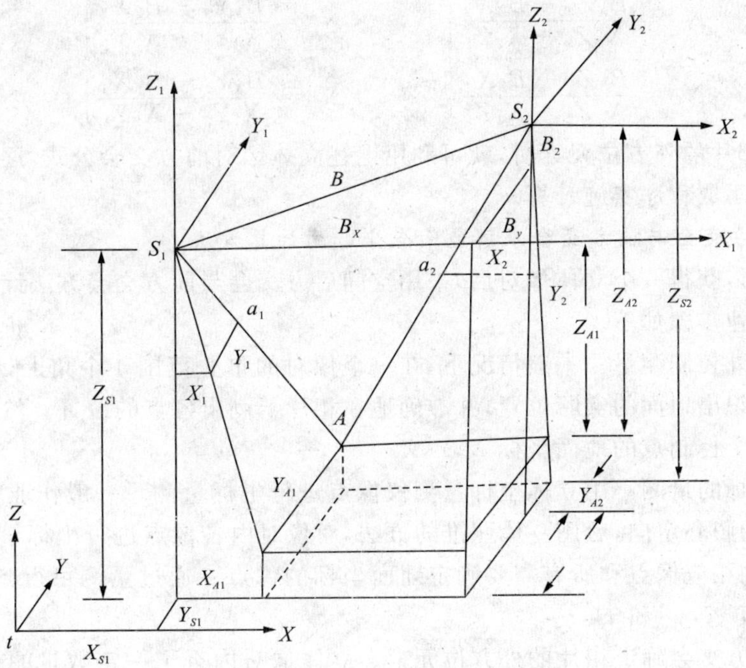

图 5-8　空间前方交会示意图

式中：R_1 和 R_2 分别为左右相片的旋转矩阵。

从图 5-8 中相似三角形的关系可得两投影射线的关系：

$$\begin{aligned}\frac{S_1A}{S_1a_1}&=\frac{X_A-X_{S1}}{X_1}=\frac{Y_A-Y_{S1}}{Y_1}=\frac{Z_A-Z_{S1}}{Z_1}=N_1\\\frac{S_2A}{S_2a_2}&=\frac{X_A-X_{S2}}{X_2}=\frac{Y_A-Y_{S2}}{Y_2}=\frac{Z_A-Z_{S2}}{Z_2}=N_2\end{aligned}\qquad(5-10)$$

式中：N_1 和 N_2 为点投影系数；N_1 为像点 a_1 在左像空间辅助坐标系中的点投影系数；N_2 为像点 a_2 在右像空间坐标系中的点投影系数。

N_1，N_2 是地面点 A 在左右相片构像的航高（相对航高）与该点的像空间辅助坐标 Z 值的比值。一般情况下，不同点有不同的航高。因此，不同点其点投影系数也不同，由于左、右相片有 B_Z 的存在，因而同一点在左、右相片上的点投影系数也是不同的。

根据式(5-10)，可得前方交会公式（$B_X=X_{S2}-X_{S1}$）

$$\begin{bmatrix}X_A\\Y_A\\Z_A\end{bmatrix}=\begin{bmatrix}X_{S1}\\Y_{S1}\\Z_{S1}\end{bmatrix}+\begin{bmatrix}N_1X_1\\N_1Y_1\\N_1Z_1\end{bmatrix}=\begin{bmatrix}X_{S2}\\Y_{S2}\\Z_{S2}\end{bmatrix}+\begin{bmatrix}N_2X_2\\N_2Y_2\\N_2Z_2\end{bmatrix}=\begin{bmatrix}X_{S1}\\Y_{S1}\\Z_{S1}\end{bmatrix}+\begin{bmatrix}B_X\\B_Y\\B_Z\end{bmatrix}+\begin{bmatrix}N_2X_2\\N_2Y_2\\N_2Z_2\end{bmatrix}\qquad(5-11)$$

由式(5-11)，得下式

$$\left.\begin{aligned}B_X&=N_2X_2-N_1Y_1\\B_Y&=N_2Y_2-N_1Y_1\\B_Z&=N_2Z_2-N_1Z_1\end{aligned}\right\}\qquad(5-12)$$

由(5-12)式中的一、三（或一、二）式联立求解，得立体像对确定地面点空间坐标的计算公式：

$$\left.\begin{aligned} N_1 &= \frac{B_X Z_2 - B_Z X_2}{X_1 Z_2 - X_2 Z_1} \\ N_2 &= \frac{B_X Z_1 - B_Z X_1}{X_1 Z_2 - X_2 Z_1} \end{aligned}\right\} \quad \text{或} \quad \left.\begin{aligned} N_1 &= \frac{B_X Y_2 - B_Y X_2}{X_1 Y_2 - X_2 Y_1} \\ N_2 &= \frac{B_X Y_1 - B_Y X_1}{X_1 Y_2 - X_2 Y_1} \end{aligned}\right\} \tag{5-13}$$

当已知两相片的外方位元素时，就可利用上述立体像对前方交会公式，逐点计算出地面点的坐标，并可编写成程序实施计算。

3. 空间后方交会与前方交会求解地面点坐标的计算方法

当通过摄影，获得一个立体像对后，采用空间后方交会与前方交会方法计算点的空间坐标时，其具体的作业步骤如下。

(1)相片野外控制测量。一般情况下，在一个像对的重叠范围 4 个角上，找出 4 个明显地物点，在野外判识出地面的实际位置，并准确地在相片上刺出各点的位置。然后用普通测量计算方法，求出 4 个控制点的地面坐标 X,Y,Z。

(2)像点坐标的量测。用立体坐标量测仪像点进行坐标量测。一般作业是在立体坐标仪上先完成相片的归心定向，后用立体照准的方法，对像对内各像点进行坐标量测。其中包括 4 个地面控制点的相应像点和所有需要确定地面坐标的像点。通过量测可得到各像点在左、右相片上的坐标值 x_1,y_1 和 x_2,y_2。

(3)空间后方交会确定相片的外方位元素。立体像对内有了一定数量的地面控制点坐标及其相应像点坐标，两张相片可各自进行空间后方交会，可得左片和右片各自的 6 个外方位元素 $X_{S1},Y_{S1},Z_{S1},\varphi_1,\omega_1,\kappa_1$ 和 $X_{S2},Y_{S2},Z_{S2},\varphi_2,\omega_2,\kappa_2$，输入像点坐标和地面控制点坐标，即可得到各相片的外方位元素。

(4)空间后方交会计算所求点的地面坐标。先用已计算出的各相片外方位元素中的角元素，按坐标旋转矩阵可得旋转矩阵系数：

$$\begin{aligned}
a_1 &= \cos\varphi\cos\kappa - \sin\varphi\sin\omega\sin\kappa \\
a_2 &= -\cos\varphi\sin\kappa - \sin\varphi\sin\omega\cos\kappa \\
a_3 &= -\sin\varphi\cos\omega \\
b_1 &= \cos\omega\sin\kappa \\
b_2 &= \cos\omega\cos\kappa \\
b_3 &= -\sin\omega \\
c_1 &= \sin\varphi\cos\kappa + \cos\varphi\sin\omega\sin\kappa \\
c_2 &= -\sin\varphi\sin\kappa + \cos\varphi\sin\omega\cos\kappa \\
c_3 &= \cos\varphi\cos\omega
\end{aligned}$$

求得左、右相片的方向余弦，组成左、右相片各自的旋转矩阵 R_1 和 R_2，即：

$$R_1 = \begin{bmatrix} a_{11} & a_{12} & a_{13} \\ b_{11} & b_{12} & b_{13} \\ c_{11} & c_{12} & c_{13} \end{bmatrix}, \quad R_2 = \begin{bmatrix} a_{21} & a_{22} & a_{23} \\ b_{21} & b_{22} & b_{23} \\ c_{21} & c_{22} & c_{23} \end{bmatrix}$$

然后再按公式：

$$\begin{bmatrix} X_1 \\ Y_1 \\ Z_1 \end{bmatrix} = R_1 \begin{bmatrix} x_1 \\ y_1 \\ -f \end{bmatrix}, \quad \begin{bmatrix} X_2 \\ Y_2 \\ Z_2 \end{bmatrix} = R_2 \begin{bmatrix} x_2 \\ y_2 \\ -f \end{bmatrix}$$

逐点计算所求点的像空间辅助坐标，即将所求点的像空间坐标 x,y,z 转换为像空间辅助坐标 X,Y,Z；最后按(5-13)式逐点计算所求各点的地面坐标。

三、解析空中三角测量

解析空中三角测量是用计算机进行控制测量的第一项成果。它经历了航带法、独立模型法和光束法三种方法的发展，已成为航测加密测图控制点的主要方法。随着相片系统误差和观测值粗差自动探测的解决，进而保证了成果的高精度和高可靠性。加之摄影测量与各种非摄影测量观测值的严密整体平差和数据处理，使它成为一种高精度定位方法，用于大地控制加密、坐标地籍测量等。当今 GPS 的应用，使摄影测量和遥感中的几何定位变得愈来愈少地依赖于地面控制测量。

摄影测量学紧紧围绕和利用全数字摄影测量系统，如利用 JX4、Virtuozo 等生产 4D 产品的全数字技术流程，如相片的内、外方位元素，像点的坐标变换，相对定向和绝对定向的原理与方法，摄影测量区域网平差以及加密点坐标精度和可靠性的定量分析，数字影像匹配的理论与算法，数字高程模型的建立与主要应用，同名核线影像的生成及数字微分纠正。即从过去单纯的模拟法测图转换到了以数字测图为主的各个方面。

(一)解析空中三角测量的作用

1. 大量减少外业控制点的数量

通过双像解析摄影测量，我们知道每个立体像对都需要四个测图控制点，进行解求全部模型点坐标。当测区范围内有许多个立体像对时，则需要大量的地面控制点。这些点若都采取野外实地测量，则野外工作量很大，成本高，效率也低。利用解析空中三角测量方法，只需少量野外控制点，在室内以双像解析摄影测量为基础，加密出每个立体像对所需要测图控制点。目前生产部门已广泛采用这一方法，这一加密控制点的方法称为电算加密。

2. 提高航测成图的精度和效率

解析空中三角测量是以相片上量测的像点坐标为依据，采用严密的数学模型，按最小二乘法原理用少量地面控制点为平差条件，在计算机上解求测图所需控制点的地面坐标。这就把大部分野外控制测量工作移到室内完成，不仅提高了效率，同时缩短了航测成图的周期。

3. 提供其他数据信息

由于这种方法可对相片的系统误差进行改正，像点坐标量测精度可达到微米级，因此精度较高。它的主要任务除为测图工序提供大量控制点坐标外，还可提供内业测图工序所需的各种定向数据和其他一系列副产品。如每张相片的绝对倾斜角、摄站点坐标、摄影基线等。

(二)解析空中三角测量相关概念

1. 刺点

利用精密刺点仪在相片上，将选定的内业加密点刺出并编号标注的过程称为刺点。

2. 立体观测

在精密立体坐标量测仪或解析测图仪上，立体量测加密点及框标在左右相片上的坐标。当作业人员通过观测系统使左右眼分别观察左片和右片，则可看到重建的立体光学模型。其他建立立体视觉的方法，包括互补色法 (Complement color)；偏振光立体眼镜法(Polarized stereo eyeglasses and emitter)；液晶立体眼镜法(Liquid crystal eyeglasses and emitter)等。

3. 内定向(Internal orientation)

内定向是指根据量测的相片四角框标坐标和相应的摄影机检定值,恢复相片与摄影机的相关位置,即确定像点在像框标坐标系中的坐标。

4. 相对定向(Relative orientation)

恢复摄影瞬间立体像对内左右相片之间的相对空间方位。确定两个相片的相对空间方位需要5个参数,相对定向的数学关系通常用同名光线共面条件表示,即左右摄影中心至地面点的两条光线共面。

相对定向一般以右相片相对左相片的5个参数,通常以基线分量 B_x,B_y 和右相片的旋转角 w,k 表示。相对定向方程式为非线性函数,需要将其线性化。相对定向至少需量测6个定向点,利用最小二乘法平差解算。

5. 绝对定向(Absolute orientation)

绝对定向也称大地定向,是指确定立体模型或由多个立体模型构成的区域绝对方位,也就是确定立体模型或区域相对地面的关系,绝对定向有7个参数。

6. 区域平差(Block adjustment or Block aero－triangulation)

区域平差也称区域空中三角测量,俗称电算加密,是对整个区域网进行绝对定向和误差配赋。在电算加密时,独立模型法以单个立体模型为单元,而光线束法则以单张相片为单元。

7. 联合平差(Simultaneous adjustment)

联合平差是指摄影测量数据与非摄影测量数据的整体联立解算。联合平差也称为带辅助数据的解析空中三角测量。辅助数据系指大地测量观测数据,例如地面距离、水平角、方位角,相片外方位元素等高等条件等。目前,联合平差主要是指,摄影测量数据与机载GPS精确定位数据的同时整体解算。这是解析空中三角测量在算法上的重要进展,可以实现较少地面控制或无地面控制的空中三角测量。

8. 加密成果(Triangulation results)

解析空中三角测量的成果,包括所有加密点的三维坐标和相片的外方位元素。每张相片外方位元素有6个,包括相片对应的摄影中心坐标(X,Y,Z)和三个绝对角元素。

(三)解析空中三角测量类型

解析空中三角测量根据平差计算范围的大小分为单模型解析空中三角测量、单航带解析空中三角测量和区域网解析空中三角测量三类。根据平差计算中采用的数学模型可分为独立模型法解析空中三角测量和光束法解析空中三角测量两类。下面简单介绍单航带法解析空中三角测量与航带法区域网空中三角测量的原理与解算过程。

1. 单航带法解析空中三角测量

(1)航带法解析空中三角测量的原理。单航带法解析空中三角测量是常用三种解析加密方法的基础。它是以连续法相对定向构成立体模型,利用一条航带各立体模型的内在几何关系建立自由网航带网模型,然后根据控制点条件,按最小二乘法原理进行平差,并消除航带模型的系统变形,从而求得各加密点的地面坐标。

(2)航带法解析空中三角测量的解算过程。

①像点坐标量测与系统误差改正。

②连续法相对定向建立单个模型。建立起航带内各单个模型的像空间辅助坐标系,其特点是各单个模型的像空间辅助坐标系统、坐标轴向都保持彼此平行,模型比例尺各不相同,坐

标原点也不一致。

③航带内立体模型中利用公共点进行连接，建立统一的航带网模型。统一后的模型点坐标为摄影测量坐标系坐标。

④航带网模型的绝对定向。将③中建立的摄影测量坐标系坐标，根据地面控制点，进行坐标相似变换，进行坐标变换为地面摄影测量坐标，完成航带网模型的绝对定向。

⑤航带网模型的非线性改正。

2. 航带法区域网空中三角测量

(1)航带法区域网空中三角测量的原理。航带法区域网空中三角测量，是一种多航带网同时平差求解加密点地面坐标的方法。它以单航带法空中三角测量为理论依据。这种方法可使整个测区内加密点的精度一致。航带与航带之间不需人工接边，既能更多减少野外实测地面控制点的数量，又提高了作业效率。因此，区域网空中三角测量要优于单航带的加密方法。

(2)航带法区域网空中三角测量的解算过程。航带法区域网空中三角测量，以一条航带网作为平差计算单元。利用已知控制点的内业加密坐标应与野外实测的坐标相等，相邻航带间公共连接点上的加密坐标应为同等平差条件。在全区域范围内把航带网模型坐标视为观测值，用最小二乘法整体解算各航带网的非线性变形改正系数，从而计算各加密点的地面坐标。航带法区域网平差的全部计算过程大致可分为两大部分：一是区域网的概算，建立统一的区域网，具体包括：建立自由比例尺的单航带网、航带网的绝对定向拼成区域网；二是区域网的整体平差，具体包括：根据航带内中控制点的内业坐标与野外实测坐标，以及相邻航带间公共点上的坐标应相等为平差条件，建立误差方程式，在此基础上建立解算的法方程，以及最后法方程的解算，建立求解全区域各航带网非线性变形改正系数，并对各航带网作航带网非线性变形改正。

四、模拟法立体测图

模拟法立体测图是以一个像对作为测图的基本单元，根据摄影过程几何反转原理，用光学或机械投影的方法，在室内重建与摄区地面相似的立体模型，然后通过对此立体模型的量测而取得地形原图。

1. 立体像对的方位元素概念

确定一个像对与地面位置关系的参数称为立体像对的方位元素。即在内方位元素一定的情况下，实现一个像对摄影过程几何反转所需要的参数。显然，按恢复外方位元素的办法实现一个像对摄影过程几何反转，则像对两相片的 12 个外方位元素，就是像对的方位元素。若按相对定向、绝对定向的方法完成像对的摄影过程几何反转，则像对的方位元素应为相对定向和绝对定向所需之元素。5 个相对定向元素决定两相片的相对位置，7 个绝对定向元素将建立的立体模型纳入到地面测量坐标系。7 个绝对定向元素分别是 3 个立体模型的平移量(X_S，Y_S，Z_S，即投影中心在地面测量坐标系中的坐标值)、3 个立体模型的旋转角(Φ，Ω，κ)、1 个为模型比例尺的规划系数(λ)，恢复摄影过程几何反转。

应该说明的是，对一个像对而言，无论采用恢复内外方位元素的办法，还是采取像对相对定向、绝对定向的方法，只要实现了摄影过程几何反转，则像对两相片之间的相对位置和像对(或模型)与地面测量坐标系的相对位置都是一致的。

2. 立体像对的原理

立体测图法是以把摄影过程几何反转所构成的立体观察作为理论基础，它又分为全能法和微分法两种。

全能法是利用精密立体测图仪和多倍投影测图仪等立体仪器，测绘地物和地貌以编制地形图，成图全过程能在一台仪器上完成，适用于丘陵和高山地区测图。

微分法(或分工法)则把成图过程分为先后相继的几个工序，如利用立体坐标量测仪加密控制点，利用立体测量仪描绘地貌，利用纠正仪或单投影仪器转绘地物等。

全能法所使用的立体测图仪见 Wild 厂 ACI 精密立体测图仪所示(图 5－9)。图 5－10 为全能法立体测图的基本原理示意图。P_1、P_2 为两张相邻的航摄相片(也称像对)，S_1S_2 为摄影基线，长度为 B，地面点 A 发射的两条光线 AS_1a_1、AS_2a_2 在相片 P_1、P_2 上构成的同名像点分别为 a_1、a_2。

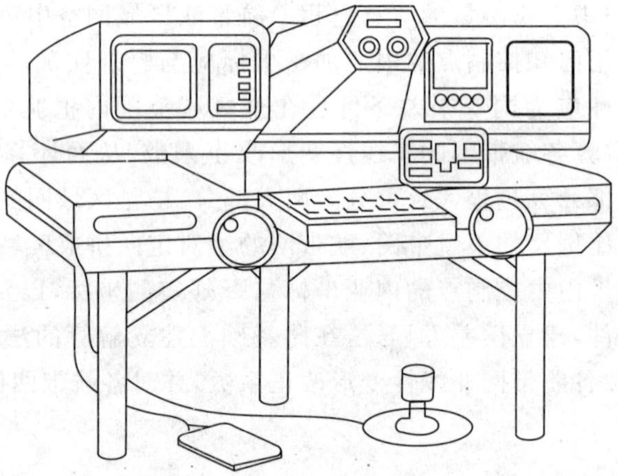

图 5－9　Wild 厂 ACI 精密立体测图仪

同样，地面点 C、D 在相片 P_1、P_2 上构成的同名像点分别为 c_1、c_2 和 d_1、d_2。

将相片 P_1、P_2 的底片分别放在立体测图仪两个投影器的相片夹上，操作仪器，将两个投影器的姿态调整至航摄时的空间姿态，打开投影器的光源，再调整两个投影器的水平距离将航摄基线缩小为 b，使之等于测图比例尺 $1/M$，可以得到一个缩小了的与实际地形完全相似的立体模型，使用像控点可以确定立体模型的位置和方向。

此时，操作立体测图仪就可以对该立体模型直接进行量测，得到模型上碎部点的平面位置和高程，从而将中心投影的相片转化为正射投影的地形图。

3. 用像对的相对定向和绝对定向实现一个像对的摄影过程几何反转

在恢复像对两相片内方位元素的前提下，选择一合适的线段长度作为投影基线，依据核面条件，将像对的两张相片恢复到摄影时的相对方位，此时即建立了一个与地面相似的立体模型，此项工作称为像对的相对定向。但这种立体模型的比例尺和方位是随意的，将立体模型纳入到地面测量坐标系中并归化为所需要比例尺的工作称为像对(或模型)的绝对定向。

4. 立体测图的过程与步骤

(1)内定向。恢复相片的内方位元素，建立与摄影光束相似的投影光束。

立体测图仪上的内定向，是通过严格的装片来实现的，即使用一种精巧的放大镜-对点器，

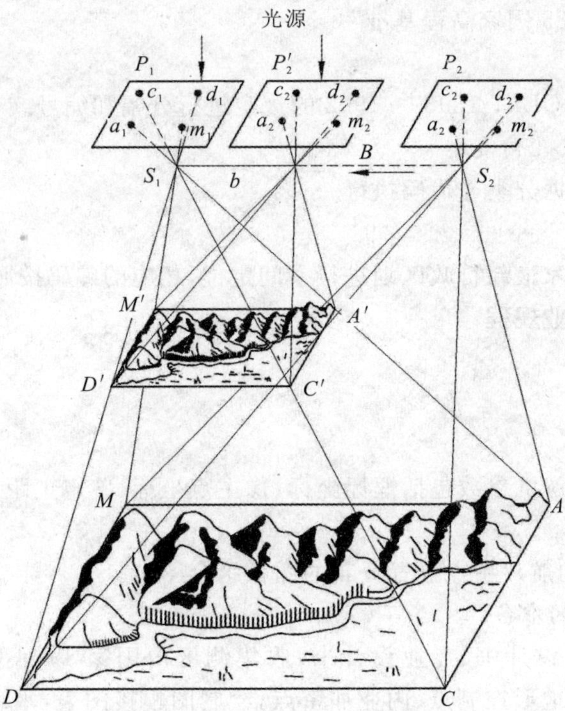

图 5-10 立体测图的原理示意图

分别将相片上的框标精确地对准承片盘上的相应框标，从而就实现了恢复相片内方位元素；对于解析测图仪，则只需将相片的基线大致平行于仪器的 X 轴。相片的内定向，是通过精确量测相片的四角框标，利用严密的解析公式计算求解，同时进行相片的变形改正。

(2)相对定向。恢复像对两相片摄影时的相对方位，建立与地面相似的立体模型。

对于模拟型立体测图仪，包括机助测图系统，立体相片对的相对定向，是通过左右相片车架的空间运动来实现的，以便消除立体模型内各点的上下视差，从而实现恢复立体像对左右相片在摄影瞬间的相对空间方位。解析测图仪的相对定向，与解析空中三角测量的相对定向算法相同，而且可以利用加密成果中的相片外方位元素直接进行安置，可以加快相对定向的速度。

(3)绝对定向。将立体模型纳入到地面测量坐标系中，并归化为所需要的模型比例尺。

传统的模拟立体测图仪的绝对定向是分解成高程置平和平面对点两个步骤来完成的。立体模型的绝对定向，通常需要 6 个已知平面高程定向点，至少应有 4 个平面高程点。解析测图仪和机助测图系统，立体模型的绝对定向，是按三维正形变换算法，利用最小二乘法进行平差解算的。

(4)立体测图。用量测工具量测立体模型，测制地形图。

五、解析法摄影测量生产流程

解析法摄影测量是遥感立体测图的最基本方法，已经形成了一整套地图生产的技术流程。

(一)航测成图基准数据采集要求

1. 定位参考系

平面坐标系：采用 1980 西安坐标系或 1954 北京坐标系、高斯-克吕格投影并按 3 度分带。

高程基准：采用“1985 国家高程基准”。

2. 分幅与编号

分幅与编号可参照 GB/T 13989－1992 的规定进行分幅和编号。

3. 要素分类、编码及几何类型

按基础地理信息数据分类与代码执行。

4. 行政区划

行政区划可参照国家最新行政区划进行空间定位，相应的编码按照 GB 2260－1999 执行。

（二）航测成图的作业规程

1. 航摄资料准备

(1)航摄底片；

(2)航摄验收报告；

(3)航摄机鉴定表：像机参数包括框标坐标、像主点坐标、鉴定主距、自准直点坐标、径向畸变差等；

(4)编绘作业区域内航片主点位置分布的图幅结合图表。

2. 外业、内业资料的准备

编制作业区的项目设计书、专业设计书，收集测区内国家 1～4 等三角点、新版地形图 GPS(A～E 级)点、高级地形控制点、内业加密点，绘制图幅接图表，平坦地区需在相片上刺高程点。

3. 影像扫描

(1)影像扫描分辨率按表 5－3 的规定执行。

表 5－3　影像扫描分辨率

航摄比例尺	1∶25 000	1∶35 000	其他比例尺的扫描分辨率可按下式计算
扫描分辨率	35μm	25μm	$R=R_0\times(M/m)$，式中：R_0 为 DOM 像元大小(μm)，$M=10\ 000$，m 为摄影比例尺分母

扫描影像的反差应适中，色调饱满，框标清晰。

(2)扫描参数的设置和调整。根据航摄底片的具体情况，设置与调整扫描参数。使扫描影像反差适中，框标清晰。

(3)扫描范围。扫描范围应在保证影像完整(包括框标影像)的前提下尽可能地小，以减少数据量。

(4)扫描影像的预处理。在必要时，可对扫描影像作预处理。预处理的主要工作是增强框标的清晰度，影像灰度拉伸，调整反差和亮度，尽量保持各航片目视影像效果一致。

4. 参数文件的准备

(1)参数文件包括项目参数文件、控制点文件、航摄像机参数文件。

(2)控制点文件应包括测区范围内所需的外业控制点和内业加密点的平面坐标和高程。

5. 空中三角测量

(1)像点坐标量测，解算测图定向点的平面坐标和高程值。

(2)计算限差按表 5－4 的规定执行。

(3)对标示好、有三维坐标、外业未实地刺出的三角点，加密要"反求"符合，不得随意"舍弃"，并在控制片上和文档簿中注明。

(4)水准点加密平面，检核高程值，转刺时一定要严格按点注记、点位略图进行。

(5)同一区域网，不同精度按高精度要求。

(6)每幅图至少选刺 8 个点。要求点位明显易判，目标特征明显，分布均匀，按点编号。

表 5－4　定向限差表

<table>
<tr><th rowspan="2">限　差
（定向限差）</th><th rowspan="2">内定向（mm）</th><th rowspan="2">相对定向（mm）</th><th colspan="2">绝对定向（mm）</th></tr>
<tr><th>平　面</th><th>高　程</th></tr>
<tr><td>平　地</td><td rowspan="4">0.01</td><td rowspan="4">规范 0.015
个别 0.020</td><td rowspan="2">2.0
个别 3.0</td><td>0.3</td></tr>
<tr><td>丘　陵</td><td>0.75</td></tr>
<tr><td>山　地</td><td rowspan="2">3.0
个别 4.0</td><td>1.5</td></tr>
<tr><td>高山地</td><td>2.25</td></tr>
</table>

6. *解析摄影测量以及数字摄影地形图生产流程*

(1)根据立体模型判读采集，立体模型中地物轮廓全部或部分可见的，用测标中心切准地物外轮廓和定位点采集，做到不变形、不移位、不遗漏。立体模型中观测对象被阴影遮盖无法判读时，采集时应给出范围线，供外业补调。

(2)独立地物应准确判定定位点，对外业补测能起定位作用的明显地物亦应准确采集。

(3)每个像对的测绘面积不得超过拉制点连线外 1cm，每个像对的测图数据必须接边。

(4)三角点、GPS 点按大地坐标录入，水准点按调绘相片说明判读采集。

(5)采集街区时，测标要立体切准街区外围轮廓特征点。

(6)河流、湖泊的水涯线以摄影时水位为准采集，河床宽度实地大于 10m 时按双线采集。

(7)内渠的水涯线以坎沿为准，当沟渠宽度实地大于 5m 时按双线采集。

(8)高程注至 0.1m，高程点一般选在明显地物点和地形点上。

(9)平地、丘陵地等高线以测标切准立体模型进行采集。

(10)河谷、平坦地区闭合等高线要加测高程点。

(11)等视差曲线的编辑按下列要求执行。

①影像中大片处理不清楚的影像，如湖泊、河流、雪山等地方出现大片匹配不好的点，需要进行编辑；

②由于影像不连续，阴影遮盖，使等高线某些点没切准地面，则要进行编辑，使得等视差曲线要切准地面；

③城市的人工建筑物，匹配点是物体表面上的点，需要把匹配点压到地面上；

④实时检查等视差曲线是否能很好地表示当前地形，如不准确需重新编辑；

⑤密林地区要考虑树木的高度，要求估计树高，使等视差曲线切准地面。

7. *数据编辑和接边*

(1)对采集的数据进行编辑，使线条光滑，关系合理，拓扑关系正确，属性项、属性值正确。

(2)领副图之间接边时，若接边误差超限，则应返回立体测图重新进行。

(三)航测成图数据采集总体技术要求

(1)1∶10 000 数字线划图采集内容参见基础地理信息数据分类与代码的规定，但可视具体情况增加要素。

(2)数据应分层存放，只有图廓线层(包括方里网线)存放完整内图廓线，其他层均不存放。内图廓线应用理论数据生成。其他数据层若有与图廓相交形成闭合多边形的，可以保留相应一段内图廓线，赋特殊代码。

(3)数字化作业时，应注意处理好各要素的关系。各层要素叠加后其关系应保持协调一致的原则，即居民地与道路、水库与坝、河流与桥的关系等。

(4)点状要素采集符号定位点。

(四)地形图测图生产与流程

1. 地形图测图生产

(1)地物采集。作业人员在完成立体模型的绝对定向后，需经专职质量检查人员联机检查，确认精度符合要求后，方可进行地物采集。应参照外业调绘相片，在立体模型上仔细辨认，分类进行测绘。对于数字化测图，应按统一的地物编码系统分类进行采集，并且分层进行存储。采集的数据还应加上地物属性，便于在 GIS 建立数据接口。在采集和编辑不同的地物须依数据标准赋予相应的颜色。

(2)地貌采集。在传统的模拟测图中，包括机助测图中，地貌采集是由等高线描绘和高程点注记两个部分组成。等高线的基本等高距，应按规范根据成图比例尺、地形类别及用图需要选定；计曲线则取基本等高距，即首曲线的 5 的倍数。

高程注记点，一般选择易于判读且地物点明显和特征地形点上，如山头、谷底、鞍部、地形变换处及道路交叉、水系交叉处等。依据地形类别及地物点和地形点的多少，其密度规范为每 $100cm^2$ 标注 5～20 个点，一般为 15 个左右的高程注记点。

在测绘地貌时，总的要求是位置准确、走向明显、形态准确；为了保证地形图清晰易读，又应根据不同情况适当取舍。测绘地貌的工作主要是勾绘等高线，一般顺序是先绘计曲线再绘首曲线，特殊地区如谷底切割显著的可先绘最低截面曲线，以便控制谷底形态；而对于尖锐的山头则应先绘最高截面曲线，避免山顶曲线遗漏或变形。对于计曲线、首曲线还不足以表达地貌特征的地区，还要加绘半距曲线。在图底上的正射投影要用绘图笔测绘在图底。对不以等高线表示的地貌，如断崖、陡壁、冲沟等，在测绘等高线之前，在仪器上绘出轮廓和方向，并测注比高待清绘时再画其相应的地貌符号。

在解析测图仪上，地貌测绘可以有多种选择方式，除按等高线和高程注记点外，还可采用按程序控制的矩形格网或断面方式采集地形点。

(3)原图编辑。地形原图编辑包括：对原图中地物地貌表示不合理之处的处理，相邻图幅的接边处理及道路、河流、街道等名称的注记。

(4)接边。在进行地物、地貌的测绘时，应做好相邻像对、相邻航线及相邻图幅间的接边工作。依测图规范规定，如接边误差在限差之内，可平均配赋误差；如接边误差超限，应查明原因妥善处理。

(5)检查。每个像对或一幅图测绘结束后，都应进行细致地自我检查。其内容如下：

①高程注记点位置是否合理、均匀，数量是否够，高程注记点高程与等高线有无矛盾；

②是否有丢漏山头、鞍部，少绘或多绘曲线，曲线精度是否合乎要求，地貌有无变形；

③等高线与水系的关系是否合理；

④地物、地貌要素是否测绘齐全、正确。

(6)原图清绘。在传统的模拟测图中，原图清绘的主要任务是在铅笔稿原图上进行清理着色，或者在聚脂薄膜上刻绘。对于数字化测图，在经过图形编辑和审校后，可直接利用高精度绘图机绘制线划地形图，也可提供数字地形图产品。

(7)外业补测、补调。对于航摄漏洞，相片在摄影时被烟云遮盖或地物为阴影所遮挡的部分，以及城镇大比例尺测图中量注屋檐等，均须实地进行补充调绘和测绘。在这种情况下，尚需进行二次编辑。

2. 测图流程(图 5-11)

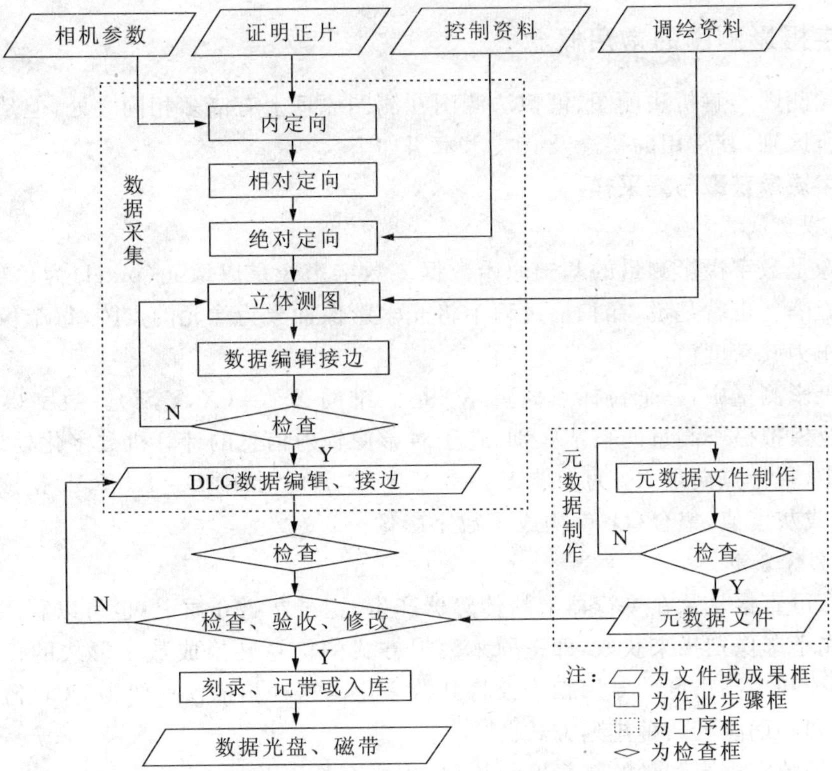

图 5-11　解析摄影测量法数字线划图 DLG 测图流程示意图

第三节　数字摄影测量

数字摄影测量是全数字的自动化测图系统，如 20 世纪 60 年代美国研制的 DAMC 系统(Digital Automatic Map Compilation System)，采用瑞士 Wild 公司生产的 STK-1 精密立体坐标仪进行影像数字化，然后用计算机实现摄影测量自动化。武汉测绘科技大学王之卓教授 1978 年提出全数字自动化测图系统的设想与方案，并于 1985 年完成了全数字自动化测图软件系统 WUDAMS 的开发研制工作。

数字摄影测量是以数字影像为基础，通过计算机分析和处理，获取数字图形和数字影像信息的摄影测量技术。以立体数字影像为基础，由计算机进行影像处理和影像匹配，自动识别相应像点及坐标，运用解析摄影测量的方法确定所摄物体的三维坐标，并输出数字高程模型和正射数字影像或图解线划等高线图，也可生成带等高线的正射影像图等。数字摄影测量与模拟、解析摄影测量的最大区别是它处理的原始信息是数字影像或数字化影像。它最终是以计算机视觉代替人眼的立体观测。

一、数字摄影测量的定义

数字摄影测量是基于数字影像与摄影测量的基本原理和方法，运用计算机图像处理、影像匹配、模式识别等多学科的技术方法，提取空间对象的几何与物理信息并实现被测对象的数字方式表达的摄影测量学分支学科。

二、数字摄影测图的常用概念

数字影像测图与解析法测图、模拟法测图在测图原理上有诸多相同之处，但从解决问题的方式上又有所区别，其常用的概念及其技术术语如下。

(一)数字影像获取与重采样

1. 数字影像

数字影像是数字摄影测量的基础原始数据。数字影像是以像元(pixel)为单位，以灰度值表示的灰度矩阵。也就是说，在扫描过程中将光学影像抽象为像元的点阵，每个像元范围取灰度的平均值作为其灰度值。

在解析摄影测量中，一个目标点向量 X_{ap} 是三维的 $X_{ap}=(X,Y,Z)$。数字摄影测量与解析摄影测量及模拟摄影测量的根本区别，在于对影像辐射信息的计算机数字化处理，在全数字化摄影测量中，目标点向量 X_{dp} 为 4 维 $X_{dp}=(X,Y,Z,D)$。其中 $D=D(X,Y)$ 是该点的辐射量-影像的密度或灰度值，集合 $\{D\}$ 就构成了数字影像。

2. 数字影像获取

数字影像可直接从装在飞行器上的传感器产生，记录在磁介质上；也可以利用影像数字化器对摄取的光学影像扫描来获取，即把原来模拟方式的信息转换成数字形式的信息。通常的航空相片，均须利用高精度的专用扫描仪将其数字化。这种扫描仪一般为 CCD 阵列传感器组成，分为线阵列和面阵列两种排列方式。

目前，用于数字摄影测量的高精度扫描仪，主要有如下几种：Leica - Helava 公司的 DSW 300 扫描仪；Zess - Intergraph 公司的 PhotoScan 扫描仪；Vexcel VH4000 扫描仪。

3. 影像重采样

影像重采样是指在原采样的基础上再一次采样，即当欲求不位于采样矩阵点的灰度值时，就需要进行内插，称之为影像重采样。每当对数字影像进行几何处理时，就需要作影像重采样，影像的旋转、核线影像排队以及数字影像纠正，均属于影像重采样。

4. 影像数据量

数字影像的每一个数据代表了被摄物体上一个点的灰度或辐射强度，此点称为像元素，或像素，或像元。像元的灰度值常以 8 位二进制数表示，即一个字节(byte)。

像元的间隔即采样间隔，根据采样定理由影像的分辨率确定。当采样间隔为 0.05mm(相应于 50μm)时，一张 23cm×23cm 的影像约包含 21M(兆)字节。若采样间隔为 15μm，一幅影像的数据量为 70M 左右。一幅 Spot 卫星影像约为 36M 字节。

(二)数字影像的内定向

内定向的目的就是确定扫描坐标系与相片坐标系(以像主点为原点，航带方向为 X 轴的右手系)之间的相互转换关系以及数字影像可能存在的变形。数字影像的变形主要是在影像数字化过程中产生的，主要是仿射变形。确定各种类型的影像框标的识别与定位，精确量取框标的坐标并解算出 6 个内定向参数。扫描坐标系与相片坐标系之间的关系可以用下列关系式表示：

$$\begin{aligned} x &= (m_0 + m_1 I + m_2 J) \cdot \Delta \\ y &= (n_0 + n_1 I + n_2 J) \cdot \Delta \end{aligned} \tag{5-14}$$

其中 Δ 是采样间隔。内定向的本质是确定上式中的 6 个参数 m_0, m_1, m_2 和 n_0, n_1, n_2。必须观测 4 个框标的扫描坐标与已知框标的相片坐标，再进行整体平差计算，求得 6 个参数。

(三)相对定向的直接解及其数学模型

在航空摄影或已知倾角近似值的倾斜摄影时，相对定向一般采用迭代解。但是当不知道倾斜摄影中的倾角近似值以及不知道影像的内方位元素时，则须采用相对定向的直接解法。对于一般的航空影像，其相对定向的解算与解析摄影测量中的解算完全一样。

相对定向的目的是为了恢复构成立体像对的两张相片的相对方位，建立被摄物体的几何模型。其数学模型是相应的摄影光线与基线应满足共面条件：

$$\begin{vmatrix} B_x & B_y & B_z \\ u & v & w \\ u' & v' & w' \end{vmatrix} = 0 \tag{5-15}$$

其中
$$\begin{bmatrix} u \\ v \\ w \end{bmatrix} = \begin{bmatrix} x \\ y \\ -f \end{bmatrix}, \quad \begin{bmatrix} u' \\ v' \\ w' \end{bmatrix} = \begin{bmatrix} a'_1 & a'_2 & a'_3 \\ b'_1 & b'_2 & b'_3 \\ c'_1 & c'_2 & c'_3 \end{bmatrix} \begin{bmatrix} x' \\ y' \\ -f' \end{bmatrix} = R' \begin{bmatrix} x' \\ y' \\ -f' \end{bmatrix}$$

式中：x, y 和 f 为左相片上像点的像空间坐标；x', y' 和 f' 为右相片上像点的像空间坐标；R' 为旋转矩阵。

传统的相对定向是通过人工量测 6 个标准点位从而解算出相对定向参数。如今的一些摄影测量工作站系统则可利用自动影像匹配辅以核线约束条件寻找出大量的同名像点(一般在 100 个点左右)，解求相对定向参数时利用大量的多余观测，不仅可自动地挑除粗差，还可提高定向的精度和可靠性。

(四)绝对定向

绝对定向是确定物方坐标与影像坐标之间的转换关系，将模型点在像空间辅助坐标系的坐标变换到地面参考坐标系中，实质上就是两个坐标系的空间相似变换问题，由下式表示：

$$\begin{bmatrix} X \\ Y \\ Z \end{bmatrix} = \lambda \cdot R \begin{bmatrix} U \\ V \\ W \end{bmatrix} + \begin{bmatrix} X_S \\ Y_S \\ Z_S \end{bmatrix} \quad \left(\text{其中 } R = \begin{bmatrix} a_1 & a_2 & a_3 \\ b_1 & b_2 & b_3 \\ c_1 & c_2 & c_3 \end{bmatrix}\right) \tag{5-16}$$

式中：U、V、W 为模型点在像空间辅助坐标系中的坐标；X、Y、Z 为模型点在地面参考坐标系中的坐标；X_S、Y_S、Z_S 为模型平移量；λ 为模型缩放比例因子；R 为旋转矩阵。

如果测区内包含有多个像对则可采用区域模型空中三角测量的方法一次对连续像对进行

内定向、相对定向和绝对定向，然后进行一次性平差。这样可以大大减少必要的控制点。

如今一些摄影测量工作站系统可自动/半自动在影像上量测出控制点，并自动解求出绝对定向参数，即影像的外方位元素，该步骤若在自动空三步骤后则可全自动完成，若已有了其他格式的数据，如控制点的像坐标或仪器量测坐标，也可自动完成绝对定向参数的解求。

(五)核线影像的生成

在解求出相对定向参数后，可对原始的数字影像进行所谓的核线排队，即对原始影像根据核线条件进行重采样，消除影像对在 Y 方向上的上下视差后形成核线影像对，为自动匹配作准备。由于核线影像已经消除了上下视差，使得影像匹配这样一个二维的搜索同名影像过程转化为在核线方向上的一维搜索过程，对影像匹配的效率和可靠性有很大的提高。

(六)影像匹配

1. 影像匹配的定义

影像匹配是利用计算机视觉技术和数字影像处理技术在左右影像上自动、高效地寻找出大量的同名点，实质上是在两幅(或多幅)影像之间识别同名像点。它是计算机视觉研究的核心问题，也是数字摄影测量的核心问题。

2. 影像匹配研究的内容

研究的内容涉及影像匹配的精确性、可靠性、算法的适应性以及匹配速度等问题。

3. 影像匹配策略

影像匹配策略包括多级影像匹配、从粗到细的影像匹配和从单点匹配到整体匹配。

4. 影像相关原理

影像相关是利用两个相关函数，评价它们的相似性，以便确定同名点，即首先取出以待定点为中心的小区域中的影像信号，然后取出其在另一影像中相应区域的影像信号，计算两者的相关函数，以相应函数最大值对应的相应区域中心点为同名点，即以影像信号分布最相似的区域为同名区域，同名区域的中心点为同名点，这就是自动化立体量测的基本。最初的影像匹配，是利用相关技术来实现的，随后发展了多种影像匹配方法，所以影像匹配常常被称为影像相关。

三、数字摄影测量工作站系统

数字摄影测量工作站系统经历了 50 多年的创新研制过程。

(1)计算机辅助解析测图仪阶段。从 1957 年在美国工作的芬兰学者 Helava 首次提出了解析测图仪的构思直到 70 年代中期，多种解析测图仪得到广泛运用，但解析测图仪还仅是计算机辅助、计算机控制的量测系统，作业过程仍需人机对话编辑完成，对作业人员的技术要求较高，与 GIS 的联接仍要通过数据转换，故难于满足对摄影测量全自动化的要求。

(2)数字摄影测量工作站阶段。自 20 世纪 90 年代开始，全数字式数字摄影测量工作站系统逐渐形成生产力，可以直接对数字化的立体影像进行立体测图处理。但它通常要引入有复杂软件包的高档、高速、大容量的计算机系统，可以处理来自不同传感器的图像信息，利用一套复杂的分析处理工具，从而产生出几何定位精确的各种类型的硬拷贝和软拷贝产品。

1. 四维 JX4－C 数字摄影测量工作站

JX4－C 数字摄影测量工作站，应用当代高档微型计算机及研制的 3D 输入卡、3D 显示卡和立体显示与观察装置，获得一个航空照片或卫星照片立体观察平台。配之以在 Windows NT4.0(中文版)平台环境下运行，用 C＋＋编制的各种应用软件(图 5－12)。

2. VirtuoZo 全数字摄影测量系统

全数字化摄影测量系统 VirtuoZo NT 作为可以直接从数字影像中获取测绘信息的软件平台是一个全软件化设计、功能齐全、高度智能化的摄影测量解决方案，可提供从自动空中三角测量到测绘地形图的整体作业流程(图 5－13、图 5－14)。

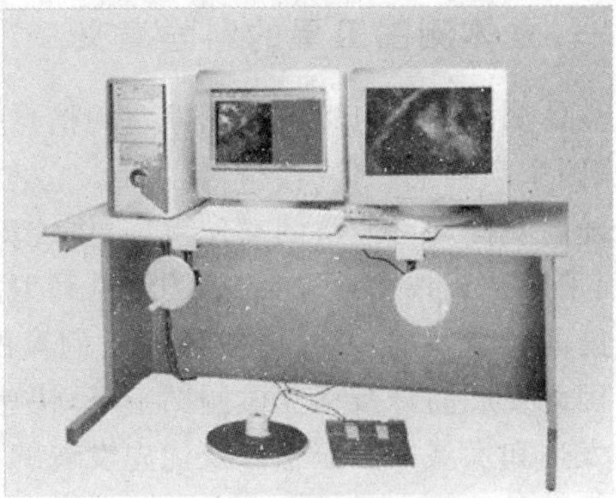

图 5－12　JX4－C 数字摄影测量工作站

该系统的主要基本功能如下。

(1)采用快速匹配算法确定同名点，可处理航空影像、Spot 影像、IKONOS 立体影像和近景影像。

图 5－13　VirtuoZo 数字摄影测量工作站

图 5－14　VirtuoZo 立体测图的手轮和脚盘

(2)与 Microstation 接口的测图模式实现了采编一体化。线划要素半自动提取功能，大大提高了作业效率。

(3)开放的数据交换格式可与其他测图软件及 GIS 软件、图像处理软件方便地共享数据。

(4)三维立体景观可视化，可真实地再现三维场景，为虚拟现实和再现现实提供数据。

(5)实现了空中三角自动化，利用少量地面控制点来计算一个测区中所有影像的外方位元素和所有加密点的地面坐标。AATM(自动空三)模块可完成包括内定向、选取加密点、转刺加密点、相对定向、模型连接和生成整个测区像点网等工作。

(6)4D 产品的全数字自动化功能，包括全区域自动匹配与模型间的自动接边、将空三作业中的成果自动用于正射影像的镶嵌、正射影像自动镶嵌等。

第四节　立体测图卫星与卫星影像制图

民用卫星遥感图像用于测绘制图经历了 40 多年的发展过程。自 20 世纪 70 年代 ERTS 卫星图像应用开始，卫星影像制图主要用于各类地学专题制图。在进入 21 世纪以来，随着空间遥感技术的高速发展，航天轨道立体成像技术日趋成熟和完善，基于立体测图卫星的航天遥感测图技术也实现了飞跃式的大发展。卫星影像制图也从一般的专题制图逐步进入到立体测图阶段。

一、立体测图卫星的科学意义

立体测图卫星可以解决国家空间信息基础设施三大基本测绘问题，即时空基准、基础地理信息、国家系列地图等信息产品问题，它也是进行国民经济建设与社会信息化建设的基础问题。随着我国国民经济的高速发展，传统测绘技术和手段远远不能满足我国信息化建设的要求，而采用航天技术手段，依靠测绘系列卫星，能够实时获取各种空间信息，以建立和维持我国高精度的时空基准，及时更新各种比例尺的基础地理信息，快速生产现势性强的国家系列地图。因此发展高分辨率立体测图卫星，快速生产现势性强、定位精度高的基础地理信息已成为世界发达和发展中国家急需及优先发展的科技领域。

二、立体测图卫星概况

目前民用遥感卫星按其工作方式有四种主要类型，即光学卫星、雷达卫星、激光测高卫星和重力卫星。而从对地观测技术应用态势可以看出，发展最高分辨率和最高定位精度的立体测图卫星是各国高新科技发展的优先发展领域。

具有高分辨率和立体测图能力的商业光学卫星在近十年得到快速发展。目前对立体测图卫星的技术评判标准虽然尚无统一标准，但是，从摄影测量学角度可以确定以下四个基本标准：

(1)高几何分辨率：一般应达到米级乃至亚米级；

(2)高空间定位精度：一般控制点布局优化合理，定位精度优于10m，达到米级；

(3)高程定位精度：一般可达到米级或不低于5m；

(4)高解析度光学立体模型：可生成航向或旁向立体像对，构成高解析度的立体像对。

表5-5列出了目前主要用于测图的遥感卫星及其图像数据。

基于测绘制图的遥感卫星以光学卫星为主，其次是雷达测图卫星和激光测图卫星。商业光学卫星图像一般可以满足全数字测图的基本条件，因而发展速度快，在全球的应用也最为普及。

从20世纪70年代以来，我国遥感数据的市场长期单纯依赖美、法、日、俄和印度等国外遥感卫星数据。根据我国的实际需要与现有技术水平，国防科工委根据国民经济发展的迫切需求，规划了“资源三号”立体测图卫星的研制任务。卫星在满足资源遥感需求的同时，还具备了1∶5万比例尺地图测绘和1∶2.5万比例尺地图修测功能，是一颗具有测绘功能的资源遥感卫星。资源三号卫星全色CCD相机的空间分辨率将提高到2.5m，多光谱相机空间分辨率提高到10m，对用户将有很大的吸引力，在国际上也有很强的竞争力，确保我国资源遥感卫星长期稳定发展。

三、立体测图卫星的应用

1. 开展国土资源调查与地学专题制图

基于遥感图像的国土资源调查与专题制图是国家公益性基础事业，立体测图卫星为国土资源遥感提供了高空间分辨率及多光谱影像，并可提供精确三维全方位空间位置信息，为国土资源专题制图提供高精度地形图。

表 5－5　世界测图卫星在轨运行概况

卫星名称	拥有国家	类　型	最高分辨率(m)	幅宽(km)
GeoEye－1	美　国	全(色光)	0.46	15.2
		多(波段)	1.84	
Quickbird	美　国	全	0.61	16.5
		多	2.44	
WorldView－1	美　国	全	0.46	16.4
		多	1.80	
RapidEye	德　国	多	6.5	77
ALOS	日　本	全	2.5	70/35
Mapping Satellite－1	中　国	全	5	60
		多	10	
雷　达　卫　星				
RadarSat－2	加拿大		3	500
TerraSAR－X	德　国		1	100
COSMO	意大利		1	200

2. 地震灾害的应急监测与测图

识别并制作山体滑坡、道路损坏、房屋倒塌、堰塞湖等地形变化程度，并制作其灾害地理现势图，可对交通状况监测、堰塞湖监控、环境评估、灾后重建等提供决策支持，可满足国土资源部、水利部、灾区政府实施泥石流、滑坡、堰塞湖等地质灾害监测和防控的急需。

3. 洪涝灾害遥感监测与洪灾专题图

识别并监测洪水的发生过程，制作洪灾地理现势图，可及时预测和预警灾情的发展趋势，评估灾害损失，定时为国家提供可能出现的灾害预警信息，结合大比例尺地面观测数据，可开展受灾村镇人口数目估算、防灾工程和生命线工程损失评价，提供灾后重建规划图。

4. 森林草原火灾监测

高分辨率卫星数据能辨别森林林火，及时发现火情，准确预报火险等级。结合多源空间数据在全国范围实现动态监测，可以形成对火灾发生地区的高精度、全天时、全天候跟踪监测功能。

5. 旱灾定量监测与现状图

现代遥感旱情监测的特点是定量化和标准化。利用卫星高分辨率影像可以进行旱情遥感监测的区域标定和定量分级，通过与气象、农业等部门信息的集成，估算各类干旱指数及其综合指数，形成标准化的旱情监测业务流程，客观反映旱情实况和未来短期旱情发展的趋势信息，进行国家级及地域级的旱情监测预测与绘制旱情现状图和趋势图。

6. 沙尘暴监测与预警图

高分辨率卫星图像的对地观测数据能准确提取沙尘暴途经区域下垫面的各种参数，在地理信息系统的支持下，可建立戈壁、沙漠、沙漠化土地和潜在沙漠化土地的专题地图与空间数据库，引入沙尘暴气象数据和高精度地形数据，建立沙尘天气与沙尘暴的气候地理模型，为建立沙尘暴中-短期预警系统提供科学数据。

7. 农-林业遥感调查与制图

测图卫星在国家农业遥感、林业遥感调查与各类专题图件应用中具有重要科学意义。对国家农业普查与监测、农情监测、精准农业、粮食安全、森林资源评估、国家生态环境与生态安全评估等多项应用具有极为重要的作用，世界各国对基于农业、林业的遥感都十分重视，并进行了巨额投入。

四、卫星影像地学专题制图

卫星影像制图是通过遥感图像处理软件实现数字图像处理与计算机辅助制图任务的。目前常用的遥感影像处理软件有 ERDAS IMAGINE、ENVI、PCI Geomatica、Geo image、ER Mapper、TITAN IMAGE、Geoway Image Station 等。与传统的制图方法相比，这些软件已经大大缩短了成图周期，减少了劳动量，提高了成图效率。

卫星影像制图可分为普通地理制图和专业制图两种类型。普通地理制图是以大中比例地形图为基础，结合卫星影像地学解译，获取目标基础地理数学信息和地图标注信息；专业制图则以地球科学学科为基础，在基础地理底图的基础上，运用地学遥感专题信息提取及地学专属性目标的识别技术而获取所需的专业制图信息。随着遥感技术的迅速发展，遥感专题制图得到了广泛应用。

立体测图卫星以完成国家空间信息基础设施所需的各类地形图与空间信息数字化为目标。用于测绘功能的卫星系列主要包括：高分辨率光学立体测图卫星、干涉雷达卫星、激光测高卫星、重力卫星和导航定位卫星。其测图原理及各种数字制图方法与航空摄影测图基本一致。

卫星影像的专题制图则以地学遥感解译为基础，其制图特性具有地球科学的专属性和系列性。在卫星专题制图类型上，可分为地质矿产专题、地质环境专题、生态环境专题、国土资源专题、城市环境专题、农业专题、林业专题、气象专题等类型。

(一)地学专题地图

遥感专题地图的制作分为信息源的选择、图像处理、图像解译、基础底图的编制、专题解译图与地理底图的复合等内容，分述如下。

1. 图像信息源的选择

图像信息源包括图像分辨率、波谱分辨率及成像时间的选择。

(1)空间分辨率和地图比例尺的选择。空间分辨率是指遥感图像像元所对应的地面范围的大小。卫星影像空间分辨率与成图比例尺之间存在最优化数学关系式，表示为：

$$M \cdot e \cdot 10^{-3} = c \cdot R$$

式中：M 为成图比例尺分母；e 为制图允许的误差范围，一般取人眼分辨率 0.2mm；c 为影像几何校正系数，为待定常数项，以像元个数表示；R 为图像的像元尺度，单位为 m。

一般可将卫星影像制图精度分为两种类型来选择图像空间分辨率与成图比例尺：①以卫星影像作为立体测图的基本信息源，它对影像的分辨率要求高，严格按测绘制图技术规范进行操作；②根据已有地形图，仅用卫星图像进行地学专题制图或用于更新已有的地形图。

根据卫星影像制图的经验及测绘精度验证的结果，可将目前常用的卫星影像空间分辨率与制图比例尺归结为表 5-6。

表 5-6　常用卫星影像空间分辨率与制图比例尺匹配关系表

卫　星	空间分辨率(m)	立体制图比例尺	专题制图及修编地图比例尺	对卫星数据质量要求
IKONOS	1	1∶10 000	1∶5 000	无云层、无霾晕
Quickbird	0.64	1∶5 000	1∶2 000	无云层、无霾晕
GeoEye-1	0.46	1∶5 000	1∶2 000	无云层、无霾晕
WorldView-1	0.46	1∶5 000	1∶2 000	无云层、无霾晕
Mapping Satellite-1	5	1∶50 000	1∶2 000	无云层、无霾晕

(2)波谱分辨率和波段的选择。测图卫星一般分为全色光波段和多光谱两种成像模式。全色光波段为可见光光谱范围，一般采用 CCD 相机成像，空间分辨率高；多波段模式多采用蓝、绿、红、近红外 4 个波段方式。

目前用于测图的多光谱相机多采用 4 波段 CCD 成像系统，其光谱划分多基于真彩色和近红外假彩色合成的要求采用蓝、绿、红、近红外 4 个波段的设计理念。

立体测图卫星的波段选择及数据融合方案可有两种：①基于蓝、绿、红及全色光融合的真彩色组合方案，它适用于城市测图和城市专题制图；②基于绿、红、近红外及全色光融合的标准假彩色组合方案，它适用于对城市绿地、土地利用现状、农业、林业等专题内容的大比例尺测图。

对于其他中小比例尺的地学专题制图，则多采用 Landset ETM^+、Spot、MODIS 及其他卫星影像，由于这类卫星图像多光谱数据信息丰富，波段选择的适应性方案也较复杂，可参考本教材地理遥感应用、地质遥感应用等相关内容的详细介绍。

(3)时间分辨率和时相的选择。时间分辨率是指用传感器对同一目标进行重复探测时，相邻两次探测的时间间隔称为遥感图像的时间分辨率。遥感图像的时间分辨率差异很大，用遥感制图的方式反映地理目标对象的动态变化时，卫星影像的时间分辨率必须与地理对象的变化周期相匹配，只有这样，才可客观测绘地理对象的动态变化的三类基本信息，即变化在何处、变化在何时、变化幅度范围及强度。与时间变差信息关联的测图项目主要有：地理灾害类、地质灾害类、土地利用现状、城市地理现状等。

另一类与成像时间有关联的是具有季节特征的卫星专题制图类型，如反映农作物态势的专题制图(如小麦估产图)，与物候信息关系密切的地学专题制图等，需要遥感图像能够提供某一瞬间地理现象的地面实况，这就要求选择最能揭示地理现象本质的“最佳时相”图像。

2. 基础底图的编制

在卫星影像专题制图过程中，还必须编制相应的基础底图。

基于卫星影像的基础底图可采用两种影像地图形式，即正射影像图和影像地图。

正射影像是指消除了由于中心投影、传感器倾斜、地形起伏以及地物高度等所引起投影畸变后的影像，正射影像图具有垂直投影的几何特性。正射影像图以其直观、信息量丰富等特点越来越被人们所青睐，其主要优点是：①影像图更直观、生动，即使不具备地图常识的人也能看懂；②影像图所记录的信息量更丰富，细节表达清楚。

影像地图是以遥感影像为基础的一种地图形式。它是根据一定的数学规则按一定的比例尺，将地图专题信息和基础地理信息以符号、线划、注记等形式综合缩编到以地球表面影像为背景信息的平面上，并反映各种资源环境和社会经济现象的地理分布与相互联系的地图。影像地图体现了基础地理要素与遥感影像地形要素在表现形式上的统一，并能更好地表现基础地图主题。

在传统的遥感专题的基础底图编制时，需首先选择制图范围内相应比例尺的地形图并进行展点、镶嵌、照相，制成线划地形基础底图膜片，然后将地形基础底图膜片蒙在影像图上，根据影像基础底图上解译的地理基础，更新地形基础底图上的地理要素，并对地形图上原有的地理要素进行适当的取舍，制成专题要素的基础底图。一般情况下，基础底图的基本内容有水系、道路、居民地、各类境界线等要素。

在全数字制图环境下，基础底图的编制与传统方法有所不同。一种方法是直接使用已经编好的基础地理数字化资料。如果底图的数学基础、内容要素等与成图要求不同，用户可以通过投影转换或地图编绘功能进行统一协调。另一种方法是将相应的普通地图或专题地图进行扫描，然后与用户建立的数学基础进行配准，或经过几何纠正后，再根据基础底图的要求，分要素进行屏幕矢量化编辑，获得基础底图数据文件。

3. 专题解译图与地理底图的复合

在计算机制图环境下，通过人机交互解译或计算机解译得到的专题解译图，必须与地理底图文件复合，复合后的图形文件，经过符号设计、色彩设计、图面配置等一系列编辑处理过程，最终形成专题地图文件。

（二）高分辨率卫星图像的地图更新

随着现代国家经济的高速发展及城市化进程的飞速变化，地表目标及地形地貌变化日新月异，人们对基础地理最新现势信息的要求就越来越迫切。因此，地图更新的周期就越来越短，尤其是城市地图更是如此。

高分辨率遥感影像表达的基础地理及地表构造物最为真实和客观的信息，包括了人们肉眼可分辨的显性信息和难以分辨的细微的隐性信息，它不但具有与普通线划地形图等量的数学精度，而且可用于专业目标判读、专题影像解译、地表资源调查等用途。这些综合信息可以通过适当专业处理而得到各种专题图件，为城市规划设计提供最新的科学数据。基于高分辨率遥感影像及地图更新对城市规划管理在现代技术上是一种突破，它使城市规划手段更先进、更现代，并能全面、快速地对城市及其周边结合地带进行动态监测和整体规划，也能为城市的空间决策提供科学依据。

利用遥感影像进行地图更新需要在摄影测量技术规范的指导下，按照地图学的数学原理、定位精度、要素表达规范等一系列技术框架下进行。

1. 遥感影像数据预处理

（1）多源卫星遥感影像的配准。多源影像配准的目的就是综合利用各种空间结构信息，生成一组在空间位置上一一配准的影像，以便于对这组影像进行其他处理。影像配准一般由以下四个步骤构成：①建立原始影像和待纠正影像坐标系；②确定配准控制点，从以下几个方面进行控制点的选择。控制点一般应选择标志较为明确、稳定，并且在参考影像和待纠正影像上都容易辨认且目标较小的突出地物特征点，比如道路交叉点、河流主干交叉处、田地拐角以及小岛屿等；控制点在影像上必须均匀分布，否则在配准控制点较密集的区域内配准的精度较好，而在配准控制点分布比较稀疏的地方，配准的精度就差；必须有足够数量的控制点；③应用配准控制点建立影像间的畸变模型；④根据畸变模型对待纠正影像进行重采样。

(2)卫星遥感影像的正射纠正。通常情况下，对于地形起伏不大的平坦区域，采用多项式进行影像的几何纠正就能满足一定的精度要求。但对于地形起伏较大，或卫星侧视角较大的影像，则需要利用数字高程模型进行遥感影像的正射纠正。通过对影像上像点位移的逐点改正，得到高精度的正射影像。

(3)影像融合。地图更新同时需要具备一定的量测精度、空间定位精度及光谱分辨率精度。目前立体测图卫星的成像系统多采用两种系统分辨率，其全色波段虽然空间分辨率较高，但光谱分辨率低，且多光谱模式影像的空间分辨率低。应用过程中需要将全色影像和多光谱波段进行融合，使融合后的多波段影像具有较高的空间细节表现能力，同时能保留多光谱影像的光谱特性，以提高地图更新的精度和目标判读的准确性。

图 5-15 为全色影像和多光谱影像及其融合后的部分影像，可以看出，融合后的影像不但具有较高的空间细节表现能力，而且较好地保留了多光谱影像的光谱特性。

全色波段影像　　多光谱影像　　融合结果

图 5-15　全色影像和多光谱影像及其融合后的部分影像

2. 地图更新周期与技术设计

长期以来，对地图的更新通常采用航空摄影测量和实地勘测相结合的混合技术。该方法进行地形图更新受摄影资料获取速度慢、航摄成本高、摄区范围小、气候影响等客观因素的限制，使得地形图更新周期过长，现势性仍然较差。而运用高分辨率卫星遥感影像可快速实现地形图，尤其是城市地图的快速更新。

(1)地图更新的判定条件。地图更新周期可依区域地理现势的变化速度或者城市建设的中长期规划来进行。但一般也可依据以下的判定条件来进行：①地形发生局部变化，或发生区域性变化(如地面沉降等)；②重要地物要素发生较大变化(如新增铁路、公路、水库、开发区、住宅区等)；③有新飞航摄资料不超过一年；④政府部门根据当地经济和社会发展需要，提出特定更新要求。

(2)地图更新的技术方法设计。采用立体测图卫星进行地图更新的技术设计可参考摄影测图技术规范进行，也可采用数字正射影像结合原矢量地图的矢量栅格混合模式进行地图全面更新。可在矢量图层上提取正摄影像的地理要素层进行更新，如对交通层、境界层、居民地层、地名层及街道层等分层要素进行更新。对单一要素层，如新增公路、铁路、境界线等可选用GPS差分定位测量进行更新。

(3)技术要求。地图更新的技术要求是依据国家测绘技术规范而制定的，对不同比例尺的地图更新都有极为严谨的精度要求。一般可参考以下三点原则：①更新要满足基础测绘产品的精度要求；②在保证数据质量的前提下，根据实际情况，充分利用已有资源，制订科学合理、经济实用的更新技术方案；③建立完善的技术文档管理制度，实行数据产品的版本编号，应保存好更新前存档备查的数据产品版本及其技术文档。

3. 地图更新的技术流程

以Quickbird高分辨遥感影像进行城市地图更新的技术流程如图5-16所示。

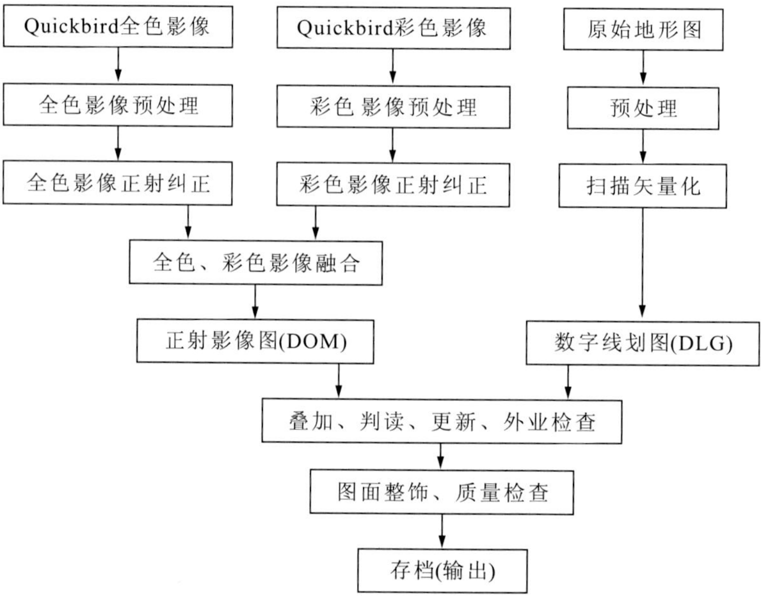

图5-16　地形图更新技术流程图

(1)资料的收集、整理及软件准备。主要是地面控制点资料、现有的地形图资料及其他相关资料等的搜集、整理。

软件准备：地理信息系统软件ArcGIS，遥感图像处理软件ERDAS、ENVI、ER Mapper或PCI等，图像处理软件Photoshop，制图软件AutoCAD等。

(2)影像数据处理。包括影像的预处理(亮度和对比度的调整、遥感影像的增强处理等)、影像纠正(包括几何纠正和在DEM支持下的正射精纠正)，全色影像和多光谱影像的融合、按照大比例尺地形图的标准分幅的影像切割分幅等。

(3)地形图的扫描矢量化。主要包括地形图扫描成数字栅格图按照地理信息系统的相关标准进行分层矢量化。

(4)遥感影像和矢量图的叠加配准。将分幅切割好的Quickbird影像图和矢量化完毕的数字线划图在ArcGIS中进行叠加配准。

(5)地形图的更新。经影像与矢量图叠加配准后，便可以采用屏幕数字化的方式进行变化地物(主要是居民地、道路、水系、植被等)的更新(增、删、减等)。

(6)地形图更新的后期工作。主要包括地形图更新的外业检核、精度评定及图幅接边、整饰、打印输出或存档等内容。

4. 地图更新中的基本地理要素

地图主要由自然要素和人文要素两大部分组成。随着时间的推移,自然要素如水系、地貌、土质、植被等变化比较缓慢;而人文要素如交通网、居民地、境界及经济标志等变化较大。因此,在更新时主要考虑人文要素的更新。

此外,地形图的许多要素如独立地物、管线等在 Quickbird 影像上特征不明显乃至不可见,从而无法判读,需实地勘测调绘或补测。

地图更新主要对地形图的居民地、道路、植被、水系等几部分要素的平面位置更新。

(1)居民地更新。居民地是地形图上的主要地物要素,随着经济和社会的发展,建筑也相应地发生着巨大的变化,也是变化最快、变化幅度最大的地物。所以,要想保持地形的现势性,对建筑物的数据更新就显得格外重要。

由于在拍摄影像时天气条件、卫星的位置等不同,加之每一建筑物与周围其他地物的位置关系等各异,因此有些建筑物的边缘特征在 Quickbird 遥感影像上表现很明显,如图 5-17 为进行更新后矢量与影像叠加的局部图。

对于图 5-17 中边界线明显的矩形建筑物,可以在影像上直接完成更新。对边界线明显,但属非矩形多边形等建筑物,更新时需采用屏幕数字化采集可见房角点和实地观测不可见房角点相结合的方法。

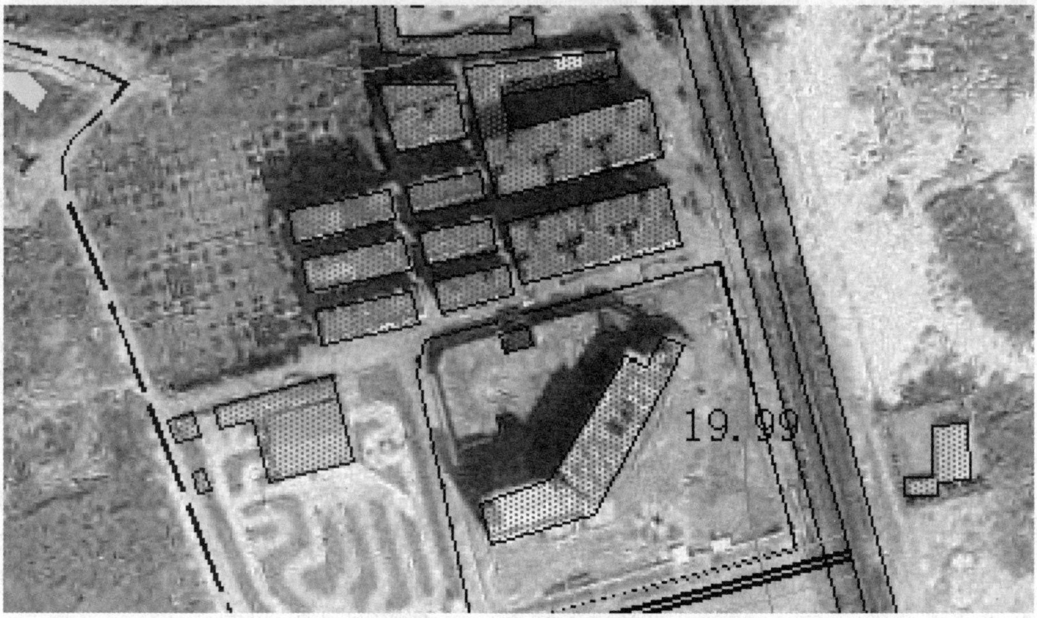

图 5-17　明显建筑物及其线划图的更新图像

有些建筑物由于受到周围地物的影响等,其边界线反映在遥感影像上不明显甚至模糊不清,在影像上界线表现并不明显,在这种情况下,无法采用屏幕跟踪建筑物边界线的办法完成更新,需要到外业实地测量,然后将采集到的数据交付内业人员,由内业人员完成更新。

(2)道路更新。除建筑物外,交通在城市发展变化中变更也很快(如道路的新增、旧有道路的改建和扩建等)。由于在市区受密集建筑物的影响,除了主要街道和周围地物稀少道路(如高速公路、乡村路等)的边界线(图 5－18)在影像上反映比较明确、目视判读容易外,其他街区的次要道路、内部道路等的边界线则在遥感影像上表现出模糊、被其他地物遮挡(道路两旁树木阴影的遮挡、建筑物遮挡等)等特点,致使道路边界线具有模糊性和不确定性(图 5－18)。

图 5－18　卫星图像上的道路及其更新图像

对边界线非常明显的道路进行更新,只要在更新系统中设定好其属性值(包括所在层、线型、颜色等),便可以采用屏幕跟踪边界线对其进行数字化更新。而对不明显道路的更新,如建筑群中的道路和受树木阴影遮挡严重的道路,在影像上对边界线的判读比较困难(特别是道路的转折点),因此,在这种情况下更新道路的办法是:首先由外业人员到实地调绘、实测,由内业人员完成道路的更新。

(3)植被覆盖更新。植被覆盖主要包括耕地、果园地、林地、草地等。对于一个城市,变化较快的是人工植被要素,如街道、道路旁规划的绿化带、花坛及厂矿企业、机关、学校内的正规花圃及花坛等。

在土地利用现状图的更新解译时,也经常运用植被覆盖类型信息进行地块类型的解译制图及数据更新工作,如在城乡结合部位,由于农田、菜地等周围地物稀少,从而对其造成的影响不大,且其边界线非常清晰、明确,如图 5－19 所示。所以,在这种情况下,可直接采用屏幕数字化的方式完成耕地、园地的更新,另外还需到实地调绘,判断耕地、果园地的地物类型。

由于林地自身的特点易受自身阴影遮挡等,致使其边界线通常不明显,要到实地勘测,如图 5－20 所示。因此,对林地的更新需要通过外业调绘,再由内业人员在屏幕上完成更新。

(4)水系数据更新。水系包括自然和人工水体,前者如河流、湖泊等,后者有水库、池塘等。一般情况下,水体的水涯线更新按遥感影像上的水位测定,若水位与常水位相差过大时(如枯

图 5－19　卫星图像用于土地利用现状图的更新图像

图 5－20　边界线不明显的林地卫星图像

水期、丰水期水域的范围线会有所变化，则根据常年的资料，结合实际情况以常水位进行水体涯线数据的采集。必须注意的是，在更新如河流等有流向的水体时，一定要参照相关资料或外业实地调绘，将流向按照国家标准正确绘制到更新的地形图上(图 5－21)。

图 5-21　水涯线明确的水体卫星图像

复习思考题

1. 名词解释：相片分辨率、中心投影、像主点、主纵线。
2. 航空相片的几何特征？
3. 航空相片的色调特征？
4. 双像解析摄影测量的概念。
5. 空间后方交会与前方交会方法求解地面点坐标的过程是怎样的？
6. 解析空中三角测量解决的问题有哪些？解析空中三角测量的任务是什么？
7. 简述数字摄影测量的基本原理。
8. 简述数字摄影地形图的生产流程。
9. 如何利用遥感影像进行地形图更新？请设计更新的技术流程。
10. 简述立体测图卫星的主要应用领域及其意义。

第六章　遥感图像地学解译原理与方法

本章内容提要：重点介绍了遥感图像解译原理中的图像识别和定位原理，图像认知理论和地学目标认知过程，地学图像解译方法和步骤，遥感图像地学解译的直接标志和间接标志，以及标志的可变性与局限性。

图像解译(Imagery Interpretation)是从遥感图像上获取目标属性信息和空间图形信息的过程。按图像解译的方法和技术类型可以分为目视解译和计算机解译两种。

目视解译又称目视判读或目视判译，是指专业人员通过肉眼直接观察或借助辅助解译仪器在遥感图像上获取特定地学目标属性信息的过程。

计算机解译，又称遥感图像理解(Remote Sensing Imagery Understanding)，它以计算机系统为支撑，运用数字图像处理和地理信息系统平台或二者的集成平台，通过模式识别技术与人工智能技术、空间推理技术的综合，根据遥感图像中目标的各种图像特征(颜色、形状、纹理与空间位置)，结合专家知识库中地学目标的解译经验和成像规律进行基于地学知识的分析和推理，实现对遥感图像的理解，完成对遥感图像的解译。

基于计算机图像处理及GIS平台的交互式图像解译是地学遥感解译的基础，其核心是基于专业知识的目视解译。地理遥感的目视解译是基于地理科学的理论知识系统及地理工作实践经验进行的；地质遥感的目视解译是基于地质学理论知识和野外地质调查实践经验进行的；资源与环境遥感的目视解译是基于资源学、环境学的理论知识系统及工作经验进行的；考古学遥感、海洋学遥感、军事遥感的目视解译也同样需要各自的专业理论和实践经验，离开专业理论和知识系统是不可能完成遥感图像相关的地学解译工作的，即使利用计算机图像处理和空间信息技术也不可能自动完成遥感图像专业地学信息的识别和数据采集工作。因此目视解译是地学遥感研究工作的一项基本功，它需要专业理论知识的支持和相应的实践经验。

遥感图像处理和计算机解译的结果，需要运用目视解译的方法进行抽样核实或检验，求证图像空间信息的地学涵义或物理涵义，目视解译是遥感图像计算机解译发展的基础和起始点。忽视目视解译作用就失去了地学遥感的科学价值。

第一节　遥感图像解译原理

一、地学对象图像识别与空间定位的基本问题

遥感图像是一种形象化的空间信息。对于地表空间分布的各种物体与现象，遥感图像包含的信息量极为直观、丰富和完整，尤其是地球表层资源与环境的信息。地表物体的遥感图像识别要素可归纳为“色调、形态、位态、时态”四大类，它可以解决地学解译中的4个基本问题，即时间、地点、目标、变化的时间空间基本问题(When，Where，WhatObject，WhatChange)。

色调：指地学目标在遥感图像上的灰度和颜色，包括地学目标的灰度等级、颜色和阴影等。图像色调是地物图像识别的基础和物理本质，也是图像识别的本体要素。图像色调是构成图像其他要素的物理基础，图像上的色调差异和变化形成了图像目标的形态、位态和时态。因此，地表目标的色调差异构成图像最基础的物理特性识别要素，如果一幅图像上不存在色调差异，例如为均匀分布的全白、全黑或全灰，就不可能产生任何有用的图像识别信息。

形态：指地学目标在遥感图像上的形状要素，包括地学目标的形状、轮廓、纹理、大小、图形结构及样式等。图像形态要素的构成取决于目标在地理空间上几何分布样式及其三维轮廓特征，从形态要素可以获取“WhatObject”的基本信息。同时，任何目标在地理空间上都不会孤立存在，其内部构成要素及外部空间关系都会影响目标的图像形态特性。

位态：指地学目标在遥感图像上的空间位置关系，包括地学目标分布的空间位置、区位态势、相关布局及空间结构等。图像位态要素是地物识别中解决空间定位、圈定目标边界、判断目标之间的空间关系、空间结构特征和分布规律的图像依据。从位态要素可以获取地物“Where”的基本信息。

时态：指地学目标在图像上的时间信息，包括地物的时相和变化基本特性。对地表目标而言，任何地理对象都会随时间变化而变化，只是变化的时间尺度不同而已。如农作物长势、江河水位、城市建筑、道路延伸演进、海岸线变化、活动断裂构造、环境污染程度等，会在一定的时间尺度内发生变化。对地球而言，全球性的变化如资源、环境、北极、南极、海平面、温度变化与冰川雪线演化等问题，也与时间尺度密切关联。从遥感图像的多时相信息中即可获取地理目标的“When”和“WhatChange”基本信息。

遥感图像识别的“色调、形态、位态、时态”四大要素取决于现代遥感技术的发展水平和对图像信息的处理能力。可以概况为地学图像识别的5个基本问题。

(1)地理实体的光谱差异与图像光谱识别问题。传感器对地物的光谱分辨力决定对地表目标的识别能力和空间检测水平。地理实体的光谱差异特性由目标自身的光谱反射特性所决定，其图像可识别性取决于目标与背景之间的光谱差异性和目标在不同波段的反射波谱的差异性；图像的光谱识别能力取决于传感器的光谱分辨力和光谱敏感程度。基于成像光谱仪的高光谱遥感的光谱识别力较高，其技术特点是窄光谱区间和高灵敏度的传感器元件。

(2)地理实体的空间尺度与图像尺度所揭示的构象机理问题。对图像目标形态特征的识别取决于地理目标的尺度与像元尺度的比例关系，卫星遥感图像的像元尺度一般为250～1m，高分辨率图像像元尺度可达到亚米级。图像像元尺度大小决定图像的地面分辨力，也直接影响对地理目标的识别和空间定位精度问题。MODIS卫星图像像元尺度为250m，它只能对地

理目标进行空间综合解译；Landsat 图像像元尺度为 30m，可以对地理及地质体单元进行 1∶100 000比例尺的区域解译；Ikonos 卫星图像的像元尺度为 1m，它可以对自然灾害体及城市空间目标进行解译，并可进行 1∶5 000 比例尺的各类专题制图。

(3)地理实体的三维特性与图像的二维数据结构问题。地理实体是三维空间的客观对象，遥感图像是基于二维的平面图像。在地学遥感解译中，人们可以利用遥感图像立体像对的三维光学模型在立体镜下或计算机立体观测下进行基于三维模型的空间解译和制图，也可以利用 DEM(数字高程模型)数据和遥感图像融合处理生成的三维图像(实际为 2.5 维)进行立体解译制图。现代 Lidar 遥感是基于激光测高原理进行航线扫描的一种遥感方式，人们可以直接利用 Lidar 测高数据和同步航空数码图像进行融合而生成的三维图像数据直接解决对地理对象的三维解译和立体测图问题。

(4)资源环境的动态变化与时间分辨率问题。在不同时间尺度下，地球表层资源环境变化的程度各有不同，遥感图像的动态监测技术既与资源环境对象的时空演变性质及其变化量值有关，又与遥感图像的时间分辨率有关。如对森林病虫害监测、农作物估产、河流湖泊水位监测、洪水监测与灾情评估、土地利用现状监测、城市违章建筑监测、地质灾害监测、活动构造与地震监测、雪线与冰川监测等，对这些地理对象的动态监测都具有各自特定的时间尺度问题，这就要求选择适当的成像时间和覆盖周期来获取地理对象动态变化的基础信息及其动态变化信息。

(5)空间不确定性问题。地理数据不确定性是制约遥感(RS)与地理信息系统(GIS)发展的主要因素之一。如何识别、量化和可视化表达地理数据的不确定性现象，已成为空间科学领域新的研究热点。从遥感图像解译到地理数据获取的空间不确定性问题主要有：位置不确定性、属性不确定性、时域不确定性、数据不完整性等。这就需要科学解决基于遥感图像在时空尺度上(空间分辨率、时间分辨率、波谱分辨率)所表现的不确定性问题，基于“同物异谱”和“同谱异物”现象产生的不确定性问题，由于地物多样性造成空间聚类的不确定性问题，造成位置、边界、属性不确定性问题及由混合像元所形成的地物位置和边界的不确定性问题等。

二、遥感图像的认知理论与地学目标识别过程

人们对遥感图像的认知过程是对地学目标的知识系统在图像上信息识别标志的归纳过程。认知心理学将认知过程看成是由信息的获取、编码、贮存、提取和使用的连续认知操作所组成的信息加工认知程序系统。对遥感图像的地学认识过程而言，实质上就是对地学目标图像信息的认知综合与信息加工过程。

图像信息的获取就是接受直接作用于人的感官刺激信息。图像认知过程是对感官刺激信息的编码过程，就是将图像感官的形式信息转换为基于地学理论的知识信息，以利于信息的贮存、提取和使用。地学目标在遥感图像上的光谱、图形、纹理、结构等信息都会在人体的知觉、表象、想象、记忆、思维等认知活动中形成基于地学知识的相应的信息编码方式。通过对这些信息的加工与综合，就逐渐积累成图像识别标志及图像理解的推理认知系统。

在遥感图像认知过程中，通过对图像要素的地学信息的编码，遥感图像特性就可以转换为地学目标的物质形象、属性语义或空间结构等形式的图像解译信息，将图像的构像特征与成像机理转化为对地学客观目标的心理表征，即遥感图像的地学表征信息。

1. 图像知觉与图像识别过程

遥感图像的色调差异是图像知觉形成的必要条件。色调完全均匀或者颜色完全相同的图像是不能产生图像知觉的。当待识别的图像目标与其背景图像之间存在色调差异时，才可形成图像标志，进行地学目标的图像解译。

对地学目标的图像理解是基于知识的认知过程，图像标志的建立是从个别到一般的认知过程，图像的地学解译是从一般到个别的图像认知过程。因此，地学遥感图像解译的认知理论基础，就是对遥感图像的目标实体与区域背景的空间关系的认知过程，也可以先获取整体认识，然后再识别个体目标，如首先确定区域构造格架，然后再具体解译某一构造形迹，即完成从整体到局部的一个空间分析认知过程。

2. 地学目标图像特征的认知过程

地学目标图像特征的认知过程是自下而上的空间推理认知过程，也是从个别到一般的一个认知过程，也称为图像解译标志的建立过程。首先从图像目标的色调、形状、纹理、边界等图像要素、图形样式、图像结构等图像基本标志产生图像知觉，经过认知推理进行图像知觉的信息综合和分类，进行目标图像信息认知处理，这一过程经历了图像信息获取—特征提取—证据比选—属性定位的图像解译认知过程。

(1)图像信息获取：是对图像目标在图像中的基本要素进行标志分类和信息鉴别的过程。确定图像目标的光谱特征、形态特征、尺度等级、地学类型、成分属性、地理区位及其空间结构等地学基本信息。

(2)特征提取：基于上述图像信息进行识别特征提取，包括其成分结构特征和几何形态特征，这些图像特征强调其识别或判别意义，一般需要对其特征信息进行纵向和横向的对比和标志的形成机理分析，并将目标的特征信息提炼到图像识别的理论性解译标志层次高度，形成地学图像标志图谱。

(3)证据比选：是基于地学专业的判别证据总结归纳过程。对图像理论性判别标志进行有效性比选，基于专业理论和实践知识将其中一个或几个典型标志提高到专业解译的证据性标志，也可称为专业解译图像模式，归纳专业证据标志的识别或测量标准，建立专业图像标准图谱和特征提取模式。

3. 基于地学图像模式的认知过程

基于地学图像模式的认知过程是一个自上而下的认知过程，也是从一般到个别的认知过程，也称为图像解译过程。地学图像解译过程就是运用图像标志的一般性认知理论和知识系统解决地学目标的特殊性识别问题。这一认识阶段属于从整体到局部的认知过程，在哲学中，应属于演译推理过程。

(1)特征匹配：特征匹配就是图像标志的匹配，也就是将上述建立的地学图像标志图谱、专业图像标准图谱运用到图像目标对象的解译过程之中。即将未知目标的地物波谱特性、纹理特征、几何形状、尺度大小、空间分布、地理区位等图像特征与地学解译标志进行相似性对比或测量，进行图像地学目标的类型划分或归并处理。其基本解译和认知过程包括：目标图像信息获取—特征提取—证据选取—特征匹配—类型识别。

(2)提出假设：根据特征匹配的结果，大脑会根据以往解译实践经验和学习中得到的解译知识，从记忆的模式库中给出相似性最大的一种或几种地物“样本”作为假设，作为地学目标可能归属的类型。应当指出，在特征匹配并提出假设时，应注意视觉表象空间的影响，这是因为遥感图像中地物的认知是在目视解译者的视觉表象空间进行定位的，并按照视觉表象空间的坐标来辨认图像。因此，视觉表象空间参照体系对特征匹配具有重要影响。例如，一幅山地TM假彩色图像，一般都是西北坡是阴坡（暗色调），东南坡是阳坡（明亮色调），从不同方向观察，地表起伏状况是不同的，因此，没有经验的解译者会把山脊线作为河谷。在目视解译过程中，观察者必须了解图像中太阳光源的照射方向，并把它同视觉表象空间坐标基轴配准，逆着太阳光源的照射方向观察，才能准确辨识一幅山地TM假彩色图像上的地貌类型。

(3)图像辨识：图像辨识是一个分析、选择、决策的过程。在这个过程中，对图像待定目标进行地学属性"假设"是较为关键的一步，这需要依据地学知识和经验，结合图像基本信息，如光谱特征、几何形状、空间位置、地理区位特征，提出目标的"假设"类型及其属性，然后再依据图像的其他关联性标志进行特征比较、空间匹配，选择一种最相似的图像模式对待定图像目标的图像结构信息进行特征匹配和分析，进而判定目标的最终解译结果。

在遥感图像标志缺乏有效的直接证据情况下，要运用地学知识或专业经验寻找图像中的其他标志进行相关解译和综合分析，也可对目标的地学属性提出假设，然后进行空间推理分析，并利用多类相关标志进行解译验证。一般情况下，可以选择到野外进行路线勘察并建立图像解译标志的方法，然后再对图像进行系统的详细解译，并完成对这类地物的图像识别认识过程。

遥感图像目视解译认知过程的分析，有助于指导遥感图像的目视解译，也为计算机解译中使用专家系统方法提供了认知基础。

三、遥感图像解译方法与程序

(一)图像解译方法

遥感图像目视解译方法是指根据遥感图像解译标志和解译经验，对图像目标的地学识别和解译过程。常用的解译方法有以下几种。

1. 直接解译法

它是根据遥感图像目视解译直接标志，直接确定地学目标属性与范围的一种方法。例如，图像中水体呈现灰黑到黑色，再根据水体的形状可直接分辨出水体是河流，或者是湖泊。在假彩色红外图像上，植被颜色为红色，根据图像颜色及纹理特征就可识别植被覆盖类型及其覆盖度。遥感图像的直接解译标志包括：色调、色彩、大小、形状、阴影、纹理、图案等。对于几何特征明显并在遥感图像上形成清晰的形态和边界特征的地质体，也可运用直接解译方法进行解译制图。如层状沉积岩、火山口、断层、褶皱、侵入岩体等地质体单元。

2. 对比分析法

对比法属于图像认知过程的一种基本解译方法。对比分析法(comparative analysis approach)是按照图像标志对地学目标的图像光谱特性和空间结构特性进行比较和识别的方法，它是通过对相邻目标或在已知目标与未知目标之间进行比较达到识别地学目标的成分结构和空间关系的图像认知目的。

遥感图像对比解译分析的图像标志和对比标准主要有图像光谱特征、尺度特征、几何形态特征、纹理结构特征、背景环境特征、空间结构特征、目标组合特征等，通过比较寻找其相似性或差异性，进行图像目标的归类或分类。

遥感图像地学对比分析的解译方法包括同类地物对比分析法，目标与背景的差异对比分类法、空间对比分析法和时相动态对比法等。同类地物对比分析法是在同一景遥感图像上，通过对已知目标与未知目标的对比进行归类或分类;空间对比分析法是依据多目标之间的空间结构的相似性或差异性进行对比,将相似性强的目标进行归并处理,将差异性大的目标进行分解或分类;空间对比分析也可通过对"已知"目标和"未知"目标的图像特征的对比进行解译;动态对比法是利用同一目标在多时相遥感图像形成的时间变差信息进行解译分析,研究目标的动态变化性质和变化尺度;如河流、湖泊在洪水季节与枯水季节的岸线变化、植物覆盖类型和覆盖度在多时相图像中的动态对比,可确定植被的长势或病害等现状。

3. 综合信息解译法

综合信息解译法是基于地理信息系统与遥感图像处理的基础平台，运用地学多元信息的空间分析方法，引入多证据判别理论进行遥感图像异常信息的地学成因推理和图像识别的一种方法。如在综合信息遥感成矿规律研究中，对图像中的环形构造异常的图像解译、对多组断裂交切复合结点图像异常信息的解译等，都需要引入地学探测或勘察等非遥感成像数据进行综合信息复合处理，生成多元数据的综合信息图像，进行多证据条件下的图像解译。它主要包括矿床的宏观和微观地质特征数据、典型矿床的异常成因数据、地球化学异常数据、地球物理探测的地磁异常数据、重力异常数据、重砂异常数据、航空放射性测量 Tu/U/K 异常数据等地学多源数据，运用多元信息的图像特征来分析遥感图像异常结构的成因机理和综合信息找矿模型、找矿异常标志及各种控矿因素，基于 GIS 的空间分析功能进行综合信息成矿预测研究。综合信息法的核心仍然是对遥感图像的异常信息进行解译分析，而不是将遥感图像作为一般的地理底图来分析地学多元数据。引入地学其他勘察数据的目的是利用多证据理论分析图像异常的成因类型，从遥感图像的空间结构来分析其图像异常标志的成像机理。

4. 空间推理解译法

空间推理是从特殊到一般,又从一般到特殊的逻辑思维与逻辑推理过程。遥感图像地学解译的图像认识过程符合逻辑推理的思维认知过程。空间推理解译法就是基于地球科学理论和知识系统的图像认知思维在地理空间结构上的一种具体应用。这一解译过程必须具有两个前提条件:①解译者具备地球科学的基础理论的一般性知识及野外工作实践经验;②解译者对图像标志具有一定的识别能力。如依据图像的色调反差界线所构成的纹理条带结构标志,运用沉积岩层在空间的产出状态与地形切割关系,就可做出下列推断结论:①图像的纹理线是由层状沉积岩构成的,并可排除其他成因类型;②依据"V"字形法则,判定层状岩层的产状符合地层的空间展布规律;③依据沉积岩地层的空间展布形态判定该地层构成褶皱构造;或依据岩层的缺失或重复判定存在断裂构造等。上述三个推理结论,体现了从特殊到一般,从一般到特殊的逻辑推理原则,图像特殊"标志"是"纹理结构";而"层状沉积岩"、"V"字形法则和褶皱、断裂都是"一般"性知识。

5. 地学相关解译法

地学要素之间存在相互的成生关系,利用地学要素的图像目标之间的内在联系性,就可进行关联解译和相关分析。在图像解译时,首先需要确定图像目标之间有无相关关系以及相关关系的类型,然后再依据地理环境中各目标之间的依存或制约关系,运用专业知识进行推断,确定待解译目标的地学性质、类型、状况与分布规律。

在地学相关解译中,还要确定地学目标之间相互关系的类型,即正相关关系和负相关关系;直线关系和曲线相关;简单相关和复杂相关等。如平原区的隐伏断裂构造与土壤层的含水性差异界线、植被覆盖类型差异界线、土壤盐碱化差异界线等,既可能与隐伏断裂有关,又可能与隐伏断裂无关就属于复杂相关关系；而岩溶地貌类型标志与灰岩地层之间、“丹霞”地貌与砂岩地层之间就属于简单相关关系。断裂破碎带与线状沟谷地形要素之间为负相关关系；硅化蚀变岩带与山脊线之间就可能形成正相关关系等。

(二)遥感图像解译步骤

1. 准备工作阶段

为了提高目视解译质量，需要认真做好目视解译前的准备工作。包括以下基本工作：①明确解译任务与要求；②收集图像数据和地学专业资料；③图像预处理和图像增强处理，选取合适的制图比例尺，进行图像基础地理信息处理(地理底图处理)。

2. 初步解译与野外路线踏勘阶段

初步解译的主要任务是建立图像解译标志，设计解译方法，为全面解译奠定基础。初步解译中要根据图像初步解译标志选择野外踏勘路线，设计野外图像特征的实地调查方案与图像标志的现场验证素材。如地学专题解译的分类系统、图像标志登记表、图像特征信息的成因机理调查表等。

3. 室内详细解译阶段

室内进行详细解译是在路线踏勘的基础上，运用经野外验证建立的专业解译的证据性标志，或专业解译图像模式对研究区图像进行全面系统的地学专题解译，生成地学专题解译图。解译过程包括直接解译、间接解译、关联解译、推理解译等方法的运用。

4. 野外抽样验证与路线补充调查

对详细解译图要进行野外全面抽样验证，抽样调查是一种非全面调查方法，它是从解译图中抽选一部分路线进行解译结果验证性调查，并依据抽样调查结果对解译图的精度做出评估。地学遥感解译图的抽样调查包括随机抽样和主要目标必查两种验证模式进行，前者针对一般性对象，如岩石、地层、环境等面积型问题；后者则为重点对象或特殊异常对象或现象，如主要断裂带、含矿地质单元、成矿远景区带等。在抽样中发现的地学问题或疑难点需要在补充调查中再次进行解译。

5. 基于地理信息系统的规范化地学专题制图

最终解译成果是基于GIS平台生成的地学专题系列图或矢栅混合模式的遥感图像专题图。其中的地理底图必须按测绘制图规范生成标准基础图层，地学系列专题图必须基于统一地理底图和专业制图标准进行操作，生成相应的专题图层。如岩石地层专题图、构造地质专题图、第四纪地质专题图、地貌类型专题图、土地利用现状专题图、灾害地质专题图等。

第二节　遥感图像地学解译标志

一、色调与色彩标志

遥感图像的电磁辐射特性是由图像色调来表征的，因此图像色调是地表目标的电磁辐射能量的模拟显示。对定量遥感图像而言，图像的光谱特性可对应于图像的多光谱数据，它可以直接与目标的反射强度、吸收强度或发射强度构成数学关系式，而一般遥感图像都是将目标的电磁辐射能量数值转换为模拟的色调图像，通过色调的空间变换显示地表目标真实的空间形态和构像属性。

图像色调在数字图像中称为辐射亮度值，其值域在 0～255 或 0～1 023 之间；在模拟黑白图像中称为图像密度值；在彩色图像上称为色度值，分别为色别、明度(亮度)、饱和度。

(一)色调标志

全色遥感图像中从白到黑的密度比例叫色调(也叫灰度)。色调标志是识别地学目标的基本依据，地学目标与背景之间必须存在能被人的视觉所分辨出的色调差异，地学目标才能够被区分。依据色调标志，可以区分出地学目标的属性、边界、形态和图形结构等图像要素。

按照地物的光谱特性，地质体具有消色地质体和彩色地质体两种类型，它们在各类遥感图像上都有其相应的标准色调。在地质解译中针对黑白图像的色调描述包括以下内容。

1. 色调等级及其识别标志

色调一般可依其深浅变化的程度分为 10～15 各等级指标。一般采用浅、中等、深色调三大类进行描述，并与区域地质构造单元中的岩石类型建立相应的识别标志。

浅色调：指白—淡灰之间的色调变化。例如大理岩、石英岩、中酸性岩浆岩等均具有较浅的色调。

中等色调：指浅灰—深灰色调，如石灰岩、白云岩、砂岩以及中基性岩浆岩等，具有灰色色调。

深色调：指淡黑—黑色，总体色调较暗，地物内部细节显示得较模糊。煤层、基性和超基性岩浆岩、含水性很高或富含有机质的土壤层在遥感图像上均呈深色调。

影响色调的因素很多，除了物体本身的物质成分、结构构造、含水性等特征外，地质地理环境、风化程度、覆盖程度等外部因素也能改变物体的色调。在遥感图像上，地物色调的深浅程度是相对的。在地质解译中主要研究地质体之间的色调差异和相互关系。

2. 色调反差及地学目标体的边界

色调反差是指不同的地理目标之间在图像上的色调差异程度。黑白图像只有存在色调反差时，才具有目标边界的划分意义。在黑白图像上，如果图像色调在空间上不存在反差特征，即使存在两个以上地理目标，也无法区别或划分它们。图像反差标志的应用，就是解决地学目标边界的识别和空间定位问题。

图像反差明显，目标边界清晰，反映地理目标之间界限分明，是截然的、突变的关系，如水体、道路、村镇、侵入岩体的边界等。

图像反差不明显，目标边界模糊，反映地理目标之间的界限不甚分明，呈过渡的关系，如植被覆盖下的地层单元之间、同一类岩性的侵入体单元边界、耕地覆盖下的土壤类型边界等。

(二)色彩标志

色彩是多光谱遥感图像中地学目标识别的基本标志。遥感图像中地学目标的颜色是地物在不同波段中反射或发射电磁辐射能量差异的光谱组合反映。

按照遥感图像与地物真实色彩的吻合程度，可以把多光谱遥感图像分为真彩色图像和假彩色图像两种类型。真彩色遥感图像成像光谱分为可见光谱段的红、绿、蓝 3 个谱段，图像色彩具有与地物相同或相似的颜色，符合人的视觉习惯。假彩色图像上目标的构像颜色与实际地物颜色并不一致，它有选择地采用不同的波段颜色组合来突出某一类待定目标的图像色彩特征。按波段的通用常规组合，假彩色图像可以分为假彩色红外和非固定多光谱合成的彩色图像两类，图像的色彩不反映地物的真实颜色，但与地物的光谱特征具有一定的对应关系。

彩色图像的色度要素为色别、饱和度和明度。色别除红、黄、绿、青、蓝、紫红(品红)等 6 种基本的色别外，更多的属于中间色，人眼识别色别的能力远远大于识别灰度级别的能力，一般可分出 100 余种甚至更多；饱和度表示色彩的浓淡程度，饱和度的大小是根据纯色中混入白光的比例而定的，其值域在 100%～0 之间，饱和度越大色彩越鲜艳，反之则低；明度是指颜色的明暗程度，同一种色别，有不同的明度，反映其在相同波谱组合中不同目标物的反射率差异。

二、几何形态标志

遥感图像的几何形态标志是由图像的形状、大小和位置基本要素所构成的。地学目标都具有其自身特定的外部形态结构，它是研究图像构像机理的基础。河流、湖泊、山川、丘陵、平原、沉积岩、侵入体、火山口等都具有其特定的空间结构和位置关系，也是我们借助遥感图像识别其空间结构及物理属性的判定依据。

1. 形状

地表目标经空间遥感平台成像系统的光学投影后，在图像上形成目标物的边界轮廓，在图像平面即构成特定的几何形状。因此，形状是遥感图像几何形态的基本要素，它反映地学目标在遥感图像上呈现的外部轮廓。遥感图像通常是垂直拍摄成像的，地学目标形状是顶视平面图，它与目标的三维空间形状是存在一定的构图差异的。

地表目标的形态标志可形成图像的直接解译标志，依据图像的形态特性即可判断目标的地学属性。如城市构筑物、大型工程构造物、侵入岩体边界轮廓、火山锥及火山口、沉积岩的条带状形态，以及断层、节理、岩脉的线性延伸形态等，都是直观而可靠的解译标志。利用图像的几何形状标志进行地学解译时，还要注意可能涉及的一些空间尺度和投影方式问题。

2. 大小

大小是对目标形状的度量值，包括线性目标的边长、面状目标的面积、三维目标的高度及其体积的度量值，它是遥感图像上测量地学目标最重要的量化特征之一。地理目标的大小是一个确定的值，而在图像上，由于受图像空间分辨率、目标与背景的色调反差、目标位置的空间环境等因素影响，对目标大小的度量精度或判断存在一定的差异性。在地学解译中，对目标大小的判定还可采用对比法、外延法等进行推断，然后可根据对目标尺度大小的推断解译目标的属性类型。

3. 位置

位置是指目标的空间位置及其空间相邻关系。任何地学目标都与其地理背景环境存在一定的空间联系，其位置也必然受地理环境的制约。因此，目标的位置标志是识别目标属性的图像特征之一。

目标地理位置是指目标的空间坐标与目标所处的地理单元位置（环境位置），在经过地理坐标配准处理的图像上可以直接读取目标的地理坐标及其高程值，在高分辨率图像上，也可测量目标的地理环境位置，如距河流边界的距离、距高速公路的距离、距某山峰的方位和距离等。

相对位置是指目标与其相邻地物的相对位置及空间结构关系。相对位置关系是目标空间属性解译的主要标志，也是对目标空间信息采集的重点内容。

4. 目标空间尺度与形态标志问题

尺度问题是地学遥感解译中的基本空间问题之一。在建立图像几何形态标志时，必须注意目标地理尺度与图像尺度的关系、图像投影方式对目标形状的影响、二维图像与三维图像对目标形态的影响等问题。

(1)地理目标尺度与图像比例的关系。目标尺度与图像比例成线性相关关系,图像比例越小,反映地物的形态越粗略,甚至只能反映物体的集合体。随着比例尺的增大,物体的形态特征就表现得越来越明显、细致。如沉积岩的层理结构具有尺度特征,随着图像比例的增大,层理结构的尺度等级随之变化,因此,在对不同的物体进行比较或区分时,必须在同一比例的前提下进行。

目标尺度与图像的地面分辨力直接关联。地面分辨力高,图像能清楚显示小尺度的目标,反之只能反映大尺度的目标。

(2)投影方式对目标几何形态的影响。地质解译时必须注意中心投影的影响。例如,地形相对高差很大的山区,目标形态特征将因像点位移和图像比例的不统一而引起目标形状和大小的变形。一般情况下,中心投影的图像边部物体变形较大,且图像边缘部位可投影物体的侧面形态,也有利于了解该物体的总体形态特征。

(3)三维立体模型下的目标形态特征及其识别标志。在基于 DEM 模型、Lidar 三维图像或光学立体像对的三维空间进行地学解译时,识别目标物的形状、大小,可建立目标物的立体概念和图像标志。根据组成地物的几何要素——点、线、面、体的具体特征,区分高低、长短、曲直、陡缓,从三维空间研究不同物体之间形状、大小的差异,这对建立目标形态标志是一种更为有效的方法。

(4)基于色调反差界线、影纹图案所建立的目标形态特征。地物的形态标志常常通过色调反映出来。物体之间常以明显的色调差异界限而显示出物体形态特征。形态相同的物体,可以根据其色调深浅、地貌特征、影纹图案等其他标志进一步区分。

三、阴影标志

地物的阴影是太阳入射角与地物遮挡而形成地物的影子。根据阴影的形状及大小可解译物体的性质、高度和结构。阴影的长度、方向和形状受到入射角度、入射方向和地形起伏等因素的影响。在阴影覆盖区会使目标模糊不清,甚至成为信息盲区。

地物阴影有本影和落影两种,本影图像是目标实体的组成部分;落影图像中的落影是影子的覆盖区,它的空间位置不代表造成落影本身的物体,仅仅可以反映造成落影目标的形态特征。本影与落影在地质解译中都具有重要的地学识别意义。

1. 本影

本影是物体未被阳光照射到的阴暗部分。在山区,山体的阳坡色调亮;阴坡色调暗,而且山越高,山脊越尖,山体两坡的色调差别越大,界线越分明,这种色调的分界线就是山脊线。因此,利用山体的本影可以识别山脊、山谷、冲沟等地貌形态特征。另外,由于地物有了阴面和阳面,就会使人眼观察时产生立体感。按照人的视觉习惯,在观察图像时,将阴面(即北方)朝向自己即可得到二维图像的正立体效应;若将阳面(即南方)朝向自己,则为反立体效应。

2. 落影

光线斜射时,在地面上出现物体的投落阴影,称为落影。它有助于识别地物的侧面形态及一些细微特征,并可根据其长度,估计或测量物体的高度。

$$H = L \cdot \mathrm{tg}\psi$$

式中:H 为物体的高度;L 为落影的长度;ψ 为太阳高度角。当 $\psi=45°$时,物体的高度正好等于其落影的长度(图 6-1)。

太阳高度角为一可变的参数，它与地区的纬度、摄影日期、摄影时间有关。太阳高度角度不同，能造成不同的阴影效果。正午太阳高度角最大，阴影小而淡，图像缺乏立体感；日出或日落时太阳高度角最低，则阴影长而浓，阴影会掩盖很多目标的图像信息。通常以 30°～40°的太阳入射角形成的阴影图像效果最好。选择图像时应根据地区的纬度及地形特点，注意成像季节和成像时间。

图 6-1　地表目标的本影和落影

（武汉鲁巷光谷中心）

四、水系标志

水系是由多级水道组合而成的地表水文网，它常构成各种图形特征。在遥感图像上一个地区的水系特征是由该地区的岩性、构造和地貌形态所决定的，因此，在地学解译中它是重要的图像标志之一。

水系标志可通过一些图像指标来描述，一般可从水系类型、水系密度等方面进行。

(一)水系类型

水系类型由地貌形态类型与区域地质构造环境所制约，且水系样式常与下垫面的岩性、构造、岩层产状有着密切的关系（图 6-2）。

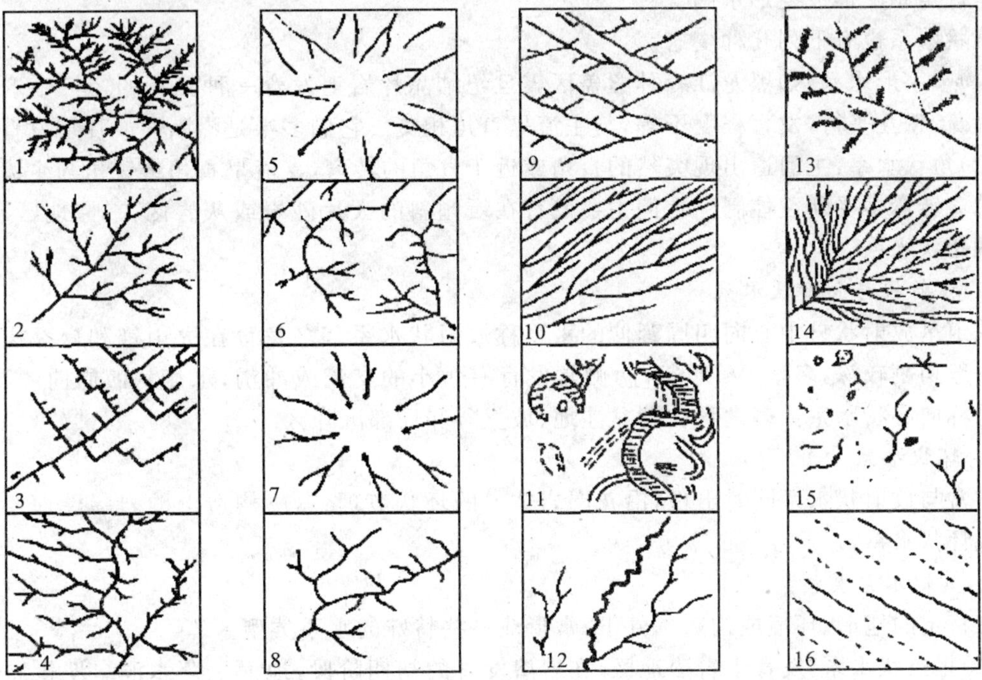

图 6-2　遥感图像常见水系类型图

1，4. 树枝状水系；2. 钳状沟头树枝状水系；3，8，9. 格状水系；5. 放射状水系；6. 环状水系；7，14. 向心状水系；10，12，16. 平行状水系；11. 游荡型水系；13. 羽毛状水系；15. 星点状水系

1. 树枝状水系

这是最常见的水系型式，各级水道水流方向自由发展，没有明显的固定方向。其主要特点是每一级水道均以锐角注入高一级水道。树枝状水系多出现在岩性均一、产状平缓、构造简单、地形坡度不大的地区。泥质岩、页岩、粉砂岩、黄土岩地区常形成密集的树枝状水系；含泥质较高的砂岩、泥质灰岩、裂隙不甚发育的花岗岩、灰岩区常形成中等密度的树枝状水系；透水性强的砂岩、抗侵蚀能力强的均质坚硬岩石如花岗岩、玄武岩、砾岩区常形成稀疏的树枝状水系。

树枝状水系有几种变态，它们是在特定的岩性或特定的地质地理环境中形成的。

(1)羽毛状树枝状水系：总体呈树枝状，其特点是一级冲沟短而密，呈直角或较大的锐角与二级冲沟相交，而二级冲沟长而稀疏。羽毛状树枝状水系常发育在黄土区，有时在含泥质很高的粉砂岩区也能形成密度较稀的羽毛状水系。

(2)钳状沟头树枝状水系：总体也呈树枝状，但一级冲沟往往成对出现，在其交汇处形成钳状的沟头。这种水系型式多见于我国南方中新生代砂砾岩层及酸性侵入岩发育地区。形成钳状沟头的原因是由于块状岩石（如花岗岩）原生节理发育，在温暖多雨的气候条件下，均匀风化后形成圆丘状地貌，沿着丘状山包的边缘发育的冲沟便形成了钳状沟头。我国南方中生代砂砾岩盆地中，也常有这种水系型式。

2. 格状水系

这是一种严格受构造控制的水系，呈方格状或菱形格状。方格状水系的 1～3 级水道以直角相交，它们多半是沿断层、节理发育的。格状水系主要出现在裂隙发育的岩层中，如块状砂岩、花岗岩、大理岩等。菱格状水系的冲沟顺着强烈破碎的节理面或软弱面发育，两个方向的冲沟呈锐角相交形成菱形水网。

格状水系也有下列几种变态。

(1)丰字形水系：如黑龙江森林覆盖区震旦纪结晶片岩上发育一种独特的“丰”字形水系，支流稀疏，相互平行，发育程度不等，与主流呈直角相交。它们多半是沿断裂或片理发育而成。

(2)角状水系：主河道出现突然的直角或近于直角的转弯，支流呈直角或锐角与主流相交。主流的急转弯多受断裂控制。它们主要发育在缓倾斜的大片砂岩或灰岩区，平原地区有时也会出现角状水系。

3. 放射状与向心状水系

水道呈放射状自中心向四周延伸的水系称放射状水系。多发育在火山锥和穹窿构造区，沟谷一般切割较深，多呈“V”形谷，两侧常发育有短小的支流或冲沟；水流从四周向中心汇集的水系称向心状水系。多发育在湖盆洼地、坡立谷和局部沉降区。

4. 环状水系

它常与放射状水系同时出现，沿花岗岩体上的环状节理、穹窿构造上的岩层层理、片理均能形成环状水系。

5. 其他水系类型

在特定的地形、环境或构造条件下，常形成一些特殊的水系类型。

(1)星点状水系：发育于岩溶地区，在岩溶发育的初期阶段，地面上落水洞星罗棋布，地表径流少而短，且时隐时现，没有完整的格局。星点状水系是识别灰岩的重要标志。

(2)平行状水系：受地形控制，多出现在稳定倾斜的地区，如滨海斜坡、冲积锥、单斜山的一侧。其特点是各级冲沟近于平行，或以很小的角度交汇，支流水流呈直线状注入主流或汇水盆地中。

(3)扇状水系:多发育在河口三角洲和洪积扇上,水流沿着扇面地形突然撒开,形成细而浅的放射状冲沟,总体呈扇状。

(4)辫状水系:多发育在宽阔的平原区,尤其是河流从山区突然进入平原区的河段最为常见。水流形成多条水道互相穿插、交织在一起,形成辫状或网状。

(二)水系密度

水系密度是指在一定范围内各级水道(主要指1、2级或3级)发育的数量。但也有用相邻两条同级水道之间的间隔来表示水系的疏密。水系密度大小是由岩石和土壤的成分、结构、含水性及地形决定的。因此,通过对水系密度的分析,可以了解该地区的岩性、地貌特征。

在遥感图像上对水系密度进行定量统计,可以为地学解译提供更为可靠的依据。统计时,可以测量规定范围内各级水道出现的条数,也可以测量单位面积内各级水道的总长度。

(三)水系异常类型

水系异常是指该水系由于受到地质构造的绝对性控制或局部地壳运动的影响而形成的一种反常规水系。水系异常在地学解译中很少发现,但异常水系的发现对地学解译却具有极为重要的科学意义和应用价值。

1. 与河流袭夺有关的异常水系

河流袭夺是新构造运动形成的一种河道变迁的地质地理过程。由于新构造运动所引起的区域隆起或凹陷过程,引发了区域侵蚀基准面的改变,并对正常水道水体运动方向施加干扰,逐渐使原水道的流向逆转,出现河流之间次级水道袭夺上级水道水体的现象,而形成河流袭夺现象,生成新的袭夺河流和被废弃的原高等级河流(图6-3)。

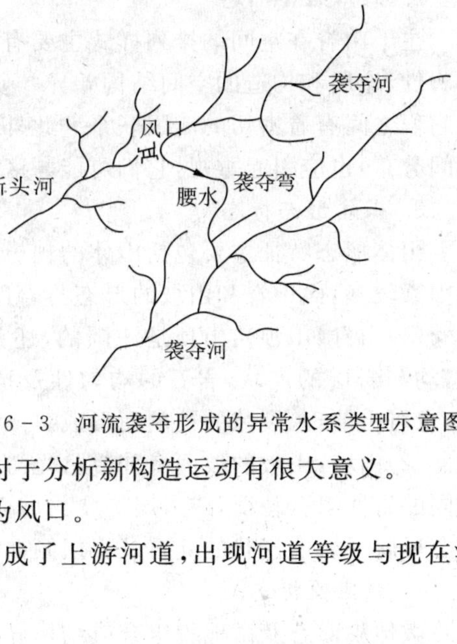

图6-3 河流袭夺形成的异常水系类型示意图

常见的河流袭夺异常水系如下。

(1)倒钩状水系:支流多呈反向流动,以钝角注入主流中,有时称为逆向水系。它常由掀斜构造形成或为河流袭夺的结果。倒钩状水系虽不常见,但它对于分析新构造运动有很大意义。

(2)宽盲谷:是被袭夺河流所废弃的原河道,也称为风口。

(3)断头河:是被袭夺河流的原中游部分的河道变成了上游河道,出现河道等级与现在河流水量等级的不协调现象。

2. 与地质灾害有关的异常水系

地震、滑坡、泥石流、隆起、沉陷及掀斜等突发性地质灾害与渐变性地质灾害都会形成水系的流向异常或结构异常,常见的有:堰塞湖、串珠状湖泊、裂点河流(瀑布)、异常拐点河流等形成的异常水系。

五、地貌形态标志

地貌形态是内力地质作用、外力地质作用、构造、岩性、气候多种因素对地壳综合作用的结果。内力地质作用决定地貌格局、外力地质作用则是对地貌格局的形态刻划。岩石类型及其组合、断裂构造则进一步在地貌的空间结构上、地貌形态走向及地形表现上对地貌形态类型进行控制或制约。如沉积岩区，地貌形态多受岩性、地层和构造作用类型共同影响；侵入岩区主要由侵入体规模和侵入体形态所控制；火山岩区则由岩性、岩相单元及火山构造所控制；而在古老变质岩区，则由变质岩石类型及断裂构造控制其地貌形态。

外力作用不仅决定了地貌形态特征，而且还可以通过河谷形态、阶地测量、河流袭夺等地貌专题来研究区域地貌演化过程，进而研究区域新构造运动特征及其构造演化史。因此，地貌形态标志对于区域地质-地理过程的遥感解译是重要的直接标志。

由于地貌形态是由岩石类型和地质构造所控制，在外力地质作用下，尽管其原始地貌形态遭受到改造和破坏，但是其地貌格局总与岩石及构造类型具有内在的关联性。因此，地貌形态标志也是地质遥感的基础。

1. 山地地貌形态标志

山地地貌形态和规模主要受区域地质构造控制。断块山地是由于断块的差异升降造成的，它们的边缘往往有区域性断裂，山地内部也发育有与之相应的伴生构造。地势高差悬殊的高原及断陷盆地也同样多受断裂控制。而熔岩高地则是大面积玄武岩溢流和堆积的结果。在层状沉积岩和变质岩地区，层状岩层在空间上的展部格局决定了山地地貌的基本格局。如单斜构造、褶皱构造以及与之有生成联系的断裂构造都决定了山体的延伸方向和空间组合规律。

2. 山体组合标志

主干山脊在空间的排列样式主要有平行的、相交的、放射状或不规则状，它们都反映了区域岩性、地层和构造的空间结构差异。研究山体间的组合关系时，要与水系分析结合起来，因为它们之间有着密切的成因联系。此外，地貌形态的突变，正负地形的相间排列(如山地、盆地相间分布)也应引起重视，它们可能与区域性断裂或较大的断层有关。

3. 山体形态标志

山体形态特征主要包括山体的规模大小、山脊的形状、山坡陡缓及对称性。山体的规模影响因素较多，而山脊和山坡的形态与岩性、构造的关系较密切。

(1)山脊(山顶)：山顶是浑圆的，还是方的(平顶山)，山脊是平整的、尖锐的，还是锯齿状的，均与岩层的产状、岩石的均匀性及抗风化能力有关。如锯齿状山脊常常与坚硬的岩层有关，也可由节理、裂隙的控制而形成。

(2)山坡：山坡的坡面有陡、缓，光滑平整的、阶梯状的，凹形的和凸形的之分。它们反映了不同的岩性组合特征，或岩层产状与坡面的不同组合关系。另外，山体两侧的对称性在很大程度上反映了岩层产状的陡缓及岩层倾向与坡面倾向的关系。

4. 微地貌标志

微地貌形态及微地貌组合或结构异常现象，尤其是当它们在平面上沿着直线方向连续出现或呈有规律的转折时，往往也是岩性变化或构造现象的反映。例如，山脊上的垭口、山坡上的陡坎或低洼带，它们可能是断层通过点或岩性发生了变化。平原地区微地貌的变化有时有助于隐伏构造的解译。

5. 河谷地貌标志

河谷是地表流水的谷道，与山地地貌相比属于负地形。河谷地貌是地壳内-外力地质作用的综合产物，也是地表形变的最敏感地貌单元。因此河谷地貌标志对于地学解译而言具有特殊指向意义。河谷地貌标志与水系标志具有较多的相似性，但在地学解译中，河谷地貌强调河谷的纵向剖面、横向剖面、谷底构成特征等微地貌标志的研究。

6. 地貌类型标志

地学遥感研究中的地貌类型划分有别于传统地貌，它可以依据地貌的多成因进行分类。如基于高差的分类、基于岩石地貌的分类、基于构造地貌的分类、基于气候成因的分类及基于生态学的分类等。因此图像的地貌类型划分与标志建立的原则是将地貌形态与其成因类型或地貌过程关联，强调从地貌成因学上建立基于地学解译的地貌类型标志。

六、植被标志和土壤标志

1. 植被标志

植被是地表圈层中极为重要的生态层。任何植被类型都具有其特征的光谱组合图像标志，因此在遥感图像上的植被标志都非常明显，人们很容易断定某一地理单元是否存在植被覆盖层以及其生长发育的程度。植被标志与地学内容具有高度的相关性，植被类型、植被覆盖程度、植被组合类型及其组合形态、植被在空间上的覆盖密度差异及其展布方向等都与其下垫面的岩石类型、断裂构造、土壤类型、土地类型和气候类型具有成因上的联系，因此，植被标志是地学解译的基本标志之一。

建立植被标志的基本要素有：植被类型、植被覆盖密度、植被长势、正常植被与病态植被、植被组合类型、植被地理特征、植被地带性特征等。

描述植冠类型的图像特征主要有：多光谱色度学标志、图像纹理结构标志等。

描述植被区域分布的图像特征主要有：植物群落呈线状、带状分布（反映了断层、节理、破碎带或两套不同性质岩层的接触界面）、植物群落呈团块状分布（反映了单元内的浅层地下水丰度差异性或土壤层的差异性）、植物群落沿地形高度差异的圈层状分布（反映了植被的垂直分带性）等。

描述植被覆盖密度分布的图像特征主要有：定性描述的高密度、中等密度、低密度、稀疏植被覆盖、无植被覆盖等；定量描述则采用植被覆盖指数的图像处理算法而获取的数值来定量表达。

2. 土壤标志

土壤是岩石风化后残留在原地的松散残积层。在自然界，地表土壤层与其上发育的植被层在时空上高度相关。因此，在遥感图像上土壤标志与植被标志既具有独立性，也具有关联性。土壤类型与其上覆盖的植物类型及植物发育程度亦存在一定的相关性，即岩石类型-风化壳类型-土壤类型-植被类型四者之间有着密切的成生联系及依赖关系。

由于土壤层在地表完全裸露的境况不多，尤其是在夏季更是如此。因此，建立有效的土壤解译标志是较为复杂的一项探索性研究工作。

(1)土壤光谱标志。决定土壤光谱特征的因素主要是土壤中的矿物组成和土壤的颜色及结构。由于土壤的形成取决于母岩性状及土壤下垫面的风化层结构，其成壤过程与气候因素也密切相关，因此，土壤类型的分布具有地带性特征。如中国长江流域及亚热带分布的砖红壤、红壤光谱特征属于高岭石型图谱；中国北方干旱-半干旱地区的褐土、黑垆土、黄绵土为蒙脱石型图谱；黄棕壤亦为蒙脱石型图谱，但它代表石灰性土壤向热带、南亚热带地区过渡的地带性土壤。

土壤光谱曲线形态也是土壤光谱特征的一种判定标志。如泥炭、暗色草甸、黑土、火山灰土等黑色土壤的光谱曲线形态为平直型；水稻土则为缓斜型；红壤、砖红壤等热带、亚热带土壤为陡顿型；棕漠土、龟裂土、风沙土等干旱地区土壤为波浪型等。

土壤光谱的特征谱带主要分布在0.51～0.56μm、0.65～0.70μm、0.80～0.85μm、1.55～1.60μm几个区间，称为土壤的诊断谱段。

(2)土壤结构标志。土壤是由固体、液体和气体三类物质组成的。固体物质包括土壤矿物质、有机质和微生物等；液体物质主要指土壤水分；气体是由土壤孔隙中的空气组成的。这三类物质的性状及其含量比重都可以影响土壤的光谱特性与图像特征。

土壤颗粒很少独立存在，一般都相互连结在一起，形成复粒或团聚体，称为土壤结构体。常见的土壤结构体有块状结构体、片状结构体、柱状结构体、棱状结构体、团粒结构体等类型。

不同的土壤结构体具有其相对独立的成土过程及成壤过程，与其所处的地理单元也具有一定的空间相关性。因此，利用土壤结构标志，也可以推断其下垫面岩石类型或风化壳类型。

(3)土壤含水性标志。土壤孔隙度是土壤含水性的结构性基础，它决定土壤的耐旱能力。土壤中的含水性变化直接影响土壤光谱特征。一般情况下，土壤含水性在近红外、热红外波段的响应最为敏感，利用红外多光谱或红外超光谱可进行土壤湿度的定量检测与旱情监测。

七、人类工程活动标志

有史以来人类活动遗留下的痕迹，有很多与地质有关。如古代采矿遗迹、冶炼遗迹等。人类活动中的探矿工程、灰窑、煤窑、采石场等均可作为地质解译的间接分析标志。

上述各种解译标志，都是地质体某一个侧面或某一种性质的反映，不能反映地质体的全貌。在进行地质解译时，应该多种标志综合分析运用、互相补充印证。

人类工程活动标志也是人文地理学、考古学、城市学与环境科学的图像解译标志。不同专业可以依据其专业理论和知识系统对图像中的人类社会活动遗迹及工程活动遗迹进行全面的解译和分析，以获取所需的科学数据。

八、纹理标志

图像纹理是一种结构性集合体，它是地表目标色调特征的空间聚合图案或影纹图案。纹理图案是指在一定的范围内，地物的图像所显示出来的花纹特征，它们往往构成多种多样的图案。影纹图案是由色调、水系、山体等多种因素综合反映出来的。

在林业遥感中，图像纹理是识别植冠组合类型的解译标志，据此也可以判别植被覆盖类型。

在地理遥感中，基于图像纹理可以建立土地利用类型和作物类型，也可以基于图像纹理建立沙丘类型的解译标志。

在地质遥感中，图像纹理可以用来建立岩石解译标志或特殊地质单元的识别标志。如灰岩的岩溶地貌类型、砂岩的丹霞地貌类型、泥岩类的树枝状水系类型等，都具有典型的图像纹理标志。

常见的图像纹理类型或影纹图案如下。

(1)条带状：包括直线状的、曲线状的，或呈有规律转折的，如沉积岩层和褶皱构造所表现的条带状影纹，土地利用现状中的耕地作物条带等。

(2)网格状：由两组以上的节理、裂隙、断层或岩脉互相穿插、切割所构成的图像，如菱格状、肋骨状影纹等。

(3)环带状：包括圆形、半圆形、连续的或断续出现的环状影纹，如侵入岩体、火山机构、穹隆、环状断裂和环状节理等。

(4)垄状：坚硬的沉积岩层、岩脉以及冰川终碛堤所形成的脊垄状影纹。

(5)链状、新月状：均是沙漠地貌的典型图像特征。

(6)斑点状：森林、植被所形成的麻点状影纹，点的稀密、大小与植冠形态及植物发育程度有关，也与图像比例尺有很大关系。地学解译时，要注意斑点的尺度效应与地学目标的关系。

(7)斑块状：在盐碱地、沼泽地、冰水沉积物堆积区常见，在浅色的或灰色的背景上出现白色的或深色的花斑，形状不甚规则，杂乱分布。在卫星图像上，多期活动的中基性火山岩区有时也呈现这样的影纹。

由于地物的种类、规模、大小、物质结构及图像像元尺度的差异，各种影纹图案都会有多种表现形式，对图像纹理的结构特征研究中必须关注纹理结构的光谱组成和尺度特征，如影纹的色调深浅比例、空间组合、纹理元素的粗细、大小、均匀性等结构特征。

第三节　遥感图像解译标志的地域性与可变性

地质解译标志地域性的概念是同一类地质体在不同的地区或地理单元具有截然不同的图像特征。例如灰岩，在我国长江以南地区多形成岩溶地貌，而在北方却形成连绵山亘。因此，有些解译标志只适用于某种自然地理条件，或某一地区。为克服图像地学解译标志的局限性，地质遥感解译标志需要建立地域性的解译标志，而且在每一个具体工作区都应建立详细解译标志，力求标志准确和符合工作区的地表实际情况。

地学遥感解译标志的可变性是指同一种地质体，即便是在同一个地区，当其出露面积、厚度、所处构造部位、岩层产状，以及覆盖程度不同时，也能表现出色调、水系或地貌形态标志的差异性。因此，要认真分析引起变化的影响因素，总结其变化规律。概括起来，影响解译标志变化的因素有以下几个方面。

(1)地学目标的物质成分、结构构造、出露面积、岩层产状等表现不同时，其图像特征也将相应地发生变化。成分的不同会造成色调、地貌形态及水系密度的变化，结构构造、出露面积大小对水系类型、水系密度和沟谷形态都有很大影响。

(2)地质体所处构造部位不同，地质体的产状、出露面积和裂隙发育程度就会有所差别，因此就会表现出不同的水系类型和地貌形态标志。

(3)基岩上覆盖较厚的松散沉积物时，会使下伏岩石的图像特征不能表现出来，给地质解译造成很大困难。此时，色调标志失去意义，而地貌特征则成为重要的分析因素。

(4)大面积的植被覆盖，使地表的岩石、构造形迹不易识别，甚至水系及微地貌特征也难以反映。此时只能根据植被的种类及空间分布上的规律分析其控制因素，从中提取有关的地质信息。

(5)图像的种类及比例尺不同，其解译标志也不尽相同，各种遥感图像都有其最有效的解译标志。不同比例尺的图像由于地面分辨力不同，所反映的地质体细节有明显的差异，因此解译标志的侧重点也不相同。例如，航空图像强调色调标志、形态标志和水系分析，而卫星图像强调色调标志和地貌形态分析。

第四节　遥感图像地学解译标志的直接性与间接性

对于不同地学目标而言，图像识别或解译标志都具有直接性和间接性之分。如在遥感图像直接量测目标本身的形状、大小及高度就属于直接性标志，它具有识别和量测的唯一性。但在通常情形下，遥感图像地学解译的任务是确定目标的属性、空间关系、变化幅度及活动性程度等专业性问题，而遥感图像对地学目标的信息表征却具有属性不确定性、空间位置及空间关系的不确定性，要准确判定这些问题，仅仅使用直接性标志是难以实现的。这就需要运用更多的图像相关信息来进行综合性的推理和空间分析，即运用更多的相互关联的间接信息来推断目标的地学属性及其空间关系。

按地学目标的图像识别判据类型来分，遥感图像地学解译标志可以分为直接解译标志和间接解译标志两类。

直接解译标志定义：指图像上可以直接反映目标空间属性及物理属性的图像标志，包括图像的色调、色彩、形状、大小、纹理、结构、排列组合等。对于地学目标的图像直接解译标志而言，它所能提供的图像信息包括目标的空间定位信息、空间关系信息、物理属性信息及与时间相关的空间变化或属性变异信息等。

对地理及资源环境遥感而言，直接解译标志是最为直接和有效的图像识别依据和空间定位判据。如地貌单元、河流及湖泊、海岸线及近海潮汐带资源、土地资源调查、城市环境、生态环境、灾害地理及地质灾害体、林业资源调查等，其调查对象的图像目标多具有直接图像标志，并可指示调查目标的空间位置、形态大小、结构样式、地物属性等目标的本征属性信息。

间接解译标志定义：指运用图像标志信息，根据地学相关的理论知识，间接推断出图像目标的空间属性及物理属性的那些可用的图像标志。

对地质遥感而言，通常最多运用的是图像的间接解译标志。由于地质体在地表的直接裸露机遇很少，尤其是在中国的南方地区，绝大多数山地地貌单元的地表覆盖层发育，岩石露头极为少见。在对掩埋于植被、土壤之下的岩石类型、地层单元进行地质解译时，不可能直接利用岩石光谱信息、岩石露头的空间结构信息等图像本征性直接信息，而只能依据地质理论及地质体与上覆层的成因关系，进行逻辑上的关联分析和空间推理式的相关解译。这一图像解译过程所运用的图像标志信息就是该目标的间接解译标志。

间接解译标志也是遥感图像的基本图像特征，它可以反映地质体之间在成分、结构、物理性质、生态特征和人文特征上的差异性信息。在任何自然地理单元条件下，地壳内外动力作用过程都会在地壳表层形成特定的地理景观现象，这种地理景观图像标志常常是地质遥感所采用的间接图像解译标志。地质遥感的图像间接解译标志就是通过与地质体或地质过程有内在联系或成生联系的地表景观标志来进行地质体和地质作用过程的推断性间接解译的。如地质体的岩石类型、构造样式可以通过地貌形态、水系格局、植被分布、土地利用类型和利用方式以及人类活动遗迹等间接标志进行解译。对图像间接信息进行地学关联信息分析及空间推理、逻辑推理是地学遥感图像分析的基本方法之一。

复习思考题

1. 讨论图像识别和空间定位的基本问题，为什么说“4W”问题是空间遥感的核心问题？你对遥感信息科学中的图像理论问题有何新的认识？

2. 论述地学图像的认知理论及图像认知过程。

3. 论述图像目视解译的基本方法，结合解译实习案例说明对某一地学目标的图像认知或解译过程。

4. 熟悉遥感图像地学解译标志类型及其标志的描述要素。

5. 理解遥感图像的直接解译标志和间接解译标志定义，请结合一类地学目标论述其直接和间接解译标志的识别依据和图像认知过程。

6. 为什么说地学解译标志具有一定的地域性？论述地学图像标志地域性成因机理及其应用意义。

第七章 地理遥感

本章内容提要:地理遥感是地学遥感的重要组成部分,也是地学遥感的一个分支学科。本章将分节介绍地貌学遥感、水资源及水环境遥感、植被遥感、土壤学遥感、土地资源遥感、城市地理学遥感、城市地质环境遥感、考古遥感等地理学领域的遥感基础理论、解译内容和方法技术。重点是地理遥感应用的基础理论和方法技术。

第一节 地理遥感概论

"地理遥感"(Geography Remote Sensing)一词是斯通(K. Stone)于1972年8月在第24届国际地理学联合会议上正式提出的概念。地理遥感是基于遥感图像的地理信息解译、数据采集、区域分析、地理模拟和地理应用的地球空间信息技术。地理遥感经历了从可见光航空摄影遥感、卫星多光谱遥感、高光谱遥感、微波雷达遥感、激光三维遥感、地理信息系统(GIS)、全球定位系统(GPS)和基于"3S"技术集成的地理信息工程多个发展阶段。尤其是GIS与GPS技术与遥感技术的整合,使得地理遥感从常规的定性图像解译向定量遥感应用领域发展,地理遥感应用也逐渐从学术型研究向工程型应用方向发展,如植被定量遥感、环境监测工程、农情预报、小麦估产、灾害监测、灾情评估等应用领域。

1. 地理遥感的概念

地理遥感是以地理对象和地表过程为观测目标的图像信息科学。地理遥感的基本目标是地球表层的土壤圈、生态圈、水圈、大气圈多个圈层之间的能量转化现象和空间规律;地理遥感的基本任务是运用地理科学理论及其知识系统对多个应用领域进行的系统研究。如对地理对象及其运动和变化过程进行图像识别与测量、信息获取与检测、地理过程的目标演变规律与动态变化监测等空间数据采集、制图、空间分析、地学统计和工程应用等。

2. 地理遥感的学科性质

地理遥感科学是基于现代地理科学与地理信息技术的边缘学科。地理遥感的学科属性是以地理目标的图像识别、数据采集、系列制图为基础的地理信息科学,它与地理信息系统(GIS)、全球定位系统(GPS)相结合,促进了区域地理分析与地理模拟及地理数学建模的研究,并为地理数据采集和地理分析的工程应用奠定了理论基础。

3. 地理遥感的研究内容

地理遥感的研究内容包括地理系列专题制图、地球表层系统及其成像机理、地理对象的构图特征与目标检测机理、地理对象的光谱特征与信息提取数学模型、地理过程及其遥感图像地理信息模型、地表覆盖层的动态变化(区域演变)与遥感动态监测原理、地理现象的相似性准则与地理信息的不确定性研究等。

地理信息科学是定量或半定量地研究各种地理现象和地理过程空间分布和结构规律的信息学科。它以遥感技术、地理信息系统、全球定位系统为基础,运用数字处理和数学建模技术从二维、三维及多维角度研究地理系统。地理遥感是以理论地理学为基础的地理数据采集、数学建模和地理分析的辅助信息科学,为研究地球表层系统的结构、功能和动态特征提供科学数据;地理遥感是地理信息科学的信息源,利用空间遥感技术获得地球表层系统空间结构数据,利用地理信息技术处理地理目标与地理过程信息,并为理论地理科学研究提供基础数据,为地理系统工程提供基础空间数据。

4. 地理遥感的研究方法

依据地理对象的图像特性及地理遥感研究目标及任务的差异性,地理遥感的基本方法可以分为图像目视解译法(计算机辅助人工解译法)、信息提取法、数据采集法和多目标系列成图法四种。目视解译法是基础,信息提取法与数据采集法是基于图像模型的数据处理方法,多目标系列成图是具有综合性的一种复合型方法。

5. 部门地理学遥感

部门地理学(Sectorial Geography)是研究地理环境各个要素的结构、分布、发展变化规律及人类影响的地理学分支科学,而部门自然地理学则是研究地球表层各个圈层的分科,它也是地理学基本层次一系列分支学科的统称。

部门地理学遥感是基于对地理环境个别因子的图像识别、标志研究、空间结构与分布规律、图像数据采集方法技术的研究,引入了一些精确的定量方法,运用了地理学的空间思维与数学建模方法,逐步形成了地理遥感的专业化应用领域。

由于世界各国对资源环境变化及可持续发展领域问题的重视程度的提高,促进了地理遥感从学术型研究向部门功能型应用的转化,从而促进了部门地理学遥感应用技术的发展和逐步完善。例如在植被遥感基础上发展的林业资源遥感与生态环境遥感、在地表水体遥感基础上发展的水资源遥感与水环境遥感动态监测等,说明在地理遥感的技术发展进程中,部门地理遥感应用技术的深入发展多是基于地理遥感的某一专门领域的基础理论和知识系统而逐步形成的。

本章将重点介绍地理遥感领域的基本理论和方法技术。

(1)地貌学遥感:地貌学(Geomorphology)是地质学和自然地理学之间的边缘学科,是研究地球表面的形态及其成因、形成年代、分布和演变规律的学科。地貌学研究对工程建设、农业生产、矿产勘查、自然灾害防治和环境保护等均有实际意义。微波-激光三维遥感与GIS、GPS技术的融合及地球物理探测技术为地貌研究提供了纵深的宏观资料和丰富的空间数据,加强了对地貌作用及地表过程的定量研究。

地貌遥感是以地貌学的理论及其知识系统为基础,按照地貌的形态类型、成因类型、图像特征来建立地貌学遥感的解译标志与图像识别系统。RS、GIS与GPS的技术融合,引入数字高程模型(DEM)、地理模型、计量地貌学、成因地貌学等知识系统进入到地貌遥感的图像分析和定量分析系统,从而促进了地貌学遥感的学科发展及应用。

地貌学遥感的主要任务是地貌类型的图像识别和解译、地貌学遥感制图、计量地貌学遥感研究、工程地质地貌学遥感研究等。

(2)水资源及水环境遥感:水资源包括地表水和地下水两部分,而水资源与水环境遥感主要是针对地表水资源及水环境而进行的。利用地表水体的电磁辐射特征,可以进行水体边界的自动提取和制图、水质图像分类、水体污染程度分类、水环境监测及预报等应用。

(3)生态地理学遥感(植被遥感):生态地理学是生态学与地理学之间的新兴边缘科学,研究地表生态系统的空间分布、结构、功能及演替规律与地理环境之间的相互关系,也研究生命系统与地理系统之间的相互作用、联系机理及人类活动与自然和生物环境间的相互影响。生态地理学遥感是在植被遥感、农业遥感及环境遥感的基础上逐步发展的一门边缘分支学科,生态地理遥感的主要任务是研究植被遥感应用及植被覆盖特性的定量遥感数学模型、农业遥感与农情监测预报、湿地资源与生态演替变化、区域生态综合遥感及流域生态环境关键参量遥感定量反演研究等。

(4)土壤学遥感:土壤圈层是岩石圈、水圈、大气圈和生物圈相互作用的产物,是地球表层的松散覆盖层,也是具有生态生产力及农业生产力的基本资源。土壤学遥感是应用遥感手段研究区域土壤的技术。土壤遥感是依据土壤层的电磁辐射数据和图像光谱特征对土壤特性、土壤类型、土壤分布规律和利用现状进行解译和制图,并对土壤的地理分异特征及土壤资源开发利用问题进行研究。土壤专题遥感是对土壤的盐渍化、沼泽化、风沙化、水土流失、土壤污染等变化趋势进行动态监测,为合理开发、利用与管理土壤资源提供科学数据。

(5)土地资源遥感:土地资源遥感是国际上普遍关注的一个应用与管理领域。学术上一般采用“土地利用/土地覆盖变化(Land Use/Land Cover Change,LUCC)”一词来涵盖土地资源及遥感应用研究范围,LUCC是国际上全球变化研究的前沿和热点问题之一,其研究重点是土地利用调查与制图、土地覆盖动态信息获取、土地覆盖变化的驱动力机制、区域土地环境效应研究等。中国早在20世纪40年代就在部分省市区采用1∶30 000比例尺的航测图进行土地调查;到80年代就开始利用航天、航空遥感技术进行土地覆被/土地利用变化调查与研究;目前正在进行全国第二次土地大调查,都广泛采用遥感高新技术进行大比例尺制图和精准测量。土地遥感是保证国家级或区域级的土地基础信息快速采集、处理、成图与土地监测体系的运行,并成为国家宏观规划与决策的科学数据基础。

(6)城市地理学遥感:城市地理学是研究城市的形成、发展、空间结构及分布规律的学科。城市地理遥感与传统地理学的研究既有联系又有区别,主要表现在对空间信息源的依赖程度。城市地理遥感的空间信息源来自遥感图像及城市摄影测量空间数据。城市地理遥感更关注城市发展的时间与空间对比性及空间定量描述,尤其是现代立体遥感的高精度测量技术的应用,进一步提高了城市遥感对地理环境和城市空间规划理论和城市管理的学科支持强度。主要表现在对城市计量地理分析及城市数学建模研究领域的支持,并强调计量分析和互联网技术的融合。并在研究特色上呈现人文化、社会化、非物质化以及空间微观化等新动向。如城市影像地图的电子化及网络化,城市三维街道景观与城市交通导航的自动化,城市交通查询信息化,城市违章建筑调查监测制度化,城市物流配送与空间位置服务社会化及城市空间管理智能化等。

(7)城市地质环境遥感:城市地质是近年来国土资源调查针对城市地质的特殊性开展的基于城市地质环境的三维地质研究领域。城市地质环境遥感是基于城市区域地质、水文地质(包括地下水资源)、工程地质、环境地质(包括地质灾害)、地震地质、第四纪地质、土地资源、生态地质、农业地质等城市地面及地下地质环境的、全新的具有工程性质的多专业、多勘察技术、多方法的数字填图系统。

第二节　地貌遥感

一、地貌遥感概述

地貌学是地质学与自然地理学之间的交叉性学科，而地貌遥感则是地学遥感的基础。地貌是指地质营力塑造而成的地球表面形态，它是地壳表层物质构成的外在表现。地貌形态的影像特征最为明显和直观，它是图像认知的第一个感官刺激信息源。图像地貌信息是表征地学专题内容的基本图像标志，地貌形态、类型、组合、结构、空间位置及空间关系等地貌空间元素都可构成地学解译的有效信息和属性判据，因此，地貌遥感解译是地学图像解译的基础。

遥感图像地貌学解译的主要任务是确定地貌单元与地貌格局，通过对地貌实体和地貌形态的解译分类，研究地貌的成因类型、形态类型、地貌演变过程、地貌单元的物质组成及其对地貌形态的控制，确定地貌单元界限，编制地貌解译系列图。地貌学遥感专题解译则重点研究地貌成因分类学问题、地貌与地质环境及自然灾害的成因问题等。从地学遥感角度讲，地学遥感的地貌专题主要有构造地貌专题、岩石地貌专题、海岸地貌专题、特殊岩石类型控制的地貌类型专题（如黄土地貌遥感、岩溶地貌遥感、丹霞地貌遥感等）、特殊气候带控制的地貌类型专题（如冰川-冻土地貌遥感、雅丹地貌遥感、沙漠地貌遥感等）、特殊地质作用控制的地貌专题（如火山地貌遥感、陨石坑地貌遥感、河口三角洲地貌遥感等）。

遥感技术、地理信息技术、全球定位技术的数字平台整合技术推动了数字地貌解析与定量地理学的发展。数字地貌解析主要是研究地貌数字表达和地貌定量分析，如运用 ArcGIS 软件的 Arc Hydro Tools 扩展模块，可以进行数字高程模型（DEM）的处理及其水文模拟分析，包括下垫面计算、流域面积计算、水流方向计算、水量计算、流网提取，全流域界线的划分及流域定量分析等数字应用。在工程地质遥感和地质灾害遥感中，也要运用数字地貌及地貌定量分析方法，如滑坡模型就需要对边坡地貌进行高精度数字化并进行数学建模；高压输电线路需要运用地貌数学模型进行架空线路的通视性分析等。

地貌遥感制图与数字地貌分类原则是基于遥感影像、数字高程模型和计算机自动制图技术条件进行数字地貌分类。地貌的数值分类方法是基于地貌形态、成因、物质组成和年龄等数字化信息和各项指标进行等级体系的层次分类方法，以点、线、面特征数据来反映地貌实体的成因类型的层次性和地貌形态结构的等级体系。

二、地貌类型解译

从遥感影像上识别不同等级的地貌类型，需要具备地貌学的知识。地貌类型解译的图像认知序列可以分为正向序列和逆向序列两种认知方法，正向序列是从地貌高等级类型到低等级类型；逆向序列则是从低等级类型到高等级类型，依据地学工程项目的性质选择不同的图像认知解译方法。对大区域的地貌调查或大型工程，应采用正向序列认知方法；而对于景观学、环境学、土地资源学等遥感项目，则应采用逆向认知序列。低等级地貌单元是叠加在大型地貌单元之上的。在成因上，它们是相互依赖的，其展布特点服从于剥蚀—搬运—堆积的外力作用过程控制理论。对高等级地貌类型，如高原、山地、丘陵、平原地貌单元的展布格局及其边界特征受控于大地构造单元，隶属于大地构造体系或称为造山构造带的控制范围。因此，地貌类型解译必须注意地貌单元的等级体系和成因类型相结合的图像认知理念。

三维地貌影像图是地理信息系统与遥感图像处理技术综合集成的产物，在地貌解译和其他地学解译应用中具有重要的图像识别和空间认知意义。三维地貌影像图是通过对数字高程模型(DEM)和遥感图像数据进行数据叠加后生成的具有三维视觉的立体影像，可以进行地貌的定量计算和数值解析，解决地貌的数值分类问题和基于数学模型的空间分析问题。在立体测图卫星图像上，可以运用立体像对直接建立光学立体模型，使地貌解译更具有三维立体测图的技术优势。

(一)大型构造地貌解译

构造地貌是由地壳运动直接形成的或受地质构造控制而形成的地貌类型。大型构造地貌是指在大地构造作用控制下形成的高原、平原、盆地、山地、丘陵五种类型；而典型构造地貌的主要类型有板块构造地貌、断层构造地貌、褶皱构造地貌、火山构造地貌、熔岩构造地貌和岩石构造地貌等。构造地貌与地形类型之间既具有内在联系，又具有一定的成因区别。地形主要描述地表高低起伏的形态特征，如上述高原、平原、盆地、山地、丘陵等，它强调区域地形的总体趋势特征。

大型构造地貌解译是从地貌单元及地貌格局开始的。首先确定地貌对象在山地-丘陵-盆地-山前平原-平原高等级地貌单元中所处的地貌位置及其空间关系。一般的解译顺序是先区分出平原、丘陵、山地高等级地貌类型，然后再分析待定目标在高等级地貌单元中的分布特点。

平原在卫星图像上表现为较均匀的色调，其基本地理要素有水系、耕地、城镇村庄、交通网络等；山地地貌在遥感图像上具有更为丰富和复杂的图像要素，主要地貌要素为山脊、沟谷、水系网络等，从形态特征上表现为坡地和悬崖绝壁、河谷与盆地等类型；丘陵是介于平原和山地的过渡地带，在遥感图像上丘陵地貌单元既具有山地地貌的某些图像特征，又具有盆地、平原的图像特征；盆地是山地地貌单元中地形相对平缓的地理单元，盆地中既包括平川或丘陵，也可包含局部的山地景观。由于盆地边界一般受区域断裂构造控制，所以盆地形态具有多样性，如平行四边形、菱形盆地、半月形、不规则交错型等。

(二)坡地地貌解译

1. 坡地地质作用与坡地地貌过程概述

坡地上的物质受到自身重力和坡面平行分力的作用影响具有顺坡向下位移运动的趋势。依据坡地物质的运动特点及其所塑造的地貌特征，坡地的地貌过程可以分为风化剥蚀、坡面冲蚀、崩塌、滑坡、蠕动、土溜及混合作用过程类型。

坡地地貌过程与坡地地貌的演化模式有“峰顶面”侵蚀循环概念及山地夷平作用的“准平原“概念。基于坡度指标的坡地地貌演化模式将坡度分为微斜坡、缓斜坡、斜坡、陡坡、峻坡、峭坡、垂直壁、倒转壁等类型；基于坡地物质运动分为垂直、侧向、斜向三类运动方向和坠落、沉陷、滑移、扩张、蠕动、滑移和流动七种运动方式；基于岩石类型及产状的坡地形态分类模式将坡地分为直线坡、凹形坡、凸形坡、复合坡，或依据岩层产状与坡向-坡度的关系分为单面山、构造坡、逆向坡、猪背岭、宝塔形坡地等类型。按照地文期的地貌循环学说，可将坡地地貌分为幼年期、壮年期、老年期三个发育阶段。

坡地地貌的定量研究是基于 DEM 数据与坡面流域的侵蚀基准和基于等高线坡面参数的

一种积分算法。如坡地地貌的面积-高程曲线和斯特拉勒面积-高程曲线模型就是运用高程分层设色、地貌参数数值化来研究坡地地貌的定量演化模型方法。它是以坡面面积、坡面流域面积、等高线与坡地所在流域的最低点、最高点为数据元素(参数)进行斯特拉勒积分(Strahler's integral),求取坡地地貌过程的定量指标。

在山地土壤侵蚀遥感调查中,就是基于坡地地貌中坡度定量分类数据及波长数据,运用DEM数据与遥感图像的微地貌形态特征相结合,用各类分类指标对坡地的土壤侵蚀强度进行定量分类研究。如在土壤侵蚀遥感调查中的坡度分级标准是5°～8°,8°～15°,15°～25°,25°～35°,>35°五个等级。按照坡度等级类型,再结合土地利用参数、植被覆盖参数、降雨量参数等进行土壤侵蚀强度的定量分类和土壤侵蚀模数的定量计算。

坡地地貌的定量遥感可为坡地地质作用过程提供临界坡度参数的科学依据。如对坡面流及坡面侵蚀临界坡度参数的研究,运用能量法及泥沙运动力学,研究坡面土壤侵蚀临界坡度问题,坡面剥蚀作用的土壤侵蚀临界坡度为22°～26°;坡面的切沟侵蚀作用的临界坡度大于30°;陡坡的重力侵蚀所发生的坡面崩塌的临界坡度应大于35°等。

2. 坡地地貌类型与图像标志

坡地地貌可分为坡地侵蚀地貌和堆积地貌两种类型。坡地侵蚀地貌是以风化剥蚀作用为主,重力作用为辅而形成的;堆积地貌是以面状流水的堆积作用为主,股状水流作用为辅而形成的。

(1)剥蚀侵蚀坡类型:坡地侵蚀地貌的图像标志是依据岩石类型和坡面地形特征而建立的,主要有色调、形态、影纹图案、景观四种基本类型;由于侵蚀坡由基岩构成,故其解译标志与岩石类型有关,如层状沉积岩、块状侵入岩所形成的坡地形态就具有较大的差异性。在沉积岩坡地上,还会由于地层厚度的差异、岩石坚硬程度的差异、岩层产状的差异而形成不同类型的坡地形态与图像特征。坡地形态可分为直线坡、凸形坡、凹形坡、阶梯形复合坡等。坡地地貌的发育与气候类型有关,如干旱地区多为上凹下凸形坡形,湿润区则以上凸下凹形坡形为主等。

(2)堆积坡类型:坡地堆积地貌也称为坡积裙,属于松散沉积层类型,总体坡度小于侵蚀坡度,在图像上一般都可发现二者之间存在明显的坡度变化线,称为坡折线。坡积裙分布在坡地的坡麓地带,其上为基岩侵蚀(剥蚀)坡,其下多为河谷阶地或河漫滩,地貌区位特征也极为明显。

(3)坡地沟谷类型:坡面上股状流水作用可在坡地单元形成一系列小切沟,也称为坡地侵蚀沟谷微地貌单元,是流域水系网络中最小一级单元。坡地沟谷在图像上都具有较为明显的判别标志,其地貌形态特征则取决于下垫面岩石类型。在透水性较强的岩石单元小切沟发育程度较低,在透水性较差的泥质岩类地层中则较为发育,且切沟的分布密度较大。

(4)坡地陡坎类型:坡地单元中的陡坎微地貌单元在图像上也具有明显的形态标志,尤其是在高分辨率图像上,陡坎地貌形态特征特别突出,并可构成岩石地层解译的标志层。

图7-1为坡地地貌的卫星图像。图7-1A为美国科罗拉多大峡谷陡坎陡崖夹斜坡、缓坡的地貌类型,可见多级陡崖与陡坡、缓坡构成的巨型峡谷坡地壮丽景观。坡面上发育密集分布的小切沟;图7-1B为长江三峡巴东地区的坡地地貌类型,由于坡地为阶梯型复合坡类型,故可见沿缓坡修建的梯田,梯田前端的人工小陡坎边界类似于地形等高线,沿坡面也发育有小切沟,多为深切割的"V"型冲沟。

3. 坡地地貌图像解译内容

坡地块体运动是坡地灾害形成的动力学因素。在坡地地貌遥感解译中,对坡地灾害地貌

图 7-1A　美国大峡谷陡坡坡地类型卫星图像

图 7-1B　三峡巴东坡地类型与梯田卫星图像

类型的识别条件主要取决于图像分辨率大小。一般情形下，坡地块体运动的规模不大，在图像上分布的面积较小，因此只有在高清晰度航摄相片或高分辨率航天图像上进行解译。

(1)倒石堆和岩屑堆。坡地上部岩体在重力和风化等外部营力作用下，崩解后沿陡坡或陡壁的崩塌堆积形成的松散锥形堆积体，称为倒石堆或岩屑堆。倒石堆以重力崩塌作用为主而形成，其成分以岩石大碎块为主，夹杂岩石碎屑。在遥感图像上，倒石堆坡面陡直，影像上呈深色调；岩屑堆则以差异风化作用及其撒落作用为主形成，其成分以岩石碎屑为主，夹杂岩石碎块。岩屑堆坡面下凹，影像上呈浅色调。由于这类地形的坡面处于不稳定状态，坡面的堆积物常常自上而下移动，坡面上不发育植物层，在影像上可呈现白色图斑。对于早先形成的倒石堆或岩屑堆，由于其坡面趋于稳定态，在坡面上逐渐生成植被覆盖层，在遥感图像上就需要依据其特殊的地貌形态与倒石堆的群体组合形态进行识别。

(2)滑坡体。斜坡上的岩层或土层在重力作用下沿着层内的一个或多个软弱层面产生整体向下滑移的现象称为滑坡。重力作用是滑坡发生的动力，岩土层是滑坡发生的物质基础，层内的软弱层面(带)是滑坡发育的导引层。滑坡是山区最为常见的山地地质灾害，且该类灾害的破坏力极大。在遥感图像上新滑坡体的图像标志明显，易于识别和圈绘。滑坡体在平面形态呈环状、椭圆状、条带状等多种面状图形。大型滑坡在遥感图像上具有典型的图像结构特征，在一般情况下，滑坡体上部为半圆形、围椅状陡坎，下部为舌状滑坡体，其表面多裂隙，前缘有时有向上翘起的褶皱构造。如果滑坡是新近形成的，其上的树木形成歪斜的“醉汉林”。图 7-2A 为一个最新滑坡体，图 7-2B 为由重力作用形成的崩塌灾害体。

(三)河流地貌解译

河流是地表最为普遍的地貌营力，河流地貌是河流侵蚀地貌与堆积地貌的总称，包括河谷、牛轭湖、侵蚀平原等河流侵蚀地貌和河漫滩、江心洲、迂回扇、冲积平原、三角洲等河流堆积地貌。研究河流地貌，掌握河流的演变过程，预测河流的变化趋势，对水利、交通、工农业生产和城镇建设都具有重要意义。

河流侵蚀、堆积的作用方式与强度受到地球表面多种因素的控制和干扰，如地形条件、降水条件、岩性地层及其产状条件、地质构造条件、植被与土壤条件、地壳运动条件等。因此河流地貌虽具有普遍的形成规律，但也存在着其特征的个性差异。

河流地貌遥感的目标和任务就是查明其地貌类型、演变历史、受控条件及河流地貌的发展

图 7-2A　滑坡灾害体的现场照片

图 7-2B　倒石堆灾害体的现场照片

趋势及其对城市、交通及社会发展的影响。

1. 山区河流地貌解译

山区河床形态很复杂，其横剖面被深切成“V”形，纵剖面受地质构造和岩性条件控制。纵剖面比降很大，常呈阶梯状，多跌水或瀑布。在整体抬升的山区，深切曲流型河流地貌发育，遥感影像上常见的河谷组合状态有：直线型“V”形狭窄河谷与深切的河曲组合，发育废弃环形干河谷、离堆山、河谷阶地等微地貌单元；连续的深切河曲也是山区河流一种常见地貌类型，如中国的嘉陵江、美国的圣胡安河等都是在地壳稳定上升期形成的。

河流纵剖面包括水面纵剖面、河床纵剖面和河漫滩纵剖面。研究河流纵剖面对地貌学、河相学、航运、防洪、城市建设都具有重要意义。河流纵剖面的几何形态主要有上凸型、直线型、下凹型和阶梯型，大多为下凹型纵剖面。中国长江、黄河、永定河和渭河的纵剖面基本上呈下凹型和阶梯型。如在长江上游金沙江段，河流横穿山地，形成深切峡谷，河床纵剖面陡峻；长江进入四川盆地后，发育典型河曲河段，河床纵剖面比降减小；在三峡河段，因区域穹窿抬升作用而形成峡谷，纵剖面比降增大；长江出三峡后流经江汉平原，在荆江形成典型的蛇曲型河谷（图 7-8），纵剖面比降急剧减小。

图 7-3 为美国犹他州科罗拉多河的支流圣胡安河（San Juan River）的深切曲流，河谷中箭头指向下游。在深切河谷中（两箭头处）曲流河道总长为 24.41km，而两点间的直线距离仅 7.75km，河谷两点间的高差为 45m，实际比降率为 1.84m/km，而深切河谷的高差竟达 150m 左右，为典型的峡谷型深切河曲地貌类型。深切河谷的基本曲流参数有曲流颈长、河道长、弯曲率、曲率半径等 。在图 7-3 的双箭头所指的曲流处，对其基本参数的图像测量结果是：河道长 4 940m、曲率半径 870m、曲流颈长 190m。

图 7-3 左下方还发育一条废弃的曲流干河谷（浅色箭头处），箭头指向其流向。这一废弃干河谷证明了深切河曲是在早期弯曲型河谷的基础上，由于地壳的持续抬升，侵蚀基准变化，河谷垂直侵蚀能力增强而形成的这种深切河谷类型。

图 7-4 为北京周口店周口河曲流河谷的卫星图像。山区河谷的阶地地貌在影像上的标志也较为清晰，一般可以进行识别和解译。主要地貌要素有阶面、阶地前缘陡坎及阶地后缘坡地。阶地面为一相对平缓的台地表面，并具有两个倾斜方向，即向河谷中心倾斜和向下游倾斜；阶地面上常分布有居民点、耕地及道路。阶地前缘陡坎的图像识别则取决于图像分辨率，

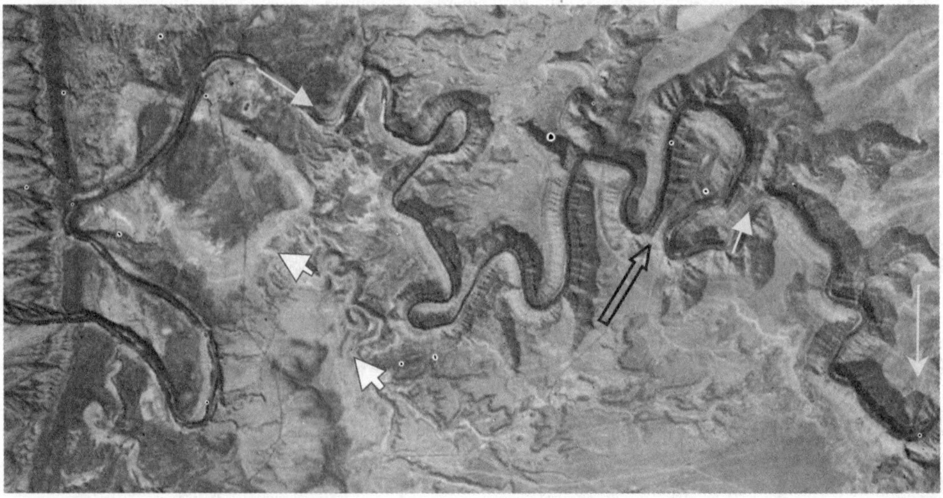

图 7－3 美国犹他州的鹅颈国家公园圣胡安河的深切河曲图像(Landsat TM 图像)

在大比例尺图像上一般可以识别陡坎并估算陡坎相对高度。阶地类型的图像解译可采用地貌相关分析法。如侵蚀阶地地貌单元为基岩缓坡或基岩小平台;基座阶地的阶地面为平坦的表面;其上为细粒冲积层的河漫滩相,发育有耕地田块景观单元,它和堆积阶地的图像结构极为相似,在空间上的识别标志主要是依据图像的地貌形态特征。

阶地的形成时代或先后顺序可依据阶地的空间关系及阶面形态进行判别。如新阶地位于近河床两侧,阶面比较平整;而老阶地位于谷坡之上,阶面比较破碎(图 7－4)。

图 7－4 山区河谷阶地地貌类型的图像特征与解译标志

向下箭头指向一级阶地,向左箭头指向二级阶地

(北京周口店周口河中上游捐兵湾)

2. 山前河流及洪积扇地貌解译

山前河流地貌处于山地与平原或山地与盆地的交接部位,其河流作用表现出以下两大特

点:①山区稳定性河道进入山前出口处时突然变为不稳定性河道,河流水道不断地左右摆动,形成扇状水系;②河床比降突然降低,流水速度变慢,流水动力变小,河流水层深度也突然变小,因此,河流水体所携带的大量泥沙在山前出口处迅速堆积下来,形成洪积扇或冲出锥堆积体。在遥感图像解译时,主要依据这两点进行图像识别及相关的地貌形态判别。

在遥感图像上,首先要依据扇形地的色调、水系形态及其聚敛端、发散端特征,判断洪积扇的扇顶、扇体前沿的结构特征。然后,对扇体的空间组合关系及形成机理进行分析。

图 7-5 为甘肃敦煌地区祁连山山前巨型复合型洪积扇,扇体长度 13km,宽度 24km,扇体由多条山区河流复合沉积而成,每条河流在山前都形成一个洪积扇,并联合成一个近半圆形的巨型洪积扇复合体。

图 7-6 为甘肃玉门市西部巨型洪积扇,扇体长度 48km,宽度 67km。与敦煌洪积扇相比较,该洪积扇体的规模大,但它却是由单个山区河流的出口所形成的一个单体洪积扇。扇体上的扇形水道标志明显,部分水道由于下切作用的加剧而逐渐固定,且在扇体东西两侧形成相对固定的水道。

图 7-5　甘肃敦煌机场东山前洪积扇
Landsat TM 图像

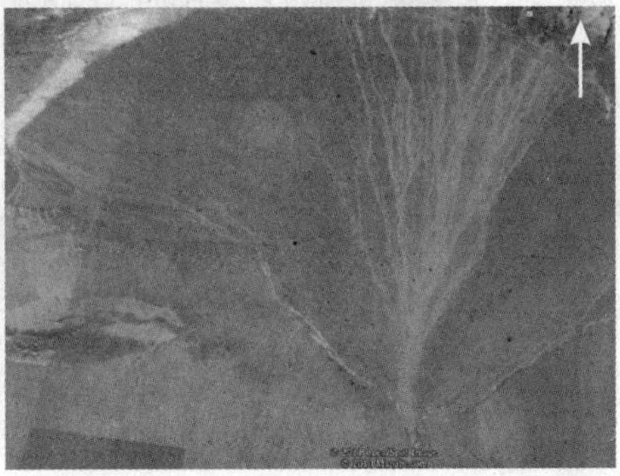

图 7-6　甘肃玉门市西部巨型洪积扇
Landsat TM 图像

洪积扇从扇顶到边缘可划分为三个相带:洪积扇的山口部位称为扇顶;扇的外围边缘部分叫扇缘;从扇顶到扇缘之间的地带叫扇中。扇顶沉积物是粗大的砾石,由扇顶向扇缘堆积物的颗粒逐渐变细。洪积扇的上层砂砾含量多,孔隙大,透水性强;下层黏土含量多,孔隙小。当地表水下渗转为地下水时,遇到黏土层,垂直下渗的水流流速变慢,地下水转为水平流动,聚集到洪积扇的边缘,地下水位接近地面,成泉水出露。洪积扇的边缘地带常是人类经济活动场所,居民点和农田大多分布在洪积扇的边缘地带。

洪积扇的形成与区域新构造的动力学特征关系十分密切。从遥感图像可以将其分为四类构造控制型洪积扇:①由于山体的持续性抬升,山前持续性下降,洪积扇体可联合形成洪积平原,亦可称为山麓洪积平原;②由于山地间歇性不断抬升,山前平原不断间歇性下降,便可形成上叠式洪积扇;③当山地上升规模、幅度较大时,早先形成的洪积扇体也随之抬升,在洪积扇前方又形成新的扇体,逐渐生成串珠状洪积扇;④当山地前缘的新构造活动为不等量掀斜运动时,新形成的洪积扇体则向相对下降的一侧倾斜移动,使新形成的扇体向一侧偏转,形成侧向不对称组合形态。基于上述四类基本空间组合特征,可以通过对洪积扇空间组合关系的解译,推断区域新构造运动学的运动学特征。

在山间盆地的坡麓地带也经常形成洪积扇。图 7-7 是 2006 年由国际宇航站宇航员拍摄的西藏雪山山麓冲积扇照片。该洪积扇图像标志清晰，扇体为单型体扇，具有典型的上叠式扇体结构，是由冰川融水在山口形成的冰水扇。由于冰水扇越来越大，最终将河水阻隔，形成青藏高原上的毛拉里湖泊。

图 7-7　西藏山麓洪积扇地貌遥感图像(2006 年国际空间站拍摄图片)

3. 平原区河流地貌解译

冲积平原是由河流沉积作用形成的平原地貌。冲积平原的形成条件有 3 个：①大地构造环境属于相对下沉或相对稳定的地区，在相对下沉区形成巨厚冲积平原，在相对稳定区形成厚度不大的冲积平原；②在地形上须有相当宽的谷地或平地；③须有足够的泥沙来源。中国的黄河中下游平原和长江中下游平原、宁夏平原都属于典型的河流冲积平原。

平原区河流地貌的基本特征是河床坡降比率小，河流动力学特征表现为侧向侵蚀作用为主，垂直侵蚀作用为辅。河流形态多表现为曲流形式，有时由于受构造作用的影响，某些河段呈直线和折线形式。

蛇形弯曲河道也称为自由曲流。河流的侵蚀作用集中在凹岸，堆积作用集中在凸岸。在凸岸形成由一条条沙坝组成的迂回扇，它在遥感影像上表现为一条条明暗相间的弧形条带，沙坝收敛的一方指向河流下游，撒开的一方指向河流上游(图 7-8B)。依据图中迂回扇的聚敛结构可以解译原曲流河道的形态结构及其水流方向，如图中弧形箭头所示。

蛇形弯曲河道的裁弯取直过程形成牛轭湖，在影像上的标志极为明显，即使湖水干涸，其曲流痕迹也可由牛轭湖湿地所形成的图像色调显示出其形态特征。

平原区河流地貌的主要图型组合类型如下。

(1)曲流型河流地貌。河流的泥沙量不大,流量变化小,河道纵剖面比降小,在遥感影像上表现的图型组合有:自由曲流、曲流环、牛轭湖、曲流痕、自然堤、堤外泛滥平原和迂回扇等。如长江荆江河段(图 7-8A)。

图 7-8A　荆江河段的曲流型河谷与牛轭湖

图 7-8B　九江北岸沙洲与迂回扇微地貌

(2)游荡型河流地貌。河流泥沙含量大,流量变化大,河床非常宽浅,形成流路不定的辫状交织河道,河床内支汊繁多,发育自然堤、古河道、决口扇微地貌单元。图 7-9 为松花江游荡型河谷的卫星图像,图中密集分布有牛轭湖、迂回扇、自然堤微地貌单元,河水流路不定,支汊河道极为发育。

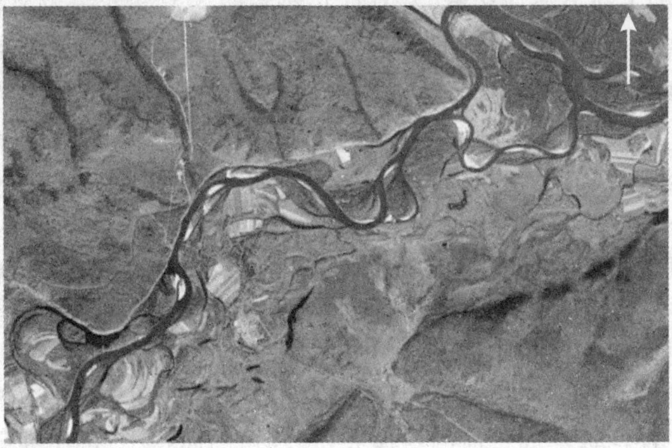

图 7-9　松花江游荡型河谷与迂回扇 GeoEye 卫星图像(2009 年 10 月)

(3)弯曲型河流地貌。是介于上述两种类型之间的河流类型。在遥感影像上的图型组合有河流直道和弯道交替出现,在汊道间发育江心洲。江心洲的消长过程遗迹在图像上可依据江心洲上端的沙岸色调及其形态特征、下端的植被覆盖特征、侵蚀程度进行解译和判断。如图 7-10 为长江嘉鱼河段的两个江心洲,在上游段形成了浅色调新沙洲,其下端的耕地边缘被侵蚀切割,可从地块的形态予以判别。再如长江中游的安徽河段和南京河段也发育该类型河流地貌。黄河的银川河段也属于这种类型。

4. 山间盆地区河流地貌解译

被山地包围的山间盆地,其边缘地带是洪积扇联合组成的洪积倾斜平原,中心部分也可形成冲积平原。图 7-11 为山西汾河盆地的汾河南段河谷 TM 卫星图像,河谷在盆地中穿过,谷

图 7-10　长江嘉鱼河段卫星图像，显示弯曲型河道的江心洲消长关系

地的下垫面为晚白垩世沉积物，谷地两侧则为前寒武纪至古生代沉积物。

5. 河口三角洲地貌解译

河口三角洲是指河口段的扇状冲积平原。河流入海时大量泥沙在河口段淤积延伸，填海造陆形成的扇面状堆积体。依据三角洲形态可将河口三角洲分为：扇状三角洲、鸟足状三角洲、岛屿状三角洲、尖头状三角洲及过渡性三角洲等类型。

河口三角洲形态类型可以反映河流入海时的主流及其分汊河道的泥沙沉积量与潮汐作用的侵蚀量之间的关系。从遥感图像上，可以详细地解译河口三角洲的主流河道、分汊河道、三角洲形态及其边界分布线，也可解译识别河口三角洲的土地类型、植被覆盖类型、村镇分布及社会其他要素。

(1)扇形三角洲。该类三角洲形成的基本条件是河流入海泥沙量较大，海流及潮汐的侵蚀作用较小，入海主流沉积物首先形成沙嘴，然后再不断改道形成扇形三角洲。

黄河河口三角洲就是典型的扇形三角洲。它是在弱潮、多沙条件下形成的。其特点是河流入海泥沙多，三角洲上河道变迁频繁，有时分几股入海。泥沙在河口迅速淤积，形成大的河口沙嘴。当沙嘴向海延伸至一定程度时，由于河道坡度比降减小，水流不畅而改道，在新的河口又迅速形成新的沙嘴。而老河口断流后，又受波浪与海流作用改造，沙嘴逐渐被蚀后退，形成扇状轮廓(图 7-12)。因此，随着河口的不断变迁，三角洲海岸交替向前推进，并在海滨分布许多沙嘴，使三角洲岸线流呈现出锯齿状。这类河口三角洲分布较多，比较典型的如埃及的尼罗河三角洲(图 7-13)、西伯利亚勒拿河三角洲(图 7-14)。

西伯利亚勒拿河是世界第十长河流，图 7-14 是勒拿河三角洲的 Landsat-7 TM 5/4/3 假彩色图像，三角洲宽 400km，每年有 7 个月冰封成冻原，夏季时则是一片苍翠繁茂的湿地，已成为勒拿河三角洲野生生物保护区。

发育在渤海湾北部的滦河河口三角洲也是一个极为典型的扇形三角洲，其形成过程与黄河三角洲相似。由于滦河远不如黄河的规模大，其三角洲面积小，可作为扇形三角洲的一个小

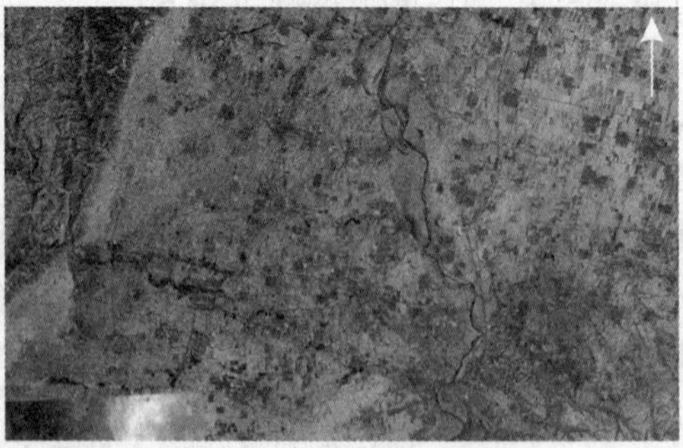

图 7-11　山西汾河盆地的汾河河谷地貌图像

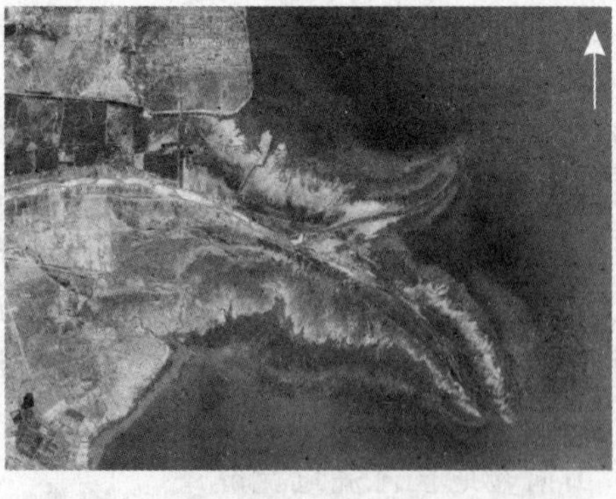

图 7-12　黄河最新三角洲的沙嘴及其水下扇形三角洲图像

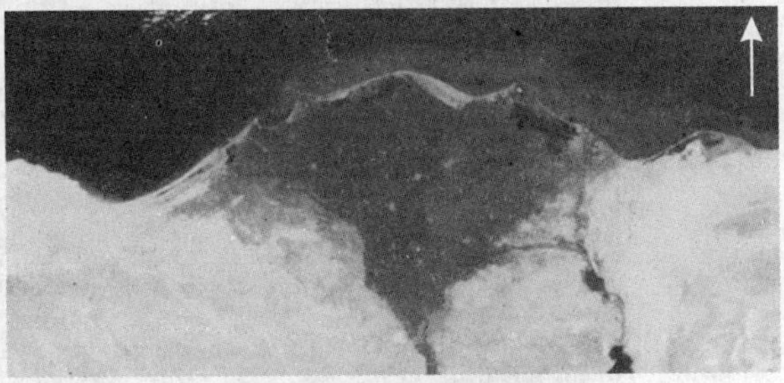

图 7-13　埃及尼罗河河口三角洲与绿洲景观图像

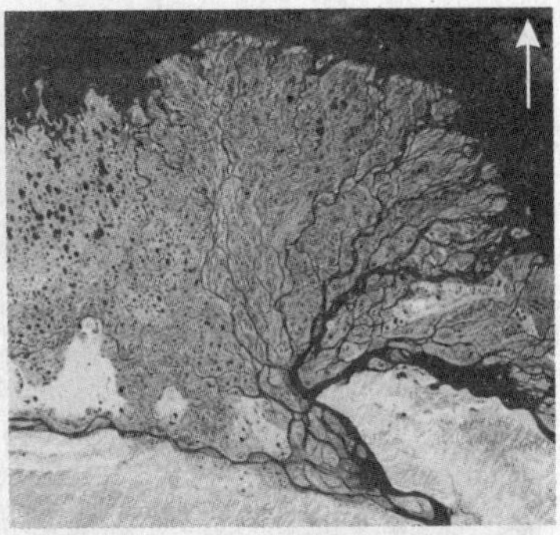

图 7-14　西伯利亚勒拿河扇形河口三角洲图像

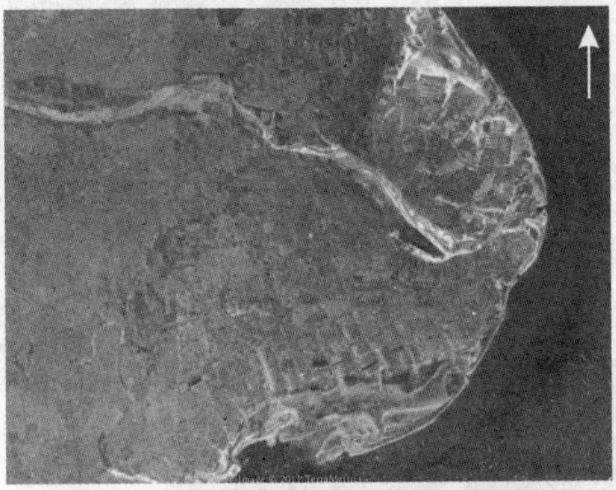

图 7-15A　河北唐山滦河扇形三角洲 GeoEye 卫星图像(2009 年 11 月)

图 7-15B　滦河河口最新三角洲局部放大图(三角洲土地开发利用现状与扩展标志)

模型来研究(图 7-15A、B)。

(2)鸟足形三角洲。鸟足状三角洲是在波浪作用较弱的河口区,河流分汊为几股同时入湖、入海时形成的,各汊流的泥沙堆积量均超过波浪的侵蚀量,泥沙沿各汊道堆积延伸,形成长条形大沙嘴伸入湖、海中,使三角洲外形呈鸟足状。由于这种汊道比较稳定,两侧常发育天然堤,天然堤又起着约束水流的作用,使汊流能够继续向湖、海伸长。天然堤一旦被洪水冲垮,就会产生新的汊流。典型的入海河口三角洲有美国密西西比河三角洲;入湖的三角洲如中国的鄱阳湖赣江三角洲等。

密西西比河是美国第一大河,总长 3 733km。图 7-16 卫星图像所显示的是 2001 年密西西比河入海的鸟足形长三角洲地理景观。在过去 1 万年间,密西西比河在 300km 长的海岸线范围内多次改变入海口位置。近代由于通过兴修水利设施而将其入海的河道固定下来,形成了相对固定的入海口,使入海的沙嘴坝得以向海不断延伸,形成了图像中的长条形鸟足形河口三角洲。

鄱阳湖位于江西省的北部、长江中下游南岸,湖泊承纳了赣江、抚河、信江、饶河、修河五大江河来水,经调蓄后由湖口注入长江,是一个过水性、吞吐型的湖泊。鄱阳湖水位变化受五河及长江来水的双重影响,为季节性湖泊,高水属湖相,低水属河相,具有“高水是湖,低水似河”的独特景观。由于注入湖泊的泥沙量大于湖泊的侵蚀量,因此,河流入湖后的沉积物沿河道一

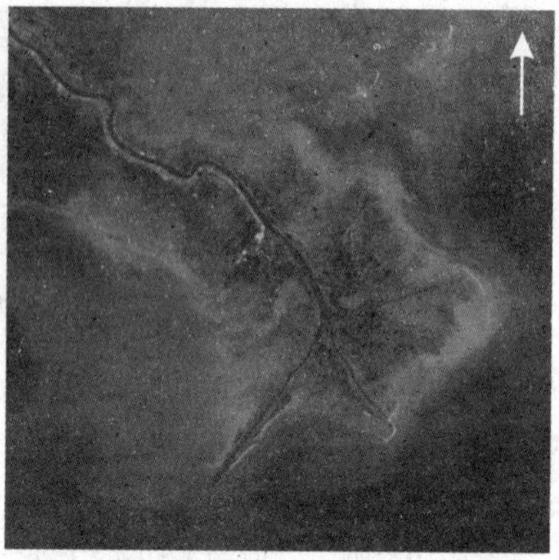

图 7-16 美国密西西比河鸟足形三角洲 Landsat-7 TM 图像(2001 年)

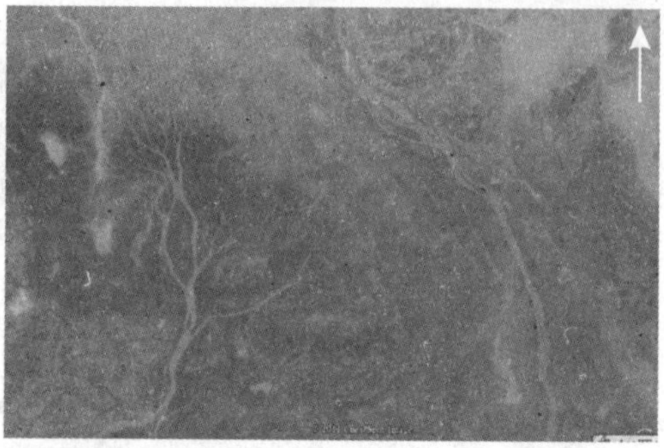

图 7-17 鄱阳湖赣江入湖鸟足形三角洲 Spot 卫星图像(2011 年)

直向前延展,河流分支后就形成了鸟爪形三角洲(图 7-17)。

(3)岛屿状三角洲。该类三角洲是通过河口心滩和河流分汊所形成的沙岛或沙洲逐步发展而成的。星罗棋布的沙洲、沙岛和纵横交错狭长的汊河构成了三角洲平原的主体。如恒河三角洲、珠江三角洲等。中国珠江三角洲是由珠江水系的西江、北江和东江在入海口形成的一个岛屿状冲积三角洲(图 7-18)。

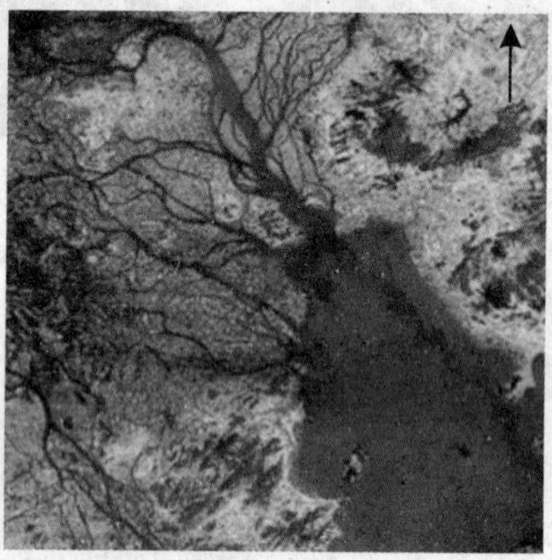

图 7-18 珠江岛屿状三角洲 Landsat TM 图像(1979 年 12 月)

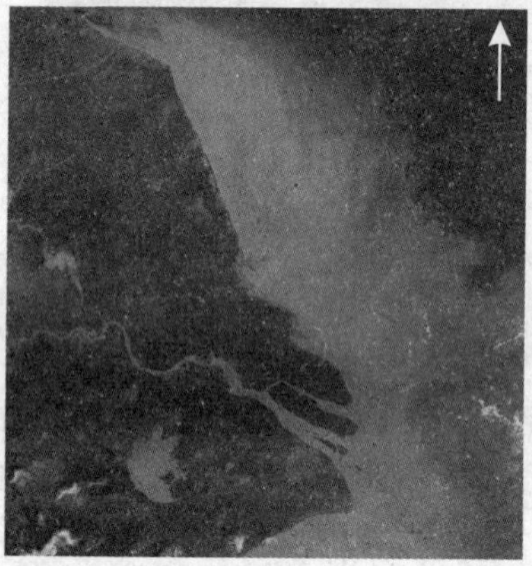

图 7-19 长江三角洲 Landsat TM 图像

(4)过渡类型三角洲。该类三角洲是介于两种三角洲成因类型之间的混合三角洲类型。图 7-19 为中国长江三角洲卫星图像,它就属于这种过渡性类型。长江三角洲是我国最大的河口三角洲,长江三角洲顶点在仪征市,三角洲范围包括江苏省东南部、上海市及浙江省杭嘉湖地区。三角洲北界为扬州、江都、泰州、海安、栟茶一线,西界及南界至镇江、宁镇山脉、茅山东麓、天目山北麓至杭州湾北岸一线。

从图像轮廓看,长江三角洲形态类型介于尖头形三角洲及岛屿型三角洲的过渡类型,既具有三级分汊、四口分流的多岛型河口特征,又具有尖头形三角洲类型的特征,如在三角洲河口北部的启东沙嘴,南部的南汇沙嘴均向海突出,形似一尖头形三角洲。但长江河口又具有沙岛(崇明岛)和浅滩的多岛屿特性,其河道分汊又多,三角洲形态又与岛屿型三角洲相似。

(5)三角港。当河流来沙量较小,河口受潮流的强烈冲刷作用时,则无三角洲形成,河口呈喇叭形,这种河口称为三角港或三角湾,如杭州湾(钱塘江口)就是一个典型的三角港。钱塘江挟沙少,河口海岸下降,潮差大,不仅使河流携带的泥沙不能在河口堆积,而且引起强烈的冲刷,使河口加深与展宽,逐渐形成三角港。三角港更加大了潮差,因而形成著名的钱塘江涌潮。涌潮使泥沙在河口区上段堆积成凸起的拦门沙。

6. 河流作用过程的解译

河流作用过程是一个长时间尺度的演变过程,运用多时相遥感影像进行时空解译对比分析,可以进行河流的地质—地理—环境演变过程解译和流域分析,用来获取河流作用过程信息。如运用多时相卫星图像,可以研究河流上游侵蚀和下游堆积、凹岸侵蚀和凸岸堆积的变化过程、心滩或江心洲移动轨迹、河口三角洲形态的空间演变等信息。

图 7 - 20A、B 为黄河三角洲自 1979—2011 年 30 年间的扇体扩展演变对比图像。1979 年(A 图)入海主河道已经废弃,主河道入海口在原河道的 17.83km 处折转向东而入海,形成新的三角洲。在图 B 中可以发现新三角洲下还掩埋着早先形成的老三角洲残余沉积体,亦可分析现代水下三角洲沉积物的分布概况。

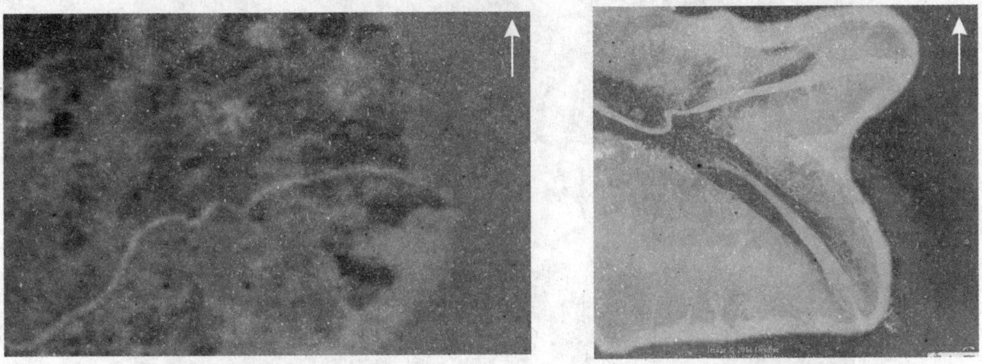

(A) 1979年12月Landsat卫星图像　　(B) 2011年GeoEye卫星图像

图 7 - 20　黄河河口扇形三角洲 1979—2011 年沉积演化卫星图像

图 7 - 21A、B 为长江荆州河段 2002 年 1 月至 2009 年 12 月河道演化对比图像,由于长江荆州河段自 1998 年洪灾之后的防洪治理工程及对河道隐蔽工程的实施,河道在 7 年中变化不大,且河道两侧地理生态环境经治理后得以显著改善。

(四)冰川与冻土地貌解译

由冰川作用塑造的地形类型属于冰川地貌,它与沙漠地貌一样,同属于气候地貌范畴。

冰川是准塑性体,冰川的运动包含冰层内部的运动和底部的滑动运动两部分,是进行侵蚀、搬运、堆积作用并塑造各种冰川地貌的基本动力。冰川地貌又是与寒冻、雪蚀、雪崩、流水等各种外部营力共同作用的产物。

1. 冰川地貌成因类型

冰川地貌按成因分为侵蚀地貌和堆积地貌两类;按冰体形态及规模可分为大陆冰盖(如南极冰盖和格陵兰冰盖)、冰帽(如规模巨大的山麓冰川和平顶冰川)和山地冰川(如冰斗冰川、悬冰川、谷冰川、平顶冰川和山麓冰川等)三大类。图 7 - 22 为南极冰盖中的冰蚀干谷和冰盖卫星图像。图中深灰色调为干谷,白色调为冰盖或冰封湖。

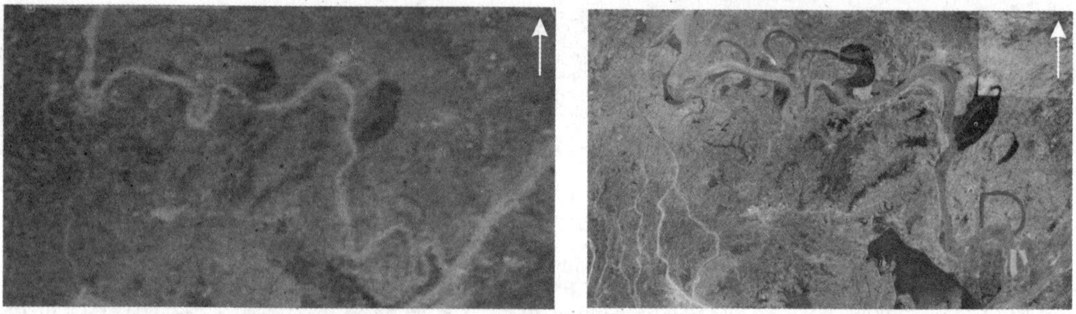

(A) 2002年1月　(B) 2009年12月

图 7-21　长江荆州河段 2002 年 1 月至 2009 年 12 月河道演化对比图像

图 7-22　南极 Terra 卫星热红外图像(2000 年 11 月)

位于罗斯海和南极洲东部大冰层之间的平行干谷，干谷中发育冰川和冰封湖地貌

冰川侵蚀地貌一般分布于冰川上游，即雪线以上位置，形态类型有角峰、刃脊、冰斗、冰坎、冰川槽谷及羊背石、冰川刻槽等磨蚀地貌。

冰川(包括冰水)沉积地貌分布于冰川下游，形态类型包括终碛垅、侧碛垅、冰碛丘陵、冰碛台地、底碛丘陵和底碛平原、鼓丘与漂砾扇，以及由冰水沉积物组成的冰砾阜、蛇形丘、冰水阶地台地和冰水扇等。

山地冰川地貌的分带性特征明显，具有垂直分带和水平分带区域性特征。水平分带是指从冰体中心到冰川外围，依次为角峰、冰斗、冰坎、羊背石、磨光面、底碛平原或丘陵、终碛垅、冰水扇；垂直分带是指从高到低依次为刃脊、槽谷肩、冰蚀崖、侧碛垅、冰床(底碛平原或丘陵)。

2. 冰川地貌解译

利用不同分辨率的遥感影像从事现代冰川的研究，特别是从事人迹罕至的高山冰川和冰川类型的研究，具有较好的效果。

(1)中分辨率遥感图像上的冰川地貌类型及其特征。现代冰川在影像上呈现雪白明亮的色调,表面光滑,易于辨认,其分布范围易于勾绘,覆盖面积和储量易于计算,结合地形图对雪线高度也易于确定。

(2)高分辨率遥感影像上的地貌类型。高分辨率遥感影像上可以确定冰川地貌的形态,如冰舌、冰裂隙、冰碛物等。常见的冰川侵蚀地貌有冰斗、刃脊、角峰、冰川槽谷、悬谷。冰川堆积地貌有底碛地形(冰碛丘陵、古丘)、终碛堤、侧碛堤。

冰面湖和冰川湖等都有明显的形态特征,它们不仅定向展布,且在影像上呈现深黑色调,并与浅白色冰川形成鲜明的对照。

图 7-23 为西藏墨脱县南迦巴瓦峰(海拔 7 445m)冰川的卫星三维图像。在南迦巴瓦峰四周发育有多条山岳冰川,其中,高峰南侧发育有三条冰川,图像中下部可见由多条冰川合并成具有中碛垄特征的冰川。图中可见冰川的角峰、刃脊、冰斗、侧碛垄、中碛垄、冰川槽谷及终碛垄等冰川微地貌单元的空间结构特征。从图中还可以依据冰川消融后退现象的标志,运用多时相图像进行冰川消融过程监测并定量计算冰川后退的速率。由于全球气候变化的影响,现代冰川已后退到雪线附近,且南侧冰川后退的速率明显大于北侧的冰川。

图 7-23 西藏墨脱南迦巴瓦峰(海拔 7 445m)冰川 Landsat TM 卫星三维图像

图 7-24 为西藏加拉白垒峰冰川卫星三维图像。在加拉白垒峰东南侧分布有多冰斗复合冰川,在图右侧可以看到由八条冰斗冰川合并成一个大规模的山岳冰川。该冰川也具有明显的消融后退特征。在加拉白垒峰南侧峰的冰川谷地中,可发现处于消融状态的冰川,其冰面上已发育有消融杂斑的图像纹理特征。

图 7-25A 为珠穆朗玛峰东侧的复合型冰川。图像左侧发育由两条冰川合并后生成的中碛垄和多条侧碛垄和冰川前沿的终碛垄。图 7-25B 为阿拉斯加湾克耐半岛附近的熊冰川的侧碛垄与冰川汇合后形成的中碛垄,冰川前沿已经运移到北冰洋之中。

(3)冰川地貌的演替与古气候环境。利用不同时期遥感影像进行对比解译和动态分析,还可查明冰川的进退、雪线高度变化、冰川积累和消融等冰川地貌演变趋势及全球气候演变。前进的冰川和后退的冰川影像特征是不同的,前者具有均匀的浅白色调,后者具有较深的色调和斑点状花纹特征,依此可研究冰川的演化过程,并可进行定量研究。

图 7-24　西藏加拉白垒峰冰川地貌卫星图像(QB-2,2006 年 4 月)

图 7-25A　珠穆朗玛峰东冰川侧碛垄及终碛垄卫星图像(QB-2,2006 年)

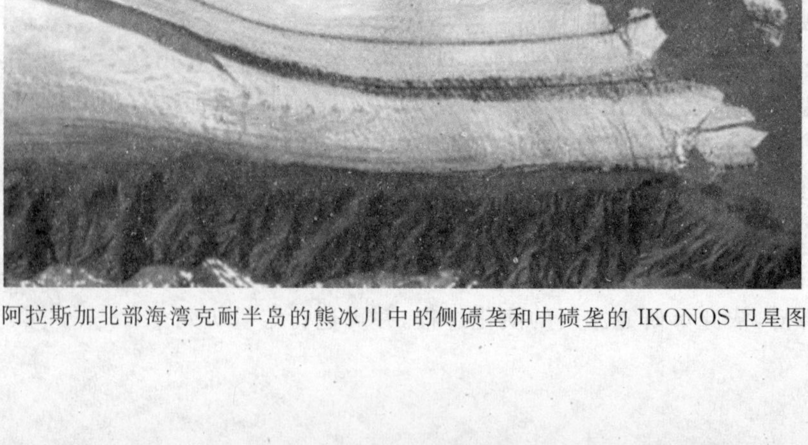

图 7-25B　阿拉斯加北部海湾克耐半岛的熊冰川中的侧碛垄和中碛垄的 IKONOS 卫星图像(2005 年)

3. 冻土地貌(frozen soil)解译

冻土地貌定义为温度低于0℃的含冰土层所形成的地貌类型。长年处于冻结状态的土层称为多年冻土；而冬季土层冻结，夏季则全部融化，则称为季节冻土。冻土地貌具有独特的外貌，在高分辨率遥感影像上很容易辨认。多边形土是冰缘冻土区常见的典型地貌现象，巨细不一，呈蜂窝状图案；融冻泥流呈淡白色或深暗的飘带状；石海呈不均匀浅色调的斑点状图案；流路宽窄不定的串珠状河流也是冻土区常见的现象。微微高出地表的冻丘，多成群出现，只有在高分辨率遥感影像上才能分辨出来；在冻丘成群出现的地方，在遥感影像上呈现色调紊乱的图案，且影像结构较粗糙(图 7-26)。

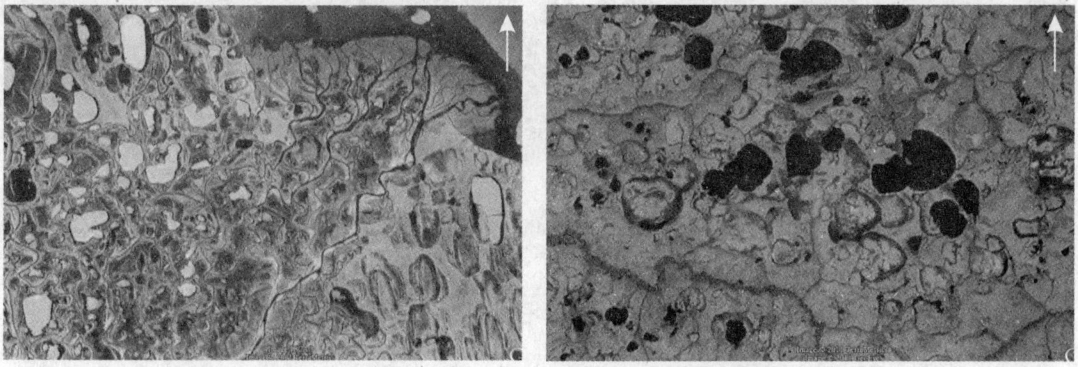

(A) 阿拉斯加北部多年冻土冰丘地貌景观 (Oarlock Island冬季气温-45℃)　　(B) 阿拉斯加中西部季节冻土环形冰丘与热融洼地地貌景观 (冬季气温-35℃)

图 7-26　美国阿拉斯加州冻土地貌遥感图像

冻土地貌类型主要有：石海、石流坡、石环、斑土、冻胀草环、冰丘、热融洼地、热融湖等。图 7-26 为美国阿拉斯加州的典型冻土地貌图像。图 A 为北部 Oarlock Island 多年冻土地貌类型，可见冰丘地貌呈圆形浅色图斑；图 B 为中西部季节冻土形成的环形冰丘和热融洼地地貌景观类型。

冻土层具有流变性，其长期强度远低于瞬时强度。冻土区的工程地质问题主要是冻胀和融沉，它们都会对工程建设带来危害。

(五)风成地貌解译

风成地貌是风与风沙流对地表物质的吹蚀、搬运和堆积过程中所形成的地貌类型。按其成因可分为风蚀地貌和风积地貌两大类型。在遥感图像上，风成地貌类型具有独特的地理景观及图像色调-形态标志，当图像分辨率适当时，风成地貌的遥感解译就可成为研究各类沙漠及其环境的有效工具。

1. 风蚀地貌

风蚀作用的主要对象是干旱半干旱地区缺乏植被保护的地表，尤其是干燥而松散的沉积物表面。风蚀地形一般都很小，只有在高分辨率影像上才能辨识。

在泥质砂质近水平产状的岩层上，可形成最显著的风蚀地形，称为风蚀洼地和“雅丹”地形。它们的展布方向都与盛行风向平行。风蚀洼地为规模大小不一的浅圆形洼地。“雅丹”的维吾尔语原意为“陡壁的小丘”，现泛指干燥地区的一种风蚀地貌类型。在河湖相土状沉积物所形成的地面，经风化作用、间歇性流水冲刷和风蚀作用就可形成与盛行风向平行、相间排列的风蚀土墩和风蚀凹地(沟槽)地貌组合类型。这种地质现象在新疆罗布泊东北的“楼兰”古城地区就很典型。克拉玛依的“魔鬼城”、奇台的“风城”等也都是典型的雅丹地貌。世界各地的不同荒漠,包括突厥斯坦荒漠和莫哈韦沙漠在内,都发育有雅丹地形。图 7－27A 为新疆奇台风城的典型风蚀地貌图像标志,每个雅丹地形在图像上均为一个突起的小土崖,形成麻点状的图像纹理结构。

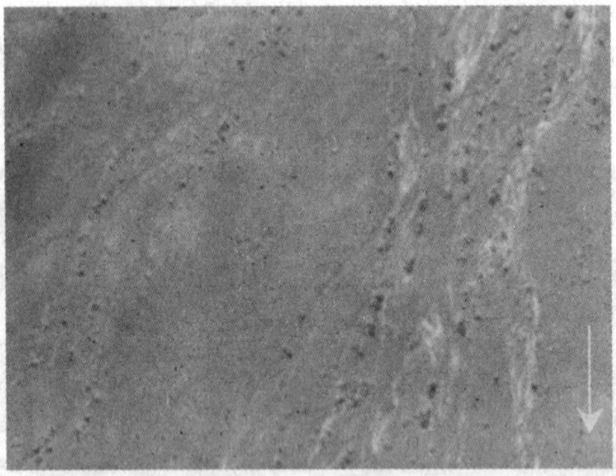

图 7－27A　新疆奇台风城风蚀地貌景观的 Spot 卫星图像(2005 年)

图 7－27B　新疆库车雅丹地貌快鸟卫星图像(2007 年 11 月)

在坚硬岩层上的风蚀作用虽然可以形成局部凹槽,但更为普遍的是沿着节理、裂隙及断层等软弱部分的风蚀刻划作用形成的特殊微地貌形态。

2. 风积地貌

风积地貌的形成,与风的性质,特别是风向、风速有着密切关系;其次,沙的供应情况和地面起伏程度也有一定关系。风积作用多发生在有地形阻挡和风力衰减的地区,形成的地貌主要有沙地、沙丘和沙垅(图 7－28)。图中的沙丘类型及其尺度特征明显,且可分析不同尺度沙丘所处的堆积环境及其成因类型。

沙丘和沙垅很少个别出现,多成群分布,并处于流动、半固定或固定状态。沙丘不限于干旱区和半干旱区,在海滨、湖岸沙滩或古河床风口地段也可形成,但以干旱地区最为常见;而沙垅则具有地带性,仅出现在沙漠区。

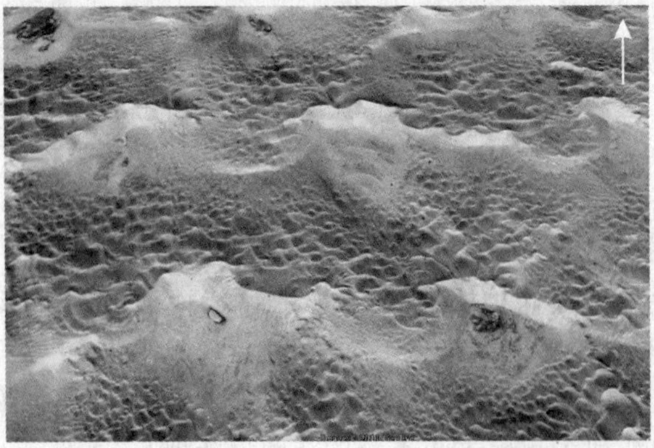

图 7－28　甘肃民勤“金字塔”沙丘链及复合沙丘链的微地貌结构图像(GeoEye,2010 年 5 月)

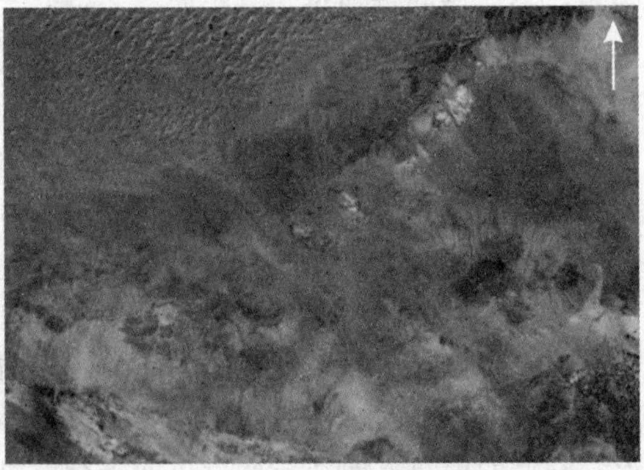

图 7－29　甘肃民勤风积地貌与绿洲沙地化的演变过程图像

图 7－29 显示的是巴丹吉林沙漠(左上角)向民勤绿洲(右下方)推进的过程。沙漠、沙地为黄褐色,图中的沙丘及沙丘链清晰,流沙从西北向东南方向推进。

(六)岩溶地貌

岩溶地貌也称喀斯特地貌,是由岩溶作用所形成的各种地貌形态的总称,"喀斯特"一词源于南斯拉夫西北部石灰岩高原的名称,为岩溶地貌的专属性术语。

岩溶地貌在热带和亚热带地区最为发育,在遥感图像上最清楚的岩溶现象是峰林、峰丛、溶沟、岩溶漏斗和坡立谷等。根据岩溶地貌类型的组合特征,可以判别其发育阶段和规模等级。在遥感图像上,岩溶地貌基本类型及其图像标志如下。

1. 溶沟、石芽

溶沟是地表径流沿着可溶性岩石的节理、层面和裂隙进行溶蚀和侵蚀所形成的槽沟。溶沟与石芽常组合在一起,形成溶沟石芽原野。遥感图像上的溶沟呈线状或菱形网格状形态特征,多与区域节理构造的发育程度有关(图 7－30)。

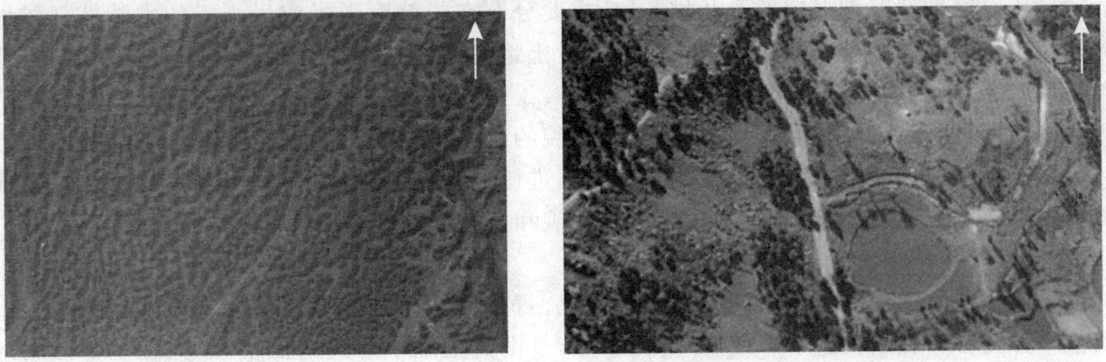

图 7－30　贵州兴义市(左)、云南路南石林(右)峰林峰丛岩溶地貌卫星图像

2. 峰林峰丛

碳酸盐岩的石峰分为孤立峰和丛聚峰两类,丛聚峰的连座峰林又称峰丛,多为锥状岩溶地貌形态,统称为峰林峰丛地貌类型。峰林峰丛地貌形态受碳酸岩的岩层层厚、产状和岩溶发育阶段的影响和制约,在遥感图像上主要表现为锥状峰林和筒状峰林组合类型,锥状峰林多发育在倾斜岩层区;筒状峰林多发育在水平岩层区。在小比例尺图像上,他们呈深色调密集的斑点状图案,图像纹理构图特征似橘皮状或花生壳状的形态图案(图 7－30)。

3. 溶蚀漏斗

溶蚀漏斗是岩溶地貌发育初期阶段的一种典型形态。岩溶漏斗的地貌特征在石灰岩地区表现为一种封闭的圆形或椭圆形洼地,其平面形态呈圆或椭圆状,直径数米至数十米,深度数米至数十余米,它是地表水流对石灰岩裂缝聚集区进行溶蚀并不断扩大而形成的。溶蚀漏斗可分为井状漏斗、碟状漏斗、锥状漏斗,其主要特征是斗壁陡峭,漏斗深度大于其直径。大尺度的漏斗称为"天坑",其直径达数百米,深度亦达数百米,以重庆武隆国家地质公园大天坑最为壮观(参看图 11－3)。

4. 溶蚀洼地

溶蚀洼地是岩溶地理单元区的一种不规则椭圆形的封闭洼地,多由几个岩溶漏斗塌陷后合并形成的"复式漏斗",其底部地形较平坦,其上有碎屑堆积物覆盖,多辟为耕地。溶蚀洼地有时也受断裂构造控制，如果其规模巨大，就可称之为“坡立谷”。

5. 波立谷

波立谷(Polje)是一种更大尺度的岩溶盆地，其边界由区域构造所控制。沿断裂构造发育的坡立谷多呈长条状外形，沿向斜轴发育的波立谷多呈梭形或椭圆形。坡立谷盆地内分布有峰林岩溶地形，盆地内常发育有河流，其特点是主流明显而支流稀少，河谷中松散沉积物发育，多辟为耕地。

6. 伏流、盲谷

岩溶地区的地面河潜入地下之后称伏流(亦称为暗河)，它形成于地壳抬升河流下切作用强烈的地区，尤其是在岩溶深切峡谷的上游河段经常发育有伏流。在伏流发育区，地表河流会出现不连续的河谷，主要地貌类型有盲谷、干谷和成串的岩溶漏斗等，在图像上依据这些地貌特征及其展布方位就可以确定或推断地下暗河可能分布的范围。

(七)黄土地貌

黄土是第四纪时期形成的土状堆积物，主要分布在中纬度干燥或半干燥的大陆性气候地域内。中国黄土集中分布在西北黄土高原。黄土地貌的基本特征是沟谷密集、地表侵蚀方式独特，地貌类型主要有黄土塬、峁、墚和独特的黄土潜蚀地貌。由于黄土具有多孔性及柱状节理的构造特性，因此湿陷性地质灾害是黄土地貌的特殊成因机理。

黄土地貌遥感是基于黄土地貌的基本要素进行地貌类型划分及特征识别。按黄土地貌成因类型可以划分为黄土堆积地貌、黄土侵蚀地貌和黄土潜蚀地貌。

1. 黄土堆积地貌

大型黄土堆积地貌有黄土高原和黄土平原。黄土高原上发育有黄土塬、黄土墚和黄土峁。黄土平原则分布在新构造下降区，如渭河平原，是由黄土堆积形成的低平原，只在局部倾斜地面上发育河谷系统，但无墚、峁发育。

黄土塬是面积广阔而且顶面平坦的黄土高地(图 7-31 左侧)。塬面中心的斜度小于 1°。规模较大的黄土塬有陇东的董志塬、陕北的洛川塬等。黄土墚是长条形的黄土高地，墚的成因可分为两类：一类是由黄土覆盖在古地貌岭脊上形成的；另一类是由黄土塬受现代流水切割产生的(图 7-31 右侧)。根据墚的形态，又可分为平顶墚和斜墚两种。

图 7-31 陕西铜川市西黄土塬、墚、峁及冲沟的卫星图像

图 7-32 黄土墚、峁及其冲沟的卫星图像

2. 黄土侵蚀地貌

黄土冲沟是由暂时性流水侵蚀而形成的长条沟堑。冲沟的形状多种多样，宽度或长度大小不一，彼此相差较大。冲沟横剖面呈"V"型或槽型，沟坡一般较陡峭，沟缘线十分明显(图7-32)。在黄土冲沟两侧发育最多的地质灾害是黄土滑坡和崩崖。黄土滑坡是坡面上不稳定的土体在重力作用下整体向下滑动的地段，崩崖则是陡坡上部不稳定的土体在外力作用下崩落于地面而形成的(图7-33)。

黄土滑坡和崩崖对工程建设都有一定的影响，沿道路两侧的滑坡和崩崖危害性更大。

3. 黄土潜蚀地貌

黄土潜蚀作用属于地下的侵蚀过程，潜蚀作用造成的黄土地貌的主要类型有陷穴、盲沟、天然桥、土柱、碟形洼地等，被称为黄土"假岩溶"地貌。

(1)黄土碟。黄土碟是由湿陷作用形成的直径数米到数十米的碟形凹地。黄土碟多出现在平缓的地面上，由于地表流水聚集于相对低洼的次级地形单元内，地面水体沿黄土裂隙与孔隙下渗，当潜水面上黄土底部充分含水之后，黄土在重力影响下沉陷而成。

(2)黄土陷穴。黄土陷穴是指由于地表水集中下渗进行潜蚀作用而形成的圆形或椭圆形洼地。陷穴作用过程是地表水沿黄土中节理进行侵蚀、水体集中下渗进行潜蚀，下渗水体把可溶性盐带走，从而将下部土层蚀空使表层黄土崩陷而形成陷穴。黄土陷穴可分为漏斗状、竖井状和串珠状三种类型，深度很大的称为黄土井。黄土陷穴的成因与岩溶地貌中的溶斗较为相似。解译时，应注意黄土陷穴与土坑的区别，二者成因不同，形态上也具有较大的差异。

(3)黄土柱。黄土柱是黄土地貌区经流水浸蚀后留下的高于地面的土柱。它的成因与灰岩的弧峰比较相似(图7-34)。

图7-33 黄土滑坡后缘陡崖(滑面)与滑坡体的台阶状褶皱形态照片

图7-34 黄土高原河流与黄土柱微地貌景观照片

(八)火山地貌

由火山作用所形成的地貌形态称为火山地貌。火山喷发形式主要有裂隙式与中心式两种。

1. 裂隙式喷发与线状熔岩流

岩浆沿着地壳上的巨大裂缝溢出地表称为裂隙式喷发。基性熔岩火山喷发物属黏性低、流动性大的岩浆熔岩，喷出的熔岩一般沿地面斜坡缓慢地散流，覆盖广大地区而形成熔岩台地或高原。如我国西南川滇黔三省交界的二叠纪峨眉山玄武岩和河北张家口的第三纪汉诺坝玄武岩都属裂隙式喷发产物。现代裂隙式喷发主要分布于大洋中脊处，在大陆上只有冰岛可见到此类火山喷发活动，故又称为冰岛型火山。

2. 中心式火山

地下岩浆通过管状火山通道喷出地表称为中心式喷发。中国第四纪火山活动多为中心式喷发，形成锥形或钟形的火山口地貌。中心式火山喷发的地貌形态分为锥形火山、盾形火山和钟形火山。锥形火山是常见的火山口地貌类型，它属于酸性熔岩(流纹质)，多为爆炸式喷发。由于喷出的火山物质黏性较大，流动较慢，堆积在火山口周围，形成锥形体。有的锥形火山口周围还发育有许多次级火山锥，称为寄生火山口，如长白山天池火山口四周的寄生火山口群。而玄武岩火山口多以火山口群的形式出现，它们是受基底断裂带控制，按照一定的方向排列，如图 7-35 卫星图像所显示的山西大同第四纪玄武岩火山口群。

图 7-35　山西大同第四纪火山口群卫星图像

图 7-36　云南腾冲第四纪火山口群卫星图像

云南腾冲第四纪火山口群是较为典型的中心喷发式火山，被称为火山博物馆。它位于横断山脉南端的高黎贡山西侧，火山锥及其喷出物分布在南北长约 87km 及东西宽约 33km 的地带中。图 7-36 为卫星图像所显示的腾冲火山口群的图像标志，沿着 NE 向断裂带呈定向排列。图 7-37 为黑龙江五大连池的卫星图像，该火山口在中国清代(1719—1721 年)时还继续活动，火山口喷发时将白河截为五段而形成五个熔岩偃塞湖而得此名。

盾形火山是由黏性小、流动性大的基性熔岩堆积而成，属宁静喷发，这类火山外形宽阔，坡度平缓。钟形火山口则由于其黏性很大，不易流动而形成。这种火山属酸性熔岩，外形细高，山坡较为陡峭。

火山锥的图像标志与卫星图像空间分辨率关系密切，在小比例尺图像上常表现为小而圆的斑点状图形，而在大比例尺的图像上可分辨出锥状山体及其火口湖、放射状水系、次生火山口及熔岩流微地貌地形特征，如绳状熔岩流、柱状节理带等。年轻的火山地貌因保存完整而易于识别；古火山机构由于遭受长期破坏而难识别，故主要依据放射状、环状水系而识别。

图 7-38 为现代火山口东非尼亚贡戈火山正在喷发时的卫星图像，在火口上方可见火山喷发的气体及固体物质形成的巨大喷发柱标志及柱体的飘逸方向。

图 7-37　黑龙江五大连池火山口卫星图像

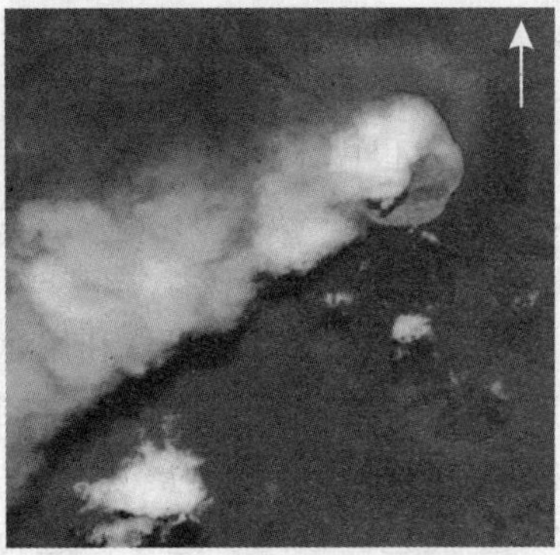

图 7-38　东非尼亚贡戈火山爆发时的卫星图像

第三节　水资源遥感

一、水资源遥感概述

1. 水资源类型及遥感

水资源是可供利用的大气降水、地表水和地下水的总称。地球上广义的水资源是指水圈内水量的总体，包括经人类控制并直接可供灌溉、发电、给水、航运、养殖等用途的地表水和地下水，其水体类型包括江河、湖泊、井、泉、潮汐、港湾和养殖水域等。水资源是发展国民经济不可缺少的重要自然资源，也是人类社会赖以生存和发展的基础，世界各国都十分重视水资源的遥感调查及水环境遥感监测工作。

水资源遥感包括陆地水资源遥感、水环境遥感和海洋环境遥感三大领域。陆地水资源遥感是指对陆地地表水体资源及地下水资源的调查与评价，包括水体覆盖面积、水系及流域水资源、径流估算与河流、湖泊、河口三角洲、海岸带的水域分布变化及环境变化等内容；水体质量及水环境遥感主要研究水温、水深、水体富营养化、悬浮泥沙含量、石油污染、废水污染、热污染等；海洋环境遥感主要研究海洋水色要素，如叶绿素、悬浮泥沙、黄色物质及近海岸带污染等。

对水资源的调查和研究隶属于多个职能部门，如大气水资源属于气象遥感领域；地下水资源属于水文地质遥感领域；而地表水资源遥感则是水利部门的专业范围，在学科上也可归于地理遥感范畴。地表水资源遥感包括河流、湖泊、沼泽、水库等液态水和冰、雪固态水的资源调查与图件测绘，如流域水文下垫面类型图、流域水文模型图、径流量图等。

水资源遥感调查的任务是：①地表水体的河流、湖泊、水库等调查与制图；②水资源量评价，包括流域水资源及过境水资源的水体面积量算、水资源总量估测；③水环境遥感调查，包括水体泥沙估算、叶绿素含量估算、水体污染解译及水质评价等；④冰雪水资源遥感，包括圈定冰雪覆盖范围，测量其面积，监测冰雪覆盖率变化，估测冰雪厚度等特征参量，测算冰雪水当量，测算融雪径流量等。

2. 地表水体的光谱特征

水体的电磁辐射作用包括对入射辐射的反射、透射和吸收三种作用方式。遥感图像的水体光谱特征主要表现为可见光波段的水面反射特征、近红外吸收特征、热红外的辐射特征及水体中泥沙、水生植物、污染物形成的特征光谱特征。水体光谱特征取决于水面性质、水体中悬浮物的性质和含量、水深和水底物性特性及水质等因素，因而运用遥感图像的多光谱特性及其光谱差异的形成机理，可以为水体及水资源遥感提供定性研究和定量研究的理论依据。图 7-39 表示遥感过程中水体电磁辐射作用的基本内容。

水体在可见光—近红外范围内的反射率随着波长的增大逐渐降低，在 0.75μm 处的近红外谱段水体的反射率近于零(图 7-40)，接近于全吸收，故在近红外波段的遥感影像上水体呈黑色。在水资源遥感中要充分利用水体的光谱特性，如调查区域的水体分布，确定水陆界线，或确定地面上有无地表水体，均应选择近红外波段遥感图像。水体在微波谱段的 0.1～30cm 范围内，其发射率较低，约为 0.4%。对平坦的水面，由于其后向散射很弱，因此在侧视雷达影像上水体呈黑色。故用雷达影像进行水资源调查，尤其是用来确定洪水淹没范围更为有效。

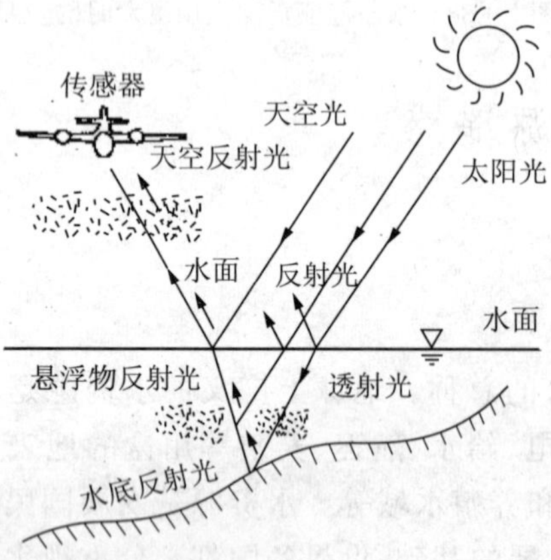

图 7-39　水体电磁辐射作用示意图

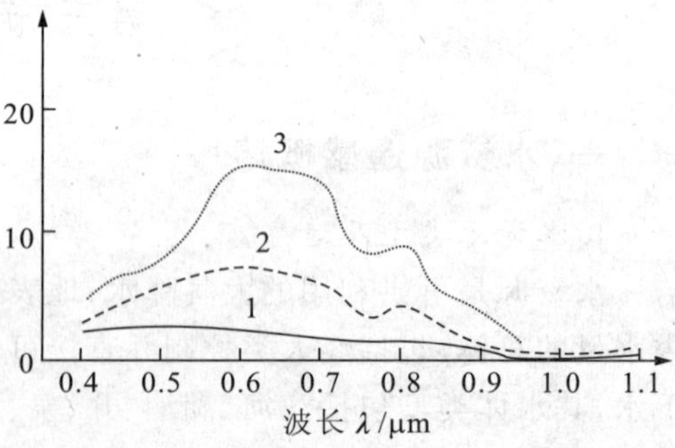

图 7-40　不同水体中泥沙含量的光谱曲线

1. 湖水(47mg/L)；2. 长江水体(92.5mg/L)；
3. 黄河水体(960mg/L)

水体泥沙含量在可见光波段具有较强的图像识别能力。图 7-40 为三种水体中泥沙含量及其可见光—近红外光谱反射曲线特征，可知在 0.55～0.70μm 处其光谱差异性最高，因此，选择最佳遥感图像可以对水体泥沙含量进行遥感调查和评价。

在遥感图像上对水体的光谱分析可分为定性识别与定量识别两类方法。水体光谱定性识别方法可用于图像的目视解译，主要是依据水体光谱的图像标志识别水体类型，圈绘水体边界，判别水体的水深、水质、开发利用状况及其地理环境等；水体光谱的定量识别方法主要有水体边界自动检测、水体泥沙含量计算、水体污染定量监测与解析、水体面积计算、水深计算、水量计算等。

3. 地表水体的图像标志及其解译原则

水资源遥感调查是通过对区域水体遥感解译制图和分析工作综合完成的，而水体图像解译标志则是该项工作的重点。

(1)水体色调标志。在卫星多光谱遥感图像上，水体的图像色调取决于图像的波段组合顺序或彩色合成顺序。在真彩色图像上，水体色调为蓝、淡蓝、绿等色别，其饱和度及亮度则取决于水体的质量及深度；在假彩色红外合成图像上，水体对应的色调则为黑、蓝黑、蓝绿、灰绿、灰蓝等色别，其饱和度及亮度也是取决于水体质量及深度。图 7-41 为武汉梁子湖的 Landsat TM5(红)、4(绿)、3(蓝)假彩色合成图像，湖泊水体总体上呈蓝绿色，水体边界清晰，水体质量及水深可依据水体色调变化及饱和度、亮度的变化进行识别解析。

(2)水体边界形态与制图。水体边界形态的图像标志是基于水陆的色调界面、景观界面、植被界面等图像要素来建立,水陆边界标志既可用于绘制水体边界进行水域制图,又可依据水体中的色调差异研究水体质量及其环境。区域水体调查填图的精度则取决于图像的空间分辨率和光谱分辨率。一般需要依据水资源调查的制图比例尺及精度要求来选择图像类型。如 1 : 20 万制图,可选择 Landsat TM 图像;1 : 5 万制图,可选择 Spot 卫星图像;大比例尺制图则需选择高分辨率图像,如 Quikbird、IKONOS、GeoEye 等卫星图像。水体边界具有时间可变性,它与季节及洪水、干旱等因素有关,因此基于遥感图像圈绘的水体边界仅代表遥感图像成像时刻的水体边界。

图 7-41　武汉梁子湖 Landsat TM5,4,3 假彩色合成图像

水体边界自提取属于数字图像处理中的信息检测技术,其基本方法是将最佳波段组合的灰度图像或彩色图像转变为二值图像,然后运用边界追踪法自动圈绘水体边界图形。常用的方法有基于种子点与连通性分析的半自动水体边界信息提取方法;运用归一化水体指数(NDWI)可以精确地提取水陆边界,包括河道水体边界与湖泊水体边界;对于高分辨率卫星图像,如 IKONOS 卫星图像、快鸟卫星图像,则采用数字建模方法进行水体边界的信息提取与边界检测。

二、水资源专题遥感

水资源专题遥感是针对水体的物理性状或水环境类型进行的专项调查和科学研究。水资源专题遥感涉及到水体温度、水深、水质、水污染、水体生态等多个领域,对各专题的遥感研究深度及精度则依赖于遥感图像的波谱特性及其对水体质量环境的检测能力、图像的空间分辨率及其对水体边界与环境的分辨能力、图像的时间分辨率及其对水体质量环境变化周期的监测及时间变差信息的检测能力。

1. 水温遥感与探测

水体的热红外光谱辐射特征是吸收率最强、热容量及热惯量大,因此任何水体的热红外图像都具有昼夜间的明显差异。白天,水体将太阳辐射能大量地吸收储存,但其增温比陆地目标慢,在遥感影像上表现为热红外波段辐射值低,呈暗色调。在夜间,水温比周围地物温度高,发射辐射强,在热红外影像上呈高辐射区,为浅色调。因此,夜间热红外影像可用于寻找泉水,特别是温泉。根据热红外传感器的温度定标参数,可以对热红外图像数据进行反演,求出水体的温度。且水温遥感多采用白昼与夜间两种成像时间来进行对比研究。

图 7-42 是核电站温排水在近海区域形成的海水温度场及其数据的热红外反演图。可以看出,卫星图像与航空热红外图像对海水温度场探测中的空间分辨率差异与温度分辨率的差异性。

2. 水深遥感与探测

水深遥感依赖于电磁辐射对水体的穿深能力,即水体的透光性能。蓝光波段对平静、清澈

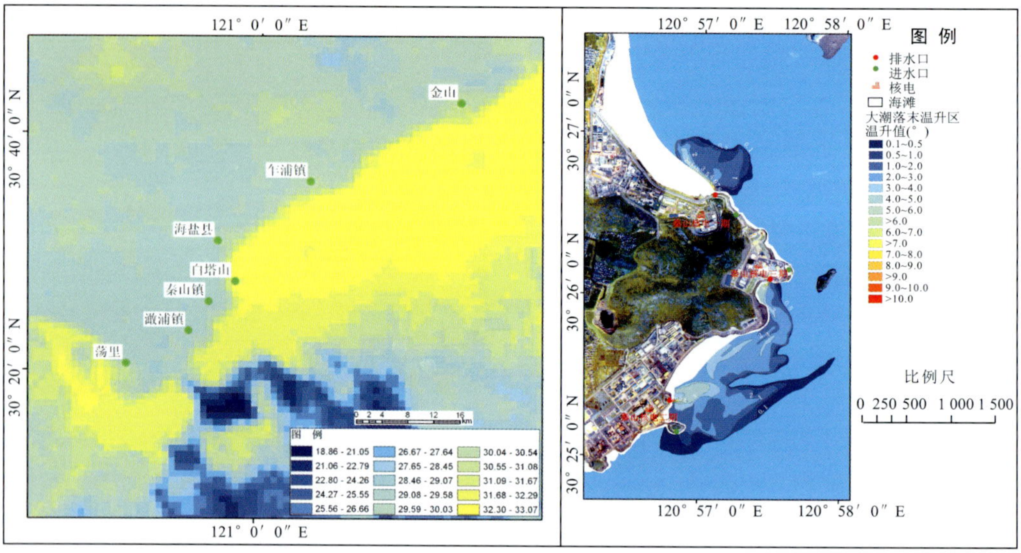

(A) MODIS温度编码图(2006年8月18日)　　(B) 秦山核电站夏季大潮落末温度场分布图

图 7-42　秦山核电站温排水卫星-航空热红外遥感图像温度反演对比图

(A) MODIS 卫星热红外图像温度场反演图;(B) 航空热红外图像温度场反演图

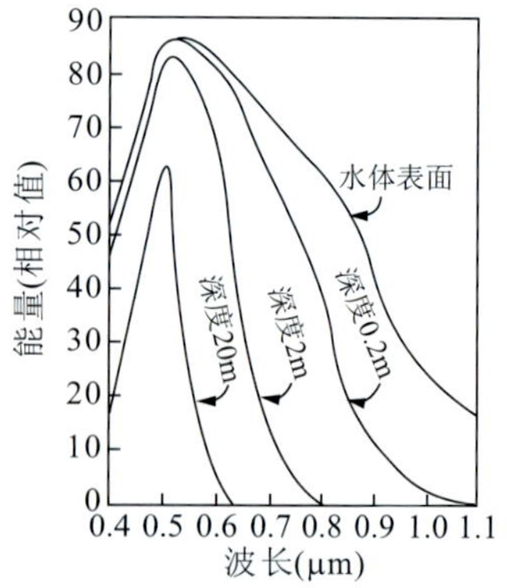

图 7-43　清澈水体不同深度的光谱曲线图

的水体有较大的透射能力,当水底反射波也较强时,蓝光波段遥感图像的辐射亮度值即可反映水深信息。在遥感物理研究中,将水深遥感的最佳波段称为水体窗口。

影响水深遥感探测的物理量常用衰减长度来表征,其度量单位表达水体向下辐照度等于表面辐照度的 $1/e$(或等于 37%)的长度。水体衰减长度又与水体的水质状况密切相关。图 7-43 和图 7-44 为不同水质在不同深度界面的光谱反射特征图。

清澈水体的光谱曲线所反映的光谱特性是:水体表面光谱曲线类似于太阳光谱曲线特征,说明水体表面近似于太阳辐射;随着水深的增加,水体对红外辐射能量的吸收

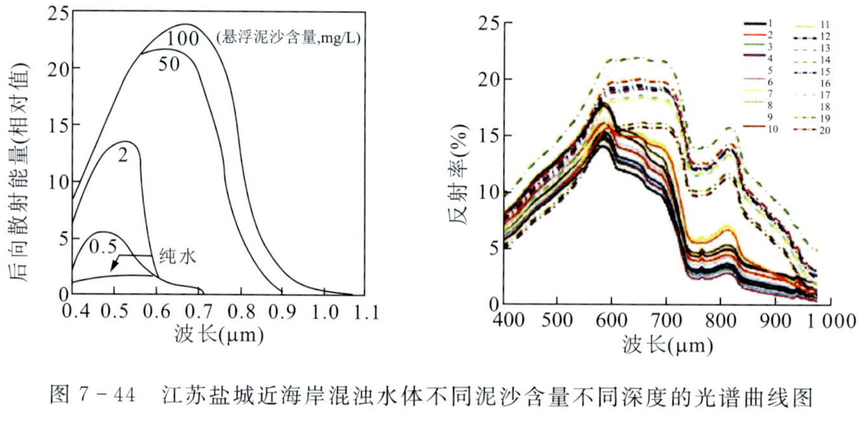

图 7-44　江苏盐城近海岸混浊水体不同泥沙含量不同深度的光谱曲线图

从长波红外到短波红外逐渐增强，至水深 2m 处，水体对红外辐射能量几乎全部吸收；在不同水体深度处的光谱反射峰值对应于 0.48μm，即水体窗口的最佳波段在蓝—绿光波谱区间。

混浊水体的光谱曲线所反映的光谱特性是：水体后向散射能量与其混浊程度呈正向相关，随着水体中悬浮物含量增加，反射能量亦增加；混浊水体的透光性与其混浊程度呈反向相关，随着水体中悬浮物含量增加，水体透光率明显下降；混浊水体的光谱穿透能力是随水深的增加向长波方向移动。

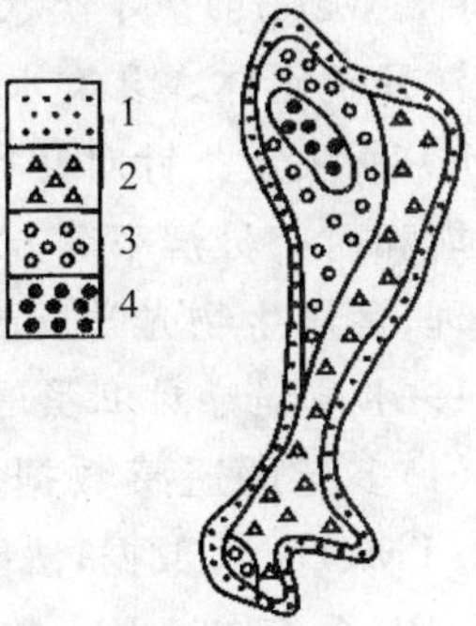

图 7-45　云南腾冲水库水深等深线模数图
（据梅安新，2001）
1. 水深 0.5～1.5m；2. 水深 1.5～4.5m；3. 水深 4.5～6.5m；4. 水深＞6.5m

对水深遥感探测而言，从可见光到红外光谱的波段图像所反映的都是不同深度水体的综合信息，这些综合信息包括了水深信息、水质信息（如泥沙含量、富氧化程度、污染程度、水生植物叶绿素含量、水温信息等）、水面状态信息（如水面粗糙度、波浪高低等）等。对水深遥感的最佳波段是蓝、绿光波段，一般可反映深度 20～30m 的水体综合信息。对红光波段，则只能反映深度在 2m 以内的水体综合信息。

在水深遥感中，常可运用多光谱图像数据建立定量解析模型方法，如归一化水体指数（NDWI）法。NDWI 是运用水体光谱特性来提取水深信息，其表达式如下。

$$NDWI=\frac{G-SWIR}{G+SWIR}$$

式中：G 代表多光谱图像的绿光波段；SWIR 代表短波红外波段。

采用波段比值法也可以提取图像水深信息，例如利用 TM1/TM2 就可以有效地提取水深信息；也可采用波段组合法进行的水深模数定性提取或解译，其最佳波段组合可采用 TM4/3/2或 TM5/4/3。图 7-45 是依据云南腾冲地区的侍郎坝水库图像灰度值与水深定量关系模数制作的水体等深线图。它是利用蓝光波段与绿光波段的比值，求出水体的相对水深。

水深遥感需要运用图像的综合信息进行识别和判断，同时还需要对水深进行实际测量以建立图像特征信息与水深数值之间的对应标志或数值模型。在研究中，要充分考虑水体的环境因素与成像季节、时间因素等综合因素的影响，如泥沙含量、污染类型、水体叶绿素含量、富氧化程度等水质因素。要依据水体的不同条件及图像中的综合信息选择水深探测方法并建立图像解析模型。

三、水质及水环境遥感

水体中水质参数主要有水中悬浮物、藻类、化学物质、溶解性有机物（对海水而言，也称为黄色物质）、热释放物、病原体和油类物质等。由于高光谱遥感图像对水质中的异类物质的识别能力及分辨率的提高，用遥感监测的水质数据有浑浊度、浮游植物、溶解性有机物、化学性水质的四大类指标。

被污染水体的光谱特征有别于清洁水体，这些光谱特征表现在对特定波长的电磁辐射能具有吸收或反射能力，而这些光谱特性能够在遥感图像中作为光谱异常现象显示出来，如当水体出现富营养化时，浮游植物中的叶绿素在近红外波段就会产生明显的强反射作用，在多光谱图像上，这类水体兼有水体和植物的光谱特征，即在可见光波段反射率低，在近红外波段反射率明显升高，因此，水质遥感过程也是对水体光谱及其异常谱带进行分析、识别和信息提取的过程。

在水色遥感卫星图像上，将海水光谱特性划分为Ⅰ类水体(Case 1 Waters)和Ⅱ类水体(Case 2 Waters)。Ⅰ类水体的光谱特性主要由浮游植物及其伴生物所决定，典型的Ⅰ类水体是大洋开阔水体。Ⅱ类水体的光谱特性主要由悬浮物、黄色物质（又称有色可溶性有机物，CDMO)所决定。针对Ⅱ类水体的光谱特性，在水色遥感卫星传感器的光谱波段配置、辐射探测性能和时空分辨率等方面都作了优化设计与技术改进。通过对水色遥感图像数据的大气校正处理，运用生物光学反演算法，则实现对海洋水质进行定量遥感。

1. *水质遥感对卫星遥感数据的需求*

(1)多光谱遥感数据。在水质遥感中常用的多光谱遥感数据有：美国 Landsat 卫星的 MSS、TM、ETM 数据，法国 Spot 卫星的 HRV 数据，NOAA 气象卫星的 AVHRR 数据，印度遥感 IRS 系统的 LISS 数据，日本 JERS 卫星的多光谱图像数据，中巴地球资源 1 号卫星(CBERS－1)CCD 相机数据等。

Landsat MSS 数据从 1972 年 Landsat 1 发射后就被用于水质研究中，现在运用 ETM^+ 进一步提高了对水体质量的遥感监测效果。

Spot 卫星具有较高的空间分辨率，在水质研究中可以估算悬浮物质浓度和估计藻类生物参数。

NOAA 卫星的 AVHRR 数据具有较高的时间分辨率，每天都可以提供可见光图像和两幅热红外图像，可以对海水中悬浮固体浓度进行监测。

(2)高光谱遥感数据。成像光谱仪即高光谱成像仪，是将二维图像和地物光谱测量结合的图谱合一的空间遥感技术，其光谱分辨率可高达纳米数量级。如美国的 AVIRIS 数据、加拿大的 CASI 数据、芬兰的 AISA 数据、中国的 PHI 数据以及 OMIS 数据、SEAWIFS 数据等，这些数据均可进行水体水质的遥感探测研究，如对水体中叶绿素浓度、悬浮物浓度、溶解性有机物的解析与估测。

(3)非成像光谱仪数据。是指通过野外地面光谱测量而直接获取水体光谱辐射的数据。如 ASD 野外光谱仪、便携式超光谱仪等。其光谱的响应范围为 0.30～1.1μm，共 512 个测量通道，可将其中的 0.35～0.90μm 的 316 个通道的数据用于水质光谱分析。运用非成像光谱仪与星载高光谱数据的协同处理也可建立水质参数反演模型。

(4)新型卫星遥感数据。新型卫星遥感技术提供了更高的空间、时间和光谱分辨率的遥感数据，如 Landsat ETM、EO－1ALI、MODIS、Envlsat MERIS 等多光谱数据和 EO－1 Hyperion高光谱数据，可以反演水体水质参数及其反演模型算法。

2. *石油污染遥感与检测*

石油污染是海上或港口一种常见的水体污染。石油和水体的光谱特征差异明显，经常选用的遥感波段及其波谱识别标志如下。

(1)紫外遥感波段。石油薄膜在这个波段反射率较强，在紫外相片上油膜呈白色调。

(2)蓝光遥感波段。石油薄膜反射率明显高于海水，并具闪烁现象，运用单波段彩色密度分割即可清楚地显示石油污染源和海面油污染范围，结合一定的海面抽样测量还可评测海面油污层厚度并计算石油污染量。

(3)热红外遥感波段。在常温下，石油的热红外发射率远小于海水发射率，海面污染源及油膜覆盖区呈深色调，因此，运用热红外遥感图像亦可检测出海面石油污染源及污染范围。

(4)微波遥感波段。海面油膜会对海浪的波形起阻尼作用，抑制碎浪的形成。微波雷达图像的回波反射作用可以较准确地反映海面波浪的这种波形变化差异性，在图像上形成特征性的暗色区域，指示石油污染或海底油气藏资源的存在。

石油污染遥感调查不仅能发现已知污染区的范围和估算污染的石油含量，而且可追踪污染源，如对油轮污染源追索、对近海企业污染源的追索等；对海面油膜的检测也可用来进行海底石油资源的探测。现代海洋资源遥感调查中，利用微波雷达图像数据可以进行海底石油资源调查。

3. 水体表面温度场遥感与热污染监测

热红外遥感是探测地球表面温度的一项重要内容，水体表面温度场则是地表温度场的一个典型区域，而海水温度场数据又是海洋学研究中最基本的参数之一，几乎所有的海洋过程，都直接或间接与温度场有关。传统海水温度测量只能得出几个点或几个断面的海水温度数据，而且所获得的海水温度是在不同时间段完成的。而通过卫星遥感数据反演得到的海水表面温度则是不同季节、不同区域、不同时间段的海水表面温度，并可以建立三维海水温度的遥感信息模型。

热红外图像可以判断热排水口的空间位置、扩散范围及状态，并可解析出热污染区温度分布特征，达到定量解释的目的。航空热红外遥感图像不仅可解析出热污染排放、流向和温度分布情形，还可依据同步实测水体温度数据准确勾绘出水体表面等温线，再通过连续的多时间段热红外影像求出水体热扩散系数。

4. 废水污染遥感与监测

废水污染一般用多光谱合成图像进行监测。依据污水和清洁水体的温度差异特征可以准确圈定污水排放点空间位置，调查污水扩散方式、污水稀释混合过程及其运动学轨迹等重要信息。污水扩散特点有以下几种情形。

(1)在静止水体中表现为以排放源为中心，呈半圆或喇叭形逐渐扩散到周围清洁水体范围的构图特征。

(2)在流动水体中表现为从排污口到下游的扩散轨迹及条带状构图特征。与静态水体相比较，条带状污染范围的水体面积不大，这是由于在水流动力作用下废水的扩散速率远大于在静态水体中的扩散速率。

(3)在河口地带，由于受潮汐周期的影响，污水的展布形态也会发生变化，当潮水上溯时排水口与污水连成一片，当退潮时就会形成与排污口中断的离源废水流。

遥感图像可以识别具有地理空间分布特性的废水类型，通常可以发现的废水污染类型有：酸、碱性工业废水类型、电厂温排水类型、农药废水类型、矿山坑道口金属离子污染废水类型、尾矿坝废水类型等。

5. 水体富营养化遥感与监测

当磷、氧、钾等营养性物质在湖泊、河口、海湾等缓流性水体中大量富集时就会引起藻类及其他浮游生物迅速繁殖、水体溶解氧含量下降、水质恶化、鱼类及其他生物大量死亡的现象，这一过程称为水体富营养化。

水质富营养化的显著标志是浮游植物的大量繁殖，而水体浮游植物体内叶绿素对可见光和近红外遥感图像的波谱特性具有明显的影响，因此，富营养化水体的波谱特性同时兼有水体波谱和植物波谱特征。随水体中浮游植物含量的增高，其光谱曲线与绿色植物的反射曲线就越接近，其波谱特征如下。

(1)当水体叶绿素浓度增加时，蓝光波段的反射率下降，绿光波段的反射率增加。

(2)当水面叶绿素和浮游生物浓度高时，近红外波段的吸收率降低，发射率提高，在近红外图像上水体不呈现黑色，而是灰色，甚至是浅灰色，而在假彩色合成图像上呈现红色或淡红色。

因此，进行水体富营养化解译应选择红外波段或假彩色红外波段组合。

赤潮就是海水富营养化的一种海洋现象。由于赤潮的发生会破坏海洋的正常生态结构和海洋正常的生产过程，也破坏了海洋生物的生存环境。赤潮生物分泌的黏液会导致海洋生物死亡，人类食用含有毒素的海产品也会出现食品安全问题。因此，对海洋赤潮遥感调查与监测就具有极为重要的社会学意义。

湖泊水体的赤潮遥感机理与海水赤潮是相同的。图7-46是太湖赤潮的遥感图像，图中箭头所指处为赤潮发生地带，图中沿水体边缘分布的淡灰蓝色带状体指示出赤潮的运移轨迹及其扩散范围。

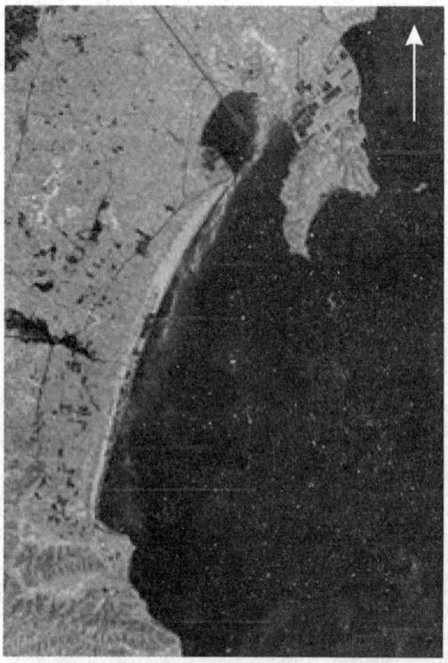
图7-46　太湖赤潮卫星图像

6. 水体悬浮泥沙遥感模拟与探测

海洋、河流、湖泊、水库等水体中的悬浮泥沙含量对水文和水生态环境都具有极大的影响，水体悬浮泥沙含量遥感也一直是水体遥感研究的主要课题。

(1)水体悬浮泥沙遥感模拟。运用地面试验方法进行悬浮泥沙含量遥感模拟有助于选择最佳遥感波段并建立最佳拟合方程。通过地面水体悬浮泥沙含量的模拟研究后，发现一些关键技术问题如下。

①获取自0.38～1.10μm波段内不同等级悬浮泥沙水体的反射光谱特性，建立泥沙含量与光谱反射率之间的数学关系，利用曲线拟合法，求得水体悬浮泥沙含量与光谱反射率、波段平均反射率之间的最佳拟合函数(即最佳回归方程)。水体悬浮泥沙含量的最佳遥感波段的中心波长是0.60μm。

②含有泥沙的浑浊水体与清澈水体之间存在线性或近似线性的数学关系。基于数学建模理论及光谱传播的物理性质，可以建立遥感影像与含沙水体光谱特征间相互联系的数学模型，即遥感图像灰度值与出水反射率的相互关系，最终实现对内陆河流湖泊的含沙状况进行实时、动态、快速的监测。

(2)水体泥沙含量遥感探测。水体泥沙含量遥感的基本波谱特性如下。①浑浊水体的反射率大于清澈水体，且随着悬浮泥沙含量增加，其之间的差异性逐渐加大。②随着泥沙含量增加，波谱反射峰值波长向长波方向移动(“红移”)。清澈水体在0.75μm处反射率接近于零，而含有泥沙的浑浊水体在0.93μm处的反射率才接近于零。③随着悬浮泥沙含量加大，可见光对水体的透射能力减弱，反射能力加强。④在近岸的浅水区，水体浑浊度与水深呈一定的对应关系，浅水区的波浪和水流对水底泥沙的扰动作用比较强烈，使水体浑浊，故遥感影像上色调较浅。而深水处扰动作用较弱，水体较清，遥感影像上色调较深。这种情况下，遥感影像的色调间接地反映了水体的相对深度。⑤短波可见光对水体穿透能力较强，可反映水面下一定深度的泥沙分布状况。试验表明，0.5～0.6μm 的遥感图像可反映 2.5m 水深处的泥沙含量变化；0.6～0.7μm 图像可反映 1.5m 水深处的泥沙含量变化；0.7～0.8μm 图像可反映 0.5m 水深处的泥沙含量变化；而 0.8～1.1μm 仅能反映 0.02mm 水深处的泥沙分布状况。

第四节　植被遥感

地表植被覆盖层是地球环境变化的重要因子，也是反映区域生态环境的主要标志之一。植被遥感是地学遥感理论研究和信息提取定量方法研究较为成熟的领域之一，植被也是地质、地理、土壤、水文遥感应用领域的直接或间接的解译标志，某些特殊的植物类型或生长过程还可以成为遥感找矿的指示性标志。植被遥感的主要内容有：植被遥感原理、基于林业应用的植被遥感、基于农业应用的植被遥感、植被多光谱遥感与植被指数信息提取、植被指数与生物物理以及地表生态环境的关联研究、全球植被覆盖遥感监测与生物多样性监测等。植被解译的目的是在遥感影像上有效地确定植被的分布、类型、长势等信息，并应用定量遥感模型对植被的生物量进行估算，为环境监测、生物多样性保护、农业、林业等有关部门提供科学服务信息。

一、植被遥感原理

植被遥感的图像认知理论和定量解析模型是依赖于植被冠层及植物叶片的电磁辐射特征，遥感物理是研究植物叶片及其生物组织结构及其电磁辐射特性。

1. 植物叶片结构与光谱特征

植物叶片结构是植物进行光合作用和植物生长的根本保证，也是研究植物电磁辐射作用的物理基础。图 7-47 是叶片内部结构的示意图。植物叶片内部结构可分为上表皮层、栅栏组织、海绵组织、下表皮层四大部分。上表皮层由较密集的细胞组成，可阻止水分丢失，下表皮层含气孔可与外界进行气体、水分交换，栅栏组织由长透镜状细胞平行排列而成，称为叶绿粒，它是由叶绿素和其他色素组成；海绵组织是一种海绵叶肉组织，由相互分离的不规则状细胞组成，叶肉细胞的作用是保证光合作用中 O_2 与 CO_2 的充分交换。

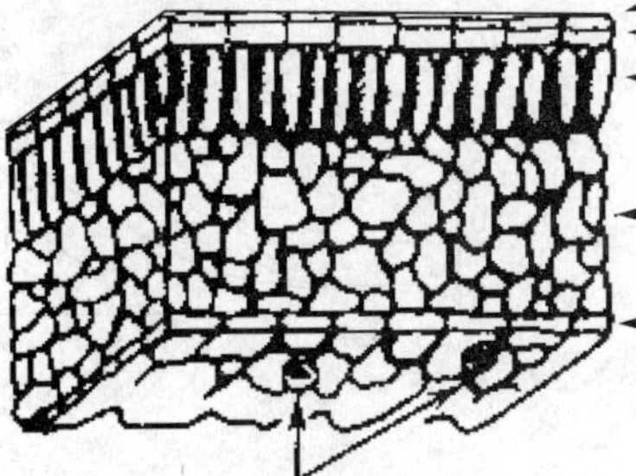

图 7-47　植物叶片的内部结构示意图

植物波谱特征取决于植物的叶片的物理结构。图 7-48 为绿色植物电磁辐射特征的标准波谱曲线和植物光谱响应的生物物理因素。植物光谱特征可概括为可见光两个吸收带、一个窄反射峰；近红外宽反射峰；短波红外三个强吸收带。这些特征谱带的形成机理取决于植物叶片的物理结构：上表皮层及其下的栅栏组织的叶绿素成分决定了可见光谱特征；内部的海绵组织决定了近红外强反射光谱特征；植物的含水性决定了短波红外的光谱特征。

植物可见光光谱特征：主要由植物叶片的各种色素，尤其是由叶绿素的电磁辐射作用而决定。两个吸收带分别为 0.45μm 蓝波段及 0.67μm 红波段的叶绿素强烈吸收谱带（＞90％），形成吸收谷。在这两个吸收谷之间（0.54μm 附近）形成绿色窄反射峰（10％～20％）。植被的

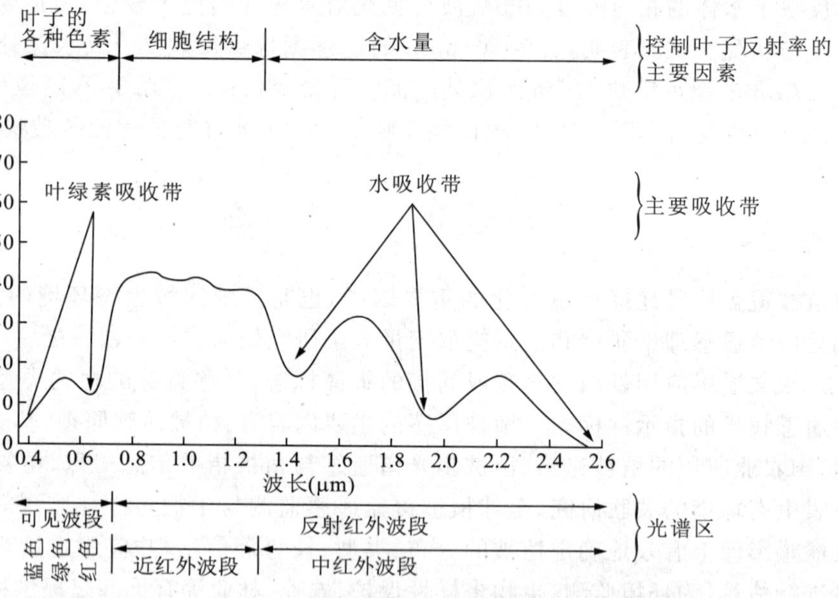

图 7-48　绿色植物的光谱反射特征

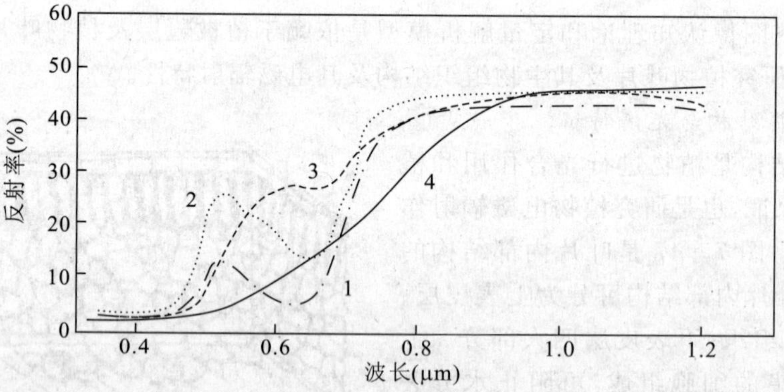

图 7-49　植物叶片在不同生长期的光谱特征变化趋势

（1,2,3,4 分别代表不同生长期的植物叶片光谱曲线）

可见光光谱特征的应用意义在于：①确定并提取植被叶绿素总量信息，对植被叶绿素进行区域性估测或作为评价区域生态环境参数；②监测林地叶绿素含量变化，基于多时相叶绿素含量变化信息，对农作物进行长势分析或作物估产，图 7-49 为农作物在 4 个生长阶段的光谱反射特征变化曲线图，反映了农作物在不同物候期叶绿素总量的变换趋势。也可以利用林区的叶绿素含量异常变化信息，进行作物病虫害林情预测预报服务；③作为辅助信息为生态环境变化或植被的生物物理学(Biological Physics)研究区域性参数。通过植被遥感技术来研究生物各层次结构与功能的关系、生命活动的物理、物理化学过程及其物理特性变化的植物光谱变化对植被指数的影响，为研究植被在特定空间、时间内有关碳循环、绿色总量演变提供科学依据。

(1)植物近红外光谱特征：主要由植物叶片内部的细胞结构所决定。在近红外波谱区间，植物叶片的反射能力及透射能力相近(45%～50%)，而吸收能能力很低(<5%)。在 0.74μm

附近，其反射率急剧增加，形成波谱曲线上的陡升特征。绿色植物在近红外谱段内（0.74～1.3μm）形成一个宽反射峰（图 7-50 左图）。宽反射峰的形成是由于叶子的细胞壁和细胞空隙间的折射率不同，导致多重反射引发的。由于植物类别间叶子内部结构变化大（如针叶林与阔叶林），故植物在近红外的反射差异要大于在可见光谱区段，因此在林业遥感调查和农业遥感调查中，运用植被近红外谱段内反射率的测量来区分不同的植物类别（图 7-50 右图）。从图中可以看出，作物类的波谱曲线形态相似，但在近红外及短波红外谱段的反射率差异明显大于可见光谱段；林地类的不同林种，波谱形态较大的差异也是分布在近红外及短波红外区。

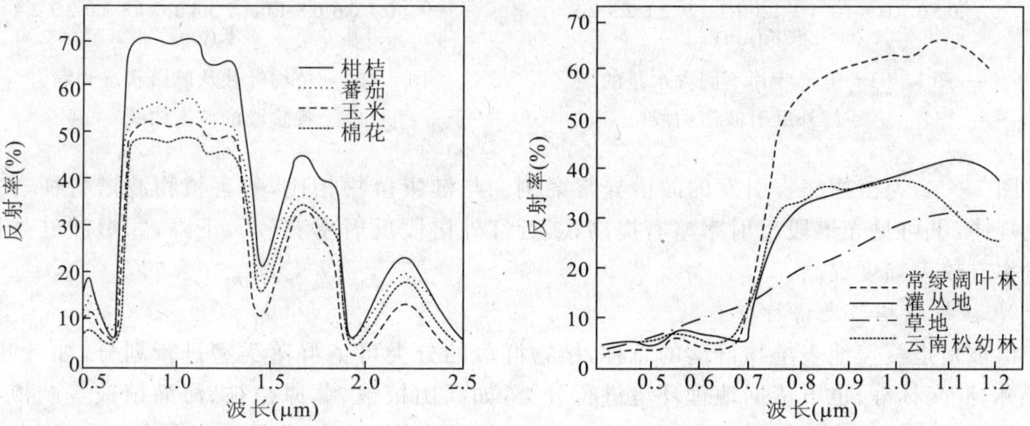

图 7-50　不同植物类型的光谱曲线

（2）植物短波红外光谱特征：主要由植物叶片的总含水量所决定，其波谱形态反映了水体的三个特征吸收带。植物叶片在 1.4～2.5μm 区间的三个吸收带均为叶内水分子所形成，即反射总量是叶内水分含量及叶片厚度的函数。在 1.4μm、1.9μm、2.7μm（在图外）为中心的水吸收带，表现为呈跌落状态的衰减曲线。在图 7-50 左图中的 1.4μm 和 1.9μm 处的两个吸收带是植被遥感应用中极为重要的特征识别谱带。在近红外宽反射峰中的 0.96μm 及1.1μm处也存在两个水分子吸收带，虽然强度很小，但在多层叶片下，对反射率仍有显著影响。在 1.6μm和 2.2μm 处存在两个陡立的反射峰，反映了植物叶片厚度及其内部的结构性差异，这对植被分类及长势监测同样具有科学意义。

图 7-51 显示玉米叶子中水分含量对红外反射率的影响，其波谱特征的趋势是：①随着水分含量的减少，总体反射率升高；②当水分含量大于 50%时，随着水分含量的继续增高，它们的反射率差异逐渐变小；③植物水分含量大小虽然对波谱曲线总体形态影响不大，但却对近红外的陡升斜线的形态具有较大的影响。

健康绿色植物的基本光谱特性是：①光谱曲线总的“峰—谷”形态变化是基本相似的，说明植物的生物物理结构特征决定植物的波谱特性；②不同植物类别由于叶片的色素含量、细胞结构、含水量的不同，其光谱曲线形态总是存在着一定的差异。这正是植被遥感的理论基础和图像认知依据，也是进行植被分类、生长态势、作物估产、植物病害预测等植被遥感专题研究的波谱分析依据；③基于多时相光谱数据的植被遥感可以依据植物的叶片新老变化、植冠稀密变化、植物物候变化、土壤水分变化及组分含量变化所引发的波谱数据差异来分析植物长势、病虫害的区域性信息差异。这也是进行植物遥感动态监测预报的基本波谱依据。

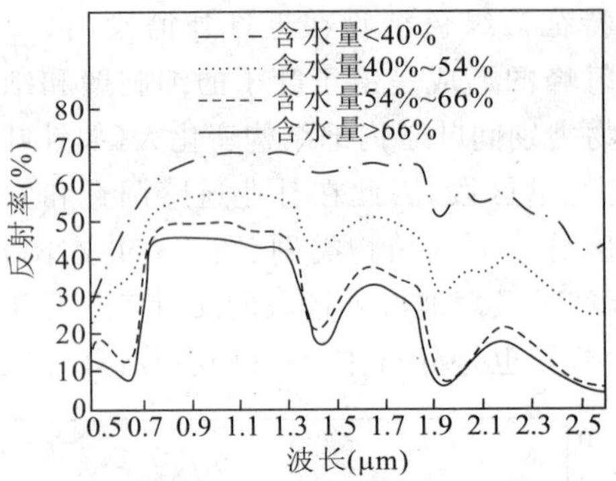

图 7-51　玉米叶片不同含水量的红外反射波谱曲线

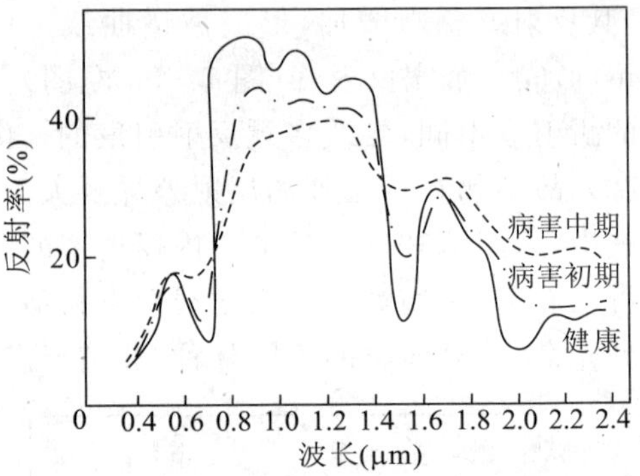

图 7-52　植物叶片从健康状态到病害各阶段的波谱曲线

图 7-52 为植物病害引发的波谱异常案例。与健康植物相比，病害植物波谱特征有如下变化规律：①可见光谱段反射率略有提高；②近红外谱段反射率有较大下降；③短波红外谱段反射率有较大幅度提高。

2. 植被结构与光谱特征参数

植被是指覆盖地表植物群落的总称，植物群落的分类可依群落类型进行划分，如针叶林、阔叶林、混交林等；也可依据地理环境进行分类，如高山植被、草原植被、海岛植被等。植物会因大气环境因素（如光照、温度和雨量等）而形成相适应的植物群落及空间分布特点，因此形成了不同的植被覆盖类型。

植被结构主要指植物叶子的形状（用叶倾角分布 LAD 表示）和大小（用叶面积指数 LAI 表示）、植被冠层的形状和大小以及几何形状与外部结构，包括成层现象（涉及多次散射）、覆盖度（涉及空隙率、阴影）等。植被结构是随着植物的种类、生长阶段、分布方式的变化而变化的。在定量遥感中，植被结构类型大致可分为水平均匀植被（连续植被）和离散植被（不连续植被）两种。水平均匀植被指草地、幼林、生长茂盛的农作物等；离散植被指稀疏林地、果园、灌丛等。

植被冠层结构是植被遥感中定量研究的对象。运用植被冠层光谱数据的组合和数学算式，能反映植物生长状况的指数。利用植物叶面在可见光红光波段的吸收特性和在近红外波段强反射特性，通过红光波段/近红外波段的比值，即可获得一种定量描述的植被指数。

在植被遥感中，植冠结构的常用特征参数如下。

（1）叶面积指数 LAI。叶面积指数又称为叶面积系数，其定义是单位地表面积上方植物单叶面积的总和，即单位土地上作物叶片的总面积与植冠占地面积的比值。即叶面积指数＝绿叶总面积/占地面积。植被遥感中，引用该参数可以反映植被覆盖的动态指标。在农业遥感应用中，通过作物叶面积指数可以估测作物的产量。

（2）叶面积体密度 FAVD。是指某一高度上单位体积内叶面积的总和。现多采用计算机断层成像原理，通过对树冠多角度底视数据的测量，获取树冠的叶面积体密度和叶面积指数等构造参数，进行间接估值。该方法是运用对树冠外形的反投影重构进行测量，并用测量数据对估值方法进行检验。

（3）空隙率（或间隙率）。是指植被冠层之间的间隙率。在植被遥感中，间隙率模型的研究注重辐射传输方向的推导，或者注重几何光学方向的推导；在模型验证中，实验数据的获取采用摄影法、平行光孔法等。

(4)叶倾角分布函数 LAD。定义为冠层叶倾角分布函数,分布函数是指叶面法向分布函数,也是叶面倾角与叶面方位角的函数,即当叶倾角为 0°时的叶面积与冠层总叶面积的比值。即当叶面法向为某一角度时的单位立体角内的叶面积占全部叶面积的比例。在验证模型中,根据作物冠层中太阳光斑密度与群体结构关系的表达式,即叶面积指数及其在各个叶倾角区间,可在不同太阳高度角时冠层内的光斑密度进行估计,应用多元回归算法,就可以估算出叶面积指数和叶倾角分布函数。

3. 植被冠层反射

植被冠层是由许多离散的叶子组成,这些叶子的大小、形状、方位、覆盖范围是变化的。自然状态下的植被冠层(如一片森林或作物)是由多重叶层所组成,上层叶的阴影挡住了下层叶,整个冠层的反射是由叶的多次反射和阴影的共同电磁辐射作用引发的,而阴影所占的比例受光照角度、叶的形状、大小、叶倾角等条件的影响。冠层的可见光反射率一般都低于单叶的实验室量测的反射率,而在近红外波段冠层的反射率高于单叶的实验室量测的反射率。这是由于近红外入射进入植物冠层时,由于叶子可透过 50%～60%的近红外辐射能,透射到下层的近红外辐射能被下层叶面反射到植冠上层,从而导致冠层红外反射能力的增强,如图 7－53 所示。

植被冠层的多层叶面结构为电磁辐射作用提供了多次透射、反射的机会。对棉花冠叶的实验结构表明(图 7－54),近红外波段的反射率随冠层叶面层数的增加而增加,当冠层达 8 层叶面结构时,其近红外反射率达到最大值。

植被冠层的波谱特征与冠层的形状结构、辐照方向及观测方向有关,即与植被覆盖度、土壤类型、叶绿素总量、生物量密切相关。图 7－55 显示紫苜蓿在整个生长过程中的光谱反射率的变化。植被覆盖度从 0(裸地)到近 100(几乎全覆盖),其光谱特征从裸地状态到植物全覆盖状态,叶绿素总量逐渐增加,植冠的叶绿素总量可以通过近红外波段(0.8～1.1μm)与绿光波段(0.4μm)的波段比值处理未获取其定量指数。

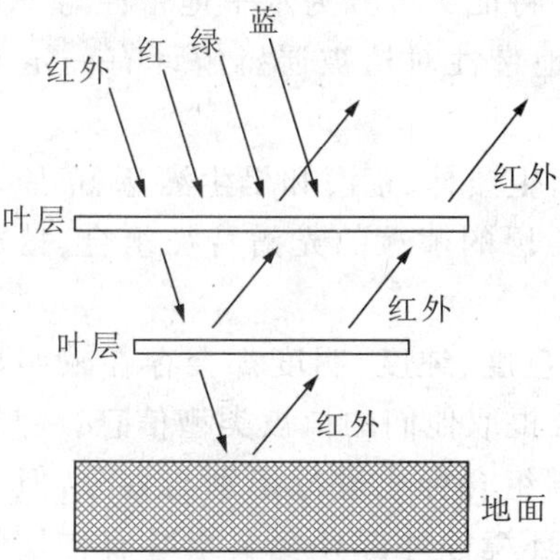

图 7－53 植被冠层的多次反射示意图

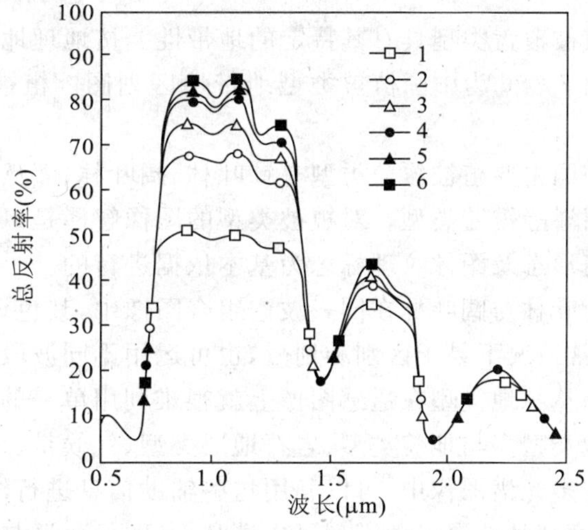

图 7－54 多层棉花冠层的光谱反射率响应及变化图

1～6 代表叶面层数

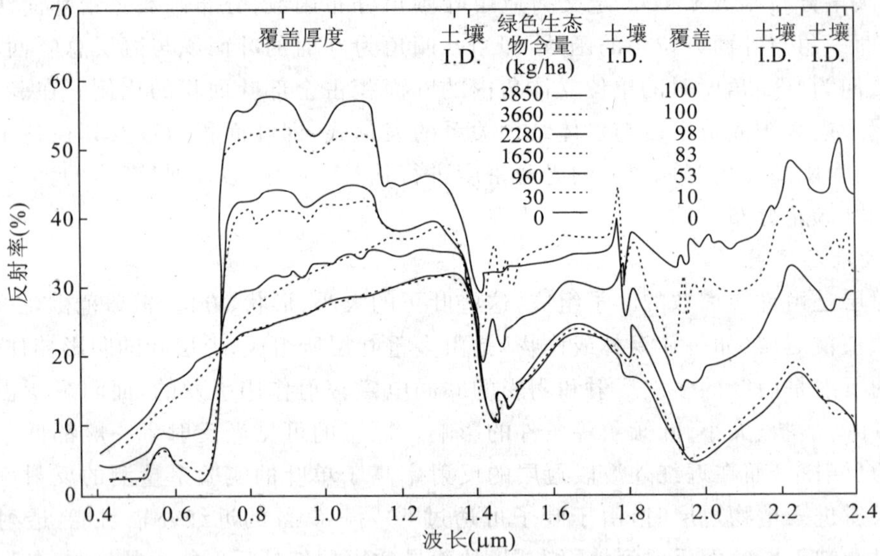

图 7-55　紫苜蓿不同生长阶段植冠光谱反射特性与覆盖因子量化指标关系图

二、植被遥感解译

1. 植被覆盖类型解译

植物群落是组成植被的基本单元，也是植物长期发展的产物。一个地区的植被可以由单一群落组成或由几个群落组成，如长白山植被主要由森林群落组成，而华北植被则由森林、灌丛和草甸群落组成。植被分类以植物群落的外貌为主，同时参考空间层次和时间层次结构特点，还要结合土壤基质和生境。植物的生态因子主要是阳光、温度、水分、矿物质(土壤)、氧气、二氧化碳等。其中阳光、温度、水分、矿物质(土壤)四因子是区域性的和变化较大的，在地理空间有一定分布规律的。植被类型及其分布主要取决于气候及地理单元、区域地质条件及土壤类型。

植被覆盖类型具有其特定的地带性。按地理地带性特征又可分为水平地带性与垂直地带性。图 7-56 为中国植被类型地带性区划图。植被的地带性对植被遥感解译有一定的指导意义。

中国主要植被覆盖类型有针叶林、阔叶林、灌丛和萌生矮林、荒漠和旱生灌丛、草原、草甸、草本沼泽等覆盖类型。对植被类型的图像解译是以覆盖层的植冠的光谱特征组合、植冠构图的几何形态及图像纹理标志为基本依据进行的。

针叶林与阔叶林在同一波谱组合图像中，其色调的色度、纯度、明度都会存在较明显的差异，通常情况下易于区别和划分，也可运用不同波段组合提取他们的植被类型信息。

灌丛林地类型在遥感图像上就很难利用单一的波谱组合标志进行识别与划分，但不同灌丛林地类型多与地貌类型、岩石地层类型、气候带、地理环境等外部环境要素具有密切的关联性。在多光谱图像中，可以利用这些辅助信息进行综合性解译和推理分析，如在干旱-半干旱地带，灌丛林地属于荒漠型旱生灌丛，其图像色调与绿洲或高山针叶林覆盖类型之间都具有较大的差异性；而对中国长江以南低山丘陵地带分布的灌丛及萌生矮林类型的图像色调识别，则需要利用更多的植被指数标志和其他相关标志予以综合判别和分类识别。

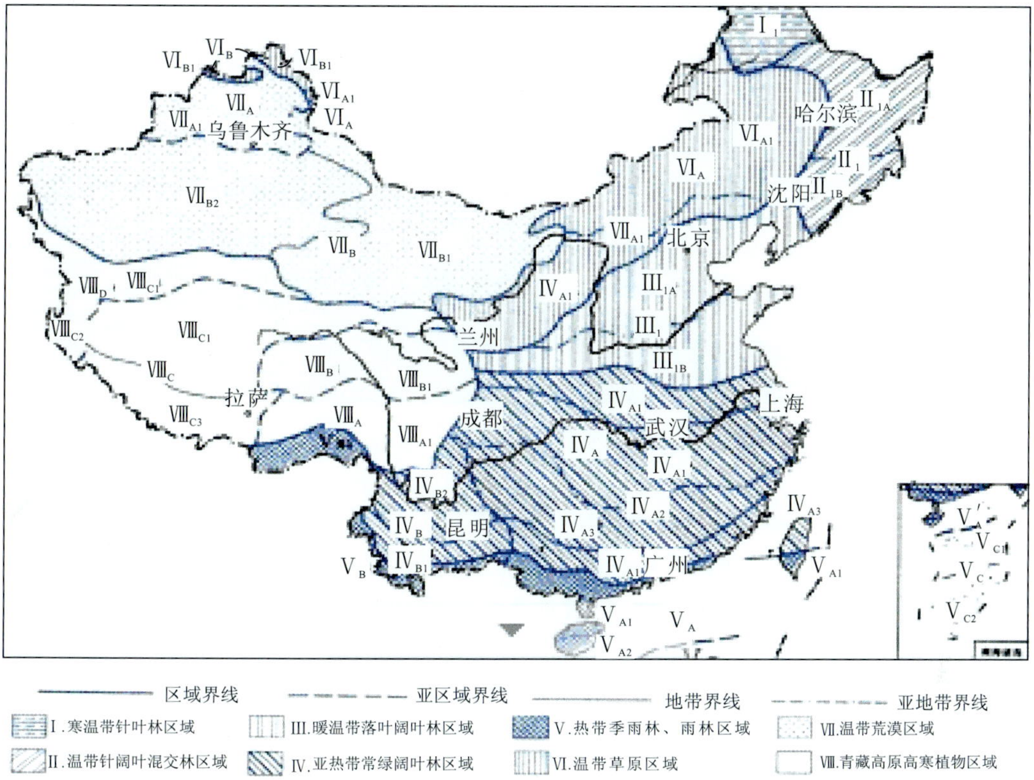

图 7-56　中国植被地带性区划图

草原类型分为半湿润-半干旱地带的温带型草原、亚热带高寒型草原、热带稀树灌木型草原几种类型。典型的地域性草原有中国东北草原、青藏高原草原及云南山地草原等。草原图像的多光谱色调标志与其他植被覆盖类型之间都存在较大的差异性，结合草原的地貌类型、图像纹理结构及其他间接标志易于进行分类和识别。草甸植被覆盖类型主要有温带草甸、亚热带高寒草甸和亚热带-热带草甸等类型。草甸的色调标志主要由草本植物近红外反射能力所决定，在假彩色红外图像上呈现鲜艳的红色调而有别于一般草原和湿地草甸类型。但也存在过渡性地带的草甸类型，如草甸-草原过渡型、草甸-沼泽过渡型，其光谱识别标志也需借助图像的地貌类型、图像纹理等间接标志进行综合判别。

图 7-57　黑龙江三江低冲积平原草本沼泽卫星图像

草本沼泽主要发育在永久性或周期性积水环境下，为湿生多年生草本植物。该类型植物由于处于土壤缺氧的生境下，形成了特殊的生物生态学特性。例如芦苇、莎草、苔草和克拉莎等密丛草类，因枯叶不断累积，形成了草丘这种特殊的微地貌类型。草本沼泽可分为温带草本沼泽、高寒草本沼泽、热带草本沼泽等，典型的沼泽如黑龙江三江低冲积平原沼泽(图7-57至图7-59)、长江下荆江河段湖泊(牛轭湖)沼泽、青藏高原高寒沼泽等。

图7-58 乌苏里江低冲积平原沼泽湿地照片

图7-59 松花江嫩江平原芦苇水草沼泽景观照片

2. 植被地带性分布及植被区划解译

植被的地带性体现了植物群落的区域地理分布规律，是进行植被遥感和植被区划的主要依据。植被地带性可分为纬度地带性、经度地带性和垂直地带性，分别反映了植物群落的温度生境环境、湿度生境环境及水热生境环境条件。从植被遥感图像解译角度分析，植被地带性解译主要依赖于对植被地理学生境环境的图像认知过程。运用图像的地理单元位置、地貌形态特征、气象知识及气候环境因子，结合植被覆盖指数信息及物候信息，即可进行对植被的地带性划分与植被地理区划的解译。

3. 植被物候特征与植被长势分析

植被群落的生境可分为自然植被和人工植被两大类，但所有植被类型都存在物候周期性生长过程。只有利用遥感多时相图像数据，才可对植被的物候特征及其生长过程进行解译和对植被物候过程长势进行分析。

植被物候图像信息提取是基于植被波谱时差变化信息，并利用图像处理算法进行信息提取。为准确获取植被长势的变化信息，就必须利用各类植被的物候特征数据，如对小麦长势分析及作物估产，就需要利用小麦关键的物候特征信息；对冬小麦的长势遥感监测与估产，就必须了解冬小麦的播种地域、物候时间分布及冬小麦产区地理环境信息。冬小麦一般在9月中下旬至10月上旬播种，5月底至6月中下旬成熟。中国小麦物候区以长城为界，以北为春小麦，以南为冬小麦。冬小麦有三大产区：即北方冬小麦区，分布在秦岭、淮河以北，长城以南，主要分布于河南、河北、山东、陕西、山西诸省区；南方冬小麦区，主要分布在秦岭淮河以南，主产区集中在江苏、四川、安徽、湖北各省；而春小麦区主要分布在长城以北气温较低的地区，主产区分布在黑龙江、新疆、甘肃和内蒙古省区。春小麦的物候期就不同于冬小麦，它是春种秋收，为一年一熟耕作周期。由于存在物候期的差异性，对不同小麦产区所选择图像的成像时间就不尽相同。

植被长势分析还需要对植物病害进行遥感监测。健康的绿色植物具有典型的植被波谱特征，而植被波谱也会随着物候期而发生变化，当植物在生长期发生病害时，其波谱特征就会随着发生变化，如落叶阔叶林的秋冬季节，树叶枯黄凋落；植物受到病虫害侵袭时，农作物因干旱灾害海绵组织受到破坏时，由于植被的色素比例变化而引起波谱曲线形态的变化，如图7-60所示。因此，根据受病害侵袭植物与健康植物波谱曲线比较，也可以确定植物病害的程度。

三、植被指数与植被覆盖信息提取

(一)植被指数与植被模型概念

植被遥感是最早运用定量遥感概念来进行信息提取研究的领域之一。植被目视解译可以解决林业资源遥感调查、农业遥感调查中的一系列定性问题,植被定量遥感则可以植被的生物物理学、生物生态学等领域的植被组分波谱及其解析模型,运用数学表达式来解析植被波谱特征。

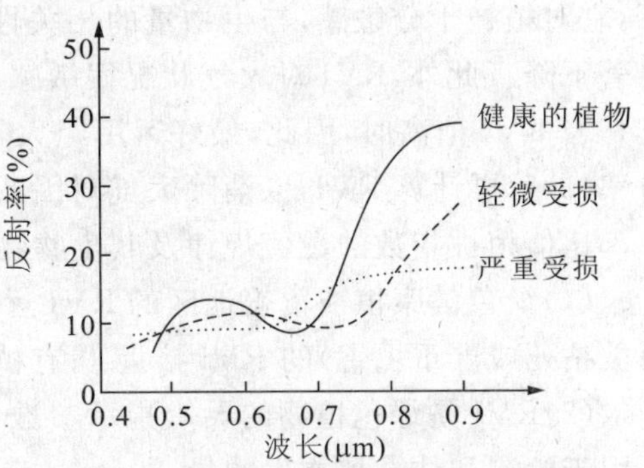

图 7-60　植物成长期遭受病害侵袭后的波谱曲线变化

植被指数为植被定量遥感的特征参数,它是将遥感图像光谱数据经数学方法处理后生成的能够揭示植被生物物理学的一种特征参数值。植被指数可定性或定量评价植被覆盖及其生长活力,反映植被及其空间分布状态,属于光谱信息提取的一种数字表达形式。植被信息模型是反映植物生长状况的一系列光谱指数,用来表征植物的叶绿素、覆盖度、含水性、病害程度等生长状态。植被指数模型可通过多光谱遥感数据波段之间的数学运算(如加、减、乘、除)及数学表达式等方式来获取,其波谱信息的含义是:①可见光绿波段/近红外波段的比值所得的植被指数称为光谱绿度信息,能较好地反映植被覆盖度和生长状况的差异数值,特别适用于植被生长旺盛、具有高覆盖度的植被监测;②归一化植被指数定义为两个通道反射率之差除以它们的和,当植被处于中、低覆盖度时,该指数随覆盖度的增加而迅速增大,当达到一定覆盖度后,其比指数值增长缓慢,所以它适用于植被早、中期生长阶段的动态监测;③蓝光、红光和近红外通道的组合可大大消除大气中气溶胶对植被指数提取的干扰,并可提高植被长势监测和作物估产的精度。

(二)植被指数信息模型

植被指数信息模型是引用植被指数或指数的组合形式来表达植被覆盖状态及空间分布状况,如生物物理指标、生态环境指标覆盖密度指标等。常用的植被指数可归纳为以下几类。

1. 比值植被指数

比值植被指数的数学表达式为:

$$RVI=\frac{DN_{NIR}}{DN_{R}} \quad 或 \quad RVI=\frac{\rho_{NIR}}{\rho_{R}}$$

式中:DN 为近红外、红波段的图像灰度值;ρ 为地表反射率,也可通过两波段的半球反射率表示,简单表示为 NIR/R。由于绿色植物在可见光红波段(R)与近红外波段(NIR)的光谱响应差异巨大,两者之间的比值能定量表达目标的吸收能量与反射能力之间形成的陡坡效应,充分显示目标物的光谱差异性。由于绿色植物叶绿素在红光波段的强吸收和叶片内部组织在近红外波段的强反射,使其 R 与 NIR 值有较大的差异,RVI 值的大小可以定量指示植物叶绿素总量的丰富程度。对于地面裸土、病害严重的或枯死的植被,RVI 值则特别低。比值植被指数可提供植被生态状况的重要信息,是植被长势、丰度的度量方法之一。同理,可见光绿波段(叶绿素引起的反射)与红波段之比(G/R)也是有效的。

RVI 是绿色植物的一个灵敏的指示参数。研究表明,它与叶面积指数(LAI)、叶干生物量(DM)、叶绿素含量相关性较高,可用于估算和监测绿色植物生物量。在植被高密度覆盖情况下，它对植被十分敏感，与生物量的相关性最好；但当植被覆盖度小于 50%时，它的分辨能力显著下降。此外，RVI 对大气状况很敏感，大气效应大大地降低了它对植被检测的灵敏度，尤其是当 RVI 值高时，因此，最好运用经大气纠正的数据，或将两波段的灰度值(DN)转换成反射率(ρ)后再计算 RVI，以消除大气对因波段不同而引起的非线性衰减的影响。

比值植被指数的数值规律及其生物物理含义如下。

(1)绿色健康植被覆盖地区的 RVI 远大于 1；而无植被覆盖的地面(裸土、人工建筑、水体、植被枯死或严重虫害)的 RVI 接近 1；有植被覆盖单元的 RVI 通常大于 2。

(2)RVI 是绿色植物的灵敏指示参数，与 LAI、叶干生物量(DM)、叶绿素含量相关性高，可用于检测和估算植物生物量。

(3)植被覆盖度影响 RVI 值的灵敏度，当植被覆盖度＞50%，RVI 对植被敏感性增强；当植被覆盖度＜50%时，这种敏感性显著降低。

(4)RVI 受大气条件影响，大气效应大大降低对植被检测的灵敏度，所以在计算前需要进行大气校正，或用反射率计算 RVI。

2. 归一化植被指数

归一化植被指数(NDVI)的数学表达式为：

$$\mathrm{NDVI}=\frac{\mathrm{DN}_{\mathrm{NIR}}-\mathrm{DN}_{\mathrm{R}}}{\mathrm{DN}_{\mathrm{NIR}}+\mathrm{DN}_{\mathrm{R}}}$$

或

$$\mathrm{NDVI}=\frac{\rho_{\mathrm{NIR}}-\rho_{\mathrm{R}}}{\rho_{\mathrm{NIR}}+\rho_{\mathrm{R}}}$$

归一化植被指数(NDVI)的定义为近红外波段与可见光红波段的差值与和的比值，实际上，NDVI 是 RVI 的非线性归一化的数学表达，也称之为“归一化差值植被指数”。其在数学上的意义在于 NDVI 的值域被限定在[−1,1]范围之内。

(1)NDVI 的光谱应用优势。

①NDVI 是植被生长状态及植被覆盖度的最佳指示因子。它与叶面指数、绿色生物量、植被覆盖度、光合作用等植被参数有关，被认为是监测地区或全球植被和生态环境变化的有效指标。

②NDVI 可以部分消除与太阳高度角、卫星观测角、地形、云/阴影和大气条件有关的辐照度条件变化等电磁辐射过程干扰因素的影响，可有效地还原植被覆盖层的光谱辐射作用。

③NDVI 的值域具有地表目标大类区分作用，云、水、雪地表目标的 NDVI 为负值(＜0)；岩石、裸土 NDVI 值近于 0；有植被覆盖的像元 NDVI 为正值(＞0)，且随植被覆盖度的增大而增大。因此，NDVI 适用于全球或大陆大尺度的植被动态监测。

④NDVI 能反映出植物冠层下的背景环境因素，如土壤性状、潮湿地面、枯叶层、表面粗糙度等，且 NDVI 对这些背景环境状况的波谱敏感性与植被覆盖度有关。

(2)NDVI 的局限性。NDVI 增强了近红外与红色通道反射率低值部分的对比度，抑制了高值部分的对比度，如 RVI 的比值从 5 增至 10，再增至 15；NDVI 则从 0.67 增至 0.82(增加 0.15)，再增至 0.87(增加 0.05)，其结果是降低了对高植被覆盖区的光谱响应敏感性。

(3)NDVI 的适用范围。如当植被覆盖度小于 15%时，植被的 NDVI 值高于裸土的 NDVI 值，植被就可以被监测出来，但其 NDVI 值很难指示该区域的植物生物量；当植被覆盖度由 25%增加到 80%时，其 NDVI 值随植物量的增加呈线性迅速增加；当植被覆盖度大于 80%时，NDVI 值即呈现饱和状态，增值缓慢，对植被覆盖度检测灵敏度大大下降。这样，就会产生在作物生长初期 NDVI 将会夸大植被覆盖度；而在作物生长的后期，其 NDVI 值偏低。因此，NDVI 更适用于植被发育中期的或中等覆盖度（低—中等叶面积指数）情况下的植被检测。

3. 差值植被指数（DVI）

差值植被指数的数学表达式为：

$$DVI = NIR - R \quad 或 \quad DVI = \rho_{NIR} - \rho_{R}$$

该指数具有揭示植被覆盖层下土壤背景变化信息的作用，且具有较高的灵敏度。从数学含义上讲，它是 NDVI 值的分子元。

4. 调整土壤亮度的植被指数（SAVI）

数学表达式为：

$$SAVI = [(NIR - R)/(NIR + R + L)](1 + L)$$

上式也可以用两个波段的反射率进行计算，式中：L 为土壤调节系数，取值范围 0～1。

引入该指数的目的是修正植被覆盖层背景，尤其是土壤背景的光学特征变化，修正 NDVI 对土壤背景的敏感程度或灵敏度。与 NDVI 相比，当 $L=0$ 时，表示植被覆盖度为零；当 $L=1$ 时，表示土壤背景的影响为零，即植被覆盖度非常高，这种情况只有在被树冠浓密的高大树木覆盖的地方才会出现。

5. 绿度植被指数（GVI）

GVI 的数学含义是多光谱图像经 K-T 变换后的绿度分量值（参看第四章）。绿度植被指数属于图像正交变换后的一个分量，它的数学意义及生物物理含义如下。

(1) 绿度分量值是 K-T 变换后的第二分量，对 Landsat TM 图像而言，第一分量为土壤亮度值，第三分量为土壤湿度值。

(2)实现植被与土壤的光谱点群在新的特征变量空间分离，植被生长过程的光谱图形呈“穗帽”状，而土壤光谱构成一条土壤亮度线，土壤的含水量、有机质含量、粒度大小、矿物成分、表面粗糙度等特征的光谱变化沿土壤亮度线方向聚类集群。

(3)第一、第二分量集中了多光谱图像 95％以上的信息量，并可很好地反映植被与土壤光谱的差异性。

(三)植被指数的影响因素与应用条件

植被指数受诸多因素的影响，主要有物候期-农事历、作物排列方向、大气效应、太阳高度角、太阳入射方位角、地形效应及传感器因素等。

植物在其生长周期中，其生理、外形、结构上均会发生变化。植物的化学、物理、生物特性随着季节性变化而形成季相节律，它会影响植被的光谱响应，也就同时影响了植被指数量值的生物物理的指示意义和对植物生态环境的定量表达意义。

由于植被的季相节律、物候变化对植被指数的影响，因此要针对不同应用目的需要选择不同物候期的植被指数，如对于小麦遥感估产应以选择小麦拔节到乳熟期的植被指数为最佳。

另外，植被指数还与叶倾角、叶子层数、作物耕作的方向、间隔和冠层的几何光学有关；大气的吸收与散射也会影响植被可见光和近红外辐射强度，也会导致植被指数发生变化。

太阳入射角主要影响遥感过程中的大气传输路径长度。由于植被表面结构的非均匀性及表面反射辐射的各向异性，也就会直接影响到植冠的二向反射（BRDF），从而使 NDVI 值处于不确定性之中，造成 NDVI 植被指数在不同时相遥感数据之间的不可比对性。

第五节　土壤遥感

土壤是地壳表面的疏松层，也是一个复杂而多相的物质系统。土壤在地表无处不在，但却无固定的几何形状，它是地表生物圈层进行物质循环及能量交换的最具生命活力的介质层。

土壤遥感是地理遥感中较为复杂的研究领域。尽管现代高光谱遥感、高分辨率遥感的发展对土壤遥感应用具有很大的推动作用，但是由于土壤层特殊的地理环境及土层表面的植被盖层，使土壤层的本征光谱识别仅适用于地表裸露的土层，但这类景观类型的地表分布概率太低；其次，现代土壤科学对土壤层的物理-化学特性及土壤分类的研究主要依赖于土壤剖面所获取的科学数据，而遥感图像又不可能直接反映土壤剖面的土体结构信息及物质构成的信息，因此，土壤图像解译方法只能运用土壤学理论及其知识系统，采用间接标志与相关分析方法，运用知识推理来获取土壤遥感的有用数据及信息。

一、土壤遥感基本理论

1. 成土因素理论与间接解译依据

土壤层是地表风化壳物理-化学-生物作用的综合自然层体。土壤层既是生态圈层的物质基础，又是地理环境变化的敏感因子，被称为地理环境的一面镜子。土壤圈层依托于其下部的岩石圈层，关联并影响着其上部的生态圈层，既是岩石圈层的次生体，又是生态圈层的基础及组成部分。土壤圈层从发生、发展到分布都是气候、生物、地貌、水文、岩石、母质和人类活动共同作用的结果。全球土壤剖面研究可以从理论上分析全球环境变化及特定地区的地理环境；反过来，也可以利用地理环境和土壤分布规律进行成土因素分析。

在遥感影像上，以成土因素理论为指导的图像间接解译是一种基于地学要素与土壤的成土过程而进行的土壤类型间接分析及推理方法。根据影像特征可以解译出与成土因素和土壤类型相关联的一系列地学信息，如地质单元及地层岩石类型、地貌类型及地形结构、植被类型、风化壳及松散沉积体类型、水文条件、土地类型与土地利用现状、农作物类型及耕作方式等。对这些间接信息进行综合分析和空间推理，可以建立与土壤成因有关的指示性图像标志，揭示土壤类型及其空间分布规律，进而推导出土壤物化性状及其他土壤结构要素等内容。

2. 土地利用类型与土壤类型的专属性分析

土壤类型与土地利用类型具有一定的专属性，如稻田土地利用类型与水稻土类、河流阶地上的耕地类型与潮土类等就具有形式上的相关性。其间的关联机理既涉及到土壤母质的专属性，又涉及到土地利用类型的专属性，它们是互为因果的一对地理空间关联体。

在土壤遥感中，利用土地类型的识别进行土壤解译是最为普遍和实用的空间推理方法，也就是利用同一地理目标的本体属性与表现属性所表征的专属性与一致性，由表及里的一种推理方法。土地类型的形成机理与岩石、地貌、人类活动等作用过程相关，而从图像认知理论上看，地学对象之间的成因关联性与成土作用过程的土壤类型的专属性就构成了土壤遥感图像识别和认知过程的理论基础，也是土壤遥感图像解译的知识体系。

3. 基于土壤分类系统的多因子分析理论

土壤分类系统采用土纲、亚纲、土类、亚类、土属、土种、变种七级分类体系，其中前五个等级的分类依据与遥感图像的地学图像要素有关，可以据此建立土壤分类的图像标志，在此基础上进行土壤遥感调查及土壤分类制图。

如在土纲的铁铝土、淋溶土、半淋溶土、钙层土、干旱土、漠土、初育土、半水成土、水成土、盐碱土、人为土、高山土 12 个类型中，依据图像的地理地带性标志、气候及生态环境区划标志、成土因素标志、植被地理区划标志可以概略性地建立土纲分类的图像间接标志。

在土类分类系统的自然条件中，与遥感图像地学标志相关的间接解译标志和图像识别要素主要有以下几种。

(1)地带性土壤类型可利用图像的生态环境及气候条件标志；非地带性土壤类型(如岩成土、水成土)可以利用岩石类型标志和水文标志。

(2)土类的人为耕作因素，施肥、灌溉、排水等，可依据土地耕作方式与土壤层的灰化过程、潜育化过程、黏化过程、富铝化过程、水耕熟化过程等相关信息进行解译。

(3)对成土条件和成土过程的综合影响因素，结合土壤的肥力特征和改良利用途径以及地质-地理单元进行综合分析，如对南方广泛分布的酸性红壤土，可结合对地质单元的中生代红盆构造单元与红色砂砾岩图像解译标志进行解译；对盐土类的解译可依据对盐渍化水体与土壤退化标志建立图像识别标志；对褐土类型的解译，可依据图像的地理-气候区划，对干旱-半干旱区域的图像标志进行相关分析。

在亚类的图像解译中，可利用土地单元的生态环境及土壤含水性条件进行图像识别和分类。在土壤不同发育阶段中的生态作用过程、水循环过程、物质迁移及交换过程对地表土地单元的生态环境差异及作物长势差异具有一定的影响，可以通过图像的植被指数含水程度差异进行区分和判别。例如，图 7 - 57 所显示的沼泽土类，经脱水改造和去盐渍化改造后，在盐土和草甸土之间就可区分出草甸盐土亚类和盐化草甸土亚类。

在土属的图像解译分类中，利用遥感图像的岩石类型及其物-化专属性和成土过程的地方性因素，建立土属区域性图像解译间接标志。这些间接标志主要有：①成土母质岩石类型标志，如第四纪残积层、洪积层、冲积层、酸性花岗岩类、基性岩体类、石灰岩类、碳质岩类、硅质岩类、泥质岩类等；②地貌单元的间接标志，如岗坡地与燥性的、暖性的土类相关，洼地或阴坡与凉性、冷性的土类相关；③水文地质条件间接标志，如平原区不同矿化度的地下水对土壤中盐分组成及其含量的差异性；山麓地带的钙质水对土体中的砂姜构成及其含量；④土地耕作方式的间接标志，如黄垆土经耕种改造的褐土；经耕种改造的草甸土；黄棕壤经耕种改造形成黄刚土等。上述间接标志都是利用遥感图像的地学标志，研究并建立他们与土壤层之间的成因关系或空间关系的图像解译标志。图 7 - 61 是中国东北黑土及黑钙土分布图。

二、土壤遥感图像解译标志

(一)土壤光谱特征与波谱信息提取

1. 波谱曲线形态类型

土壤的反射光谱特性是土壤结构与矿物成分、有机成分物-化性质的综合表现，也是土壤遥感波谱分析的依据。依据土壤波谱曲线形态可分为平直型(泥炭、暗色草甸、黑土、火山灰土等黑色土壤)、缓斜型(水稻土)、陡倾型(红壤、砖红壤等热带、亚热带土壤)、波浪型(棕漠土、龟裂土、风沙土等干旱地区土壤)四大类型(图 7 - 62)。其中，土壤的特征谱带为 0.51～0.56μm，0.65～0.70μm，0.80～0.85μm，1.55～1.60μm，也称为土壤的诊断谱段。

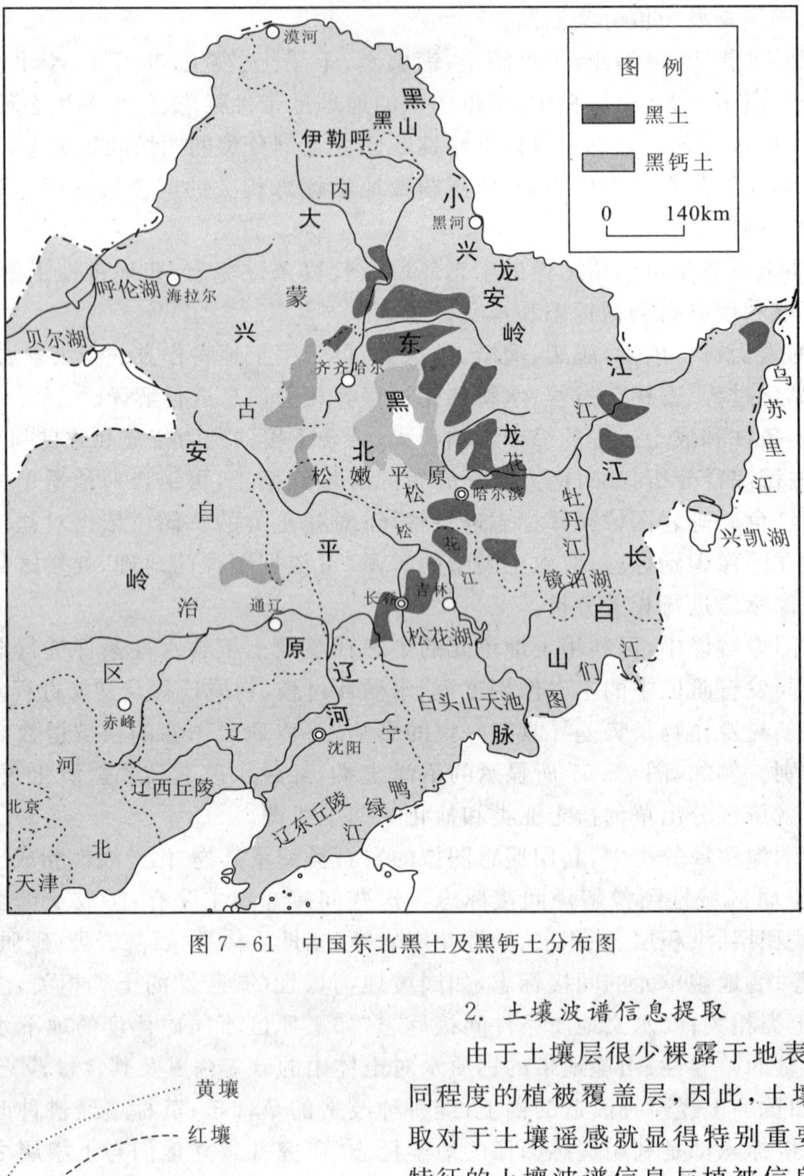

图 7 - 61　中国东北黑土及黑钙土分布图

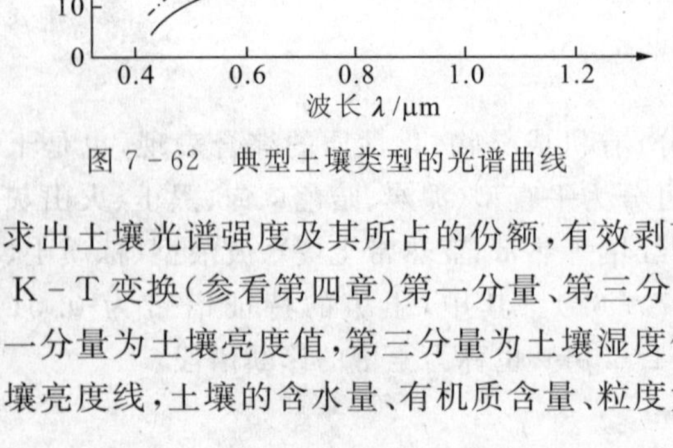

图 7 - 62　典型土壤类型的光谱曲线

2. 土壤波谱信息提取

由于土壤层很少裸露于地表，其上多有不同程度的植被覆盖层，因此，土壤波谱信息提取对于土壤遥感就显得特别重要。具有识别特征的土壤波谱信息与植被信息属于混合型像元类型或叠加型波谱类型，故其波谱信息提取方法与植被指数信息提取方法具有较大的相似性。土壤波谱信息提取多采用线性波谱分离技术，它可以从植被、基岩或土壤混合信息中区分出多类别的植被波谱，从像元混合光谱中减去各植被类型所占的像元光谱强度就可求出土壤光谱强度及其所占的份额，有效剥离出岩石和土壤信息，如在植被绿度信息提取中的 K－T 变换(参看第四章)第一分量、第三分量就是土壤识别的特征波谱信息，K－T 变化的第一分量为土壤亮度值，第三分量为土壤湿度值。在 K－L 分量散点图上，第一分量构成一条土壤亮度线，土壤的含水量、有机质含量、粒度大小、矿物成分、表面粗糙度等特征的光谱变化沿土壤亮度线方向聚类集群，这就实现了将土壤波谱与植被波谱分离的效果，然后通过对第一、第三分量的图像组合信息来进行土壤解译。

3. 土壤成分对光谱特征的影响

(1)土壤腐殖质。土壤腐殖质对所有可见光波段的反射亮度起抑制作用，而胡敏酸是消色性物质，它在绿光与红光波段的反射率显著上升，因此要注意腐殖质对不同类型土壤波谱特征的影响。

(2)土壤层中的铁氧化物。铁氧化物是土壤的着色剂，在土壤中也普遍存在。当土壤中高价铁氧化物含量较高时，就会提高小于 0.45μm 短波区的反射率；而在 0.45～0.48μm 波段的反射率有所降低，甚至出现吸收谷；在大于 0.5μm 的波谱区急剧上升形成反射率陡升区。中国南方的红层风化壳土壤就属富铁铝化土壤，均具有这种陡坎型的光谱曲线。而以褐铁矿为主要成分的黄壤，以赤铁矿为主的红壤、砖红壤也都是在 0.45～0.48μm 处形成低反射率，而在 0.52～0.58μm 处形成高反射率的曲线形态。

(3)土壤湿度。土壤层随含水量的增高而将平移下降其波谱反射率。

(4)土壤粒度。干的黏质土壤由于其具有颗粒细、表面积大的物理特性而提高土壤的波谱反射率；干的砂质土壤的反射率要高于黏性土壤。当土壤的物质一致时，细粒的反射率要比粗粒的高。当把各种大小的土壤团聚体压碎，其反射率就会随之升高，粒径小于 0.25mm，反射率能达到最高值；粒径超过 1mm 时反射率变小；粒径大于 5～7mm 时，反射率达到最低值。

(5)土壤中白色矿物成分。这类矿物包括无定形硅酸盐、石灰、石膏、苏打盐、硫酸盐、氯化物盐类等，它们在可见光区都有高的反射率，在遥感图像上色调明亮。部分含苏打盐或镁盐的土壤，由于盐分易潮解，并溶解了有机质使得表土呈暗色，容易与过湿土壤或有机质含量高的暗色土壤相混，需参照其他相关标志来区分它们。

(6)植被覆盖度。当土壤表面植被覆盖度小于 15%，其光谱反射特征仍与裸土相近；植被覆盖度在 15%～70%时，表现为土壤和植被的混合光谱，光谱反射值是两者的加权平均；植被覆盖度大于 70%时，基本上表现为植被的光谱特征。

(二)土壤类型的解译标志

图像光谱标志只有当土壤层直接裸露地表时才可以基于光谱标志进行土壤分类解译制图，但是在多数情况下，裸露的土壤景观单元出现的概率极低，很难得以利用。

在土壤遥感调查或土壤制图中，多采用间接标志法。依据土壤调查的技术需求，分别对土纲、亚纲、土类、亚类、土属、土种、变种七级土壤分类系统进行地域性间接标志的研究，并在经过示范区验证后才可推广应用。

土壤解译以土纲、亚纲两个等级的图像标志为参照系，以土类、亚类、土属及土种的间接标志作为综合解译目标来进行。

土类是由区域生物气候条件决定的，需要根据调查区土壤的水平地带性和垂直地带性及非地带性与人为耕作熟化等方面的情况来确定，例如，暖温带阔叶林区形成的棕壤，次生黏土多，剖面有黏化层，含铁矿物多而呈棕色，通透性较差。但是在这些特性中，只有植物因素能由遥感图像直接反映出来，其余特征就要依靠所在的地理区位进行相关解译。

亚类是在成土过程中受局部条件的影响使土类发生变化，如不同的地形、植被条件，会使水热形成差异，例如，山东省棕壤地区，缓坡及山麓地带为土层较厚的棕壤亚类；在陡坡及植被稀疏的坡地，为棕壤性土亚类；而在河谷低阶地上，潜水位高，常为潮棕壤亚类。在这种土壤区，地形和植被的特征就可以成为本区土壤亚类的间接识别标志。

土属主要以地区性条件为依据，如地貌和母质。华北地区可依据残积-坡积母质、黄土状物质、洪积冲积物质、湖相及海相沉积物、人工堆积母质等来划分土属。各种母质都有一定的形态特征和图案特征，可作为土属识别的标志。

土种是依据土壤剖面及其土体构型进行划分，遥感图像标志虽难以建立，但可以作土壤剖面研究的辅助性手段，如在棕壤性土壤中，可根据地形、母质的含砾石程度来推断土层的厚薄，来进行辅助划分。

三、土壤遥感的图像解译及制图方法

由于土壤遥感的特殊性，解译标志也以间接标志为主，因此，土壤遥感的图像解译方法以解译标志的综合分析、逻辑推理、相关分析等知识性和指示性的方法为主。

1. 土壤遥感解译方法

(1)成土因子综合分析法。土壤解译分类是基于土壤成土因子与环境条件进行的，通过对地质、岩石、地貌类型、地理地带区划、地形因素、植被类型、土壤母质类型、水文条件等各种因素进行系统的分析研究，运用相关间接标志解译土壤类型，推断土壤属性，确定类型边界，划分土壤制图单元。

根据成土因素组合，确定与土壤成因直接相关或间接相关的地学、环境、生态、水文因子的地学图像标志。在解译过程中要排除与土壤形成无关的因素，确定那些与土壤成因密切相关并且在土壤界线上相关的地学标志。

(2)第四纪分析法。土壤景观单元与第四纪地质单元具有空间上和成因上的联系，利用第四纪沉积物的成因类型、岩层结构构造、物质成分、地貌类型、坡地地貌形态等因素，建立土壤类型的间接解译标志，通过综合分析，进行土壤类型解译和制图。如江汉平原土壤类型的母岩多属于河流冲积层或湖积层，均属灰潮土土类。在进行解译时，结合图像解译单元的地貌、植被、水文、生态等标志，就可进一步划分土属，直至土种。

(3)景观分析法。景观单元与土壤单元具有间接联系，通过景观分析，确定景观单元内的土壤类型组合关系，并运用地表物质侵蚀、搬运、沉积规律来推断土壤延伸的范围、类型和界线。

景观分析与地学静态因子在图像认知识别动态过程中属于一种过程解译分析，它是通过各种地学景观现象的形成过程来解释土壤分类与边界形成机理。

在实际的遥感影像土壤解译中，常常是运用综合方法进行解译和分类。而土壤类型的基本分类单元及分类等级，又取决于土壤调查的技术目标和精度要求。图 7-62 就属于土壤专题类型图；图 7-63 是小比例尺土壤类型图，其分类系统以土类为基础。

2. 土壤遥感制图方法

土壤遥感调查与制图是运用航空、航天遥感图像进行土壤解译并结合地面抽样验证的一种经济快速的制图方法。中国采用土壤遥感制图方法已先后完成了 1∶25 万、1∶50 万、1∶100万比例尺的国家级和省级土壤图的编制。

土壤分类系统与编图类型以及比例尺有关。大比例尺土壤图通常以土种单元为制图基准单位；省级土壤图则采用较高等级的土属分类单元制图；而全国性小比例尺土壤图则采用土类、亚类单元制图(如图 7-63)。

土壤遥感制图可分为航测土壤制图和卫星遥感制图两类。它们是在遥感图像基础上对土

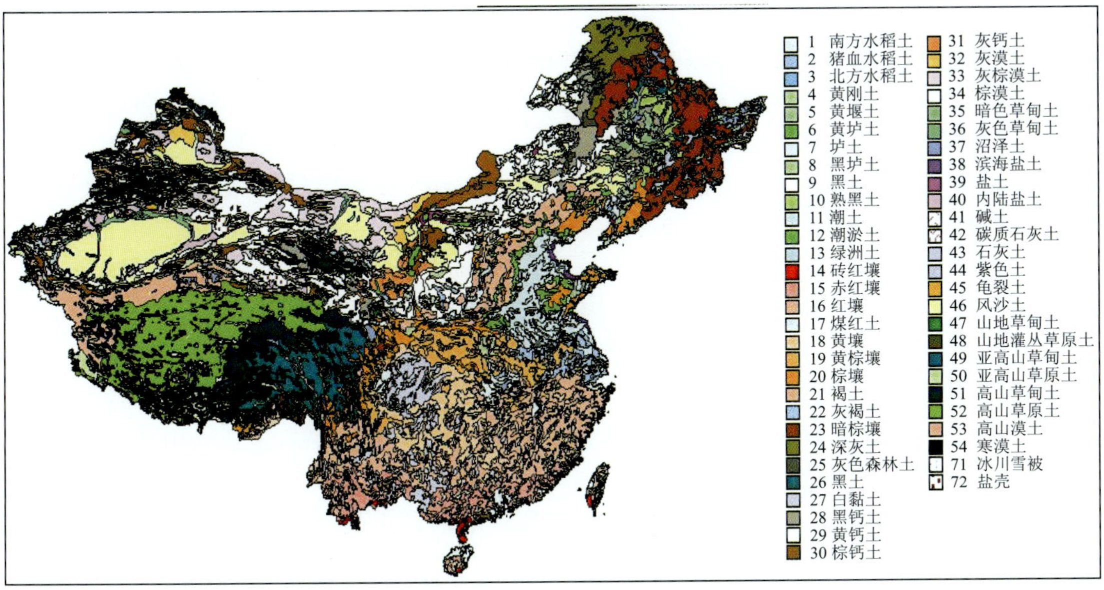

图 7-63　中国土壤类型图（来源：中国农业大学农业数字博物馆，2008）

壤类型、组合进行定性、定位和半定量研究，勾绘图斑，确定其界线。

（1）航测土壤制图。即应用航空遥感图像进行土壤调查和制图。美国在 20 世纪初、中国于 60 年代初开始航测土壤制图，70 年代开始利用假彩色红外图像进行土壤调查和制图。由于现代卫星遥感图像的光谱分辨率与空间分辨率的提高，可以更加经济地进行土壤遥感解译制图，现已很少采用航空测图方法。

（2）卫星遥感土壤制图。由于卫星遥感图像具有覆盖面积大、宏观性强、多时相、多光谱及超光谱等优势，目前更多采用卫星遥感土壤制图方法和基于 GIS 的一体化遥感制图技术。卫星遥感适用于中、小比例尺土壤解译制图，可有效提高制图的精度和速度。运用高分辨率卫星图像，也可解译编绘大比例尺土壤图，但是对土种识别分类的可行性尚无实践经验可参照。

（3）土壤遥感制图程序。一般分为以下几个阶段：①收集卫星图像数据并进行前期预处理；②图像解译并编制土壤解译草图；③进行地面实况调查，验证解译结果，修改修订土壤草图；④建立土壤分类详细解译标志并进行土壤类型的全面解译；⑤基于 GIS 平台，按规范要求完成土壤分类制图。

第六节　土地资源遥感

一、土地资源遥感概述

土地是国家最基本、最宝贵的资源。土地资源属稀缺资源类型。随着国民经济发展，城市化速度加快，社会对土地资源的需求量越来越大，如何保护土地资源、合理规划利用土地资源，成为土地管理工作最重要的任务。这就要求能及时、准确、动态地了解并查明土地资源数量、质量、利用状况及其空间分布规律。土地利用/土地覆盖变化（LUCC）也是国际社会最为关注的研究课题。

土地资源遥感是实现土地调查和管理的最有效、最可靠的优先发展技术。土地资源遥感包括土地利用/土地覆盖变化、土地利用动态监测、土地利用执法检查三大专业性调查及相应的专业制图。土地资源遥感(LRS)与地理信息系统(GIS)、全球定位系统(GPS)和土地信息系统(LIS)的集成一体化技术已成为土地调查、土地动态监测、土地执法检查的主流技术平台。

在地理遥感学术领域,土地资源遥感既具有地理学科的交叉性,又具有空间科学技术应用的前沿性,因此土地资源遥感领域一直倍受关注。

1. 土地资源遥感的基本概念

土地利用(land use)和土地覆盖(land cover)遥感调查具有多重学科属性,土地利用是指人类控制下的社会属性,亦即土地利用的目标属性,如耕地、林地、草地、城乡建设用地等;土地覆盖是指地球表层的自然属性即其物理属性,如农业用地、森林、草地、湿地等。二者之间虽存在极大的相似性,但也存在概念上的差异性。从土地资源遥感角度看,土地利用具有人文社会性质,一些信息在遥感图像上是不可能进行解译的;而土地覆盖具有自然性,图像上显示的就是土地覆盖状况的真实信息。因此,遥感图像直接获取的是土地覆盖现状或土地覆盖变化的信息。

土地利用属资源学与经济地理学领域,从政府管理层面上看,具有政策法规性质。因此,土地利用遥感调查具有国家意志力和法规的特性。土地利用遥感解译内容包括土地利用现状调查、分类、统计、分析等基本内容。在土地利用研究方面,主要包含土地开发程度、土地利用结构、土地利用效益三个方面的内容。在土地监管法规方面,主要包括土地利用规划、土地开发、土地保护等内容。

土地覆盖变化(land cover change)是由于气候变化和人类活动而导致的地表植被覆盖物(森林、草原、耕作植被等)和非植被覆盖物(冰雪等)的面积变化和覆盖类型间的相互转换。遥感调查与监测主要是确定覆盖类型及其变化幅度和变化机理。土地覆盖变化是国际地圈生物圈计划(IGBP)与国际全球环境变化人文因素计划(IHDP)的核心内容之一,这就说明 LUCC 计划对全球变化研究的重要意义。

2. 土地资源遥感的基本任务

(1)选择土地资源遥感调查的最佳图像与实用方法与技术流程。遥感图像需选用高分辨率的数据源,以满足对监测区的耕地资源和生态退化状况进行调查与实时监测的技术需求。基于 RS、GIS、GPS 数据采集一体化及空间数据集成的数据模型,实现从图像解译、数据采集、空间定位、专题制图、空间分析及分类统计的数据流程一体化和属性信息标准化。在动态监测方面要运用多时相遥感数据,对耕地资源和生态退耕田块监测提供准确的定位数据及其时空演变要素的边界信息,并能提供各类专题数据和图件。

(2)建立土地利用现状图像标志,基于土地利用和土地覆盖分类体系对土地利用现状进行全面的详细解译分类及制图。分类及制图精度要满足土地分类要求与土地资源评价对图斑尺度、分辨率及精度、土地覆盖变化单元边界定位精度的技术要求。

(3)构建土地利用覆盖变化的空间数据库,满足科学研究和政府决策对土地覆盖时空信息的迫切需求。土地覆盖数据是区域规划、气候变化、生态系统评估、环境建模等多项研究的基础数据之一,同时也是全球变化研究的重要组成部分,对地球系统科学、全球环境变化和可持续发展研究具有重要意义。利用遥感数据对土地覆盖进行监测已成为当今世界土地覆盖研究的主流。

(4)土地遥感动态监测成果要满足土地执法检查需求。由于土地资源的稀缺性,一些地区片面追求经济利益而违反国家相关规定,非法占用或开发土地,对于这种现象必须要有严格的执法检查措施。利用遥感技术的实时性和动态性特点,可以对全国任何地区进行实时检查,叠加对比现在与过去的遥感影像,可以迅速发现土地利用的变化状况,通过与已有土地登记信息的比对,判别其是否合法,增强了国家对地方土地资源利用的监督力度。

二、土地资源遥感标志与分类系统

1. 建立土地资源遥感图像标志的原则与方法

土地单元具有自然地理的地形地貌、气候、水文、植被和土壤等综合地学要素特性,其次,土地单元经历了人类活动的改造和影响,又具有人文性。因此,土地单元的图像标志是基于自然地理与经济地理复合体的综合表现。

建立土地单元图像解译标志必须遵循以下基本原则。

(1)必须依据土地利用、土地覆盖的分类系统及规范要求进行图像标志研究。

(2)所建立的色调、形态、纹理、边界等图像标志必须满足分类解译、界限勾绘、最小图斑等制图规范要求。

(3)标志需综合考虑土地单元的自然属性和社会属性,既要准确表达土地单元的地学要素的图像特性,又必须兼顾土地利用现状中的地块边界、形态、空间关系等人文特性。

(4)标志还需满足对土地利用类型及土地覆盖类型空间逻辑关系的表达,即二者之间既可归并,也可分离;还需满足对空间统计、分析、地类之间的上下文结构的逻辑关系等。

土地单元图像标志的构建过程需要按照土地资源调查及监测项目需求进行设计,一般可遵循从初步解译标志到现场验证、解译草图到现场抽样检查验证、详细解译标志与最终解译成图三个基本阶段的逐步完善过程。在一个地区,通过解译标志的反复研究及修正,才可以达到土地资源遥感调查与制图的规范要求。

2. 土地资源分类系统

土地资源分类系统是基于将形式分类和用途分类相结合的一种分类思想。形式分类强调土地的自然特性,反映土地利用本身内在的自然特征;用途分类强调土地的社会特性,偏重于社会经济属性。

(1)定义。按地理学观点,土地分类是从不同的研究目的出发,选择对该目的有意义的土地属性及其量度指标,将一定级别的大量土地个体概括成具有一定从属关系的种类等级系统。按土地资源学观点,土地分类是基于特定目的,按一定的标准,对土地进行不同详细程度的概括、归并或细分,区分出性质不同、各具特点的土地类型的过程。按管理学观点,土地资源分类是按照土地单元的各种性状和特点,将一个国家或地区的全部土地资源按照规定的分类等级体系划分成若干类型。

(2)土地分类目的。通过土地分类,掌握土地资源状况,识别土地资源特性、功能和用途,便于统计、规划、利用、开发和改造土地资源。

(3)分类等级与分类系统。分类等级一般有二级分类体系和三级分类体系之分。一般土地覆盖分类采用二级分类体系,土地利用则采用三级分类体系。在土地利用三级分类体系中,一级地类分为农业用地、建设用地、未利用地三大类;二级类则分为耕地、园地、林地、牧草地、其他农用地、商服用地、工矿仓储用地、住宅用地、公共设施用地、公共建筑用地、交通运输用地、水利设施用地、特殊用地、未利用土地及其他土地等；三级类是土地分类的基本单位，也是土地资源图的基本图元单位。

(4)分类编码。分类编码是为适应数字化地图的需求，采用三位编码系统并符合 GIS 空间分析及各种统计操作的技术标准。对土地类型而言，其编码具有唯一性、语义性及数字地图目标属性的统一性(表 7－1、表 7－2)。

表 7－1　全国土地分类系统及编码表

一级类 编号	一级类 名称	二级类 编号	二级类 名称	三级类 编号	三级类 名称	含义
1	农业用地					指直接用于农业生产的土地，包括耕地、园地、林地、牧草地及其他的农业用地
		11	耕地			指种植农作物、土地，包括熟地、新开发复垦整理地、休闲地、轮歇地、草田轮作地；以种植农作物为主，间有零星果树、桑树或其他树木的土地；平整每年能保证收获一季的已垦滩地和海涂；耕地中还包括南方＜1.0m，北方＜2.0m 的沟、渠、路和田埂
				111	灌溉水田	指有水源保证和灌溉设施，在一般年景能正常灌溉，用于种植水生作物的耕地，包括灌溉的水旱轮作地
				112	望天田	指无灌溉设施，主要依靠天然降雨，用于种植水生作物的耕地，包括无灌溉的水旱轮作地
				113	水浇地	指水田、菜地以外，有水源保证和灌溉设施，在一般年景能正常灌溉的耕地
				114	旱地	指无灌溉设施，靠天然降水种植旱作物的耕地，包括没有灌溉设施，仅靠引洪淤灌的耕地
				115	菜地	指常年种植蔬菜为主的耕地，包括大棚用地
		12	园地			指种植以采集果、叶、根、茎等为主的集约经营的多年生木本和草本作物(含其苗圃)，覆盖度大于 50%或每亩有收益的株数达到合理株数的 70%的土地
				121	果园	指种植果树的园地
				121K	可调整果园	指由耕地改为果园，但耕作层未被破坏的土地
				122	桑园	指种植桑树的园地
				122K	可调整桑园	指由耕地改为桑园，但耕作层未被破坏的土地
				123	茶园	指种植茶树的园地
				123K	可调整茶园	指由耕地改为茶园，但耕作层未被破坏的土地
				124	橡胶园	指种植橡胶树的园地
				124K	可调整橡胶园	指由耕地改为橡胶园，但耕作层未被破坏的土地
				125	其他园地	指种植可可、咖啡、油棕、胡椒、花卉、药材等其他多年生作物的园地
				125K	可调整其他园地	指由耕地改为其他园地，但耕作层未被破坏的土地
		13	林地			指生长乔木、竹类、灌木、沿海红树林的土地，不包括居民点绿地，以及铁路、公路、河流、沟渠的护路、护岸林

续表 7－1

一级类		二级类		三级类		含义
编号	名称	编号	名称	编号	名称	
1	农业用地	13	林地	131	有林地	指树木郁闭度≥20%的天然、人工林地
				131	可调整有林地	指由耕地改为有林地,但耕作层未被破坏的土地
				132	灌木林地	指树木郁闭度≥40%的灌木林地
				133	疏林地	指树木郁闭度≥10%,但<20%的疏林地
				134	未成林造林地	指造林成活率大于或者等于合理造林数的41%,尚未郁闭但有成林希望的新造林地(一般指造林后不满3~5年或飞机播种后不满5~7年的造林地)
				134	可调整未成林造林地	指由耕地改为未成林造林地,但耕作层未被破坏的土地
				135	迹地	指森林采伐、火烧后,5年内未更新的土地
				136	苗圃	指固定的林木育苗地
				136	可调整苗圃	指由耕地改为苗圃,但耕作层未被破坏的土地
		14	牧草地			指生长草本植物为主,用于畜牧业的土地
				141	天然草地	指以天然草本植物为主,未经改良,用于放牧或割草的草地,包括以牧为主的疏林、灌木草地
				142	改良草地	指用灌溉、排水、施肥、松耙、补植等措施进行改良的土地
				143	人工草地	指人工种牧草的草地,包括人工培植用于牧业的灌木地
				143	可调整人工草地	指由耕地改为人工草地,但耕作层未被破坏的土地
		15	其他农用地			指上述耕地、园地、林地、牧草地以外的农用地
				151	禽畜饲养地	指以经营性养殖为目的的畜禽舍及相应附属设施用地
				152	农业设施用地	指进行工厂化作物栽培或水产养殖的生产设施用地
				153	农村道路	指农村南方路宽>1.0m,北方路宽≥2.0m的村间、田间道路(含机耕道)
				154	坑塘水面	指人工开挖或天然形成的蓄水量<$10\times10^4 m^3$(不含养殖水面)的坑塘常水位以下的面积
				155	养殖水面	指人工开挖的或天然形成的专门用于水产养殖的坑塘水面及相应附属设施用地
					可调整养殖水面	指由耕地改为养殖水面,但可复耕的土地
				156	农业水利用地	指农民、农民集体或其他农业企业等自建或联建的农田排灌沟渠及相应附属设施用地
				157	田坎	主要指耕地中南方≥1.0m,北方宽≥2.0m的梯田田坎
				158	晒谷场等田地	指晒谷场及上述用地中未包含的其他农用地
2	建设用地					指建造建筑物、构筑物的土地,包括商业、工矿、仓储、公用设施、公共建筑、住宅、交通、水利设施、特殊用地等
		21	商服用地			指商业、金融业、餐饮旅馆业及其他经营性服务业建筑及相应附属设施用地
				211	商业用地	指商店、商场、各类批发、零售市场及相应附属设施用地
				212	金融保险用地	指银行、保险、证券、信托、期货、信用社等用地
				213	餐饮旅馆业用地	指饭店、餐厅、酒吧、宾馆、旅馆、招待所、度假村等及其相应附属设施用地
				214	其他商服用地	指上述用地以外的其他商服用地,包括写字楼、商业性办公楼和企业厂区外独立的办公用地;旅行社、运动保健休闲设施、夜总会、歌舞厅、俱乐部、高尔夫球场、加油站、洗车场、洗染店、废旧物资回收站、维修网点、照相、理发、洗浴等服务设施用地

续表 7-1

一级类编号	一级类名称	二级类编号	二级类名称	三级类编号	三级类名称	含义
2	建设用地	22	工矿仓储用地			指工业、采矿、仓储用地
				221	工业用地	指工业生产及其相应附属设施用地
				222	采矿地	指采矿、采石、采沙场、盐田、砖瓦窑等生产用地及其尾矿堆放地
				223	仓储用地	指用于物资储备、中转的场所及其相应附属设施用地
		23	公用设施用地			指为居民生活和二、三产业服务的公用设施及瞻仰、休憩用地
				231	公共基础设施用地	指给排水、供电、供燃、供热、邮政、电信、消防、公用设施维修、环卫等用地
				232	瞻仰景观休闲用地	指名胜古迹、革命遗址、景点、公园、广场、公用绿地等
		24	公共建筑用地			指公共文化、体育、娱乐、机关、团队、科研、设计、教育、医卫、慈善等建筑用地
				241	机关团体用地	指国家机关、社会团体、群众组织、广播电台、电视台、报社、杂志社、通讯社、出版社等单位的办公用地
				242	教育用地	指各种教育机构，包括大专院校、中专、职业学校、成人业余教育学校、中小学校、幼儿园、托儿所、党校、行政学院、干部管理学院、盲聋哑学校、工读学校等直接用于教育的用地
				243	科研设计用地	指独立的科研、设计机构用地，包括研究、勘测、设计、信息等单位用地
				244	文体用地	指为公众服务的公益性文化、体育设施用地，包括博物馆、展览馆、文化馆、图书馆、纪念馆、影剧院、音乐厅、少青老年活动中心、体育场馆、训练基地等
				245	医疗卫生用地	指医疗、卫生、防疫、急救、保健、疗养、康复、医药检验、血库等用地
				246	慈善用地	指孤儿院、养老院、福利院等用地
		25	住宅用地			指供人们日常生活居住的房基地(有独立院落包括院落)
				251	城镇单一住宅用地	指城镇居民的普通住宅、公寓、别墅用地
				252	城镇混合住宅用地	指城镇居民以居住为主的住宅与工业或商业等混合用地
				253	农村宅基地	指农村村民居住的宅基地
				254	空闲宅基地	指村庄内部的空闲旧宅基地及其他的空闲用地
		26	交通运输用地			指用于运输通行的地面线路、场站等用地，包括民用机场、港口、码头、地面运输通道和居民点道路及其相应附属设施用地
				261	铁路用地	指铁路线路及场站用地，包括路堤、路堑、道沟及护路林；地铁地上部分及出入口等地
				262	公路用地	指国家和地方公路(含乡镇公路)，包括路堤、路堑、道沟及护路林及其附属设施用地
				263	民用机场	指民用机场及其附属设施用地
				264	港口码头用地	指人工修建的客、货运、捕捞船舶停靠的场所及其相应的附属建筑物，不包括常水位以下的部分
				265	管道运输用地	指运输煤炭、石油和天然气等的管道及其相应设施地面用地
				266	街　巷	指城乡居民点内公用道路(含立交桥)、公共停车场

续表 7-1

一级类		二级类		三级类		含　义
编号	名称	编号	名称	编号	名　称	
2	建设用地	27	水利设施用地			指用于水库、水工建筑的土地
				271	水库水面	指人工修建总库容≥$10\times10^4 m^3$，正常蓄水位以下的面积
				272	水工建设用地	指除农田水利用地以外的可供修建沟渠(包括渠槽、渠堤、护堤林)、闸、坝、堤路林、水电站、场水站等常水位岸线以上的水工建筑用地
		28	特殊用地			指军事设施、涉外、宗教、监狱、墓地等用地
				281	军事设施用地	指专门用于军事目的的设施用地，包括军事指挥机关和营房等
				282	使领馆用地	指外国政府及国际组织驻华使领馆、办事处用地
				283	宗教用地	指专门用于宗教活动的庙宇、寺院、道观、教堂等宗教自用地
				284	监教场用地	指监狱、看守所、劳改所、劳教所、戒毒所等用地
				285	墓葬地	指陵园、墓地、殡葬场所及附属设施用地
3	未利用地					指农用地和建设用地以外的土地
		31	未利用土地			指目前还未利用的土地，包括难以利用的土地
				311	荒草地	指树木郁闭度<10%，表层为土质，生长杂草，不包括盐碱地、沼泽地和裸土地
				312	盐碱地	指表层盐碱聚集，只生长天然的耐盐植物的土地
				313	沼泽地	指经常积水或渍水，一般生长湿生植物的土地
				314	沙　地	指表层为沙覆盖，基本无植被的土地，包括沙漠，不包括水系中的沙滩
				315	裸土地	指表层为土质，基本无植被覆盖的土地
				316	裸岩石砾地	指表层为岩石或石砾，其覆盖面积≥70%的土地
				317	其他未利用土地	指包括高寒荒漠、苔原等尚未利用的土地
		32	其他土地			指未列入农用地、建设用地的其他水域地
				321	河流水面	指天然形成的或者人工开挖河流常水位岸线以下的土地
				322	湖泊水面	指天然形成的积水区常水位岸线以下的土地
				323	苇　地	指生长芦苇的土地，包括滩涂上的土地
				324	滩　涂	指沿海大潮高潮位与低潮位之间的潮侵地带；河流、湖泊常水位至洪水位间的土地；时令湖、河洪水位以下的滩地；水库、坑塘的正常蓄水位与最大洪水位之间的滩地，不包括已利用的滩涂
				325	冰川及永久积雪	指表层被冰雪常年覆盖的土地

三、土地资源遥感调查方法

遥感在土地利用/土地覆盖调查与研究中的作用体现在：①能够在大范围内快速、重复成像；②能够针对不同调查目的和要求获取最合适分辨率的影像；③影像解译相对地面调查更快、更经济；④遥感影像提供了一个客观的、持久的解译数据源，数据结果具有现势性、历史性和重现性。随着遥感技术在空间识别、地物波谱识别和时间变差信息识别方面能力的提高，土地遥感正在成为遥感科学的重要组成部分。

表 7-2　土地覆盖分类系统

一级分类	二级分类	一级分类	二级分类
1. 城市或建成区土地	居住	5. 水　域	湖泊
	商业和服务业		水库
	工业		海湾和河口
	交通、通信和设施	6. 湿　地	林地化湿地
	工商综合体		非林地化湿地
	城市和建成区混合体	7. 贫瘠土地	干旱盐碱平地
	其他城市和建成区土地		海滩
2. 农用地	耕地和牧业		非海滩沙地
	果园、园林、葡萄园、苗圃、装饰园艺区		裸岩地
	圈养场		露采矿坑和沙砾石坑
	其他农用地		过渡地带
3. 牧　场	草本牧场	8. 苔　原	灌木苔原
	灌木牧场		草本苔原
	混合牧场		裸地苔原
4. 林　地	落叶林		湿苔原
	常绿林		混合苔原
	混交林	9. 永久雪冰	永久雪原
5. 水　域	河流和航道		冰川

(一)技术路线

针对土地管理现状、国土资源管理和国民经济发展的技术要求，形成了以遥感技术为主流的产业应用技术。

1. 栅格数据与矢量数据相结合

栅格数据主要包括遥感影像和扫描后的土地利用现状图；矢量数据主要包括土地利用现状数据库、城市规模控制线等各类界线和监测信息等。

基于土地利用矢量数据和遥感正射影像图，提取二者不一致的差异信息，满足土地监测对空间信息检测的技术需求和对土地执法管理的业务需求。

2. 多源、多时相遥感数据相结合

将高分辨率全色数据和多光谱数据进行融合，生成兼有高分辨率和多光谱信息的遥感影像，提取土地利用及其变化信息。

3. 多种信息提取方法相结合

应用两种以上计算机自动提取技术，采用人机交互提取土地利用和变化信息，减少对土地利用现状及其变化信息漏提(取)、误提(取)等现象。

4. 遥感数据与土地利用基础图件相结合

以最新卫星影像为数据源,以土地利用现状图为主要控制参考信息源,制作数字正射影像与土地利用现状的复全图像,提取二者不一致时间变差信息,进行土地利用现状图的更新,为土地管理的执法监测提供位置信息。

5. 内业处理与外业调查相结合

对内业无法确定的信息,逐个进行外业调查,实地核对监测信息的类型、范围,补充调查遥感监测遗漏的图斑,提高遥感监测精度。

(二)主要技术方法

1. 遥感影像处理及数字正射影像地图(DOM)的制作

以符合精度要求的1∶1万地形图或土地利用现状图为基础图件,对卫星遥感数据进行正射纠正,再将正射纠正的全色与多光谱数据进行配准、融合,按照1∶1万标准图幅进行分幅,制作成模拟真彩色的1∶1万标准分幅DOM图像。

2. 信息提取技术

土地利用及变化信息提取分为以下四个步骤:信息发现、图斑区域提取、图斑类型确定以及图斑的表示。

(1)信息发现。根据所采用的技术手段,信息发现可分为三种方式:人工发现、自动发现以及人工发现与自动发现的结合。在动态监测中,通常采用第三种。自动发现的方法可归纳为:光谱特征变异法、主成分分析法、彩色合成法、图像差值法、分类后比较法、波段替换法以及变化矢量法。

(2)图斑区域提取。当单一信息提取方法得到的模板反映不了全部地类及变化信息时,则采用图斑区域提取方法。它是采用多种方法来综合地类及变化信息的提取,如阈值法、区域生长法、手工描绘法和组合法。

(3)图斑类型的确定。是以圈出的图斑为模板覆盖在两个时相的图像上面,交互显示两个时相的图像,通过目视解译判断图斑区域在两个时相上对应的地物类型。当只凭影像特征难以确定地物类型时,可以参考土地利用等相关资料;如果仍然难以确定,则需要进行外业调查。图斑类型的确定方法主要有目视解译法、自动分类法。

(4)图斑表示。主要是对所提取的土地利用及变化进行图斑编号、着色和属性确定。如外业调查前仅对图斑进行编号处理,外业调查后需要对图斑进行编号核实、着色和属性标定等处理。

四、土地退化遥感专题

(一)土地退化的概念

土地资源是人类生存的基础,它随时随地发生着自然及人为的变化。随着世界人口的剧增和全球气候环境的变化,人类对土地的压力明显增加,土地退化问题也越来越危及到人类的生存。特别是在发展中国家,由于有限的土地资源上负载力过大,经济的快速发展占用土地过多,加之土地管理制度不够健全,土地经营粗放,土地资源利用的不合理现象普遍存在,如土地的过度开发耕种、森林的过度砍伐、草原的过度放牧、水资源的不合理利用等。土地利用形式的变化,不仅能改变局部的能量平衡和物质交换形式,即改变了地表蒸发、蒸散,影响自然界的水循环,而且也破坏了自然界的生态平衡,改变着自然界的碳循环,并使土壤肥力和持水能力下降,致使土地贫脊化、盐碱化、沙漠化、沼泽化、石质化、钙积化以及水土流失等现象的发生。土地资源的这类变化统称为土地退化。

(二)土地退化的基本类型

1. 沙漠化

沙漠化是自然和人为因素长期共同作用的结果,是人类活动强度与环境、资源之间不协调的产物。丰富的“沙源”(地表松散沉积物)及干旱多风的气候是沙化形成的自然因素;而滥垦耕地、超载放牧、过度樵采及水资源利用不当等人类活动是沙化形成的人为因素。正是人类这种对土地的超强度利用以及与干旱多风的沙质地表环境的相互作用,使脆弱的生态平衡遭到破坏,地表植被覆盖度减少,土地风蚀粗化,地面出现以风沙作用为主的类似沙漠的环境退化现象,如流沙再起、沙丘活化、沙漠边缘向外扩张、风沙堆积等,并导致部分耕地、草地退化而呈裸地或被沙土覆盖等退化现象的发生。

土地沙漠化具体表现在以下四方面。

(1)地表形态的变化。指出现以风成地貌为主的景观——斑点状流沙、灌丛沙堆、各种类型的沙丘、沙地外延等风积地貌,以及风蚀劣地、风蚀坑、风蚀雅丹等风蚀地貌的空间分布范围的扩大。

(2)地表组成物质的变化。指疏松地表物质在风力作用下,细粒物质吹失、粗粒物质富集,土壤养分及微量元素减少,土壤性能变差,肥力丧失,导致土地生产力下降,土壤粗化、贫瘠化。

(3)植被生境的变化。指植被覆盖度、植物群落结构和种群组成的变化,如从草原-疏林向草原-荒漠演化,植株矮化,植被盖度减小,植物属种组合变化,生物量降低。

(4)人类活动程度和土地利用方式的变化。指土地的农林牧利用方式及人类利用强度不当,如过度放牧(牧畜超载率)、过度开垦(人口超载率)等负面效应的增强。

2. 土壤盐渍化

在干旱、半干旱和半湿润地区,由于气候干旱、不良灌溉或缺乏必要的排水条件等环境下,均会发生土壤盐渍化,在遥感图像上可形成不同的影像模式。春季为泛盐季节,干旱多风,地下盐分运移到地表,盐渍土层出现盐霜、盐壳、盐皮,使地表反射率增高,影像色调变浅而多呈白色、灰白色花斑状影纹;秋季多雨,土壤中可溶性盐分淋溶,但碱土中的 Na^+ 离子吸附在土壤黏粒中而不易淋溶,且其透水性、通气性差,土壤易于板结,地面较光滑坚实,反射率较高,也呈浅色调;但是,在一些排水不畅或土壤质地较黏重的地段,会发生苏打或镁盐的积累,Cl^- 离子的吸湿性,使土壤湿度增大而呈暗色调,或某些碱化土壤会发生有机质的胶溶作用,使地表反射率降低而发暗。

土壤积盐过程与地下水位变化及运动方式有关,如黄淮海平原的低平洼地及缓平坡地受地下水垂向和侧向运动的影响,地面蒸发强烈,土壤易于盐渍化。根据土壤盐渍化的成像机理,并结合特定地貌部位的分析,易于从遥感图像上识别出其分布规律,并通过图像处理方法提取盐渍化的专题信息。

三江平原的沼泽化、黄土高原的水土流失,也同属土地退化的表现。三江平原为黑龙江、松花江、乌苏里江三江组成的低冲积平原。平原上河曲发育,漫滩上古河道、牛轭湖、洼地广布,沼泽湿地成片分布。其低位沼泽常年积水、土质黏重,在遥感图像上呈暗色团块;其高位沼泽生长茂密的草甸、芦苇,两者构成明显的团块状结构(参见图 7-9)。

第七节　城市遥感

一、城市遥感概述

城市遥感(urban remote sensing)是以城市为探测对象的空间应用技术,通过多种遥感图像的解译,获取城市环境、生态、资源利用等方面的信息,并服务于城市规划、城市建设、路网布局及空间管理等领域。

随着城市化的加速,人口、资源和环境问题日趋突出,中国于20世纪80年代初就开始利用航空和航天遥感图像对全国大中型城市开展土地利用、环境地质、建设规划、生态环境水资源、固体污染源和建筑分布等进行调查和监测,取得了一系列成果。1999年以来,对全国50万人口以上的城市进行土地利用状况监测,2008年被监测的城市已达到172个,国家级开发区达163个。城市遥感是城市空间监测的重要手段,遥感技术在城市资源管理中的应用已成为必然的趋势。

城市遥感的任务是为城市规划、建设和管理提供多方面的基础地理信息和其他与城市发展有关的数据和资料,诸如城市土地利用现状、城市演变、城市及区域的自然状况、城市人口及其分布情况、城市道路与交通状况、城市热岛、城市通讯、城市发展空间限制因素等。城市遥感调查与传统的城市调查相比,既省时,又省钱,而且效率很高,因而具有广阔的应用和发展前景。

二、城市基础地理系统与城市遥感制图

城市基础地理信息系统是在计算机软硬件支持下将城市各种测绘数据按其地理坐标及属性,以一定的格式输入、存储、检索、分析管理、输出的技术系统。城市基础地理信息系统的数据基础是城市大比例尺数字地图,而制作城市数字地图的基础信息来自城市最新高分辨率卫星图像或高清晰度航空数码照片,即以高分辨率图像为信息源,以城市基础地理对象为目标,进行测绘遥感与地图制作。城市基础地理信息的基本特点如下。

(1)个体目标数量巨大、地面目标空间密集度高、目标结构复杂且目标之间在空间层次上具有叠加和交叉的特征,如城市街区景观的人行道,在空间层次上可能被高层建筑物的附属建筑体覆盖,高层多层架构的立交桥在空间上既有叠加关系又有交叉关系等。因此,城市大比例尺遥感制图具有一定的复杂性和难度。

(2)城市基础地理目标变化大,地图有效使用周期短,要求地图更新周期要短。

(3)城市基础地理信息具有地面和地下两类目标,地下目标如城市地下管网、地下交通网络、人防工程等,这也为城市地图数据采集带来一定的难度。

因此,城市遥感制图是当代城市基础地理信息采集及地图数据更新的必然选择。但是,由于城市地理具有地下设施类型多和空间信息难以采集的特点,仅仅依赖于城市遥感制图是不可能满足城市地图制作技术要求的,还必须运用其他手段,获取遥感图像所缺乏的空间信息。

随着数字地球及全球信息化进程的发展,城市地理信息已成为社会生活、政府管理、物流系统、交通系统不可分割的部分。中国“天地图”在线地图服务是中国基础地理信息数据资源最全的互联网地图服务网站。“天地图”基础地理数据包括全球范围1∶100万矢量地形数据和250m分辨率卫星遥感图像、中国领域的1∶25万公众版地图数据、导航电子地图数据、15m

分辨率卫星遥感影像、2.5m分辨率卫星遥感影像、全国409个地县级城市的0.6m分辨率卫星图像、部分城市的三维街景数据。"天地图"具备二维与三维地图浏览模式、地名分类搜索定位、距离和面积量算、兴趣点标注、驾车路线规划等功能和"一站式"地图服务，涉及遥感、导航定位、地理信息系统和计算机网络等高新技术。Google地图是全球最早运行电子地图的网站，如图7-64为Google地球网上纽约市曼哈顿城区三维建筑模型立体图像，其中，街道及建筑物二维地图依据IKONOS和快鸟卫星图像数据采集，建筑物高度值则依据Lidar测高遥感数据获取，建筑物的立体模型及纹理则取自地面摄影图像数据。

图7-64 Google地球网美国纽约曼哈顿城区城市建筑三维模型景观图像

图7-65为城市街区景观立体图像，它是由地面立体摄影图像经数据处理后，融合于Google地图网地图数据库的专门化图层。较之图7-64而言，其制作速度快，成本也较低。

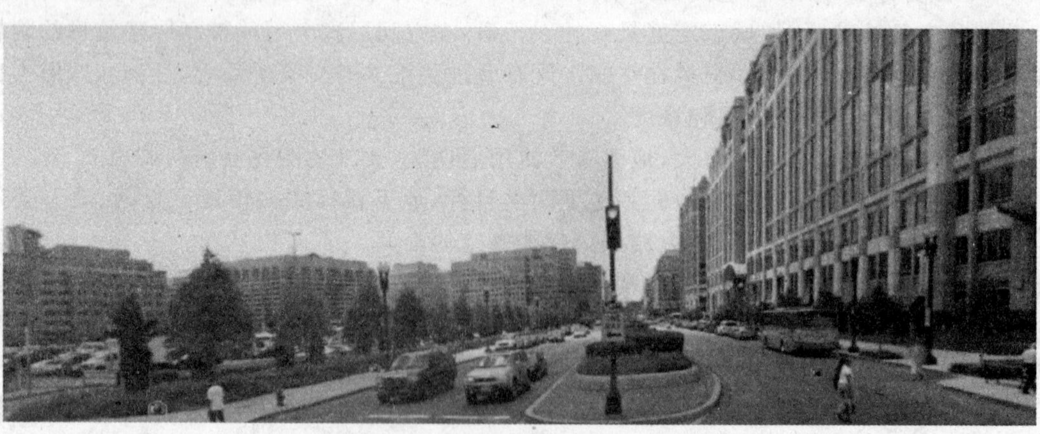

图7-65 Google地图网城市街区景观立体图像(由车载立体扫描成像系统制作)

三、城市绿地及园林景观遥感调查

城市绿地是评价城市生活质量的重要指标。城市绿地面积偏少及城市植物类型较少，植被群落结构较单一，空间结构简单或是单株生长，其分布多呈线、带状或点块状，如道树、街头花坛、绿地、公园等。由于城市绿地少而分散，用常规调查很难查清其空间分布现状，统计数据与实际状况也存在较大差异。而城市遥感的绿地调查则是依据绿色植物的光谱特征和植冠形态的纹理特征，及时获取城市绿地覆盖数据和空间分布信息。

城市绿化遥感调查内容包括城市绿化用地调查、城市绿化覆盖调查、城市绿化覆盖类型调查和树木调查等任务，要求对绿地光谱特性进行准确识别和解译，对绿地覆盖的图形进行精确定位和制图，并具有高精确性、高可靠性和高效率技术优点。

1. 多光谱彩色图像的城市绿地精细调查

在城市绿地遥感调查中，一般采用两种彩色模式：①标准假彩色模式，绿色植物在图像上为红色；②真彩色模式，绿色植物在图像上呈绿色。精细遥感调查还包含对城市不同生长期的植物进行准确识别和分类。在彩红外影像上可分别出健康植物（鲜红色）、枯萎和衰老的植物（黄红色）、针叶林、阔叶林、草地、灌木及城乡结合部的农作物等植被的不同类型。

高分辨率图像可以借助植被冠层的图像纹理结构识别城市绿化树木的树种类型，但一般需采用更高分辨率的图像才可进行精准识别和分类。如 IKONOS 图像或快鸟卫星的图像，或者采用航空数码图像。

2. 城市建筑群阴影区的绿化信息增强处理

在城市建筑群形成的阴影区域内的地物的光谱分辨率一般会显著下降，给绿地识别造成很大的困难。对阴影区的绿化信息增强处理，需进行非线性拉伸亮度增强处理，可突出阴影区域内植被斑块或条带信息，再结合城市绿地的空间分布规律，解译绿地的分布信息。

3. 城市绿地遥感解译分类标准

在进行城市绿地遥感调查时，可依据《城市绿地分类标准》（表 7－3）进行，并依据所在城市的实际特点进行适当的调整。

四、城市热岛遥感调查

城市热岛效应是指城市温度高于郊野温度的现象。一方面由于城市地区水泥、沥青等所构成的下垫面导热率高，加之空气污染物多，能吸收较多的太阳能，且有大量的城市人为热能进入城市上空而导致；另一方面又因建筑物密集，不利于热量扩散，形成高温中心，并形成由此向外围递减的温度效应。在热红外遥感图像上，由于城市地面及其上空温度明显高于城市外围地区，形成一个高温异常区域的封闭型图斑，就像突出海面的岛屿，由于这种岛屿代表高温的城市上空区域，所以就被形象地称为城市热岛。

我国宋代著名爱国诗人陆游曾经写道："城市尚余三伏热，秋光先到野人家"。这就表明在陆游生活的那个时期，人们就已经觉察到城市温度要明显高于郊区的事实了。20 世纪初，英国气候学家赖克·霍德华在《伦敦的气候》一书中把城市温度高于城郊的气候特征称为"热岛效应"。

表 7－3　城市绿地分类标准

类别代码			类别名称	内容与范围	备　注
大类	中类	小类			
G1			公园绿地	向公众开放，以游憩为主要功能，兼具生态、美化、防灾等作用的绿地	
	G11		综合公园	内容丰富，有相应设施，适合于公众开展各类户外活动的规模较大的绿地	
		G111	全市性公园	为全市民服务，活动内容丰富、设施完善的绿地	
		G112	区域性公园	为市区内一定区域的居民服务，具有较丰富的活动内容和设施完善的绿地	
	G12		社区公园	为一定居住用地范围内的居民服务，具有一定活动内容和设施的集中绿地	不包括居住组团绿地
		G121	居住区公园	服务于一个居住区的居民，具有一定活动内容和设施，为居住区配套建设的集中绿地	服务半径：0.5～1.0km
		G122	小区游园	为一个居住小区的居民服务、配套建设的集中绿地	服务半径：0.3～0.5km
	G13		专类公园	具有特定内容或形式，有一定游憩设施的绿地	
		G131	儿童公园	单独设置，为少年儿童提供游戏及开展科普、文体活动，有安全、完善设施的绿地	
		G132	动物园	在人工饲养条件下，异地保护野生动物，供观赏、普及科学知识，进行科学研究和动物繁育，并具有良好设施的绿地	
		G133	植物园	进行植物科学研究和引种驯化，并供观赏、游憩及开展科普活动的绿地	
		G134	历史名园	历史悠久，知名度高，体现传统造园艺术并被审定为文物保护单位的园林	
		G135	风景名胜公园	位于城市建设用地范围内，以文物古迹、风景名胜点（区）为主形成的具有城市公园功能的绿地	
		G136	游乐公园	具有大型游乐设施、单独设置、生态环境较好的绿地	绿化占地比例应大于等于 65％
		G137	其他专类公园	除以上各种专类公园外具有特定主题内容的绿地，包括雕塑园、盆景园、体育公园、纪念性公园等	绿化占地比例应大于等于 65％
	G14		带状公园	沿城市道路、城墙、水滨等，有一定游憩设施的狭长形绿地	
	G15		街旁绿地	位于城市道路用地之外，相对独立成片的绿地，包括街道广场绿地、小型沿街绿化用地等	绿化占地比例应大于等于 65％
G2			生产绿地	为城市绿化提供苗木、花草、种子的苗圃、花圃、草圃等圃地	
G3			防护绿地	城市中具有卫生、隔离和安全防护功能的绿地，包括卫生隔离带、道路防护绿地、城市高压走廊绿带、防风林、城市组团隔离带等	
G4			附属绿地	城市建设用地中绿地之外各类用地中的附属绿化用地，包括居住用地、公共设施用地、工业用地、仓储用地、对外交通用地、道路广场用地、市政设施用地和特殊用地中的绿地	

续表 7-3

类别代码			类别名称	内容与范围	备注
大类	中类	小类			
G4	G41		居住绿地	城市居住用地内社区公园以外的绿地，包括组团绿地、宅旁绿地、配套公建绿地、小区道路绿地等	
	G42		公共设施绿地	公共设施用地内的绿地	
	G43		工业绿地	工业用地内的绿地	
	G44		仓储绿地	仓储用地内的绿地	
	G45		对外交通绿地	对外交通用地内的绿地	
	G46		道路绿地	道路广场用地内的绿地，包括行道树绿带、分车绿带、交通岛绿地、交通广场和停车场绿地等	
	G47		市政设施绿地	市政公用设施用地内的绿地	
	G48		特殊绿地	特殊用地内的绿地	
G5			其他绿地	对城市生态环境质量、居民休闲生活、城市景观和生物多样性保护有直接影响的绿地，包括风景名胜区、水源保护区、郊野公园、森林公园、自然保护区、风景林地、城市绿化隔离带、野生动植物园、湿地、垃圾填埋场恢复绿地等	

* 引自 CJJT 85-2002

城市热岛效应是近代城市的气候现象。资料显示上海(图 7-66)、纽约年均温度比近郊要高 11℃，柏林高 10℃，费城高 8℃，莫斯科、巴黎、洛杉矶高 7℃，华盛顿高 6℃。

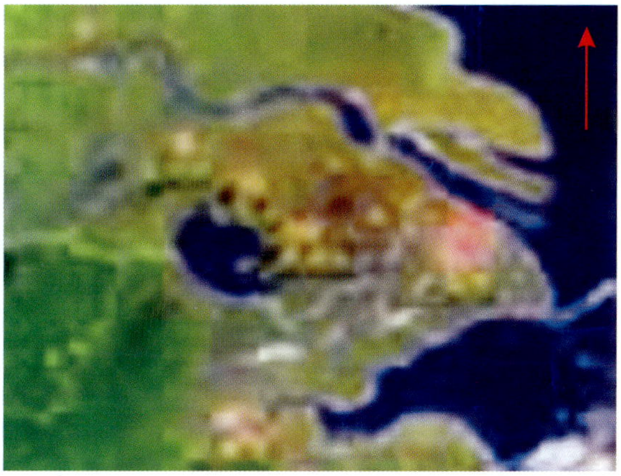

图 7-66 上海市区形成的城市热岛效应卫星热红外图像

城市热岛是一种热污染现象。对污染的调查需要使用热红外扫描仪。对城市下垫面的热辐射进行白天和夜间扫描，在热红外图像上，温度高的地区色调为浅色，温度低的地区则为深色。

城市热岛效应首先是受城市下垫面特性的影响。城市人工构筑物，如混凝土、柏油路面、建筑墙面等，改变了城市下垫面的热力学性质。这些人工构筑物吸热快而热容量小，在相同的太阳辐射条件下比自然下垫面(绿地、水面等)升温快，因而其表面温度明显高于自然下垫面。

城市人口密度增加和建筑物密度的增加是引发城市热岛效应的主导因素。城市热岛效应的强度随着建成区的扩张而加强。而建筑物高密度区也是人口高密度区，这就形成了能量高消耗区及气温的高增值区。在图 7-66 中，温度最高区域(红色)就位于城市中心区。

城市大气污染是城市热岛效应的另一个重要因素。城市中的机动车、工业生产以及居民生活，产生了大量的氮氧化物、二氧化碳和粉尘等排放物。这些物质会吸收下垫面热辐射，产生温室效应，从而引起城市上方气温的进一步升高。

现代城市由于建筑群密度增加，而城市绿地、林木和水体覆盖面积却随之减少，这也是引发城市热岛效应的另一个原因。

五、城市地质环境遥感

城市地质调查是对人类居住最集中、活动最频繁的城市地下空间进行系统调查。城市地质环境涉及基础地质、水文地质、工程地质、环境地质等多个学科。城市地质环境实质上是城市三维空间的地质结构与环境问题，因此，城市地质环境调查也必须是对三维空间的地质及环境问题进行立体调查（勘测）和立体制图。在城市地质勘察技术选择中，以地学遥感技术为主，并配合运用地球物理、地球化学、钻探工程等多专业、多技术、多方法，全面获取城市三维地质构造、地下岩土力学、水文地质等三维地质环境信息和空间数据。

本节以城市遥感应用技术为重点，但也涉及到与之相关的其他勘测技术。

1. 城市地质环境调查基本内容

城市地质调查内容包括：城市区域地质、水文地质（包括地下水资源）、工程地质、环境地质（包括地质灾害）、地震地质、第四纪地质、土地资源、生态地质、农业地质等基本内容。

城市区域地质遥感解译的对象是城市地面基岩地质构造与岩石地层分布，城市不良地质体及地质灾害体，城市第四纪松散沉积层及其地层序列、沉积相带、物质组成，城市地貌类型与地形坡度的稳定性。

城市环境地质遥感主要是针对城市独特的地理区位建立城市灾害地质体、城市软土及液化沙土、城市固体垃圾场的解译标志，并对其分布范围和影响范围进行全面解译。通过实地勘测可查明垃圾填埋场的淋滤液对土壤、地层、地下水和地表水水质的影响。城市地球化学环境调查则通过取样测试分析，查明城市土壤、地下水、地下热水、地表水、植被的环境地球化学背景及污染状况，进行环境地质质量评价。

2. 城市三维地质及城市空间工程环境调查

城市地下空间资源调查的主要目标是城市地下地质构造、基岩地层及岩石类型、地下溶洞类型及分布、松散沉积层的地质属性（岩性、沉积相、粒度结构、胶结物类型、含水性等）地下地质体和地质现象，这些城市地下空间资源调查的基本数据可运用钻探、浅层地震探测、重力测量等技术手段获取。

三维地质结构是包括基础地质和工程地质在内的城市空间工程环境的调查，其目标是建立地质及水、工、环地质空间数据库并构建城市三维地质结构模型；通过基底断裂构造及其活动性调查，构建城市地壳稳定性评价模型。

城市三维地质调查的垂向深度一般为地表向下 50m，当城市区域的第四系沉积层厚度大于 50m 时，要求探测深度达到基岩面以下 3～5m。工作中要充分利用已有的区域地质、水文地质、工程地质、环境地质、遥感、物探、岩土工程等勘察资料和成果进行综合分析及系统研究。

城市三维地质调查将整个城市地下空间作为一个整体，通过多学科、多勘察技术和多方法的综合调查，揭示地下三维空间的地质结构，满足城市地下空间规划、开发和管理的技术需求。

3. 城市地质遥感图像选择与解译

城市遥感图像需选择两类卫星平台的图像：一类是 Landsat ETM 多光谱图像，运用 TM4/3/2、TM5/4/3、TM7/4/2 三种波谱组合并结合 Spot 卫星图像或 Alase 卫星图像进行地面构造地质、第四纪地质及地貌、环境地质、固体废弃物、固体垃圾场、水体环境、城市土地类型等专题解译；另一类是运用高分辨率图像组合，如 IKONOS 卫星图像、快鸟卫星图像，重点是对灾害地质体、城市地貌地形单元的边坡稳定性、固体废弃物等需要高精度空间定位的地质对象进行解译制图。

4. 城市地质环境遥感调查的成果表达

城市地质环境遥感是综合运用区域地质调查和地球物理勘察等有关的现代勘察技术和信息技术，在基础地质调查、专题填图、综合评价、数据管理系统的基础上，基于 RS 和 GIS 平台，形成数字化、可视化、三维地质成果的立体电子系列图，按专业和用途大致分为辅助图、专题图、综合图三类数字化专题图。

5. 城市地质的综合数据库

城市地质涉及多元、异构、海量空间和非空间数据（即表格类数据）。为了把这些不同专业、不同勘探手段获取的数据进行有效集成，就必须根据数据的不同空间特征和属性特征建立不同的数据模型和数据层。通过数据集成整理，构建具有三维分析功能的综合空间数据库。

第八节　考古遥感

考古遥感也称为遥感考古，其定义为运用遥感图像有关标志获取古遗址的位置、形状、空间结构及区域分布信息，为考古发现提供地理位置信息和科学数据。

考古遥感始于 20 世纪初的航空考古技术，随着现代航天遥感技术的发展，为科学考古工作提供了空间信息技术平台，并形成了现代考古学研究领域中一门新兴学科，已广泛应用于城市考古、遗址考古、环境考古等领域。

一、考古遥感的图像标志

考古遥感调查主要应用于原野考古项目，图像解译的基本对象是地理、地貌、生态环境、土壤环境及空间图形结构等地表自然要素。对考古调查而言，其调查目的是发现古代城市、墓葬、工程的遗址位置及其空间结构，即在遥感图像上发现古代遗迹的异常信息和鉴别标志。

考古遥感中的基本对象是古代建筑物的遗迹标志，这些遗迹在地表及土层的浅层掩埋下所形成的图像异常标志或某些具有特定形态结构的图像异常信息。常见的图像标志有土壤、植被、水体、岩石等地面或浅表地层中的遗迹信息。

1. 土壤扰动标志

浅表地层中埋藏的古代遗迹必然会形成地表土壤扰动特性，主要表现为土壤侵蚀差异、土壤颜色异常、含水性差异、上覆植被类型及长势差异，基于土壤异常所构成的图形标志或特殊微地貌标志异常等，都会在遥感图像上构成特殊的图案标志和空间结构信息，形成特定的遗迹影像标志，为考古遗址发现提供科学依据，如新疆北庭故城的土堆和土炕遗迹，因其分布密度大和土壤异常标志明显而被发现。

2. 阴影及图形结构标志

阴影标志是古城墙遗迹形成的微地貌标志类型。由于古代城墙遗址、建筑台基遗址或石基残迹等，在夯土所处的地貌位置构成一个特殊的浅层坚硬土层，与周围没有经过夯土处理的地面比较，存在一定的抗蚀能力差异性，容易形成地貌的小陡坎或脊状土梁标志，如新疆高昌故城的城墙遗迹(图 7-69)、内蒙古和林格尔土城子北魏朝盛乐古城大型遗址的城墙等。

3. 植被标志

古代墓葬、城墙、夯土台基等遗迹对土壤层的扰动作用和夯土作用都会对遗址处土壤层的物理性状、成分结构、土层含水性、空间布局构成影响,从而使遗址的土壤性状、含水性、土层或土壤剖面等发生改变,其上的植被覆盖层多易形成特殊的植物类型和群落,或者会出现长势异常。这种植被异常必然在遥感图像上形成较明显的标志,依据植被异常所构成的特殊图形结构或图案特征,即可建立识别古代遗迹的解译标志,如古代遗迹上的灌木丛林、农作物、草地都会在特定的季节形成植物长势、分布等方面的特定空间规律,形成形态上的异常结构,在遥感图像上形成特征性的解译标志,如在西安汉代长安城遗址夏初或夏收前的遥感影像上,由于夯土遗址的影响,很容易从周围农田作物的长势环境中识别出其异常的图形结构图案。

4. 环境考古标志

古代人类的古建筑遗迹遗址都经历了古代人工地质地貌的作用过程,都会对古环境造成一定的影响。另一方面,也存在古环境地理或环境生态变化对古代人居造成的影响,如古代人类的城市居住环境或生产环境发生变化而产生古城集聚地的迁徙变化,如江汉平原的古云梦泽、新疆楼兰古城等。环境考古的遥感图像标志既具有上述遗迹遗址的图像特征,又具有地理环境变迁的图像特征。这些古环境的图像标志是基于历史图像的对比和对现代图像的地理、生态、第四纪地质等图像标志的综合研究而建立的。

二、城市考古遥感及应用

城市遥感考古可分为古城遗迹遗址考古和现代城市古遗迹古建筑考古两大类型。古城遗迹遗址是指历史或近代消亡的城市;现代城市古遗迹是指残存在现代城市区域的古城遗迹遗址。二者之间的遥感图像解译环境存在截然的差异与区别,前者属原野考古图像解译,其地理环境是现今的自然生态环境,如古楼兰国遗址属于荒漠生态地理环境下的遥感环境考古;而北京城的元大都则属于现代城市中的古城遗迹遗址遥感环境考古。二者图像解译标志及地理景观环境都存在较大的差异。

1. 古代聚落与古城遗迹遥感

中国自商代起就出现了具有城市功能的聚落地,并具有城市居住区、手工业区、祭祀区和墓葬区等初级设施和城市功能分区。遥感原野考古就是基于聚落遗址的城市基础设施所形成的土壤物理性状异常、微地貌结构异常、图像图形结构异常等图像标志,解译并探索古城遗迹遗址,尤其是对都邑型遗址的残存现状、古城的空间结构布局及古代城市功能进行解译及推断分析,运用聚落考古的研究方法和理念,探索汉代以前的城市聚落布局与演变规律,为考古发掘提供空间位置信息和进一步考察所需的考古基础数据。

中国商代古城遗址主要分布在河南、山西、山东等地,如位于鹤壁市西北角的大赉店镇的“朝歌”殷商帝都及卫国都城的古城遗址及先民聚落遗迹(图 7-67A),该古城作为都邑型城市存在了 5000 余年,通过其遗址的发掘和研究,对探讨商代晚期的聚落结构、社会形态等具有重要的意义;位于武汉黄陂区的盘龙城亦属于商代古城,是 3500 年前江汉平原第一座古城,被称为武汉城的“城市之根”(图 7-67B)。

古城遗迹遗址的遥感调查和图像解译任务如下。①古城遗迹遗址分布的调查和图像解译,古遗迹的存在性质、古遗迹格局、轮廓结构、古城的古地理环境、古城边界测量及地理制图、

图 7-67A 鹤壁市大赉店镇朝歌古城遗址卫星图像

图 7-67B 武汉市黄陂区盘龙城遗址卫星图像，显示挖掘现场及古城建筑结构

古遗迹及古环境的依存关系等；②对古城的建筑遗迹及古建筑环境进行解译分析，尤其是对宫殿遗址、城墙、壕沟、水利设施、平民遗址、各类墓葬、交通网络、古矿区等遗迹进行解译和分析；③对古城的区域地理位置进行遥感解译，恢复和研究古城地理区域的自然资源特征、环境特征、经济状况及交通优势等内容，并对古城选址中的一些问题进行历史分析和解析，为研究古代城市布局及区位结构提供基础数据，如在图 7-67A 中，作为晚商时期的朝歌古城遗址的发掘现场，其古城建筑台基的图像特征明显，可以依据图像标志进行古建筑特征值提取和古城轮廓结构特征值测量；图 7-67B 中的古盘龙城，考古挖掘后可见古城的宫殿台基及其建筑布局，并进行了图像解译和考古测量制图。在对古城解译的基础上，可依据区域地理地貌特征，重建或虚拟古城环境景观（盘龙城遗址博物馆）。

2. 历史古城遥感及图像解译

夏-商-周古城是中国历史进程的基础，作为历史古城遗址对考古工作具有极为重要的地位。中国历史古城主要集中在黄河中下游（如西安、洛阳、安阳、开封、济宁）和长江中下游（如荆州和武汉），尤其是荆州古城是楚文化中心地带。图 7-68 为卫星图像所显示的荆州楚纪南古城遗址和郢城遗址的古城轮廓及空间布局特征。楚纪南古城（图中为双实线）是春秋战国时楚国的都城，始建于楚文王元年（公元前 689 年），称“始都郢”，毁于楚顷襄王二十一年（公元前 278 年）秦将白起拔郢，经历了 20 代楚王 400 余年的城市发展史，是中国南方最具影响的历史古城之一。城墙均为夯土筑成，遥感图像标志虽为耕地田舍，但古城墙遗址轮廓的图像标志异常仍可显示古城城廓之结构特征。

图 7-68 中部虚线图框处为郢城古城。郢城古城虽经 2000 余年的沧桑变迁，图像标志受现代城市建设和农业垦殖改造而具有不确定性，但仍可依据其土壤差异性、微地貌差异性和水系的差异性判断古城之轮廓。其城垣为黄土夯筑，墙基宽 15～20m，四面各建有城门，城外有护城河环绕，宽 30～40m，深达 10m。郢城是楚平王为防卫吴国入侵而修筑，在秦-汉朝时为郢县、江陵县治。

图 7-68 的左下角为明-清时期的荆州古城之城墙及护城河。

图 7-68 湖北荆州楚纪南古城-郢城遗址卫星图像(2009 年 12 月 28 日)
(点框线为荆州古城,双实线为楚纪南古城,虚框线为郢城古城)

三、环境考古与古城遗迹遥感应用

环境考古遥感的主要研究方向有:农业环境考古、古水利工程考古、古洞窟考古、古气候考古等。环境考古遥感是将考古学与古环境学相结合的交叉学科领域,其基础理论是将古地理环境、古气候环境、古水文环境及社会经济环境相结合进行综合考古研究的一种新的学术探索领域。目前环境考古研究的主要课题涉及到聚落环境考古学、区域古环境与古文化考古、农牧交错带的环境考古、西部聚落环境与古丝绸之路环境考古、华北海陆变迁与先秦古城环境考古、新石器至商周期聚落遗址与地理环境考古等。

在西部城市考古研究中,遥感图像可以提供古城自然环境信息及城市变迁的各种成因信息。运用遥感技术进行环境考古与古城迁徙变化的社会、军事、自然环境因素分析已经成为当前考古界倍受关注的研究热点领域。

新疆吐鲁番盆地高昌古城、古楼兰国的环境考古与古城遗迹遗址探测发掘工作涉及到古社会环境、古地理环境、古经济环境、古生态环境等问题。图 7-69 为吐鲁番盆地高昌古城卫星遥感图像,较为明显地显示出古丝绸之路的高昌古城轮廓及其城市空间布局及结构特征。在卫星图像的大尺度区域内,可以分析出高昌古城的环境条件:①地理区位环境,古丝绸之路交通要道,西南距敦煌古城 560km,南距楼兰古城 300km;②自然环境,位于吐鲁番盆地绿洲中心地带,具有良好的水文环境和生态环境,是当时的主要农牧业产区;③社会环境,依据史记文献资料,高昌属于西域三十六国之一,高昌古城是先秦至汉唐时期高昌国的国都,古城毁于元末战争,具有 1300 多年的城市发展历史。

图 7-70 为楼兰古城的卫星图像,其古城遗迹的轮廓标志较高昌古城的图像标志较为模

糊，主要原因是沙漠的严重覆盖及风成地质作用极为强烈的改造所致。但从图像中的古城墙的微地貌形态异常仍可解译其古城的大致轮廓边界。图像中的古城轮廓受风力作用方向的影响，沙漠中的沙丘链多呈 NE—SW 向展布，而在古城墙处，则可发现有近 E—W 向排列的微地貌线性体单元，呈断续状形态，显示出古城之轮廓。据《史记·大宛列传》、《汉书·西域传》记载，楼兰古城早在 2 世纪以前就是西域著名的“城廓之国”。它东通敦煌，西达焉耆、尉梨，南到若羌、且末，是古代“丝绸之路”的南、北两道的交通重镇。对楼兰古城的消亡，可从古城地理环境、水文环境、生态环境上进行分析，也可从位于古城东侧的罗布泊湖的消亡说明其地理环境的恶化是非常重要的因素之一，但也不可排除其他历史社会因素的影响。

据古气候学考古研究资料分析，1 万年前的新石器时代人类便涉足罗布泊地区，到青铜器时代这里人口繁盛，罗布泊湖面广阔，环境适宜。由于对水资源的过度开发利用，加之气候因素的影响，孔雀河河水流量减少，沙漠扩大，湖泊萎缩直至消亡。楼兰古城的消亡时代大约为北魏时期，此时期随之消亡的西域古城还有米兰城、尼壤城、可汗城、统万城等。

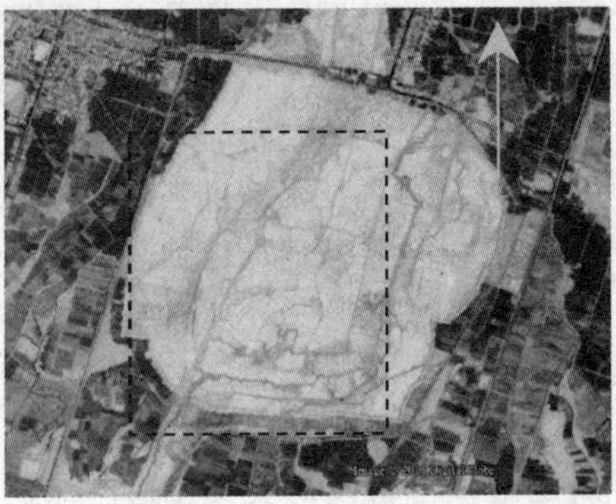

图 7-69 吐鲁番盆地高昌古城卫星遥感图像

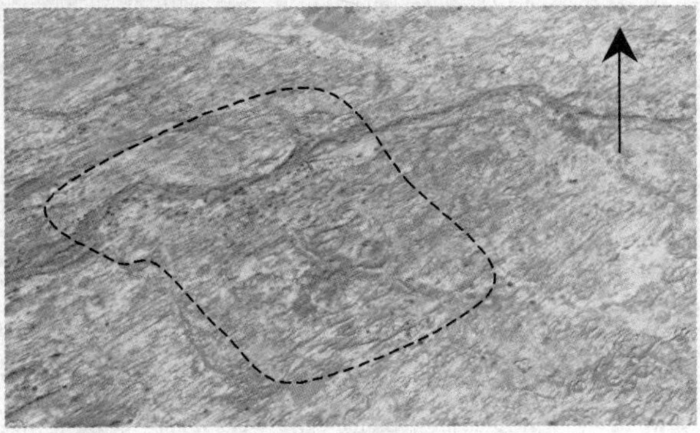

图 7-70 楼兰古城轮廓卫星图像

四、陵墓大遗址遥感考古及应用

考古学界将重要的大尺度的历史遗迹称为大遗址考古，如古城遗址、古墓葬、古建筑、石窟寺等不可移动的历史文化遗产。如大型陵墓遗址考古，其地上面积可达数十平方千米，地下单体陵墓可达数十到数万平方米。历史上陵墓的地理风水环境特殊，几何形状复杂多变，遗址又包含地上和地下两部分，原野考古调查难度大。而对遥感图像解译而言，不仅可从地上遗迹获取有效的考古信息，结合地球物理探测或其他技术手段，也可获取地下部分的结构信息，并对其进行有价值的解译分析和对比研究。

古陵墓遥感图形标志与古城遥感标志基本相似，只是更强调图像微地貌形态的组合标志及其图形结构信息，如埃及金字塔、秦始皇陵、唐代古陵墓、明代的十三陵、清代的东陵和西陵等，都属于大遗址考古对象，在遥感图像上均具有其特殊的地理环境与陵墓的地貌形态特征标志。而对于先秦时期的陵墓考古，则由于历经多朝代的变迁和自然环境的变化，其地面标志已经非常模糊或者已经失去其基本地貌特征，但仍可依据图像的异常信息进行推断。

大规模遗址与周围环境的土壤、植被、微地貌形态、水文条件等自然环境都会形成一定的差异特征，而遥感图像的光谱特性和几何图形结构信息的差异性乃至异常信息，对大型考古遗址的探测会比常规原野调查方法具有宏观对比和综合分析优势。由于地下陵墓的建筑结构也必然会对地表的土壤、水文、生态等自然特性产生影响，在遥感图像上形成异常信息，可以依据考古知识进行解译和推理分析，获取有关陵墓整体结构的轮廓信息，如对秦始皇陵的遥感综合探测技术的考古应用。

五、考古遥感的数字技术及应用

1. 地理信息技术应用

考古制图是遥感考古的主要内容之一，高分辨率卫星图像和航空数码照片是考古大比例尺制图的主要数据源。基于RS和GIS技术的大区域的考古遗址调查和制图，对古代遗迹遗址的地理精确定位，可为遗址预测、遗址发掘、遗址定位和环境监测提供准确的考古专题信息和地图定位信息。

地理信息技术在考古学应用中的主要任务是进行考古数据采集、空间数据处理、数据存储、空间分析、数据解析、属性表达等多目标的考古数据管理，并可基于GIS与遥感图像平台建立考古空间信息管理系统、原野考古的遗址预测系统、原野考古遗址调查系统及考古发掘数字工作平台，也可建立地理景观考古遥感图像地理信息系统等电子档案管理系统。

2. 考古遗址和虚拟环境重建

基于地理信息三维立体系统和三维遥感图像可以为三维虚拟考古技术提供基础地理三维数据。虚拟考古技术是运用三维虚拟现实技术进行世界历史、文化、自然遗产保护与发展的研究课题。虚拟文化遗产研究强调历史的文化现实，反映古人类发展过程中对科学与艺术创造性的知识、信仰和价值系统。而基于三维的GIS系统是虚拟现实技术的关键技术。虚拟考古及历史文化遗产保护需要表达的时空信息具有多维度的数字特征，既要具有历史真实性，又要具备古环境的三维可视性，而GIS的虚拟现实系统则可满足虚拟考古及历史文化遗产保护对虚拟环境重建的技术要求。

利用虚拟遗产技术可以重建历史文化遗址，如大英博物馆内演示的古希腊神殿、美国洛杉矶美术馆演示的古罗马城堡、印第安土著人聚集地的虚拟恢复、埃及大金字塔的虚拟仿真等都是虚拟历史遗产环境重建的典型案例。中国的一些大博物馆也在进行虚拟遗产及考古虚拟环境的数字重建研究，如“数字敦煌石窟”、“数字故宫”、“数字楼兰古城”、“数字统万城”等遗址的虚拟遗产技术和虚拟现实仿真系统，都将会为历史文化遗产保护提供永久性的数字资料。

复习思考题

1. 简述地理遥感的概念。
2. 简述地理遥感的学科性质和主要研究内容。
3. 简述部门地理遥感的主要应用领域。
4. 简述坡地地理类型与图像解译标志。
5. 试分析山区深切曲流河谷的图像特征，论述其成因机理。
6. 试分析平原区河流的基本类型，论述平原区河流的图像解译内容及分类依据。
7. 简述山前洪积扇的图像标志和解译内容，如何区分洪积扇的空间叠置关系？
8. 论述河口三角洲的主要类型及其图像标志、图像结构特点及其形成机理。

9. 论述多时相遥感图像对河流作用过程及河道变迁的解译标志和时空分析方法。

10. 简述冰川地貌类型及冰蚀地貌与冰碛地貌的图像解译标志。

11. 简述冻土地貌类型及其图像特征,为什么冻土地貌的形态多是圆形或多边形?试依据图像空间分布规律,分析其形成机理。

12. 简述风蚀“雅丹”地貌在高分辨率图像上的构图特点,试分析其形成机理。

13. 观察复合沙丘的图像结构特征,论述其形成过程,为什么在大沙丘坡面上分布众多的小沙丘?

14. 简述灰岩地区岩溶地貌各发育阶段的图像解译标志。

15. 简述黄土塬、墚、峁及冲沟的图像标志、分布规律及形成机理。

16. 简述火山口地貌的图像标志和解译方法。

17. 简述水环境遥感监测的主要目标及图像分析方法。

18. 简述植被的光谱特征及植被遥感原理。

19. 试论述植被指数的生物物理学含义。

20. 简述植被信息模型的应用意义,试说明小麦估产遥感的数据分析流程。

21. 为什么土壤遥感解译以图像间接标志为主?举例说明土壤类型遥感解译的基本依据。

22. 简述土地资源遥感解译的基本方法。

23. 结合遥感图像标志,论述土地退化的基本类型和图像监测方法。

24. 简述城市遥感在现代社会生活和工作中的意义,试论述城市地图更新的基本方法和工作流程。

25. 以 Google 地图为例,论述城市三维景观的数据处理方法与应用意义。

26. 简述城市热岛效应形成机理及遥感图像解译原则。

27. 简述遥感考古的基本概念及图形解译标志。

28. 试论述古城遗址解译的图像基本信息类型及其与地理环境的空间关系。

29. 试论述环境考古的概念与环境考古遥感解译的主要内容。

30. 综合论述考古数字技术及虚拟考古环境的主要内容。

第八章　地质遥感

本章内容提要：

(1)地质遥感的基础理论和基础知识；

(2)区域地质解译标志和解译方法；

(3)遥感图像的岩石类型识别基础和方法技术；

(4)遥感图像的地层解译与区域地层分析方法；

(5)遥感图像的构造地质解译与遥感构造分析方法。

地质遥感(Remote Sensing in Geology)也称遥感地质，是从航空地质学(Aerogeology)和摄影地质学(Photogeology)发展起来的基于摄影图像和空间遥感图像进行区域地质和专题地质研究的边缘学科，其基本概念是运用空间遥感图像地学信息进行区域地质解译、地质调查填图和各种地质专题研究。随着遥感科学技术与空间信息技术在地质学领域的深入应用，基于遥感的空间科学技术与地质学的密切结合，逐步形成了地质遥感学(或称为遥感地质学)。地质遥感学是地质学与遥感科学及现代空间科学、地理信息科学之间的边缘学科，也是从地球科学领域独立出来的一个新的分支学科。地质遥感学是现代地球科学和地球系统科学具有探索研究潜力的一个分支学科，并具有深远的发展潜力和应用前景。

第一节　地质遥感概论

一、地质遥感的研究对象

地质遥感学的研究对象与地质学的研究对象一样，都是研究地球上地质体的结构构造、地球的形成演变历史、地质过程和各种地质现象。与传统地质学不同的是地质遥感学主要是依据地质体的电磁波谱特征，运用遥感科学及空间信息技术，从遥感图像及其他空间数据中获取地球表面及地表一定深度的地质信息，以达到宏观地、准确地、快速地研究地质体和地质现象的目的。

遥感图像是最基本的地学空间数据和资料，它是地表景观的缩影，它把地表地形、水系、植被、岩性、构造的差异以不同的图形纹理结构和波谱色调信息反映出来，通过对图像特征的研究，地质学家可以获得地质体、地质作用、地质过程丰富的地学信息，从这些信息中可以发现一些地面地质调查所不易或不能发现的一些地学信息异常，以及区域地质体之间的空间关系和成因联系，从而可以解决一些常规地质工作方法所不能发现或解决的问题。

地质遥感的核心任务就是研究各种遥感图像资料所反映的地质体和地质现象的电磁波谱特征和图像特征，运用图像处理、信息提取、区域制图（包括各种专题制图）等技术，通过地理信息系统和空间数据处理平台对地质体、地质现象和区域地质结构进行地学统计、空间推理、对比分析和系统研究，借以获取有用的区域地质和其他关联的地学信息，这也是地质遥感学的研究目的。概括起来，地质遥感的研究对象是地质体的区域特征及其宏观格局上的系统性、整体性和层次性。与常规地面地质工作的主要区别在于地质遥感强调地质体的空间信息特性，关注地质体在图像上的信息机理和信息的关联性，在地质信息表达上更趋向于其在区域空间的综合性特征。

二、地质遥感的研究内容

地质遥感的研究内容一般包括：

(1)研究地质体和地质现象的电磁波谱特征。波谱特征是利用遥感技术识别地质体的基础和依据，不同地质体由于其内部物质组成及外部结构构造的不同，或同一地质体因所处的地质-地理环境条件的不同，都可能具有不同的波谱特征，因此认识和量测地质体的波谱特征数据是地质遥感学重要的研究内容。现代高光谱遥感技术在矿物填图及示矿信息识别、蚀变岩填图及在遥感找矿中已成为岩矿波谱学的前沿研究领域。如光谱角填图(Spectral Angle Mapping)就被广泛应用于图像分类处理。该算法是将图像波谱直接同参考波谱匹配形成一种交互式分类方法。这种方法充分利用了光谱维信息，强调了光谱曲线的形状特征及波谱相似性原则的应用。

(2)研究地质体和地质现象的成像机理和图像特征，建立地质解译的图像标志。遥感图像真实、客观地记录了地壳表层地质体的区域分布特征和总体概貌，依据遥感图像所显示的光谱信息和图像特征，研究地质体和地质现象的成像机理和构图机理。地质遥感学的主要任务是依据地球科学理论和图像信息理论建立地质体图像识别和解译制图的标志体系和方法体系。

(3)研究遥感图像数字处理技术和定量遥感方法，建立基于空间信息平台的国土资源大调查的图像解译系统和全数字遥感地质填图方法技术。

(4)研究基于地质遥感信息综合方法和技术，拓宽地质遥感的研究领域和社会应用体系，深化并扩大地质遥感的应用领域（见第九章及第十章）。

总之，中国地质遥感技术经过30年的应用研究，已经在区域地质填图、城市地质环境遥感、金属及非金属矿产资源勘测、能源资源（石油天然气及煤矿）遥感调查、工程地质遥感调查、线路勘测与遥感选线、地热资源遥感、地震地质遥感、灾害地质调查与评价、地质旅游资源遥感与评价等领域得到广泛的研究和应用。随着地质遥感的深入研究和学科理论的不断成熟，基于地质遥感的应用研究已经扩大了地球科学各学科领域的观察研究范围，促进了对当今世界性资源、环境和可持续发展问题的深入研究，也为逐步建立遥感信息科学的理论奠定了基础。

三、地质解译原则与地学分析方法

1. 解译原则

遥感资料的地质解译方法包括图像目视解译、数字图像处理与地学信息增强提取、基于地理信息系统的空间数据采集与空间分析三种方法。其中，目视解译是地质遥感最基本的解译方法，其基本原则有：

(1)多种遥感图像相结合的解译原则。工作前要尽量收集各种遥感图像,如不同时相、不同波段的卫星图像,不同比例尺、不同种类的航空图像等,将各种遥感图像结合起来进行解译,取长补短,能获取较多的地质信息。

(2)先整体后局部的解译原则。即先解译卫星图像或航片略图,建立起整体概念后再解译单张图像,解决细节问题。

(3)先易后难的解译原则。先勾绘比较清楚的和确定的地质界线,然后再逐一解决疑难问题。

(4)先构造后岩性的解译原则。即先勾绘出各种构造形迹(先断层后褶皱),然后再解译岩性、地层(先岩浆岩、后沉积岩和变质岩)。有时构造和岩性需进行综合解译,互相印证。

(5)目视解译与数字图像处理相结合的解译原则。在目视解译的基础上,有针对性地选择数字图像增强处理方法,提取有用的图像地学信息,并在GIS平台上进行数据采集和制图,提高目视解译的效果和制图精度。

(6)目视解译与地学多源数据相结合的解译原则。遥感图像与物化探数据相结合的综合信息解译方法对排除图像中伪地学信息、提高对地学目标物理属性的判别能力,尤其是对隐伏地质体及隐伏构造的识别和推测能力是非常有效的方法,运用地学多源数据融合处理和综合解译成图方法还可提高地质遥感解译的准确性及解译深度。

(7)"3S"技术相结合的解译原则。针对遥感图像的多解性和不确定性问题,运用RS、GIS、GPS的空间集成技术和空间分析功能,结合地面调查和对已知地质资料的综合分析,尽可能地排除多解性困惑和不确定性干扰,获取切实有效的地质信息。

2. 地学遥感解译分析方法

(1)直接与间接解译法。直接解译是对地质体的本征波谱特征或其形态特征在遥感图像上直接形成的图像标志进行直接判断并确定其地学性质的解译方法。例如侵入岩体、火山锥、褶皱构造、断层构造等。间接解译是依据与地质体具有成因联系或位置关联性的图像标志对地质体进行的一种推断性解译方法。如依据水系的图形结构样式推断断裂构造、依据山脊线的扭曲结构推断断裂构造的运动方向等。

(2)对比解译法。对比解译法的基本原则是依据各种图像标志,从已知到未知,从特殊到一般进行综合比对分析。尤其是在沉积岩、变质岩及火山碎屑岩区的岩性解译更是如此。对比法的图像认知过程是参考并对比已知区的图像标志来推定未知区地质体的空间结构特征及地学属性。或者与邻区解译程度较高的图像特征进行对比,将相邻地段同类型地质体的标志或图像结构特征引伸到本区进行对比分析。

(3)推理解译法。推理解译法是经过概括、抽象、推理过程而获得规律的一种研究方法。演绎推理过程有两个前提,即大前提(概括性的一般原理)和小前提(对个别事物的判断)、根据两个前提之间的关系做出新判断(推理)和结论。在地质遥感推理过程中,基于地学知识对图像特征的抽象概括过程可以决定对图像地质目标的属性判断,一般采用两类推理方式:①肯定式推理,由图像标志及邻区对比后所确定的目标属性;②否定式推理,即由图像特征及相关标志否定图像目标与邻区目标的不一致性。在运用图像特征和标志进行推理判决时,其空间推理过程存在特征相容和特征不相容两种判别模式。如影像条带纹理特征与沉积岩的层理构造为特征相容模式;而在沉积层区出现大尺度等级的块状或圆形图案特征就属于特征不相容模式。当对图像中的地质目标难以识别时,运用对比法和推理法把该地质体的图像特征汇总起来,根据目标间的内在联系性,运用地质学理论及相关学科理论进行逻辑推理,确定或推测其地质属性。

(4)多证据综合解译法。利用地质对象的地球物理、地球化学、重力、放射性等物化特性，采用地学多源数据融合技术生成具有多属性的复合信息图像，用地质体的电磁辐射、物理、化学、岩石密度、放射性等多元物性特征信息进行综合研究，该方法属于基于多学科证据来确定地质体目标属性的一种综合信息法。

第二节　岩性识别原理与图像解译

地表出露的岩石类型主要为沉积岩、岩浆岩和变质岩三大类，它们的图像特征主要表现在图像色调和图形结构两个方面，色调和色彩反映了三大岩类的波谱特征，图形结构反映了三大岩类的形态特征。

色调特征是地质体反射波谱能量和发射波谱能量经遥感传感器记录下来的图像灰度值，它与地质体之间存在着一定的对应关系。不同的地质体在相同波段具有不同的反射特性和发射特性，同一地质体在不同波长又具有不同的反射特性和发射特性。现代遥感传感器的设计就是依据地表物体和地质体的电磁辐射特征及其典型谱带进行波段设计的，以达到利用多光谱遥感数据进行地表目标的图像识别目的。如在 Landsat ETM 多光谱的波段设计中，TM7 波段就称为“地质波段”。

高光谱遥感传感器属于细分光谱的成像光谱仪类型，它所获取的多光谱图像称为高光谱遥感图像，主要用来进行矿物填图、蚀变岩填图乃至遥感找矿。高光谱图像提高了对矿物岩石的图像识别能力和对特殊含矿地质目标的图像检测能力，已成为今后地质遥感的主流数据平台。

图形结构特征是地表物体和地学对象的空间三维形体在图像平面上的构图反映，它是进行地学目标识别的重要标志。三大岩石类型在遥感图像上的图形结构及其所构成的几何图形样式都与其岩石的结构构造具有密切的成因联系，因此基于遥感图像的几何形态标志就可以对不同岩石类型及其出露的规模等级进行解译和判断。

遥感图像图形结构标志的主要依据是：①不同岩石类型的空间分布形态和构造类型；②不同岩石类型和地貌形态（宏观及微观）的成因联系；③不同岩石类型的上覆土壤层和植被覆盖层对其基底岩层图像结构的影响及成因联系。

一、岩石波谱特征及影响因素

（一）沉积岩反射波谱特征

沉积岩的波谱反射率取决于岩层的表观颜色、矿物及化学成分、结构构造、风化壳性质及风化程度、岩石表面覆盖物性状。在上述因素中，矿物成分和岩石风化面颜色是决定其波谱特征的主要因素。

沉积岩波谱特征的基本规律是：

(1)当岩石以浅色矿物为主，岩石风化面颜色较浅时，其反射率高，图像色调为较浅色调，如石英岩、大理岩、白云质灰岩等。

(2)当岩石以暗色矿物成分为主，表面富含三价铁矿物时，或当岩石风化面颜色较深时，其反射率较低，图像色调较深，如碳质岩、含铁锰质泥岩、杂砂岩、铁硅质磷灰岩等。

(3)当岩石风化面呈各种彩色时，如红色、绿色、黄色等，其波谱反射特性变化较大，图像色调不一，同一岩石不同波段间反射率差异增大，波谱曲线形态多变，如南方的红色砂岩层、黄土高原的黄土层、杂砂岩、含有不同成分的泥质页岩或泥质粉砂岩等。

(4)松散沉积物波谱特征主要决定于其矿物成分、表观颜色和湿度，其中尤以湿度影响最大，干燥的堆积物，反射率偏高，图像色调较浅；潮湿土壤或湿泥，反射率偏低，图像色调较深。如黄土层、河床沙堤、冲积沙砾层、洪积扇体等属于强反射体高亮度图像目标，如泥沼、碳泥质淤积层、红土湿地等，属于弱反射体的低亮度图像目标。

沉积岩野外实测反射光谱曲线表明：①反射率随沉积岩颜色加深而降低，而颜色的深浅又与它们的成分尤其是铁和黏土的含量关系较大；②沉积岩的波谱曲线形态相似，野外反射率约在5%～35%之间；③在黄光波段(相当于陆地卫星 MSS5 波段)、TM3 波段沉积岩波谱曲线形态相对变化较显著，有利于沉积岩的光谱识别(图 8-1)。

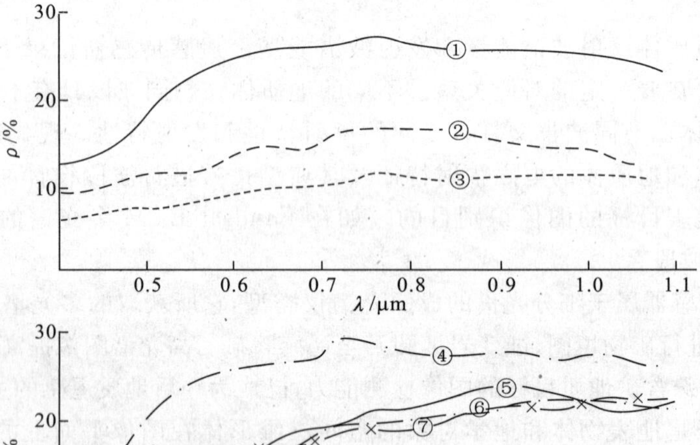

图 8-1 某地震旦亚界几类沉积岩的反射光谱曲线

泥岩类：①洪水庄组(灰色)页岩；②长龙山组(紫红色)页岩；③下马岭组(灰色)页岩；碳酸盐岩类：④景儿峪组(灰白色)泥灰岩；⑤寒武纪(深灰色)灰岩；⑥铁岭组(灰黑色)白云岩；⑦雾迷山组(灰色)灰岩；⑧高于庄组(黑灰色)白云岩；砂岩类：⑨常州村组(浅黄色)石英岩；⑩常州村组(褐黄色)石英岩；⑪长龙山组(灰黑色)砂岩；⑫串岭沟组(灰黑色)粉砂岩

图 8-2　新疆喀什北沉积岩地层卫星图像(原图为 TM5/4/3 合成)
由图像色调差异所构成的图形结构显示出褶皱构造转折端

图 8-2 为新疆喀什北部地区的碎屑沉积岩地层,不同砂岩的矿物含量及其化学成分决定了其图像色调等级及色别。背斜核部为砖红色砂岩,岩石富含三价铁离子,图像呈暗红色(图中为灰-深灰色),从核部至两侧及转折端处,图像色调可分出 2～3 个级别,依次为灰白色、灰色、浅灰色等。由色调差异即可圈绘出该褶皱构造转折端的构造形态及边界。

(二)岩浆岩反射波谱特征

岩浆岩分为酸性岩、中性岩、基性-超基性岩三大类。岩浆岩的波谱反射率取决于岩浆岩的化学成分、粒度结构、岩石构造、表面风化性状及其地表覆盖类型等因素,而岩石的化学成分是主导因素。岩浆岩波谱特征的基本规律是:①超基性和基性岩浆岩的反射率低,其图像色调多呈深灰色至黑色;②中性岩浆岩反射率中等,其图像色调为不同等级的灰色;③酸性岩浆岩反射率偏高,图像色调为浅灰色至灰白色。在图 8-3 中,从酸性岩、中性岩、基性岩到超基性岩,岩石波谱发射率特征及其变换规律较为明显。

在同一类岩石中,随着化学成分、矿物成分及结构构造的变化,其反射率也将有所不同。从岩石反射波谱曲线(图 8-3)的变化规律中可以看出:从酸性岩、中性岩到基性-超基性岩,随着岩石中 SiO_2 含量的逐渐减少和铁镁质等暗色矿物含量的增加,其光谱发射率从 80%逐渐降低到 25%左右。岩浆岩中 SiO_2 的含量与光谱发射率的高低成正消长关系;岩石中金属离子含量,如铁离子、锰离子、镍离子、铜离子等,对岩石波谱发射率影响较大;造岩矿物及其颜色对岩石反射率也具有明显的影响作用(图 8-4、图 8-5A/B、图 8-6B 等);岩石经蚀变作用后,由于有 H_2O 分子及其他成分的介入,对岩石波谱特征也具有较大的影响,如遥感找矿中的蚀变岩填图就是依据这些波谱特征进行含矿岩石单元的识别与图像检测,在 ETM^+ 的 TM7 波段,就是针对羟基矿物所引起的光谱特征而进行设计的"地质遥感波段"(图 8-3～图 8-6)。图 8-7 为蒙古西南部花岗岩复合侵入体中不同期次侵位不同岩石单元的多光谱图像及其色调变化特征,其中深色调斑块为基性岩捕虏体。

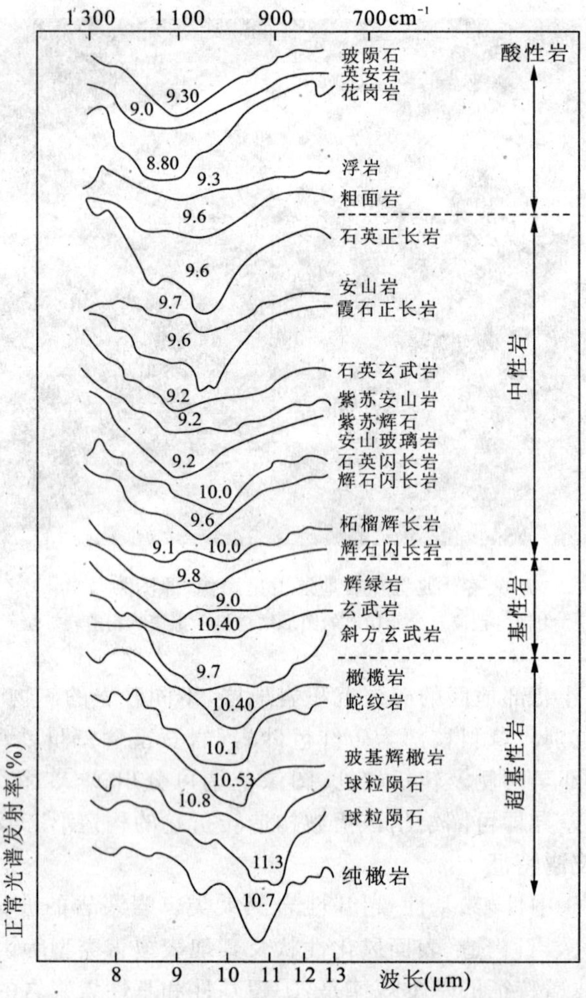

图 8-3　岩浆岩的发射波谱曲线

(三)变质岩反射波谱特征

变质岩按照原岩特性分为正变质岩和负变质岩两类。正变质岩的波谱特征与岩浆岩相近,副变质岩的波谱特征与沉积岩和部分火山岩接近。但是不同的原岩在经受变质作用后,生成的变质矿物种类繁多,岩石结构构造复杂,它们直接影响了变质岩石的波谱特征和图像色调特征。

矿物成分决定变质岩的波谱特征,变质岩的反射率变化规律是:

(1)由浅色矿物,如石英、碳酸盐、透闪石、透辉石等矿物组成的石英岩、大理岩、钙镁硅酸盐岩石的风化面颜色一般较浅,反射率较高,图像色调也较浅。

图 8-4　不同花岗岩反射波谱曲线

①肉红色钾长花岗岩;②肉红色钾长伟晶岩;③浅肉红色中粒二长花岗岩;④浅色细粒二长花岗岩;⑤肉红色中粗粒黑云母钾长花岗岩

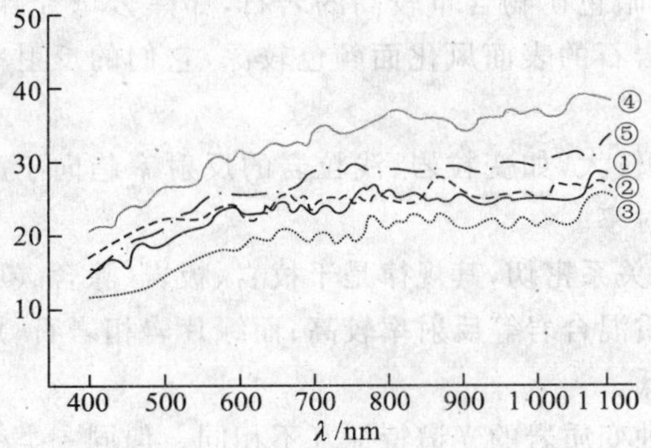

图 8-5A　闪长岩类岩石反射波谱曲线

①灰色细粒石英闪长岩；②灰色粗粒石英闪长岩；③浅灰色角闪闪长岩；④浅灰色中细粒英云闪长岩；⑤灰色中粒黑云母石英闪长岩

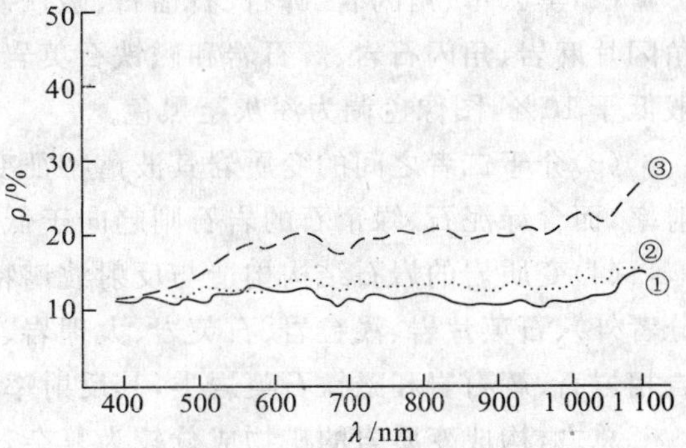

图 8-5B　辉长岩类岩石反射波谱曲线

①深灰色细粒辉长苏长岩；②深灰色中粒辉长苏长岩；③灰绿色辉长苏长玢岩

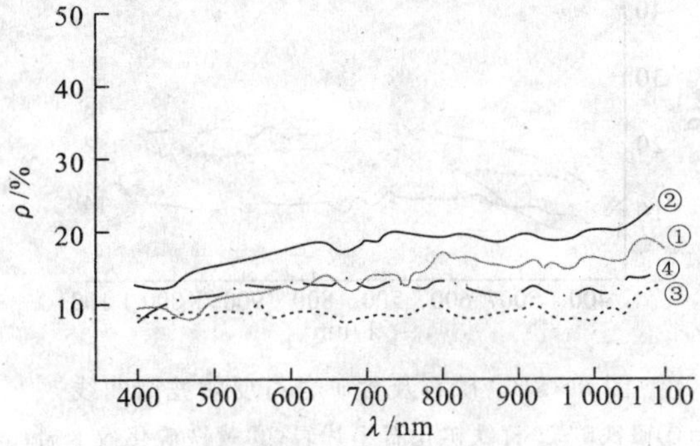

图 8-6A　超基性岩类岩石反射波谱曲线

①黑色粗粒含橄辉石岩；②黑色中粗粒辉石岩；③黑色细粒辉石岩；④橄榄岩

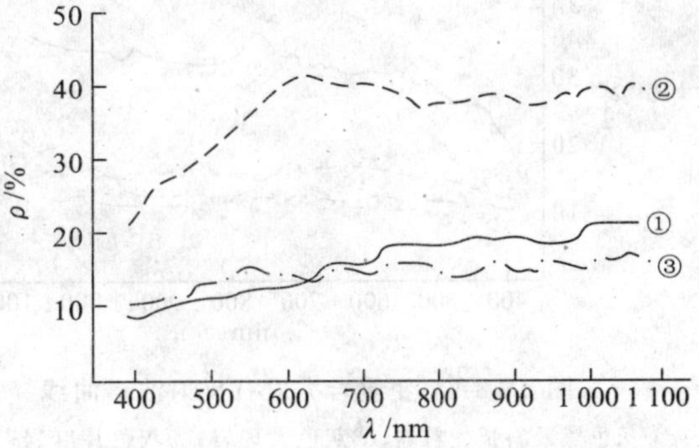

图 8-6B　碱性岩类岩石反射波谱曲线

①灰黑色钛铁霞辉岩；②浅灰色霓霞岩；③灰色磷霞岩

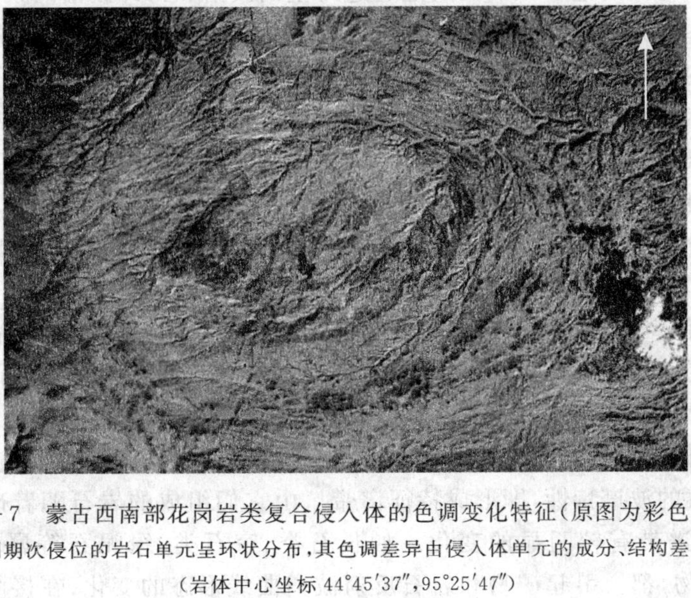

图 8-7　蒙古西南部花岗岩类复合侵入体的色调变化特征(原图为彩色图像)

图中不同期次侵位的岩石单元呈环状分布，其色调差异由侵入体单元的成分、结构差异而形成

(岩体中心坐标 44°45′37″,95°25′47″)

(2)黑云母、角闪岩、辉石、石榴石、磁铁矿等暗色矿物含量较高的岩石,如黑云母片麻岩、角闪片麻岩、角闪石岩、辉石岩和磁铁石英岩等岩石的表面风化面颜色较深,它们的反射率一般低于10%,图像色调为深灰至黑色。

(3)介于二者之间的变质岩其波谱特征变化较大,如变粒岩、浅粒岩的反射率趋向于高反射率,而含绿泥石、绿帘石的岩石则趋向于低反射率。

(4)变质岩的岩石结构构造与反射波谱特征关系密切,其规律是千枚岩、板岩(除含碳质成分者外)、石英片岩、浅粒岩、石英岩、大理岩、均质混合岩等反射率较高;而绿片岩相岩石、角闪岩相岩石、辉石岩和磁铁石英岩类,其反射率偏低。

总之,构成变质岩的矿物成分较为复杂,各种变质岩的光谱特征互不相同。但同一类变质岩的光谱反射率特征基本一致(图8-8A)。图8-8B为岩体接触带及其蚀变岩带含矿化岩石的波谱曲线特征。其中,磁铁矿化矽卡岩发射率最低。

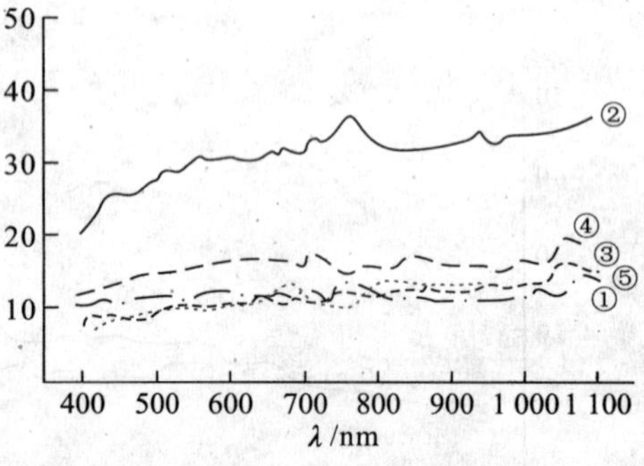

图8-8A　变质岩类岩石反射波谱曲线

①灰色黑云斜长变粒岩;②灰色大理岩;③灰色片麻岩;④灰色红柱石片岩;⑤透闪石化矽卡岩

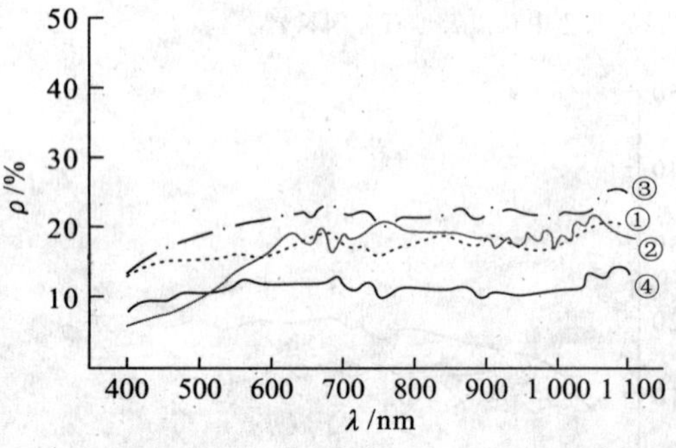

图8-8B　矿石及含矿岩石反射波谱曲线

①磁铁矿;②黄铁矿化石墨片岩;③黄铁矿化矽卡岩;④磁黄铁矿化矽卡岩

(四)地学因素对岩石反射波谱特征的影响

岩石反射波谱特征的地学影响因素是通过对室内波谱和野外波谱的大量测试对比分析总结出来的。岩石室内光谱反射率是由其矿物成分及化学成分决定的,岩石的野外光谱反射率则必然受到一系列环境因素的影响。如岩石表面颜色、含水量、表面风化程度、季节和时间等因素。在地表自然环境下岩石光谱反射特性的影响因素是:①岩石成分和结构因素;②岩石的物理化学性质因素;③岩石风化壳及表层土壤层、植被覆盖层的景观因素。

1. *岩石成分和结构因素*

岩石化学成分主要是由Si、Al、Fe、Mg、Ca、Na、K、Ti、P等元素构成的硅酸盐矿物、氧化物矿物和碳酸盐矿物等。其波谱特征规律如下。

(1)消色矿物体。对不同波长的电磁辐射的反射和吸收能力具有非选择性,它们的波谱特征不随波长的改变而变化,仅对反射率大小有明显的影响。如透明矿物(石英)、白色矿物(白云母)、黑色矿物(黑云母、角闪石和辉石),以及有机质等都属于消色体矿物。

(2)彩色矿物体。对不同波长的电磁辐射具有选择性反射和吸收能力,在对应的波谱段形成强反射或强吸收的波谱特性,即形成特征谱带。由它们组成的岩石随着矿物种类和不同比例的组合,其特征谱带有较明显的变化。如长石类、帘石类、绿泥石等属于彩色矿物体、含Fe^{2+}和Fe^{3+}的矿物,都会引起矿物和岩石反射波谱曲线形态的变化;在接触变质带的硫化物矿床及其氧化带,其特征谱带的变化范围也较大。由 Si、Al、Ca 等氧化矿物、硅酸盐矿物、碳酸盐矿物为主组成的岩石,其反射率较高而稳定;由 Fe、Mg 元素组成的岩石,其反射率较低;介于二者之间矿物组合及其岩石,其波谱特征的变化幅度也较大。

(3)岩石的粒度结构和构造特征对反射率及特征谱带的影响。①细粒结构的岩石反射率高于粗粒结构的,如细粒砂岩的反射率高于中粗粒砂岩;②岩层的产出状态对反射率也具有一定的影响,如倾斜或直立的层理、片理和片麻理可使岩石反射率降低,水平或缓倾斜的岩层可使岩石反射率增高;③松散堆积层的波谱影响:沙质层具有高反射率,泥质层则为低反射率;干沙层具有高反射率,潮湿的松散沉积层则具低反射率特征。

2. *岩石的物理化学性质因素*

岩石的表观颜色、可溶性、表面粗糙度、含水性及湿度、抗风化程度、风化壳的土壤层等物理功能及化学性质对其反射波谱特征都构成特定的影响因素并具有一定的变化规律。

(1)岩石的颜色。岩石的颜色取决于组成岩石的化学成分和矿物成分,它是控制和影响岩石反射波谱特征的重要因素。岩石的表观颜色包括岩石新鲜面颜色和风化面颜色两种,风化面颜色对岩石反射波谱特征影响力最大,也是遥感图像岩性识别的主要标志之一。

(2)岩石的可溶性。可溶性岩石主要是指碳酸盐类岩石,如各类灰岩、白云质灰岩等,它们遭受溶蚀后,地表变得起伏不平,如中国南方岩溶地貌类型。岩溶地形的发育程度对反射波谱特征都具有一定的影响,尤其是对反射率大小的影响尤为明显。

(3)岩石表面的粗糙度。粗糙度是指岩石表面的平滑程度。它由岩石的矿物粒度结构及分布状态所决定。粗糙表面具有无方向性的漫反射或散射特性。如砾岩、粗砂岩、部分火山熔岩和火山碎屑岩等具有不同程度的粗糙度,都会不同程度地降低其岩石表面反射率。需要指出的是岩石粗糙度与入射光波长有关,对反射光谱特征而言,岩石"粗糙度"是对应于入射波长的函数,如公路路面对入射的可见光是光滑表面,可产生镜面反射;而对入射紫外光谱而言,就属于"粗糙"的漫反射表面。

(4)岩石风化类型及风化程度。岩石风化类型是由岩石的物理化学性质和气候条件决定的。中国北方的岩石以物理风化作用为主,南方则以化学风化作用为主。风化程度对岩石表面的成土作用及成壤作用具有直接的影响和控制作用,这就决定了不同气候带岩石表面风化层的厚度、土层性状、土壤类型及地表植被覆盖类型。因此,不同岩石类型及其所处的气候带对岩石-地层的反射波谱影响非常明显,也是建立地域性岩石解译标志的主要因素之一。

(5)岩石孔隙度、含水性及湿度。岩石孔隙度决定岩石的含水性及湿度。随着岩石或土壤层的湿度增加,其反射率都具有明显下降的趋势。如松散沉积物、碎屑岩和半胶结状态的岩石,湿度对它们的波谱特征都具有非常明显的影响。

3. *岩石的自然景观因素*

处于不同自然地理条件下的岩石表层的土壤类型及植被覆盖程度都具有一定的差异性,并构成不同地理景观单元及生态环境。自然景观因素对遥感图像的波谱特性、岩性识别和图像标志具有一定的影响。

(1)干旱及半干旱地区。岩石出露程度最好,地表岩石露头率最高可达 70%~80%,岩石波谱特征与图像色调特征基本一致,是地质遥感调查研究最理想的地区。

(2)土壤及植被覆盖地区。土壤及植被严重覆盖区主要发育在中国长江以南及东北长白山-兴安岭林区。由于岩石表面基本上被厚层土壤及植被覆盖,遥感图像所反映的反射波谱特征几乎与下伏的岩石类型无关。因此,在这种自然景观环境下利用电磁辐射特性进行岩性识别是不可能的或是极为困难的。图像解译要利用其他地学间接标志进行空间推理分析,如地貌相关、土壤相关、植被相关、水系相关等地学相关推理分析。

二、岩石的形态特征及图像解译标志

(一)岩石构图学特征与图像解译

不同岩石类型具有其独特的构造样式与构图学特征,在遥感图像上就构成不同的几何形态与图形学特征。地表岩石单元是构成地貌形态的物质基础,不同岩石类型在地表均具有其自身的三维几何图形要素,经几何光学投影而形成二维图像,这一投影成像过程就是摄影构图学研究的内容,地学遥感图像解译就是基于几何投影构图特征来建立不同岩石类型的图形解译标志和图像识别方法。

1. 沉积岩层理构图学特征与图像解译

沉积岩的主要构造特征是成层性,称为层理。层理是沉积作用中由物质成分、颗粒大小、矿物颜色、结构构造的自然分异过程而形成的成层构造。沉积层之间的分割面称为层理面。层理有两种类型。

(1)粒级层理。又称递变层理或粒序层理,其特点是成岩物质颗粒粒度由底至顶逐渐变细,其间无明显界线。

(2)斜层理。又称交错层理,其特点是细层理面与沉积主层理面呈斜交关系,上部与主层理截交,下部与主层理相切。

层理的形成是由沉积物结构和成分的变化或者沉积间歇、季节变化所致。火山碎屑物在其爆发和降落过程中,由于重力、颗粒大小和风的影响,成岩时也会形成具有分选性的层理。如果火山碎屑物落在湖泊或海洋中,则可形成类似于沉积岩的层理。沉积岩层的原始产状是趋于水平的,后来的构造运动可以使其发生倾斜、直立、弯曲甚至发生破裂,形成褶皱、节理、断层、劈理等构造形态。

在遥感图像上层理的基本图形特征是图像条带或纹带几何形态构成的图像纹理标志。沉积岩纹理标志主要有:直线型条纹条带、朵状条纹条带、弧型、环型、封闭型、折线型条纹条带及各种花纹型条带等。在遥感图像上,层理的构图特征取决于层理厚度、层理组合类型、岩层产出状态等基本因素。图像层理标志还取决于图像比例尺或分辨率大小。层理构图学特征可分为条纹型、条带型、条纹夹条带型、条带夹条纹型等几何图形样式。沉积岩层理标志不仅是识别沉积岩层、产状和构造的形态标志,而且可依据层理结构特征区分沉积岩石类型,如碎屑岩、黏土岩和碳酸盐岩类岩石。

2. 岩浆岩的图形特征与图像解译

侵入岩体在遥感图像上的构图形态主要有圆形、椭圆形、环形、似长方形、透镜状、串珠状、分枝状、不规则块状、脉状等。裸露于地表的侵入岩体与围岩也存在明显的色调差异、地形差异及构图轮廓差异。

火山口地貌则具有醒目的锥形、舌型、放射状、环状、桌状等几何构图特征,并清晰地显示出其空间展布特征。

古火山岩由于其原始地貌形态已发生了巨大变化,在遥感图像上已难以显现火山机构的地貌形态特征,但仍可以通过对火山岩的岩相分布特征来厘定古火山机构及其构造样式。

3. 变质岩的图形特征与图像解释

正变质岩在遥感图像上的构图特征既具有岩浆岩的图形结构，又具有变质作用形成的构造面理图形结构。例如在侵入岩体残缺的环块状图形背景上又叠加了条带状、线纹状或肠状影像纹理结构，这些影像线理结构具有较明显的方向性，并与围岩的构造线理方向基本一致。

副变质岩在遥感图像上主要表现为成层岩层的图形结构特征，呈断续延伸的条纹条带或复杂的回曲状图案结构。当变质岩的构造面理与原岩层理一致时，常见有似层状、透镜状、肠状的深浅色调相间排列的条带或纹线构图特征。

(二)岩石地貌的构图学特征与图像解译

地貌形态特征与岩石物理化学性质及区域地质构造空间格局密切相关。在地质遥感研究中，地貌形态及其构图学特征是岩性、岩相及构造地质解译的基本标志和依据。

由岩石性质控制的地貌类型称为岩石地貌。如碳酸盐岩的岩溶地貌类型(图 8－14～图 8－17)；砂岩的“丹霞”地貌类型(图 8－12、图 11－4～图 11－6)；花岗岩形成的花岗岩地貌类型(图 8－9、图 8－18)。岩石地貌的构图学特征可分为识别型图像标志与景观型图像标志两类。识别型图像标志如平行岭谷山地形态、圆形环形山地形态；景观型图像标志如岩溶地貌的峰林峰丛及落水洞等，丹霞地貌的陡崖、峰林、障谷、“一线天”、方山等形态特征。如广东韶关、湖南张家界、江西龙虎山等砂砾岩都形成具有旅游景观价值的地貌类型；如黄山花岗岩(图 11－1)、华山花岗岩(图 8－9)、泰山花岗岩、九华山花岗岩(图 11－14)、三青山花岗岩地貌都具有特殊的景观学特征，江西灵山花岗岩侵入体构成环形地貌(图 8－18)；由玄武岩形成的玄武岩地貌(峨眉山玄武岩地貌、张家口坝上玄武岩台地、山西大同玄武岩火山口、五大连池火山口、腾冲火山口等)；由黄土堆积层形成的黄土高原地貌类型(山西岢岚、陕西安塞黄土地貌景观)。图 8－10 为中国黄土高原典型的黄土地貌类型。在遥感图像上的地貌景观特征及其构图学特征都可成为岩石识别和解译的直接标志或间接标志。

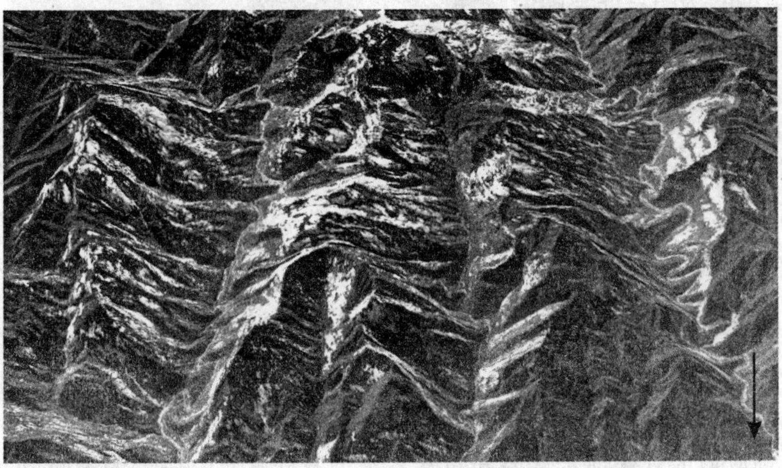

图 8－9 陕西华山花岗岩体卫星图像，显示悬崖陡壁地貌形态的构图特征(2009 年 9 月 22 日)

(三)岩石产状的构图特征与图像解译

在遥感图像上岩石的产出状态具有其特定的构图特征，亦可作为岩性识别的解译标志。例如沉积岩层若呈水平产出状态，其构图特征呈等高线形式的层理纹线、云朵状条纹条带等图

图 8-10　山西岢岚黄土地貌景观(黄土墚峁)Ikonos 卫星图像(2005 年 12 月)
黄土冲沟、墚峁都是由黄土岩性及垂直节理控制而形成

形结构;而直立岩层的图形结构则呈直线状或近平行状的直线型条纹条带;倾斜岩层则呈"V"字型、"之"字型图形结构。在褶皱构造单元中的影像层理则形成各种类型的转折弯曲形态样式。侵入岩体多呈封闭型、圆型、椭圆型、同心环型、透镜状、分枝型、不规则状和脉状图形样式。

依据岩层产状的图像特征及其在图像上的各种组合和图形样式,可以进一步确定岩石类型、岩性组合、岩层的构造变形及其演化等地质属性和空间分布特征。基于岩层产状及其空间变化都可在遥感图像上获取有用的地质信息。因此在研究和运用图像解译标志时,必须把图形类型、岩层产状和构造变形样式紧密结合,借以提高图像解译效果。

(四)水系类型的构图特征与图像解译

地表水系在其发育过程中受岩石及构造条件制约和控制,在地学遥感图像解译过程中,水系类型和样式可以作为构造形迹及岩石类型的直接或间接解译标志。构成图像水系标志的地学基本因素如下。

(1)岩石类型相对单一,且出露面积大,足以构成水系类型正常发育的尺度空间。

(2)岩石结构构造均匀,对地表水系形成过程具有一定的控制能力。如花岗岩类、玄武岩类、碳酸盐类、泥质岩类、砂岩类、浅变质岩类、黄土层等,这些岩石类型对水系类型及样式的控制性最强。

(3)岩层产出状态呈水平或缓倾斜状态,其地表水系样式具有典型性。

(4)岩石类型之间的透水性、隔水性、溶水性(可溶性)具有一定的差异性,所形成的水系类型及样式在平面上具有可区分性。

(5)不同地理区域的气候地带性差异对水系类型及样式具有一定的影响,同类岩石在不同气候带所形成的水系亦具有一定的差异性,如北方灰岩与南方灰岩的水系样式就存在较大的差异性。

总之,水系类型及样式取决于区域地貌类型、岩石物理化学性质、岩石结构构造、构造发育程度、构造样式、区域水文条件、地理气候环境等条件因素,水系类型具有差异性,水系样式具有可变性。

(五)地表覆盖类型对岩石构图特征的影响

地表覆盖物的类型及其覆盖程度是决定一个地区岩石类型的图像识别和可解译程度。地表覆盖类型可分为四大类,即残坡积层、土地覆盖、植被覆盖、人工建筑物覆盖类型。四类覆盖都对岩石解译构成影响因素或干扰因素。其中,厚层残坡积层、大面积人工建筑物、严重的森林覆盖对岩石解译影响程度最大,直至不可能进行解译。遥感图像的岩性解译只能利用岩石类型与覆盖层性状所具有的成生关联性或空间关联性进行间接解译。如不同岩石类型的地表植被覆盖种类和覆盖密度的差异性、侵入岩体与围岩的表层植物覆盖密度的差异性,灰岩、砂岩、泥质岩的残坡积层、土地利用现状的差异性等,均可作为间接标志用来进行岩石识别和推断性解译。

三、沉积岩类图像解译

(一)沉积岩类图像特征概述

沉积岩图像解译的目标任务是确定岩石类型、岩层产状、岩相类型,圈定岩石地层边界并分析其空间分布规律等。从区域地质遥感调查角度看,沉积岩解译是遥感影像地层解译的基础,也是为地层划分提供基本资料的地质遥感过程。

由于沉积岩在地表分布面积最大,地表有70%的岩石是沉积岩。另外,沉积岩中所含的矿产资源占世界矿产蕴藏量的80%。

遥感图像的沉积岩解译和遥感地质填图是一种科学有效的方法。在地层露头良好地区,沉积岩遥感的区域优势是常规地质方法所不能比拟的。但是,利用遥感图像研究沉积岩的物质成分、结构构造、层序地层、沉积环境等专属性问题尚有较大的困难。

沉积岩的空间分布受地层走向所控制,而遥感图像的空间连续性正是解决这一问题最好的方法。运用沉积岩走向分析方法,可以追索某一岩层的空间分布及其在横向上的岩相变化规律,这就为沉积岩的岩相解译和区域分析提供了宝贵资料。但是,运用遥感方法研究沉积相带还很不成熟,受图像空间分辨率和光谱分辨率的限制,也受岩石出露程度的制约。遥感图像的沉积岩解译目标主要有碎屑岩、碳酸盐岩、泥质类岩石和松散堆积层。

(二)沉积岩石类型解译

1. 第四纪松散沉积层的解译

第四纪形成的残坡积层、冲洪积层、风积层和冰碛层等各类松散沉积物,广泛分布于山区和平原区。松散沉积物的主要解译标志是:①地貌关联性解译标志:地貌区位与第四纪松散沉积物的堆积地形之间具有密切的成因关系,也是鉴别松散沉积层成因类型的基本标志和方法。例如山前洪积扇、河谷冲积阶地、山麓坡积裙等。②色调标志:松散沉积层的色调差异机理是由沉积物成分差异、粒度结构差异、含水性差异、土壤及覆盖物差异性所引起。如洪积扇边缘相和扇顶相的色调差异是由沉积物的粒度结构差异、成分差异、含水性差异所形成;在平原区,因沉积层的湿度或含水性不同(潜水位高低等)引起的色调变化可显示其沉积层的空间分布范围,也能间接判断平原区的松散沉积物类型。③间接标志:松散沉积层的地学间接标志主要有土壤类型、土地利用类型、植被覆盖类型、居民地分布特征等,是对松散沉积层解译十分有效的间接标志。

(1)砾石层:主要分布在山前洪积扇、河流冲积阶地或现代河床和山区冲沟、山间盆地,以及倒石堆、泥石流和冰川堆积地形单元(参看图7-25)。

(2)砂层:主要分布在沙漠、海岸带、河漫滩等地貌单元。地表松散砂层的图像标志为浅色调,形态特征为条带形或块状形态等(参看图 11 - 56)。

(3)黏土和亚黏土层:主要分布在大型河流的中下游、洪积扇前缘、坡积层发育区等。如长江中下游广泛出露的“下蜀土”、南方中生代红盆的风化残积层。黏土和亚黏土由于透水性很差,表层径流十分发育,小冲沟稠密,可见平行密集的网脉状的影纹;湖相黏土层多呈现环带状色调影纹;在碱土分布区,由于碱土反射率高,图像呈灰白色调,地表植被为簇状草被,碱土以不规则的斑块裸露,在遥感图像上呈现花斑状影像纹理图案特征。

(4)黄土:黄土塬表面平整,其台塬边缘地带发育较密集的黄土冲沟,在图像上构成树枝状水系。黄土的反射率较高,在图像上为均匀的浅灰色调。黄土塬表面主要为农田,呈现规整的方格和条块状影像纹理图案(图 8 - 10)。

2. *碎屑岩的解译*

碎屑岩是沉积岩的主要类型之一,在沉积岩地层中分布十分普遍。碎屑岩的碎屑成分及其胶结物类型决定其岩石类型与物理性状,是构成层理构造、地貌形态、坡度陡缓等图像特征的主控因素,也是建立图像解译标志的基本依据。常见的碎屑组分有:①陆源碎屑;②内碎屑;③生物骨骼碎屑等;碎屑岩胶结物类型有硅、铝、铁、锰、磷和硅酸盐、碳酸盐、泥质、粉砂质等。主要岩性类型有砾岩、砂岩及粉砂岩。岩石矿物成分以石英、长石为主,常见的胶结物类型主要有硅质、泥质、钙质和沙泥质等。

碎屑岩的解译标志是:①色调:不同碎屑岩的色调反差较大,在图像上形成深浅相间的条纹和条带标志(图 8 - 11);②地貌形态和组合:不同碎屑岩的抗蚀能力差异较大,常可分为硬质岩类和软质岩类,容易形成近平行分布的谷岭地貌形态(倾斜岩层)或宝塔形地貌形态(近水平岩层)(图 8 - 13);③地表水系标志:不同碎屑岩的水系类型、样式、密度及沟谷形态都存在一定的差异,其成因主要受碎屑岩的物质成分、结构构造、地貌类型、地形坡度等因素的控制,故水系差异可作为岩性识别和地层解译的标志。

(1)砾岩。砾岩地表粗糙度高,图像为深色调。地形起伏较大,可形成陡崖或山峰,地表水

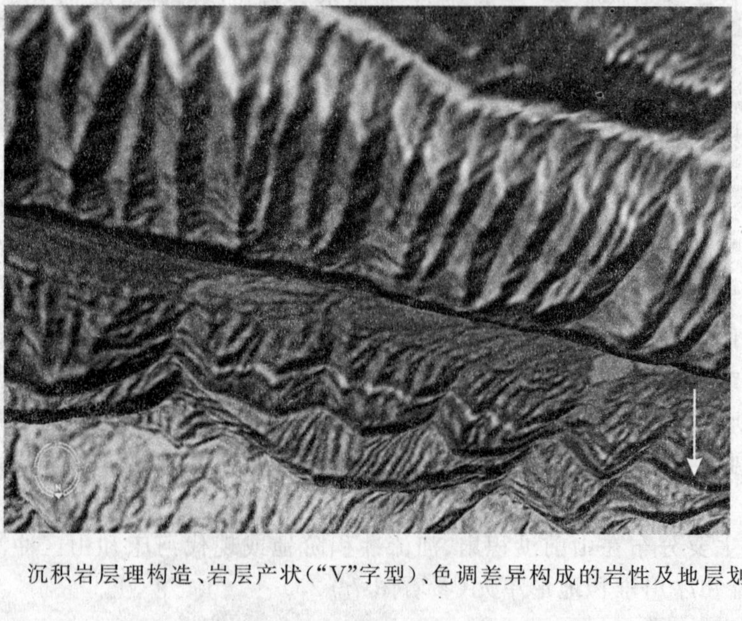

图 8 - 11 沉积岩层理构造、岩层产状(“V”字型)、色调差异构成的岩性及地层划分标志

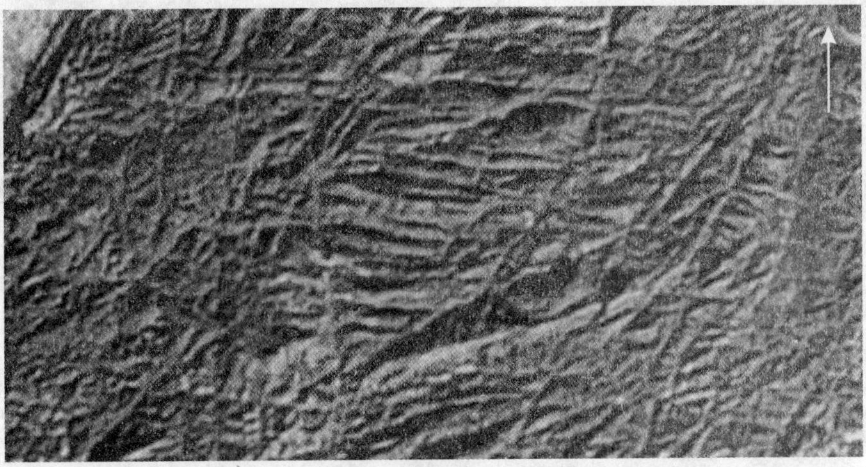

图 8-12　广东韶关仁化丹霞山砂岩-砾岩沉积岩地层形成的“丹霞”地貌景观

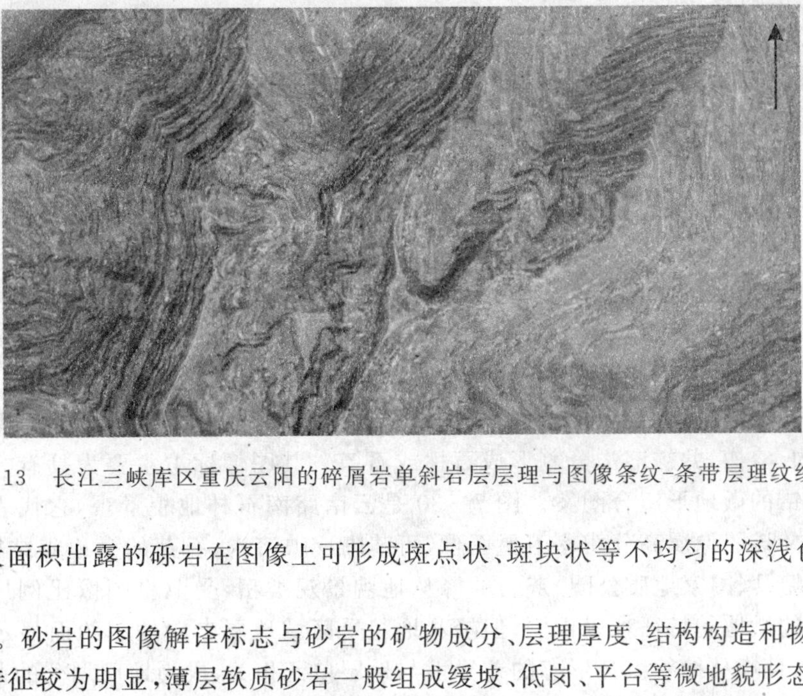

图 8-13　长江三峡库区重庆云阳的碎屑岩单斜岩层层理与图像条纹-条带层理纹线标志

系不发育。大面积出露的砾岩在图像上可形成斑点状、斑块状等不均匀的深浅色调相间的图形或图案。

(2)砂岩。砂岩的图像解译标志与砂岩的矿物成分、层理厚度、结构构造和物理性质有关。砂岩的图形特征较为明显，薄层软质砂岩一般组成缓坡、低岗、平台等微地貌形态；硬质中厚层砂岩一般构成陡坎或陡坡；倾斜砂岩层构成“V”字型的“岩层三角面”图形特征(图 8-11)。

砂岩地层中节理构造发育，其中一组节理走向垂直于岩层走向，故常发育一组近平行状分布的羽状树枝状及平行梳状水系(图 8-11、图 8-12)。互层状的砂岩地层组合也容易形成影像层理纹线，且由于不同砂岩层的色调反差较大，层理纹线标志也较为突出(图 8-11、图 8-13)。图 8-11 为新疆地区砂岩地层的卫星图像，层理构造及岩层三角面标志明显；图 8-12 为广东韶关地区“红层”砂岩形成的“丹霞”地貌类型，岩层呈近水平产状，区域节理构造极为发育，并形成线性影像特征；图 8-13 为重庆云阳地区的侏罗系砂岩形成的缓倾斜层理构造和“宝塔型”坡地地貌类型，岩层走向线清晰，连续延伸且较为稳定。其层理厚度变化、砂岩成分变化、粒度粗细变化等特征均可从图像纹理结构差异中表现出来。

3. 泥质岩类的解译

泥质岩包括泥岩、黏土岩、页岩等。因沉积盆地及沉积环境的不同，泥质岩有白、灰白、灰、黄、绿、红褐、棕等各种颜色。泥质岩结构构造有胶状、豆状、鲕粒状和鳞片状、毡状、格子状等。泥质岩的矿物成分主要有黏土矿物、碎屑矿物，混合胶结物有铁质、锰质、钙质等。

泥质岩与粉砂质岩石互层并具有相似的图像特征和标志，在基岩裸露区的图像图形特征为细条纹图像纹理结构。泥质岩类为软岩石类型，地貌形态为缓坡或相对低洼的负地形，形成山脊的鞍部或顺岩层走向的冲沟谷地。

泥质岩的透水性极差，地表水系密度较大，冲沟及切沟非常发育，其水系样式为密集羽状-树枝状水系。

与泥质岩类似的是沉积岩类的内积岩，如铝质岩、铁质岩、锰质岩、磷质岩、硅质岩、蒸发岩、可燃有机岩（褐煤、煤、油页岩）和碳酸盐岩（石灰岩、白云岩等）。在沉积岩图像解译中，这类岩石类型由于多为矿产资源被开发，具有较为明显的矿山开采标志。如煤系地层中的碳质岩、碳质泥岩、碳质灰岩及煤层。

4. 碳酸盐岩的解译

碳酸盐岩是沉积岩的主要岩石类型，统称为灰岩，属于可溶性岩类。常见的岩石有石灰岩和白云岩，其特点是分布面积大，岩石可用性大，岩石造景能力大。碳酸盐岩在我国南北方均广泛分布，但因气候条件不同，碳酸盐岩的地貌形态特征具有很大的差别。碳酸盐岩的可溶性形成岩溶地貌。岩溶地貌是灰岩经地表水及地下水流的溶蚀、侵蚀以及重力崩落、坍陷等作用形成于地表和地下的各种地貌类型的总称。

岩溶地貌类型及其构图学特征是碳酸盐岩图像解译的重要标志。

(1)南方灰岩地层的图像解译。南方灰岩地层的岩溶地貌及其形态特征是进行岩性识别和灰岩地层解译的主要图像标志。不同发育阶段的岩溶地貌类型在遥感图像上具有一定的差异性，也是灰岩地层划分的图像标志及依据。

①溶沟、石芽、峰丛地貌发育阶段的岩性解译。地表水沿灰岩内的节理面或裂隙面等发生溶蚀，形成溶沟、溶槽，并被溶沟分割形成石柱或石笋。其图像标志主要为具有方向性的线性特征和相互交错的微地形组合图案。图 7－30 是云南路南石林地貌景观，它代表岩溶地貌发育的初期阶段。该图像属高分辨率卫星图像，可清晰反映溶沟、石芽的微地貌结构特征。图 8－14 为贵州平塘县（国家地质公园）灰岩的峰丛地貌景观类型，受卫星图像比例尺及分辨率限制，溶沟、石芽的微地貌特征难以识别，但峰丛地貌受区域地层走向的制约而显示出北东向的定向排列特征，且峰丛地貌组合形态的差异性与地层单元相关，成为地层划分的基本依据。

②落水洞及峰林地貌发育阶段的岩性解译。落水洞是地表水沿灰岩裂缝向下渗流和溶蚀深度超过 100m 后形成的，从落水洞下落的地下水到含水层后发生横向流动，形成溶洞。随着地下洞穴的形成，在地表发生塌陷，塌陷的深度大而面积小，称坍陷漏斗，深度小而面积大则称陷塘。落水洞在图像上可以形成较明显的图像标志。地下水的溶蚀与塌陷作用可形成峰林、坡立谷和天生桥。这些地貌类型在图像上都具有较明显的标志和构图学特征，是碳酸盐岩图像解译的主要依据。图 8－15 是广西桂林-阳朔峰林岩溶地貌景观的卫星图像，依据图像中岩溶地貌类型间的图形结构差异，可进一步对碳酸盐岩的成分差异进行区分和识别，也可以作为地层解译的间接标志。图 8－16 是湖北咸丰-湖南黔江灰岩地层构成的峰林、峰丛岩溶地貌景观。图中可以依据岩溶地貌的发育程度及形态组合特征的差异性，进一步划分出不同岩石类

图 8-14　贵州平塘县掌布乡国家地质公园卫星图像，显示灰岩的溶沟、石芽及峰丛地貌类型

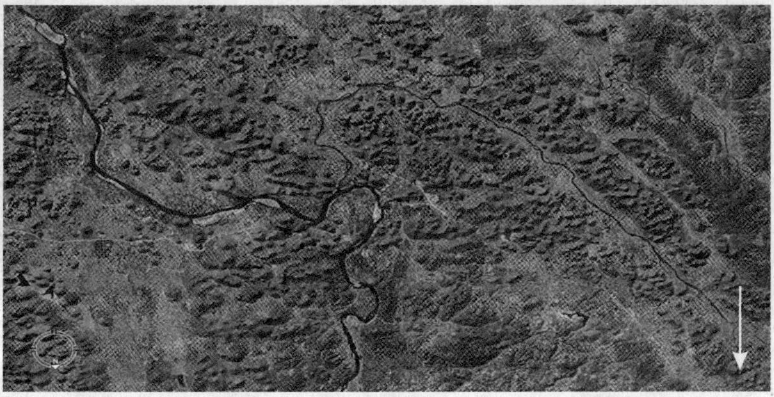

图 8-15　广西桂林-阳朔岩溶地貌景观卫星图像

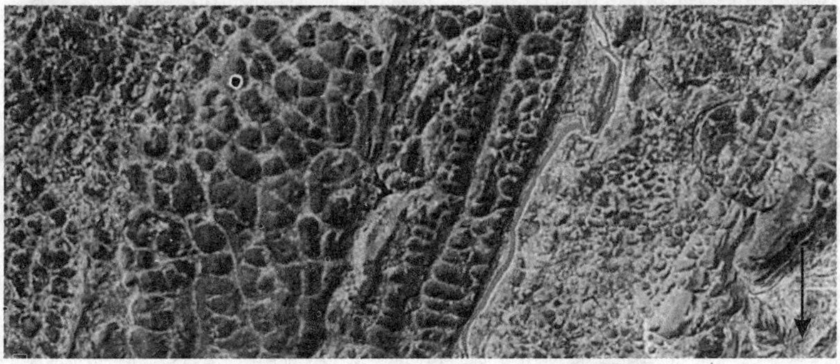

图 8-16　湖北咸丰-湖南黔江灰岩地层构成的典型岩溶地貌景观

型和地层单元。

在中等比例尺的图像上，一般显示的是岩溶地貌形态组合特征，多形成图像纹理结构类型。如密集棋盘格状(或似桔皮纹点状)、网脉状影纹等。

(2)北方碳酸盐岩的图像特征。北方出露的碳酸盐岩，岩石裸露程度高，地形为石芽和溶沟微地貌组合形态，岩石表面结构粗糙。当碳酸盐岩层理发育且出露良好时，图像上具明显的条纹条带图形结构。厚层石灰岩或白云质灰岩、硅质灰岩经常组成正地形，为陡坡或险峰，在断裂地带往往形成陡崖。泥质灰岩一般形成缓坡或浑圆状低山丘陵。在单面山地区，泥质灰岩也可形成线性沟谷或低洼地形。

与南方灰岩不同，北方灰岩的地表水系较为发育，一般为平行束状水系和平行羽状树枝状水系类型。

图 8-17 为北京十渡景区的灰岩岩溶地貌景观卫星图像，其地貌类型属溶沟、石芽阶段的组合结构，图像上可明显识别大型溶沟及悬崖陡壁地貌形态类型。

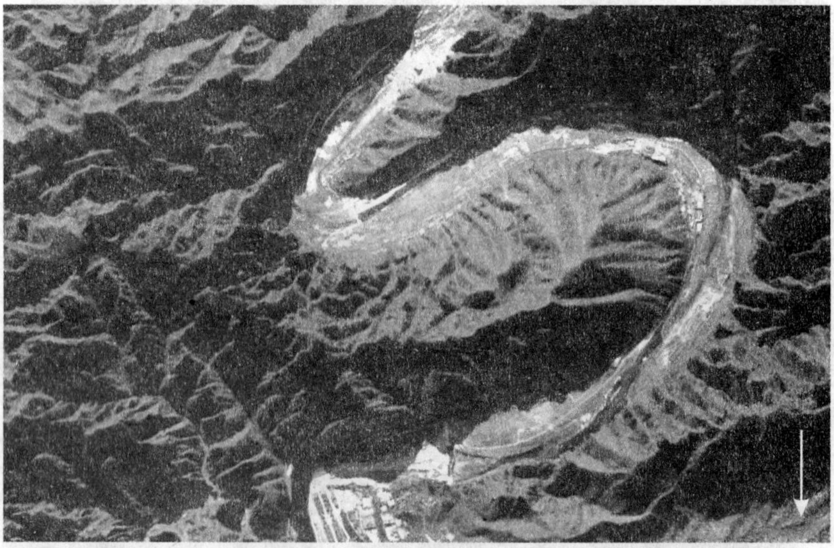

图 8-17　北京十渡景区的灰岩岩溶地貌景观卫星图像(2008 年 2 月)

四、岩浆岩的图像解译

(一)岩浆岩图像解译概述

岩浆岩也称火成岩，是由岩浆凝结形成的岩石。岩浆岩在地表出露面积很小，但在地壳中其总体积却占到 65%以上，可见绝大多数岩浆岩尚未出露地表，称之为隐伏岩体。岩浆作用是地壳深处或上地幔高温、黏稠的硅酸盐熔融体运移、聚集、变化及冷凝成岩的全部过程，是形成各种岩浆岩和岩浆岩矿床的母体。现在已经发现地壳中有 700 多种岩浆岩，常见的有花岗岩、安山岩及玄武岩等。岩浆作用主要有两种方式：岩浆侵入活动形成侵入岩；火山的喷出活动形成的喷出岩(火山岩)。

岩浆岩图像解译的主要依据是构成岩浆岩的化学成分及其产出状态。岩浆岩化学成分的基本特征是酸度和碱度，酸度是指岩石中含有 SiO_2 的重量百分数。依据 SiO_2 含量可把岩浆岩分成四个大类：超基性岩($SiO_2<45\%$)、基性岩(SiO_2 为 45%～52%)、中性岩(SiO_2 为 52%～66%)和酸性岩($SiO_2>66\%$)。碱度是指岩石中碱的饱和程度，以 Na_2O+K_2O 的重量百分比为全碱含量。Na_2O+K_2O 含量越高，岩石的碱度越大，并根据碱度大小分为钙碱性、碱性和过碱性岩三种类型。

依据岩浆岩的侵位规模等级将侵入体分成岩基构造与岩株构造两类；岩基是巨大的岩体，侵入体面积大于 $100km^2$，甚至达数万平方千米，是由于大规模的岩浆深位运动而形成的，岩石为粗粒结构，块状构造，在岩基边缘经常出现伟晶岩带。其成因是岩浆作用的底辟构造所形成，一般其构造位置与"板块边缘"构造带相关。另一种理论认为，岩基是由岩浆的顶蚀作用所形成，在岩基上部普遍发育变质围岩地层。岩株构造是岩浆岩的小侵入体，面积约数平方千米或更大些，其侵入体形态多呈圆形或其他不规则状。在遥感图像上岩株构造的形态标志极为清晰(图 8－18)。

图 8－18　江西上饶灵山花岗岩侵入体构成的环形地貌卫星图像

按岩浆侵位深度可分为深成岩、浅成岩和喷出岩(火山岩)。依据岩浆岩与围岩的边界关系可分为整合侵入体和不整合侵入体。整合侵入体可分为岩盆、岩床、岩盖侵入体，该类型的岩浆是沿着围岩的层理空隙侵入，与围岩产状的接触面基本平行；不整合侵入体是岩浆侵入时以不同角度穿过围岩层理或构造面理，如岩墙就是穿过岩层呈直立产状的侵入体(图 8－20、图 8－21)。

岩浆岩与围岩之间一般都有明显的岩性接触界线，在遥感图像上即可直观地观测到二者之间的侵入接触关系(图 8－18、图 8－19)。

岩浆岩的图像解译标志是：①色调及光谱特征；②图形结构特征；③地貌形态特征；④与围岩接触关系；⑤水系类型和样式。

在遥感图像上，侵入岩都具有自身圈闭特征，且具有形态各异的图形结构特征，与其周围的围岩在图像色调及构图特征上都具有明显的差异。对岩体类型和规模来说，遥感图像中酸性中小型侵入体的显示效果最好(图 8－18、图 8－19)。其标志优势是：①易于判定侵入体的存在；②易于圈定侵入体边界，并可观测侵入体与围岩的接触关系及其空间位置关系；③易于对侵入体内部结构构造进行划分研究和侵入体单元分类。如图 8－18 灵山侵入体的边界与其内部的单元界线，图 8－19 阳山侵入岩体的接触界线与岩体内部的区域节理构造。

对大型侵入岩体(如花岗岩基)，因其分布面积大(大者可达数百平方千米乃至更大)，岩性岩相结构复杂，构造期次及关系复杂，地貌形态多样化，地理环境及地表覆盖层多变，因此图像识别和解译亦很困难。

脉岩则由于多呈线状体穿插于各类岩石之中，地表出露宽度很小(一般为几米甚至更小)，在分辨率小的卫星图像上很难发现和识别，但在高分辨率图像上可以很容易发现它们的存在，并可准确地进行解译(图 8－20～图 8－22)。

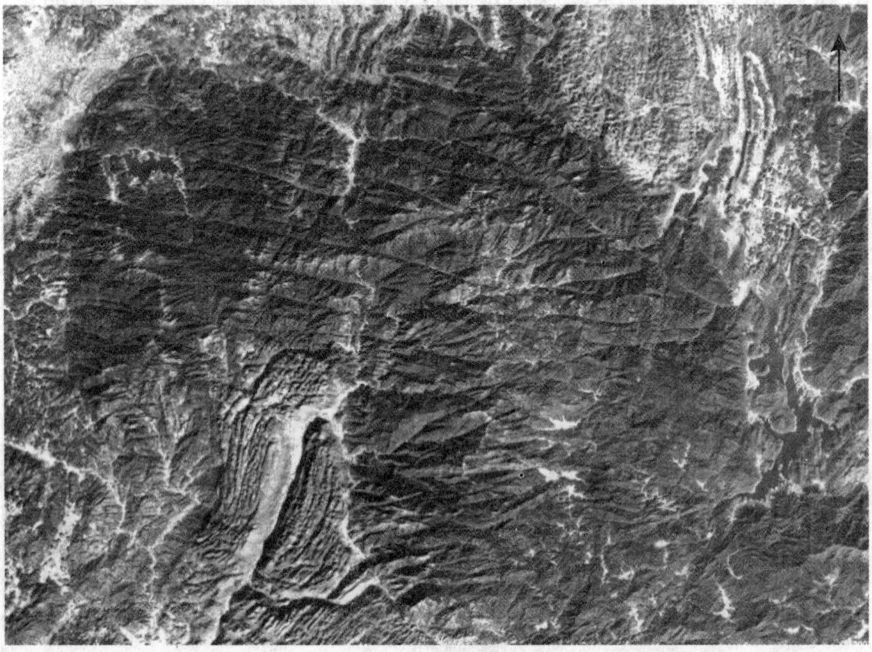

图 8－19　广东阳山花岗岩侵入岩体卫星图像

火山岩可以分为现代火山岩和古火山岩，现代火山岩因其在地貌形态上完整地保留了火山口原始地貌特征，故在遥感图像上极易进行识别和解译(图 7－35～图 7－37；图 8－24、图 8－25、图 8－27、图 8－28)，而古火山岩因其原始地貌形态已经被改造和破坏，对其识别和解译就比较困难。

(二)侵入岩图像解译

1. 酸性、中性岩类的解译

酸性岩体以花岗岩类岩体为代表，按侵入体原岩成因类型可分为Ⅰ型花岗岩，为火成岩成因；S 型花岗岩，为沉积岩成因；A 型花岗岩，为非造山带成因；M 型花岗岩，为地幔成因；按侵入期次自老至新可分为晋宁期、加里东期、海西期、印支期、燕山期和喜山期。按岩体产出状态可分为岩基、岩株、岩墙和岩脉。上述不同规模、不同期次、不同产出状态和不同成因类型的花岗岩所处的大地构造部位、构造层次、侵入部位、围岩类型和自然地理条件多有所不同，但在遥感图像上，它们的图形特征却都具有团块状、圆形或其他不规则封闭性图形等基本图像标志。按侵入体的可解译程度，从高到低的顺序是岩株、岩墙、岩脉、岩基、非造山带花岗岩。侵入期次的可解译程度是喜山期、燕山期最易识别，晋宁期最难解译。

花岗岩岩基多为不规则的块状图像，块状体沿一个或两个方向上延伸，出露面积较大。裸露的岩体具有浅灰色调，分布均匀，或受地表环境影响呈不均匀的斑状分布特点。地表水系类型及样式取决于花岗岩基所处的构造单元和地理环境，一般多见为树枝状水系。有些花岗岩岩基可构成地区性的高山，其陡峰和峭壁十分发育，地形侵蚀切割较深，主支脊斜交构成树枝状水系和角状树枝状水系。如中国东北、华南、西北等地区的大型岩基在卫星图像上均可构成具有识别特征的图像标志。

岩株为中小型花岗岩体和中性、中酸性岩体。它们在遥感图像上具有醒目的圆形、椭圆形、透镜状、正方形、长方形、多边形、不规则状和脉状等图形，它们的轮廓一般都与围岩容易区分。因岩体出露面积较小，其地貌形态独特，岩体图形轮廓较为清晰，图像标志主要根据色调、地貌形态和水系类型确定，岩体与围岩的边界则取决于色调和地形特征。

岩株的地貌形态与花岗岩的结构构造关系密切。一般细粒花岗岩可形成中高山和多级陡坎地貌；粗粒或似斑状、巨斑状花岗岩多形成缓丘或相对低洼的负地形，如江西上饶灵山岩体（图 8－18）。该岩株构造的形态结构呈圆形，岩株中心发育典型的树枝状水系，为粗粒巨斑状花岗岩；岩体边缘为细粒花岗岩，地貌上形成环形、陡崖类型，其上很少植被发育；最外沿为晶洞花岗岩，晶洞内盛产巨型水晶矿石。

据环形侵入岩体地貌类型的统计分析，将酸性、中酸性侵入体的环状地貌形态分为三种组合类型：①环形负地形或环形缓丘陵（岗地）地貌，侵入体岩石结构一般为中粗粒结构，易于风化剥蚀，如著名的周口店花岗闪长岩体；②岩体内环为细粒结构，形成中高山，边缘为粗粒结构，形成环形沟谷；③岩体内环地势低洼或为丘陵，外环边缘构成陡峻环形山脊（图 8－18）。

岩株构造在遥感图像上的环形或弧形图形特征也可能由岩体内部构造所引起。如侵入体内部出现的环形或弧形岩脉群；岩体边缘相带和内部相带呈环带状展部；由岩性结构差异形成的环状山地和水系、浅隐伏侵入岩体接触变质环带等。因此，岩体分布区的环形图像不仅是判别岩体存在的一种间接标志，而且也是研究这类岩体的宝贵资料。

在进行酸性和中酸性岩类解译时，岩体分布区经常出现一组或多组构造条纹条带，与常规地质工作比较，不仅有利于圈定它们的形态，有时也能够修正一些错误认识。同时，利用遥感图像还可以提出岩石学中一些理论问题。例如广东阳山花岗岩体（图 8－19）呈现出清晰的椭圆形图形，岩体赋存于泥盆系至三叠系围岩之中，岩体不仅边界轮廓可辨，且岩体内条纹条带状图像也十分醒目，这就给地质工作者提供了一些有益的地质资料。

2. 超基性、基性岩的解译

超基性、基性侵入岩体多呈中小型岩株、岩墙和岩脉产出，常分布在规模较大的造山带、稳定地块的边缘、深大断裂带以及古老稳定地块内等构造部位。

超基性岩类在地表分布很少，仅占岩浆岩总面积的 0.4%。超基性岩体的规模很小，在高分辨率图像上的几何图形为透镜状、扁豆状、串珠状。超基性岩体在空间分布上多呈线状伸展，并具有定向性，断续延伸可达上千千米。

超基性岩颜色比较深，大部分都是黑灰色、墨绿色，规模较大的超基性、基性岩体较少，仅在我国西部见有出露。超基性、基性侵入岩体的图形特征为近圆形、链状和串珠状、环形、不规则状、脉状等。这些图形虽然有时与中酸性小岩体图形相似，但就其所处区域构造位置、组成地形、色调及岩体内脉岩和捕虏体等与中酸性岩体有明显不同。

超基性、基性岩经常成群或成带出现在强烈活动的构造带内，大多数岩体容易风化剥蚀成负地形，风化后残积土壤层十分发育，有的地区植被也较发育。如风化残积土壤层发育，则具有植被的波谱特性。如基岩裸露良好，则其图像波谱特征明显，一般为浅绿色或深灰色，图 8－20 为甘肃北山安西侵入岩与基性脉岩（线状深色调异常特征）图像特征。

基性岩的典型代表是辉长岩，在地表出露面积也很少。遥感图像上缺乏有效的解译案例。

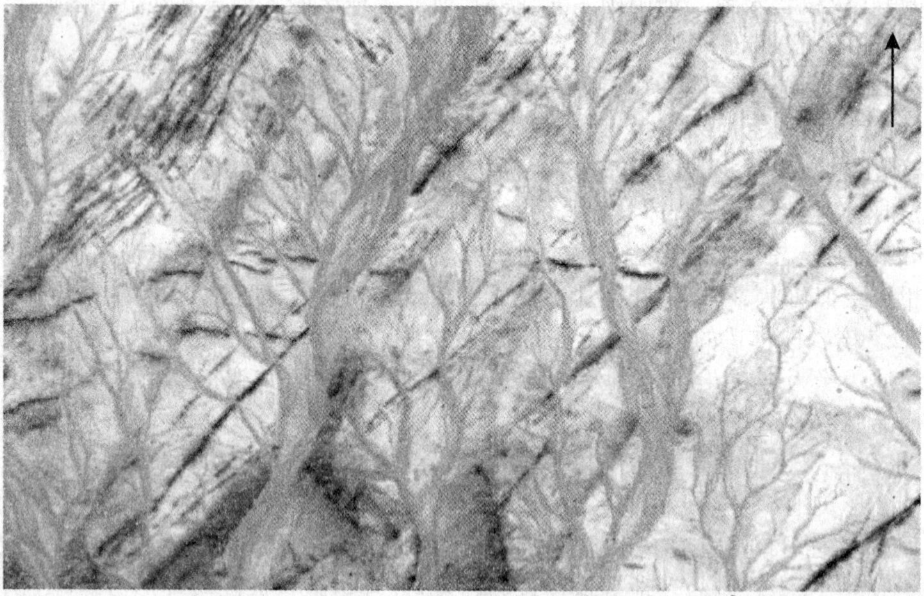

图 8-20　甘肃北山安西侵入岩与基性脉岩(线状深色调)卫星图像

运用地球物理数据或地学多源数据融合图像进行超基性、基性侵入岩体解译是一种有效的方法。因为超基性、基性侵入岩体具有明显的地磁异常或重力异常。在解译时结合航磁、航空放射性测量数据或化探资料进行综合分析会有较高的解译效果,甚至可准确地圈定超基性、基性岩体的边界。

3. 岩脉的解译

岩脉是一种分布较为普遍的脉状侵入体,它们在块状侵入岩体发育地区及岩体内部相对集中,成群成带分布,且具有区域性分布的特点。在基岩裸露较好的地区,利用遥感图像进行岩脉的解译具有特殊的解译效果,其中对岩脉的期次和交切关系,以及利用岩脉的分布特征研究岩浆活动和构造变动期次等都比常规地质工作方法直观、真实。图 8-21 为甘肃西部岩脉的地貌形态与色调特征,依据图像的色调异常及形态结构很容易进行识别和解译。

岩脉的图像解译重点是:①判断并确定岩脉的岩石类型;②通过对岩脉的图像勾绘,研究岩脉的生成期次,建立岩脉侵入的先后顺序和各期次岩脉的切割关系;③分析岩脉的空间分布规律及与矿化的关系,如蚀变及矿化情况等。

岩脉呈垄状线形图像,根据其色调的深浅可大致判断岩脉的类别:色调较浅者为酸性岩脉和碱性岩脉;色调较深者为基性岩脉。岩脉是一种线型构造地形,它可以穿越不同地层、岩体和地表地形单元。岩脉可以集中出现在岩体内部或接触带围岩之中,多以线形组合成束状、弧形、环形、格状和网脉状影纹,它是鉴别岩脉及其交切关系的基本图像标志。如图 8-22 的多期次侵入的岩脉就具有构造指示意义与岩浆活动期次的构造分析意义。

4. 侵入体接触关系的解译

侵入岩与围岩的接触关系可揭示岩体侵入的时间和空间接触关系问题。时间关系表达侵入体与围岩形成的先后顺序。侵入接触是指岩体形成时代晚于围岩;沉积接触则反映侵入体形成时间早于围岩,是在岩体出露地表后再被沉积岩层覆盖的接触关系。而空间关系则反映

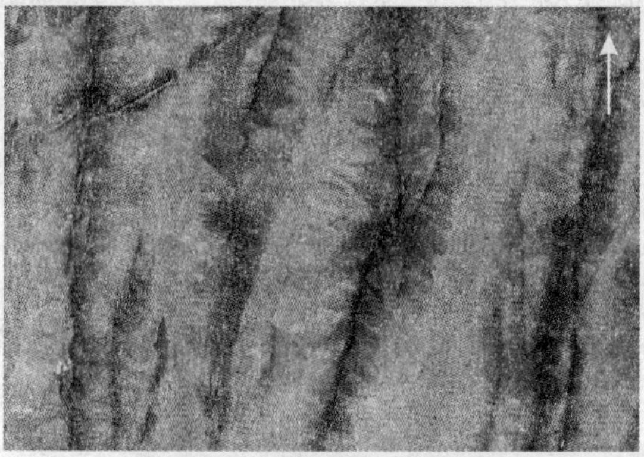

图 8-21 甘肃西部基性岩脉的卫星图像直线状地貌形态与色调特征

图 8-22 甘肃北山多期次岩脉的构造交切关系的图像特征

侵入体产状与围岩产状的交切关系问题。

侵入接触的空间关系在遥感图像上可表现为三种空间接触类型：①急变接触：是指侵入体与围岩有明显界线，多与围岩产状斜交切割；②渐变接触：侵入体与围岩界线较模糊，呈逐渐过渡关系，是由于岩浆侵位过程中对围岩的同化作用所形成；③隐蔽接触：侵入体与围岩无确定的接触界线，可说明与围岩的物质具有同化和替换的过渡关系（图 8-19）。

沉积接触关系的图像标志有：①沉积盖层不整合覆于侵入体的顶部；②沉积层底部发育有砂砾岩层，地形表现为陡崖或陡坎地貌特征，如北戴河实习基地的鸡冠山，震旦系砂岩以角度不整合沉积覆盖于混合花岗岩之上；③在区域空间上，该沉积盖层总与该岩体分布相关联，如晋宁期岩体与古生代沉积地层的沉积接触关系。

断层接触关系是指侵入体与围岩之间呈断层接触关系，其接触带在遥感图像上具有明显的线性影像特征。

侵入接触关系的图像解译步骤如下。

(1)确定并勾绘侵入岩体边界，同时判定岩体与围岩的接触关系，当岩体边界切割围岩地层时，则为侵入接触关系；

(2)基于岩体、围岩、断裂构造的全面解译，进一步确定侵入体、围岩和区域构造三者之间的交接关系；

(3)对侵入体的围岩进行深入解译，圈绘围岩接触变质带、围岩蚀变带及矿化异常带的岩石单元，并对图像进行区域综合分析。

侵入岩体与围岩的岩性在波谱特征、图像色调、几何图形特征、地貌形态特征、水系类型样式等图像标志都具有一定的差异性，二者的接触界线一般都较清晰。

岩体接触带常呈环带状或断续的环带状分布，当侵入岩体未出露地表时，还可形成上覆围岩同心环带色调异常，这是识别浅层隐伏侵入岩体的特征标志，是非常有价值的遥感找矿标志（图 8-64）。

5. 侵入体单元-超单元解译与分析

运用遥感图像对侵入岩体进行单元划分，是在侵入岩区进行遥感填图的重要任务。基本解译步骤是：①依侵入岩体的空间形态标志，划分侵入岩体并勾绘其概略边界；②依据复合岩体内部的色调、地貌形态、影像纹理结构等影像标志的差异界线，对岩体进行自然分解；③研究影像单元标志界线与岩体的侵入期次、岩石类型、岩相类型之间的接触关系及地质成因分析，并参考地质资料对各侵入体影像单元进行解译划分，初步拟定侵入体的填图单元。

(三)火山岩的解译

火山岩的遥感图像解译任务是：①确定火山机构，圈定火山口(或火山颈)；②依据火山熔岩、火山碎屑岩、火山岩层序及其内部构造，确定火山喷发溢流期次，建立火山岩地层层序序列，如图 8-23 中，由火山熔岩形成的层状火山岩序列，可依其色调、层理厚度差异等图像特征进行熔岩流喷溢期次划分；③对时代较老的火山岩，根据古火山机构的岩石类型及岩相变化的图像特征，建立古火山机构的解译标志。

图 8-23　火山熔岩流形成的层状火山岩层理构造(网络图片)

1. 熔岩的解译

(1)火山锥和熔岩流的解译。中国时代较新的火山岩或火山机构主要分布在东北长白山、大小兴安岭；西北的昆仑山；西南部的云南腾冲；东南沿海、海南岛、台湾岛；华北的内蒙及山西大同等地区。火山活动类型大多数为中心式喷发的火山锥或溢流形成的熔岩流台地。

新生代形成的火山岩地貌景观保存完好，在各种类型的遥感图像上都具有明显标志，如火山锥、火口湖和堰塞湖、熔岩流的绳状、叠瓦状、蛇状、被状、波状和弧形皱纹状等熔岩流微地貌景观。在小比例图像上火山口以圆点状影纹呈现不同密度的星点状分布。大型火山口和火山群，可见锥状地形和放射状、环状水系类型、圆形锥状山地貌及其顶部的凹型洼地，以及开口一侧的舌型或长蛇型熔岩流地形特征。

图 8-24 为苏丹德里巴火山口卫星图像，该火山口位于苏丹西部马拉山顶，是近代 3500 年前遗留的较新的火山口。火山喷发机理是由于地幔不断上升运动的结果。图中的德里巴火山口宽 5km，目前正处于休眠期，但它不是死火山，到处可见温泉和喷气孔活动。在火山口中的表面已形成水系网，聚集地表水而成火山口湖。

图 8-25 为沙特阿拉伯玄武岩火山口与流纹岩火山口的航天摄影图像(国际空间站拍摄)。图像右侧为阿尔齐答山不同年代喷溢的基性岩火山口及黑色玄武熔岩形成的绳索状熔岩流；图像左侧为流纹质酸性火山口群及浅色调的流纹岩环状锥形山地貌。流纹质熔岩流富含 SiO_2 并具有极高的黏性，其流动性差，流速慢，故形成高峻的锥形火山口。

图 8-26 为吉林天池火山口的大型圆锥形地貌的卫星图像。锥形山地顶部为近代喷发形成的火山口湖——长白山湖，被称为天池。熔岩流的图形特征呈放射状，其图像纹理显示为绳索状熔岩流，并以火山口为中心向四周辐射分布，构成了环形图案特征(图 8-27)。图 8-28 为长白山天池主火山口东南侧形成的寄生火山口及其放射状熔岩流的图像特征，其熔岩流形成了典型的绳索状流纹结构。由于近代火山口的多次喷发，在火山口周围发育多期次的熔岩

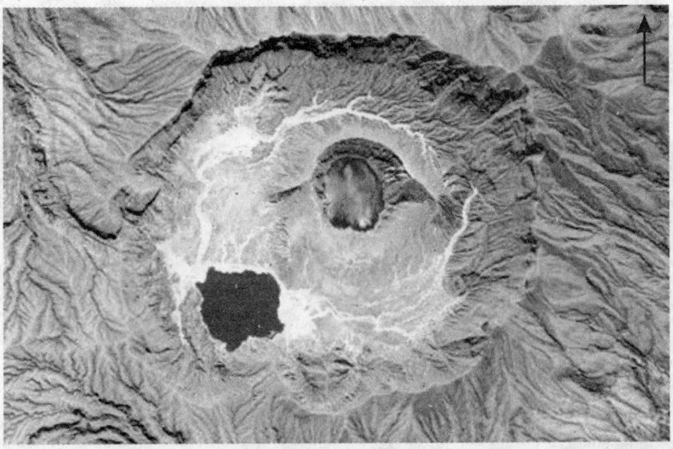

图 8-24　苏丹德里巴火山口卫星图像(火山口表面已形成水系网,形成火山口湖)

火山口形成于 3500 年前,现仍有大量温泉和喷气孔活动

图 8-25　沙特阿拉伯玄武岩火山口(右侧)与流纹岩火山口(左侧)卫星图像(国际太空站,2008 年)

图 8-26　吉林天池火山口湖及熔岩流图像(线划比例 2.62km)

为观察图像正立体视觉效果,图旋转 180°,上南下北

图 8-27　吉林天池火山口结构的高分辨率卫星图像(2004 年 4 月)

为观察图像正立体视觉效果,图旋转 180°,上南下北

流，可依图像色调差异、寄生火山口分布规律及熔岩流的空间叠置与切割关系对火山熔岩流进行全面解译与期次划分。图 8－29 为长白山火山口湖的地面摄影照片，是世界上海拔最高、水体最深的火山口湖。湖面海拔 2 155m，平均水深 204m，最深处达 373m。

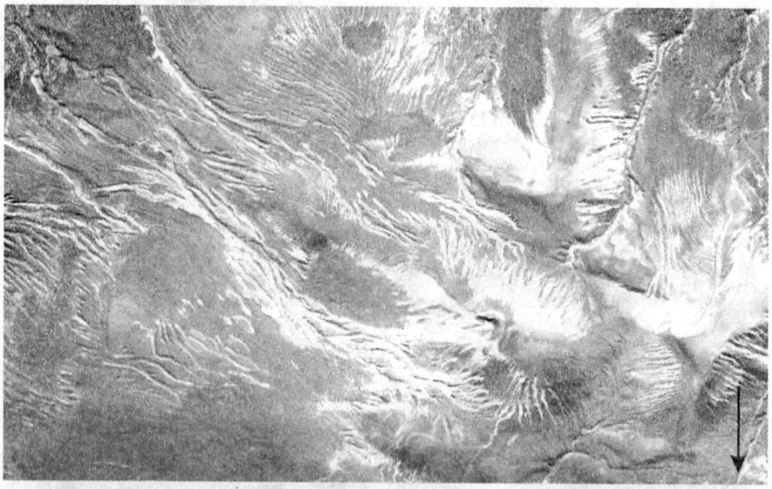

图 8－28　吉林天池寄生火山口与熔岩流卫星图像（QB，2008 年 8 月）
为观察图像正立体视觉效果，图旋转 180°，上南下北

图 8－29　长白山天池（全球海拔最高水层最深的）火山口湖照片（海拔 2 189m）
镜头指向南方，照片方位与图 8－26、图 8－27 一致

对古火山岩的解译需要结合区域地质资料和地区性解译标志，但对其的解译难度较大。如闽浙赣地区中酸性火山岩分布区，在大比例图像上可根据环形图像、熔岩色调和地貌形态标志，还可依据火山口周围的岩相、环形或放射状水系、环状分布的岩墙、岩脉延展方向及其展布规律来进行关联综合解译，并确定古火山口的位置。

（2）熔岩台地的解释。熔岩台地是一种特殊的地貌单元，它是由大面积分布的中基性和基性熔岩构成的台地（熔岩被）及穹丘状地形单元。在遥感图像上，熔岩台地的地貌形态为台状或称为“桌状山”，台地表面平整，图形色调较均匀，台地边沿发育有陡坎、陡崖或极陡峻的斜坡，并以玄武岩的柱状节理所形成的微地貌景观为其显著特征。在不同的地理景观单元，熔岩台地表面覆盖物差异很大，干旱地区台地地表残积层不发育，植被覆盖密度小，甚至寸草不生；而在华南雷州半岛及海南海口一带，火山台地地表仍然覆盖有高密度的植被层。

图 8－30 为雷州半岛地区分布的四期玄武岩火山口及其熔岩台地，台地上部为第四期溢

流相玄武岩，主要岩性组合以气孔状橄榄玄武岩和玄武质凝灰岩为主。地貌类型为玄武岩台地丘陵；而地势相对较低的部位，则以第三期玄武岩为主，植被覆盖密度较低。在火山岩期次解译划分时，要利用熔岩层与火山口的空间关系、不同期次熔岩的叠置及切割关系、熔岩层分布的地形高度标志等。

中酸性熔岩在图像上的色调较浅并较均匀。地貌标志是地形坡度较陡峻，当原生节理和次生节理发育时常形成孤立的峰林及陡崖地形。酸性熔岩发育区具有似花岗岩的地貌特征和水系特征，但山脊多是尖棱状，地形切割强烈，冲沟多为“V”字型（参看图 11－27 浙江临海国家地质公园的柱状节理及石林微地貌景观）。

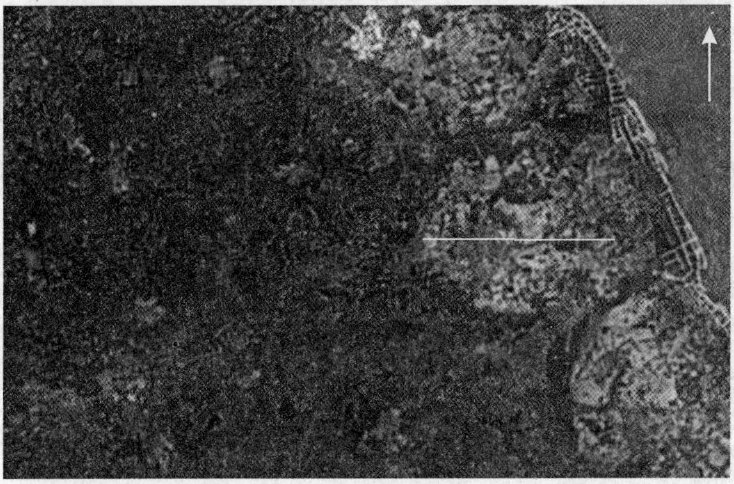

图 8－30 雷州半岛玄武岩熔岩台地卫星图像（溢流喷发中心处植被覆盖稀疏）

2. 火山碎屑岩的解译

火山碎屑岩是介于岩浆熔岩和沉积岩之间的过渡类型的岩石，其中 50％以上的成分是由火山碎屑物质组成，这些火山碎屑包括岩屑、晶屑、玻璃质屑、浆屑、火山集块（直径大于 100mm）、火山砾（直径大于 2mm）和火山灰（直径小于 2mm）。

火山碎屑岩分为粗碎屑岩和凝灰岩两大类。粗碎屑岩如火山集块岩和火山角砾岩，多分布在火山口附近，具有不规则的似层状、块状构造特征。坚硬的火山碎屑岩石不易风化，基岩裸露较好，呈陡壁和深切峡谷地貌景观，其与上覆和下伏岩系之间的微地貌差异具有较清晰的图像标志，并可依据图像差异特征进行地层划分。凝灰岩岩石成层性好，其图像特征与细砂岩、粉砂岩和黏土岩类相近，其突出的标志是具有层理纹线结构特征（图 8－23）。

3. 火山机构的解译

火山机构亦称为火山体，是指构成一座火山的各个组成部分的总称，包括锥体和岩浆通道两大组成部分。火山机构的地表组成有火山锥、火山穹丘、火山口、破火山口、熔岩高原等，并在遥感图像上形成不同解译程度的色调、地貌、图形、纹理标志。火山机构的地下部分主要有火山颈、火山通道、隐爆角砾岩、次火山岩及火口断裂构造等地质单元。这些图像要素是古火山机构解译的主要标志。

(1)现代火山机构的解译。

①典型的单个火山常形成突出的圆锥状正地形，锥体中央则为低洼的火山口负地形。火

山口多呈环形或套环形，有时有小型的寄生火山口（图 8－24、图 8－26、图 8－27）。破火山口常常形成孤立的小型凹地或火口湖。

②火山锥周围有熔岩流动构造，在图像上可分辨其流动方向及空间排列样式。近代火山熔岩的流动构造多呈绳状，熔岩流前缘呈舌状，风化后则表现为叠置的弧形状或蠕虫状。

③火山机构的水系以放射状、向心状和环状水系为主，解译时要查明不同水系类型发育的火山机构部位和它们的聚水区域。

④火山口周围具有围墙、放射状岩脉和流水侵蚀出的放射状细沟。

⑤火山机构常成群或成带出现，空间分布有一定的方向性，多沿区域性断裂分布，或出现在多组断裂的交叉部位。

（2）古火山机构的解译。古火山机构由于经受后期地质作用的破坏和改造，火山整体形态已不完整或者被第四纪沉积物掩盖，因而标志模糊，图像解译程度较低。

利用遥感图像解译古火山机构还需要综合利用地面地质资料及物化探资料，基于图像上的色调、地形、水系、影纹结构寻找古火山机构的有关信息。古火山机构具有圆形、椭圆形的低凹地形和放射状或向心状水系特征，岩石标志主要有火山角砾岩、集块岩、火山弹层等。

遥感图像解译要点和主要方法如下。

①对水系进行详细解译，通过水系样式及分布方向，分析古火山机构。由次级冲沟显示出来的蛛网式环状图像特征，即冲沟从中心向外伸展构成放射状、蛛网状水系样式，一般属火山锥式火山机构。

②运用区域地质构造背景资料及地球物理资料进行综合解译分析，古火山机构在航磁图上可表现为局部杂乱异常区，重力图上为负异常区。

③古火山机构具有叠置环状图像特征，常显现出许多细小的环形、环套环、环叠环等呈鱼鳞式的叠置环状图像。

④对岩脉进行详细解译，脉体的聚合指向中心区，并与古火山机构关系密切。

五、变质岩的图像解译

变质岩是在地球内力，即温度、压力、应力的变化作用下，使原岩发生物质成分的迁移和重结晶，形成新的矿物组合而生成新型岩石。变质岩是由沉积岩或岩浆岩经变质作用而形成的，按原岩类型可分为由沉积岩变质的负变质岩和由岩浆岩变质的正变质岩；按变质作用类型可分为区域变质岩、接触变质岩和动力变质岩；按变质程度可分为低级变质、中级变质和高级变质。变质级别越高，变质程度越深。如沉积岩的黏土质岩石的低级变质作用形成板岩；中级变质作用形成云母片岩；高级变质作用形成片麻岩。在遥感图像上，正变质岩具有岩浆岩的某些图像特征，负变质岩则具有沉积岩的某些图像特征。随着变质程度的加深，其原岩的图像特征就变得越来越不明显，对变质岩的识别和划分能力也越来越小。

（一）区域变质岩的解译

区域变质岩分布最广，主要出露于各大陆的地盾和地块构造单元区。区域变质岩在地盾和地块上的出露面积很大，常为几万至几十万平方千米，有时可达百万平方千米以上，约占大陆面积的 18％。区域变质岩区的褶皱、断裂等构造十分发育，图像解译的难度也较大。

首先是判别变质岩层的走向，要运用沉积岩层解译方法识别各变质岩层的上下层序关系，运用褶皱或断裂构造的相关信息，恢复变质岩的正常层位。对区域变质岩原岩的恢复问题，要基于图像的岩层结构信息，再结合地面验证的剖面资料进行综合预测。

1. 千枚岩、板岩、石英岩的解译

千枚岩、板岩类变质程度较浅，原岩组构特征明显，如通过浅变质岩恢复原岩，则可依原岩与千枚岩之间的成因联系，即可依据它们之间的转换关系就可恢复原岩。如黏土岩与硬绿泥石千枚岩、粉砂岩与石英千枚岩、酸性凝灰岩与绢云母千枚岩、中基性凝灰岩与绿泥石千枚岩等。其图像特征与细砂岩、粉砂岩和黏土岩类相似。千枚岩、板岩因千枚理、板理发育而容易碎裂和风化，多构成低缓丘陵或岗状地形、图像具有密集线理纹理特征标志，坚硬的板岩可形成山岭和陡坎地形标志，如果产状陡立，则山脊呈鱼脊状密集平行排列，直线状延伸。

石英岩由于其反射波谱特征明显，在图像中呈浅色调；厚层状石英岩岩石坚硬，抗风化能力强，地貌上常形成大陡坎、陡壁、陡崖特征明显的图像标志，易于进行图像识别(图 11－7～图 11－9 均为长城系石英岩形成的陡坎、峰林地貌景观，为国家地质公园造景岩石单元)。

2. 片岩的解译

片岩属于中高变质岩类，在图像上显示出由不同色调构成的条纹条带标志。角闪石、黑云母、绿泥石等暗色矿物含量较多的片岩图像色调多为深色调，当暗色矿物含量较少时，其风化面颜色较浅，图像色调多呈浅色调，如石英片岩。

在片岩发育区的图像中会出现浅色调或深色调的透镜状、似层状和不规则带状地质体夹层等图像特征，一般可作为片岩中的不同岩性单元进行解译，如大理岩、石英岩等。在植被覆盖情况下，主要依据地形水系特征进行解译分析，注意利用特殊岩石单元的夹层所构成的图像识别标志或间接标志，如片岩中的大理岩和石英岩夹层，常构成平行条纹条带小山脊等微地貌单元。

3. 片麻岩和变粒岩的解译

片麻岩和变粒岩都是高级变质系。片麻岩区的水系类型与花岗岩分布区很相似，发育有密集平行钳状树枝状水系；地貌类型则为低缓丘陵或垅岗状山脊，地形坡度平缓。在片麻岩解译时，要利用其中具有特征影像标志的特殊岩石单元，如磁铁石英岩、大理岩、石英岩等进行解译。

磁铁石英岩是片麻岩区最常见的变质地质体和含矿地质体，利用遥感图像，发现和圈定这些地质体，比用常规地质方法优越得多。例如在辽东、冀、晋等前震旦纪的地层分布区，有一定规模的磁铁石英岩矿体，可据图像上的深灰—浅黑色调进行识别和圈定，其图形特征为透镜状、月牙状等。

大理岩、石英岩夹层是片麻岩区域最常见的变质地质体，根据浅灰色调圈定大理岩、石英岩的透镜状、似层状、不规则块状等夹层也是极为有效的解译方法。

(二)混合岩化变质岩的解译

混合岩是介于变质岩和岩浆岩之间的过渡性岩类，形成于地壳较深部位，代表变质作用向岩浆作用过渡的类型，这一变质过程称为混合岩化作用。混合岩化作用是由基体和脉体两个基本部分组成。基体为角闪岩相或麻粒岩相变质岩，脉体为花岗质岩石。

按混合岩的混合岩化程度可分为条带状混合岩、雾迷状混合岩(阴影混合岩)和混合花岗岩(均质混合岩)三类，它们具有共同的图像特征，但也有一定的差别。

1. 条带状混合岩和雾迷状混合岩

它们都具有沉积岩或副变质岩相似的图像特征，遥感图像的解译标志是与沉积岩相似的层理或变质面理构造，其中影像纹理结构可指示变质岩的地层走向。图像中浅色和暗色的条带状影纹呈平行排列，地貌标志为正负地形相间排列的微地貌景观特征。混合岩也具有似层状、透镜状、脉状和肠状的岩石单元夹层，图像色调表现为深色调条带和浅色调条带呈平行状密集排列的特征，代表原岩的层理和区域变质构造形迹。

2. 混合花岗岩

混合花岗岩是混合岩化程度最高的岩石，以长英质成分为主，暗色矿物含量相对较少，具有明显的片麻理构造。岩石颜色一般多为粉红色、肉红色，在遥感图像上表现为断续线状纹理排列的片麻理构造，是区别于花岗岩的重要图像标志。混合花岗岩常常具有环形图像特征，其环形体的大小与混合花岗岩的规模和强度相关。混合花岗岩也可形成密集树枝状水系，如黑龙江、辽东、晋东、冀北等地区的混合花岗岩就发育有树枝状水系及放射状水系等。

(三)接触变质岩的解译

接触变质岩是由岩浆岩侵入到围岩之后，使围岩在化学成分基本不变的情况下，出现重结晶作用和化学交代作用。当中性岩浆入侵到石灰岩地层中时，使原来石灰岩中的碳酸钙熔融，发生重结晶作用，晶体变粗，颜色变白而形成大理岩。从石灰岩变为大理岩，化学成分没有变，而方解石的晶形发生了变化；如围岩是泥质页岩则变成角岩。热接触变质作用还有接触交代作用，如与矿化作用关系密切的矽卡岩就是属于交代变质作用所形成的。

接触变质岩的出露面积不大，但由于其空间分布规律性强，可依据侵入岩体与围岩的接触带进行空间定位，并运用图像色调异常标志、地貌异常标志、植被异常标志、土壤异常标志进行识别和解译。

图像解译的基本方法是：①首先对侵入体的边缘带进行详细解译，尤其是岩体边缘构造带；②从岩体边缘向围岩进行图像剖面对比解译，逐步获取围岩接触变质的岩石类型和图像结构特点的信息；③结合对接触带的地面验证，建立蚀变岩相带的图像解译标志，如蚀变岩的内带、中带和外带；④对接触带围岩的地层、原岩岩石类型、围岩构造、变质程度、成矿条件、断裂构造等进行深入解译，并制作接触带地质解译图。

(四)动力变质岩带的图像解译

动力变质岩一般发生在强烈地壳错动带内，是由机械作用为主导形成的变质岩。按动力变形特征分为碎裂岩和糜棱岩。碎裂岩为脆性变形，糜棱岩为塑性变形。糜棱岩是韧性变形带的特征岩石。

在构造区位上，动力变质岩石主要分布在强烈的线性紧闭褶皱带、断裂带(包括逆掩断层带)附近。它们的图形特征主要是带状分布的密集图像纹理条带，呈平行直线状、连续或断续分布。图 8－31 显示了云南三江构造带中动力变质岩带的图像识别特征。

动力变质岩带内经常见有环状、放射状、弧形、透镜状、网脉状、"入"字型等构造地质体，图像解译中要对其规模和空间展布特征进行分析，确认它们与动力变质带的成因联系。

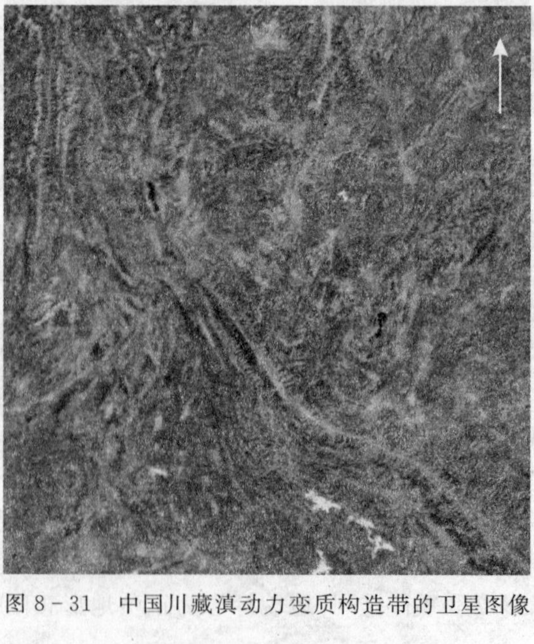

图 8－31　中国川藏滇动力变质构造带的卫星图像

动力变质岩带内的水系和山脊线呈平行状分布，支流或支脊与主流或主脊接近平行状排列，这类图像特征在我国的西北、西南的大型构造带内较为多见。

第三节　遥感图像的地层解译

遥感图像不仅从宏观上再现了区域地层的空间展布格局，而且还可根据各类沉积地层单元的多光谱特性及其图形结构模式来研究区域地层的划分机理与沉积环境属性、地层单元间的层序关系及其层序特征。

遥感图像的地层分析是指在沉积岩岩性解译的基础上，对工作区出露的岩层进行归并和划分，确立遥感地层单位，并根据它们的新老关系和空间组合关系，建立相对层序概念，参考有关地层划分资料确定其地质时代，最终完成沉积岩区地层解译和填图工作。遥感图像地层解译也可为地层专题研究提供重要的参考资料。在实际应用研究中，图像地层分析和岩性解译、构造解译是相互穿插、密不可分的，而地层分析则贯穿于遥感地质工作程序的各个阶段。

遥感图像的地层解译和分析包括：确定遥感地层单位和地层层序，建立遥感地层单位的解译标志，研究各时代地层及地质体之间的接触关系，进行沉积相带的划分研究。

一、影像地层学原理

影像地层学是基于遥感图像沉积岩解译的一种地层分析手段，它和地震地层学、物性地层学、化学地层学一样，对地层的划分研究都具有各自的技术优势和局限性。受遥感图像光谱及空间分辨率的限制，影像地层学无论从地层划分精度，还是从对地层层序结构的研究，都是地层学研究的一种辅助方法。影像地层学研究的优势是从大尺度上分析地层剖面结构及其分布规律。影像地层学研究具有纵向划分功能和横向岩相演变分析功能。在纵向上可以对地层的区域差异性进行划分对比，而在横向上，则可进行地层单元的连续追索和岩相横向变化的对比研究。

地震地层学的出现是基于对含油地层所进行的地球物理探测数据，它是利用地震剖面中的地层和沉积地层信息，以反射地震资料为基础，进行地层划分对比、判断沉积环境、预测岩相岩性组成的地层学分支学科，主要用于各种沉积矿产，特别是油气资源的调查勘探。而影像地层学则是运用岩石地层的光谱数据和图像构图学标志对区域地层进行划分对比和沉积环境研究。影像地层学基于岩石组合与层序之间的空间关系，运用图像的多级识别方法，从岩性划分到层序合并、从细到粗归并、从粗到细分解的逐级逐步解译分析，将影像岩石地层划分方法与区域地层分析结合起来进行区域地层填图的一种有效方法。

影像地层学的图像基本信息包括：岩石波谱差异信息、岩石地貌及微地貌组合差异信息、岩石景观构图信息、影像层理构造信息、岩层层位信息、岩层产状信息、岩层组合信息、层序模式信息、标志层信息及接触关系信息。影像地层学的解译原则是以遥感图像信息为基础，参考区域地层资料，结合岩石地层解译标志进行区域地层对比和划分。在图像上垂直地层走向进行地层的纵向对比和划分，其图像标志的基本原则就是图像要素之间的差异性原则，遥感图像的差异性是影像地层划分的第一原则；确定层序关系则要应用岩层产状信息、标志层信息及其他参考信息。在图像上平行岩层走向的方向进行地层追索和岩相变化研究，基于图像差异性标志进行地层界线的数据采集和构造变形特性研究。影像地层学的图像解译的基本信息是层理构造、岩层产状、纹理结构、层位结构、景观结构五类信息，分述如下。

1. *影像层理构造信息*

层理标志是沉积岩区遥感影像的基本信息，它反映了沉积层序中岩性、岩层厚度及结构构造的变化规律。影像层理构造(纹理、纹线、纹带及其密度变化特征)实质上是沉积建造特征在遥感影像上的宏观概括显示，它可构成岩性识别和地层划分的基本影像要素。图 8-32 中，影像层理构造标志由互层状岩层的色调差异、岩层三角面的几何形态差异、纹理结构差异、植被覆盖差异等综合图像信息组成。

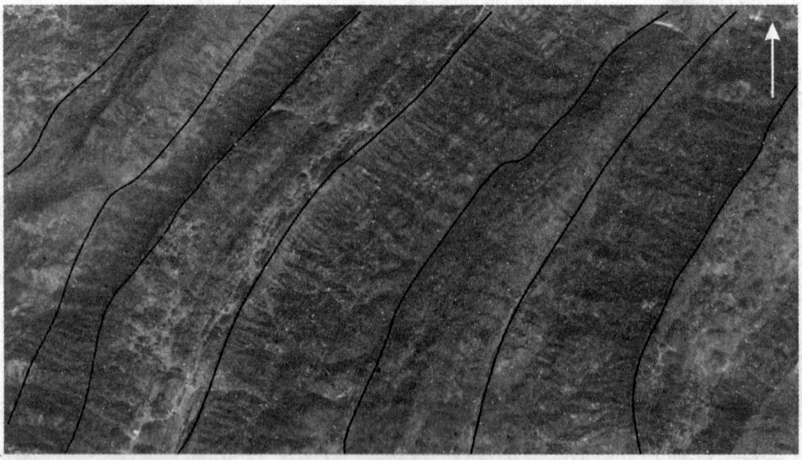

图 8-32 鄂西来凤县较强植被覆盖层下的碳酸盐岩地层划分标志及岩石类型信息图像
(Spot5，2009 年 11 月)

2. *岩层产状信息*

图像岩层产状信息是勾绘地层界线和解译制图的重要依据。岩层的产出状态通过影像层理构造面来显示，如岩层三角面(对应于中等倾斜岩层)、阶梯状影像纹理(对应于近水平及缓倾斜岩层)、直线形条纹、条带状影像纹理(对应于陡倾斜或直立岩层)。在立体镜下，可利用岩层产状的几何形态及其在地层剖面上的变化规律来判断沉积地层层位关系、岩性组合、产状要素及地层单元的划分界线。

3. *影像纹理结构信息*

它是从宏观尺度上反映岩层微观尺度(层理或面理构造)的一种影像识别要素，利用大比例尺遥感图像上的影像条纹条带图形及图像纹理特征的微细变化，可以确定某些特殊岩性单元或互层岩性组合段的划分标志，在露头良好地区，还可建立岩石地层单元的基本层序识别标志。

4. *影像层位结构信息*

层位结构标志是利用岩石地层在空间上的正常序列关系建立起来的图像层位结构信息。如景儿峪组→昌平组→毛庄组这一自下而上的地层序列，在影像上的色调演变关系为“浅色—深色—浅灰色”，在地貌形态上的景观结构关系为“缓坡—陡坎—凹地或平台”。层位关系还可利用植被覆盖类型、土地利用类型、影像纹理结构等间接标志信息来建立，其目的是在遥感图像上建立相应的地层层序概念和标志。

5. 图像景观结构信息

景观结构信息是地层的微地貌形态与上覆自然景观要素所构成的一种岩石地层的指示性信息，属于地层解译的间接信息。自然景观要素包括残坡积层、土地利用样式、植被覆盖层类型及微地貌单元的空间组合样式或图像纹理结构信息。由于这种微观的景观信息不是岩石地层的直接标志，只是影像地层识别的一种间接信息。在地表覆盖条件下，图像景观结构信息仅可作为某些岩石地层单元识别和划分的间接依据。

二、影像地层的综合解译标志

地层单元的综合解译标志是在基本图像信息、地层单元标志层和遥感地层剖面研究的基础上，对研究区影像地层在横向上和纵向上的对比与综合的结果。

建立地层解译综合标志是遥感地层工作的一个关键环节，它直接影响解译效果和遥感填图精度。要结合野外踏勘及实测地层剖面的资料，将区域地层的岩性组合、图像色调、地形地貌、冲沟水系、土壤植被等标志及其变化规律进行系统的总结和综合分析，基于研究区已知的地层层序来建立影像地层的图像识别和解译标志。

图 8-32 为鄂西来凤县西部的下古生界地层分布区，由于地表植被覆盖层密度较大，将灰岩的波谱特征基本掩盖，图像色调主要反映的是植被盖层的波谱特征。对此，建立影像地层解译标志就要运用图像多要素的差异信息，综合地貌形态、纹理图案、植被差异、水系密度差异等直接及间接标志信息，对碳酸盐岩地层进行纵向上的划分及岩石类型识别。图中的地层纹理线可以表征岩层走向为 NE-SW 向，倾向 NW，这样，就可确定地层由老到新的正常序列是从南东到北西。依据图像多重标志的差异特征可逐级划分出 8～9 层影像地层自然单位，然后再依据地面验证和前人地质资料进行影像地层标志的研究，并确定具有地方地层划分意义的影像地层单元。

影像地层的综合解译标志主要有 9 类，简述如下。

1. 影像色调

它包括能够反映地层划分依据的所有色调差异信息，如：①不同岩类的色调差异；②与岩性相关的覆盖类型的色调差异；③互层岩石单元的色调纹理；④与岩石形变有关的色调差异等。

2. 微地貌结构

微地貌单元与岩石地层图像形态特征关系密切，如陡崖、陡坡、缓坡、平台的连接关系及其形态特征可显示地层组合关系，而坡折线、坡地的台阶状结构形态标志等也与地层界线划分相关；陡坎的级数和间距与陡坎前缘微地貌形态等标志带可作为地层划分的标志层。

3. 区域地貌形态组合

主要有岩溶地貌形态组合、层状岩层的单面山形态组合、碎屑岩的山脊线组合等。

4. 影像岩层三角面的几何形态与结构差异

主要有互层状岩层三角面标志、水平岩层的层理结构差异、薄层状岩层的标志等。

5. 影像纹理图案

不同岩性构成的影像纹理图案差异性具有影像地层划分意义，如细纹型、细麻点型、粗杂斑型、细杂斑型、光滑型、粗糙型、曲纹理型、交叉纹理型等。

6. 水系结构

主要有水系类型、形态样式、冲沟方向性、冲沟密度等水系结构要素及结构性标志。

7. 景观标志

主要有地理景观标志、土壤类型标志、土地利用样式标志、植被类型与覆盖密度标志等。

8. 微裂隙构造标志

它包括岩石的原生节理、区域节理、各类构造裂隙等，都与岩石的力学变形习性有关，可以构成地层解译标志。如灰岩的菱形网格状共轭节理及裂隙、玄武岩的柱状节理、砂岩的平行栅栏式裂隙等。

9. 人类活动相关的标志

主要有露天采坑的形态和规模、矿山场地的分布特征等人工标志。

图 8-33 为新疆天山南麓拜城中生代沉积岩区的影像地层图像特征。由于岩石裸露程度较高，岩石波谱信息丰富，不同类型沉积岩的波谱差异信息较为明显，能够直接用于影像地层划分。主要标志包括：色调、地貌、微地貌、水系、产状、纹理图案等多种综合性标志，且其划分精度极高，地层界线的连续性也较为稳定。由此例可知，图像波谱信息是识别岩石、地层的最基本信息。

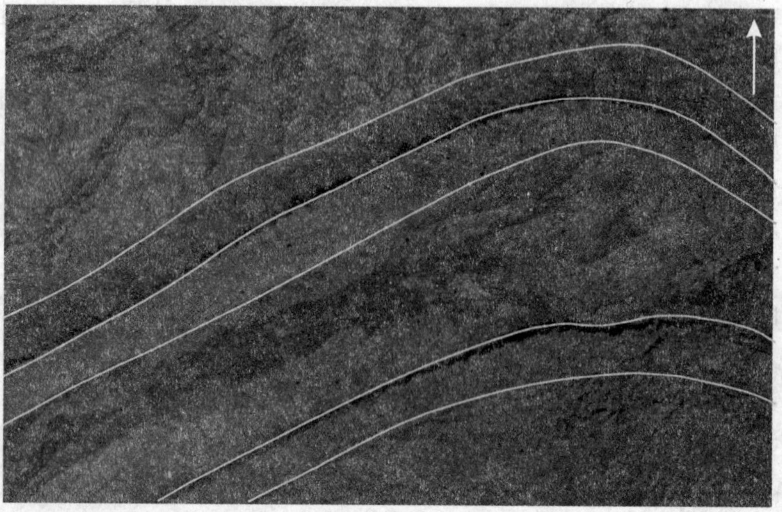

图 8-33 新疆拜城中生代沉积地层影像地层划分标志(GeoEye,2009 年 10 月)

三、影像地层单位与地层层序

(一)影像地层单位的确定

影像地层单位是指在遥感图像上根据制图精度要求和图像的显示程度而划分出来的地层单位。它与常规地质工作中的填图单位在本质上是一致的，但具体划分依据、方法有所不同。常规地层单位是在野外实测剖面的基础上，根据生物组合和岩性组合来确定的地层单位，而影像地层单位主要是根据图像中的岩性组合及其可划分性来确定的。

影像地层单位的划分是按照常规的地质调查规范要求，依据遥感图像的光谱类型、成像质量、比例尺、岩石地层单元的图像显示能力和可划分程度进行合理的地层归并或分解而设计的，对难以进行划分的地层单元进行归并处理，而对具有稳定的可细分的影像地层单元进行分解。

影像地层单位的划分标准要综合考虑工作任务和影像地层的可划分程度来制定，要进行区域性分析，先细分，后归并，尽量使影像地层既具有图像的可解译性，又具有地方地层的划分意义。

图 8-34 为重庆云阳侏罗系碎屑岩的卫星图像。图像中所显示的是互层状碎屑岩的层理构造及岩层产状信息。影像地层的划分标志较为明显，虽然地表具有植被及土地覆盖，但仍可有效地利用岩石的光谱差异信息。依据影像地层单位的基本信息，可初步细分出 8 个影像地层单位，并可连续标绘出其地层解译界线。细分后的影像地层归并要依据实地验证和地方地层划分标准进行地层整理与划分，但初期的影像地层划分信息是后续工作的基础。

图 8-34　重庆云阳侏罗系碎屑岩 Spot5 卫星图像，显示层理构造及产状的影像地层划分标志（2009 年 9 月）

(二)地层层序的建立

确定地层层序是常规地质调查工作的基础，也是遥感地质调查的重要内容。它是在岩性、构造解译的基础上，确定了遥感地层单位之后，根据地层的新老关系、变质程度以及构造关系，经过综合分析、反复对比而建立起来的层序序列。

影像标志层是建立地层层序、确定地质时代的重要依据。遥感图像上的标志层是指出露宽度不大、层位稳定、有明显图像特征、与上下层位界限清楚的岩层。它可以是一个单一的岩性层，也可以是一套岩性的组合层。标志层具有独特的图像色调、地形、水系花纹或土壤植被等图像特征，纵向上具有稳定的可划分性，横向上能够进行追索。地层标志层一般为坚硬的砂岩层位、大理岩夹层层位、深浅色调相间或软硬相间的互层岩层等。标志层具有地方地层单位的指示意义，如知道了标志层的地层时代，就可以根据岩层的层位关系、层序关系和构造关系来推断上、下层位的地层时代。在区域地层解译中，影像地层的标志层越多，地层层序的识别率和划分率就越高。

图 8-35 是新疆库车天山大峡谷地带的沉积岩卫星图像。由于岩石露头率近 100%，故图像显示了中生代沉积岩的基本波谱特征及色调差异信息，对地层划分贡献最大。影像地层

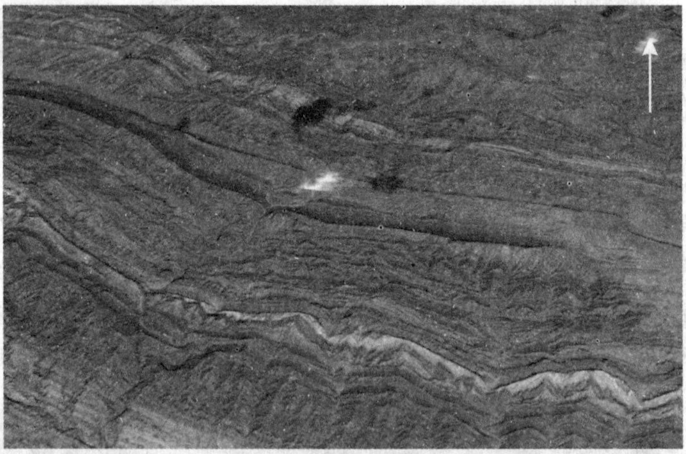

图 8-35 新疆库车天山大峡谷沉积岩 GeoEye 卫星图像，显示影像地层的色调、纹理、岩层产状标志与地层划分信息(2009 年 7 月)

中的标志层就是要求其具有鲜明的波谱特征和最大的色调反差信息，这样才可将标志层的解译作为标准指导影像地层划分。在原彩色图像中，据色彩及色调差异等级可分出近 10 个差异性地层单元，再依据图像的层理纹线、岩层三角面、地貌类型及微地貌组合(陡坎及陡崖)、水系类型及密度的差异性(冲沟形态及密度)及地表景观界线等综合信息，可细分出近 20 个自然影像地层单元。

图 8-36 为图 8-35 西北角的局部放大图像，显示影像标志层在地层中的层位结构信息和地层序列的空间定位信息。在图中的地层序列中，尽管各层序的图像特征都具有岩石地层的划分特征，但它们缺乏地层划分的定位指示标志，不能提供准确的层序定位信息。而建立影像标志层的地层学意义就在于它可以从影像地层序列中提供准确的层序识别和层序定位信息。该影像标志层的图像层序结构具有地区性、唯一性，即具有地层鉴别含义。其层位结构特征是：主标志层为灰白色巨厚层状石英砂岩，地貌特征为区域最高陡崖(高差＞5m)；其下伏岩层为砖红色粉砂质泥岩，地貌上为一缓斜坡，坡长约 30m；其上覆岩层为一套深灰色细砂岩与

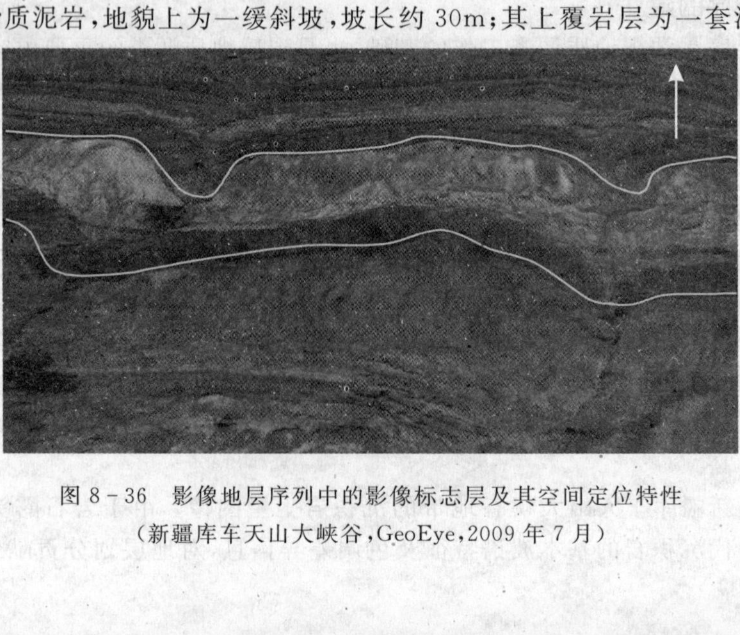

图 8-36 影像地层序列中的影像标志层及其空间定位特性
(新疆库车天山大峡谷，GeoEye，2009 年 7 月)

浅色砂岩的互层状地层，且其层理组合较为稳定，具有鉴别意义。

地层标志层的层序结构唯一性和定位性是建立影像层序地层的基本标志，但由于不同地区的地质-地理-景观的差异性，在构建时可依据实际情况进行合理处理。

(三)地层接触关系的解译

地层接触关系是影像地层解译的重要内容之一。在影像地层解译中，地层接触关系通常是指角度不整合接触关系的解译，解译标志如下。

(1)沿接触面两侧的两套地层岩层产状不一致，走向线斜交或极不协调，这是角度不整合最主要也是最直观的解译标志。

(2)在接触面上、下两套地层中的构造线方向或褶皱、断裂发育形式截然不同。

(3)较老的构造形迹被新地层截然掩盖。例如老地层中发育的断裂、褶皱、岩脉、岩体等被上覆地层交切或掩盖。

(4)上、下两套地层变质程度不同。两套地层中的一套已变质，另一套未变质，或者一套变质深，另一套变质浅，这种变质程度的差异，反映了所经历的构造期次有所不同，因而有时也可以作为不整合的标志。但要注意区域变质作用差异所造成的类似现象。

(5)地貌景观作为角度不整合的间接标志，如下层位和上层位具有不同的地貌景观或地表水系格局、植被覆盖类型差异、土地利用样式差异等，也可作为间接标志对这些异常现象进行解译推断。

图 8-37 为冀北长城系沉积地层与迁安群变质岩地层的角度不整合地貌标志。从图像右侧起，可见浅灰—灰色的深变质岩缓坡地貌，其地表多为坡耕地，可分辨出田块的边界及其空间组合特征；缓坡之上，就是震旦界的长城系石英砂岩大陡坎地貌，并可识别出两级陡坎单元，即下部大陡坡与顶部大陡坎。这一地貌特征在区域上具有稳定性。依据“V”字型法则，石英砂岩的岩层产状倾向西偏北，倾角小于 25°。

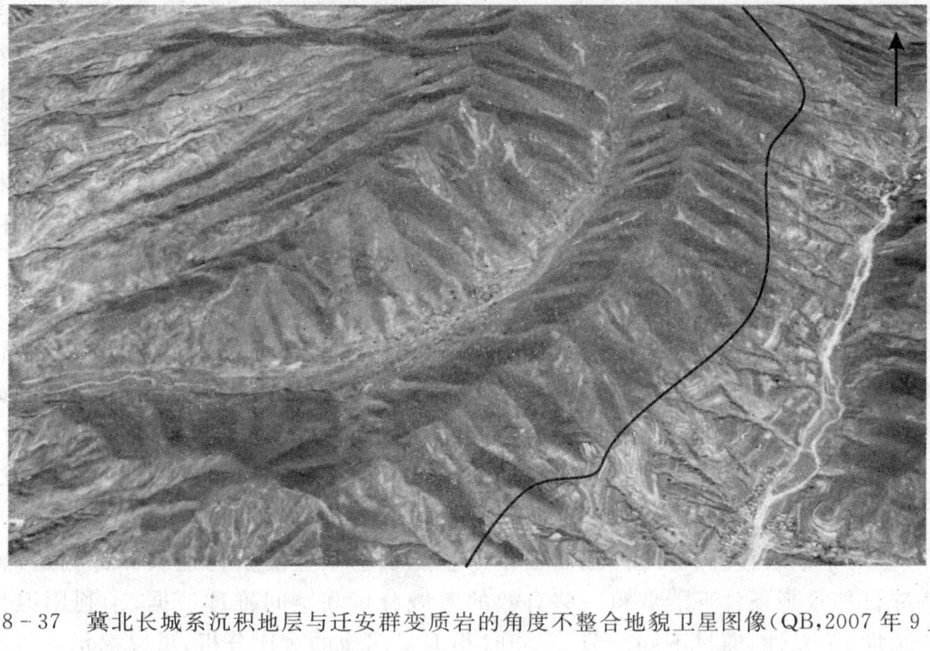

图 8-37　冀北长城系沉积地层与迁安群变质岩的角度不整合地貌卫星图像(QB,2007 年 9 月)

第四节 遥感图像的构造地质解译

一、构造地质遥感概述

构造解译是遥感图像地质解译的重点。在遥感图像上，不同尺度的构造形迹和构造现象都可以直观、形象、概括地显现出来。构造地质遥感解译可以发现常规方法不易发现或难以认识的构造现象和区域构造的空间关系，因此，构造遥感成为地球科学研究领域的一个学术热点，从而引起地质科学工作者的高度重视。

1. 构造遥感的理论意义

构造地质遥感对新的构造地质理论研究具有重要意义，构造遥感研究为地质学家研究全球构造演化提供了一系列新信息，包括：①地壳中的大断裂带和大型韧性剪切带；②构造地块和大型构造岩块在造山带中的空间规律；③区域高密度分布的大型线性构造带和大节理带所揭示的地壳线性构造场；④巨量级陨石坑构造与行星构造的相似性；⑤地壳广泛发育的各类多尺度环形构造的发现对地幔垂直贯通构造理论的发现；⑥各种与膨隆、掀斜、塌陷有关的地质环境信息与灾害地质遥感构造信息。如地震前兆的大地“放气”热场构造信息等观点，在构造学界曾引起广泛的轰动效应。遥感构造信息的宏观结构、全景形态、构造统计分析、分形几何学、地应力体系等遥感构造分析方法在成矿条件分析、工程地质、环境地质及环境动力学等领域的应用研究也取得了可喜的成果。

遥感构造的新发现、新认识对新的构造地质理论研究带来革命性的发展，表现在：①对中、新生代构造活化与第四纪新构造地质的研究；②对不同世代、不同级别的环形断裂、隐伏侵入体、隐伏构造、地幔热柱研究及岩浆中心气、液、固混合机理等构造地质理论的研究；③构造地质遥感对地球构造动力学理论研究的贡献问题，如根据构造遥感所揭示的火山、地震、地球放气现象、地幔热力强爆现象、对地球各圈层的高热能和物质分异性、地幔岩浆活动的爆炸性、地壳不同深度结构体的贯通性、环形构造与岩浆侵位、火山喷溢、震源中心乃至地表岩石碎裂场的圆形撞击区等构造动力及形变过程，对揭示地球深部高能级岩浆强爆动力特征及其机理的研究提供了科学依据；④地球表面的线-环构造为揭示区域构造基本规律，并为基底构造运动研究提供了极为重要的科学数据。遥感图像多层次、多级别的构造解译可有效地揭示各类不同尺度构造类型的区域展布规律，进行构造地质填图和区域构造的空间分析研究。构造遥感的创造性研究终将引起地球动力学理论的革命，推动地质科学的发展。

2. 构造遥感的技术优势

构造遥感将基于星-空-地立体探测技术体系，在构造基础理论研究方面力求创新，以重大构造地质理论问题和构造成矿预测理论为重点，开展洲际、全国和跨区域综合地质基础图件的遥感编图工作。构造地质遥感解译的优越性有：①遥感图像视域广、概括性强、连续性强，立体感强，既能得到整体概念，亦可获得构造形迹的三维空间变化信息，这是常规地质方法不可比拟的；②遥感图像客观、全面地反映了地表的各种构造形迹，便于研究它们之间的相互关系和生成顺序；③对于地表覆盖较严重，地面工作不易识别的某些隐伏构造或深部构造，遥感图像在一些特殊自然景观条件下能获得一些有效的区域分析和空间推理证据；④利用卫星图像多时相的连续性、重复性，通过不同季节、不同时相卫星图像的对比分析，可以揭示或推断某些构造的存在,还可以通过动态分析监视构造的活动特性。

3. 构造遥感的基本内容

构造遥感解译内容包括:①识别和勾绘图像上所能显示出来的各种构造形迹;②鉴别各种构造形迹的性质,并测量有关产状要素;③分析各种构造形迹的空间展布及其组合关系,并确定其生成顺序,将具有成因联系的构造形迹配套,分析其力学机制;④编制构造解译图或构造纲要图;⑤研究工作区的构造特征和构造运动发展史。

二、岩层产状解译

(一)岩层产状形态的影像特征

岩层产状是由岩层层理构造形成的图像纹理线在地形切割的情形下形成的一系列纹线图案。它的构图原理是"V"字型法则,但由于地形切割的复杂性,就造成不同产状在复杂地形条件下的多种影像特征。

1. 水平岩层

倾角小于5°的岩层称为水平岩层或近水平岩层。水平岩层的影像特征与所处的地貌形态有关。在地形遭受强烈切割的地区,水平岩层的下伏岩层被剥露,遥感图像上显示出有规律的平行条纹、条带影像纹理图案,岩层纹理线围绕山包或山梁呈封闭的同心圆形或椭圆形分布,类似于地形图上的等高线特征(图8-38)。

水平岩层常常形成方山地貌景观,即沟谷多为深切峡谷,而山峰多为平顶山(或称方山、桌状山),山顶由较坚硬的岩层组成,对下伏岩层起着保护作用。由软硬相间岩层组成的山岳、山坡或峡谷的两岸往往形成阶梯状地形或层状山。水平岩层的影像特征有时与褶皱、梯田的影像特征很相似,解译时应特别注意(图8-38)。

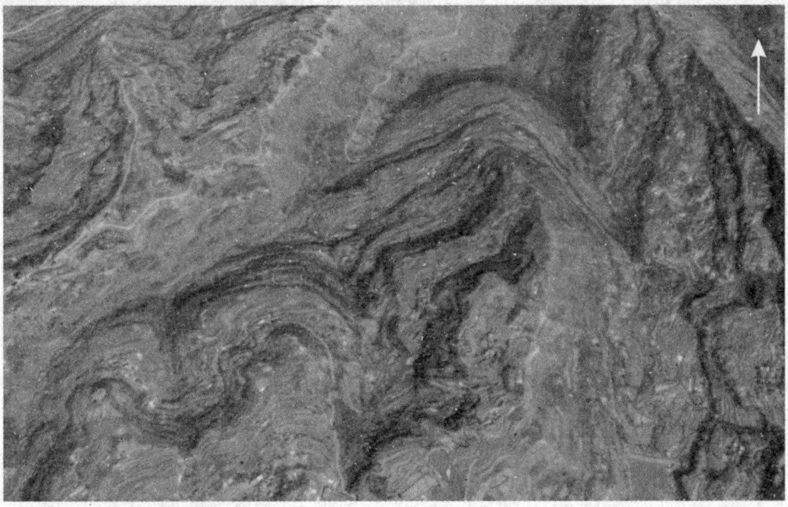

图8-38　重庆云阳一带卫星图像,显示近水平岩层产状的纹理特征和土地利用景观

2. 直立岩层

直立岩层是指倾角大于80°的直立和近于直立的岩层。

直立岩层的条纹条带影像纹理线不受地形起伏的影响,在图像上呈平行的直线状延伸,其伸展方向即为岩层的走向线。

3. 倾斜岩层

倾斜岩层是最常见的岩层产状类型，倾斜岩层产状要素为岩层走向（同一层面上的水平连线的方向）、岩层倾斜方向（倾向）、岩层与地表水平线之间的倾斜角度（倾角），按照岩层的倾向、倾角与地形坡度之间的组合关系，呈现出各种各样的图形，如岩层三角面、弧形面、梯形面等。同一岩层平面在三维空间上构成了一个倾斜的平面，该平面经地表的侵蚀作用后形成了与地表沟谷和山坡切割形成的岩层三角面，岩层三角面是判断和测定岩层产状要素的主要依据（参看图 8－33～图 8－36 影像特征）。

（二）岩层三角面与产状测量

1. 岩层三角面的概念

倾斜岩层的层面在地表露头线的最高点（山脊上）和最低点（沟谷中）之间的连接线构成的平面称为岩层三角面。岩层三角面形态受岩层倾角大小的制约和控制，从缓倾斜到陡倾斜，岩层三角面形态依次为锐角三角形、钝角三角形、弧线形、梯形，而这些图形都被称为广义的岩层三角面。当岩层倾角直立时，就变成直线形。从几何学上讲，真正的岩层三角面是同一层面在空间上构成的三角形，被称为狭义岩层三角面，它是精确测量岩层产状要素的基础。而广义的岩层三角面并不强调同一层面的三个点所构成的三角面，而是泛指由层理线所显示的三角形图像特征，但它也可以用来目估岩层的倾向或倾角。

2. 岩层三角面与地形的关系

（1）顺向坡和逆向坡。当地形坡向与岩层的倾斜方向相同时称为顺向坡，当地形坡向与岩层的倾斜方向相反时称为逆向坡。在遥感图像上，顺向坡上支流长而疏，次级冲沟较少；逆向坡上垂直岩层走向发育的小冲沟密集。在地貌学上，由缓倾斜单斜岩层形成的顺向坡和逆向坡所构成的山体形态称为单面山，其地形特点是顺向坡坡度小，逆向坡坡度大；由陡倾的单斜岩层所形成山脊形态则称为猪背岭，山脊两侧坡度都比较陡，不易分出顺向坡和逆向坡，也不易确定岩层的产状。

（2）岩层三角面形态与产状关系。在遥感图像上倾斜岩层的三角面形态及其尖端指向服从于构造地质学中的“V”字型法则。依据岩层倾向、倾角与地形坡向之间的几何关系，按照“V”字型法则，就可快速判断图像中的岩层倾向，估计岩层倾角。典型情况有以下三种。

①当岩层倾向与坡向相反时，山脊上岩层三角面尖端指向下游，沟谷中岩层三角面指向上游。

②当岩层倾向与坡向相同，但岩层倾角大于地形坡度时，山脊三角形尖端指向上游，沟谷中岩层三角面尖端指向下游。

③当岩层倾向与坡向相同，但岩层倾角小于地形坡度时，山脊三角形尖端指向下游，沟谷中的三角面尖端指向上游。

在实际工作中，习惯使用山脊上的三角面。山脊上岩层三角面尖端指向上游时，表示岩层倾向下游；山脊上三角面尖端指向下游时，表示岩层倾向上游，如果这个三角面尖而窄，其曲率大于地形等高线，则反映岩层倾向下游，且倾角小于地形坡角。

3. 倾斜岩层产状要素的测量方法

倾斜岩层产状要素的测定方法很多，一般常用的方法是目视估测法和立体镜观测法。

（1）目视估测法。根据三角面的形态用肉眼估计岩层倾角的方法称为目视估测法，简称目估法。岩层三角面的形态特征主要取决于岩层倾角大小，岩层倾角越缓，三角面的尖端越尖锐，随着岩层倾角增大，三角面尖端逐渐变得宽缓、开阔，直至岩层直立时变成直线形态。使用目估法可获得岩层的大致倾斜程度，故此法常用于概略解译阶段。为了使用方便，将岩层倾角描述成5个等级：

①水平或近水平岩层　倾角<5°

②缓倾斜岩层　5°～20°

③中等倾斜岩层　20°～45°

④陡倾斜岩层　45°～80°

⑤直立或近直立岩层　>80°

卫星遥感图像的岩层三角面需在高分辨率（像元尺度<5m）图像上才可识别和判断；在航空摄影图像上，中心投影所产生的视差会使三角面形态发生变形。如具有相同倾角的岩层，在航片不同位置，其三角面会显示出不同的形态。在目估岩层产状时，要注意视差对视倾斜与真倾斜的影响。

(2)立体观测法。利用立体镜光学模型也可目估岩层产状，并可进行测量，获得定量数据。其方法是：按照立体模型中三角面的视倾角形态，设法量出（例如用硬纸板与其三角面平行）或估计出它的视倾角，再根据垂直夸大系数表换算为真倾角。

(3)三维立体图像的岩层产状观测。三维立体遥感图像是基于数字高程模型（DEM）与遥感图像数据的融合处理图像，目前常见的有基于1∶50 000地形图的DEM和基于激光雷达（Lidar）测高图像数据的两种立体图像类型。在三维立体图像上，岩层三角面具有立体显示特征，它与地面观测到的岩层产状的视觉感受基本一致，因此极容易进行产状要素判别和岩层要素识别。图8－39为四川宜宾侏罗系水平岩层的Lidar三维遥感图像，图像中岩层产状清晰可见，极易进行解译和判别。图像中下部的梯田边界线类似于地形等高线。岩层露头处虽然有薄层植被覆盖，但依据软硬相间的互层状沉积岩的条带状纹理线仍可识别水平岩层的空间展布特征。

图8－40为基于DEM数据与遥感图像融合的三维图像立体模型，也可判断出倾斜岩层的走向、倾向和倾角，并可依此进行褶皱构造性质的判别。

图8－39　四川宜宾侏罗系近水平岩层的Lidar三维遥感图像

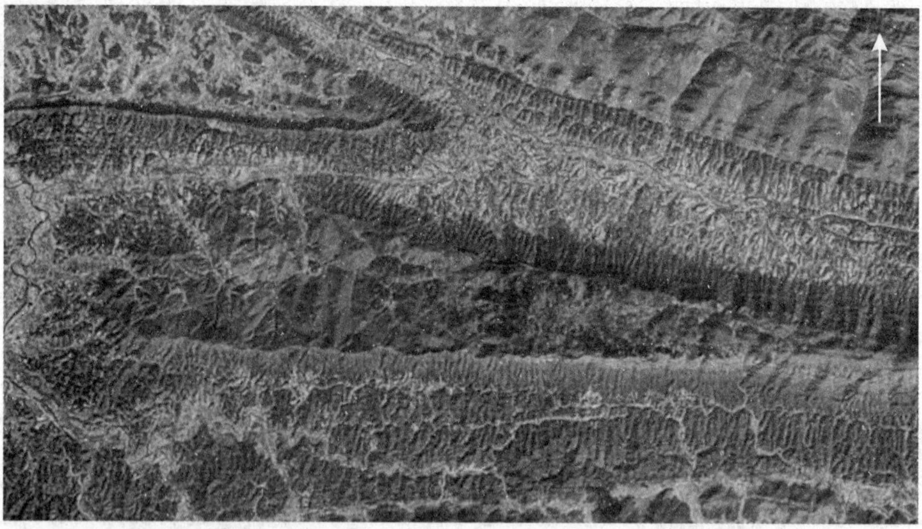

图 8-40 湖北幕府山北缘发育的古生界地层褶皱构造图像(Landsat ETM5/4/3 图像)

三、褶皱构造解译

褶皱构造是岩层在构造运动作用下发生的一系列连续弯曲变形,但该变形并未使岩层的连续性和完整性遭到破坏,它是岩石塑性变形的表现。褶皱构造是地壳最发育的构造形式,其构造尺度差别亦很大,从手标本尺度到显微镜下尺度直至延长数百千米的褶皱构造都普遍存在。

褶皱构造是构造地质学研究的重要内容,它与区域构造应力场分析、构造期次划分、矿产勘测、沉积矿床、石油圈闭构造、工程地质、水文地质、旅游地质研究及应用的关系都十分密切。

在沉积盖层发育区,褶皱构造解译是与岩石地层解译同步进行的;在形式上也是相结合的。褶皱构造解译既要研究岩石地层的区域分布,又要研究其变形样式及变形特征,还要从区域上研究褶皱构造的组合及其结构特征。

(一)褶皱解译标志

褶皱构造解译的基本方法是利用地层中具有特殊色调标志(深色或浅色)、地形标志(陡坎、线状凹地、山脊线)、纹线纹带标志(深浅相间纹线或宽窄相间纹带)、景观标志(特征植被覆盖层、土地利用类型)等岩层或岩层组合段或地层单元的图像标志,依据顺层追索法和产状解译法,确认褶皱构造的存在与否。

褶皱构造的基本解译标志是:①地层标志层呈圈闭的圆形、椭圆形、长条形图形,岩层产状呈相向或相反对称分布特征;②标志层有规律地转折为马蹄形、弧形、三角形,其层理条带的宽度按一定的规则发生变化的特征,即可确定属于褶皱构造的转折端;③岩层三角面的尖端指向变化标志,是依据岩层三角面出现对称或重复,也即三角面尖端相向或相背分布时,说明有褶皱构造存在的可能性;④同一岩层对称重复出现,或表现为色调或色带对称重复出现,出露厚度较大的岩层或相邻两厚层岩层之间岩性差异明显时(如厚层灰岩与厚层砂岩地层),可通过地形组合、水系形态和图像纹理标志的重复出现进行解译识别;⑤特殊水系标志与褶皱构造亦具有空间相关性,如向斜盆地形成向心状水系;穹窿构造则形成放射状水系;正常褶皱的两翼往往有对称或相似的水系形式；但水系标志只能作为褶皱解译的间接标志。然而对于大型褶皱、隐伏褶皱、穹状隆起构造、新构造隆起及凹陷的图像解译，水系特征分析又具有重要的指示性意义。

(二)褶皱类型解译

利用遥感方法确定褶皱类型有别于常规构造研究方法，它是根据褶皱构造在图像上的形态特征及组合特征进行综合研究分析的。

1. 背斜及向斜褶皱性质的解译

背斜构造的定义是褶皱核部为老地层，两翼地层按由老到新的序列由内向外分布。正常背斜两翼岩层产状自核部向外侧倾斜，如果背斜两翼岩层产状向同一方向倾斜，则称为倒转背斜构造。向斜构造的核部为新地层，两翼为老地层，其两翼岩层产状与背斜构造相反。

遥感图像不能直接解决地层时代的问题，因此在判断背斜和向斜时只能根据岩层产状来确定。正常情况下，背斜两翼岩层倾向外侧，单面山缓坡朝外倾，具有外倾转折端；向斜则完全相反，两翼岩层倾向内侧，单面山缓坡朝里倾，具有内倾转折端。

背斜所构成的地貌类型分为正向地形(背斜核部成山)和负向地形(背斜核部成谷)两类，前者多发育在新生带形成的褶皱构造区，后者则多出现在中生代以前发生的褶皱构造和地层中。褶皱与地貌类型也与岩石性质有关，当背斜核部由软弱岩层组成或者核部遭到构造破坏时，它们往往形成背斜谷；当核部为坚硬岩层时则形成背斜山。向斜有时形成负地形，有时也形成正地形，解译时应根据具体情况作具体分析。

在难以确定地层新老顺序时，可依据背斜和向斜的转折端形态进行判断。根据转折端的地形及水系特征判断岩层是内倾还是外倾，内倾为向斜，外倾为背斜。

图 8-40 为湖北幕府山北缘发育的古生界地层形成的背斜褶皱构造。图像西北角为背斜核部地层，为奥陶系灰岩，转折端处为奥陶系到志留系地层，为一外倾型转折端。图 8-41 为该转折端处的三维立体图像，可借此判别背斜两侧岩层的产状及转折端产状。

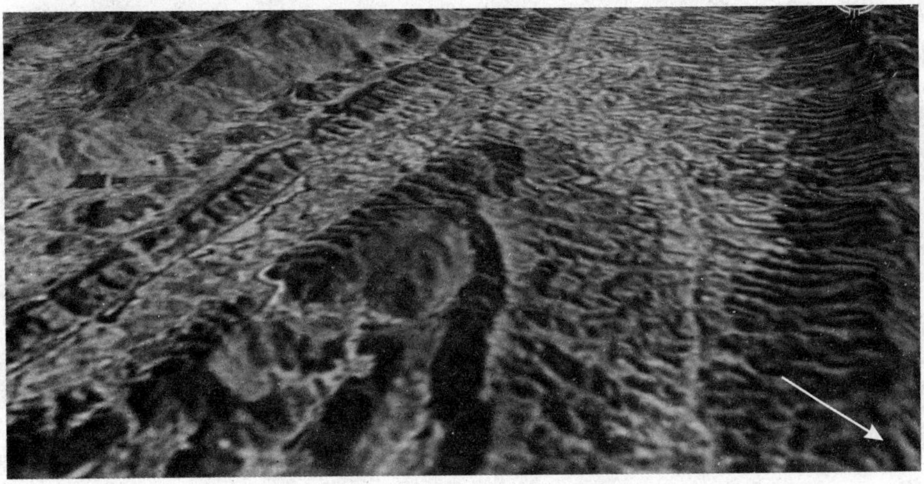

图 8-41　湖北幕府山北缘发育的古生界地层褶皱构造转折端立体图像

DEM 三维立体图像显示的转折端岩层产状特征

2. 短轴褶皱

中、小型的短轴褶皱的标志是：岩层圈闭，平行的色带呈环状或椭圆状展布，岩层有规律地向四周或朝向色环中心倾斜，并伴随有放射状断层或节理构造的出现。图 8－42 为青海西北部平缓型短轴褶皱构造。褶皱平面形态为椭圆形，地层层理纹线清晰，并可依据层理纹线从两翼到转折端处的宽度变化(由窄变宽)确定其褶皱性质为向斜构造。

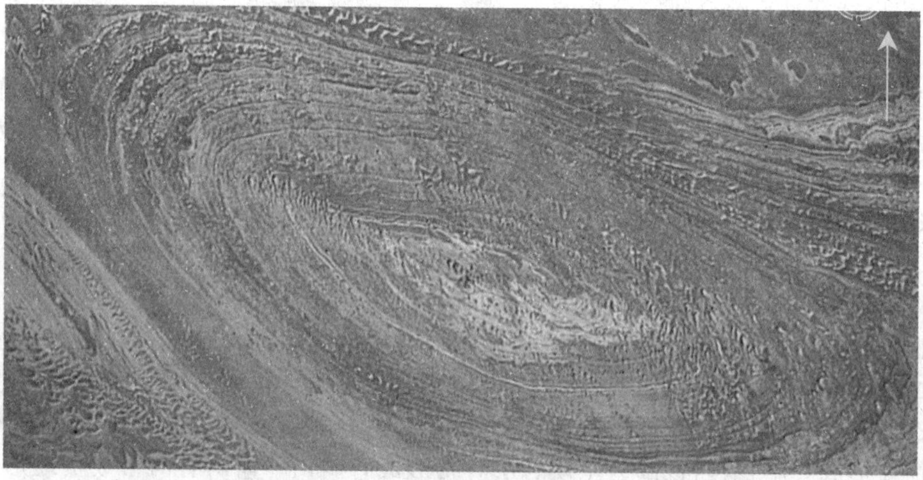

图 8－42　青海西北部平缓型短轴褶皱构造图像

3. 箱状褶皱

箱状褶皱构造两翼岩层的产状倾角很陡，层理纹线表现为直线形，转折端处岩层倾角较缓，具明显的单面山和岩层三角面，可据“V”字型法来判断其岩层属于内倾型还是外倾型，依此来判断箱状褶皱构造的性质。图 8－43 为新疆巴楚地区箱状褶皱近于直角转折端的图像特征，转折端岩层呈近直角形弯曲，两个近于直角的转折可以作为箱状褶皱的标型特征。图 8－44 为其转折端处立体图像，可用来进一步判断转折端处的岩层产状，并可确定其为内倾转折型的向斜构造。

图 8－43　新疆巴楚地区箱状褶皱近于直角的转折端图像

图像地理方向为上南下北

图 8－44　箱状向斜构造转折端处的立体图像

转折端处岩层产状为内倾型

4. 叠加褶皱

叠加褶皱是在前期已经发生褶皱的岩层中再次叠加弯曲变形而形成的褶皱类型。叠加褶皱可以是两个或两个以上构造旋回中褶皱变形的叠加，也可以是同一构造旋回中不同构造幕的褶皱变形的叠加，甚至可以是晚期应变增量对早期褶皱的叠加。叠加褶皱在造山带十分发育，在变质岩地层中亦常见，但大多数的叠加褶皱多被强烈的变质作用所破坏，不易完整地保留下来。

叠加褶皱有三种基本叠加几何图形样式：①横跨褶皱或斜跨褶皱型，常见的形态是一系列穹隆和盆地相间的褶皱构造(图 8－45)；②穹隆状-新月状-蘑菇状型，在水平切面上形成新月形、蘑菇形等复杂的图形(图 8－45)；③共轴叠加褶皱型，早期褶皱的轴面和两翼共同被再褶皱，在剖面上可呈现双重转折端或钩状闭合等形态(图 8－46)。

在浅变质岩区和沉积岩区也可发现叠加褶皱，且图像标志还比较清楚。图 8－45 为湖南涟源 E－W 向褶皱与 NE 向褶皱的叠加样式，在图像下部可见近东西向排列的短轴状构造穹窿(图像色调为深色调)，图像上部可见一组轴线呈 NNE 向排列的长轴褶皱。二者之间呈过渡渐变关系。

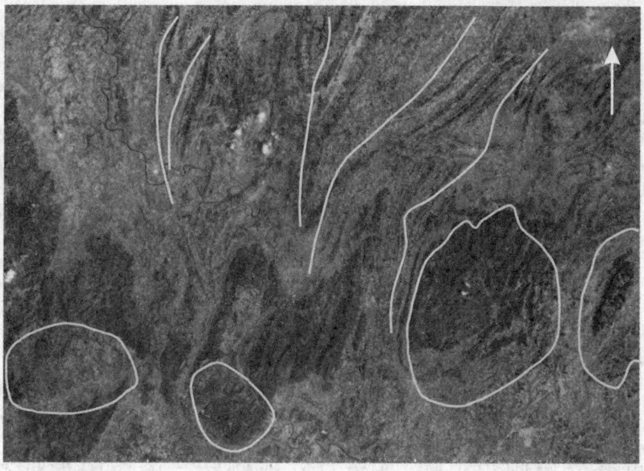

图 8－45　湖南涟源 E－W 向与 NE 向褶皱的叠加样式 Landsat ETM 图像

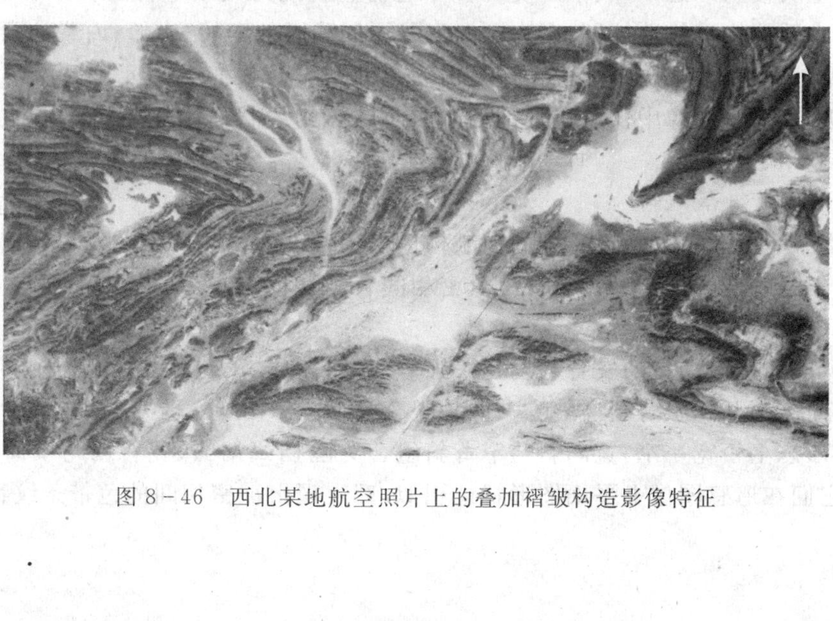

图 8－46　西北某地航空照片上的叠加褶皱构造影像特征

识别叠加褶皱的图像标志主要如下。

(1)两组不同方向的褶皱相交时,晚期褶皱改造了早期褶皱,同时又为早期褶皱所限制,形成"横跨褶皱"。在两组褶皱相交的部位往往形成一系列有规律分布的穹隆(或短轴背斜)和构造盆地(图 8-45)。

(2)早期褶皱受到后期叠加褶皱作用改造使其轴面弯曲,其两翼岩层和褶皱轴面同时弯曲,构成新的褶皱,称为重褶皱或二次褶皱。从图像中能够发现褶皱具有两个转折端,一个是早期的,一个是后期的,这是重褶皱最重要的指示标志。早期转折端呈尖棱状,且有虚脱和拉断现象,后期呈圆滑状,转折端的形状在很大程度上反映了褶皱的形态特征和类型(图 8-46)。

(三)褶皱组合形态解译

由一系列背斜或向斜组成的具有一定分布规律和内在联系的褶皱总体样式,称为褶皱构造的组合形态。利用遥感图像进行大尺度的褶皱组合形态研究,比常规地质调查方法更为方便和有效。其原因在于各种褶皱构造的组合形态,都能以其独特的图形特征清晰地表现在遥感图像上,具有真实、形象、连续性,便于进行分析和对比,对了解区域褶皱构造的发育特点十分有利。

根据遥感图像褶皱群体所组成的图形特点,褶皱的组合形态可按平面形态组合、剖面形态组合进行分类。按平面组合形态的类型有:平行褶皱群、雁行褶皱群、帚状褶皱群、弧形褶皱群;按剖面组合形态有:复背斜和复向斜,指褶皱两翼被次一级的褶皱所复杂化的大背斜或大向斜构造;隔挡式和隔槽式:背斜呈紧密褶皱而向斜呈开阔平缓褶皱称为隔挡式褶皱;向斜为紧闭褶皱而背斜为开阔褶皱称为隔槽式褶皱。如川东平行褶皱构造群(图 8-48、图 8-49)。另外,按褶皱的横剖面的形态可分为开阔褶皱、中常褶皱、紧闭褶皱、同斜褶皱几类。

1. 紧闭型褶皱组合

紧闭型褶皱是强烈的壳层构造运动的产物,往往是受垂直于褶皱轴向的水平挤压而形成。一般出现在造山构造带、大型复式背斜或复式向斜构造带,其构造特征是褶皱紧闭、变形强烈,在遥感图像上表现为由一系列平行重复排列的线状背斜和向斜成密集组合的条带状图案。沿褶皱轴方向延伸远,翼部岩层倾角很陡,甚至直立或倒转。图像中很难发现有岩层三角面标志,转折端多呈尖棱状形态,一般不易发现。在地貌上表现为大致平行的长条状褶皱山系,多呈高山深谷,水系严格受构造控制,多为顺向河谷。如我国的秦岭、南岭、内蒙的阴山构造带呈东西向平行展布;而在贺兰山、六盘山、横断山为南北向平行展布。图 8-47 为秦岭大巴山紧闭性平行褶皱组合群,图像中仅可识别到近东西向展布的线状褶皱体的空间延伸方向及两翼近直立的岩层产状。

2. 宽展型褶皱组合

宽展型褶皱是由一系列平行排列的褶皱构造组成,其中背斜、向斜的发育程度及形态差别很大,常常是一强一弱、一宽一窄,表现出疏密相间背斜和向斜褶皱的组合。宽展型褶皱的解译要点如下。

(1)背斜、向斜褶皱构造的发育程度是一强一弱,即表现为压紧状背斜与开阔状向斜(隔挡式)或压紧状向斜与开阔状背斜(隔槽式)两种组合类型。

(2)几何形态上一宽一窄,宽向斜与窄背斜组合为隔档式褶皱;宽背斜与窄向斜组合为隔槽式褶皱。它们在遥感图像上平面图形特征相似,都表现出疏密相间的色带条纹特征,但利用单个褶皱的鉴别方法仍可加以区分。

(3)在地貌上常表现为一组大致平行的直线状山脊，山体之间距离较大，地势相对平缓。图 8-48 为川东宽展型褶皱组合图像特征，图中背斜构成线状山岭，向斜则为平行排列的低缓丘陵，具有典型的强挤压背斜与开阔向斜组合特征，为隔档式褶皱。图 8-49 为该褶皱组合的三维立体图形模型，图中窄背斜构造呈线状延展的山地地貌，两翼产状陡立，向外侧倾斜，倾角近直立；而向斜构造则为开阔的丘陵地貌景观，岩层产状近水平。

图 8-47　秦岭大巴山紧闭型褶皱组合图像

图 8-48　川东宽展型褶皱组合图像
强挤压背斜与开阔形向斜组成的隔档式褶皱

3. 平缓型褶皱组合

平缓型褶皱包括短轴背斜、短轴向斜、穹隆构造及盆地构造等褶皱组合，为地台区微弱构造运动形成的一种褶皱构造组合类型。褶皱形态特征是翼部和转折端产状缓而稳定，遥感图像上表现为单个出现或零散分布的环带状图形，其平面形态多呈椭圆状或同心圆状，褶皱体彼此隔开，互不相连，区域上可以成串出现，或呈斜列式分布，组成雁行状，并与该构造单元的构造线方向一致。图 8-50 为青海西北部平缓型褶皱构造组合的图像特征，图中的褶皱轴线呈 NW 向展布，并与区域构造线方向近于一致。

图 8-49　川东宽展型褶皱组合的三维图像

图 8-50　青海西北部平缓型褶皱组合图像

四、断裂构造解译

断裂构造是地壳中最重要的一种构造类型，它是地质体顺断裂面发生明显位移的一种断裂构造。地壳大型断裂构造与区域构造格架关系密切，对研究区域地质构造演化及区域构造框架都十分重要。断裂构造在成矿条件分析、成矿预测中也具有极为重要的作用和意义。遥感图像的断裂构造解译是地质遥感研究最多、技术成熟度最高且最为有效的一个应用领域。断裂构造的各种形迹在遥感图像上都具有较明显的图像标志，如光谱标志、地貌标志、植被标志、土壤标志、水系标志、图像纹理标志等直接及间接标志。大型断裂构造在遥感图像上具有宏观性标志，可以直接观测到长度达数百千米的区域级大型断裂构造的空间展布特征及其空间结构关系等内容。另外，断裂构造形迹在遥感图像上具有连续性特征和地理空间的现势性、直观性及空间三维特性，其图像解译效果是常规野外研究方法难以比拟的。

(一)断裂构造的解译标志

1. 色调标志

(1)线状色调异常标志。可分为线状深色调异常和浅色调异常两种。深色调与浅色调均指断裂形迹本身的色调特征，而背景单元的色调常常与之相反。这样，才可形成显著的断裂标志。线状或带状的断裂形迹一般与其背景单元具有较明显的色调差别。这种色调异常标志可以是断裂本身的碎裂岩所形成，也有可能是后期沿断裂带侵入的岩脉或岩墙所形成的；在地形切割差异较大的山地，也可由断裂陡坎地形的阴影线所形成。

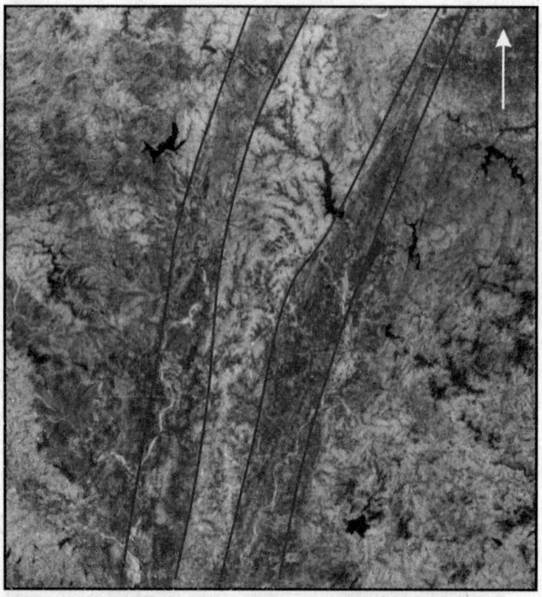

图 8-51 山东郯庐断裂带色调异常带图像

(2)带状色调异常标志。它是由规模巨大的断裂带所构成的色调异常标志。如著名的郯庐断裂、阿尔金山断裂等。在卫星图像上都有清晰的色调异常带。图 8-51 为中国东部的郯庐大断裂构造带，断裂带呈深色调，其背景为中-新生代的盆地沉积地层，为浅色调。

(3)色调异常界面。它是由断裂界面两侧截然不同的地层或岩石单元形成的色调反差界线。如在第四纪沉积物覆盖地区，色调界面常常是发现隐伏断裂构造的重要线索，我国平原地区有许多隐伏断裂都是根据这类标志，再结合物化探资料或钻探资料进行解译所发现的。图 8-60A/B 为内蒙河套地区第四纪松散沉积层地区显现的隐伏断裂的色调异常标志。其色调异常机理是由于断裂两侧沉积层的粒度结构、土壤含水性、地标植被覆盖层及其他景观要素的物性差异所形成的。

2. 断裂指示性标志

以下两类指示性标志都可构成断裂构造的直接解译标志。

(1)地质体位移标志。地质体位移包括横向位移、纵向位移与斜向位移三种情况。在遥感图像上同一地质体被横向错开或纵向错开而使地层或岩石单元缺失、重复,岩层沿断裂带走向线呈斜交、斜切关系等现象所形成的标志。如地层、岩体、褶皱轴线、岩脉、洪积扇被错开的图像标志均可指示横向断层的性质;而在强烈挤压的褶皱地区,紧闭型褶皱翼部的地层常常缺失或重复,属于走向断层性质,但其图像标志不易被判别(参见图 8-47)。

(2)断裂带结构性标志。结构性标志包括构造透镜体、"入"字型次级断裂形迹、碎裂岩块、劈理密集带等断裂标志;长轴状侵入岩体或火山口呈直线状分布等均可作为断裂结构标志进行区域构造的解译和分析。建立这类标志,必须基于构造地质学的理论知识和地质工作实践进行图像标志的研究。结构性标志与断裂构造的规模等级及构造力学性质密切关联。因此,结构性标志也具有断裂力学性质指示性意义,如对压扭性构造带、基底断裂带、隐伏断裂带、深部构造的指示性意义。

3. 构造地貌标志

构造地貌是由地球内力作用与地质构造直接控制的地貌类型。构造地貌分为三个等级:①大陆和洋盆;②山地和平原、高原和盆地;③构造形迹地貌或称为狭义的构造地貌,作为遥感构造解译的地貌标志主要属于这一等级的地貌类型。构造地貌的形成均受到外力地质作用改造和影响。因此,无论是从构造解释地貌,还是从地貌解译构造,都必须考虑外力作用的影响。常见的构造地貌标志如下。

(1)山前断层陡崖:发育一系列断层三角面(图 8-58),指示新生代或具有新构造活动特征的断层,断层三角面可指示断层面的产状,并具有直接解译意义。

(2)断裂谷标志:包括深切峡谷、障谷、线状低凹谷地、湖盆、沼泽、落水洞、坡立谷等地貌类型或微地貌类型,多呈负地形形态,建立标志的关键是各类谷地的延展方向与断裂带的空间关联性(参看图 11-4～图 11-6)。

(3)位移标志:山脊、谷地、水体岸线、洪积扇体等地形单元被断裂横向错断的标志,均可指示垂向或斜向断层的存在,且具有新断裂构造的判别意义。如图 8-56 为新疆巴楚地区卫星图像表现的一系列北东向山脊(沉积地层)被横向错开,其错距可达 10km 以上;图 8-76、图 8-77 为青海黄河源区的地震断裂切割湖泊岸线的图像标志,指示其活动构造的属性。

(4)线性排列标志:冲积锥、洪积扇、山地地貌中的垭口、河流支流交汇点等呈线状排列或被错断等现象,尤其是在山前的泉水出露点呈线性排列等标志,都具有断裂指示意义。这类标志虽然属于间接标志,但对断裂构造的解译和分析却极为重要(图 8-72、图 8-75)。

(5)线性微地貌形态标志:岩墙,岩脉、硅化带等会形成与断裂构造密切关联的微地貌单元,在空间上具有定向性。其微地貌形态类型为脊垅或狭长的脊状山岭,由于抗侵蚀能力比围岩强,地貌景观特征明显,可以作为断裂构造的间接或直接解译标志。如图 8-52,为甘肃酒泉西北部碱性花岗岩体中的一系列由基性脉岩所显示的两组断裂构造。其中 NW 向脉岩的羽列式指示断裂为右行剪切,而 NE 向脉岩则为后期发育的张性断裂,它切割了 NW 向断裂,并控制了岩体中后期侵位的碱性花岗岩体的展布方向(图 8-52B 放大图中的环形构造)。

4. 水系及水文标志

水系及水文标志包括地表构造控制水系标志和基于断裂构造的地下水异常标志两类。当内部地质营力控制地貌总体格局时,外部地质营力则在构造形迹的制约下塑造地貌形态,这就是地表水系可以揭示构造形迹分布的成因机理。当地下水储存条件受到断裂构造控制或影响时,地下水就会沿着断裂带出露或富集成溢出带。因此,利用水系网异常标志和地下水的溢出

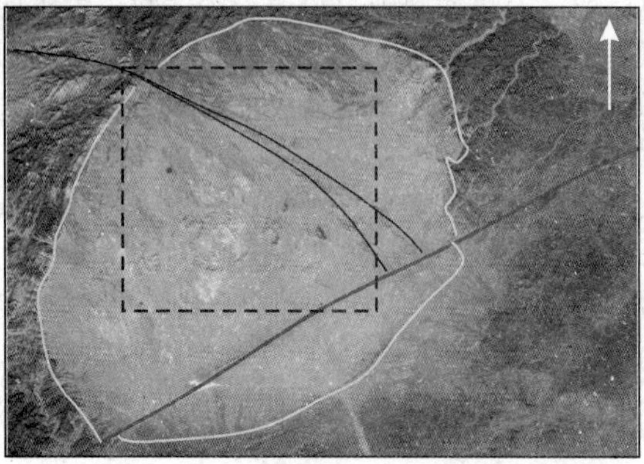

图 8-52A 酒泉市西北部碱性花岗岩体构造标志
（Spot5，2007 年 2 月）

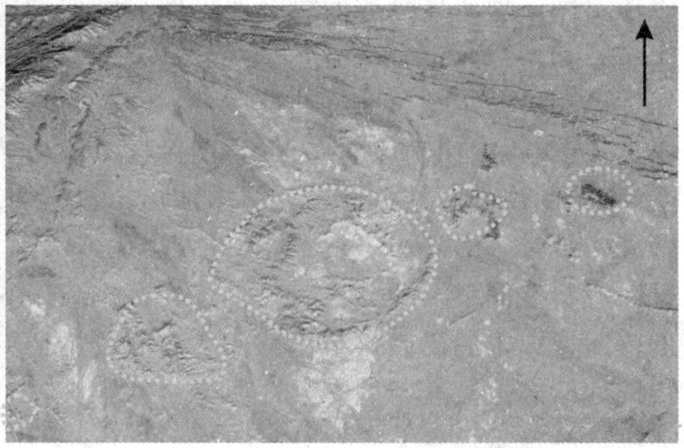

图 8-52B A 图框内部分放大图
受 NE 向伸展断裂控制，多级环形岩体呈 NE 向展布

标志亦可建立断裂解译标志。

(1)格状水系网：反映了近于正交的线性断裂结构。

(2)菱形水系网：反映了斜交共轭线性断裂结构。

(3)平行状水系网：反映了平行式的断裂系统或单面山构造地貌。

(4)环状及放射状水系网：反映了环形构造、辐射状断裂或构造地质体的结构特征。

(5)水系形态异常：如直线状、折线状等河谷异常段，河流呈直角状或锐角状的急转弯，深切峡谷段、多条河流的拐点或汇流点呈直线状排列，呈直线状排列的湖泊群、海岸线的异常段或折线段，岛屿或水下浅滩微地貌异常，水深线呈直线状突变等，都反映了断裂对水体流向及水深的控制效应。

(6)河道、湖盆的突然加宽或变窄异常段：反映了断裂对河道和湖盆的横切作用。

(7)水文标志：地下潜水层泉点、地下水溢出带、线状土壤湿度异常、土壤盐碱化异常界面、干旱-半干旱地区的植被异常覆盖线等水文异常标志，也可作为断裂的识别或推断标志。

5. 构造景观标志

如景观廊带异常、景观斑块呈线状排列，与背景存在截然差异的线状特征、地貌景观的截然分界线、土地景观及生态景观的差异界线等，这类景观界线也可作为断裂的间接标志。

6. 断裂组合形态标志

断裂组合形态标志能够揭示区域构造的应力场及动力学机制，常见的有下列几类。

(1)交叉共轭断裂组合。断裂构造的交叉共轭模式反映了构造应力场的空间分布规律，常见的有正交共轭、斜交共轭及多方向交叉线性断裂组合样式。

正交共轭线性断裂：正交共轭断裂是地壳深部断裂的一种表现形式，并构成棋盘格式组合样式。在全球构造图像上可以发现横贯大陆的经向与纬向正交深断裂带，在水星的深空探测遥感图像上也发现有正交线性构造图像模式。

斜交共轭线性断裂：这是地表最为发育的线性断裂组合形式，代表构造单元的表层裂隙系统（图 8-59），也可以表征区域构造的菱块构造格局。对深部构造而言，斜交共轭线性构造系所构成的菱块构造与岩浆热动力构造事件也具有密切联系。

多方向交叉线性断裂组合：是由多期构造叠加形成，亦为线性构造在空间上的“堆积体”，表现为线性断裂在多个方向相互交切，尤其在复杂构造区或深变质岩区常发育这类组合模式（图 8－12）。

（2）平行式线性断裂组合。由一组互相平行的直线形、弧线形、舒缓波状形线性构造组成。这类组合样式在成因上可分为区域级断裂组合、板块边缘构造组合和区域节理组合三种类型。

（3）放射状线性断裂组合。主要出现在火山机构、火山岩筒、穹隆构造、复式热源环形构造或超浅成斑岩侵入岩体单元区，其规模大小取决于该地质单元的构造性质。

（4）环状及弧形断裂组合。环形构造是在遥感图像上发现的一种构造样式，但其成因却有很多的争论。一些学者认为该类构造模式与深部构造岩块或构造单元有关，是深源圈层的动力学机制在地表的构造形迹表现。其成因学说有：上地幔岩浆上升涌动作用、放射性元素聚合的热核反应的射流或穿刺作用、古老地核（陆核）的继承性运动机制等。

图 8－52A 碱性花岗岩体是在多次膨胀侵位过程中形成的，岩体由多级环形岩体组成，且具有老包新的包容关系。主岩体侵位后还发生多期次构造剪切和拉张活动，发育有 NW 向右行剪切构造和 NE 向拉伸正断层，在图 8－52B 中，可清楚显示次级环形岩体被大环形体所包容，且其排列方向与区域伸展正断层方向一致，说明其侵位机制是由后期拉张构造作用所控制。

（二）断裂性质解译与运动学分析

1．断裂运动学特征解译

断裂运动学特征解译分为直接标志和间接标志两种图像标志。

（1）直接标志。当图像上可以观测到断层两盘岩层、岩体、洪积扇、构造线、岩脉等地质体被截断或错开时，就可以直接表明断层两盘的位移方向。山脊、河谷等地形线的错位也能够作为判断标志。平面上的错位可能反映了断层两盘的水平扭动，但也可能是升降运动引起的两盘的错动，可从地质体在地面出露的厚度变化来判别。

（2）间接标志。断裂活动产生的牵引构造可以判断两盘的相对运动方向，如牵引褶曲、岩层的牵引变形现象等。当图像分辨率较小时，可利用山体或水系的牵引现象来判断断裂两盘的相对运动方向。

规模较大的断裂带，其两侧或内部常常发育有许多伴生构造和派生构造，例如“入”字型分支断裂、帚状构造、共轭扭裂面、构造透镜体等，它们在图像上一般都能得到清晰的反映，可以据此分析大断裂两盘的运动方向。

2．断裂类型解译

（1）正断层。正断层与平移断层多出现在张裂性构造板块边界处。正断层是拉张力和重力作用形成的上盘相对下降的断裂，断层面倾角较陡，通常在 45°以上。正断层在地形上表现为河谷、冲沟和湖泊等。沿断层面发育断层崖、断层陡坎和断层三角面，多组断层可形成小型断陷盆地。图 8－53 为山东鲁西蒙阴地区 NW 向正断层的卫星图像，地貌上为一系列北西向长条状断陷盆地，在它们之间均有较大的断裂相隔，这些断裂都具有正断层性质。图 8－54 为河南西峡盆地边沿的正断层三维立体图像，山前发育有断层三角面，断裂规模大，延伸稳定。断裂控制了白垩纪断陷盆地的形态及边界。

（2）逆断层。逆断层分为高角度逆冲断层和低角度逆掩断层两种，运动学标志是上盘逆向上升，下盘相对下降。逆断层在地表的出露线常呈舒缓波状，连续性较强。在图像上沿逆断层发育各种构造透镜体、破碎带或片理化带。图 8－55 显示新疆东天山大型挤压构造带中的逆断层与构造透镜体所构成的复杂断裂带，沿弧形断裂的边缘带，生成了一系列挤压构造透镜体。

图 8-53　山东鲁西蒙阴地区 NW 向正断层图像

图 8-54　河南西峡盆地边沿的正断层三维立体图像

图 8-55　新疆东天山大型挤压构造带中的逆断层与构造透镜体 Spot2 图像(2007 年 8 月)

(3)平推断层。平推断层的解译标志是地质体或地理实体相对错位的图像几何形态特征。另外还可根据牵引构造或其他派生扭动构造来识别。平推断层具有极为平直和清晰的影像特征(图 8-56),规模小的平推断层多为闭合型,没有明显的地形结构异常;而规模较大的则可以形成线性负地形,并对水系格局有一定的控制作用。

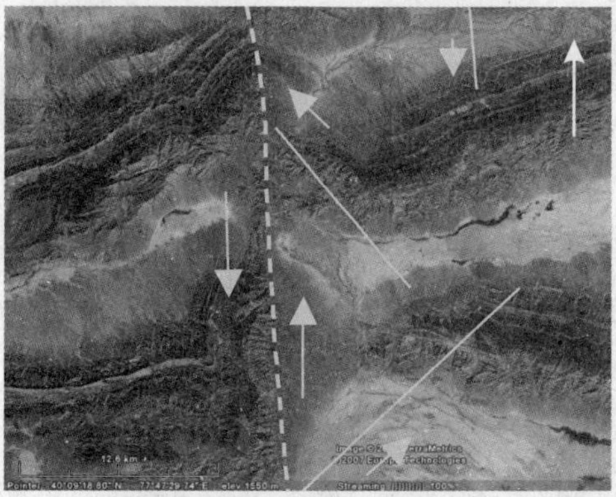

图 8-56　新疆巴楚地区横切箱状褶皱轴部的平移断层

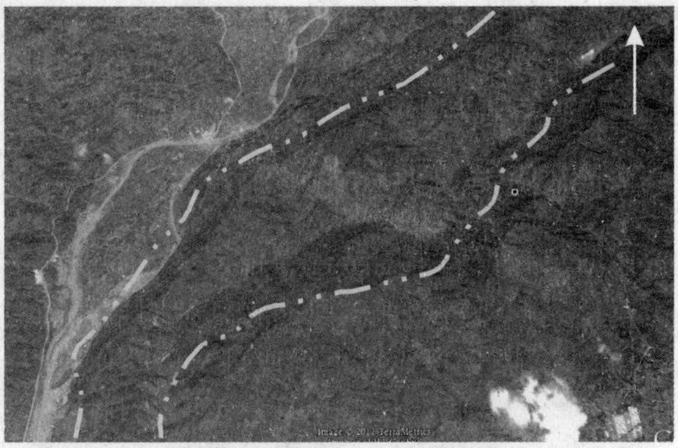

图 8-57　龙门山推覆构造带 Spot5 卫星图像(2008 年 10 月 5 日)

(4)逆掩断层与推覆体。低角度逆掩断层的断面倾角一般为 15°～25°,或更小,其图像标志较难建立,也不易解译,需配合较多的地面地质工作才能确定。但多数逆掩断层的规模较大,会造成断层两盘地层层序或产状的不协调,通过地层序列异常及岩层产状异常,或利用逆掩断层的特殊地貌类型,如飞来峰和构造窗,在图像上建立识别及解译的判断依据。图 8-57 为龙门山推覆构造的卫星图像,该构造带就发育在汶川地震带的东南侧。推覆构造带全长约 500km,宽 30～70km,其大地构造位置处于扬子准地台边缘与特提斯海的交接部位,形成了由西北向东南推覆的规模宏大的构造带。图中可见石炭系-二叠系地层从西北向东南逆掩在中生代地层之上并在推覆体前缘形成陡崖地貌特征。

(5)滑伏断层与滑伏体。滑伏断层也属于低角度断层,但与逆掩断层相反,它是上盘为较新的地层,下盘为较老的地层。其图像特征与逆掩断层极为相似。

3. 断裂力学性质分析

遥感图像上断裂的力学性质可依据构造形迹的构图几何学特征进行分析,因此从严格的概念来说,它不属于图像解译,而属于逻辑推理过程。构造解译获取构造形迹的图形数据,而断裂力学性质则是在此基础上所进行的构造分析。从图像标志而言,断裂构造的力学性质不同,就会在构造形迹的图形结构特征、空间组合规律及相应的派生构造类型等方面形成不同的图形结构与构造格局。依据其运动学特征及其构造形迹的图形学特征进行关联分析,可以有效地进行断裂构造力学性质分析。

(1)挤压性断裂。挤压性断裂构造形迹的平面形态有波状、折线状、交叉曲线状等图形结构特征。其中以波状形态结构最为常见。断裂带延伸较远,走向稳定,常常成组出现,或者由多条平行的断层组成断裂带。断裂带内发育构造透镜体或断块、线性褶皱以及共轭扭裂面、“入”字型分支断裂等。大型挤压性断裂对地形、水系有明显的控制作用,能形成一系列与构造线方向大体平行的山体、河谷、湖泊及山间盆地。这样的大型挤压性断裂都具有清晰的图像及图形标志(参见图 8-55、图 8-57)。

(2) 张性断裂。张性断裂一般延伸不远，呈断续出现或雁行状排列，构造带的宽窄变化较大。地表多形成沟谷，沿断裂发育有断层崖、陡坎、破碎岩块，断裂中常有岩墙、岩脉充填。张性断裂的地表出露线不规则，呈锯齿状或“之”字型，为张性断裂追踪一组共轭扭裂面而形成。规模较大的张性断裂，沿断裂带形成极不规则的湖泊、盆地及宽阔的河谷盆地，且盆地边缘多呈锯齿状(参见图 8－53、图 8－54)。

(3)扭性断裂。扭性断裂迹线平直、光滑、产状稳定，断裂带延展规模巨大，表现为窄而直的线状影像或平直的沟谷。扭性断裂常常成组出现，互相平行，具有等间距排列规律，或呈斜列式或共轭式组合。其中共轭扭裂面往往构成菱形格状，能控制一定范围的水系格局。在贵州、广西的碳酸盐岩出露区可见扭性断裂形成的菱格状沟谷水系样式(参见图 8－56、图 8－58A/B)。亦可依据派生构造标志判别扭性断裂，如“入”字型分支断裂、羽状裂隙、牵引现象及小型旋卷构造等。

图 8－58A　新疆库车-阿克苏山前大断裂带的断层三角面 QB－2 图像(2005 年 11 月)

山前断裂带具有多期活动性特征：(1)早期三角面；(2)晚期三角面；(3)近期活动断裂带

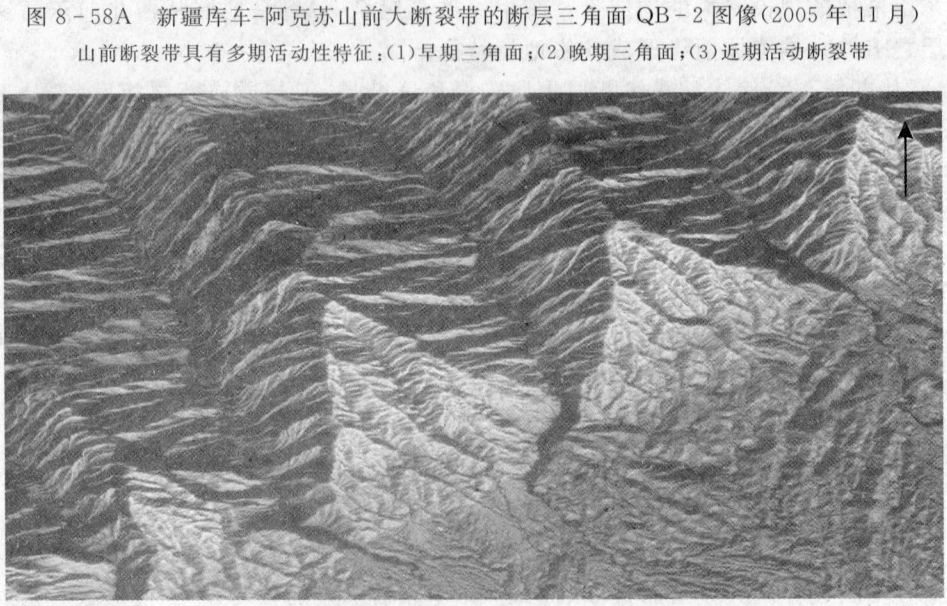

图 8－58B　图 A 矩形图框部分的断层放大图(三角面图形结构特征)

三角面底面宽 1 500m，相对高差达 550m

单纯的扭性断裂规模都比较小，而大型扭性断裂常常兼具挤压或张裂性质，前者称为压扭性断裂，后者称为张扭性断裂。图 8－58 A/B 为新疆库车-阿克苏山前大断裂带，断裂性质为区域级扭性走滑大断裂带。A 图中的断裂构造带从渐新世至近代曾多期活动，现在仍为地震活动构造带，从 2000 年至今曾多次发生 $M>4.5$ 级的地震。自北而南三条主干断裂的图像标志是：北带具有最大的断层三角面（B 图），三角面底面宽 1 500m，相对高差达 550m，三角面倾角平均$>45°$，最大倾角约为 75°。中带为新第三纪活动的主干断裂，三角面规模较小；第四纪的活动构造发育于山前的南侧，其断层标志是洪积扇顶呈线性排列，新洪积扇切割老洪积扇，扇顶不断向前推移，并控制了扇前的绿洲边界的分布规律。

4. 区域性节理解译

节理和断层都是构造破裂面，只是构造规模及等级大小不同而已。节理是指岩石中的裂隙，岩石遭到破坏而未发生空间尺度上的位移。由于节理与断层本质上的相似性，使它们在遥感图像上具有相近的影像特征。例如直线状形态、成组出现、剥蚀后形成负地形、有岩脉贯入等。在高分辨率遥感图像上可显示出成组的密集节理带及各种裂隙带。密集节理带可以反映区域构造应力场特性，因此常运用数理统计方法进行应力场分析；在工程地质研究中也可用来进行岩土力学及水文地质、地壳稳定性评价等；由于节理构造与深部构造存在一定的依存关系，也可用来进行深部构造分析。图 8－59 为广西都安-大化瑶族地区灰岩中的区域性共轭节理构造带，其锐角指向为近东西向，可以指示其构造应力场的性质。

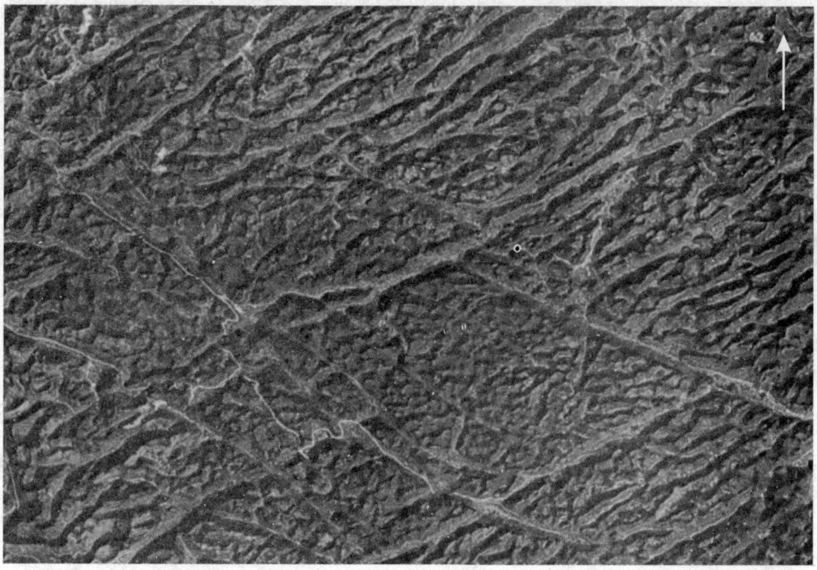

图 8－59 广西都安—大化瑶族地区灰岩中的区域性共轭节理构造图像

(1)区域节理与岩性的关系。区域节理构造与岩石的变形习性有关，其形成规律是脆性岩石易破裂形成密集的节理，如花岗岩、玄武岩、砂岩、大理岩及黄土层等；软弱岩层则较少发育节理。由于节理构造形迹与岩石力学性质相关，所以遥感图像区域性节理构造主要发育在几种岩石出露区域，如灰岩区的共轭节理组合、砂岩区的一组密集的垂直于岩层走向的节理组合、花岗岩区的多组节理组合（含原生节理组）。在同一构造带或同一应力场中，不同岩石单元的节理构造的发育程度及样式也具有明显的差异性。

岩浆岩中的节理分为原生节理和后期构造节理两种类型，它们在构造分析中具有不同的作用。原生节理与后期构造节理的区别如下。

①原生节理主要分布在岩体内部，在岩体边缘最发育，而后期的构造节理可同时切割岩体和围岩，或者仅在围岩中出现。

②原生节理与区域构造背景无关，如纵节理、横节理、层节理和斜节理等都是在岩浆冷凝过程中形成的。而构造节理完全受区域构造应力场控制，因此分布范围较广，在远离岩体的地方也有表现。

③原生节理可以呈直线状、环状或弧形，多为张应力作用形成，延伸较短，常被岩脉充填。构造节理一般呈直线状，延伸较远。

(2) 区域节理与构造的关系。节理构造是构造应力场的产物。遥感构造分析需要将节理与褶皱带、断裂带等区域构造结合起来进行综合分析。如对节理进行分组配套，为区域应力场或局部应力场分析提供参考资料。

与褶皱有关的节理类型有：位于褶皱顶部的纵张型节理、垂直于褶皱轴的横张节理、与褶皱轴斜交的共轭剪节理、穹隆和短轴背斜及侵入岩体的环状节理与放射状节理等。

五、隐伏地质构造解译

隐伏地质构造是指被地壳表层的岩层覆盖或松散沉积物掩埋而未出露地表的地质体或地质构造。隐伏地质构造的遥感解译引起地质界的普遍重视和关注。但隐伏构造的图像标志比较隐晦，其图像解译更注重地学理论知识与实践经验的应用。在遥感方法技术上多采用地学多源数据的融合处理和对深部地质构造信息的提取和综合方法。

(一)隐伏地质构造解译标志

隐伏地质构造包括隐伏断裂、隐伏隆起、隐伏凹陷、隐伏岩体和隐伏褶皱等。遥感图像标志主要是色调、形态及水系的异常结构与景观要素的特征组合。

色调标志是指目标与背景的色调差异，即色调异常标志。色调异常标志一般都比较隐晦，常以线状、带状、环状色斑及色环形态出现。

形态标志是指由隐伏地质体构成的图像几何形态结构异常，并与表层构造存在不协调的空间结构关系。如在条带状沉积岩区显现出圆形、环形色调异常图案，可以推断下伏存在隐伏岩体；在第四纪覆盖区的均匀色调背景中出现线状色调反差界面，且植被覆盖类型具有截然不同的景观分界线，可以推断存在隐伏断裂构造；在山前倾斜平原的近平行水系网络背景下出现同步性的弧形绕弯并形成近圆形的图形异常结构，可以推断存在有隐伏隆起构造等。

(二)隐伏断裂构造解译

1. 第四系覆盖区的隐伏断裂

(1)解译分析方法。第四纪覆盖区主要分布在平原、山前、盆地地貌单元区。隐伏断裂构造解译标志以色调、形态和景观结构异常为主。隐伏断裂构造的成像机理是该构造带的活动性所导致的图像色调或图形结构的异常。由于深部构造的活动性，或在第四纪期间曾经活动过，并控制了第四系地层的成因类型、岩性结构及地下水的空间结构环境，使之存在明显的地学特征差异，地表的土地利用现状和植被覆盖类型也存在一定的差异。因运用空间推理及本底与异常相结合的图像解译分析方法，并基于地质理论和成像机理推断隐伏地质构造的成因类型及其性质。隐伏断裂构造图像标志的清晰程度与其构造规模等级及新构造活动性质关系密切，活动构造的时代越新，活动越剧烈，其解译标志就越明显。

(2)松散沉积层的隐伏断裂解译。第四纪地层覆盖下，隐伏断裂可以通过图像的色调、形态、植被、水文异常及图形结构异常进行推断解译，其主要标志如下：①直线状的色调异常界线；②截然不同的色调反差界面；③地表水系的形态异常或结构性异常；④湖泊水体岸线的异常展布及其形态结构异常；⑤微地貌结构异常；⑥残山、丘岗、洼地的图形结构异常。

图 8-60A/B 为内蒙包头河套地区的卫星图像，图中发育一组近东西向隐伏断裂构造，其主要图像标志如上述①、②、③、⑤异常标志类型。近东西向(NWW向)隐伏断裂的主要解译

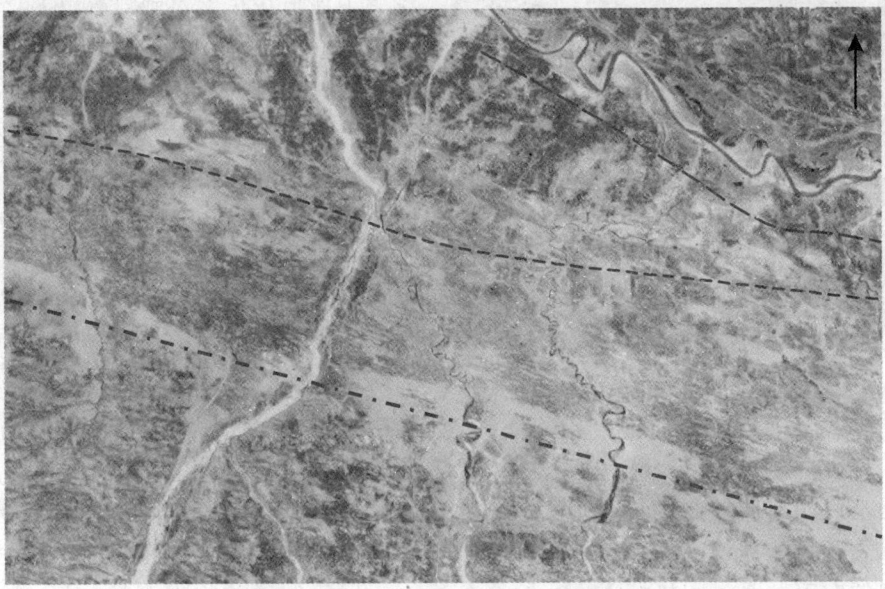

图 8-60A　内蒙包头河套地区的近东西向隐伏断裂构造卫星图像

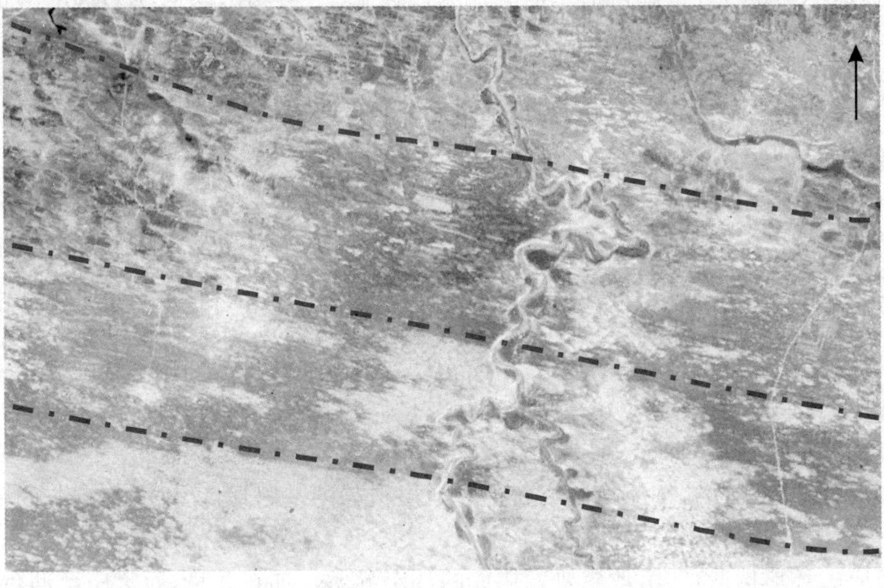

图 8-60B　内蒙古包头河套地区近东西向隐伏断裂构造形成的盐碱化土地异常卫星图像

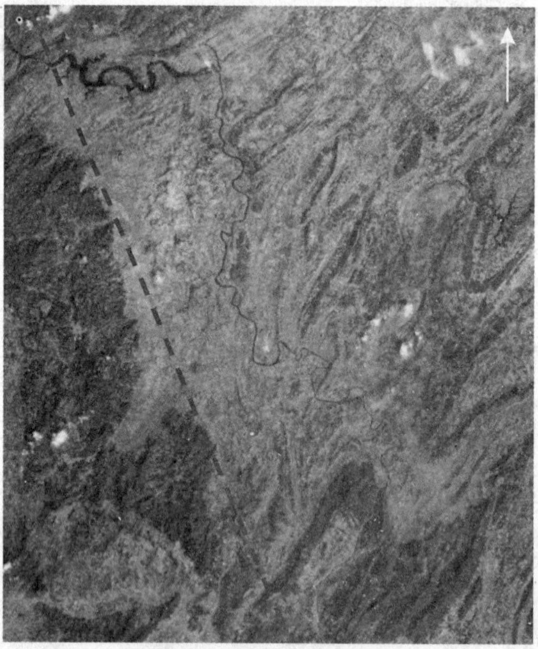

图 8－61　湖南邵阳基底隐伏断裂与盖层褶皱样式卫星图像(Landsat TM)

依据是新生代断裂构造对河套沉积层的改造与控制;对黄河河道演变的控制及对水体流向的控制;图像中出现多处水系异常线、异常点,如不同支流的河流拐点在横向上呈线状排列、河流敏感点呈线状排列等;活动断裂一侧形成荒漠化及沙漠化地学环境异常(图 8－60A),在古河道形成盐碱化及盐渍化等土地退化生态景观异常(图 8－60B)。

(3)基底隐伏断裂解译。沉积盖层区的隐伏构造有两种构造表现形式:①隐伏构造的动力学特征直接显现为盖层构造样式,如沉积盖层中的密集线性破碎带、构造应力集中带、岩体和火山机构的定向排列等;②隐伏构造对表层构造的控制现象,使盖层构造出现局部异常。

图 8－61 为邵阳地区卫星图像,图像西部(左侧)由下古生界地层与上古生界地层的褶皱构造样式的差异界面揭示出一条 NW 向基底隐伏断裂,由于盖层褶皱构造样式的差异性是受基底构造所控制的,所以通过盖层褶皱的差异性可以揭示其下的基底构造类型。图像解译标志还可依据河流的直角转弯、两侧地貌形态差异、盖层褶皱样式的限制性边界与基底隐伏断裂的空间关系等间接标志进行综合分析。依据区域地球物理资料分析,亦证实为区域性基底断裂,并具有多期活动特征。

(4)隐伏褶皱构造解译。在山前松散沉积层的掩盖下,对隐伏或掩埋于其下的褶皱构造,尤其是对煤系地层形成的褶皱构造解译,不仅具有构造学研究意义,而且具有找矿意义。图像主要标志有:①由色调或地貌显示出来的图形可与褶皱构造空间结构相协调,如椭圆状、套环状、马蹄状等几何图形标志;②由水系格局和地貌异常显示的隐伏褶皱构造;③基于下伏基岩物理性状差异而引发的地表土壤层含水性差异、植被生态差异、土地利用形式差异等图像标志,它们所构成的图像色调及形态特征可指示其下的隐伏褶皱构造。

图 8－62 为湖南临澧县停弦渡含煤地层的隐伏向斜的转折端。从图中可以看出,煤系地层的 80％被第四纪沉积物所掩盖,仅在东西两侧局部出露二叠系及中晚泥盆世含煤地层。ETM 图像的色调异常及景观界线的图形结构形成了弧形转折端的褶皱构造框架,在地貌形态上,由垄岗、河谷、农田及植被覆盖差异界线亦呈现出弧形转折端的形态特征,结合重力测量数据已经证明,其下存在隐伏高密度地质体,与图像显示的色调和地貌形态异常基本一致。

(三)隐伏环形构造解译

隐伏环形构造多出现在平原地区或新生界地层覆盖的基岩地区,主要类型有隐伏岩体、隐伏穹隆构造或凹陷等。环形构造的图像标志有:①由色调异常构成的环形构造;②由地表水系流向异常构成的环形构造;③由地貌要素构成的环形异常。如在北京、石家庄至邢台的山前地带,多条河流在进入山前平原时其流向集聚于一条或多条弧形河道,这种水系异常受到下伏隐

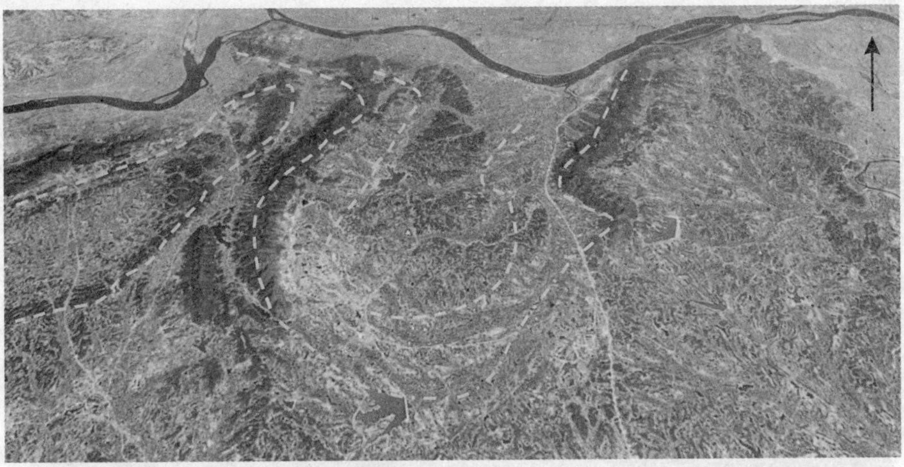

图 8－62　湖南临澧县停弦渡含煤地层隐伏向斜构造的转折端图像标志(Landsat ETM)

伏隆起构造控制而出现水系流向异常现象。

甘肃星星峡酸性岩体(图 8－63)大部分被第四纪戈壁滩砂砾层所覆盖,仅在东北角有零星出露。岩体轮廓在图像上显示为一浅色调环形单元,与围岩(震旦纪混合岩)界线分明。岩体内发育的几组基性岩脉及后期平推断层,图像标志显示清晰。

在基岩盖层区,隐伏的隆起、坳陷、岩体、底辟构造等也具有环形图形结构特征,其图像特征包括色调、水系、地形异常等标志所构成的环形构造。

隐伏岩体有时赋存在穹隆构造或背斜构造中,在沉积盖层区可形成环形色调异常或弧形、环形图形结构异常标志。解释时可配合区域物-化探资料进行综合分析。如在广西都安灰岩地区发现了一个色调环形影像异常(图 8－64),推测为与基底穹隆构造有关的隐伏岩体。由于岩浆的热液交代作用在碳酸盐岩地层的地表形成岩石蚀变晕圈(浅色调)。在湖南邵阳—隆回地区的中生代沉积盖层上,依据其图像色调比周围深、地势比周围略高、外缘有环状或折线状沟谷、地表河流沿其边缘绕行、汇流等特征,圈出了两个隐伏岩体环形构造异常(图 8－65)。根据物探资料,该处有磁异常,推测有隐伏岩体存在,但范围较小。结合湘中地区的构造特点,在基底穹隆中心一般都有花岗岩体侵入规律,认为该环形异常指示出隐伏岩体存在的空间位置。

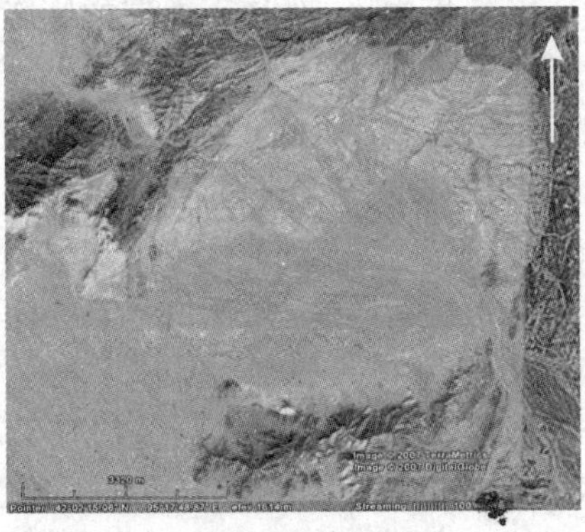

图 8－63　甘肃星星峡半掩埋酸性岩体卫星图像

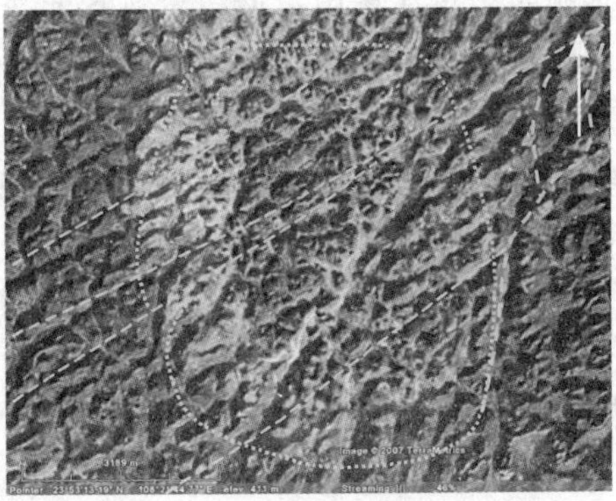

图 8－64　广西都安—马山灰岩地区的环形色调影像异常特征

图 8-65　湖南邵阳—隆回灰岩褶皱区环形构造揭示隐伏隆起和隐伏岩体卫星图像

深部地质构造信息如何能够传递到地表，这是一个尚有争议的论题。通过深部地质遥感研究认为其形成机理如下。

(1)隐伏构造本身与外围岩石的物理化学性质存在着差异。隐伏体的物质成分、结构、含水性、透水性等性质会通过多种方式(例如水循环、物质分异作用等)影响到盖层，使其对应的盖层部分与周围物质在物理化学性质方面产生差异，而这些差异可以集中表现在地表的土壤、植被及水文特征上，由此才有可能间接地反映到遥感图像上。

(2)新构造运动形成的地应力场是向地表传递物理-化学能量的主导因素。近期构造运动可使早期构造体活化并诱发新的构造运动、新老构造在空间上的叠加、地应力复合所产生的地壳运动等都可能揭示出深部构造地质的某些运动特征及变化信息。有一些深部构造本身就具有现代活动特性或继承性活动，其深部岩石圈的结构信息就可直接显现到地表。

(3)地幔垂直贯通作用可形成高热高能的深度环形能量集中区，对地壳圈层的膨隆、掀斜、塌陷、岩浆冲刺、底劈构造具有一定的控制作用。

(4)某些隐伏地质体本身通过表层介质进行热能、化学能及动能的传递，导致地表岩层介质引发构造响应。如地震前的热红外图像发现有地球"放气"现象、含油气构造的微渗漏在地表形成的霾状色调晕圈等异常现象等。

六、新构造与活动构造解译

新构造是指晚第三纪以来形成的地质构造，活动构造是指第四纪期间仍然活动着的地质构造。由于新构造期的地壳运动比第四纪的构造活动性要强烈而广泛，因而遥感图像的新构造图像标志要多于第四纪活动构造。但大多数活动构造是在新构造形迹的基础上继承性运动的，因此遥感图像上的活动构造与新构造是难以进行准确界定的。

新构造与活动构造的图像标志主要有第四纪地层标志、地貌标志、水系异常标志、生态景观异常标志、水文异常标志及活动构造本身构成的直接解译标志等。

活动构造解译与隐伏构造解译之间存在着密切的关系，隐伏构造形迹之所以能够在地表得到显示，主要是因为它们在挽近地质时期有新的活动，其活动所造成的影响波及到了盖层，使盖层也产生了相应的形变，出现派生构造，并且控制了现代地貌和水系格局的发育。所以，遥感图像上能够解译出来的隐伏构造，多数属于活动构造。

地震现象是现代地壳破裂活动的一种表现，也是活动构造的有力证据。地震的孕育与发生与活动构造密切相关。据历史记载及现代文献资料，地震中心多出现在构造活动带上，而强震的震中大多位于多组主干断裂的交叉、复合部位，或位于断陷盆地间有横向构造的穿越部位，以及垂直运动和水平运动的交合部位。研究活动构造对监视现代地震活动、火山活动，寻找地热田和地下水，评价地壳稳定性都具有现实意义。

(一)活动断裂构造解译

1. 解译标志与分析方法

遥感图像活动断裂的图像解译标志一般都较为清晰，其色调异常、微地貌形态异常、水系异常等现象都具有较为明显的图像特征。如松散沉积层与基岩的截然分界线、隆起区与沉降区的截然分界线、不同地貌景观的截然分界线等，其图像特征均具有强烈的色调反差界面和构图特征标志(图 8-58A/B)。在平原区，活动构造造成了其两侧第四纪沉积层的成因类型、岩性岩相结构差异，从而引起地下水埋藏深度和含量、地表盐碱化和沼泽化、植被覆盖类型及发育程度等地学要素的突变或景观要素的空间结构变化，这些标志都会指示构造的活动性及其构造形迹空间位置(图 8-60A/B)。

在活动构造解译时要综合运用图像标志进行基于知识的逻辑推理分析，基本的图像标志及其综合分析方法如下。

(1)地貌景观的综合分析。注意地学要素及景观类型之间截然变化的形成机理分析，如山前断裂带的断层三角面、断层崖等(图 8-58A/B)。

(2)盆地边缘地带的活动断裂分析。由活动断裂控制的盆地，其上升盘地形陡峻挺拔，切割深度大，山脊线明显，山地河谷多为深切峡谷，如汾渭河谷盆地边缘断裂(图 8-66、图 8-67)；在活动断裂的下降盘常为第四系松散层所覆盖，地势平坦，色调较均匀，地下水埋深较浅，富集程度高，其上常见植被层覆盖异常、土壤盐渍化异常标志等(图 8-60A/B、图 8-67、图 8-68)；当活动断裂横跨河谷则常形成河谷裂点及瀑布(图 8-69 A/B)。

(3)水系异常与水体边界变形分析。现代河流、湖泊、山脊、洪积扇的错位和扭曲变形，河流的敏感点、决口点、分流点、汇流点、展宽点、变窄点、异常直流段、异常曲流段、河床坡降急剧变化段等呈线状展布多与活动断裂密切相关(图 8-60A/B、图 8-66、图 8-68)。

(4)现代地震产生的次生地质灾害分析。近代及现代地震形成新的地貌单元，如喷沙口、喷水口、地裂缝、地沟、陡崖等；地震后发生的次生地质灾害，如滑坡、泥石流、堰塞湖等也可揭示活动断裂的分布及其构造性质(图 8-68～图 8-70)。

(5)多时相图像对比分析。进行活动构造解译时，要选择多时相图像进行对比分析，以研究其动态变化规律。选择不同季节图像，有利于分析活动构造对水文地质、生态地质的基本影响因素，如地下水溢出带变化、植被长势变化、水质变化等；选择长时间尺度的图像，可以分析活动构造对大地形变及地貌变化的影响幅度。

图 8-66　山西汾河地堑临汾—运城段边缘活动断裂带卫星图像解译图

图 8-67　山西运城盆地第四纪沉积层中卫星图像解译图，显示出 NE 向活动断裂形成的色调及线性微地貌异常

图 8-68　汾渭盆地第四系覆盖层中的 NE 向活动断裂卫星图像解译图

2. 构造盆地的活动断裂解译

在遥感图像上，盆地的构造边界清晰，解译程度较高。活动性构造盆地常常是受一组或两组活动性断裂所控制，依据断裂的组合方式和活动特点，可以对构造盆地进行形态分类，如长方形、新月形、多边形、三角形、槽形、纺缍形；或进行盆地组合形态分类，如多个盆地可呈斜列式展布，如山西自北而南的"多"字型构造盆地，也可在区域上呈断续性的线性展布。构造盆地的形态主要受构造格架与区域应力场控制。如平行四边形、菱形构造盆地等与剪切应力作用有关；纺缍形构造盆地则与挤压应力作用有关；而槽形、长方形构造盆地则与张应力作用有关。

活动断裂解译的主要地学证据有：①盆地边缘构造的活动继承性及多期活动的地貌证据与洪积扇证据；②盆地第四纪地层变形及错移证据；③微地貌异常标志证据；④土壤及生态异常标志证据；⑤水文异常标志证据。

图 8-66～图 8-68 为山西汾河盆地临汾—运城段的 ETM 图像，汾河河谷位于汾渭地堑构造盆地之中，是中国华北强地震带之一。盆地边沿断裂和盆地内部断裂发育，图像色调标志清晰，山前断裂地貌和盆地微地貌标志主要为地形陡坎和陡崖。在历史上这些活动断裂的深部基底构造引发了多次强烈地震。

图 8-69A/B 是汾河盆地北侧黄河壶口瀑布卫星图像，壶口瀑布位于 NE 向张扭性活动断裂带，并受该断裂构造的控制（图 8-69A）。活动断裂标志为一系列定性排列的微型细山脊线所构成（沿图像南侧断层线的东部分布），在河谷中，壶口瀑布的陡坎与该活动断裂平行一致（图 8-69B）。

图 8-70 为陕西汉中盆地边缘活动断裂带，它是由一组 NEE 向及 NW 向扭性断裂带所控制，盆地轮廓形态呈菱形。盆地内第四纪沉积物及农田广泛分布，与周围的山地呈鲜明对比。盆地中曾发生过多次 5 级左右地震，震中多分布在 NW 向与 NEE 向断裂的交汇处。

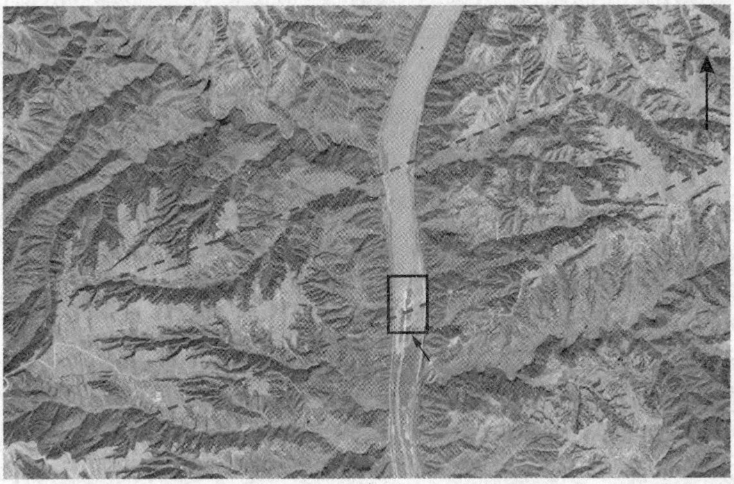

图 8-69A 黄河壶口瀑布卫星图像(QB-2,2005 年 4 月 3 日)

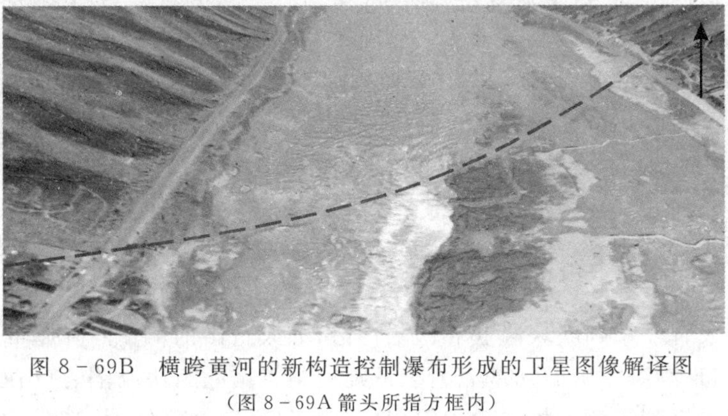

图 8-69B 横跨黄河的新构造控制瀑布形成的卫星图像解译图

(图 8-69A 箭头所指方框内)

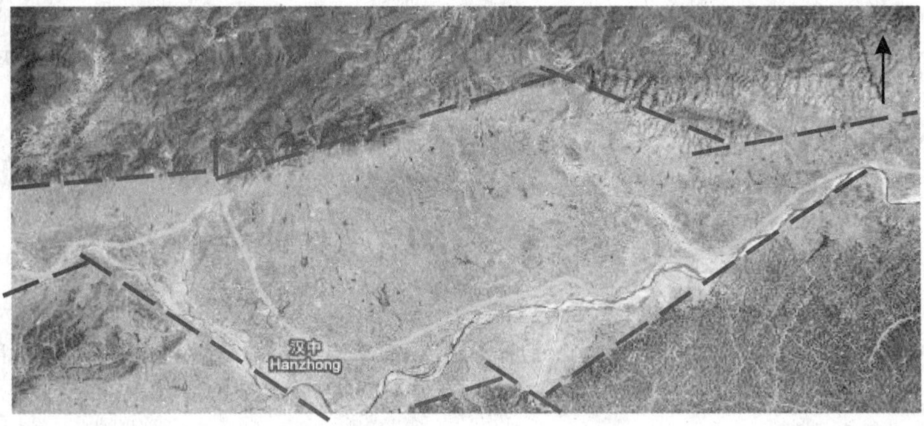

图 8-70　陕西汉中盆地的边缘活动断裂带卫星图像解译图

(二)活动性隆起构造的解译

活动性隆起的构造形式有断块隆起、掀斜隆起和拱形隆起,其中断块隆起多由活动断裂控制和分隔,具有较规则的几何形态。山区的隆起区地形陡峻,河谷深切,山前洪积扇常发生扭曲变形。平原区的断块隆起一般表现为平缓隆起的地形,有的能形成分水岭,现代河流的改道、绕行,常常能够揭示其分布范围。

掀斜隆起是由掀斜断裂构造所控制,在山前断裂形成直线状的断层崖,断崖前缘的洪积扇群不断向前伸展。如新疆博罗霍坦山南麓(图 8-71),近东西向的断裂影像清晰,断崖发育,错断了上新统(N_2)和下更新统(Q_1)地层,下更新世洪积扇随着本盘的上升,已被河流切割,在其前缘又发育了上更新世—全新世的洪积扇,与前者呈内叠接触。图 8-72 显示昆仑山南缘山前 NE 向压扭性构造带与活动隆起带叠加在一起,并对洪积扇的形成和发展进行了控制和改造。

图 8-71　新疆博罗霍坦山南麓掀斜隆起控制断崖前洪积扇群的卫星图像解译图

在华北平原,发育一系列断块隆起和凹陷构造,如太行山前 NE 向隆起带与凹陷带形成了地震构造带;张家口-渤海左旋剪切基底断裂带则控制了冀渤断块坳陷、燕山断块隆起、冀中坳陷、沧县隆起和黄骅坳陷等活动构造单元,也是华北平原的地震活动构造带(图 8-73)。

图 8-72 昆仑山南缘卫星图像

图中 NE 向山前压扭性构造带的活动性控制了洪积扇的空间分布形态特征

(三)地震地质与活动断裂构造解译

1. 地震活动带与活动断裂解译

活动断裂图像解译要关注地震活动带的地震断裂带的空间分布规律。地震活动带是指震中密集分布的地带。全球最大的环太平洋地震带和横贯欧亚的地震带(喜马拉雅-地中海地震带)属于板块间的接触带,其他地震带分布在扩张的洋脊、转换断层、大陆裂谷或大断裂带上。中国地震带主要分布在五个地区的 23 条地震带上:①台湾省及其附近海域,位于环太平洋地震带上;②西南地区,主要是西藏、四川西部和云南中西部;③西北地区,主要在甘肃河西走廊、青海、宁夏、天山南北麓,②和③位于喜马拉雅-地中海地震带上;④华北地区,主要在太行山两侧、汾渭河谷、阴山-燕山一带、山东中部和渤海湾;⑤东南沿海的广东、福建等地。主要地震带分布在华北燕山褶皱带(如唐山、邢台、海城等)、龙门山断裂带(如汶川、松潘)、滇缅三江断裂带(如丽江)、祁连山-天山-昆仑山断褶带(如和田、金城、榆中宛川、兰州、永登等)、汾渭构造带(如临汾、洪洞、太原、代县)、台湾褶皱带等。

图 8-73 为北京昌平-丰南压扭性区域断裂带与张性断裂的图像标志,压扭性断裂由山前地貌标志所显示,张性断裂则为微地貌及水系异常标志所显示。

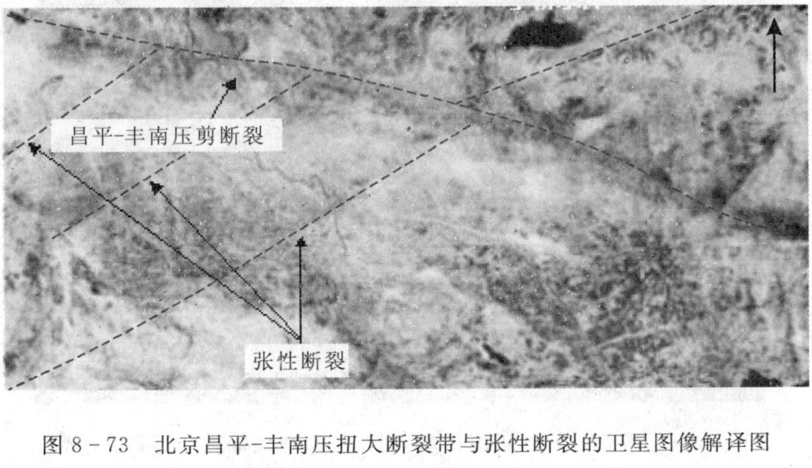

图 8-73 北京昌平-丰南压扭大断裂带与张性断裂的卫星图像解译图

2001 年昆仑山西口发生 8.1 级大地震，发震构造为山前大断裂，从卫星图像（Spot）上（图 8-74、图 8-75）可以对比震前图像（1997 年 9 月 28 日）和震后图像（2001 年 11 月 26 日）该地震断裂构造的图像差异。图 8-76 为青海西部卫星图像，山前地震断裂带控制了湖泊水体边界并使湖泊边界变形，可从水体边界沿断裂带的形态特征及其变形标志进行解译推断，并可进一步推断地震形成的地表破裂带的最新构造形迹。图 8-77 为现代地震断裂将湖泊错移引起水面的移位错动（青海西部）。

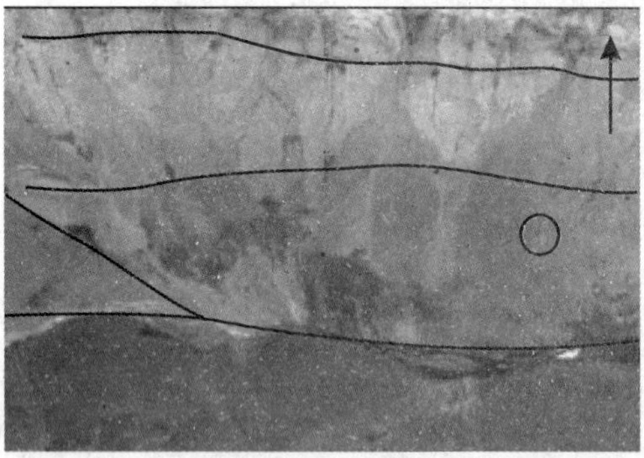

图 8-74　昆仑山西口大地震前 Spot 卫星图像（1979 年 9 月）

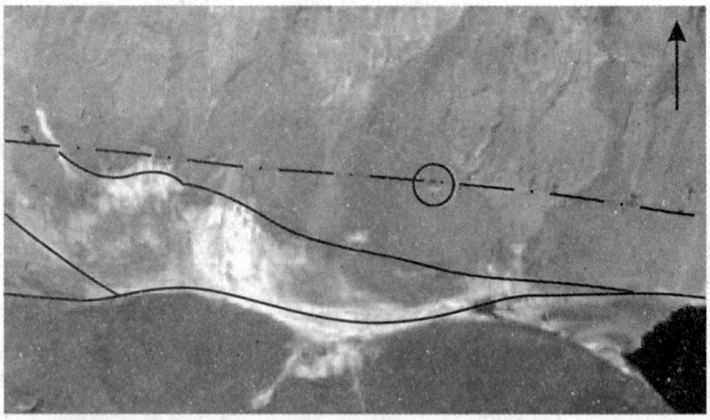

图 8-75　昆仑山西口大地震后 Spot 卫星图像（2001 年 11 月）

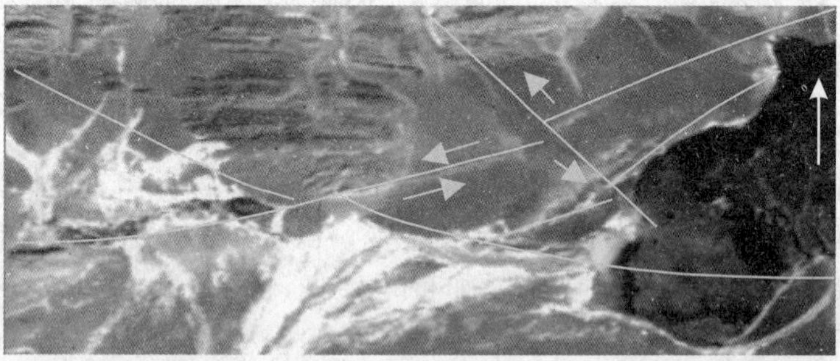

图 8-76　地震形成的地面破裂带最新构造形迹卫星图像解译图

图 8-77　青海西部卫星图像解译图，显示现代地震断裂将湖泊错移引起的水面移位错动

2. 地质次生灾害解译

地震次生灾害指强烈地震发生后，造成的山体滑坡、泥石流、堰塞湖等一系列因地震及其余震引发的地质灾害。汶川地震是近代地震次生地质灾害最严重、最强烈的一次地震。图8－78A/B为汶川地震前后次生灾害态势的卫星图像比较图像。图A为震前的汶川地区地理景观图像（图像左侧为山顶积雪，震中处为汶川主震震中及较大余震的位置）。图B为2008年5月23日强震发生11天后的快鸟卫星图像，次生地质灾害几乎呈密集分布态势，原来绿色的地理景观已经面目全非，地貌形态也遭受极大改变，主要灾害类型以滑坡及泥石流为主。图像色调为白色及浅灰色为主，与震前图像呈鲜明对比。

图8－78A　汶川大地震灾前Landsat TM卫星图像（2000年2月29日）

图中地震符号为5月12日地震震中位置：下为汶川主震8.0级；上为余震6.4级

图8－78B　汶川大地震灾后QB－2 Band Pan_MS1卫星图像，显示次生地质灾害体及其分布特征（2008年5月23日）

七、线性构造和环状构造解译

线性构造和环状构造，泛指遥感图像上某些与地质结构有关的影像特征，是遥感图像地质解译中的常用术语。线性构造和环状构造并不是孤立的地质构造现象，它们具有一定的组合形式和分布规律，并与区域地质构造和矿产地质有着密切的内在联系。因此越来越为人们所重视，成为遥感图像地质解译中的一项重要内容。

只要与地质过程有关的线性构造就具有其特定的地质成因意义，对其解译成果也具有基础地质资料价值，甚至对成矿地质条件分析也具有应用价值；而与深部地质过程有关的环形构造也具有其特定的地质成因意义，对环形构造的解译不仅可以增强对区域地质和深部地质空间规律的认识，而且对地质科学理论及区域成矿理论、成矿规律研究具有理论探索价值。

(一)线性构造解译

1. 线性特征和线性构造

线性特征(linear feature)由霍布斯(WH Hobbs,1944)提出，泛指航空照片和卫星照片上呈现的线形影像。构成线性影像特征的地学因素主要有：①具有线性特征的地质构造现象，如断裂、节理、劈理、区域性构造裂隙、线状的岩层接触界面、不整合线等；②天然地形地物呈现的线性延伸特性，如直线状的山脊、沟谷、河流、平直的湖泊和海岸线、不同地貌单元的分界线等；③人类活动的工程界线和行迹，如运河、灌渠、铁路、公路、堤坝、防护林边界等。线性影像特征有的与地质构造直接相关，有的间接相关，有的则毫无关系。因此，从地质解译的角度来看，线性影像特征是一个广义的影像概念，不一定都具有地质成因意义。

线性构造(lineament)是指与地质作用有关或受地质构造控制的线性影像特征体。线性构造具有平直或微弯的直线状形态特征，这种形态特征多半是通过地形、色调、影纹图案、植被以及水系的线性特征等表现出来的。

线性构造解译时要首先排除非地质成因的线性影像特征。当某些线性影像特征难以判断是否具有地质成因意义时，可以结合区域地质资料进行对比分析，尽可能排除非地质成因的线性影像特征，提取出具有地质构造意义的线性构造信息，完成基于区域构造地质解译和地质填图任务。线性构造解译原则如下。

(1)线性构造与区域断裂构造或地质结构在空间分布上具有成因联系，有时线性构造本身就是断裂构造体，只是缺乏直接的断层证据而已。

(2)线性构造在空间上具有定向律、间距律和交叉律等空间展布规律，如共轭线性构造就是构造应力场形变的产物，其钝角及锐角的指向是特定的，不是随机的。这种空间展布规律称为线性构造场，可以用来进行区域级构造应力场分析(参见图 8－59)。

(3)线性构造与其形成的地质背景具有成因联系，在解译时要注意对其进行成因机制分析。

(4)线性构造具有区域统计学特征，可以通过地学统计对线性构造进行区域分析，并可获取区域构造地质统计指数，如密度指数、方向指数、交叉点密度指数及方位异常度指数等。

2. 线性构造的类型

线性构造分类是根据线性构造的地质成因类型及其与区域构造空间关系或成生联系所进行的一种分类，主要类型如下。

(1)地质体边界线或接触界线形成的线性构造，如不同岩性、地层的平直接触界线、岩相分界线、不整合接触线等。

(2)地貌及景观要素形成的线性构造，如大型地貌单元或景观单元的分界线、平直的山脊线、沟谷线，山前直线状延伸的陡崖线、洪积扇顶连线、呈线状分布的负地形连线、平直的湖盆、海岸线等，它们多是受断裂、褶皱或构造软弱带控制而发育起来的地貌特征线。

(3)水体及河流要素反映出来的线性构造，如线状沟谷线、直线段河床线、一系列河谷裂点的连线、水系敏感点的连线等，它们或受岩性控制，或与断裂有关。

(4)区域节理、破裂带形成的线性构造。这种线性构造本身就属于一种构造形迹线,与区域构造格架具有密切关系,多由细小密集的岩石裂隙构成,一般不连续,呈断续延伸形式,具有一个或多组排列方向,但没有明显的位移(参见图 8-59)。

(5)沿断裂构造带分布的线性构造。它们本身就是断层或断层的伴生构造,但缺乏有效的断层证据。

(6)与地壳断裂或深大断裂有关的线性构造。它们的规模大、延伸远、宽度大,如郯庐断裂带就属于此类线性构造(参见图 8-51)。图 8-79 为鄂西北的两郧断裂与公路断裂形成的区域级线性构造图像特征,自北而南发育 3 条呈近 EW 向及 NWW 向延伸的线性构造,其图像标志为地貌景观单元截然分界线(中低山与丘陵地貌景观线),为湖北著名的两郧断裂带;南部发育一条浅色调异常线性构造,即称为公路断裂带。3 条区域级大型线性构造的构造含义清楚,属于大型断裂带及区域控矿构造带。

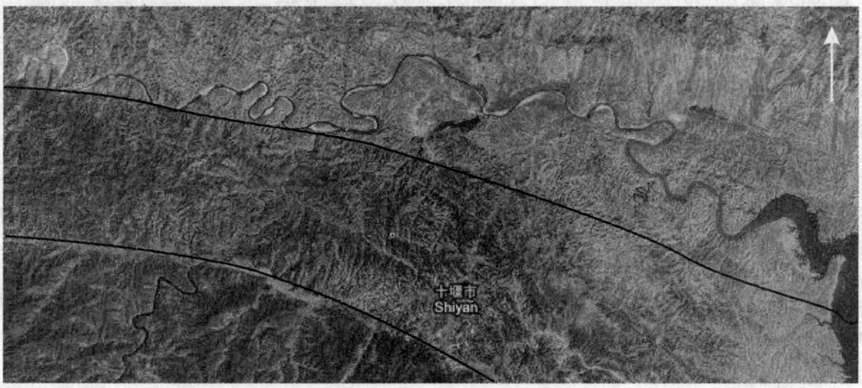

图 8-79 鄂西北的两郧断裂与公路断裂的区域级线性构造卫星图像

3. 线性构造的地学统计和区域分析

线性构造的空间规律及构造性质具有统计学意义,已经成为构造地学统计的重要对象。线性构造的地学统计分析可以获取一系列具有空间展布规律、方向分布规律、密度分布规律等定量化数据及相关的特征指数,对区域构造分析及成矿预测具有科学参考意义。线性构造的地学统计方法主要是基于线性构造的长度、密度、频率、方位、角度关系以及模式识别等空间特征,用统计学方法揭示区域构造地质结构及构造格架、构造应力场、区域成矿规律等。

(1)线性构造密度统计。密度是指单位面积线性构造的总长度,提供线性构造的密度指数,制作密度等值线图,用来研究线性构造与区域地质背景或基底构造的关系。

(2)线性构造频率统计。频率是指单位面积中的线性构造条数,属于频率分布密度指数,可以揭示线性构造在空间上的分布规律。

(3)线性构造长度-频率统计。单位面积内线性构造的总长度与频率的比值,揭示线性构造体的规模等级及空间展布特征,也可以指示区域构造格架的空间结构特性。

(4)线性构造方位统计。是按四方位组或八方位组统计线性构造的方位分布密度,并可采用包括方位分组、方位频率、方位密度进行分别统计,用玫瑰图表示各单元的方位分布结果。利用方位特征也可揭示线性构造与地质结构或区域成矿地质条件的空间方位关系,如方位异常度指数就是一种被广泛使用的统计方法。

(二)环形构造解译

环形构造(circular feature)是指遥感图像上的圆形、弧形影像特征,包括:①地形环状影像,如环状山脉、水系、盆地、岛屿、植被覆盖、土壤湿度异常等形成的环状影像等;②地质构造环状影像,如火山机构、岩浆活动中心、侵入岩体、盐丘、穹隆、短轴褶皱、冻土地貌中环形微地貌(冻胀、融陷),以及一些规模巨大的全球级环形影像等;③人类活动痕迹及构造物环形影像,如军事工程、水利工程、城市环岛等环状影像等。

地质遥感关注的是具有地质成因的环状影像,并称之为“环形构造”。

1. 环状构造图像标志

环状构造图像标志是由色调、地形、水系等要素构成的色环、线环、色斑或复合环形的图像特征。环状构造具有多尺度等级和多成因类型。小尺度环形构造是指直径几米至几十米的微地貌环形构造,如冻土地貌组合中的冻胀小丘与热融洼陷;中等尺度的环形构造是指直径大于1km的环形地质体或构造,这种尺度的环形构造出现概率最多,属于地质体或地质构造类型,是地质遥感解译的重点;大尺度环形构造是指直径大于数百千米乃至上千千米的巨型环状构造,其更大者则为天文级环形构造。

环形构造与线性构造经常相伴出现,二者之间存在着共生关系和空间关联性。线性构造和环状构造的空间交切关系及构造部位,在遥感找矿和成矿条件分析中具有重大意义。

环形构造类型如下:①由侵入岩体形成的环状构造;②火山活动形成的环状构造;③前寒武纪变质岩系组成的基底穹隆构造;④短轴褶皱;⑤盐丘等底辟构造;⑥新构造穹隆运动和凹陷运动形成的环状构造;⑦由环形及弧形断裂所构成的环形构造;⑧具有不规则圆形或多边形轮廓的各种构造岩块、地块所构成的环形构造;⑨呈圆形负地形的陨石坑环形构造;⑩其他成因类型的环状构造等。

图8-80为苏丹、埃及和利比亚边界地区的侵入体环形构造,是世界遗产地共享地域。左图为埃贝尔环形构造,最高海拔1 934m,于1923年发现这一地理奇观。两个环形构造均分布在极为干旱的沙漠地带,环形构造显示极为清晰。左图为复合式环形构造,既具有包容关系,也具有合并关系;右图环形构造则以包容关系为主。

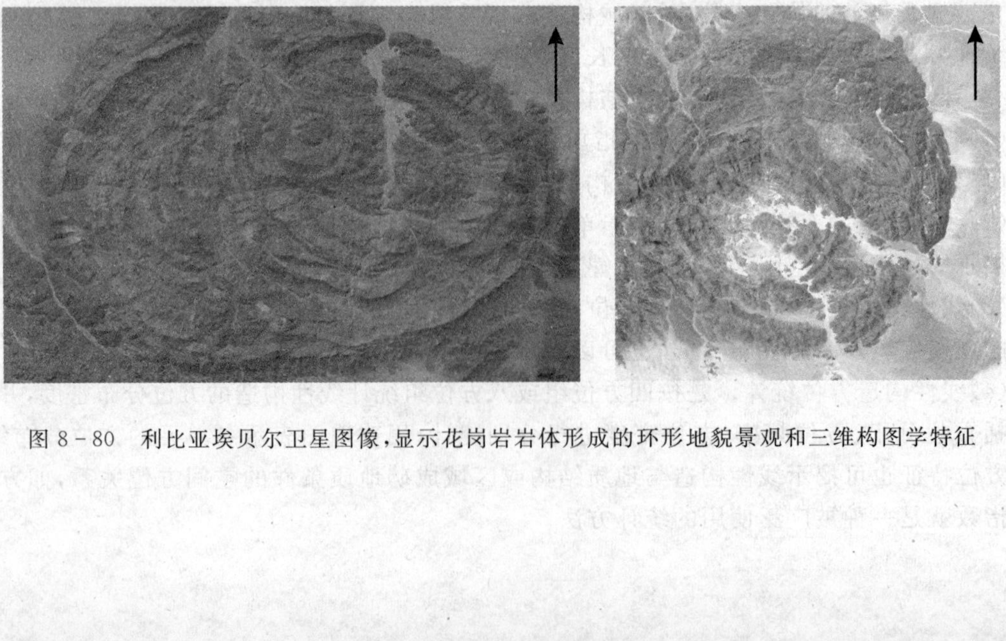

图8-80　利比亚埃贝尔卫星图像,显示花岗岩岩体形成的环形地貌景观和三维构图学特征

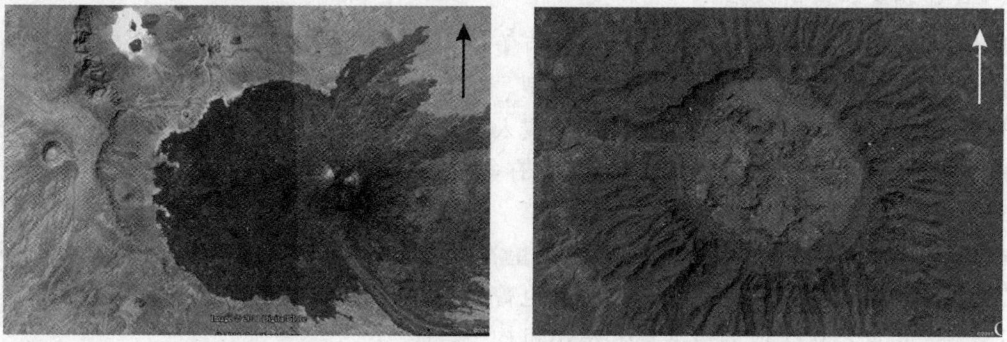

图 8-81　乍得北部火山口地貌卫星图像

图 8-81 左图是乍得北部的非洲国家火山公园。火山口群位于提贝斯提山脉西端，海拔高度为3 414m，是北非最高山峰。左侧浅色调火山口由流纹质熔结凝灰岩组成，右侧暗色调为第四纪玄武岩熔岩流。火山口的基底为前寒武纪变质结晶岩。火山口仍处于活动状态，具有间歇性喷气孔和泥浆流。图 8-81 右图为玄武岩火山口的地貌景观，玄武岩熔岩流清晰地分布在火山锥体外侧。

2. 环形构造的解译

(1)与岩浆活动有关的环形构造解译。岩浆岩环形构造通常都具较规则的圆形、椭圆形态特征。酸性、中酸性侵入体环形构造边界线清晰，常产于造山构造带边缘、断裂构造带的交切或交汇处，并可揭示岩浆侵位的区域构造环境或壳层重熔演化中心位置。岩浆岩环形构造与内生金属矿床密切相关，是遥感找矿研究的重点。其线-环构造组合样式呈现各种复杂组合特征，如菱环式、环块式、中心式、串珠式、环放式等组合形态(参看图 8-24、图 8-25、图 8-27、图 8-28、图 8-30)。

(2)与隐伏地质构造有关的环形构造解译。隐伏环形构造是指被第四系松散沉积物覆盖或被沉积岩盖层覆盖的环形构造。隐伏环形构造类型包括隐伏隆起构造、隐伏拗陷构造、隐伏背斜、隐伏向斜、隐伏侵入体、隐伏潜山等。当这些隐伏的地质体与地表自然景观标志具有某些直接或间接成因联系时，则可以通过遥感图像的综合解译和空间推理分析进行识别(参看图 8-63、图 8-65)。

在对隐伏岩体引起的环形构造解译时需要配合区域地球物理、地球化学、航空放射性测量等资料或数据，进行数据融合处理或叠加处理。如环形构造与航磁异常、重力异常场、钍-铀-钾航空放射性异常的空间关联分析对隐伏环形构造的解译就具有一定的指导意义。

(3)与地貌形态结构关联的环形构造解译。地貌形态上的环形构造实质上也属于地质环形构造，只是其环形影像特征是由地貌形态结构所构成。最常见的是近代及现代火山口地貌类型(图 8-24、图 8-25、图 8-81)、冻土地貌的冻胀小丘与热融洼陷(图 7-26)、平原区河流的牛轭湖和迂回扇构成的环形地貌类型等。它们也具有多尺度特征，如火山环形构造尺度可以从数十千米(如图 8-27、图 8-28 的长白山天池火山口)到数十米的小火山口(如图 7-35 的大同第四纪小火山口群)。地貌环形构造类型的解译可以确定地貌单元的地质成因类型，如对冻土的环形冻胀小丘与热融洼陷微地貌要素的识别可以协助确定其冻土成因性质。

3. 环状构造的成因分析

环状构造成因研究一直倍受关注，也颇有争议。从遥感图像认知理论角度看，存在两类环形构造成因：即地壳成因类型与地幔成因类型。

地壳成因类型属于确定型成因类型，如侵入岩体、火山口、陨石坑、穹隆构造、凹陷构造、冻土地貌等；地幔成因类型属于探索性论题，具有争议性，如深源热能说、热湍流成因说、地幔垂直贯通说等。

(1)宇宙成因(陨石撞击)说。在金星、火星、月球的表面有大量的陨石坑，地球在成因上与金星、火星、月球具有相似的演化历史，早期也曾遭到陨石的撞击，地球的环状构造大多是陨石坑构造，或是沿陨石坑生成的侵入体和火山机构。

(2)深源热能说。地球本身是个热库，内部存在着大量的热能源，热能的活动受地壳压力的影响，由高压区向低压区流动，沿着地壳薄弱部位上侵，造成对地壳的局部冲击，产生地壳拱起、岩浆侵入、火山爆发、刺穿底辟构造以及火山冷凝坍塌所产生的盆地或环状断裂等。

(3)热湍流成因说。根据康德-拉普拉斯星云引力收缩理论，认为今天地球表面所显示的各种环状构造，是被保留下来的原始涡旋构造或后期继承性构造的进一步发展。其依据是从卫星图像上能看到旋转构造或具台风式的旋涡影像。

(4)其他成因说。如热动力岩块说、地球自转成因说等。

复习思考题

1. 简述地质遥感的研究对象及其解译原则和方法。
2. 试论述不同岩石类型的图形学特征及其图像解译标志。
3. 简述不同岩石类型的波谱特征及其图像解译标志。
4. 论述遥感图像地层解译的综合标志及其应用方法。
5. 论述岩层产状在遥感图像上的基本识别标志，举例说明岩层产状的量测方法。
6. 论述褶皱构造的遥感图像基本标志及解译方法。
7. 论述断裂构造的遥感图像解译标志、遥感图像常见的断裂构造类型及其图像特征。
8. 论述隐伏断裂构造的图像识别机理及解译标志。
9. 简述活动断层的图像识别机理及解译标志。
10. 论述图像线性构造与断裂构造的标志类型及其解译方法。
11. 遥感图像环形构造的地学成因类型。
12. 征求你对本教材本章的修改意见，请发 Email 给任课教师，谢谢！

第九章　遥感找矿与矿山环境遥感

本章内容提要：重点介绍矿产资源遥感及矿山环境遥感的基础理论和图像解译原理与方法，系统介绍遥感找矿工作模式及遥感找矿标志，成矿地质条件的遥感分析；简单介绍了矿山环境遥感解译与监测方法及危机矿山的遥感调查方法。

第一节　矿产资源遥感概述

矿产资源遥感一直是地质遥感应用中的重要研究领域，国家地矿各部门，如国土资源、有色冶金、核工业、煤炭、石油、建材、化工等行业部门对遥感找矿探测的应用技术和方法研究都十分关注，并投入大量人力、物力及财力。

矿产资源遥感包括以下两个应用领域：遥感找矿及成矿预测；矿山地质环境遥感及监测。

一、遥感找矿及成矿预测研究

1．遥感找矿的概念

遥感找矿是通过遥感图像研究图像找矿标志及成矿地质条件并从中提取矿化信息和控矿因素来发现找矿靶区的一种技术手段。遥感找矿属于高度综合性的找矿方法，必须与矿床学原理和野外地质工作紧密结合，才能获得丰富可靠的资料和正确的结论。遥感找矿技术的直接应用是高光谱图像的矿物填图与蚀变岩信息的提取；遥感找矿的综合方法技术领域主要有高光谱数据处理、数据融合处理、3S集成技术、地学统计和多源数据处理技术等。

2．遥感找矿的主要研究内容

(1)遥感图像直接找矿、间接找矿标志的研究，如矿体露头遥感找矿标志、高光谱图像矿化岩石及蚀变岩填图等。

(2)遥感图像成矿地质条件解译与成矿规律分析，遥感找矿远景区分析及找矿靶区预测。

(3)地学多源数据图像处理方法研究与综合信息成矿预测方法研究，地学多源数据包括物化探数据、重砂测量数据、钻孔岩心地质数据等。

3．遥感找矿工作模式

遥感找矿可分为以下五种基本工作模式。

(1)从已知到未知建立遥感找矿模式。通过已知矿产地的遥感矿产地质解译来总结找矿标志，建立遥感找矿的矿床地质图像模式。

(2)成矿远景遥感预测工作模式。运用遥感图像的各种地质异常信息，对区域成矿远景进行预测,特别是急缺矿种和重点矿带的遥感专题研究,其工作目标是发现成矿远景地段、遥感找矿线索,获取成矿地质条件的新认识。

(3)就矿找矿工作模式。从古矿冶遗址到就矿找矿、从高光谱蚀变岩填图到成矿靶区预测、从已知矿床构造分析到建立遥感构造找矿模式的矿床预测遥感信息模型研究。

(4)多元信息遥感找矿模式。基于地球物理、地球化学、放射性航测数据与已知矿床和矿点及蚀变岩数据,总结各种矿床的地学多元信息标志及其矿床多元信息的异常机理,建立多元信息找矿模型,包括:①多元信息找矿标志;②多元信息矿床矿化点证据叠合标志;③基于地学多元统计建立综合找矿预测方法与成矿靶区空间定位方法。

(5)区域成矿新理论工作模式。如基于深源岩浆热动力中心理论对大型、超大型矿床、高品位富矿、多组分复合矿床在区域成矿带的空间分布规律,对多成矿期重叠及密集成群的集矿区成矿规律进行系统研究,探索新的成矿理论。

二、矿山地质环境遥感

矿山地质环境遥感是依据《中华人民共和国矿产资源法》和《地质灾害防治条例》,运用遥感方法对因矿产资源勘查开采等活动造成矿区地面塌陷、地裂缝、崩塌、滑坡、含水层破坏、地形地貌景观破坏、生态环境恶化、水土流失、岩溶石漠化等的预防和治理恢复工作所进行的矿山环境地质调查与监测。矿山环境遥感的主要内容如下:

(1)矿山地理环境及生态环境遥感解译;

(2)矿山开采类型及地质环境遥感解译;

(3)矿山地质灾害类型解译;

(4)矿山环境污染类型解译。

第二节　高光谱与遥感找矿标志

遥感图像找矿标志主要有矿体原生露头、矿体氧化露头及铁帽、围岩蚀变、旧矿遗迹、受矿床金属元素影响或毒害的植物或土壤异常标志等。

高光谱遥感的光谱分辨率可达 10nm 或更高,它可以获取地表物质高分辨率的光谱数据,具有"图谱合一"特性,对遥感图像地学目标的分类和识别精度可达到区域填图的技术要求。成像光谱仪的窄波段光谱数据可表征岩石及矿物的特征吸收谱带,可提高含矿岩石的识别能力,因此被称为高光谱矿物填图的遥感信息源。从现代成像光谱仪的高光谱图像上可以提取褐铁矿、黄铁矿、伊利石、高岭石、白云母、蒙脱石、绿泥石、透闪石、白云石和方解石等蚀变矿物信息。对蚀变岩的高光谱图像识别普遍采用信息提取、光谱建模、光谱匹配和地质填图技术,这是当前高光谱遥感矿产勘查领域研究的重点和热点。高光谱矿物填图是基于矿物光谱变异规律和岩石矿物图像识别技术进行区域找矿填图的应用技术,并分为矿物种类填图、矿物化学成分填图、矿物含量填图三种类型。

一、原生矿体露头

原生矿体露头是指直接出露地表的金属及非金属矿体。依据遥感图像色调(或色彩)和地貌形态特征构建矿体露头识别标志。如铁矿类矿层因其比较坚硬形成长条状垅岗正地形,图像呈深色调；锰矿层风化后常形成条带状负地形，图像色调呈黑-深灰色调；含煤地层常呈槽沟或条带状负地形，其走向与围岩层理一致；盐类矿床呈浅色调，溶蚀成塌陷洼地地形；石英脉和伟晶岩脉为浅色调陡坎地形。

原始矿体解译标志也可通过地学多源数据的融合处理来构建。如铀矿，因其具有强烈的辐射作用，可以利用航空放射性测量数据与遥感图像数据融合处理，直接提取铀矿矿层信息。运用多光谱图像的波段比值或光谱特征提取也可建立矿体标志及矿化异常标志，如波段比值标志、主成分图像标志、光谱角图像标志等。

二、矿体氧化露头及铁帽

各种金属硫化物矿体露头，经氧化作用后形成出露面积较大的铁帽。铁帽是地表氧化带的残留部分，主要矿物组合有褐铁矿、针铁矿、水赤铁矿等稳定次生矿物及稳定原生矿物（石英等）。铁帽既可作为金属硫化物矿床的找矿标志，有时其本身就是一种铁矿资源。铁帽矿体目标在遥感图像上都具有较明显的光谱特征，在假彩色红外图像上呈浊绿色，其图像色调与背景目标具强烈反差，易于识别和检测。亦可选择波段比值增强和信息提取方法来突出铁帽的图像特征信息，并可进行铁帽专题制图。

硫化物矿体在其氧化过程中释放出大量热能，在地表可形成温度异常区。如有些铁帽区的地表温度比其围岩要高，因此，利用热红外遥感图像铁帽覆盖区的温度异常解译标志，可以初步圈定成矿远景区或成矿靶区。

三、旧矿遗迹

旧矿遗迹包括古代和近代采矿遗迹，如老矿硐、采矿坑、开采场、废石堆、矿石堆、古冶炼厂废址等。由于古代先民受技术限制只可能开采地表及浅部的富矿，不可能开采矿床的深部矿体及“低品位”矿体，所以旧矿遗迹作为找矿标志，仍具有重大找矿意义。中国就依据旧矿遗迹找到了不少大型矿床，如安徽铜官山铜矿。

古代旧矿遗迹遥感图像标志有古采矿硐口、古采矿坑、古固体废弃物倒石锥等。但是老矿硐和老矿坑因其遗迹规模小、硐口塌陷或生长植物等因素影响，在图像上不易发现。解译时要结合含矿岩层的地层位置和成矿带构造规律进行关联分析，推断老矿硐或老矿坑。

近代露天采矿场具有较明显的图像标志，包括色调及图形标志均可利用。如广东云浮硫铁矿露天采场、湖北黄石铜矿露天采场的多光谱彩色图像都具有明显的色调标志，其图形结构有矩形、梯形、长条形、半圆形等几何图案特征。

露天采场的图像色调取决于开采矿种的颜色，如石灰岩、铝土矿、砂矿的开采场为浅色调；铁矿采场、露天煤矿则为暗色或黑色色调。

四、围岩蚀变

围岩蚀变带的图像标志是遥感找矿的直接目标，蚀变岩填图已经成为广泛运用的矿产勘察手段和方法。围岩蚀变是热液成矿过程中气化热液型矿床出现的普遍现象，由于蚀变岩比矿体分布范围要广，易于发现和调查，因而是一种重要的找矿目标和图像标志。

围岩蚀变类型主要有矽卡岩化、钾长石化、钠长石化、云英岩化、绢云母化、绿泥石化、青磐岩化、泥化、硅化等。不同种类的蚀变岩所代表的矿化作用可以指示矿床类型和矿种。例如云英岩化可指示高温锡、钨、钼等矿床;矽卡岩化可指示铁、铜、钨、锡等多金属矿床;蛇纹石化可指示石棉矿床;而钾化-绢云母化-泥化-青盘岩化、次生石英岩化所构成的蚀变带则可指示斑岩型铜矿床。运用高光谱矿物填图和图像光谱特征提取方法可提高蚀变岩矿化带的图像检测能力。

近矿围岩蚀变圈的空间分布范围要比矿体大几倍到几十倍,在遥感图像上也可构成特殊的色调异常标志和微地貌结构异常标志,并与一定的岩石类型具有空间关联性。运用高光谱、高分辨率遥感图像的蚀变岩识别和大比例尺填图方法,可以提高遥感找矿的工作效益和成矿靶区的定位精度。

近矿围岩蚀变的图像特征表现为以下三种类型。

(1)图像微地貌组合特征。蚀变围岩的物理结构发生变化,形成坚硬抗风化的围岩带,地貌特征为正向地形,如硅化、矽卡岩化、次生石英岩化、青盘岩化等常表现为条带状或不规则团块状的陡坎、陡崖、山脊地形特征;而高岭土化、黄铁矿化、绢云母化、绿泥石化、滑石化等蚀变围岩则因其易于被风化而形成条带状或其他形状的负地形。

(2)图像色调异常特征。蚀变围岩的颜色及背景岩石发生差异性变化,如高岭土化、次生石英岩化、白云岩化、绢云母化等岩石颜色变浅;矽卡岩化、青盘岩化、绿泥石化等岩石颜色变深,在遥感图像上反映为深浅不同色调的斑块或色调条带。

(3)图像纹理组合特征。识别围岩的岩石结构构造发生变化,如层理消失、片理化、交代变质晕圈等,这些现象在图像纹理结构上构成识别特征,具有识别鉴定意义。但要注意区分侵入体接触带的色调晕圈与围岩蚀变带晕圈的图像纹理的特征差异。

五、植物标志

植物找矿标志是由于矿床上覆土壤层及土层水分中的矿物元素及微量元素成分对植物的物种及生态环境、长势的影响,使其与地下矿床具有直接或间接的成生联系,反过来利用这类植物标志进行找矿或成矿预测。

在我国古代,就曾记载有"草茎赤秀,下有铅"、"草茎黄锈,下有铜器"、"山上有葱,其下有银;山上有薤,其下有金;山上有姜,下有铜锡"、"山中有玉者,木旁枝下垂"的论述,比国外的植物探矿理论早了几百年。这些植物就是找矿的"指示植物"。

植物找矿标志是基于植物长势或群落分布异常,建立植物指矿性的类型,提高植物找矿的效果。常见的植物找矿标志有以下三种类型。

1. 矿物或重金属污染植被标志

矿床金属元素进入土壤层逐渐变成被植物吸收利用的离子状态,当植物吸收后就会在它们的生长状况上反映出来。当植物过量吸收某种元素就会产生生态变异甚至枯萎死亡现象。如硫化物矿床、放射性元素矿床和铬镍等金属含量高的地区,对植物都有毒害作用,常使植物枯萎或死亡,甚至造成密林中无植被覆盖区,成为"林窗"。如美国科罗拉多高原铀矿地区,植物群落以低矮灌木丛为主,枝叶变成白色(成为白叶病)。这种标志特性表现在植被群落异常及生态异常,是一种有效的找矿标志。再如当下伏煤矿发生地下燃烧时,致使土壤温度升高而造成地表植物枯萎或死亡。

2. 植被群落生态变异标志

对植被遥感找矿而言,更关注的目标是可形成图像识别标志的指示性植被群落组合,然后利用植被光谱指数进行信息提取和图像检测。如有的植物群落因土壤层中某种元素的富集而出现生态异常时，即可被植被指数图像检测出来。如锌元素含量高处苦艾等叶状植物生长茂盛，其他植物则很少生长；冷杉属、橡树、落叶松和杉树群落当生长在高铜、锌矿区时将发生生态变异，其枝叶颜色将引起波谱特征曲线发生变化；在俄罗斯雅库特含金刚石金伯利岩筒上覆土壤层上生长有特别茂盛高大的赤杨、落叶松群落，遥感图像上呈现暗圆形色调异常，构成舌状斑块图形结构异常。

3. 特殊适宜性植物标志

有的植物在生长发育中对某种金属元素的土壤具有特殊依赖性，这种特殊适宜性依存关系可转变为找矿依据和指示性标志。如铜元素使植物的花朵呈现为蓝色；锰含量高时植物花朵由白色变为粉红色；铀可使紫云英花朵变为浅红色；锌可以使三色堇花朵的蓝、黄、白呈更加鲜艳的三色。如高铜土壤区红松发育良好，其他植物则枯死；香薷（铜草）是在长江中下游地区找铜矿的一种指示性植物。而在地热异常区，常使地表植物繁茂，形成物候特征异常，可作为地热勘查标志。

在盐渍化地区，盐渍化土层上发育喜碱性植被，在盐渍化土层四周则围绕有淡水圈，其上则发育淡水圈茂密的植物群落，且在遥感图像上表现为环带形、四边形的植物覆盖异常景观结构；在高原冻土层草原的热融碟形洼地、热融塌陷洼地，发育喜湿植物群落，在遥感图像则显示为小环形结构的植被覆盖异常。

第三节 成矿地质条件遥感研究

一、成矿地质条件概述

按成矿地质环境的矿源能量和作用性质分为内生成矿作用、外生成矿作用和变质成矿作用，并相应分为内生矿床、外生矿床和变质矿床三大矿床类型。成矿地质条件研究是基于矿床形成机理和矿床分布规律，揭示不同地质条件下的成矿作用与矿床储存位置的空间规律。

成矿地质条件遥感分析是基于不同矿床类型及其成矿控矿条件，重点研究内生矿床与岩浆岩、幔枝构造控矿及围岩蚀变条件，沉积矿床与含矿地层岩性、岩相和构造条件，变质矿床与接触变质和区域变质的成矿作用及成矿温度、压力条件等。基于遥感图像成矿地质条件及其异常信息，对岩浆岩、构造、岩性、地层和地貌等条件进行系统分析，并在此基础上，运用地学统计和基于GIS集成平台的空间分析功能，进行成矿远景和成矿靶区预测。

二、岩浆岩成矿条件解译

岩浆岩成矿作用是地球内部热能、动能、化学能的内力作用而形成的以金属矿床为主的成矿过程。除火山成因矿床外，其成矿过程都在地壳内部完成，矿床类型分为岩浆矿床、矽卡岩型矿床、热液矿床、伟晶岩矿床四类。其中，岩浆矿床可通过对侵入岩体的图像解译获取成矿条件信息；矽卡岩型矿床可通过对侵入体与碳酸盐岩围岩的图像解译而获取成矿条件信息；热液矿床是分布最广泛的矿床类型，可通过对侵入岩及其围岩的接触变质带与蚀变岩遥感填图获取成矿条件的主要信息。总之，遥感图像岩浆岩成矿条件分析是基于对侵入岩及其围岩类型、成矿带的构造属性、控矿构造的空间尺度特征（如与侵入岩体的空间尺度、与矿床的空间尺度、与围岩的空间尺度等)的多层次解译来获取区域成矿规律控矿因素及其空间结构信息。

岩浆岩成矿条件的解译要点和基本方法是将研究区的侵入体解译图与区域内生矿床分布图进行叠加处理分析,根据不同类型矿床的展布规律研究其成矿地质条件,包括:①岩浆岩矿体在区域成矿带的构造区位的解译与分析,首先分析成矿带的构造与矿床的空间结构特征,确定成矿带构造控矿类型,如造山带的构造控矿系统、非造山带的构造控矿系统、陆内造山带的构造控矿系统等;②依据岩体的图像特征,结合矿床地质图,对岩浆岩矿床类型进行分析判别,分析其成矿规律,如对矽卡岩型矿床,则需要对围岩中的灰岩地层、岩相组合、岩层产状等进行解译和区域对比分析,确定该类矿床的相似成矿条件及其空间分布规律;③收集侵入岩体的岩浆岩成矿专属性资料,结合图像光谱特性及围岩性质、构造类型进行区域分析对比,运用岩浆岩成矿理论,对区域岩体进行控矿因素的多层次分析。如西藏阿里地区的雅鲁藏布江大断裂两侧的基性-超基性岩体形成的铬矿床成矿远景区带;在江西赣南钨矿区,矿体多与环形构造密切相关,图像解译发现,钨脉矿床大多分布于环形构造的内外接触带边缘,而环形构造本身就是花岗岩体。矿床的产出位置与接触蚀变晕圈的图像纹理图形密切相关,并与石英脉体呈共生关系。

三、沉积矿床解译与成矿条件分析

沉积矿床也称为外生矿床,形成于沉积盆地成矿环境。但沉积岩矿床绝不是简单的直接沉积成矿,而是经历了多因素多阶段的复杂成矿过程所形成的物理富集产物。沉积成矿受沉积环境及地质背景制约,并决定了矿床的层控特性与时空展布规律。地壳的造山、造陆、造海运动控制了沉积矿床的成矿域和成矿带的空间分布格局。

沉积矿床的图像解译与成矿条件分析的主要内容如下。

1. 含矿地层及含矿岩性-岩相段的解译与空间追踪

沉积矿床具有层控特性,因此,依据区域沉积矿床的地层、岩性、岩相资料,对区域内含矿地层及矿床所在的岩性段、岩相段进行详细解译和空间追踪,编制沉积矿产解译专题图件。对含矿地层的追踪是遥感解译的技术优势,可以实现在区域空间上的连续解译及追踪。如对山前丘陵平原地带的隐伏煤系地层的追踪可有效地扩大煤田找矿区域和煤矿储量(参看图 8-62 隐伏褶皱构造解译);加拿大的变质铁矿层具有含铁石英岩层控特性,通过对含铁石英岩的图像解译和追索,就可寻找铁矿体矿床;美国德克萨斯州赋存于河床砂砾层中的铀矿床,在热红外图像上具有温度异常信息,通过对热红外图像含铀砂砾质河床充填物的异常追踪,即可将该类铀矿床从图像中圈定出来;在四川叙永地区蓬莱镇组砂岩铜矿属于砂岩岩相段的层控矿床,利用对该含矿层位的解译追踪,编制了砂岩层控铜矿床的矿产资源图。

2. 沉积盆地的解译与成矿条件分析

沉积盆地的解译内容包括盆地类型、盆地沉积环境、盆地构造条件、盆地成矿环境、盆地热力学特性等,其中多数内容需要结合区域地质资料进行综合分析。对油气田盆地解译,首先需要了解研究区的盆地类型,如基于地壳型的盆地类型有大陆壳、洋壳、过渡壳盆地;基于板块构造的盆地类型有克拉通内部盆地、克拉通边缘盆地、洋中脊盆地;结合构造背景将沉积盆地分为克拉通盆地、陆内和陆间裂谷盆地、被动大陆边缘盆地、弧前和弧后盆地、前陆盆地和走滑盆地等类型。结合盆地的地球动力学特征将盆地划分为张性盆地、压性盆地和扭性盆地,其强调盆地形成的构造应力状态和动力学特征。

在云南三江裂谷盆地中的超大型银多金属矿床就属于海底喷溢沉积作用而形成，而滇东南下寒武统地层就是其盆地沉积物的重要矿源层。沉积盆地作为金属矿床沉积环境重要的控制条件，对沉积矿床找矿条件分析具有重要的指导意义。

湖北的晚中生代陆相盆地类型多为扭性盆地和张性盆地；而在新疆天山南缘的中生代盆地则为压性盆地及扭性盆地，其盆地的沉积环境和成矿条件就有所差异。这类盆地的遥感图像解译标志都较为清楚。

分布在鄂西北黄陵背斜北部转折端的震旦系陡山陀系白云质灰岩层位中的胶磷矿矿床的沉积环境为相对封闭的弧后盆地，在控矿层位的解译中，通过对含矿地层及岩性-岩相段的专题制图，来分析古盆地的沉积环境对磷矿成矿域的层控特性及其空间分布条件。

3. 风化壳矿床的解译与成矿条件分析

由地壳表层岩石或矿石经风化作用而形成的矿床称为风化壳矿床。风化壳矿床主要有铁、铝、锰、镍、金、铂、锡、金刚石、稀土、铀、高岭土等矿床。风化壳矿床有两种基本类型，即古风化壳矿床类型与新生代风化壳矿床类型。

古风化壳矿床受控于地层的不整合接触面，其控矿条件是地层的构造环境、古沉积环境及后期构造的改造条件。遥感图像风化壳矿床的解译标志主要有：①影像地层标志，尤其是地层不整合界面的岩石单元的图像标志；②第四纪地貌标志，重点是山地地貌分类标志、地形切割强度标志、地貌形态组合标志、构造地貌类型标志等，地貌解译的重要意义在于判别风化壳矿床的赋存条件；③第四纪松散堆积层标志、第四纪成因类型及岩相标志；④气候标志及水文标志，主要是对风化壳矿床形成的温度条件、湿度条件、地下水条件、潜水位条件等进行成矿环境分析。

新生代风化壳矿床成矿地质条件主要有：①原岩成分决定成矿物质来源，如基性和超基性岩与铁、镍风化矿床相关，长石质与黏土或铝土矿床相关等；②气候条件决定风化后的矿物分解及变化类型，如高温气候有利于碱和碱土金属形成，热带亚热带地区的潮湿气候雨量充沛环境有利于风化矿床的形成；③地貌类型及地形条件影响风化产物的堆积环境，如中高山及强烈切割地形单元不易堆积成矿，而中低山和丘陵地带则是最佳的风化矿床堆积发育地带；④构造裂隙带和破碎带决定风化矿床的保存条件、空间位置、延伸方向和风化矿床的深度，如构造弱沉降环境最有利于风化矿床的保存；⑤时间因素决定风化矿床的规模及矿化富集程度，如在已知的风化矿床中，第三纪及第四纪形成的风化壳矿床最多。

上述成矿条件在遥感图像上的解译程度较高，再结合已知地质、气候、水文资料进行综合分析，就可以获取风化壳矿床的区域分布信息及找矿靶区预测目标。

风化壳矿床多属于残余矿床，风化残余矿物为稳定矿物，因此，在对风化壳矿床进行解译时要注意其原岩类型与风化壳矿床的对应关系。风化壳矿床主要类型有：①红土型铁矿床，与超基性岩风化壳有关；②红土型铝土矿矿床，与碱性岩和基性岩风化壳有关，而钙红土型铝土矿则是含铝碳酸盐岩风化壳产物，亦可形成岩溶型铝土矿床；③红土型镍矿床，一般由超基性岩风化而成，主要形成于热带、亚热带蛇纹岩风化壳中；④黏土矿床主要与花岗岩类岩石的风化壳有关；⑤稀土元素矿床以酸性侵入岩体的稀土矿物富集成矿，如南岭地区的钇族重稀土元素矿床，而华东的流纹斑岩则为铈族轻稀土元素富集矿床；⑥淋积层铀矿床是铀化合物淋积在有利地段富集成矿，为砂砾岩型铀矿床、沥青质型铀矿床；⑦南方红层的淋积型铜矿，多发育于红层风化壳，其成因是原生硫化物经氧化、迁移，在潜水面附近堆积形成的风化淋积型矿床。

4. 蒸发沉积矿床的解译与成矿条件分析

陆内盆地中溶解的无机盐类经蒸发作用沉淀富集过程形成的矿床称为盐类矿床。蒸发沉积矿床的矿质来源包括：盆地水体中溶解的盐类、陆源风化物形成的可溶盐类和排放到沉积盆地中的地下水及岩浆水溶解的盐类等。蒸发沉积矿床的成矿作用是化学沉积分异作用，即卤水浓缩过程中按盐类溶解度递增顺序依次沉淀。蒸发沉积矿床有用组分是盐类矿物和卤水。

由于盐类矿床多发育在丘陵或山前平原地域，遥感图像对其成矿条件的解译标志多为隐伏型间接标志，故对其地质条件的解译难度较大。一般可利用的图像标志是地面采矿标志和地表间接相关标志，如江汉盆地应城-云梦新生代盐类矿床的盆地属山前断陷或断拗盆地的湖相碎屑岩建造环境沉积矿床，其含矿岩系为下第三系始新统碎屑岩-泥岩湖积建造。在遥感图像上，应(城)云(梦)凹陷的石膏盐类矿床地表图像要素主要是汉江盆地的岗丘地貌与耕地地理景观标志，但从区域地貌及矿山采矿设施可以间接识别石膏矿床所发育的地段。从构造格局来看，该成矿盆地的北部边缘构造为NEE向张扭断裂带，图像标志较为清晰。盆地南缘，则为第四纪NEE向裂陷断裂带所控制，表现为呈线状排列的一系列残余湖泊图像特征。

四、控矿构造解译与成矿条件分析

控矿构造(ore-controlling structure)是指不同级别构造体系对矿产分布的逐级控制作用。在遥感构造的尺度等级体系中，不同等级的区域构造体系控制不同矿集区的等级，如大尺度构造带控制一级成矿带、成矿省、成矿域的空间展布规律；区域级控矿构造则控制矿田的分布；中小尺度构造则控制矿床、矿体的储存部位。对遥感构造控矿模型进行找矿勘察及成矿预测研究已经广泛应用于区域成矿条件分析和成矿预测。但在地表和浅层矿床地质条件基本查明的背景下，遥感找矿的重点也转移到对深部矿床的分析及预测，这是当前构造控矿条件研究的重点和热点。

1. 导矿与容矿构造的解译分析

控矿构造的图像解译重点是基于成矿带、矿床、矿体的空间位置关系，研究它们与构造要素之间的空间结构关系、图像结构关系、空间距离关系、空间方位关系等，并揭示矿床与控矿构造、导矿构造、容矿构造之间的空间规律。如美国加利福尼亚海岸带发育100多个汞矿床(点)并聚集在21个地段，在遥感图像构造解译后发现圣安德烈斯断裂带存在次一级NWW向扭性断裂构造系，从而确认了圣安德烈斯断裂带属于导矿构造，而NWW向断裂构造系属于汞矿床的容矿构造。

在湖南水口山铅锌矿外围遥感构造解译分析中，发现NNE与NNW向断裂构造构成菱形构造格架为控矿构造结，其结点为铅锌矿床的导矿构造，并圈定了三处有利成矿构造部位，且已经钻探证实为铅锌工业矿体。

2. 隐伏构造解译与深部成矿条件分析

遥感图像对深部构造的解译和新认识，可以解释深部矿床的控矿构造条件，明确找矿方向，扩大矿床勘探储量。如美国阿拉斯加矿化带，前人观点是矿床受控于向北凸出的弧形岩相构造带，而卫星图像解译发现了NW及NE两组线性构造，经分析认为其受深部构造所控制，并根据这一深部控矿构造观点发现了多处铜矿床。

对隐伏褶皱构造的解译也可揭示矿田构造特征并进行成矿预测。如湖南临澧县停弦渡二叠系煤系地层的80%被红盆及第四纪沉积物所掩盖，从卫星图像解译发现了隐伏向斜构造向南扬起的转折端，运用地貌形态、垄岗、河谷、农田及植被覆盖类型的图形标志均呈向南凸出的弧形转折形态特征，结合重力测量数据证实其下隐伏的煤系地层(参见图 8-62)。

3. 成矿带遥感构造解译与大、中尺度控矿构造分析

造山带成矿系统已经成为深部找矿理论的基础，由此提出了一系列大、中尺度构造控矿模式，如核幔成矿系统与幔枝构造成矿模式；大、中尺度构造矿化分带模式；板块俯冲带成矿模式；大规模成矿作用与构造带多层次成矿模式等成矿理论。

成矿带理论是基于成矿地质背景和成矿期的时空关系及其空间联系性，以板块构造单元划分为基础，将矿床(点)、构造单元、矿种、赋矿建造、控矿因素、成矿类型、成矿时代进行区域对比和成矿规律的研究。在上一级成矿带的构造控制下，次级成矿构造带就具有相对稳定的展布特征和规律，并具有相似的构造环境和成矿条件、相似矿种和成矿时代。其中，一级成矿带控制成矿域，属于全球性成矿体系，由大地构造、岩浆成矿旋回发育过程及构造叠加过程所控制；二级成矿带是一级成矿带的次级构造控矿带；三级成矿带是二级成矿带的次级成矿带，是矿床集中分布区，其矿床成因类型具有一定的相似性和关联性，并受构造岩浆带、岩相带、区域构造、区域变质作用的严格控制。遥感构造解译及成矿预测，就是依据成矿带划分理论，在成矿带相似构造环境下进行找矿与成矿预测。

如胶东金矿床的矿集区受控于东亚大陆与西太平洋板块活动带次级控矿构造带-新华夏体系和华夏式构造系的控制，依据胶东金矿的控矿构造的层次性及其控矿、容矿特性，发现新华夏系 NEE 向泰山式构造控制胶东金矿带的空间展布规律，而 NNE 向剪切带则控制金矿产出部位，剪切带断面产状控制矿体的倾伏侧伏规律，而剪切构造运移和组合形式控制矿脉的分布。运用成矿带的成矿规律，基于遥感构造解译，就矿找矿，进行成矿靶区预测。

五、矿床矿田的地貌条件与空间分析

地貌是新生代风化壳矿床和砂矿的直接控制因素，而对于岩浆岩矿床、沉积矿床及其成矿带而言，成矿区带的地貌特征及其组合形态异常也具有找矿标志的意义。

现代风化壳中的残余矿床，多位于比较稳定的准平原化的高平台(古夷平面)地形上，少数情况也可产于凹地、破碎带、岩溶洼地等地貌单元。如砂矿最有利的地貌条件是低山丘陵的河谷区和海滨区；残坡积砂矿多位于古夷平面、高阶地及山坡等地；洪积型砂矿多在山麓、谷口、盆地边缘地带；冲积型砂矿多位于古河床、现代河床、河漫滩、河流阶地、埋藏阶地、低凹地及岩溶漏斗等微地貌部位；滨海砂矿多位于河口附近、砂嘴和砂堤等有利部位。上述地貌单元都具有明显的图像特征和解译标志，再结合其他标志进行成矿及控矿分析，可为寻找该类矿床提供找矿靶区。

赞比亚的金刚石砂矿是通过遥感图像解译的古河道，在古阶地地貌单元中发现的金刚石砂矿；澳大利亚西北部是金伯利岩分布区，通过对夷平面的解译，发现了红土型铝土矿。

对于基岩类矿床，依据矿体及近矿岩石的结构构造、物理和化学性质的差异性，建立地貌解译标志。由于矿床的空间尺度一般都较小，很难形成独立的地貌单元，因而，要充分利用近矿围岩、近矿岩石地层单元的地貌特征及微地貌特征来建立矿床的关联解译标志。若矿体与近矿岩石为坚硬岩层，则其地貌形态多表现为陡坎、脊峰、山丘和长垅状等正地形，如含金石英脉和含钨石英脉、含铁石英岩、钒钛磁铁矿、伟晶岩含矿层等；若为硫化物金属矿床，则其地貌类型多为低山丘陵区的复杂地貌形态单元，并与矿区外围的岩石地貌、沉积地层的条带状线状

地貌单元具有明显的结构性差异；若为含铬、镍等超基性岩侵入体矿床，则由于其易于风化和发育较密集的原生及次生节理、裂隙等特性，就会在地貌上形成低洼地形、线状垭口地形、串珠状洼地等地貌形态标志；若为盐类矿产，则会因采空区的地面塌陷、沉降、裂陷等作用出现地表微地貌结构异常。这些矿床、矿体、矿带所形成的地貌单元结构异常及微地貌异常都具有较为明显的图像标志，在遥感找矿及成矿条件分析中具有一定的指示意义。

第四节 矿山遥感与地质环境监测

矿山地质环境遥感是基于矿山地理学和矿山地质学的理论知识系统，结合部门的技术规范和工程要求所进行的一种具有遥感信息工程意义的实用型应用技术。基于矿山地理学主要是对矿山地理地貌环境及生态环境、水体环境、土地环境、交通及社会经济环境的综合性遥感调查。矿山地质学是研究矿山开采工程与矿山环境地质问题，它是采矿学科与环境地质相结合的边缘应用学科。矿山开采工程会引发矿山地质灾害问题，如矿山地面沉陷及塌陷问题、采空区剩余沉降量及松散层疏干沉降的矿山塌陷及采空区岩层位移因素等问题。而对矿山滑坡、泥石流等地质灾害形成机理研究则包括露天采场的滑坡、开采引发的崩滑灾害、矿山边坡的动态变化评价及矿山泥石流问题等。

一、矿山地质环境遥感调查的主要内容

矿山地质环境是指由于矿山的开采致使矿山地表及地下的地质环境发生变化，以至于成为致灾因素。矿山地质环境遥感的主要对象是针对矿山开采过程中所产生的地质环境问题进行调查和环境评价。矿山地质环境遥感调查的主要内容如下。

(1)采矿活动对耕地环境和建设用地环境的不利影响。因采矿及各类废渣、废石堆置，对林地的压覆、对草地生态及地表植被的破坏，尾矿堆积区对水体、耕地及生态的污染和破坏，对水土流失和土地荒漠化的影响等。

(2)采矿诱发地质灾害的现状调查与灾害评估。主要内容有因采矿引起滑坡、泥石流、陡坡重力崩塌、地面沉降、地面塌陷、采矿塌陷灾害对城镇建筑稳定性影响，由于地下采空形成的地面及边坡不稳定状态、地面开裂及裂缝等地质灾害。

(3)采矿使矿区水均衡遭受破坏和水环境污染问题的遥感调查。如因采煤造成地下水位下降或损失，导致农田灌溉、井泉水量减少甚至成干井，因废渣、尾矿造成水体污染和对水域流经区生态环境的破坏等。

(4)矿山开采对大气污染导致局部环境变化的调查。如煤炭采矿行业废气排放，主要是烟尘、二氧化硫、氮氧化物和一氧化碳，使矿山地区遭受不同程度的污染。我国因二氧化硫污染导致的酸雨区面积占国土面积30%以上。

(5)采矿破坏自然地理景观环境及景观完整性。矿山地理环境因采矿而发生改变，尤其是大型露天开采对地理景观的改造和影响就更为严重。

二、矿山地质环境遥感解译

在矿山地质环境遥感动态监测中，地学目标的空间尺度特性及其可视性环境成为目标拾取的关键技术问题。目前多采用多尺度遥感图像来进行空间匹配以解决矿山目标的动态解译

及其空间信息收集问题。但在实际应用中，由于不同矿类的区域地质条件的差异性，对不同类型矿山目标进行的遥感监测效果和精度就存在着一定的差异。遥感动态监测涉及到图像解译及信息提取的理论问题有：①基于尺度空间的矿山地质环境目标尺度与图像像元尺度的特征匹配问题；②基于矿山目标遥感监测中的光谱效应及遥感图像空间定位的坐标精确配准问题；③矿山地质灾害体的多尺度遥感与多信息交叉验证问题。

1. 遥感图像的选择

图像选择主要依据矿山类型及调查目标的尺度，进行图像空间分辨率及光谱分辨率数据解译程度的适宜性评价。如露天采矿类型，需要中等尺度的图像空间信息，选择 SPOT 卫星多光谱图像即可满足调查技术需求；对坑道开采矿山类型，由于采矿巷道口所具有的半隐蔽性和在二维图像难以发现洞口的问题，遥感图像必须选择高分辨率图像，如 IKONOS 卫星图像、Quickbird 卫星图像或其他较高分辨率卫星图像，运用采矿坑口的地面设施、矿石中转场地及固体废弃物堆积场地的相关解译，判别采矿坑口、矿洞等地下设施的地面出口位置；对矿石开采引发的水体污染、植被生态变化、土地土壤污染等问题的遥感图像解译，则所选图像的光谱分辨力是其重要因素；对于平原区地下采空区的地面沉降、塌陷、地裂缝问题，则可选择雷达图像，运用雷达干涉测量技术（InSAR）测量地面变化，特别是 D－InSAR（差分干涉雷达）和 PS－InSAR 技术在对地表沉降监测中可获取地表微量形变数据，这是目前应用潜力最好的地表形变监测手段。

2. 矿山地质环境解译的主要内容

矿山地质环境解译是运用多尺度、多时相卫星图像对矿山开采区的地理区域进行地质环境专题解译。矿山监测包括采矿权监测与矿山地质环境变化监测两部分。采矿权监测是基于采矿边界的 GIS 图形数据，运用遥感图像对越界开采的采场、固体废料堆积场、矿石中转场地等权限性问题进行监测，及时发现并上报。而矿山地质环境遥感监测主要是针对矿山开采引发的各类地质环境问题进行动态监测和预报。

矿山地质环境解译的主要环境目标有：滑坡、重力崩塌、泥石流、地面沉降、塌陷、裂缝等灾害类型。图像解译的主要任务是矿山的水系网解译与制图、矿山交通网解译与制图、矿山地质灾害类型调查与解译制图、矿山地质环境等级评价图等。

矿山地质环境动态监测的主要内容如下。

(1)在对露天采场边坡稳定性降低的区域环境评价基础上，对可能引起滑坡、重力崩塌、垮落的不稳定区域设置动态监测区，设定时间尺度进行多时相遥感监测，在重大危害区，依据技术需要，布设环境传感器监测网，基于星地数据集成技术，提高遥感监测精度。

(2)对地下开采矿山，针对山区采空区的地面塌陷及地裂缝问题进行大比例尺图像解译，圈绘塌陷及地裂缝分布并进行地理定位，依据需要设置监测区与监测网络；对山前、丘陵、平原区的地下采空区，如煤矿、盐类矿床开采区，除采用高分辨率卫星图像解译外，还应根据需要，运用雷达卫星图像数据的 InSAR（干涉雷达）、D－InSAR（差分干涉雷达）图像处理方法，测量地面微细变化，进行沉陷区地面形变分析。

(3)对山区露天开采或地下采矿的大型固体废弃物堆积区域，结合水系网络图，对巨量级人工松散堆积体的边坡稳定性、暴雨期的汇水面积及可能引发泥石流的对象进行模拟评价，运用流域分析与 3D 模型相结合的方法对矿区泥石流进行解译与详细评价，依据评价结果设置遥感监测的危险地带。

(4)对尾矿库进行遥感监测，查清大型尾矿库的坝体工程结构并对其稳定性进行评价，对有垮坝危险的目标进行监测；对老矿区尾矿库的二次开采开挖工程进行大比例尺遥感制图，对新开挖的采面进行边坡稳定性模拟与评价。

三、矿山地质环境监测

1. 矿山污染的图像解译与监测

矿山污染，特别是含有害物质的坑道排水、尾矿渗水和废水污染等矿山主要污染源是遥感解译的主要目标。对金属及重金属矿山矿床开采引发的化学污染(有害元素污染)问题，主要指含有汞、镉、铬、铅及砷等生物毒性显著的重金属元素及其化合物对环境的污染，矿山尾矿、坑道排出的重金属废水在进入土壤层或生态系统后就会存留、积累和迁移，造成危害。金属矿山环境地质的遥感解译原则是：首先是确定污染源头位置，查明污染源的扩散方向及流经区域，确定水域污染范围或土壤污染影响，对污染区域的生态环境质量进行调查和评估；非金属矿床开采(主要指化工原料矿山)引发的环境污染属于类金属元素污染，由于类金属元素介于金属与非金属之间，所以它们具有金属与非金属两种化学物质，它的活性较大，既可与无机物作用，又很易与有机物结合而生成金属有机化合物。因此，类金属污染对生态环境有较大的影响。在矿山污染源中，主要是硫铁矿开采区形成的硫污染。遥感解译要运用多光谱图像对硫化合物污染区及其所污染的水体、水系网进行解译制图，划定其污染范围，并就该污染对区域生态环境影响进行调查与评估。

在矿山环境污染遥感调查中，要特别注意尾矿的环境效应及其污染程度的解译和评估，并建立有害元素的环境效应及环境质量评价体系。基于定量遥感方法，采用植被(水体)指数法将植被(水体)从地表环境基面中分离出来，制作矿山污染类型及强度分布图，为矿山地质环境治理与恢复提供科学依据。

2. 土地复垦现状解译与监测

土地复垦是指矿山开采过程中，因挖损、塌陷、压占等原因造成的土地破坏现状进行治理，使其恢复到可供利用状态的程度，达到土地的再生利用和生态系统恢复的环境水平。

矿山土地复垦监测图像解译的目标及内容：①露天采矿场、取土、挖砂、采石等矿山开采过程对地表造成的土地破坏现状；②地下开采引起地表塌陷的土地现状；③矿山固体废弃物堆积场、尾矿库等所压占的土地；④矿山污染物质排放对土壤及植被的污染；⑤矿山废弃工程、废弃道路路基、建筑搬迁等毁坏或遗弃的土地；⑥由于采矿而荒芜废弃地。

地下采矿的矿山土地复垦遥感监测重点是固体废弃物堆积体、露天采矿所破坏或荒芜土地、草原、林地被破坏土地的复垦现状、土地复垦率调查与统计、生态功能恢复或修复现状等内容。

3. 生态恢复图像解译与监测

生态环境监测是环境监测中一个全新的概念，它采用生态学的各种方法和手段，从不同尺度上对各类生态系统(Ecosystem)结构和功能的时空格局进行度量，主要通过调查生态系统条件、条件变化、对环境压力的反映及其趋势而获得生态环境现状数据。运用遥感图像的波谱特征及宏观特性，对矿山生态环境进行解译制图。主要内容有基于矿山开采对土地利用现状的破坏、对地面植被的压覆及破坏、对土壤层的污染和破坏等。

生态恢复监测的图像处理方法可采用遥感波段比值处理方法，快速监测和评估生态恢复程度。一般采用RS和GIS技术对大型露天矿区土地利用变化分析的景观监测技术。生态质量评价是矿山生态恢复监测的核心内容。矿山生态恢复监测遥感，可以基于景观生态学、农业生态学、森林生态学的理论和实践，利用多光谱或高光谱图像数据处理技术，获取更为有效的生态指数，实现对生态恢复的定量监测。

第五节　危机矿山遥感与接替资源找矿

危机矿山指由于矿区范围内可供开采的矿产资源短缺，在目前或今后一段时期内难以维持正常生产经营而面临闭坑或破产危机的矿山企业和以矿兴城的矿山城市，它使重要矿山步入中老年期，资源逐渐枯竭，大量矿山相继破产，矿工失业，从而引发矿山城市的可持续发展问题。

一、危机矿山深部找矿勘察

危机老矿山遥感是基于老矿山尚具有较大的找矿空间，其找矿方向是开展矿山外围资源潜力的遥感调查；另一个是在矿山深部进行矿床二次勘探，因为老矿山的深部具有较大的找矿空间及潜力。中国铁、铜、金、煤等主要固体矿产的开采深度可分为300m以浅、300～500m、500～1 000m三个深度层次；我国的矿产勘察深度在400～1 000m，平均约为500m。与国际比较可知，中国老矿山深部应具有极大的矿产储量潜力可勘察。如加拿大金矿、镍矿、铜锌矿的平均开采深度为2 400m，南非金矿最大开采深度达5 000m。在“十一五”期间已经开展的危机矿山接替资源找矿勘探深度在800～1 000m，现已探明了一批资源储量，证明了深部找矿的巨大潜力。目前，危机矿山千米深钻孔200余处，最深钻孔已达2 000m以深。

二、矿山外围遥感找矿与接替资源潜力调查

随着找矿理论和关键技术方法的不断创新，在危机矿山深部和外围进行遥感调查并实施综合勘探技术，外围遥感找矿的目标是扩大调查范围，加深探矿深度，寻找并构建矿山接续资源及接替资源的勘察新基地。

矿山外围遥感找矿的基本方法有：①基于多光谱或高光谱遥感图像，进行矿产资源解译，分析成矿地质条件，圈定找矿目标区；②运用航磁地球物理数据、地球化学异常数据、航空放射性测量数据及外围岩石物性数据等地学多元信息进行综合找矿预测，圈定找矿靶区；③基于控矿构造理论及遥感构造异常分析，在成矿带就矿找矿，扩大矿床勘察视野，预测找矿远景区带。

对矿山接替资源及接续资源的勘察潜力遥感调查成果数据进行优化处理，构建矿区外围找矿靶区优化序次：①优选并建立接替及接续矿产资源的矿床矿种类型序列；②对成矿异常区及找矿靶区进行可信度分析和优选排队，选择重点找矿靶区，集中勘测技术力量，对最优找矿目标实施突破性勘察；③基于成矿新理论、勘察新技术、优选找矿方法技术，对重要的成矿异常密集区进行精准勘探。

复习思考题

1. 简述矿产资源遥感的基本任务和遥感应用概况。

2. 遥感找矿有哪些直接解译标志？试分析铁帽解译标志的指矿意义。

3. 简述围岩蚀变带的基本类型，说明它们的图像特征和解译标志。

4. 简述高光谱遥感图像在遥感找矿中的技术优势。

5. 简述植物找矿标志的基本类型。试结合你的地质实习经验论述金属矿区的植被异常现象。

6. 简述沉积矿床的层控特性，结合遥感图像解译实践，论述利用含矿层位地层或岩石单元图像追索填图在区域找矿中的应用方法。

7. 论述控矿构造在成矿条件分析中的作用和意义。

8. 简述不同类型矿床的地貌形态特征。

9. 论述矿山地质环境遥感解译的基本内容。

10. 如何对矿山潜伏的地质灾害进行遥感监测？试论述你的监测设计。

11. 简述矿山环境污染的基本类型。结合你的实际经历，论述采矿过程对生态环境造成的污染现象。

12. 简述危机矿山的概念。

13. 征求你对本教材本章的修改意见，请发 Email 给任课教师，谢谢！

第十章　工程地质遥感

本章内容提要：重点介绍工程地质条件遥感解译的基础理论和图像标志与遥感分析方法，主要内容有工程地质遥感勘测方法、线路工程地质、场地工程地质、遥感解译方法技术及工程地质条件评价原则和方法。

第一节　工程地质遥感概述

一、工程地质遥感解译任务

工程地质遥感(Remote Sensing in Engineering Geology)是运用遥感技术、GIS技术、GPS技术相结合的方法，针对线路工程地质选线、大型工程场地选址中的基本工程地质问题，通过遥感图像解译、现场调查及验证、工程地质条件比选研究，提出预选场地的天然地基、场地安全性、工程建筑物失稳性、特殊岩土类的工程致灾预测等问题，并初步确定线路或场地的预选方案，为线路勘测、场地勘测的预可行性研究、可行性研究及详查提供科学依据和重点勘测计划，也可为工程地质勘测设计做出预案。

二、工程地质勘测目的

工程地质勘测的目的是为了查明各类工程场区的工程地质条件，对场区有关的各种地质问题进行综合评价，对在工程施工作用下可能出现的灾情变化进行预测和评估。选择最优场地或线路，提出解决不良地质问题的工程措施，为保证工程的合理设计、顺利施工及规定期限内的安全使用问题提供可靠的科学依据。

三、工程地质学的研究内容

工程地质学是研究与工程建设有关地质问题的学科，其主要内容有：①调查工程规划中的预选线路、场地的工程地质条件，确定工程岩土组分与组织结构(微观结构)以及物理、化学与力学性质(特别是强度及应变)及其对建筑工程地基稳定性的影响；②进行岩土工程地质分类，预测工程活动对地理景观及自然环境的影响，预测并评估各类地质灾害对工程建筑的危害性、对工程场地或线路的地基稳定性、特殊岩土类的工程致灾程度(如黄土湿陷、易溶软土变形、膨胀岩土变形等)及其危害等级；③研究建筑场区水文条件对工程建筑的影响；④研究区域不良地质体的分布规律及其致灾机理，为工程地质选线及选择提供最优方案，为工程地质勘察设计提供科学依据。

社会经济的大发展促进了国家级和区域级大型工程建设的发展，工程地质的研究领域也日益扩大。工程地质学在原基础学科，如岩土力学和工程动力地质学、专门工程地质学和区域工程地质学的基础上，逐渐形成了更为专业化的分支学科，如矿山工程地质学、工程地震学、海洋工程地质学、城市工程地质学及环境工程地质学等。

四、工程地质条件与图像解译标志

(1)岩性与工程岩组：工程地质岩组是最基本的工程地质单元，包括岩组成因、时代、岩性、产状、成岩作用特点、变质程度、风化程度、软弱夹层和接触带。其中，特殊性岩土类是工程岩组研究的重点对象。

(2)构造与地壳稳定性：地质构造是工程地质条件的重要研究对象，包括褶皱、断层、节理构造的规模、尺度、活动性、与地震等灾害的控制作用及空间关联性，对工程安全性、工程构造物的稳定性及地面形变的关联性等。

(3)水文地质作用：是工程地质条件的重要因素，包括地下水的成因、埋藏、分布、动态变化规律和化学成分等。

(4)地表地质作用：是现代地质作用过程及地貌过程的地表反映，也是工程地质的研究重点。包括地形、气候、岩性、构造、地下水和地表水等所反映的工程地质问题，调查研究的主要对象包括滑坡、崩塌、岩溶、泥石流、风沙移动、河流冲刷与沉积作用等，它对评价建筑物的稳定性和预测工程地质条件变化意义重大。

(5)地形地貌条件：地形是指地表高低起伏状况、山坡陡缓程度与沟谷宽窄及形态特征等。平原区、丘陵区和山岳地区的地形起伏、土层厚薄和基岩出露情况、地下水埋藏特征和地表地质作用现象都具有不同的特征，这些因素都直接影响到建筑场地和路线的选择。

工程地质条件的图像解译标志与地质遥感解译标志既具有极高的相似性，但也具有一定的差异性，工程地质目标的解译标志强调对工程岩土类型与不良地质体的特征识别和特征值的提取。

五、工程地质遥感应用的发展趋势

工程地质遥感是在工程地质遥感图像解译的基础上，全面引进现代遥感技术及定量遥感方法，基于 RS、GIS、GPS 集成技术，实现工程地质遥感信息解译及数据采集的全程数字化和全程信息化。与地学遥感相比，工程地质遥感具有应用领域的特殊性，如在区域上它具有走廊特征和场地特征，研究区一般为线状的或带状的；在地学对象上它强调的是工程地基的稳定性；在遥感信息研究上它更关注地学信息的工程实用性。现代工程地质遥感已经从二维图像解译发展为三维立体观测，从线路模拟发展到场地或线路的三维景观仿真系统。

工程地质遥感技术经过近 30 年的实践，在工程地质勘测、环境地质和灾害地质解译预测等多方面获得了广泛的应用。中国国土面积的 68％是丘陵和山地，地质灾害现象普遍存在。随着近年来建设工程规模的增大，速度的加快，在重大工程场地、交通线路两侧地质灾害经常发生，造成巨大经济损失。各类崩塌、滑坡、泥石流灾害对工程的危险性与日俱增。工程地质勘测仍然对可能存在的工程灾害问题难以提前预测等问题，未达到其超前的预警作用，这是今后亟待解决的关键问题。

工程地质遥感已成为大型建设工程的前期选线选址及工程可行性评价的基本勘察技术之

一,具有重要的科学意义和实际应用价值。如在三峡大坝、西气东输、南水北调“三大世纪性建设工程”中的遥感应用;在高速公路、高速铁路、机场建设等交通基础设施建设工程中的应用;在大型电厂、核电站、城市建设规划等场地工程选址中的应用等。

第二节　工程地质条件遥感解译基本内容

一、工程地质遥感基本概念

工程地质遥感是利用遥感技术进行工程地质调查、制图、工程地质条件图像比对分析、选线选址专题研究及动态观测等工作。工程地质遥感的基础理论是地理遥感、地质遥感与环境遥感,其应用方法技术是遥感图像处理、摄影测量、GIS及GPS等空间技术及其集成技术。工程地质遥感的适用范围是新建公路、铁路、大型工程场地的预可行性研究、工程可行性研究及初测选址各阶段的工程地质遥感勘察工作。

工程地质遥感图像解译是运用地学理论知识和图像处理及空间信息技术手段,对图像的工程地质条件进行解译,查明与工程建设有关的地质、岩性、地质构造、不良地质、地形地貌、水文地质、生态环境等工程地质结构并测绘相关的工程地质专题图。

工程地质遥感图像解译标志是在地学图像解译标志的基础上,建立针对与工程地质勘测关系密切的工程不良地质对象、特殊岩土类对象、工程天然地基及地基稳定性条件、隧道进洞条件、工程水文条件、工程地形地貌条件等地学对象的识别标志。

工程地质遥感的工作阶段分为预可行性遥感研究阶段、可行性遥感研究阶段、初测遥感阶段及运营阶段的遥感监测四个工作阶段。

工程地质遥感适用的工程类型主要有:①线路工程地质选线类,如公路工程地质、铁路工程地质、油气管道工程、输变电线路工程、水利调水线路工程等;②大型场地工程地质选址类,如水库坝基、机场、港口、电厂、核电站、大型化工工厂等选址工程;③城市规划及大型建筑工程的场地选址及稳定性评价。

二、工程地质测绘与制图

1. 工程地质测绘范围及比例尺

工程地质测绘范围是与工程建设有关的各种工程地质条件的工程地质图与工程地质专题图。制图比例尺取决于地质条件的复杂程度和已有研究程度,也取决于建筑物的类型、规模和不同勘察阶段的规范要求。在工程规划和预可行性研究阶段的选线、选址预案工程地质遥感解译项目中,制图范围大,具有区域工程地质勘测性质,测绘制图比例尺为1∶10万,1∶5万;在可行性研究及详查工程设计阶段,则依据工程类型及工程建筑物性质,其初查地质图为1∶1万,1∶5 000;而定测工程地质图一般是针对关键工程段、点进行详细解译和现场勘测,其工程地质图采用1∶5 000,1∶2 000,1∶500等多种比例尺;而水库坝基、场址一般采用大比例尺,按需求分别为1∶5 000,1∶2 000,1∶1 000,1∶500;库区则采用中比例尺1∶2.5万,1∶1万等。

2. 工程地质测绘制图基本内容

工程地质测绘制图的内容有地层岩性、地质构造、地貌及第四纪地质、水文地质条件、天然建筑材料、地质现象及工程地质现象。对所有地质要素的解译制图内容，都必须以论证或预测工程活动与地质条件的相互作用或相互制约条件为目标，满足工程地质条件评价、稳定性评价、工程环境评价对专题图的技术需求。当地表岩石露头不好或深部地质体分布不明确时，还需配合以试坑、探槽、钻孔、平洞、竖井等勘探工作进行必要的揭露并制图。

三、地形地貌及景观条件解译

1. 地形地貌图像解译任务与基础内容

地形地貌图像解译属于工程地质条件解译的地表工程环境部分，其解译要点就是通过对遥感图像地形地貌要素的识别与详细对比划分，选定最适合工程建筑的微地貌单元，为工程规划设计提供基础资料和比对评价依据。

地形地貌解译的任务：①地形地貌类型的工程条件分类与制图；②基于地貌类型的地理景观、生态景观、土地利用景观的详细解译与工程条件对比分析；③基于工程选线、工程选址的地貌类型及条件进行比选与空间分析。

地貌解译内容与工程规划的预选区的区域地貌类型有关，一般情况分为山地地貌类型、高原地貌类型、丘陵地貌类型、平原地貌类型、沿海及海岸带地貌类型、戈壁沙漠地貌类型、寒冻地貌类型等。在不同地貌类型区的地貌解译内容有所区别，但其工程地貌条件的基本内容是相似的。地貌解译的基本内容如下。

(1)地形基本要素解译。如地面平整性、连续性、通视性、起伏程度、地形坡度、切割程度、相对高差等。

(2)地貌单元体的稳定性解译。如边坡稳定性、陡崖稳定性、地基稳定性；对于特殊地貌单元，如冻土地貌、雪山地貌、海岸地貌、河口地貌等微地貌类型，还需对其地貌形态的可变性、季节性、移动性进行解译分析。

(3)地貌体的工程致灾可能性及其危害性解译。如斜坡地貌单元会因为工程开挖而失去稳定性，可能引发滑坡、崩塌灾害发生；平缓地形的泥沙质海岸带会因为工程而影响潮汐运动方向，从而导致发生新的浪蚀作用，具有一定的致灾性。

(4)地形地貌平整性与工程开挖量、填埋量解译计算。运用三维立体图像解析方法，对地面平整程度进行解析，按工程整治投入计算其工程量，并用于地表工程条件对比分析。

(5)基于地貌-人文地理的解译。通过遥感图像的地形地貌及地表人工附属物的解译及制图，详细绘制人文地理专题图，计算因工程所需的搬迁量及前期费用。

(6)基于不良地貌的工程措施治理量解析计算。对可能致灾的地貌体所需采取的工程措施进行解析计算，为工程设计提供科学依据。

2. 古地理及历史地貌综合勘测

古地理及历史地貌类型解译也可用于工程地貌条件对比分析。如上海城市规划，对城市掩埋的古地貌类型及其成因进行了基于城市立体填图的工程地质分析。其基本方法是采用钻探、地球物理方法，编制 100m 以浅的地质剖面图和多时间断面的古地理图。如 25～24.5ka.BP[①] 低海面时期古地理图；17～15ka.BP 时段的强烈侵蚀切割古地理图；埋深 60m 以浅的陆相黏性土层成因类型及空间分布图等。古地理图所表征的地貌格局对城市地下工程地质分区

① ka.BP 表示距今千年之意，是考古年代学表示方法。

具有重大的科学价值和工程场地稳定性评价意义。

四、岩土体工程条件解译

1. 工程地质岩组概念

岩土体工程条件是基于岩石力学、土力学、岩体力学的理论知识系统而构建的工程地基稳定性评价体系。运用遥感图像对岩石、土层的工程岩组进行解译，是在地质遥感学的岩性地层解译基础上，将区域岩土体划分为坚硬优良岩土类和软弱不良岩土类两大类进行工程地质岩组解译分类。

工程地质岩组可先根据岩石成因学将其分为岩浆岩建造、沉积岩建造、变质岩建造三大类，再根据岩石坚硬程度、软弱程度、特殊岩性岩相将其划分为坚硬优良岩土类、较坚硬中厚层优良岩土、软弱不良岩土类和特殊性岩土类四大类。

2. 工程地质岩组图像解译标志

工程地质岩土组的图像解译主要依据岩石及土层的解译标志，按照工程地质要求的岩土力学性质及岩石地层的结构构造，再建立工程岩土组分类系统的图像解译标志。图像标志的基本要素如下。

(1)岩石成因类型标志及岩石地层图像标志；

(2)岩层节理裂隙发育程度图像标志；

(3)岩石水系类型、冲沟密度、长度、切割深度等要素的图像标志；

(4)岩土体的坚硬程度与岩石微地貌形态组合图像解译标志；

(5)岩石含水性图像解译标志(要结合水文条件、植被长势、地表湿度等波谱信息综合分析)；

(6)岩土体中断裂发育程度的图像解译标志。

上述6个方面的图像标志可作为工程地质岩组解译的通用图像标志，在具体工程地质遥感实践中，要依据区域地质资料和图像特征进行专题研究，以获取该地区的工程地质岩组更为详细的图像解译标志及工程地质岩组填图单元。

如花岗岩体、流纹质火山岩体、花岗片麻岩、石英砂岩等坚硬、块状、厚层状、中厚层状岩石，属于优良岩组，具有天然工程地基特性；而页岩、黏土岩、碳质岩、泥质胶结砂岩等软弱岩土组，则属于工程不良岩土类。区别划分这些工程岩土类型是图像解译和工程地质填图重点。

3. 特殊性岩土类图像解译标志

特殊性岩土是具有一些特殊成分、结构和性质的区域性岩石或土层，包括软土、膨胀土、湿陷性土、红黏土、冻土、盐渍土和填土等。特殊岩土类是工程地质岩石类型解译的重点和难点，属于工程不良地质体。它也是进行工程地质灾害、工程地基稳定性评价、地表基面变形灾害等工程危害性评估的主要研究问题。

特殊岩土类主要有以下8种岩性的图像解译标志。

(1)可溶性岩性图像标志。主要指碳酸盐岩类的灰岩、钙质砂岩等，这类岩性在遥感图像上都具有较为明显的图像标志，如岩溶地貌标志、丹霞地貌标志等。

(2)膨胀性岩土图像标志。主要指富含亲水类矿物所构成的岩石类型，岩石中的黏粒成分主要由亲水性矿物组成，岩石具有吸水膨胀、失水收缩的物理特性，如膨润土。图像解译标志主要依据黏土类岩石的图像识别标志，该类岩石地表冲沟密集程度高，切沟横剖面形态为“凹”

字型结构。膨胀土具有往复变形的性质，对路基的破坏作用很大。

(3)软土图像标志。软土为滨海、湖沼、谷地、河滩等地理单元中天然含水量高、天然孔隙比大、抗剪强度低的细粒土，包括淤泥、淤泥质土、泥炭、泥炭质土层等松散沉积土层类：其图像解译标志为图像色调、微地貌单元、纹理结构等综合性标志。

(4)湿陷土图像标志。湿陷性土层为浸水后产生附加沉降的土体或土层。如中国黄土高原的黄土层，其图像解译标志可参考黄土图像解译标志。

(5)红黏土图像标志。红黏土多发育在南方灰岩风化壳、残坡积土层地貌单元区，为高塑性黏土类型。

(6)盐渍土层图像标志。盐渍土具有溶陷、盐胀、腐蚀等工程特性，在多光谱彩色图像上多具有色彩异常，一般呈浅色调。

(7)可液化粉土层图像标志。砂土或粉土的可液化性是造成工程场地地震破坏的首要原因之一。饱和的砂土或粉土(不含黄土)是在场地地震高速运动情况下产生的土层液化，其致灾性较强，是当前高速铁道路基工程地质勘测的重要内容。可液化粉砂土层主要分布在第四纪晚更新世、全新世的地层单元区，图像解译标志要依据第四纪地层标志及沉积岩相标志综合建立。

(8)断裂构造带形成的特殊性岩土类图像标志。由断裂构造形成的构造岩亦属于特殊岩土类型，主要是各类断层碎裂岩、构造角砾岩、构造糜棱岩等。其岩石中也富含黏土类矿物，加上断裂构造面理的软弱易变性及构造界面的易滑动性，对工程地基具有高危害性。其图像解译标志主要依据断裂构造的图像标志，并需建立构造碎裂岩带的规模及类型的解译标志。

五、构造地质工程条件解译

构造地质工程条件是工程地质遥感图像解译的重要对象，包括褶皱、断层、节理、新构造的规模、等级、构造性质、空间分布规律、与工程线路的空间方位关系等内容。地质构造对工程建筑物的安全稳定、沉降变形都具有重大危害性。构造地质的工程条件问题包括：①地基稳定性；②斜坡稳定性；③洞室围岩稳定性；④区域稳定性。

1. 构造解译的图像要素及工程意义

构造地质图像解译标志可参照构造解译标志及分析方法。对工程地质而言，构造解译的图像要素与区域地质解译基本相同，但解译的重点有所不同。

工程地质的构造解译强调构造工程条件的分析功能，因此应严格区分断裂与断层的构造含义。断裂包括裂隙、节理和断层。因此，工程地质解译要严格区分节理与断层的构造含义。断层的术语一般采用正断层、逆断层和平推断层，而不强调断层的动力学与运动学术语，如张性断层、扭性断层、走滑断层等。

工程地质构造解译的基本内容是：褶皱构造要素、断层构造要素、节理构造要素、裂隙构造要素、活动断层要素、活动隆起构造、活动凹陷构造等。对活动构造的区域分析，还应收集研究区的地震地质及震中分布图、烈度分布图等图件资料。

在构造解译时强调对构造要素的数据测量，如断面产状要素测量、断层的位移量测量、断层构造岩出露的宽度或厚度的测量等。对断层要素的测量数据可为工程地质条件比对提供科学依据。如若断层移动距离仅仅是厘米级尺度的，则从工程条件评价角度不一定称之为断层，它可能属于局部重力影响下的垮落或滑动现象，而不属于区域构造应力场作用下的断裂形迹。

2. 节理、裂隙及线性构造解译

节理、裂隙及线性构造解译既是构造解译的组成部分，也是表层构造解译的主要内容。图像解译标志及解译方法可参照线环构造遥感解译的原则。地表节理、裂隙与具有地质成因的各类线性构造解译还可为水文地质条件分析提供参考资料及分析数据。

3. 活动构造解译与地应力场分析

活动构造解译以活动断层解译为基础，其图像标志的建立可参考第八章活动构造标志。活动断层解译的主要内容有：①活动断裂分布特征；②断裂活动性分级；③活动断裂尺度及强度分析等。对平原区或山前活动构造带，还应对活动隆起构造、活动凹陷构造进行解译分析。

在工程地质遥感应用中，将断层活动性解译与地震活动危险性分析、区域构造应力场分析及地应力测量分析有机地结合在一起，为工程区及邻区的地壳稳定性定量评价提供科学依据和准确数据，尤其是对大型隧道工程区段、水库坝基、重大建筑地基所在的区域。

活动构造运动是指从新生代到现代的地壳构造应力场作用或地应力场的作用过程。新构造应力场控制着现代地形地貌的发育与演变、河流迁移、地下水运动等地质地貌的地表过程，对工程地基的稳定性、地形边坡稳定性均具有明显的影响及控制作用。因此，在工程地质勘察中都十分重视对地应力场的测量及应力场分析，科学评价地壳稳定性等级。

在构造应力场分析中，要特别注意地应力测量数据的科学性，在引用构造数据时要严格区分构造应力场构造形迹与局部重力场产生的“微断层”构造形迹的尺度特征。因为从新构造运动应力场角度分析，小尺度的“微断层”可能是局部重力应力场作用的产物，并非区域活动构造应力场的构造形迹，这对工程构造条件分析及地壳稳定性评价具有重大意义。

图 10－1 为青藏铁路和 109 国道在昆仑山隧道口的卫星图像。图像中可显示出公路及铁路的路基标志，其工程地质条件的解译包含了山前断裂的构造地质条件、地貌及地形条件、工程岩土及特殊性岩土条件、水系及水文地质条件、洪积扇体的软土条件、冻土层条件等内容。

图 10－1　青藏铁路、109 国道昆仑山隧道口的卫星图像

F. 山前断层；(1)(2)为洪积扇；(3)为冻土层

六、灾害地质体工程条件图像解译

1. 地质灾害概念

地质灾害是指在自然或在人为因素的作用下形成的对人类生命财产、环境造成破坏和损失的地质作用(或现象)。灾害地质体属于地壳作用或地表地质作用过程的不良地质对象,它对评价建筑物的稳定性和预测工程地质条件的意义重大。在工程地质条件分析中,引用"不良地质体"的概念,是指凡具有致灾性和致灾趋势的所有地质体类型,它与地形、气候、岩性、构造、地下水和地表水作用密切相关。"不良地质体"类型包括滑坡、重力崩塌、泥石流、地裂缝、地面沉陷、黄土湿陷、岩溶塌陷、风沙移动、冰川冻土、地面塌陷、岩土膨胀、沙土液化、岩爆、坑道突水与突泥、河流冲刷以及地震、火山活动等。

所有地质灾害类型对工程地质条件都具有不同程度的影响及危害性,国家规定工程项目的可行性研究和评估必须进行地质灾害调查与危险性评估,并将评估结果作为可行性研究报告的组成部分;可行性研究报告未包含地质灾害危险性评估结果的,不得批准其可行性研究报告。

2. 地质灾害类型

与工程地质关系密切的主要地质灾害类型如下。

(1)地壳活动灾害,如地震、火山喷发、断层错动等。

(2)斜坡岩土体运动灾害,如崩塌、滑坡、泥石流等。

(3)地面变形灾害,如地面塌陷、地面沉降、地面开裂(地裂缝)等。

(4)城市地质灾害,如建筑地基与基坑变形等。

(5)河、湖、水库灾害,如塌岸、淤积、渗漏、浸没、溃决等。

(6)海岸带灾害,如海平面升降、海水入侵、海崖侵蚀、海港淤积、风暴潮等。

(7)特殊岩土灾害,如黄土湿陷、膨胀土胀缩、冻土冻融、沙土液化、淤泥触变性等。

3. 地质灾害工程危险性评估

地质灾害危险性评估是对地质灾害的活动程度及其破坏能力进行调查、对比和评估。地质灾害危险性通过各种危险性要素体现,分为历史灾害危险性和潜在灾害危险性。地质灾害危险性评估包括下列内容:①工程建设诱发、加剧地质灾害的可能性;②工程建设本身可能遭受地质灾害危害的危险性;③拟采取的防治措施。

按地质灾害危害程度和成灾规模、损害程度分为特大型、大型、中型、小型地质灾害险情四个等级类型。

(1)特大型地质灾害险情。需搬迁转移人数在 1 000 人以上,经济损失 1 亿元以上的地质灾害险情。

(2)大型地质灾害险情。需搬迁转移人数在 500～1 000 人,经济损失 5 000 万元至 1 亿元的地质灾害险情。

(3)中型地质灾害险情。需搬迁转移人数在 100～500 人,经济损失 500 万元至 5 000 万元的地质灾害险情。

(4)小型地质灾害险情。需搬迁转移人数在 100 人以下,经济损失 500 万元以下的地质灾害险情。

七、水文地质工程条件解译

水文地质学是研究地下水的形成、分布、运动规律、水体的物理化学性质以及同其他水体的相互关系的学科。遥感水文地质学（Remote Sensing Hydrogeology）是运用遥感技术进行水文地质调查和专题研究的交叉学科，已有30年的学科发展史。

水文地质工程条件解译的主要对象是水文下垫面、浅层地下水、地下水溢出带、泉水出露带、古河道等。作为工程地质条件的研究重点是地下潜水位的变化及条件比对。

1. 水文下垫面工程条件解译

(1)水文下垫面概念。水文下垫面是由地表岩石、土壤、植被和水域等各种要素构成的一个综合体，它能影响地下水的水量平衡与水文过程。水文下垫面的基本功能是控制或制约区域产流、汇流过程的水流运动方式。

(2)水文下垫面的图像标志。遥感图像对水文下垫面的解译标志主要依赖于对岩石地层、松散沉积层的岩石类型及其结构构造、孔隙度(基于知识的理解)、表面裂隙密度等图像要素的识别。岩土层的透水性及其含水能力是遥感图像水文地质解译的基础，其图像标志也属于知识及经验性的标志类型。

(3)水文下垫面的解译及制图。水文下垫面工程条件的解译制图主要任务是：①编制流域水文下垫面类型图。其图像解译与制图内容包括河流、湖泊沼泽、水库等液态水和冰、雪固态水等地表水体；地形地貌类型、地质构造类型、岩性类型、土壤类型、植被类型及土地利用类型等；②编制流域地表径流量图。其图像解译内容和制图任务包括地表水体的面积、水深、冰雪覆盖率、冰雪覆盖厚度、冰雪水当量、融雪径流量等，结合流域水文模型估算地表径流量；③编制地表水体演变图，利用多时相遥感图像解译并研究河流、湖泊、冰雪等水体的历史演化，重点是河道演变史、湖泊演变史、雪山雪线变化、湿地变化、冻土变化等内容；④编制水文地质图，可在前人水文地质图的基础上，依据遥感图像的水文地质解译，结合上述专题图进行综合编图。

水文下垫面遥感专题解译内容有：①平原区地下水开采引发的地面沉陷问题；②岩溶发育区的地面塌陷问题；③黄土覆盖区的湿陷及黄土塌陷灾害问题；④高寒地区的冻土水文专题研究与冻土层的工程灾害问题；⑤盐渍化土层对工程影响及致灾因素问题。

2. 浅层地下水工程条件图像解译

(1)浅层地下水概念。浅层地下水为地表潜水和微承压水，其水位埋深较浅，无稳定的地下水流场。浅层地下水图像解译的主要任务是对地表岩土层的含水性和透水性进行分类及水文地质制图，主要内容包括地下水的成因、埋藏、分布、潜水位动态变化等水文要素，并基于工程条件进行综合分析。

(2)浅层地下水类型与图像标志。浅层地下水类型分为含水岩组与透水岩组两类。含水岩组图像标志是指松散堆积层的孔隙水、基岩裂隙水、碎屑岩的裂隙孔隙水、碳酸盐岩的裂隙岩溶水等。透水岩组分为透水、半透水和不透水三类：透水岩石包括砂砾层、砂岩、砾岩和溶隙发育的岩石；半透水的岩石包括粉砂岩、裂隙或溶隙发育较差的岩石；不透水的岩石包括黏土、黏土岩、页岩等致密结构的岩石类型。

(3)浅层地下水解译内容。浅层地下水的图像解译内容包括：①结合区域水文地质图对含水岩组进行解译划分；②对浅层地下水的降雨补充、径流、排泄及流向进行图像解译；③通过对浅层地下水的赋存与渗流特性、水位变化等综合信息，研究地下水埋深的空间分布规律并对浅层地下水进行分区;④对山前岗地及平原区浅层地下水功能进行分析评价,对其工程条件进行对比分析;⑤结合地球物理测井数据(如电阻率测井数据、天然放射性测井数据、井径测量数据、声波测井及岩石裂隙密集度数据等),研究浅层地下水与断层、裂隙、节理、破碎带和溶洞的关系,并对潜水位深度和规模进行评价;⑥利用井中示踪数据,对地下水流向和流速进行解析;⑦结合其他资料,对地下水的隔水层、阻水断层及有害地下水的分布状况进行解析,为工程设计提供依据。上述第⑤~第⑦属于工区水文地质勘探数据的综合应用内容,可依具体情况进行适当处理。

3. 地下水溢出带工程条件的图像解译

(1)地下水溢出带与图像标志。地下水溢出带是指泉点、泉群、泉域及湿地或绿洲。泉是地下水的天然露头,它是含水层或含水通道在地表形成的地下水涌出现象,其成因与地质构造(如断层、向斜构造)、地貌过程(如洪积扇)、岩溶作用(溶洞、地下暗河出口)、地质体接触带有关。其图像标志主要表现为各种水体的色调和形态特征。

(2)地下水溢出带成因类型及分布规律。按地下水储存状态可分为上层滞水、潜水、承压水三类,其地下水溢出带分别对应于悬挂泉、溢流泉、断层泉三种类型。

上层滞水属于隔水层以上包气带中季节性地下水,它对工程地质的灾害威胁主要是边坡滑坍、黄土路基沉陷、路基冻胀等工程病害。图像解译标志可分成两类:一是直接对上层滞水溢出带的泉点出露处的图像异常进行解译;二是对上层滞水的地表汇水区的岩石类型及其结构构造进行解译。其中,对第四系松散沉积的砂砾石层要进行重点解译,如洪积扇前缘地带、山前洪积扇体中的断裂及节理裂隙带。上层滞水及其溢出带常受季节性因素影响,选择图像时要注意收集雨季的图像,可以更全面地发现各类泉水出露点。

潜水是地下水层中第一层具有自由表面的重力水,地表补给水源主要来自天然降水和地表水的渗入,可形成侵蚀泉、断裂泉及接触带泉;而承压水是处于上下两个隔水层之间的地下水层,其水层具有一定的压力,可形成上升泉。

在岩溶发育区重点解译岩溶泉水、暗河天窗、落水洞和岩溶陷坑,推测地下暗河的可能轨迹。

(3)地下水溢出带的工程地质条件分析。地下水及其地表溢出带对工程稳定性与危害性都具有不同程度的影响。如对线路隧道工程、调水工程中的渠道地基、涵洞工程(如地下洞库工程)的工程地质条件都有一定的影响。主要影响因素有:地下水的埋藏条件(潜水和承压水)、透水层与隔水层的组合条件、上层滞水与潜水层水位动态组合条件等。地下水及溢出带水对渠道渗漏、渠道涌水、渠道底板稳定性、渠道的渠坡稳定性、渠道地基不均匀沉陷、渠道工程基坑等调水工程都具有较大的影响。如渠道涌水对底板稳定条件的破坏,渠道开挖对地下水隔水层的破坏,都会导致渠道底板受损而形成涌水。

在地下洞库工程(如地下水库、地下液化石油气库等)场地条件分析中,对地下水工程条件要求极为严格,因此在场地选择中要求对含水地层、各种裂隙水、地下潜水位、透水层及围岩稳定性等地下封水条件进行详细勘测和评价。

4. 古河道与废弃河道的工程条件解译

古河道和废弃河道在遥感图像上具有明显的解译标志,可依据古河道的色调异常及图形结构异常圈定古河道的流域范围及河道图形;也可根据地貌结构、水系特征、植被覆盖特征等间接标志,进一步判别古河道的地下水位变化及含水层异常、古河道富水地段、古河道及浅层地下水空间关系等内容,为水文工程地质条件分析提供科学参考资料。

八、生态环境工程条件解译

生态环境(ecological environment)是指由生态关系组成的环境。生态环境问题是指人类在利用和改造自然的过程中,对自然环境破坏和污染所产生的危害人类生存的各种环境问题。在工程建设中一般都会对生态环境构成破坏和影响。因此,从环境保护及可持续发展和工程本身的安全运行(营)角度,都需要进行生态环境工程条件调查、评价和环境保护治理规划等环评工作。

生态环境图像解译标志主要是依据景观、植被、水体、大气及其污染标志(参见第七章),图像解译内容与工程性质及类型有关。

1. 水库建设生态环境保护工程

水库工程的生态环境保护涉及到水库库区淹没区的生态保护、上下游水生生态保护、坝基施工生态保护、调水工程线路生态环境保护四大问题。运用遥感图像解译,对库区水文水质、入库水源污染、城镇江段的水质污染、库区城镇固体污染源、农药和化肥面源污染源进行解译并基于多时相图像数据进行监测。

对库区的生态环境保护问题,如林业物种、渔业资源、水生动物、陆生动植物、库区社会环境、库区农业生态环境、河口生态环境、特有鱼类生态环境问题,要以专业调查为主,遥感解译为辅来进行环境调查及制图工作。

运用土壤侵蚀遥感调查方法,对库区水土流失现状、侵蚀强度、水土保持措施及规划进行全面解译,并运用多时相图像对水土流失进行长时间周期的动态监测,确保入库流域的水土保持现状符合库区水质要求。

对库区淹没区要实施陆生生态保护措施。如三峡库区的宜昌大老岭植物多样性保护工程、兴山龙门河常绿阔叶林保护工程,针对荷叶铁线蕨和疏花水柏枝两物种的种质资源的保存及野外迁地保存、就地保护等制定保护措施。

针对大坝拦水后对流域的珍稀水生物种及重要渔业资源的生态保护,实施水生生态保护措施。如三峡工程就实施了长江河口中华鲟和白鲟幼鱼保护区、葛洲坝以下的中华鲟保护区、长江上游珍稀特有鱼类自然保护区、白鳍豚自然保护区等多项水生生态保护工程。

三峡工程施工区是三峡工程建设阶段产生环境影响的主要地区,施工区环境保护措施包括污染治理与预防、水土保持、环境绿化、人群健康保护、环境监测等工作,已基本控制对区域环境形成的影响,环境质量逐渐得到恢复和改善。

2. 跨区域调水线路生态环境问题

中国南水北调中线及东线涉及长江、黄河、淮河、海河的四大流域生态环境问题,也涉及到跨流域生态环境保护问题。调水工程分别针对工程实施对调水区、输水区、受水区产生的生态环境问题,明确规划相应的工程和管理措施,尤其要重点关注关键性和敏感性的生态功能问题。

3. 线路工程生态环境保护问题

线路工程包括公路、铁路、输送管线等,该类工程对沿路的生态环境都具有不同程度的影响或破坏,尤以公路、铁路工程为重点。主要生态环境问题有:工程施工区的水土保持问题,斜坡地带可能引发的地质灾害对生态环境的破坏问题,线路隔档对水源、陆生生态、水生生态生存环境的影响问题,线路运营对区域景观整体性的影响乃至破坏等问题。

运用遥感图像解译，可以针对线路生态环境问题进行解译、调查、制图、区域分析，并提出需要保护及需要治理和采取工程措施的规划方案。

图 10－2 为青藏铁路穿越可可西里国家生态保护区的卫星图像。“可可西里(Hoh Xil)”藏语意为“青色的山梁”，是目前世界上原始生态环境保存最完美的地区之一，也是目前中国面积最大、海拔最高、野生动物资源最为丰富的自然保护区之一。可可西里气候严酷，自然条件恶劣，被誉为“生命的禁区”，然而却给高原野生动物创造了得天独厚的生存条件，成为“野生动物的乐园”。

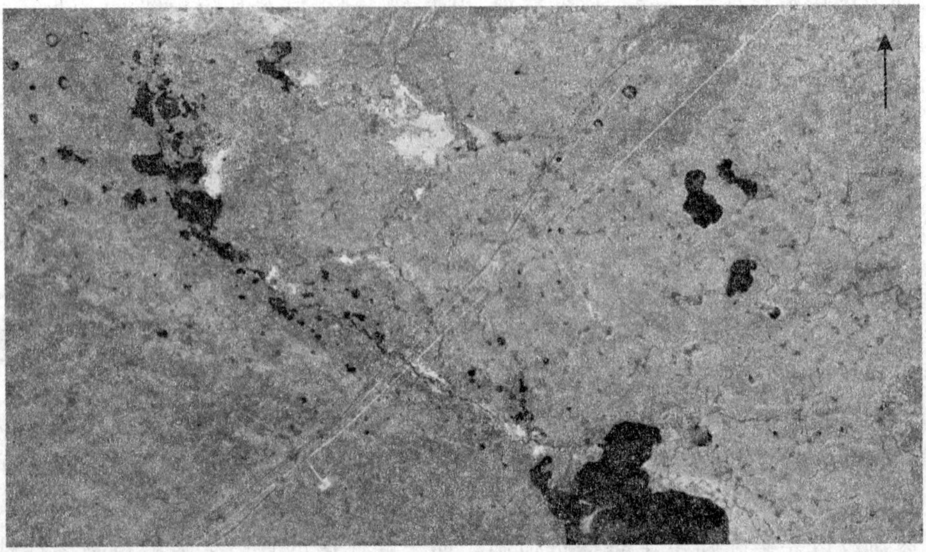

图 10－2　青藏铁路穿越的可可西里国家级自然保护区卫星图像(1996 年 8 月 3 日)
高原冻土层微地貌景观，深色调圆形为热融洼地、浅色调为冰丘构造

可可西里地处青藏高原腹地，平均海拔 4 600m，最高峰为昆仑山布喀达坂峰，海拔 6 860m；最低点在豹子峡，海拔 4 200m。植物保护对象是高寒草原植被类型，主要的建群种有紫花针茅、扇穗茅、青藏苔草、豆科的几种棘豆、黄芪和曲枝早熟禾等。可可西里哺乳动物有 29 种，鸟类约 54 种，鱼类 6 种，均为青藏高原特有种。其中最著名的物种有藏羚羊、藏野驴、野牦牛和藏原羚等。

青藏铁路勘测期间对该区的动植物生态保护进行了系统研究，并对生态环境保护项目进行了系统严谨的设计和实施。

在遥感图像显示了可可西里保护区的铁路线路及冻土带的生态景观特征。

图 10－3 为可可西里沱沱河保护站的卫星图像，它是可可西里保护区的南大门，距格尔木市约 360km。图像显示了青藏铁路、公路穿越沱沱河狭窄河谷段软土层的地貌结构及景观特征，其地理环境为高原湿地的冻土层自然景观，路基工程中的软土工程条件和水文地质条件都与沱沱河流域的浅层地下水作用相关。图 10－4 为沱沱河保护区的河床湿地景观照片。图 10－5 为沱沱河保护区的高原山间盆地的湿地景观照片。

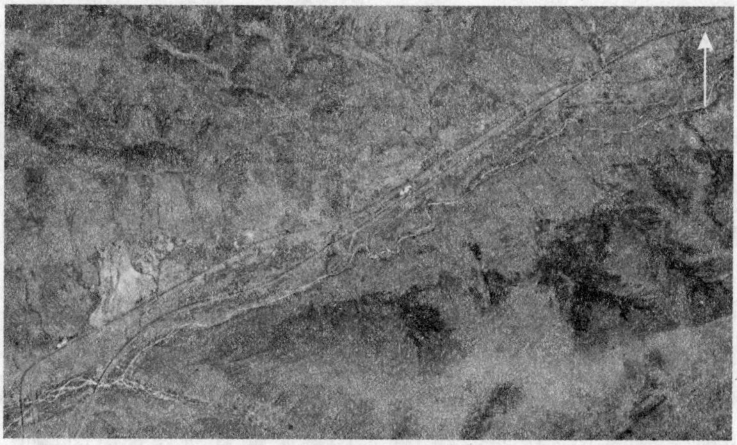

图 10-3　可可西里沱沱河保护站卫星图像，显示铁路、公路线穿越软土层的地貌结构与景观特征(2006 年 7 月 26 日)

图 10-4　可可西里沱沱河保护区的湿地河流景观照片

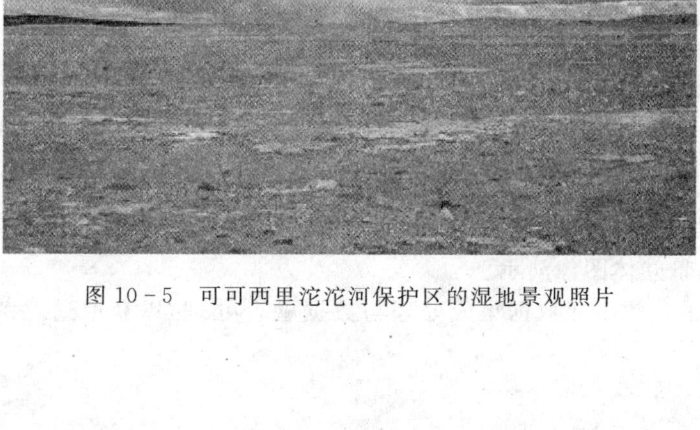

图 10-5　可可西里沱沱河保护区的湿地景观照片

第三节　工程地质遥感勘测方法

一、工程地质遥感勘测任务

工程地质遥感工作阶段分为遥感图像解译阶段、工程地质测绘阶段、野外资料整理阶段。在《铁路工程地质遥感技术规程》中划分为踏勘、加深地质工作、初测、定测、运营等阶段;在《公路工程地质遥感勘察规范》中划分为预可行性研究、工程可行性研究及初测等阶段。

工程地质遥感勘测具有遥感信息工程项目的特征,它与遥感学术研究具有其内在的联系性,但在图像处理技术上又具有一定的差异性。工程地质遥感必须运用成熟的地质理论知识系统和相对稳健的遥感图像信息处理技术,遥感图像解译必须具有从图像信息到工程信息转换的处理过程。

工程地质遥感解译的任务是依据不同工作阶段的目标任务而拟定的,各行业部门的技术规范也存在一定的差异。按照常规遥感图像地学解译的认知规律,简述如下。

(1)建立工程地质解译的图像标志。

(2)结合工作地区的地质、地理、地球物理、地球化学、钻探等资料数据,对工作区图像进行初步解译。

(3)现场踏勘进行初步解译成果验证,并修改图像标志和解译数据。

(4)室内或现场的详细图像解译与基于 GIS 的工程地质制图。

(5)工程初测阶段的详细地质解译与野外验证及工程方案设计。

(6)遥感图像解译资料的整理和线路、场地预选方案定测工作。

(7)提交工程地质遥感解译报告。

二、图像处理及多元数据综合

1. 工程地质遥感图像处理流程

工程地质遥感图像处理的基本原理及方法可参考第四章。本节主要是结合工程地质遥感图像解译及图像信息提取的特殊性进行简单论述。工程地质遥感图像处理强调其工程地质制图的精度要求和对地学信息提取的准确性要求。图像处理流程如下。

(1)图像几何纠正与地理坐标精确定位处理、数字正摄影图像制作;结合需要可对中低分辨率图像进行超分辨率处理,提高图像纹理细节信息的表达能力。

(2)多光谱图像光谱增强处理,包括优化波段组合、多光谱图像线性变换处理(主组分变换、KT 变换等)、波段比值图像优化组合、基于多平台遥感数据融合处理等。图像增强的工程应用目标是图像的岩性识别效果、工程岩组解译制图精度、植被覆盖信息识别与信息提取、水体信息提取、水文信息增强与提取,尤其是对特殊岩土类的信息增强与提取,对断层、节理、裂隙等线性构造信息的增强与提取等。

(3)高精度 DEM 数据与图像信息的融合处理,制作三维立体图像和虚拟地理现实的地理环境景观图像,尤其是对机场选址、铁路-公路选线等项目,需要利用三维景观动画演示为决策领导人提供真实场景立体图像演示。

(4)基于 GIS 平台的多元数据集成处理与数据融合处理,以获取遥感图像所缺乏的深部信息、物性信息、钻孔信息和其他测量数据信息，以加强工程地质条件的综合信息分析能力。

2. 工程地质多元数据集成处理与综合信息应用

工程地质勘探数据包括工程地球物理勘探、钻探、坑探、水文勘测数据、岩土力学测试数据、粒度分析数据等多种类型地学数据。对工程多元数据进行基于GIS平台的数据集成处理及数据融合处理，有利于对工程地质条件进行多数据源的综合分析和综合解译、推理、判别，以及进行多层次、多尺度、多判据的综合分析，提高对工程地质条件的综合解译能力。

(1)工程地球物理勘探数据。它包括电法、地震、声波、重力、磁法、放射性测量数据，如工程岩土体密度、导电性、弹性、磁性、放射性数据、综合测井数据等，这些数据可以显著提高地质解译的质量。

(2)工程钻探和坑探数据。工程钻探及坑探数据可以直接揭露工程建筑物地基的深部地质结构及物性信息，为工程设计提供准确的工程地质剖面数据。其优势是可探明深部地质构造、查明岩土层的空间结构及物理性质属性、发现对建筑物稳定性有不利影响的岩体结构或结构面(如软弱夹层、断层与裂隙)，揭露地下潜水位并观测其动态变化规律。

(3)工程地震数据。工程地震数据可以揭示水文工程地质、岩土力学、物质结构、变形机理、岩土体的稳定性等深部地质结构信息。

(4)基于多元数据融合处理算法，获取多元数据可视化图像信息，提高对工程地质体深部结构的数据解析水平及综合分析能力。

三、空间分析与工程条件对比

1. 工程地质分区与复杂程度区划

工程地质分区(engineering geology zoning)是依据工程地质条件相似或相近的基本原则对工程区的地质类型或复杂程度进行的区域划分。依据工程地质区的区域差异性还可进一步细分出亚区或次亚区。工程地质分区的目的是进行工程地质条件的分区评价，同时依据分区地质结构特征编制工程地质分区图和说明书，并配以表格形式说明各区的工程地质特征和工程地质条件评价结论。

基于遥感图像的地形地貌结构类型及区域构造单元的工程岩土类型，将工程区域按照一定的区段进行工程地质区划，一般可分为复杂、中等复杂和简单三个等级。

复杂工程地质区：地形地貌类型为中低山，强切割山地地貌单元，地形起伏程度大，河谷切割深，地表水系发育，冲沟密度大；地形坡度陡且为复合坡，陡坎陡崖微地貌单元发育；区域有历史大地震记录，地震烈度大于6级；不良地质体发育程度高，多次发生滑坡或泥石流；地质环境遭受过破坏，区域水文地质条件复杂，含有多层含水层位；灰岩区岩溶地貌发育，岩溶裂隙水分布面积广；工程岩土类型中发育有特殊岩土类型，致灾性强。

中等复杂工程地质区：与复杂工程区的地质条件基本相似，但程度及强度都属于中等或主要条件为中等。

简单工程地质区：地形地貌结构简单，地形起伏不大，地形切割深度浅；地震裂度小于6°，不良地质体不发育；地质环境未遭破坏，地下水对工程无影响。

2. 工程地质条件评价

工程地质评价可按区域地壳稳定性评价、地表稳定性评价、地基稳定性评价三个层次进行综合评价。

区域地壳稳定性评价指现今构造运动、地震、火山活动等。现今地壳及其表层的相对稳定程度，一般以地震震级、基本烈度指标为主要依据，同时还可依照断层活动速率及现代地壳形变速率等进行地壳稳定性分级。

地表稳定性评价是指表层地壳岩石圈在外动力地质作用和人类工程活动影响下的相对稳定程度，包括岩溶、侵蚀、沙土液化、黄土湿陷、冻土融化、地面塌陷、地面沉降、地裂缝、波浪水流冲刷程度、堆积作用强度及速率、人工边坡及坍方、滑坡现象等主要的灾害地质作用的发育规模、强度和速度。

地基稳定性评价是指工程建筑物影响范围内的岩土体稳定性程度评价。复杂地基的岩土类型多，且结构复杂，含有特殊岩土类型，致灾性大，灾害危险程度高；中等地基的岩土类型多，分布不均匀，含特殊岩土类型，致灾性中等，灾害危险程度中等。

工程地质条件评价可参考行业规范的定量指标进行评价，较准确地综合反映工程地质结构及工程地基质量的优劣程度，并作为工程地质环境区划和城市建设规划的依据。

3. 定性评价法

定性评价法适用于初勘阶段对预选线路方案或预选场地方案进行工程地质条件对比和地基稳定性分析评价。

(1)综合分析法：是综合工程地质条件中的地貌、岩土类型、构造地质、水文地质、生态环境条件、致灾程度、灾害等级、危害程度等诸因素，综合比较各项指标的优势及劣势，采用因地制宜原则、最小损失原则、最大避灾原则、最大环境效应原则对比所列影响工程诸因素的综合危害性，进行综合对比分析，并作出初步决策性评价。

(2)工程地质比拟法：类似于经验比拟法，是通过对已建工程区的建筑类型、施工方法、使用效果与建筑场地工程地质条件之间关系的研究，分析其相似性及差异性，找出规律，并以此作为类似条件下拟建工程地质评价方法。

选择工程地质相似性的前提条件是必须具有较为相似的地质结构或相似的地貌类型，结合相似性较高的成功或失败的工程实例进行类比评价。

4. 半定量评价方法

半定量评价法适用于定勘工作阶段的工程地质条件评价和工程地基稳定性评价。对工程岩土体条件评价多采用半定量评价方法。由于岩土体内部存在大量的不连续界面，实际上为非均质体，属于非线性科学领域的问题。地质灾害的发生还受到许多外界因素的影响，因此，对于岩土工程的分析计算也只能是半定量的，并在很大程度上受经验参数制约。对于已经存在的滑坡、崩塌、泥石流等地质灾害的学术研究和分析相对容易，但对于边坡现状稳定的工程对象却很难预测在开挖后的稳定性。因此对不良岩土工程稳定性计算多采用半定量评价方法。

第四节 线路工程地质遥感

一、线路工程类型与图像解译目标

线路工程类型包括公路和铁路及电力线路、跨区域跨流域调水线路、油气输送管道等。线路工程类的地质遥感目标是为工程预选方案进行选线决策提供经济快速的科学评价依据，尤其是运用三维景观图像技术和虚拟仿真线路动态图像进行选线决策。

(1)交通线路的公路、铁路工程主要解译对象是路基、桥梁、隧道、边坡、特殊岩土类型等关键工程的地质环境与工程条件的预选方案。

(2)电力输电线路的工程地质遥感目标是优化电力线路路径设计,杆塔位定位预选及基于三维景观图像的杆塔位预排仿真演示。

(3)油气管道线路遥感的目标是对预选线路提供线路走向比选方案、大型穿跨越线路选址,提高选、定线工作效率,使地形复杂地区管道线路更趋合理。

(4)跨流域跨区域调水工程遥感目标是对预选调水线路的地质地貌地形条件进行大区域解译,重点是对水源区、流经区及目的地的生态环境及未来影响进行评估预测,为优化调水线路提供科学决策依据。

二、铁路与公路选线工程地质遥感

铁路、公路线路工程地质遥感是在路线总体布局确定后,基于预选线路的多条空间走廊带进行工程地质条件解译和比对,提出初选预案并拟定走廊带的基本走向,为进一步的路基工程地质勘测提供设计依据与勘测规划。

线路工程地质勘测的遥感工作阶段可分为:预可行性研究工程地质遥感勘察、可行性研究工程地质遥感勘察、初步勘察工程地质遥感详细解译三个工作阶段。在各个线路工程地质勘察阶段的遥感工作流程可分为:准备工作、遥感图像处理、遥感图像解译、外业调查验证、编制解译成果图。

在不同阶段的图像解译与成图比例尺,要依据线路工程地质勘测技术要求和对地质目标的表达详细程度选择遥感图像类型、空间分辨率与成图比例尺(表 10-1)。

表 10-1 遥感图像空间分辨率、成图比例尺、工程地质解译要素对应关系

遥感图像空间分辨率	成图比例	工程地质解译要素
ETM^{+} 15m	1∶100 000~1∶200 000	大地构造、地震烈度区划、区域断裂、地貌分区、岩性分类、一二级水系
Spot5 5m	1∶25 000~1∶50 000	区域构造、工程地质分区、二级以下水系、工程地质岩组,中大型不良地质体
IKONOS 1m	1∶5 000~1∶10 000	工程地质岩组、次级断层、中小型滑坡、岩溶、崩坍、堆积体规模、塌陷、地裂缝
QB-2 0.61m	1∶2 500~1∶5 000	工程地质岩组、小型滑坡、坍塌、岩层产状、节理密集带、暗河、坑口
航片 25 线对(mm)	1∶2 000	工程地质岩组、小型不良地质、泉眼、岩层产状、岩层出露厚度、断层破碎带规模

1. 走廊带预选方案的遥感图像解译

(1)预选线路走廊带的工程地质条件图像解译与比选。对预选线路走廊带(一般为2～3条预选路线)进行工程地质初步解译和路线踏勘调查。图像解译内容包括:地形地貌类型、基础地质、构造、工程岩土类型、不良地质体、特殊岩土类型、水文地质及环境地质、生态环境等。

(2)工程地质条件对比分析评价与线路优选。在公路、铁路规划线路方案的基础上,可运用遥感图像的初步解译及走廊带的工程地质概略性比对进行线路方案的预选研究。如在山区高等级公路路线方案选择中,基于空间走廊带的工程地质条件、地貌条件、生态环境条件的图像解译,在工程区域地质条件评价、公路和铁路走廊带选择、路线方案比选、病害成因及其影响评价方面具有常规手段和传统方法所无法比拟的优势。

(3)路线踏勘与遥感解译成果验证。对预选方案进行路线踏勘调查与遥感解译图验证工作的重点是对走廊带的断裂构造、地层岩性、地形地貌、地表水系及其他不良地质体进行实地验证和勘测。在预研究阶段选出工程地质条件相对稳定、线路最短的推荐线路,为后期线路的勘察提供科学依据。

西藏墨脱公路是中国雪域高原最后贯通的公路。墨脱素有"高原孤岛"之称,县城西、北、东三面被喜马拉雅山和岗日嘎布山阻隔,南面毗邻印度,走廊带要穿越境内的雅鲁藏布江大峡谷和帕龙藏布峡谷,还必须穿越嘎隆拉、多雄拉等雪山冰川地貌单元。由于公路建设难度极大,墨脱是我国惟一不通公路的县,先后选择了七条预选路线,选线预案研究了近40年。运用公路工程地质遥感选线解译,从三条预选方案中选定了波密—墨脱线路,提供了工程地质、地貌、不良地质体、特殊性岩土类型、冰川地貌、雪线覆盖变化、生态环境保护等遥感解译图件和资料,为公路选线定线提供了科学决策依据。

图10-6为预选线路的卫星图像,高原近1/3地域被雪山及冰川所覆盖,高原原始森林覆盖面积超过60%,公路选线的工程地质条件与生态环境保护条件甚为复杂。图中三条线路为2002年预选线路方案。线路(1)为现已建成的波密-墨脱公路线。

图10-6　西藏墨脱-波密公路卫星图像,显示地质-地貌-生态-雪山工程条件图像特征

虚线为三条预选线路方案示意图

2. 初选线路的工程地质可行性遥感解译与评价

在预选方案遥感图像对比的基础上，对初选线路走廊带进行工程地质可行性遥感图像解译和评价。其基本任务是在预可研阶段图像解译的基础上，结合线路行经地区的地形地貌特征[越岭线、沿河(溪)线、山脊线]进行路基地质地貌条件的深度解译和综合研究，对图像目标的关键问题进行详细解译研究。

山区线路图像解译重点是：①越岭线的纵坡特征，垭口选择，确定过岭高程，确定垭口两侧路线展延条件以及滑坡、泥石流、崩塌、薄层状岩石单元的影响因素等；②沿河或沿山脊线路的线路方向特性及其受控因素，比对并选择沿河线路的边岸方向，确定边岸线位高度并选择跨河地点及桥梁场址位置，特别注意对沟谷两侧的不良地质体及其可能致灾的地貌单元的解译；对山脊线路地选择要对比山脊路线的长度条件和垭口条件，并对分水岭布线方位等因素进行详细解译；③对公路斜坡线路的解译重点是边坡的稳定性及滑坡灾害体的分布特征，对“之”字型回头曲线的重叠率进行地形条件图像对比和可行性分析。

平缓地貌单元区的路线选线解译重点是：①选线方向应服从路线总方向，线形平顺并连接集镇结点；②在高原的平缓地带，重点解译冻土地貌及冻土层的季节性变化特征，如对冻土层厚度、热融特性、冰丘特性等因素的详细解译分析；③在河网单元区加强对软土层、盐碱化、盐渍化工程条件的图像解译。

丘陵区路基选线解译重点是地形地貌形态的定量化解析及其下垫面工程岩土类型的详细解译：①基于路基线横向挖填土石方的平衡条件解析，运用三维立体图像及GIS空间分析功能，结合地形结构特征并兼顾平面及纵面进行立体解译分析；②注意区别土质丘陵与石质丘陵的工程岩土类型差异及其路基稳定性的工程地质条件与环境。

3. 线路初测阶段的关键工程区段遥感图像解译

线路初测阶段是在线路工程可行性研究的基础上，对初定线路方案的重点区段或工程点进行大比例尺工程地质勘察，如桥梁、隧道工程点的地质遥感勘察。遥感图像要选择高分辨率图像，解译重点是不良地质体及特殊性岩土类型，如断裂构造、滑坡、崩塌、泥石流、岩溶、软土与沼泽、活动沙丘、冻土、黄土等。

(1)对地质结构复杂地段的重点区段要运用三维立体图像或三维仿真模拟系统进行图像解译，预测工程施工后可能诱发或加剧地质灾害的可能性。对重大不良地质地体发育地段或预测工程施工后难以治理的地质病害路段要及时反馈信息，以便尽快调整路基线位。图10－7为徽杭高速公路(徽州-杭州，古称“徽杭古道”)沿三阳断裂带路段的卫星图像。图像中发育一条NE向区域级“三阳断裂带”，地形切割较强烈，不良地质体较为发育。该路段曾发生雄村滑坡、朱村滑坡等规模较大的地质灾害。施工开挖后，出现大量不稳定边坡，甚至诱发了部分滑坡(路基NW侧浅色调三角形色斑处)。公路建设造价大幅攀升，且严重影响了工期，并且治理效果也难以预测。

(2)隧道工程地质条件重点解译。隧道场地选择是线路关键路段的重点勘测对象。隧道工程地质遥感解译在初勘阶段主要是调查选线地段的地形、地质构造、岩性、断层、风化破碎带等地质地貌条件。定测阶段是解决设计施工中的具体工程地质问题，主要工作有：①绘制沿隧道轴线的地质纵剖面图；确定隧道开挖后将遇到的特殊岩层，特别是软弱岩层的具体位置、性质和宽度；确定围岩的工程稳定性等级以及地下水和有害气体可能出现的地段等。②根据岩体稳定程度及其他工程地质条件，提出掘进工程设计建议等。③隧道水文地质调查的基本方

图 10-7 徽杭高速公路三阳断裂带滑坡发育地带路段卫星图像(2004 年 2 月 9 日)

法是运用遥感图像的线性构造解译及统计、构造破碎带水文地质条件解译、地表水及水系密度指数统计、地表岩层裂隙水解译与统计、泉水解译等,获取隧道场地的区域水文地质资料,结合其他地质资料、地球物理和地球化学资料数据进行综合分析。分析隧道场地区域地表水、地下水的发育特征和水化学类型,查明隧道地下水补给径流与排泄关系等,为隧道详细勘察、设计和施工提供水文地质基础资料和工程建议。

图 10-8～图 10-10 为兰新线复线乌鞘岭隧道进口场地的卫星图像。乌鞘岭隧道是中国目前最长的铁路隧道,位于兰新线兰武段打柴沟车站和龙沟车站之间,隧道口位于祁连山支脉,隧道总长 20.05km,海拔 3 650m。乌鞘岭是河西走廊的天然屏障,自古以来就是古丝绸之路上的咽喉要道。乌鞘岭气候环境恶劣,一年中冬季长达 7 个月,山顶积雪终年不化。隧道横穿祁连褶皱系和走廊过渡带两个次级构造单元,褶皱及断裂构造发育,还发育一条延伸长度达 852m 的挤压大断裂带(地震带),构造碎裂岩极为发育,是乌鞘岭隧道最为复杂的地质地段。隧道场地出露有沉积岩、火山岩、变质岩类多种岩石类型。场地工程地质、水文地质条件极为复杂,特殊岩土类及不良地质体主要有含煤地层、湿陷性黄土、膨胀岩可能诱发围岩失稳、涌水涌泥、岩爆、热害、含煤层有害气体等地质灾害情况。隧道水文地质条件复杂,隧道穿越区包含了奥陶系、志留系及断层带的中等富水区、三叠系岩层的弱富水区、加里东期闪长岩体的贫富水区三大水文地质地带。隧道工程地质复杂程度堪称“地质迷宫”和“工程地质博物馆”。隧道区域近年来地震频发,如 1996 年 6 月 1 日发生的地震,震级 $M=5.2$ 级,震源深度 10.0km,震中位于白塔村断裂带;如 2006 年 4 月 4 日发生的地震,震级 $M=4.1$ 级,震源深度 10.0km,震中位于古土堆湾断裂带。

(3)生态环境解译与廊道工程效应。线路工程对自然景观环境整体性会形成切割或分割,也会使生物多样性受到威胁。在线路设计中必须包含生态保护工程措施。在拟订选线方案时尽可能避开生态环境敏感区域,注意水土保持措施,尽可能保留原有的生态环境。在路线穿越生物栖息区域或生物迁徙通道时,应设置高架桥或预留“生物通道”。在森林覆盖区,还应设置

图 10－8　兰新线复线乌鞘岭隧道打柴沟站进口场地的卫星图像(2010 年 6 月 5 日)

图 10－9　兰新线复线乌鞘岭隧道龙沟站进口场地的卫星图像(2010 年 6 月 5 日)

图 10－10　兰新线复线乌鞘岭隧道打柴沟站进口场地断裂构造卫星图像(2010 年 6 月 5 日)

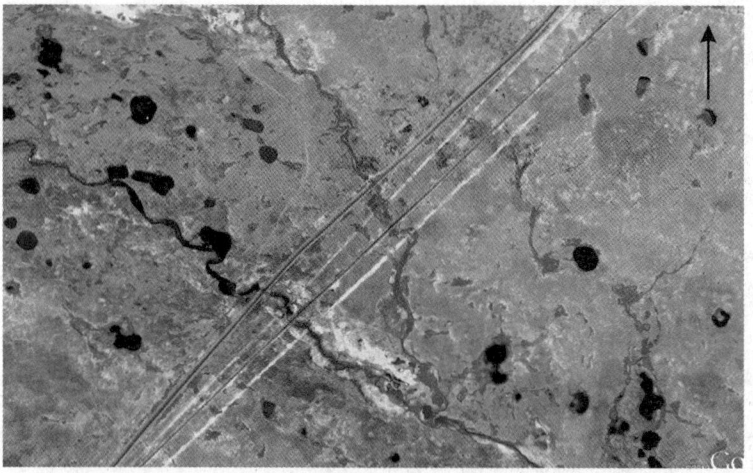

图 10－11 青藏铁路穿越可可西里国家级自然保护区的卫星图像(2006 年 8 月 3 日)
图中小环形色调异常处为高原冻土层景观,圆形深色调为热融洼地,浅色调为冰丘构造

净空条件、合理的消防通道。

图 10－11 为青藏公路和铁路穿越可可西里高原生态保护区的卫星图像。公路和铁路在跨越保护区河流处时,不仅架设了桥梁,而且预留了动物迁徙通道。由于该路段穿越高原冻土层,图像中冻土微地貌景观也十分清晰。

(4)黄土覆盖区关键工程段图像解译重点。黄土湿陷性是黄土层的一种特殊的地质灾害类型。黄土在自重或外部荷重下,遇水浸湿后其结构迅速被破坏而发生突然下沉。湿陷灾害属于地面下陷或裂陷类型,对工程危害很大,常使路基、建筑物、渠道、库岸遭受破坏而引发地质灾害。

图 11－12 为京大高速阳高段的冀晋黄土地貌单元区,其工程地质条件受黄土湿陷潜在危害影响十分严重,图中的黄土冲沟可见半圆形河谷地貌特征,其成因与黄土湿陷所引发的陷裂崩塌作用关系密切。工程中对湿陷性黄土地基的变形问题采用冲击碾压技术已见成效,对黄

图 10－12 京大高速公路阳高段卫星图像,显示黄土地貌及黄土湿陷
工程地质条件图像特征(QB,2009 年 11 月 2 日)

土区工程施工具有借鉴意义。该路段活动断裂构造发育，为燕山期断裂构造的继承性盆地边缘活动构造带。路段内在1988—1989年发生$M>5$级地震两次，$M>4$级地震多次，属活动构造地震带。

三、输变电线路工程选线遥感

1. 高压输电线路遥感选线概述

高压输电线路属于架空线路类型，由杆塔和导线架空实现跨越地表障碍物而完成远距离输电任务。高压输电线路遥感是线路工程地质遥感的重要组成部分，在输电线路工程地质勘测设计中运用航天和航空遥感技术，从电网规划到可行性研究、初步设计乃至施工图设计阶段，将测量、工程地质、水文气象、环境保护与水土保持等相关专业信息集成在统一的空间信息平台进行综合解译，为路径选择、路径优化和重要塔位选择提供决策依据综合参数。

输电线路选线遥感图像解译的基本任务是：输电线路走廊带可行性阶段的遥感图像选线规划，从宏观上调查和解译工程地质条件；勘测设计阶段基于高分辨率遥感图像的优化选线解译，而杆塔位地基的地质地貌条件解译与分析、塔位排位三维场景立体模拟演示、大跨越杆塔位线路的障碍物净空分析等。图像解译分析工作则是在施工设计阶段的线路段面量测和杆塔位优化排位的主要任务。

2. 路径优化与杆塔位工程地质遥感勘测

电力线路遥感的主要目标是基于工程地质条件优化电力线路路径，进行杆塔位设计，基于三维立体图像及虚拟仿真系统进行杆塔位的预排杆设计及动画演示，查明线路净空环境，缩短电力线路工程勘测工期，减少电力线路工程投资。

超高压输电线路、特高压输电线路具有线路长、跨越不同地质地貌单元、不同气候带的地理单元等特点。由于输电线路的工程地质和地形地貌类型的多样性、区域地质构造条件的差异性、岩土体类型的变化性、地下水类型的复杂性，导致了电力线路工程地质灾害危险性评估的特殊性。运用遥感及GIS技术的空间信息特性及三维立体图像的仿真模拟特性，利用空间综合信息进行输电线路工程地质灾害解译以及大跨越架空线路的可视化景观分析、杆塔位场地施工条件分析、线路灾害预防预测及方案设计等遥感勘测工作，为优化电网路径提供决策依据。

3. Lidar遥感图像的三维模拟及杆塔位预排

地形地貌条件是输电线路勘测的基础和重点，而地表植被层覆盖对地形真实表面形成了干扰因素，利用激光雷达遥感测高数据，不仅可穿透植被覆盖层，而且可以快速获取地形地貌数据和植被高度数据，因此最适合于电力线路的工程测绘。在输电线路勘测设计工程中，运用激光雷达测高及其成像技术，可以快速生成线路走廊带的高分辨率DEM数据（采样间隔2m，高程分辨率可达0.3m）及三维遥感图像，并可解译制作完成线路路径设计图、线路断面图、杆塔位预排位图、塔基断面图，为线路勘测设计提供基础图件和数据资料。图10-13为Lidar三维图像的杆塔位预排演示与线路跨越仿真模拟景观图像。

4. 杆塔位场地工程地质地貌条件评价

根据遥感地质解译成果，对线路走廊带进行地质灾害危险程度分区，对拟建工程场地的不同地段采取定性、半定量的方法综合评估地质灾害的危险性等级（大、中、小三级），对线路走廊带及工程场地适宜性做出评估。

杆塔位工程地质地貌条件评价需广泛收集该地区的地质报告、水文气象资料、区域地质

图 10－13 Lidar 三维景观图像的杆塔位预排演示与虚拟跨越景观图

图、水文地质图、历史灾害文献、邻区矿区开采形成的地质灾害、环境灾害等综合资料。地质灾害类型主要包括崩塌、滑坡、泥石流、地面塌陷、地裂缝及地面沉降六种。由于输电线路为地表非连续性线状建设工程，有别于输气、输油管道、交通道路等连续性线路建设工程，评价重点是以路径走廊带内是否存在影响杆塔立地的灾害地质体，对小规模的零星灾害体可采取避让或跨越措施，而对大跨越点的地质灾害评估则应在线路评估中进行高精度的调查研究。对布置在地质灾害易发区的大跨越点，应着重评估该区域内是否存在安全岛可作为杆塔建设场地。灾害评估的空间尺度应根据地质环境条件来确定，如对泥石流要扩展到汇水区；对地面沉降要扩展到沉降分布的边缘地带；对于线路工程的调查范围（含大跨越）应向两侧扩展 0.5～1km；在斜坡地带应向上扩展至第一分水岭，向下扩展至谷底；对塔基工程建设场地的次生地质灾害亦需进行预测和评估。

杆塔位场地地质地貌施工条件评价内容如下。

(1)不良地质体施工条件评价，如覆盖的厚层残坡积层、悬崖陡壁及陡坡的崩塌灾害或滑坡、松散沉积层的沉陷灾害、矿场采空区、基岩岩性及其施工条件等。

(2)地形地貌施工条件评价，如特殊地貌位置对杆塔位及架空线路的影响程度评价，包括河岸、湖岸、山峰、山谷口风场强度对杆塔及架空线舞动的影响，对杆塔间距的影响，地形高差对杆塔位及架空线跨越障碍物的影响，地形地貌交通条件对材料堆放、工程开挖、吊装、放线紧线场地的影响等内容。

(3)高原区的地形高度与雪线、覆冰、融冰等灾害的预测评估等；河谷两侧水位变化对杆塔位施工条件的影响等。

四、油气管道线路工程选线遥感

1. 油气管道线路工程概述

油气管道线路的路径选择涉及地形地貌工程地质条件的因素很多，常规的线路选择方法是根据规划的管道起点和终点位置，在适当比例的地形图上选出多条可能的线路走向方案，再经初步分析对比，选出几个较优的方案，并绘制出线路纵断面图，同时在图上进行布站，然后进行现场踏勘。踏勘前需收集区域地质构造、自然地理、地貌类型、水文地质、特殊岩土类型、地区规划等各种资料，通过综合分析对比提出最优的走向方案。对于线路较长、穿跨越点多、线路地质条件复杂和投资大的工程，需要进行综合性的多次反复对比。对线路中大型穿、跨、越工程也要提出细致的施工方案，对重点工点还需进行工程试验，才能选定最终线路方案。

航空摄影和卫星遥感技术可为选择油气管道工程线路走向提供准确、详细的工程地质地形地貌决策依据资料。而基于GIS地理数据平台的线路动态规划和基于三维图像的立体测绘技术，为线路选择评价和优化最佳线路走向提供了空间高科技技术平台。

油气管道走向选择的基本原则是：①线路尽可能短，一般以不超过航空直线距离的5%为宜；②满足管道输送工艺的要求；③选择适宜的站址；④大型穿跨越工程要尽可能少，选择工程量小、技术可行性强、线路安全、施工方便的地点；⑤沿线有充分的能源动力、水资源和建筑材料供应条件；⑥尽可能避开不良地质地段、地震区和有矿藏的地区；⑦能够妥善处理管道与其沿线城镇、工矿、农田水利及其他建筑物的相互关系；⑧交通比较方便，便于施工和维护；⑨符合自然环境保护的基本原则。

2. 中国西气东输管道工程

西气东输工程是国家“十五”重点工程之一，是中国西部大开发的标志性工程。塔里木盆地是西气东输的主供气源地，也是全国天然气资源量最为丰富的盆地，甘肃长庆气区是西气东输的气源接替区。

西气东输管道工程西起新疆轮南，途经新疆、甘肃、宁夏、陕西、山西、河南、安徽、江苏、上海以及浙江10省66县，全长约4 000km。管道穿越的地理单元有塔里木盆地、河西走廊、银川平原、黄土高原、华北平原、江淮地区、太湖平原；管道线路要穿越戈壁、荒漠、高原、山区、黄土、平原、水网等各种地质、地形地貌条件和多种气候环境，施工难度为世界之最（图10－14、图10－15）。

图10－14　中国西气东输管道线路示意图（据网络资料）

图 10-15　西气东输线路起点(箭头处)遥感图像,显示工程地质条件比对特征

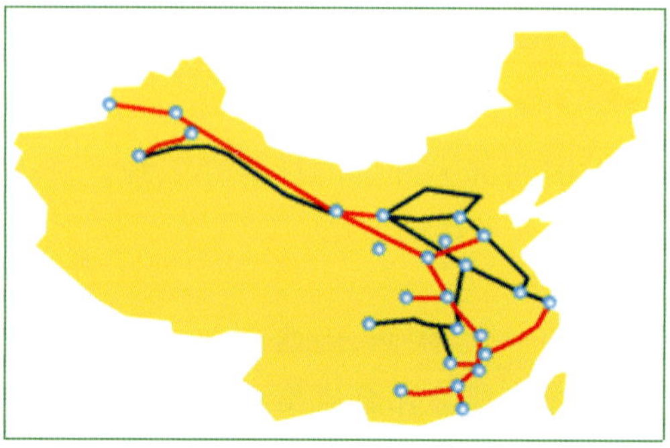

图 10-16　西气东输供气网络示意图(据网络资料)

中国规划中的油气管道干线和支线组成供气网络(图 10-15)。从新疆通过江西抵达福建,将俄罗斯和中国西北部的天然气输送到长江三角洲和珠江三角洲地区;在东南沿海、长三角区域、环渤海区域和中南地区形成管道网络系统(图 10-16)。

3. 油气管道工程地质遥感解译目标及任务

遥感技术在油气长输管道线路选线、定线工作中可以解决线路走向方案比选、大型穿跨越选址等工程地质条件评价和决策问题,大大提高了选、定线工作的质量和效率,有效地减少了野外选线、定线的工作量。可使管道线路走向尽可能避开沿线复杂的地形地貌单元及具有致灾性的地质灾害体单元。在地形复杂地区运用遥感技术,通过线路方案对比,优化选线方案,使管道路径更趋合理,可有效地降低工程施工难度。

管道工程地质遥感图像解译的首要任务是为长输管道提供线路设计分类专题图。线路设计专题图包括沿线人口统计图、植被覆盖图、地表水系分布图、地质灾害类型图、工程岩土类型图、数字高程模型(DEM)及三维立体图像等;基于图像处理或 GIS 平台进行数据融合匹配,导入各类专题分类信息数据,生成三维景观虚拟仿真动画图像,为线路优选方案及专家审查定线论证提供决策依据。

(1)管道线路初步设计阶段。管道线路初步设计就是进行线路的优化设计和方案对比,主要内容是线路预选方案对比、主要场地选择定位、气站的位置选择、复杂地段的工程措施设计等。遥感图像解译要使用高分辨率卫星图像,一般采用 Spot5 卫星 2.5m 数据融合图像,或直接采用 IKONOS 卫星 1m 图像、快鸟卫星 0.61m 图像进行预选方案对比研究。图像解译可参照1∶1万地形图,并制作高精度 DEM 三维图像,结合野外实地控制测量成果,集成工程地质勘察数据,进行管道工程地质构造、岩石地层、地形地貌、水文地质、工程岩土类型、特殊性岩土类型解译;根据管道埋深、裸露悬空、大型跨越等工程条件,划分管线路径地区类别、灾害类型及危害程度,设计大型穿、跨、越管道场点、管道埋深方案,对线路进行深入的对比及优化设计。

(2)管道线路施工图设计阶段。遥感技术在长输管道可研阶段的应用已十分成熟,在初步设计和施工图设计阶段的应用尚在进行尝试和摸索。施工图设计是利用高分辨率的立体图像,结合局部野外实测数据,进行采用全数字摄影测量系统室内设计,并绘制长输管道线路的纵断面。一般情况可采用 WorldView 卫星立体像对进行立体测图,生成 1∶2 000 数字线划图(DLG)和数字正摄影像图(DOM),用于施工图设计。

管道线路的特殊地区包括山区大落差石方段、湿陷性黄土及沙漠、沼泽、滩涂、水网等不同地形地貌复杂条件下的施工难点区域。

(3)管道线路工程地质的图像解译。工程地质图像解译重点是区域自然环境、地形、地貌、地质、水文气象的基础信息解译制图,并选择高分辨率图像数据对特殊地段的管道铺设环境进行详细工程地质解译。如在黄土高原,管道灾害地质条件主要有黄土湿陷及水毁灾害类型。由于湿陷性黄土层的地形、地貌结构复杂,应圈定已发生过湿陷的灾害体,对沿线管路开沟可能发生的灾害地质体进行详细的解译和分析。沿黄土斜坡地带,则要对黄土层的陡坡地形单元进行坡形分析,详细解译黄土滑坡灾害体,并预测黄土侵蚀机理及其对管道线路的危害程度。

应对裸露管道悬空地基区域的地质灾害进行解译,并对其成灾程度进行分析,如对河流水位变化、砂丘迁移进行解译分析和预测;对穿、跨、越管道场地进行地形地貌解译,并模拟计算其跨越条件;对临河管道的河谷陡崖及沉积岩层的成分结构进行解译分析;对裸露悬空管道场地的地基工程及岩土类型与施工条件进行解译分析。

五、跨区域跨流域调水工程地质环境遥感

1. 跨区域调水与南水北调工程概况

调水工程古已有之。2400 年前隋朝开凿的大运河,当属跨流域调水之先河。公元前2400 年前的古埃及从尼罗河引水灌溉至埃塞俄比亚高原南部,促进了埃及的文明与繁荣。全球已建或拟建的大型跨流域调水工程计有 160 多项。美国的中央河谷、加州调水、科罗拉多水道和洛杉矶水道等长距离调水工程,使加州发展成为美国人口最多、灌溉面积最大、粮食产量最高的一个州,洛杉矶市跃升为美国第三大城市;前苏联大型调水工程达 15 项之多;巴基斯坦通过从西三河向东三河的西水东调工程,变粮食进口国为小麦出口国。

南水北调工程是中国跨区域跨流域的调水工程,也是中国 21 世纪的国家级大工程。南水北调工程包括东线、中线、西线三大工程:东线调水工程是从长江下游扬州抽引长江水,利用京杭大运河逐级提水北送,经洪泽湖、骆马湖、南四湖和东平湖,在位山附近穿过黄河后经位临运河、南运河自流到天津;中线调水工程从丹江口水库引水,自陶岔渠首闸起,沿伏牛山和太行山山前平原跨江、淮、黄、海四大流域,自流输水到北京、天津;西线调水工程规划从长江上游干支流调水入黄河上游,引水工程线路拟定在通天河、雅砻江、大渡河上游筑坝建库,采用引水隧洞穿过长江与黄河的分水岭巴颜喀拉山入黄河。目前,东线与中线工程还在进行中,而西线工程尚未动工。

2. 跨地区跨流域调水工程线路遥感勘测与环境评价

(1)西线调水工程环境遥感评价。早在 1952 年就进行了从通天河调水入黄河的线路勘察。10 年间调水路线勘察工作区域涉及怒江、澜沧江、金沙江、雅砻江、大渡河约 $115\times10^4km^2$。1987 年开始研究从长江上游通天河、支流雅砻江、大渡河调水入黄河上游的方案,工

程范围缩小到 30×10^4 km²。2001 年水利部完成了第一期工程项目建议书。

应用遥感与地理信息系统对西线调水工程区的遥感数据、地理信息数据进行信息提取和处理，获取了西线工程的地形地势、土地覆盖、植被覆盖、植被净初级生产力、年均温度和年降雨量等自然环境因子，建立了综合自然环境指数，对调水工程区的自然生态环境现状进行了定量评价。

基于生态学和地理科学，通过遥感图像解译查明了调水区物种多样性、生态系统类型、生物与生态本底数据，并应用多层次、多角度综合方法对工程影响区域进行了评价预测，提出了调水工程的对策措施。遥感解译为西线工程决策、管理、实施提供了环境及生物本底数据，为调水工程的生态环境问题提供了决策依据。

(2)中线调水工程环境遥感评价。中线调水工程以加高丹江口水库大坝高程增加库容量和库区水位作为调水工程起点，坝顶高程从 162m 加高至 176.6m，增加库容 $116\times10^8\mathrm{m}^3$。2003 年启动"南水北调中线工程生态环境遥感监测项目"，运用遥感技术所具有的大区域大尺度特征，对丹江口水库、汉江中下游地区、受水区 3 个试验区的水土流失、滑坡与塌岸、河道变迁、水质、土壤盐渍化、植被覆盖及长势、地表水分布等环境因子进行动态监测，并结合地面观测数据和水文、地质、气象等基础资料，查明并掌握了中线工程的环境效应和变化趋势。图 10-17 为丹江口水库卫星图像，中线调水工程的水源区位于大坝之东北侧的丹江河道库区，在大坝加高工程完成后可沿伏牛山及太行山自流至北京。

图 10-17　南水北调中线工程水源地——丹江口水库大坝及库区卫星图像
(Quickbird，2004 年 7 月 7 日)

(3)东线调水工程环境遥感评价。1972 年华北大旱后，水利部开始研究东线调水方案，在 1976 年提出《南水北调近期工程规划报告》。东线工程主要利用京杭运河及淮河、海河流域的现有河道、湖泊作为调蓄区进行调水。东线工程供水区地处黄、淮、海诸河下游，城市集中，交通便利，人口密集，地势平坦，矿产资源丰富，是能源化工生产基地和农产品主要产区，水资源供需矛盾日益突出，缺水制约经济发展并对生态环境产生严重影响。

对调水线路的工程地质环境条件采用遥感图像解译、野外地质灾害调查、工程测量等技术手段，查明了南四湖调蓄区的地质灾害主要为采空区塌陷、地面沉降、崩塌、泥石流等问题。其中采空区塌陷、地面沉降发生在人口相对集中的地带，对区内居民生命财产安全造成的危害较大，同时也影响到调水工程的安全实施。对黄河以南调水线路的生态环境地质遥感调查的工程影响因素主要有土壤环境、地下水环境、工程地质环境、地质环境四类因子，并分别进行单环境质量评价和综合质量评价。评价结果揭示调水后产生的正环境效应大于负环境效应，实施调水工程有利于调节该区域生态环境质量。

根据水质和水污染现状的遥感解译及环境监测，提出对黄河以南的工业结构性污染和生活废水污染需实施截污导流和削减入河排污量的整治方案，控制石油类和农业面源污染整治方案；在黄河以北以截污导流为主，形成清水廊道，改善区域环境质量。

东线调水工程的区域环境宏观评价结果如下：①东线工程调水量占长江径流量的比重很小，故不会引起长江水位变化和河道淤积，也不会形成长江口盐水上侵等下游的水环境问题；②黄淮海平原灌区不会产生土壤次生盐碱化问题；③调水不会把南方血吸虫扩散到北方；④调水对湖泊的水生生物是有利的，对长江口及其附近海域水生生物不会有明显的影响。

第五节 场地工程地质遥感

一、场地工程类型与场地工程地质勘查方法

场地工程类型主要有水库及坝基、(核)电厂、港口、机场、大型工矿场地等基本类型。我国的城市建设和大型场地工程建筑面临的基本环境问题是能源与土地资源及淡水资源的供给、诱发的地质灾害、环境恶化、城乡差距、区域差距等一系列棘手问题。这些环境问题虽然不能依赖场地工程来解决，但却与大型场地建设直接相关。

场地工程地质调查及遥感解译内容包括：场地地貌特征、成因类型；工程岩土类型及分布规律；不良地质体及现象(如滑坡、崩坍、泥石流、岩溶及膨胀土、湿陷土、残积土等)；水文地质环境(地下水类型、储水层的性质、水位的变化幅度和补给条件、与地表水体的关系)；历史洪水淹没数据及范围等。

场地工程测图与工程地质遥感调查主要采用立体测图卫星与遥感测图技术、航空 Lidar 激光测高遥感技术、遥感图像工程地质解译与制图技术、场地工程地质现场勘测、工程岩土力学实验室测试、综合性工程地质图编制等遥感解译与现场勘察相结合的方法技术。

场地工程地质勘探方法如下。

(1)坑探。根据挖掘断面的形状和深度，坑探分为探坑、探井和探槽，工程目的是揭露地层，进行观察和取样。

(2)洞探。一般是在沉积岩层中实施，洞探长度及倾斜度依据岩层产状而定，工程目的是查明岩层及其软弱夹层、岩层裂隙状况、断层结构面类型及性质、岩体风化程度、岩体原位力学性质测试等。洞探工程多用于大型岩体工程，如水库大坝、隧道工程等。

(3)钻探。采用钻机进行垂直、水平、倾斜三类钻进方法，借以探查并获取岩土岩芯样品，工程目的是查明地层分布及岩层的工程岩土类型和性质。利用钻孔进行测井所获取的数据也是极为重要的工程勘察方法。

(4)地球物理勘探。工程地球物理(engineering geophysics)也称为浅层地球物理，是针对

地表浅层介质性质的地球物理特性，运用浅层地震、高密度电法、地质雷达、高精度重磁测量、地面核磁共振等物理探测技术，并以解决浅层地质的岩土力学、基岩界面深度、物性结构、层析结构等工程问题为主要目标。

二、场地等级与地基等级分类

以下等级划分依据《工程地质勘察规范》标准。

1.场地等级

根据场地工程地质条件的复杂程度，场地等级分为一级、二级和三级场地等级类型。

(1)一级场地等级，也称为复杂场地，符合下列条件之一者为一级场地：①对建筑抗震危险的地段；②不良地质作用强烈发育；③地质环境已经或可能受到强烈破坏；④地形地貌复杂；⑤对工程有影响的多层地下水、岩溶裂隙水或其他水文地质条件复杂，需进行专门研究的场地。

(2)二级场地，也称为中等复杂场地，符合下列条件之一者为二级场地：①对建筑抗震不利的地段；②不良地质作用一般发育；③地质环境已经或可能受到一般破坏；④地形地貌较复杂；⑤基础位于地下水位以下的场地。

(3)三级场地，也称为简单场地，符合下列条件者为三级场地：①抗震设防烈度等于或小于6度，或对建筑抗震有利的地段；②不良地质作用不发育；③地质环境基本未受破坏；④地形地貌简单；⑤地下水对工程无影响。

2. 地基等级

地基等级是根据地基的工程岩土类型及其空间分布复杂程度划分为三个地基等级。

(1)一级地基，也称为复杂地基，符合下列条件之一者为一级地基：①岩土种类多，很不均匀，性质变化大，需特殊处理；②严重湿陷、膨胀、盐渍、污染的特殊性岩土，以及其他情况复杂需作专门处理的岩土。

(2) 二级地基，也称为中等复杂地基，符合下列条件之一者为二级地基：①岩土种类较多，不均匀，性质变化较大；②工程场地存在有特殊性岩土类型。

(3)三级地基，也称为简单地基，符合下列条件者为三级地基：①岩土种类单一、均匀，性质变化不大；②无特殊性岩土类型分布。

3. 岩土工程勘察等级

根据工程重要性、场地复杂程度和地基复杂程度等级，将岩土工程勘察等级分为三级。

(1)岩土工程勘察甲级：在工程重要性、场地复杂程度和地基复杂程度等级中，有一项或多项为一级；

(2)岩土工程勘察乙级：除勘察等级为甲级和丙级以外的勘察项目；

(3)岩土工程勘察丙级：工程重要性、场地复杂程度和地基复杂程度等级均为三级。

三、水库工程地质与生态环境遥感

1. 水库工程选址概述

水库工程选址是在江河有利地段选择坝区位置，确定库区范围，进行工程地质稳定性评价和环境评价的工程地质勘察过程。

水库坝区的选择是水库工程的关键环节。对坝区的工程地质条件勘察成果是坝址选择的主要决策依据。三峡水库的最早创导者是孙中山先生，他在1918年的《建国方略》中就提出三

图 10-18　三峡大坝坝区之南津关方案（虚线示意处）卫星图像（QB-2，2005 年 10 月 21 日）
江面宽 410m，坝区位于灰岩地层区，发育有岩溶地貌及溶洞，工程地质条件复杂

峡大坝构想。而三峡工程的坝区选择也经历了 50 年的探索过程。从 1945 年到 1950 年，三峡大坝坝区选址主要有 3 个选择方案：①南津关方案（图 10-18），由美国著名大坝工程专家萨凡奇博士在 1945 年提出，提交了《扬子江三峡计划初步报告》。南津关位于古彝陵城南面，为长江上游和中游的分界处，坝址选择在南津关上游 200m 处，也是西陵峡的东端出口，坝高 225m，蓄水位 200m；②猫儿峡方案（图 10-19），由前苏联专家德米特里也夫斯基在 1950 年提出。猫儿峡位于重庆江津市境内，地处长江上游的中部，此处江面最窄，建坝工程量最小，但库区在四川盆地，淹没区最大，移民最多，也不具备防洪功能；③三斗坪方案（图 10-20），由中国学者林一山提出。三斗坪位于黄陵庙南岸，坝区上下 20km 的江段基岩全由花岗岩岩体所构成，与南津关坝区碳酸盐岩的岩溶地貌地质条件相比，工程地质条件得天独厚。坝基处江谷开阔，花岗岩岩基坚硬、完整，并可控制上游流域面积 $100\times10^4\,km^2$。在三斗坪（江北岸）与茅坪镇（江南岸）之间的"中宝岛"为花岗岩基岩岛，顶部海拔 78m，为大坝分期施工可提供有利的地形条件（图 10-20 中下大坝北侧处）。

从 1955 年开始，地质部门组织上千人的专业队伍，对南津关石灰岩坝区和三斗坪花岗岩坝区的 14 个待选坝段与水库地质地貌及环境条件进行了工程地质勘查研究，在 1979 年的三峡大坝选址会议上，最终选定三斗坪为三峡工程拦江大坝的坝址。坝基基岩为坚硬完整的花岗岩，具有修建混凝土高坝的优越地形、地质条件，施工条件优越，被称为"上帝送给中国人的礼物"。

1980 年，基于三斗坪坝区选址，运用遥感图像对坝址工程地质、区域地壳稳定性、库岸岸坡稳定性及库区生态环境进行了工程地质遥感解译，获取了丰富的地质资料。1981 年 12 月，位于三斗坪大坝下游的葛洲坝建成并投入运营（图 10-21），为三峡大坝的设计建设奠定了基础。

2. 库区地质环境与地质灾害遥感

库区及坝址的前期工程地质勘测，除满足蓄水要求外，还必须查明库区工程地质条件是否能保证库区蓄水功能和对库区生态环境的保护；还要查明库区岩溶地貌类型及溶洞类型及其

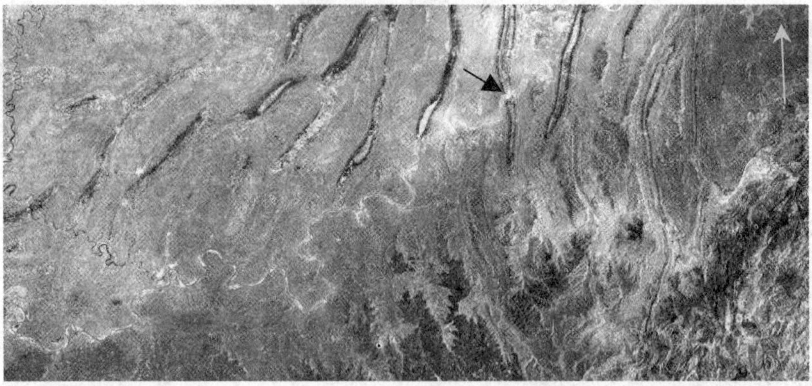

图 10-19　三峡大坝坝区之猫儿峡方案(箭头处)卫星图像(Landsat ETM,2009 年 8 月 15 日)

坝区江面最窄,仅 400m,但库区淹没范围最大,不具备防洪功能

图 10-20　三峡大坝坝区之三斗坪方案卫星图像(QB-2,2009 年 3 月 14 日)

坝区位于完整的花岗岩岩体之上,工程地质条件最佳,2003 年初运行发电,2006 年 5 月 20 日竣工

图 10-21　三峡水库之葛洲坝工程卫星图像(QB-2.2005 年 10 月 26 日)

1981 年 12 月投入运营,1988 年全面竣工

分布、不良地质体类型及其分布、库区水土保持、库区生态保护、珍稀物种移植、库区历史遗迹保护、库区移民量等。图 10－22 为三峡三斗坪坝基(箭头处)及库区全景图像。库区几乎覆盖了长江三大峡区的河道，库区自然灾害及地质灾害虽然频发，但对库区并未构成安全威胁。库区生态环境保护措施已有成效。

图 10－22　三峡三斗坪坝基(箭头处)及库区全景卫星图像

三峡水库库区的地质灾害主要有滑坡、崩塌和泥石流，多属于外动力地质过程形成的灾害现象。自宜昌至江津间长江干流两侧移民区规模较大的滑坡、崩塌体有 1 153 处，变形体 299 处，灾害发生频率较大。图 10－23 卫星图像的显示范围为三斗坪-秭归县-巴东县库区，其中较大的滑坡有链子崖危岩体和黄腊石滑坡(箭头处)；而库区重庆的云阳、万县、巫山、奉节等县的滑坡数量最多，危害程度最大。

图 10－23　三峡库区秭归-巴东段链子崖危岩体(箭头处)与黄蜡石滑坡卫星图像

库区地质灾害遥感是运用遥感图像的多尺度、多时相、多光谱数据，进行灾害体的区域地貌类型、地层及岩土条件、水位演变关系、气候降雨关系、植被类型关系、地形坡度关系的全方位解译和研究。从区域尺度上研究区域地质、地形地貌、第四纪地质、新构造运动等与灾害地质体的致灾机理，其主要内容包括：①地质和岩土物性精细填图，进行易滑岩组的沉积岩相学分析；②地质地貌演化过程与地质灾害的耦合关系；③通过多尺度高分辨地质构造解译，结合地球物理探测数据，建立三维地质-地球物理基础模型，为库区灾害地质体的成灾机理及空间分布规律研究提供科学数据。

3. 生态环境遥感调查

(1)库区水环境遥感。库区水质演变规律及水环境承载力条件解译，是基于库区各点源、面源、内源污染源对水质综合影响的波谱识别和分布特征解译，研究污染物的迁移、转化规律，支流入库河口、库湾水体富营养化程度及其水质的动态模拟、水环境承载力等，重点研究城镇降雨径流污染状况及农业化肥农药面源污染对库区水质的影响。

(2)生态环境遥感。三峡库区生态环境遥感主要是对植被覆盖指数进行定量信息提取和动态对比监测，对库区森林生态系统的结构与功能、生物多样性的环境影响、岩溶石漠化现状与形成机理进行多时相遥感数据的长周期解译与监测，主要内容有：①三峡库区植被覆盖类型、结构特征、生物群落结构与生境；②植被群落类型对光照、温度和水分条件变化的响应；地形地貌结构对植被群落的生态分化、植物适应性的影响；③库区水位消落区生物多样性及湿地生态系统类型解译与监测；④岩溶生态、石漠化机理图像解译与监测。由于库区碳酸盐岩分布广泛，石漠化高度敏感和极敏感区占库区面积的1/3，生态环境脆弱，因此遥感图像解译以岩溶地貌形态与石漠化特征、类型、分布及其形成机理为重点。

(3)环境污染问题。库区污染源遥感解译目标主要是城镇工农业和生活污水直接排入长江及其支流的污染源，包括工业污水、固体废弃物、水土流失、生活垃圾、农业非点源污染。

4. 库区诱发地震研究

水库诱发地震一直是国内外研究的重点和热点领域。被国际地震专家普遍承认的水库诱发的地震约70～80余起，仅占世界大型水库的2‰～3‰。对三峡水库诱发地震的研究经历了三个阶段：①区域稳定性为主的基础研究阶段，设立了7个地震监测台组成的三峡台网，已连续观测近30年，取得了丰富翔实的地震活动实测资料；②库区诱发地震问题研究阶段，对发震可能性、可能发震库段和最大震级进行了初步评价；③库区地震地质背景和地质条件系统研究阶段，对发震可能性、最大震级的数学和物理模型进行了研究，对水库诱发地震进行了定量评价。

在三峡库区正式下闸蓄水起的7天后，在库区巴东信陵镇沿江一线发生了2 000多次密集的小震群，引起学者密切关注。此后，三峡地震监测系统对库区的震中位置、强度和频次进行了研究，归纳了三峡库区诱发地震的基本特点，指出目前三峡水库蓄水后库区的水库地震基本处于工程前期预测范围之内，无破坏性地震发生。

四、核电站选址工程地质遥感与环境监测

(一)核电站选址概述

核电站的核心工程是核反应堆。反应堆外部为高强度、巨厚层的水泥防护层，用以吸收核反应堆产生的中子流和其他辐射。在正常情况下核电站是安全的，但为了防止可能发生的意外泄露，核电站的选址常设在沿海小岛或半岛上，如果一旦发生核泄漏可减小由此造成的生态环境破坏和生命损害。

中国已建成的核电站多选在沿海海湾或半岛上，如秦山核电站(图10－24A/B)、大亚湾核电站(图10－25)、田湾核电站(图10－26)、三门核电站(图10－27A/B)。

核电站工程地质选址及其环境条件包括辐射安全问题、交通条件(运输设备)、地壳稳定性

(如花岗岩岩体)、冷却水源丰富程度及核废料处理场地等。如秦山核电站、大亚湾核电站、田湾核电站工程都具有相似的工程地质条件和海岸地貌类型等工程条件。

中国已建成的核电站多布设在东部经济发达的沿海地区，而在西部经济欠发达区也正在进行核电站选址工程，如四川省具有丰富的铀矿资源，宜宾核燃料厂是我国惟一的核电站燃料组件生产基地，四川南充蓬安县三坝乡核电站已列入能源发展规划，也已经完成了选址工作，将于2014年建成投产。因此，核电站选址还必须考虑区域经济发展布局的合理性及用电量问题，内陆核电站建设也会得到快速发展。

(二)核电站选址的工程地质条件与遥感图像解译

核电站选址的工程地质测绘是运用工程地质遥感解译与区域地壳稳定性评价相结合的方法，通过资料搜集、调查访问、地质测量、遥感解译等方法，查明场地的工程地质要素，并绘制相应的工程地质图件。

核电站场地选址工程地质勘察的基本内容包括：收集区域地质、场地工程地质和水文地质、地震参数区划、历史地震及历史地震烈度以及近期地震活动等方面的资料，对场地稳定性、地基条件、水文地质环境和工程地质环境做出初步评价，提出核电站选址适宜性意见。

1. 场地地壳稳定性遥感解译与评价

在工程地质勘察可行性研究中，针对拟建场地的地壳稳定性进行图像解译，解译内容包括：搜集区域地质、地形地貌、地震、矿产、工程地质、岩土工程和建筑经验等资料；选择适当的遥感图像类型对场地的地层、构造、岩性、不良地质作用和地下水等工程地质条件进行详细解译；对两个以上的待选场地进行工程地质条件比选分析，提出场地选择意见和依据。工程地质测绘图的内容包括：场地地质构造、地层结构、岩土工程特性、地下水埋藏条件；不良地质体的成因、分布、规模及致灾危险性等级；场地及其区域的历史地震震中、震级、烈度、发震时间；场地稳定性评价类型划分等。

2. 岩土工程条件遥感调查与评价

岩土工程条件遥感调查包括：场地及其邻区的岩石地层分类、工程岩土类型、特殊性岩土及其发育程度和分布深度、岩石坚硬程度分类及其完整程度分类和岩体基本质量分级。

3. 场地地下洞室工程地质条件解译与评价

地下洞室的工程地质遥感勘察的主要内容是：场地的地形地貌类型、地层岩性单元(包括岩石类型、地层产状、地层厚度及互层结构类型、风化程度)解译；地质构造(包括断裂构造选择、产状、破碎带充填、胶结及厚度、贯通及组合关系等)解译；地表水系及其切割程度解译；水文地质和环境条件解译；洞址和洞口工程地质条件解译；不良地质作用的类型、规模和分布解译等。

4. 地形地貌与水文地质条件遥感调查与评价

核电站场地条件要求地貌类型简单，地形边坡稳定性程度高，地表具有足够的流动水源及稳定的地下水资源。现代建成和在建的核电站多选择基岩海岸带，且多为丘陵地貌，岩石类型为整体性的侵入岩体或坚硬的酸性火山凝灰岩。如秦山核电站、大亚湾核电站、田湾核电站、三门核电站等。由于核电站对取排水条件要求较高，因此核电站场地要求对海岸带的潮汐作用、沿岸流、海堤、防波堤等海水运动条件进行详细解译。要求边坡地貌条件解译提供边坡稳定性评价成果及人工边坡开挖方案和处理措施意见；要求海岸地貌解译提供海堤围筑方案及海堤软土地基稳定性评价；要求地形地貌条件满足取排水工程的隧道设计、开凿和支护条件的施工标准。

(三)主要核电站工程地质条件遥感图像解译实例

1. 秦山核电站

秦山核电站位于杭州湾畔,坐落于浙江省海盐县秦山镇,濒临东海杭州湾,邻近上海、杭州,背靠秦山丘陵地貌单元,岩土工程地质条件优越,地壳稳定性程度高。场地水源充沛,交通便利,临近华东电网枢纽,是建设核电站的理想之地。

秦山核电站场地岩石类型为酸性凝灰岩,岩石属坚硬岩类,与花岗岩相似;岩体完整性程度高,岩土工程条件优良。地形地貌条件对厂区地基开挖和海岸带工程设施极为有利。

秦山核电站与后期建设的澉浦核电站在海岸地貌类型上极为接近,均为海岬型弧形半岛与海湾地貌类型(图 10－24A)。海岬基岩海岸均向外凸出,两海岬之间则为砂质海岸,海岬后侧基底为凝灰岩构成的岩质丘陵和地基。核电站的两处海岬地貌及海湾地形对地基稳定性及取排水设施建设都极为有利。图 10－24B 为秦山核电站局部放大图像,三期工程的建设设施清晰可见,近海区域可依图像的色调差异及图案形态来分析核电站温排水的影响区域。

图 10－24A　秦山核电站、澉浦核电站场地工程区域海湾卫星图像(Landsat ETM)

上部箭头处为秦山核电站场地,下部箭头处为澉浦核电站

2. 大亚湾核电站

大亚湾核电站位于惠州市东部大亚海湾排牙山海湾型基岩海岸,工程地质条件良好,场区地层岩性和构造断裂呈 EW 向展布,区域级断裂构造不发育,仅在场地北部的低山丘陵区地表发育有 NEE 向节理裂隙带(图 10－25)。燕山期花岗岩体整体性良好,未经区域级后期构造改造,花岗岩属坚硬岩类,工程岩土强度高,地应力不高。地下水主要赋存于裂隙中。大亚湾核反应堆洞室工程地质条件良好,工程取排水隧道工程条件优越。

3. 田湾核电站

田湾核电站位于江苏连云港市海湾区,具有得天独厚的地理、地质和水文条件优势。图 10－26 为核电站场地卫星图像。核电站处于连云港市港湾区之南侧,施工后与高公岛连成一体。海岸为海岬地貌类型,呈半弧形向东凸出,沿岸流的水动力条件良好,适合于核电站取排水工程要求。

图 10-24B　秦山核电站卫星图像，显示场地工程地质及近海潮汐作用温排水效应图像特征（QB-2，2007 年 9 月 27 日）

图 10-25　大亚湾核电站卫星图像（2008 年 11 月 29 日）

场地工程地质条件图像解译效果良好。核电站场址处于武当-大别隆起带的东延部分，场址西部为郯庐大断裂带，区域构造为苏胶隆起带北段。场地岩石地层为中上元古界的东海群和海州群中深变质岩系，岩性为二长浅粒岩、绿泥石片岩及石英岩组合。地层走向为 NEE 向，向 SE 倾斜，山脊线与地层走向线一致。变质岩层的片理构造发育，图像上显示为一系列 NW 向延伸的线状影像特征，呈深浅相间出现的 NW 向密集节理裂隙和基岩露头。地表植被覆盖类型及其覆盖密度与绿泥片岩软性岩层相关，而坚硬的石英岩则形成裸露的山脊。

场地断裂构造与褶皱构造发育，主要断裂呈 NNE、NE 走向，NW 向断裂主要为平推断层和密集节理带，规模较小。褶皱构造为倒转褶皱类型。

依据遥感地质解译及工程岩组分析资料，场地岩体动态参数为中等偏强类型，工程地质的不利条件是地表风化程度较强，与绿泥石片岩软弱岩土构成的夹层，对这些软弱岩层需要进行适当的工程加固处理。

图 10-26　连云港市田湾核电站卫星图像(QB-2,2009 年 6 月 22 日)

4. 三门核电站

三门核电站位于浙江省东部沿海的台州市三门县健跳镇猫头山半岛上,1983 年进行场地选址工作,于 2009 年开工建设,是继秦山核电站之后在浙江省境内建设的第二座核电站。

图 10-27A 展示了三门核电站场地工程建设的海岛地貌景观,图 10-27B 为工程场地所处的海湾地理环境与地质地貌卫星图像。遥感图像解译的基本内容如下。

(1)场地地形地貌条件。核电站场地位于由火山岩构成的复杂基岩海湾地理单元,半岛为中生代火山岩所构成的低山丘陵地貌景观,为三条 NEE 向平行延伸的长脊状山脊,两坡为陡坡地形结构,因形如猫头而命名为猫头山。场地地理条件优越,生态环境良好,地表植被覆盖密度较大。

(2)场地工程岩土条件。整个海湾区由层状火山岩、次火山岩及侵入岩体所构成,主要岩性为凝灰质粉砂岩、沉凝灰岩和流纹斑岩。场地基岩出露完整,属坚硬型岩石类型,地基承载力高。

(3)场地及其区域构造地质条件简单。仅发育 NEE 向及 NW 向两组断裂构造,且断层规模不大,断距很小。由地质构造引发的地质灾害体很少,灾害危险性小,适合核电站建设。

(4)区域历史地震小而少。震级小于 4 级,近期发生的地震均为小于 2 级的微震,地壳稳定性条件较好。

(5)工程建设防灾措施。由于地形坡度较陡,要防止因工程开挖诱发崩塌和滑坡灾害;在沙质海岸带由于大面积岩土回填可能引发地面沉降或不均匀沉降;护堤修筑可能产生失稳滑坡;公路软土路段填方而产生不均匀沉降和路堤失稳等灾害。

(6)海岸环境。核电站场址三面临海,海水最深达 42m,有利于核反应堆循环冷却用水;海岸沙滩地形条件有利施工场地安排;半岛外海有三个无人居住小岛,有利于核废料坑道施工。

5. 宁德核电站

宁德核电站场址位于福建省宁德市秦屿镇备湾村,地貌为长半海岛型基岩海岸,海岸带发育有较多海岛,形成较复杂的海湾半岛地貌类型。电站场址东临大海,北临晴川湾,潮汐作用潮差大、海岸地形地貌条件对核电站场地建设极为优越。

图 10-27A 浙江台州市三门核电站卫星图像(QB-2,2009 年 1 月 15 日)

图 10-27B 浙江台州市三门核电站卫星图像,显示工程场地(箭头处)海湾区域地质地貌图像特征(Landsat ETM)

图 10-28 为宁德核电站工程场地快鸟卫星遥感图像,图中半岛海岸地貌条件及工程地质条件图像标志清晰。半岛向东南凸出海湾约 3km,三面环海,半岛前方发育有多个小岛,对核电站施工极为有利。工程场地岩石类型为酸性火山岩与次火山岩,属坚硬岩石类型。层状火山岩呈 NE 向走向,为中厚层结构,具块状构造。地表风化壳厚度不大,在其周围可见多处基岩露头。区域构造地质结构简单,断层构造主要为 NE 向及 NNE 向,断层规模不大。场地区域历史地震很少,地壳稳定性程度较高。

图 10－28　福建宁德核电站卫星图像，显示福鼎市秦屿镇备湾村半岛工程场地火山凝灰岩与流纹斑岩低山丘陵地貌景观（QB－2,2008 年 4 月 12 日）

五、机场选址工程地质遥感

1. 机场选址概述

随着国家经济快速发展和对外开放的不断扩大，机场建设需求越来越紧迫，尤其是西部大开发和旅游经济的迅猛发展，山区城市的机场建设需求更加迫切。机场场地选址具有其工程条件的特殊性，除一般工程地质、地形地貌、水文地质条件外，还需考虑城市规划、距城区距离、净空条件、场地电磁场环境等特殊要求和规定。

机场选址的工程地质条件遥感解译与场地净空分析对图像的三维显示功能、三维虚拟仿真动画功能也有严格要求。

(1)机场场地空域条件。净空条件要符合有关技术标准，空域条件能够满足机场安全运行要求。

(2)机场场地的地形地貌空间尺度条件。按照机场飞行区等级规划，地形地貌条件首先要满足机场飞行区等级的场地空间尺度需求（飞行区等级用两位编码表示：第一位为数字，分 4 级，表示跑道长度类型；第二位为字母，表示跑道宽度）。如我国多数机场为 4D 级，这就要求一个基本平整的地貌单元能支持跑道基础地基长度大于 1 800m；跑道宽度在 52～60m 的地形条件。4E 级机场，如北京、上海机场，对跑道要求会更高。

(3)机场场地的工程地质条件。要求地质结构简单、区域地壳稳定，并具有坚实的地基结构。

(4)尽量少占用一级耕地，拆迁量较小。

(5)场地与城市距离适中，机场与城市规划协调。

2. 机场工程地质条件遥感图像解译

机场工程地质遥感解译的目标及任务是依据机场规划内容与场地所处地理单元的地质地貌特征来确定的。一般在平原地区，主要解译内容以岩土地基工程条件和水文地质条件为主；

而在山区，由于地貌及工程地质条件都较为复杂，遥感解译的内容就相对复杂。

(1)地形地貌条件解译。运用三维图像处理技术进行高精度DEM数据与多光谱图像数据的融合处理方法，对建设规划区域的地形地貌类型进行详细解译划分和大比例尺地貌制图，为机场选址的地形条件提供决策依据。图10-29为云南腾冲机场的卫星图像，机场场地的地形地貌结构及空间尺度特征清晰。场址位于山地地貌单元中的构造小盆地，是在上新世地壳张应力环境下形成的一个小构造盆地。盆地南北长2.35km，东西宽0.62km，可满足4D级机场场地的空间尺度需求。盆地与周围山地相对高差小于50m，符合净空条件要求。

(2)构造地质解译与区域稳定性评价。机场场地对区域构造条件的基本要求是能够对地壳稳定性评价提供科学依据。遥感图像解译内容主要有断裂构造、褶皱构造、节理裂隙带、活动断裂构造、活动隆起及凹陷构造及第四纪构造地质等内容。遥感构造解译要结合区域地震资料进行综合分析，如震中位置、地震裂度及历史地震时间及地球物理数据，主要目的是综合评价场地的区域稳定性。如腾冲机场场址，其构造地质背景为新生代以来的地壳拉张环境及裂谷型火山活动所形成的地震活动带。腾冲地震活动频率较高，仅1976年5月8日至7月21日，就发生过四次6级以上地震，最大地震为7级，震中位于场地东南约25～30km处，震源深度9～33km。因此，本区属地壳不稳定区域。

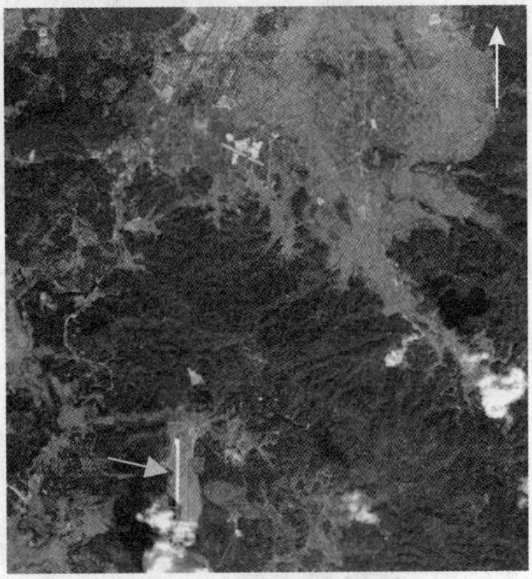

图10-29　云南腾冲机场场地(箭头处)卫星图像
(QB-2,2009年10月23日)
腾冲县城位于图像北部，市中心距机场7.24km，机场跑道长1 900m，宽50m，为4D级；机场南段被薄云层覆盖

图10-30为西藏贡嘎机场卫星图像。机场位于雅鲁藏布大断裂附近，活动断层发育，地形陡峭，构造地质条件极为复杂。机场选址应避开大断裂带的威胁，经图像解译和踏勘，选定了一个地质条件相对简单的雅鲁藏布江河谷南岸的高河漫滩上，从而避开了山体滑坡灾害及泥石流灾害的威胁。河漫滩的地貌条件可满足机场空间尺度要求，并依据河谷及河漫滩形态结构特征选定了机场最佳轴线方位。场地距雅鲁藏布江巨型构造带较远，区域稳定性符合机场建设要求，但机场地基为冲积砾石层组成，地基处理难度较大。

图10-31为四川康定机场卫星图像。康定机场是目前世界上海拔最高的机场，位于康定县折多山上，海拔4 280m，仅次于世界海拔最高的西藏昌都邦达机场(4 334m)。区域构造位于青藏滇缅“歹”字型构造体系与川滇南北构造带的交接复合部位。场地处于一条区域级断裂带的南东段，发育NW和NNE向断裂构造，场地夹持于两条断裂之间，且主干断裂在晚更新世以来尚有构造活动。区域地震活动频繁，平均每年约10次，多为浅源地震，由于机场选址中构造条件的选择难度较大，需在复杂构造带之间寻找“安全岛”。所选定的机场场址处于断裂构造带中相对安全的冰碛砾石层，地块长15km，宽3km(图10-32)，可基本满足场地岩土工程条件。

图 10－30　西藏贡嘎机场（箭头处）卫星图像（2005 年 10 月 29 日）

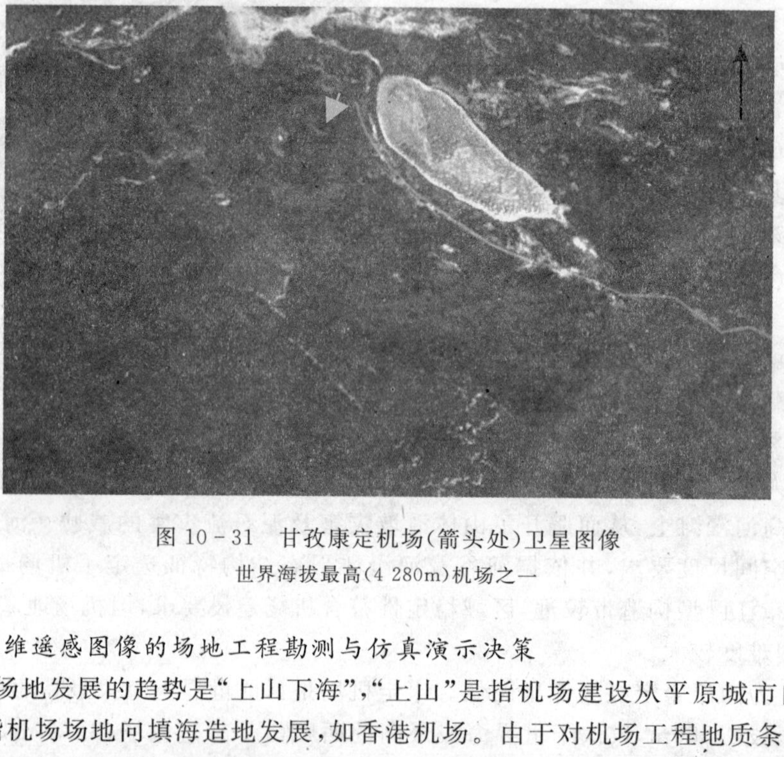

图 10－31　甘孜康定机场（箭头处）卫星图像
世界海拔最高（4 280m）机场之一

3. 基于三维遥感图像的场地工程勘测与仿真演示决策

现代机场场地发展的趋势是“上山下海”，“上山”是指机场建设从平原城市向山区城市发展，“下海”是指机场场地向填海造地发展，如香港机场。由于对机场工程地质条件的勘察要求就越来越高，难度也越来越大，必须引入 RS、GIS、GPS 技术，运用三维图像解译和三维仿真系统进行机场场地工程地质解译和空间条件分析。

三维遥感图像处理技术可以快速生成具有立体、宏观、真实和信息量丰富的图像，在场地工程地质遥感解译中既具有最新地理现势性，又具有三维空间综合解析的应用优势。三维图像立体解译在选址、勘探和路线工程地质条件解译和评价中已得到广泛应用，同时还引入虚拟三维仿真动画系统为机场工程地质勘察、地质灾害分析、场地净空分析提供可视化分析决策平台。其

图 10－32　康定机场折多雪山远景照片

基本流程如下。

(1)基于图像处理平台,完成机场区域遥感影像精准几何校正,导入高精度 DEM 高程数据,进行数据融合处理,生成三维遥感图像。

(2)基于三维图像进行地形、地貌、地质、水文、灾害地质等工程地质条件的立体解译,绘制区域地质、构造、地貌类型、水文地质、工程岩土类型、不良地质体等解译图。

(3)将工程地质解译成果导入三维图像系统的相应图层,做好定位匹配处理。

(4)制作三维仿真动画演示文件,进行汇报演示,服务于决策工作。

复习思考题

1. 论述地质遥感与工程地质遥感的学科关系。

2. 简述工程地质遥感的基本概念。

3. 工程地质测绘与区域地质调查有何区别?工程地质测绘的重点是什么?

4. 简述工程地貌遥感的基本内容。

5. 工程岩土体概念与岩石地质学有何不同?工程岩土类型的划分标准是什么?

6. 为什么工程地质的构造解译只强调断层的性质与活动程度?

7. 简述灾害地质体工程条件的图像解译基本内容。

8. 在工程遥感解译中不良地质体解译的主要内容及其意义。

9. 简述水文地质解译在工程地质条件分析中的意义。

10. 简述线路工程类型与遥感图像解译重点内容。

11. 简述隧道工程的图像解译重点。

12. 简述场地工程遥感的应用领域及其意义。

13. 简述你对三峡坝基选址过程的认识,为什么大坝选择在三斗坪?

14. 为什么中国建成的核电站场地主要选择在沿海经济带?论述你对核电站选址中遥感图像解译的基本认识。

15. 简述机场选址遥感图像解译的基本内容,你是如何理解机场选址工程地质的科学意义?

第十一章　地质旅游资源遥感

本章内容提要:介绍地质旅游资源类型及其遥感原理与图像解译方法。重点介绍地质旅游资源遥感调查与图像特征值提取的基本内容;系统介绍了岩石地貌景观资源类型与图像识别方法以及峡谷地貌景观类型、海岸带及岛屿地貌景观类型与图像识别;最后介绍了地质旅游资源遥感评价指标体系与评价方法。

第一节　旅游资源遥感概论

地质旅游资源遥感(remote sensing in geotour resources)是基于地质地貌景观学,研究特殊地理单元中具有旅游观赏价值和开发远景的地文景观资源和评价方法。运用地学遥感图像解译的原则和方法,对构造地质、特殊岩石类型、地质地貌类型、生态环境、水域类型等自然景观旅游资源进行景观研究和制图。地质旅游资源遥感的基本任务是对地文景观的旅游景观类型及景元(景观元素)分布规律进行图像解译、地面勘察、景观特征值采集及景观评价,为旅游规划前期基础工作提供图像景区资料和开发依据。

一、旅游资源类型①

1. 自然旅游资源类型

自然景观可分为地貌类景观、地质类景观、生态类景观、气象类景观、气候类景观等类型。国家旅游管理部门对旅游资源的类型划分、资源调查、评价及规划进行了指导性规范。在《旅游资源普查规范》中,旅游资源按大类、亚类和基本类型三级划分体系分为两大类、6个亚类、74种基本类型。其划分原则是依据旅游资源的性状,即现存状况、形态、特性、特征等要素进行划分。

(1)地文景观类,基本类型包括典型地质构造、标准地层剖面、生物化石点、自然灾变遗迹、名山、火山熔岩景观、蚀余景观、奇特形象山石、沙(沙石)地风景、沙(砾石)滩、小型岛屿、洞穴及其他地文景观。

(2)水域风光类,基本类型包括风景河段、漂流河段、湖泊、瀑布、泉、现代冰川及其他水域风光。

(3)生物景观类,基本类型包括树林、古树名木、奇花异草、草原、野生动物栖息地及其他生

① 参考了行业标准规范《旅游资源普查规范》的内容。

物景观。

2. 人文旅游资源类型

(1)古迹与古建筑类，基本类型包括人类文化遗址、社会经济文化遗址、军事遗址、古城遗址、宫廷建筑群、宗教建筑与礼制建筑群(殿堂、楼阁、塔、牌坊、碑碣)、建筑小品、园林、景观建筑、桥、雕塑、陵寝陵园、墓、石窟、摩崖字画、水工建筑、厂矿、农林牧渔场、特色城镇与村落、港口、广场、乡土建筑、民俗街区、纪念地、观景地及其他建筑或古迹。

(2)休闲求知健身类，基本类型包括科学教育文化设施、休疗养和社会福利设施、动物园、植物园、公园、体育中心、运动场馆、游乐场所、节日庆典活动场地、文艺团体及其他休闲求知健身活动场所。

(3)购物类，基本类型包括市场与购物中心、庙会、著名店铺、地方产品及其他物产。

对旅游资源图的比例尺要求是：西部省区采用 1：100 万或更小；东部省区采用 1：20 万或更大，并规定省级旅游局是普查验收的组织者和普查成果的主要承受者，国家旅游局是普查验收的指导者和普查成果的主要承受者。

3. 地质旅游资源类型

地质旅游资源基本类型属于自然旅游资源类，它是基于地质地貌类型进行划分的，既是地貌单元的基本类型，也是地质旅游资源的基本类型，按地文旅游资源可划分为三组。

(1)岩石与构造地貌形态类地文旅游资源。其景观形态是在地壳发展过程中一些特殊岩石地层及其地质构造在长期的地质历史中不断变化、雕琢形成的。岩石类型与构造性质造成了景观形态与景观特征的差异性，如断层景观、褶曲景观、节理景观、地层剖面、钙华与泉华、矿点矿脉与矿石积聚地、生物化石点等。

(2)历史地貌类地文旅游资源。由于地质构造、新构造运动与火山、地震等地球内营力作用和风化剥蚀、流水、湖沼、海洋、风沙、重力、岩溶、人力等外营力作用，造成了很多地貌景观，如凸峰、独峰、峰丛、石林、土林、奇特的象形山石、岩壁与岩缝、峡谷险溪、沟壑地、丹霞、雅丹、堆石洞、岩石洞与岩穴、沙丘地、岸滩等构成的一些个性鲜明的旅游资源基本类型。

(3)自然灾害遗迹类地文旅游资源。强调在地文景观类型的形成和演化中，曾经发生过剧烈变动及变化过程，有些是突发性的灾害事件，有些是反映自然环境的变化，如重力堆积体、泥石流堆积、地震遗迹、陷落地、火山与熔岩、冰川堆积体、冰川侵蚀遗迹等。

4. 地文景观基本类型的规模等级及景观特征值

按照景观基本类型的尺度规模或景观形态的区域层次性等级，将地文景观基本类型再细分为景观域、景观段、景观实体三个层次等级，有利于规范遥感图像解译分类标准和景观调查制图。例如，对山西大同的火山口群进行遥感解译，按照景观基本类型属于火山熔岩景观基本类型，在图像解译中，将包括大同市、大同县、阳高县及滹沱河中游同期火山口地域的全部火山口群作为景观域，而将具体一个火山口群作为景观段，而景观实体(可称为景元)则是由某一火山口所构成独立的地貌单元。景观实体是旅游景观实体单元，它具有独特的景观实体特征值和形态结构样式，如火山口湖的特征值(直径、面积、深度、水质等)、火山锥体特征值(高度、直径、坡度)等。

二、地文景观概念

地质旅游资源在旅游资源类型中属于自然旅游资源类，涵盖了全部地文景观类型和部分水域风光类。地文景观旅游资源是自然景观旅游资源的主要类型，从景观成因上讲属于地学类旅游资源。“地文”一词是引用了地貌学“地文期”的部分概念和地文期划分的部分内容。地貌学的地文期是对区域地貌发育阶段过程具有时间尺度特性的专业术语，也具有地貌演化序列的含义，如对地貌形成的幼年期到老年期地貌演化序列可以划分成具有地方特色的地文期名称来表达某一地貌演化阶段，如中国南方岩溶及峡谷地貌演化过程就分为“鄂西期”、“山原期”、“三峡期”三个地文期，分别表征区域性岩溶地貌的成因类型及其演化阶段。按照侵蚀轮回学说将区域地貌的发育阶段划分成不同的地文期：地壳强烈上升时期，河流进行强烈的垂直切割形成高山、峡谷地貌景观，称为幼年期；地壳趋于稳定时期，河流以侧向侵蚀作用为主形成宽谷浅丘地貌景观，称为壮年期；地壳长期稳定时，河流的夷平作用就形成微有起伏的准平原地貌景观，称为老年期。这样，在地形垂直剖面上就会出现多个旋回的地形叠置格局，地形最顶部的地文期形成时间最早，以下依次类推。地文期多采用典型地点来命名，如中国长江三峡地区顶部留有不完整的准平原地形称为“鄂西期”地形，在“鄂西期”之下发育的宽谷缓坡地形称为“山原期”地形，再向下的深切峡谷称为“三峡期”地形。中国许多老夷平面形成于老第三纪时期，由于同位素测年技术能更准确表示地貌形成时代，因而现代地学界很少使用地文期的概念来研究地貌演化的年代或期次问题。

地文旅游资源与地貌学、地质学、自然地理学有着密切的关系。从构造学、岩石学、地貌学的角度认识地文景观有益于更好地理解地文旅游资源的成因机理、景观形态和分类基础。古代地理学和近代地理学都曾经用“地文”概念来描述地理景观结构及地理现象。地文景观是包括各种地理要素的广义自然地理环境，并强调地表形态和综合地理现象。地貌学、景观地理学、综合自然地理学对旅游资源的研究主要是强调景观的成因和空间结构特征，但却很少从旅游资源角度和景观艺术角度去研究和审视地表景象的经济学价值。

地文旅游资源研究既包括地貌学研究的大部分内容，也含有地质学、自然地理学的部分研究内容，乃至生态地理学的研究内容。因此，地质旅游资源中的“地貌旅游”、“地质旅游”、“峡谷旅游”、“自然旅游”等都可引入到地文旅游资源这个大概念之中进行综合研究。

地文旅游资源研究需要地学学科的支撑，其中主要是地质学、地貌学、自然地理学、生态地理学，而最重要的是地貌学。地文旅游资源的景观格局特征是基于地貌学的成因机理和形成条件来进行研究的；而景观形态特征及其特征值表述是基于地貌形态要素的细部特征描述、几何形态测量、地理空间组合与配置来研究的。

在地文旅游资源调查中，地文景观成因条件与形态特征数值提取的地貌学研究内容涉及到以下 8 类地貌类型及其地貌构成元素的形态学特征。

(1)地文景观与构造地貌学的形态学特征；

(2)地文景观与岩石地貌学的形态学特征；

(3)地文景观与火山地貌学的形态学特征；

(4)地文景观与河流湖泊地貌学的形态学特征；

(5)地文景观与海岸地貌学的形态学特征；

(6)地文景观与风成地貌学的形态学特征；

(7)地文景观与黄土地貌学的形态学特征；

(8)地文景观与冰川冻土地貌学的形态学特征。

三、地质旅游资源遥感调查

旅游资源遥感调查是基于地质地貌及地理景观的图像解译原理和方法技术进行区域旅游资源调查、探索、发现、测量及评价。在地质旅游资源遥感调查中，要选择相应尺度的遥感图像和一切可以利用的区域旅游资源材料和数据，进行综合解译分析和制图。

1. 地质旅游资源遥感项目类型

地质旅游资源遥感可分为两种项目类型，即区域旅游资源遥感图像解译普查和旅游地遥感解译与调查评价。区域旅游资源遥感是在一个较大地理区域的资源普查，如特定地理区域的地貌单元区、河谷（峡谷）特定的一个河段地貌单元区、与知名旅游地相邻县市的地貌景观类似地区等。旅游地遥感解译与调查评价是基于某一景区及其外围进行的旅游资源扩展调查和新旅游路线调查与评价，如在黄山景观区可以针对多达10余条花岗岩峡谷和陡壁底部新景点及新旅游线路进行图像新景点解译和新路线规划评价等拓展性调查工作。如图11-1高分辨率遥感图像（为突出地貌立体形态，图像地理方位倒置，为下北上南，本章遥感图像多采用南北方向倒置的方法，具体方位以图像的指北箭头为准）景观标志所示，图中线状险峰类、孤立山峰类、窄峡谷类、陡壁陡崖类、溪流瀑布类等景点尚有多处需要规划开发，也可避免旅游"野路线"造成的危害和人为险情现象的发生。

图11-1　黄山高分辨率遥感图像，显示花岗岩构造地貌图像标志与景区峡谷扩展线路解译示意线（QB-2，2007年1月2日）

2. 图像选择

遥感图像类型及图像比例尺的选择要依据工作性质和景观对象的尺度特征进行科学选取。如景观资源遥感普查可选择Landsat ETM、Spot卫星图像、Worldview、Orbview等中等比例尺遥感图像，也可依据景观对象的尺度特征选择IKONOS、Quickbird等高分辨率遥感图像；而旅游地遥感调查评价一般需选择高分辨率遥感图像。

3. 遥感图像解译标志与工作程序

旅游资源遥感调查的工作程序与地理遥感、地质遥感基本相同。但是，旅游资源遥感图像解译与地质地貌图像解译的重点却不完全一样，即旅游资源遥感更强调地貌的景观构成及地貌形态的细节信息、结构信息、形态类型信息、地貌景观形态的特征值数据采集等旅游规划设计及路线景观布局的信息。

旅游资源遥感图像解译与路线调查的工作程序如下。

(1)基于类似的知名景区的地质地貌类型与形态特征，构建该类型图像解译标志。

(2)运用类比原则，对调查区遥感图像进行初步解译和旅游景观资源初步制图，设计实地调查路线，并到工作区域按照设计路线进行调查，并与知名景区的图像标志进行对比，研究图像标志的准确性和对景观形态识别的误判性，修改解译标志，修改初步解译图。

(3)在景观现场对地貌景观、景观形态的特征进行测量，并对照图像标志选择基于图像信息的形态特征值提取和测量方法。

(4)对地貌景观的成因类型、造景机理、景观目标地理实体的形态特征值进行研究，并在遥感图像上确定景观特征值的标志与特征值的测量指标。

(5)建立景观形态的特征描述标志，如峻、险、雄、奇、丽、雅、高、深、怪、幽等造景形态的图像标志(注意景观尺度与图像分辨率的匹配关系)。

(6)建立景观类型空间格局的图像解译与测量标志。

(7)景观复合信息解译与图像标志的建立，如景观点、线、区域的地理环境，尤其是山水、生态、设施、交通、距客源集散地、知名景点的距离及交通条件等，为旅游规划和路线设计提供基础资料。

4. 路线调查方法与景观形态特征值测量

地质旅游资源野外现场调查与区域地质调查和区域地貌调查的工作方法相似，但研究方法及资料收集的重点却大不相同。最熟悉旅游资源的人群是当地居民，因此，在路线调查中，必须将路线勘测与现场访问相结合；将图像的现场详细解译与现场景观特征及景观细节测量相结合；将景观对象的地质地貌成因调查与地理环境、生态环境、景观格局的分析研究相结合；将遥感图像详细解译与景观发现、旅游路线规划相结合。

(1)地质地貌调查路线设计需依据区域旅游资源调查项目的任务目标，体现路线的计划性、目的性和重点调查的原则。

(2)查清旅游资源的基本情况，为保护和合理开发利用提供旅游资源必要的科学依据。

(3)地貌类型调查的重点是形态结构特征与造景地貌实体的特征提取及数值测量记录，并与图像特征相结合，获取景物实体的空间结构及特征值数据。

(4)基于GIS平台，将特征值数值的现场测量与遥感图像测绘相结合，同时获取景观形态的实体特征参数和空间结构特征参数数据。

景观特征值提取与测量的重点应强调可操作性与测量数据的可比性，使测量数据具有对比评价意义和规划意义。如景观实体形态的特征数值包括长度、面积、体积和容积等，可将其细化为长度、宽度、高度、深度、直径、周长、面积、体积、容积等可操作的个性化数值，有些区域结构性数据可直接在GIS平台上进行统计测量，如地理位置、海拔、相对高差等；基于景观平面结构形态的数据也可通过GIS平台进行测量或计算，如坡度、比降、曲率、起伏度、曲折度等。

四、国家地质公园

1. 地质公园概念及等级体系

地质公园(GeoPark)是以具有特殊地质科学意义、稀有的自然属性、较高的美学观赏价值、具有一定规模和分布范围的地质遗迹及自然景观为主体，并融合其他人文景观而构成的一种独特的自然区域。地质公园既为人们提供具有较高科学品位的观光旅游、度假休闲、保健疗养、文化娱乐的场所，又是地质遗迹景观和生态环境的重点保护区、地质科学研究与科普基地。建立地质公园还可促进旅游产业，发展地方经济。

建立国家地质公园的主要意义是保存与保护景观资源，进行科学考察研究，促进旅游观光业的可持续发展。国家地质公园对地质遗迹的空间保护已从点状保护走向系统保护，根据1974年国际自然资源保护联盟(IUCN)发布的国家地质公园标准的4个基本条件是:①面积不小于$10km^2$的范围，具有优美景观的特殊生态或特殊地形，有国家代表性，且未经人类开采、聚居或开发建设之地区;②为长期保护自然原野景观、原生动植物、特殊生态体系而设置保护区之地区;③由国家最高管理机构采取步骤，限制开发工业区、商业区及聚居之地区，并禁止伐林、采矿、开设电厂、农耕、放牧、狩猎等行为，同时有效执行对于生态、自然景观维护之地区;④维护目前的自然状态，仅准许游客在特别情况下进入一定范围，以作为现代及未来世代科学、教育、游憩、启智资产之地区。

美国是世界最早建立国家地质公园的国家，如黄石国家公园(Yellowstone)于1872年设立，迄今，世界上已有约100个国家或地区设立了近千座国家公园。

中国地质公园分四级:世界地质公园、国家地质公园、省级地质公园、县市级地质公园。各等级的地质公园的申请和设立条件如下。

(1)世界地质公园由联合国教科文组织组织专家实地考察，并经专家组评审通过，经联合国教科文组织批准的地质公园，称世界地质公园(Global GeoPark，简称GGN)。目前全球已经建立了58个世界地质公园，中国占有其中的20个。

(2)国家地质公园由国家行政管理部门组织专家审定，由主管部门批准授牌的地质公园。中国国家地质公园是以具有国家级特殊地质科学意义、较高的美学观赏价值的地质遗迹为主体，并融合其他自然景观与人文景观而构成的一种独特的自然区域。

(3)省地质公园由省级主管部门审定公布。

(4)县市级地质公园由县市级主管部门审定公布。

美国有国家级公园(包括国家公园、国家军事公园、国家历史公园、国家湖岸、国家道路公园、国家风景河流、国家海岸、国家保留地、国家纪念地、国家风景步道)384处，州级公园5 000多处。中国自21世纪初加强了地质公园建设，目前已正式公布国家级地质公园138处。

2. 中国世界地质公园与国家公园名录

(1)中国世界地质公园。中国目前共有20个世界地质公园，按成因类型划分如下。

①花岗岩构造地貌类型:安徽黄山、山东泰山。

②岩溶地貌类型:河南云台山、云南石林、北京房山、王屋山-黛眉山、四川兴文石海(天坑景观最著名)。

③红色砂岩“丹霞”地貌类型:广东丹霞山、湖南张家界砂岩峰林、江西龙虎山、福建泰宁(青年地文期，兼有火山岩及花岗岩)。

④火山地貌类型：黑龙江五大连池、内蒙古克什克腾、雷琼、黑龙江镜泊湖、浙江雁荡山。

⑤沉积岩浅变质岩地貌类型：江西庐山、河南嵩山。

⑥化石遗迹类型：四川自贡。

⑦造山带构造地貌类型：河南伏牛山（兼有花岗岩及岩溶景观）。

(2)中国国家地质公园。中国国家级地质公园从2001年首批11个开始，相继在2002年、2004年、2005年、2009年分五批正式公布的共182个，至今共有20个进入世界地质公园名录（见上述），国家级地质公园按直辖市、省排列如下（部分）。

北京市：北京十渡国家地质公园、北京石花洞国家地质公园、延庆硅化木国家地质公园。

上海市：崇明岛国家地质公园。

天津市：蓟县国家地质公园。

重庆市：黔江小南海国家地质公园、武隆岩溶国家地质公园、云阳龙缸国家地质公园。

黑龙江省：镜泊湖世界地质公园、五大连池世界地质公园；嘉荫恐龙国家地质公园、兴凯湖国家地质公园、伊春花岗岩石林国家地质公园。

吉林省：靖宇火山矿泉群国家地质公园。

辽宁省：大连冰峪沟国家地质公园、朝阳鸟化石国家地质公园、本溪国家地质公园、中国大连滨海国家地质公园。

河北省：阜平天生桥国家地质公园、涞水野三坡国家地质公园、涞源白石山国家地质公园、临城国家地质公园、秦皇岛柳江国家地质公园、武安国家地质公园、赞皇嶂石岩国家地质公园。

山西省：五台山国家地质公园、宁武冰洞国家地质公园、壶关峡谷国家地质公园、黄河壶口瀑布国家地质公园。

内蒙古自治区：克什克腾世界地质公园；阿拉善沙漠国家地质公园、阿尔山国家地质公园。

新疆自治区：纳斯湖国家地质公园、富蕴可可托海国家地质公园、奇台硅化木-恐龙国家地质公园。

宁夏自治区：西吉火石寨国家地质公园。

青海省：格尔木昆仑山国家地质公园、互助嘉定国家地质公园、尖扎坎布拉国家地质公园、久治年宝玉则国家地质公园。

陕西省：翠华山山崩国家地质公园、洛川黄土国家地质公园、延川黄河蛇曲国家地质公园。

甘肃省：敦煌雅丹国家地质公园、景泰黄河石林国家地质公园、刘家峡恐龙国家地质公园、平凉崆峒山国家地质公园。

西藏自治区：札达土林国家地质公园、易贡国家地质公园。

河南省：嵩山世界地质公园、焦作云台山世界地质公园；嵖岈山国家地质公园、关山国家地质公园、黄河国家地质公园、洛宁神灵寨国家地质公园、洛阳黛眉山国家地质公园、内乡宝天幔国家地质公园、王屋山国家地质公园、西峡伏牛山国家地质公园、信阳金刚台国家地质公园。

山东省：泰山世界地质公园；长山列岛国家地质公园、东营黄河三角洲国家地质公园、山旺国家地质公园、沂蒙山国家地质公园、枣庄熊耳山-抱犊崮国家地质公园。

安徽省：黄山世界地质公园；大别山（六安）国家地质公园、浮山国家地质公园、淮南八公山国家地质公园、祁门牯牛降国家地质公园、齐云山国家地质公园、天柱山国家地质公园。

湖北省：木兰山国家地质公园、神农架国家地质公园、郧县恐龙蛋化石群国家地质公园、长江三峡国家地质公园。

湖南省：张家界砂岩峰林世界地质公园；崀山国家地质公园、酒埠江国家地质公园、古丈红石林国家地质公园、凤凰国家地质公园、郴州飞天山国家地质公园。

江西省：庐山世界地质公园、龙虎山世界地质公园；三清山国家地质公园、武功山国家地质公园。

江苏省：六合国家地质公园、苏州太湖西山国家地质公园。

浙江省：雁荡山世界地质公园；常山国家地质公园、临海国家地质公园、新昌硅化木国家地质公园。

福建省：泰宁世界地质公园；德化石牛山国家地质公园、福鼎太姥山国家地质公园、晋江深沪湾国家地质公园、宁化天鹅洞群国家地质公园、永安国家地质公园、屏南白水洋国家地质公园、漳州滨海火山国家地质公园。

广西省：百色乐业大石围天坑群国家地质公园、北海涠洲岛火山国家地质公园、凤山国家地质公园、鹿寨香桥岩溶国家地质公园、资源国家地质公园。

广东省：丹霞世界地质公园；恩平温泉国家地质公园、封开国家地质公园、佛山西樵山国家地质公园、深圳大鹏半岛国家地质公园、阳春凌宵岩国家地质公园、湛江湖光岩国家地质公园。

贵州省：关岭化石群国家地质公园、六盘水市乌蒙山国家地质公园、平塘国家地质公园、绥阳双河洞国家地质公园、兴义国家地质公园、织金洞国家地质公园。

四川省：兴文石海世界地质公园；黄龙国家地质公园、九寨沟国家地质公园、龙门山国家地质公园、海螺沟国家地质公园、大渡河峡谷国家地质公园、安县国家地质公园、华蓥山国家地质公园、江油国家地质公园、射洪硅化木国家地质公园、四姑娘山国家地质公园、自贡恐龙国家地质公园。

云南省：石林世界地质公园；腾冲火山国家地质公园、恐龙国家地质公园、理苍山国家地质公园、玉龙黎明-老君山国家地质公园、澄江动物化石群国家地质公园。

海南省：海口石山火山国家地质公园。

五、图像解译的学科基础

地质旅游资源遥感的学科基础是地貌遥感、地质遥感、环境地理遥感、工程地质遥感、第四纪地质遥感等学科的理论知识与图像解译技能。旅游资源遥感图像解译既要基于地学理论及知识系统，又要基于对图像细节信息的判别能力和对图像目标形态结构图像要素的认知和特征提取的能力。因为旅游资源的目标对象既是地学对象，又是景观实体对象，图像解译的重点更强调对目标形态的识别、划分、测度、描述和对象的旅游价值评判能力的培养。这就要求图像解译人员需要具备旅游资源调查的野外工作实践经验和对景观图像要素识别认知经验的积累。

例如对图 11-1 黄山景区的地质旅游资源解译，必须具有认知和识别遥感图像花岗岩侵入体的能力（可参看图 8-18 江西上饶灵山花岗岩、图 8-19 广东阳山花岗岩侵入体大尺度图像解译标志），而对花岗岩景观要素的解译则主要依靠对图像地貌形态特征的识别能力和对景观特征值的图像提取能力。在图 11-1 的旅游资源地貌形态要素识别中，涉及到构造、岩性、侵蚀地貌、剥蚀地貌、断裂构造造景因素、节理裂隙造景因素、球形风化造景因素、侵蚀作用造景因素等基于地质地貌知识的旅游景观特征的图像识别标志和特征提取方法。如图中 8 条 NE 向线性构造均形成花岗岩侵蚀峡谷地貌，但切割深度各不相同；NW 向构造伸展最长，形成花岗岩独特的深切峡谷，并切穿了 NE 向峡谷，在其交汇处构成造景因素；处于峡谷之间的山脊线均受线性构造控制，但其地貌形态却由花岗岩的剥蚀地貌所塑造，形成孤峰、险峰、串珠状山峰等独特的花岗岩峰林地貌景观；而花岗岩局部小节理构造，又是一种独特的造景因素，形成了千奇百态的陡坎、陡壁、怪石、形象石等特殊景观，具有极大的旅游观赏价值和吸引力。上述解译内容都是基于地质地貌、地质作用过程、地貌形成过程、岩石风化剥蚀过程的产物，都离不开地学理论知识和图像标志识别能力的支持。

第二节　岩石地貌景观类型与图像识别

一、灰岩岩溶地貌景观

岩溶地貌是由碳酸盐岩的可溶性特性在外力地质作用下形成的，基本作用方式有侵蚀、溶蚀及崩塌三种，地貌发展分为青年期、壮年期、老年期三个阶段，分别具有各种不同的景观组合特征和景观格局类型。

岩溶地貌形态类型的遥感图像解译标志清晰，基于旅游景观特征的主要解译要点如下。

(1)基于景观的形态组合及空间结构特征的解译。岩溶景观的不同形成阶段具有不同的地貌形态类型与空间组合及结构特征，运用岩溶地貌形态的结构特征进行景观基本类型划分可以提供景观评价的基础信息。如岩溶青年期的地貌形态组合主要有溶沟、溶槽、石笋，它们受灰岩地层中发育的节理面或裂隙面所控制，其空间结构基本特征是具有共同的基座，正地形与负地形之间切割深度就成为其主要造景因素和景观评价依据；岩溶壮年期的地貌形态组合主要有基座式峰林、峰丛、落水洞、坍陷漏斗、陷塘、天坑、嶂谷或岩溶峡谷等；老年期的地貌形态组合主要有孤峰式峰林、坡立谷、天生桥等。而岩溶的地下溶洞部分在遥感图像上是不可能进行解译的，必须采用实际调查的工作方式。

(2)基于景观实体形态特征的解译。岩溶景观实体在遥感图像上的可解析度主要受像元尺度限制，一般情况下，像元尺度最低不能小于5m的空间分辨率。如果采用高分辨率卫星图像，如IKONOS卫星图像(像元尺度为1m)、Quickbird－2图像(像元尺度为0.61m)，就可以较精确地对景观实体单元进行个体特征的解译识别和特征值提取及立体测绘制图。实体形态基本特征值包括面积、高度、长度、陡立度等；景观实体空间结构和景观格局的特征值可采用GIS平台进行定量测量和统计，如景观展布面积、景观结构的间距、构图样式、山水组合比例等。

图11－2为云台山世界地质公园卫星图像的岩溶峡谷地貌景观，它是中国北方岩溶地貌地表景观之大集成景区之一。“云台地貌”由中元古界蓟县系云梦山组白云质灰岩和下古生界灰岩组成，岩层产状平缓，其构造位置处于太行山山前断裂带之上盘，构造抬升作用强烈，形成碳酸盐岩深切峡谷地貌景观。图像上可见峡谷间列、峰谷交错、悬崖长墙、崖台梯叠的特殊景观，具有奇特的美学观赏价值。景观实体有岩溶垮塌构造、滑坡构造、河流裂点(瀑布)构造、溪泉和钙华阶地、钙华瀑、钙华滩等北方岩溶典型独特的景观形态。其中有亚洲落差最大的云台瀑布，相对高差达314m，飞瀑流泉千姿百态，溪潭深邃幽静，奇峰异石如画，形成云台山独特完美的自然景观。山谷云气缭绕，为道教文化的妙真祖庭，具有丰富深蕴的文化内涵和地文景观旅游价值。类似的岩溶峡谷景观还有北京十渡景区(参看图8－17)等。

中国南方的岩溶旅游资源分布更为普遍，旅游优势尤其突出。如云南石林(参看图7－30)、广西桂林(参看图8－15)、四川兴文石海等。图11－3为重庆武隆国家地质公园岩溶天坑地缝卫星图像及地面照片。岩溶天坑的成因是岩溶溶洞塌陷形成的垂直井坑地貌单元(图11-3中双箭头处),武隆天坑洞口最大直径达626m,坑底最大直径达522m,垂直高度666m,是世界上尺度最大及洞深最深的岩溶漏斗,故命名为"天坑"。天坑四壁为悬崖绝壁,如斧劈刀削,宏伟壮观。坑底发育洞穴、地缝及地下暗河,推测天坑下的暗河来自区域性的大地缝。地表岩溶景观形态主要有洞穴、落水洞、石林、峡谷、瀑布、湖泊等。

图11-2 云台山世界地质公园遥感图像,显示北方岩溶峡谷瀑布景观形态特征(QB-2,2006年12月22日)

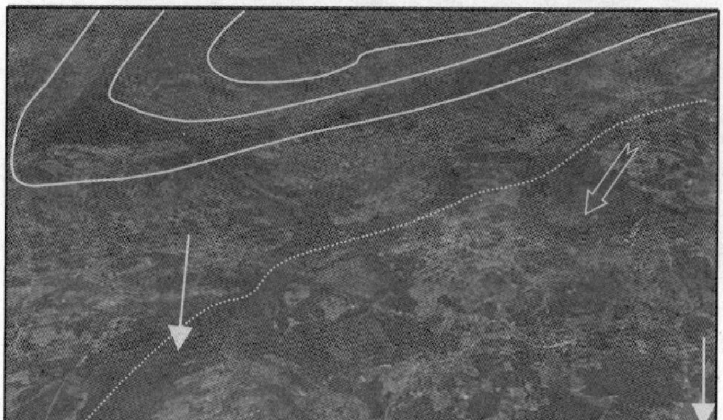

图11-3 重庆武隆国家地质公园岩溶天坑地缝地貌景观图像

双箭头处为近圆形天坑,点虚线处为地缝,实线为向斜褶皱构造,右图为天坑照片

岩溶地文旅游资源在旅游产业中具有极其重要的资源地位,也是旅游资源中的精品和极品资源,其形成的地质因素复杂多样,资源类型丰富多彩,在中国及世界各地分布极为广泛。岩溶景区旅游经济效益与开发潜力巨大,是中国旅游业发展的重要后备资源。在中国西部岩溶旅游资源分布地区多是贫困山区和少数民族聚居区,开发岩溶旅游资源是使这些地区脱贫致富的最有效的途径之一。

二、砂岩丹霞地貌景观

中国"丹霞"地貌是一种砂岩特殊地貌类型，也是别具特色的地文景观旅游资源。"丹霞"一词是基于广东韶关"丹霞山"的地貌类型命名的学术名词，是特指中国南方中生代陆相沉积盆地的红色砂岩地层所形成的地貌类型，主要分布在江西、湖南、广州、福建，其次为浙江、安徽、湖北等地。地层产状多平缓，易于形成独具特色的地貌形态。其成因是由于该类砂岩地层多为钙质成分胶结，岩石具有可溶性，类似于碳酸盐岩地层的岩溶地貌成因条件。

丹霞地貌作为地文景观旅游资源的主要图像特征如下。

(1)地貌形态为不同类型的低山丘陵景观，是地域经济的主要活动区域，具有厚重的历史文化积累和沉淀。明朝著名地理学家徐霞客在其旅游考察了闽、粤、湘、皖、赣的丹霞地貌之后，对丹霞地貌景观形态给予了高度概括总结，指出"山如城堡、赤壁丹崖、陡峰深涧、壁嵌檐洞、丹崖飞瀑"的地貌特点，并归纳为"惊、奇、险、秀、幽"五大特色。

(2)中生界红色砂岩(地质上简称为"红层")的岩性组合、结构构造、区域构造具有区域差异性，构造抬升程度也存在较大差异，在多种外力组合作用下，就形成多种形态类型的丹霞地貌景观。可溶性丹霞地貌类似于岩溶地貌形态，如溶沟、石牙、漏斗、石林、地下河、溶洞、钟乳石、石笋等岩溶地貌形态；区域断裂及大型节理构造形成丹崖峡谷、"一线天"、瀑布、赤壁、方山寨堡、柱峰、丹崖峰丛、丹崖峰林、丹崖石林等景观形态类型(图 11-4)。

图 11-4　广东韶关丹霞山世界地质公园丹霞地貌景观图像(QB-2,2008 年 11 月 28 日)
近 E-W 向及近 S-N 向线性构造、方山寨堡、丹壁、柱峰、丹崖峰丛峰林、一线天等

(3)遥感图像的岩相解译对丹霞地貌旅游资源普查具有一定的指示意义。在丹霞地貌单元区，具有造景特性的岩相类型主要是湖盆边缘相的粗碎屑沉积体，其互层岩性具多元组构特征，如砾岩、含砾砂岩、钙质胶结砂岩、钙质泥岩组合；山麓洪积相角砾岩、冲积扇相、三角洲相沉积相体才是丹霞地貌和丹霞岩溶地貌最佳发育地段，且景点分布密集。如武夷山景区仅 $72km^2$，其景点就多达 100 余处；广东丹霞山景区 $215km^2$，其景点多达 200 余处；湖南崀山景区 $108km^2$，其景点为 77 处；贵州赤水景区 1 $300km^2$，景点集中分布在 $200km^2$ 的 6 个景区内；湖南通道万佛山景区 $94km^2$，景点集中分布在 $66km^2$ 的 8 个景区中。由于红层的造景岩性岩相条件苛刻，各种断裂及区域节理构造条件也具有造景的专属性，加上古气候、古水文的造景

条件，形成了红层丹霞景观在区域结构上的控制性、零散性分布格局。因此，虽然红盆地层分布广泛，但可形成丹霞景观的景点却是特定的，并具有其各自的成景规律。

(4)丹霞地貌景观的基本类型在地层、岩性、岩相、构造相似地区均可形成，虽然景观形态特征具有极大的相似性，但是其景观特征数值还是存在较大的差异性，如景观规模、尺度、组合、结构、山水配置特征等方面均具有较大的区别。如江西鹰潭龙虎山世界地质公园、湖南张家界世界地质公园都具有极大的景观相似性，但从遥感图像的地貌单元尺度、景观实体形态、景观组合及结构特征上都存在着较大的差异(比较图 11-4、图 11-5、图 11-6 的遥感图像特征)。

图 11-5 为江西龙虎山国家地质公园的遥感图像，景区红盆的沉积环境为上饶-鹰潭中生代陆相沉积盆地。地层的岩性、岩相组合主要为红色砂砾岩夹砂岩、泥岩，均为钙质胶结。其沉积环境为古湖盆地边缘相，具备丹霞地貌造景的岩性岩相条件。区内断裂构造较发育，区域节理性质的线性构造极为发育，图像的测量结果为：区域断裂构造走向 NW304°、控制了河流谷地和丹霞地貌景区的南西边界，区域性大节理构造主要发育有 5 组：NNE11°、NNE27°、NE38°、NW304°、NNW352°；在岩性、岩相及断裂构造、区域节理的综合控制下，形成了丹霞峡谷、一线天、陡壁、独立柱峰、独立陡壁、古城堡等丹霞地貌景观，成为世界地质遗迹公园。景区集丹霞地貌景观、丹霞水体景观、丹霞生态景观和丹霞文化景观等四大丹霞景观于一体，与广东丹霞山、福建武夷山一样，为南方典型的红色砂岩地文景观旅游地。

图 11-6 为湖南张家界世界地质公园遥感图像。张家界武陵源砂岩峰林地貌具有独特的景观形态，发育于泥盆系砂岩地层，而峰林景观则集中分布在特定的地质构造单元内。景区由新生代活动性断裂构造所控制，主景区呈 NW—SE 向分布，长 5.9km，宽 2.83km，受控于两组隆起边缘断裂带，即 NWW290°走向的伸展断裂和 NE30°伸展断裂构成的共轭构造系；区域节理构造较为发育，由 NNE13°～16°与 NE52°构成的菱形共轭节理系控制了峰林地貌的发育程度及分布密度。断裂面控制了景区 3 000 多处陡崖绝壁，相对高差超过 200m 的就有 1 000 多处，其中的金鞭岩高差达 350m；共轭节理系控制微地貌景观的分布，如方山、台地、峰墙、峰丛、峰林、石门、天生桥及峡谷、嶂谷等。在区域断裂节理构造的控制下形成了基于砂岩侵蚀、剥蚀作用形成的峰林地貌类型，构成独具特色的砂岩峰林地貌组合景观。

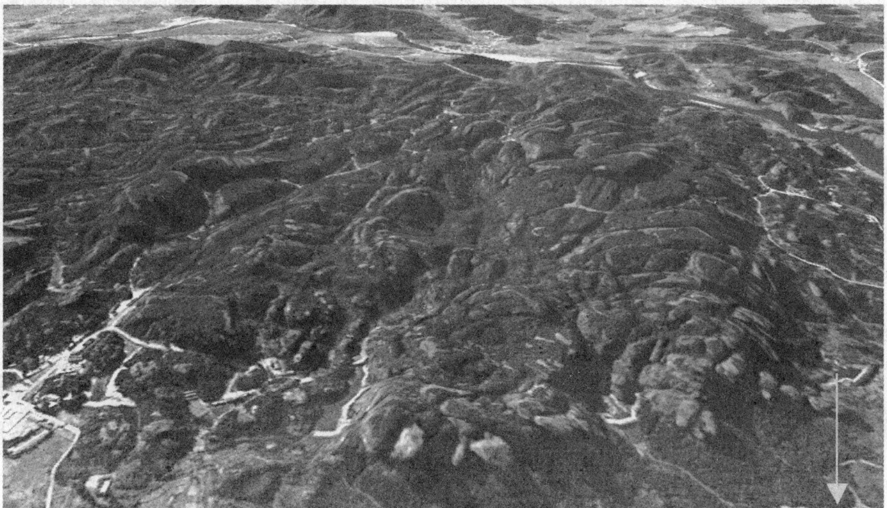

图 11-5 江西龙虎山世界地质公园丹霞地貌景观图像(QB-2,2007 年 11 月 7 日)

图 11-6　张家界世界地质公园砂岩丹霞地貌景观图像（QB-2，2009 年 11 月 2 日）
区域性断裂构造走向：NW292°、NE30°；区域线性共轭节理构造：NNE16°、NE52°

三、北方震旦系石英砂岩地貌景观

嶂石岩景区位于河北省赞皇县的太行山深山区，区域地质构造上处于赞皇背斜隆起的西翼。“嶂石岩地貌”由震旦系石英砂岩地层所形成（图 11-7B），具有丹崖长墙，横贯天际之景象。“嶂石三叠”为三级陡崖，每层高 100～150m，岩石陡崖总体高差可达 500～700m，受节理构造控制，形成塔柱石峰地貌形态，石柱棱角鲜明，垂直岩层，形如刀切（图 11-7A）。

图 11-8 为嶂石岩国家地质公园卫星图像，嶂石岩海拔 1 774m，图像可识别出石英砂岩形成的三级陡崖，其图形结构特征明显，易于进行判断。陡崖在图像上延伸稳定，并可进行连续追索和勾绘制图。陡崖形成机理以岩石的差异性风化剥蚀为主，并由垂直节理和区域断裂构造控制其发育。这种独特的红色砂岩陡崖地貌被命名为“嶂石岩地貌”。嶂石岩地貌多由红色石英砂岩构成，连续延展，故称之为“赤壁丹崖”景观。

图 11-7A　石英砂岩大陡壁“障石”地貌

图 11-7B　震旦系石英岩的层理构造

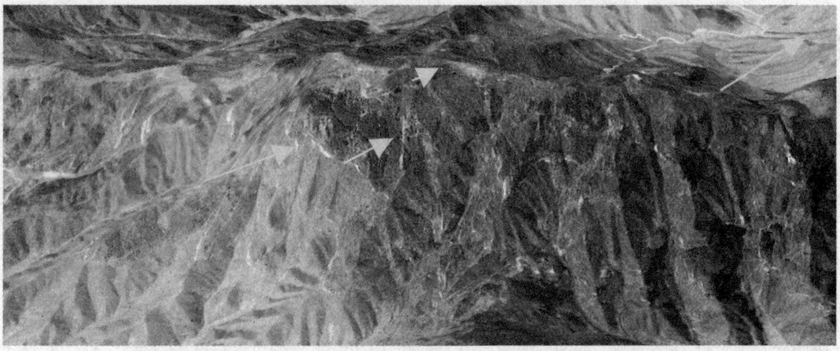

图 11－8　河北赞皇障石岩国家地质公园卫星图像，显示石英砂岩陡壁地貌景观（QB－2，2009 年 10 月 19 日）

不同长度的箭头处为三级陡崖位置，右上角箭头指向正北

图 11－9 为大连冰峪国家地质公园卫星图像。景区的岩石地层与嶂石岩同属震旦系地层，但冰峪为该地层的变质岩地层，岩性为石英岩。地貌类型也大不相同，为石英岩峰林、峰丛、孤峰、峭壁、岩柱地貌景观形态。在不同海拔高度还分布有石英岩岩洞，且洞中有洞，长达 70m；石英岩的特殊地貌景观可与广东丹霞地貌、张家界石英砂岩地貌相媲美。景区还遗留有古冰川遗迹，冰川地貌形态有冰鳍脊、冰阶、冰悬谷、冰蚀台地、冰碛台地、冰碛扇、冰川漂砾滩、羊背石等微地貌单元，具有极高的科学性和观赏性。正是由于景区在第四纪大理冰期经历了冰川运动的冰蚀作用，而石英岩层的坚硬性和抗蚀能力极强，在高角度断层的控制下，为冰蚀作用的地形塑造提供了基础条件，形成了冰峪奇峰异岭。

图 11－9　大连冰峪国家地质公园卫星图像，显示石英岩峰林峰丛陡壁地貌景观（QB－2，2009 年 8 月 27 日）

四、花岗岩地貌景观

1. 概述

地貌景观主要由花岗岩峰林、绝壁、障谷及花岗岩地表的球状石蛋或馒头状岩丘所构成。花岗岩侵入体类型与其地貌特征具有密切关系。花岗岩岩株构造侵入体类型（参见图 8－18、

图 8－19、图 11－1)多形成岩石裸露、地势陡峻、奇峰深壑、绝壁陡崖、峰林峰丛地貌组合景观类型;而穹隆状花岗岩体则多形成球形风化的地貌景观类型。

中国花岗岩体出露非常广泛,许多花岗岩体出露区已成为世界或国家地质公园。如辽宁千山、凤凰山;山东的泰山、崂山、峄山;陕西的华山、太白山;安徽的黄山、九华山、天柱山;浙江莫干山、普陀山、天台山;湖南的衡山、九嶷山;江西三清山;河南鸡公山;福建的太姥山、鼓浪屿;广东罗浮山;湖北九宫山、黄陵背斜;北京云蒙山;宁夏贺兰山;甘肃祁连山;四川贡嘎山;海南五指山等。

2. 花岗岩地貌景观类型与图像标志

(1)石柱、孤峰及峰林。当地表流水沿花岗岩的垂直节理裂隙强烈下切时就形成石柱或孤峰,石柱、孤峰在小区域集成就构成峰林。花岗岩峰林显得极为雄伟壮观,如黄山的妙笔生花。在黄山由于地表水的强烈切割,造成切割深度达 500～1 000m 的山峰就有 70 多座。在华山则形成东西南北中五峰对峙局面。另外,天柱山的天柱峰和九华山的观普峰也都是非常典型的峰林地貌。在高分辨率遥感图像上,花岗岩石柱、孤峰及峰林景观实体是可以进行识别和解译的。如图 11－1 的黄山景区图像中,沿北西向山脊线就可判别出一系列的孤峰、石柱及其组合而成的石林景观元素。

(2)绝壁、陡崖、“一线天”。花岗岩体中的断裂构造、区域节理、尤其是垂直节理是形成悬崖绝壁的基础条件。当地表水沿断裂面薄弱带进行冲蚀时就可形成陡坎,随着陡坎的高度增大,花岗岩岩块就会发生重力垮塌现象,并使陡坎不断后退而形成陡壁、绝壁地貌形态。规模特别巨大的绝壁还要借助花岗岩体中的断裂构造才能形成,且还须具备差异性的地壳抬升作用条件才能不断加大陡壁的相对高差。花岗岩区的地表径流沿垂直节理冲刷也会产生高差较小的陡崖。绝壁和陡崖为花岗岩地貌增添了雄伟险峻的美感。如华山花岗岩四周均因断裂构造而形成巨长巨高的悬崖绝壁,而使华山之险名冠群山(图 11－13)。

“一线天”景观的形成则取决于花岗岩垂直节理的发育程度及其破碎带宽度。在地表水沿垂直的剪切裂隙不断冲刷下切时就可形成近于直立的沟壑,沟壑两壁陡崖夹峙,蓝天如在一线之间,称之为“一线天”地貌景观。如黄山、九华山、华山、太姥山、天柱山、碴岈山、千山等花岗岩景区都有一线天景观。

(3)洞穴、石窟。花岗岩岩块沿断裂带的崩塌可形成由杂乱巨石的不规则堆砌的堆石洞。在石蛋地貌发育的地区,石蛋间的空隙也可以构成岩洞。如黄山的水帘洞、莲花洞、鳌鱼洞,崂山的白云洞、明霞洞,太姥山的璇玑洞,罗浮山的朱明洞,碴岈山的万人洞等。这类景观类型在遥感图像上不易识别。

(4)石蛋及垒砌造型。花岗岩球状风化形成石蛋微地貌景观。石蛋性状虽近于球形,但其形态各异,分布于山巅溪涧,给人以广阔的想象空间,成为旅游区的重要景观和神话传说的源泉。如黄山顶部的猴子观海;华山西峰顶的劈山救母石;福建平潭岛南寨石景区的骆驼石、神龟石、鸳鸯石;厦门日光岩;海南岛的鹿回头等。由多个石蛋自然垒砌造型也是花岗岩地貌旅游景区的重要景观,例如鸡公山顶的雄鸡、碴岈山的八戒醉酒和双猴望月等。目前遥感图像的空间分辨率难以支持对这类微观地貌景观的识别和测量,需进行地面识别和测量。图 11－10 为河南省嵖岈山国家级地质公园花岗岩石蛋景观照片。

(5)泉、温泉、矿泉。泉是花岗岩山地的重要旅游景观,如崂山矿泉、黄山温泉和骊山温泉等。花岗岩含有极少量的放射性元素,从花岗岩中流出的泉水一般均含有对人体有益的少量具放射性氡气，这些泉水可饮可浴，不仅是重要的旅游资源，也是宝贵的保健水资源。

(6)瀑布。在雨水充沛的花岗岩地区，由于花岗岩的陡崖绝壁地貌发育，都会形成河流裂点而出现瀑布景观。如黄山的人字瀑、百丈泉、九龙瀑，崂山的靛缸瀑布、龙潭瀑布，太姥山的七龙井瀑布和九鲤溪瀑布，九华山的桃崖瀑布、织绵瀑布和龙池瀑布，罗浮山的白漓瀑布、白水门瀑布和黄龙洞瀑布等。

图 11-10　河南省嵖岈山国家级地质公园花岗岩石蛋景观照片

3. *花岗岩景观特征值提取与测量*

花岗岩的景观特征值的图像提取是以高分辨率图像为信息源进行二维和三维的测量或统计。基于二维图像的景观特征值主要有面积类、频率类、单景个数类等具有可测性的景观特征值，如具有观赏性的景观区面积，峰林、孤峰、陡崖等景观要素实体的排列方向和空间频率，一线天景观出现的条数及各类景观要素的长度测量等；基于三维图像的景观特征值则主要是进行高差测量或景观实体特征面规模的尺度测量等。

花岗岩景观特征的可测数值主要有陡崖绝壁高度，峰林峰丛排列方向及密度、个数、频率、高度、陡立度等，一线天的方向、长度、宽度、深度等，石蛋的大小、形态、个数、频率、堆叠样式及规模，瀑布的高差及水量等，上述一些特征值需要在实地进行测量。

景观特征值的图像解译，首先需要满足对微地貌、小尺度景观元素的空间可分辨性和可量测性，即具备图像统计测量的可操作性；其次，要求解译操作人员对该类景观具有实践工作经验和对景观要素的图像识别知识。

旅游规划和设计所需的景观特征值类型还应该包括景观的区位特征值，如景观知名度和可达性等、场地容纳量、景观规模、景观对环境干扰的敏感度、景观资源的匹配性等特征值类型。

图 11-11 为黄山景区的高分辨率图像，由花岗岩特殊地貌形态所构成的旅游景观个体元素包括石柱、孤峰、峰林、峰丛、陡崖、绝壁、峡谷、障谷、一线天、石蛋等，在图像上可以进行测量、统计、描述的景观类型很多。基于图像可以进行景观实体的分类和景观要素制图，也可进行石柱、孤峰及峰林景观特征值提取量测。如图左下角峰林的排列方向为 NNW350°、峰顶东西向间隔距离为 170～280m，南北向距离为 90m；石林高差 100～125m；孤峰高差 160～344m；石柱高差 45～60m 等。

图 11-12 为黄山陡崖绝壁景观局部遥感图像，图像标志清晰可辨，亦可进行景观特征值提取与图像测量，测量数据见图例说明。图 11-13 为华山陡崖绝壁的高分辨率图像，陡崖绝壁处岩石裸露，图像纹理结构清晰，基于三维图像数据对其进行了系统测量，获得了陡崖相对高差数据(数据见图例说明)。

4. *花岗岩地貌景观的构造条件解译*

花岗岩地貌形态和景观格局与构造地质条件关系密切，在对花岗岩地貌成因和景观形态、结构、分布及景观环境匹配研究中，必须要关注其与构造地质形迹的空间关系与控制因素。

图 11-11　黄山卫星图像，显示花岗岩石柱、孤峰及峰林地貌景观图像（地表有积雪覆盖）
图像左下部石林高差 100～125m；孤峰高差 160～344m；石柱高差 45～60m

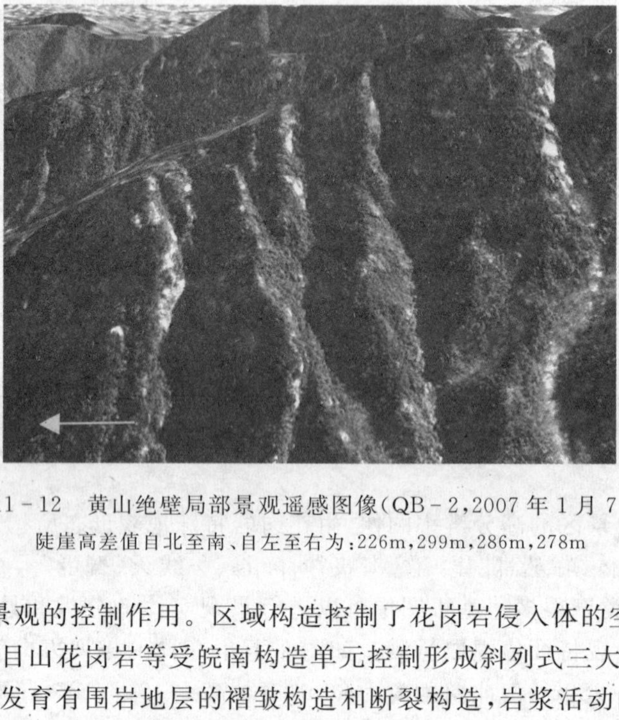

图 11-12　黄山绝壁局部景观遥感图像（QB-2，2007 年 1 月 7 日）
陡崖高差值自北至南、自左至右为：226m，299m，286m，278m

（1）区域构造对景观的控制作用。区域构造控制了花岗岩侵入体的空间格局，如黄山花岗岩、九华山花岗岩、天目山花岗岩等受皖南构造单元控制形成斜列式三大侵入体。花岗岩侵入体所处的构造单元均发育有围岩地层的褶皱构造和断裂构造，岩浆活动的侵位机制受到褶皱断块隆起构造与断裂隆升运动的引导与控制。如图 11-14 的九华山花岗岩侵入体处于强烈断隆带和褶皱断块隆起带。九华山花岗岩的隆起幅度，从核心部位向边缘逐级下降。核心部位花岗岩体形成悬崖式峡谷区，景区的奇峰、怪石也多分布于此。景区外围山地则由花岗闪长岩和沉积岩组成，其抗风化剥蚀能力差，易被冲刷侵蚀，故地形低矮，从而突出了九华山花岗岩景区地貌形态的差异性，起到了造景作用。

（2）断裂构造对花岗岩地貌形态的控制作用。断裂构造主要控制花岗岩主山脊线的走向与主景区的展布方向，如黄山、九华山、天目山的主山脊线均呈 NNE-SSW 排列，具斜列构造形式；陕西华山主山脊线呈近南北向展布，由边缘断裂带所控制。

图 11-13　华山花岗岩陡崖绝壁景观卫星图像(QB-2,2009 年 9 月 22 日)
陡崖绝壁特征值由北至南相对高差为:516m,586m,629m,663m

图 11-14　池州九华山国家地质公园燕山期花岗岩地貌景观卫星图像(QB-2,2005 年 11 月 29 日)

花岗岩的地貌形态成因及其空间结构特征、展布方向、景观实体的排列方向及间距亦受断裂构造的控制。如华山的陡崖绝壁(图 11-13)、黄山的峰林和石柱、九华山的 9 个独立峰体均受断裂带的控制,它既是地貌单元成因的主控条件,又是景观形态的决定因素。

图 11-14 为九华山燕山期花岗岩侵入体地貌景观图像。九华山以独立的天台、天柱、十王、莲花、罗汉、独秀、芙蓉等 9 个山峰地貌单元组成,共包括 99 座山峰或孤峰,均由断裂构造或其次级断裂构造所控制,华山的东峰、西峰亦由断裂构造所控制,形成了由东峰至石楼峰的绝世罕见的巨大崖壁。

(3)区域节理构造与花岗岩各种原生节理对微地貌形态的控制。花岗岩区一般都发育两种类型的节理构造,即区域性大节理构造与花岗岩原生节理构造。两类构造面理共同控制了花岗岩微地貌的形态和景观特征。如花岗岩微地貌类型中的峰峦、峰墙、峰丛、石林、石柱、石锥、峡谷、崖壁等多由一组或多组节理构造所控制。由于不同花岗岩体所处的区域构造差异性,就造成各个花岗岩的两种节理构造的方向组合、规模大小、分布密度、垂直节理类型、节理面的破碎程度及厚度都存在一定的差异性，这就造成中国各花岗岩景区千差万别的微地貌形态的差异性，这种景观形态的差异性构成了花岗岩景观的特色序列，如黄山式、华山式、三清山式、泰山式、普陀山式等。

五、火山岩地貌景观

火山岩地貌一般定义为由地壳内部的岩浆喷溢在地表堆积而生成的山体形态；火山地貌是由岩浆喷溢作用直接形成的，常见的地形类型有圆锥形、盾形、穹形、低洼火口湖形几类。基于火山活动性分为活火山与死火山；依据火山口原始地形保存的完整程度将火山地貌分为近现代火山口地貌、新生代火山口地貌和古火山层状熔岩地貌三大类。

高分辨率遥感图像对火山岩地貌景观形态的解译程度较高，对火山地貌的形态分类及特征值提取量测更为细致和准确，尤其是对近现代火山口地貌的景观分类和景观特征提取更具有可操作性和可测量性。

(一)火山口地貌景观

1. 近现代火山口旅游景观资源与遥感图像解译

世界上基于火山口地貌景观的火山公园数以千计，而以活动火山口的喷发奇景为主题的特殊游览区更是地质旅游的热点景区。世界活动火山口约有 516 座，主要分布在环太平洋火山活动带、地中海-喜马拉雅-印度尼西亚火山带、大洋中脊火山带和红海-东非大裂谷带(参看图 7 - 38、图 8 - 24、图 8 - 25)。这些活火山处于地壳活动带上，以其景色壮观、富有刺激性而成为著名旅游胜地。如意大利的埃特纳火山、巴布亚新几内亚的嗒瓦瓦火山、东非大裂谷的伦盖伊火山(为世界惟一的钠质碳酸盐熔岩火山)、埃塞俄比亚的厄特尔火山、夏威夷火山国家公园(图 11 - 15)等。图 11 - 16 为夏威夷基拉韦厄火山喷溢时火红的熔岩冲向大海时的壮丽景观。

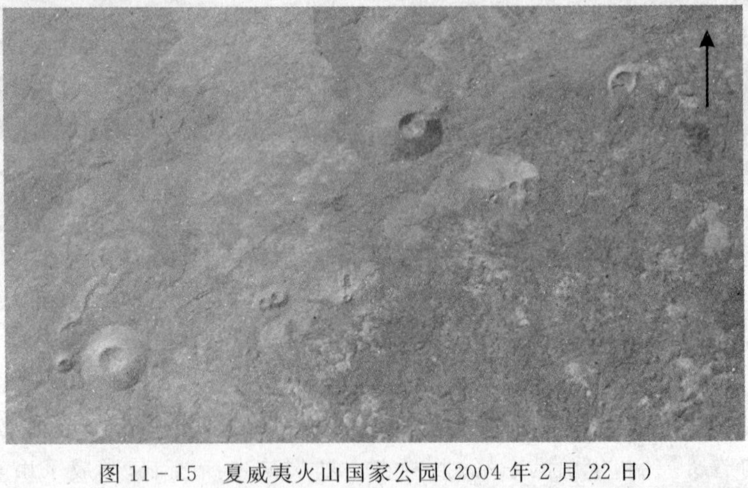

图 11 - 15　夏威夷火山国家公园(2004 年 2 月 22 日)

中国境内的新生代火山锥约有 900 座，主要分布在昆仑山西部、东北、内蒙古、山西、云南等地区，约有 600～700 座(参看图 7 - 35～图 7 - 38；图 8 - 26～图 8 - 28)。距今最近一次喷发的火山是新疆于田县阿什库勒火山(图 11 - 17)，在 1951 年 5 月 27 日 9 时 50 分，一声巨响，火山灰从山顶呈柱状喷发而出。遥感图像可以发现几十座火山口星罗棋布，高的 300 余米、低的 10 余米，其形态多为圆锥形火山口。

青藏高原西北缘的西昆仑山是现今地球动力最活跃的地区之一。于田县阿什库勒近代火山是受青藏高原深部地球物理-化学作用所控制的火山构造带。该火山属于钠质熔岩喷发，岩浆流动构造在图像上表现为线形流纹特征，说明其岩浆的黏稠度低，应属于基性贫 SiO_2 而富钙质。在图 11－18 中，可见数十处火山口呈 NW－SE 方向展布，组成一个火山口群，并受 NW 向断裂带所控制。这些火山口均为中心式喷发，形成圆锥状或截顶圆锥状火山锥，绝大多数火山是第四纪形成的新火山口。如阿什山、大黑山、乌鲁克山、迷宫山、月牙山、牦牛山、黑龙山、马蹄山、东山和椅子山等火山口。

图 11－16　夏威夷国家公园的火山熔岩流入太平洋中的壮观画面(引自网络照片)

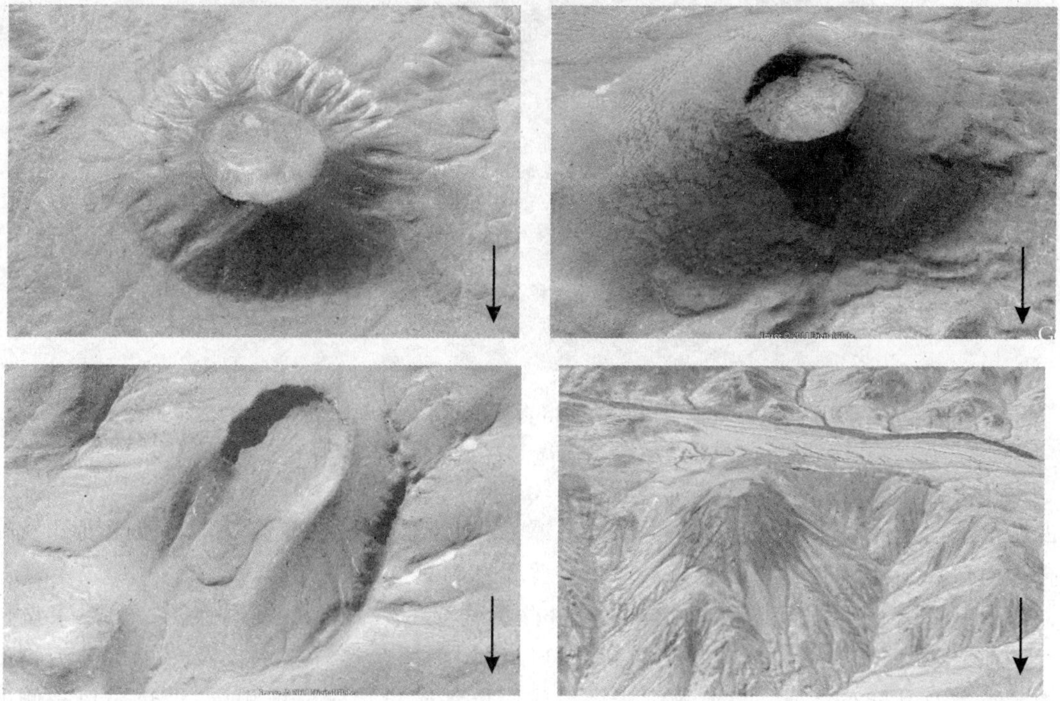

图 11－17　新疆于田县阿什库勒火山圆锥形火山口卫星图像(QB－2，2006 年 1 月 13 日)

阿什库勒的火山口形态具有多样性，如图 11－19 中，火山口位于复合型锥状圆山，山顶为尖顶形，说明其喷发时缺乏突发性爆破能量而形成这类平静型火口。熔岩流的流动性较好，流纹构造纹理呈直线形。熔岩富含钠、钙成分，在椎体底部形成环状白色沉淀物。熔岩流中富含重金属元素，在从火山口到湖泊水体的小水体中，可见水体的光谱色调呈蓝色、绿色彩色水体，类似于美国黄石国家公园中的热泉喷出口泉华沉积物的色调特征(图 11－20)。

于田县旅游资源十分丰富，境内有古老的喀拉墩遗址、汉唐“丝绸之路”和唐玄奘西域取经

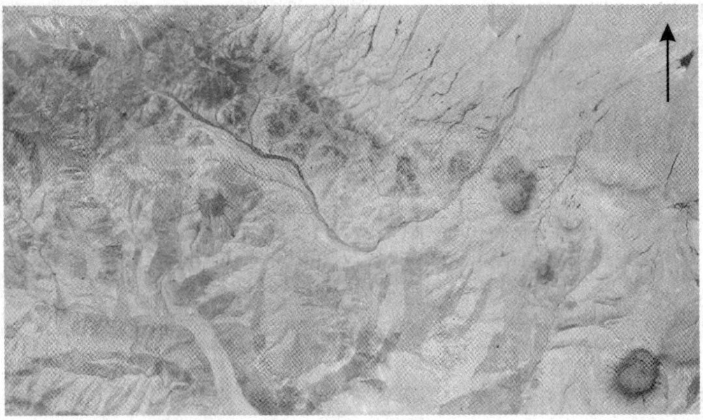

图 11-18　新疆于田县阿什库勒火山口群卫星图像(QB-2,2006 年 1 月 13 日)

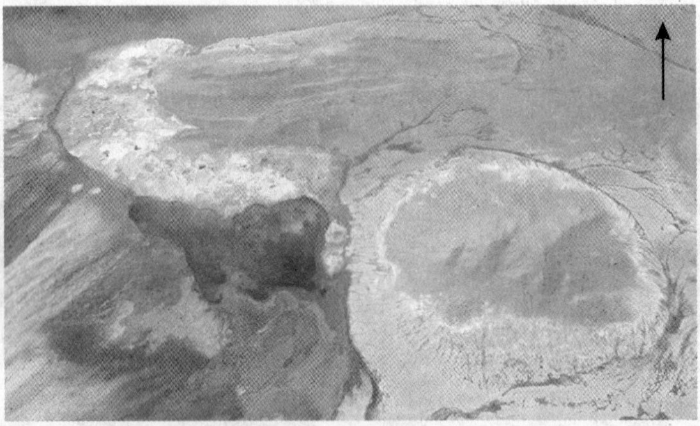

图 11-19　新疆于田县钠质熔岩火山口形态与喷溢物流动构造景观卫星图像(QB-2,2006 年 1 月 13 日)

的古城重镇遗址和高原村寨、大漠圣泉、神母潭、龙湖风景区等旅游资源。若能规划开发阿什库勒火山口景观群可形成基于地文景观和科普考察的热点旅游景区。

图 11-20A 为美国黄石国家公园的富含藻类物质的喷气喷水口遥感图像。热泉口位于河谷洼地之中,两侧为低山丘陵。图像解译可以识别出两个喷气喷水口及热泉口溢流物的流动构造类型及其分布特征。溢流物沉积后形成白色钙质粉状松散堆积层,沿热泉口一侧的河谷盆地分布,景观极其奇特且具视觉冲击力。

图 11-20B 为美国黄石国家公园地幔热柱所形成的各类热泉口的地面摄影图像。左上图为泥火山热喷泉(Mud Geyser)的喷出口,泥火山形成了喷泥丘、喷泥盾、喷泥池、泥裂及舌状漫流泥塘等微地貌单元,并富含微生物;右上图和左下图为 Mammoth 富含藻类微生物的热泉喷出口(Hot Springs)的微地貌景观及不同藻类所形成的多彩泉华沉积地形地貌结构。其中,右上图长锥形地貌单元由三个热泉喷出口及三种不同藻类物质所形成;左下图为不同喷发阶段的泉华沉积物所形成的复杂地貌形态,如泉华柱、阶梯型石灰华台地和丘陵地貌等;右下图为 Norris 热喷泉盆地(Norris Geyser Basin),图中热泉喷出的的颜色变化是由于溢流物中的

温度差异而形成的，其成因是由于不同藻类物质中的细菌差异性而导致的颜色变化，如热泉从高温到低温，其藻类物分别显示为锗红、褐红、蓝色、绿色、黑色等不同颜色。

图 11－20A　美国黄石国家公园富含藻类喷出物的地貌与石灰华溢流物遥感图像
图中箭头指向正北

图 11－20B　美国黄石国家公园热喷泉口地貌及热泉溢流物藻类沉积物图片
（曲梅兰摄于 2011 年）

2. 非活动火山口旅游资源及其图像特征

(1)黑龙江五大连池火山。五大连池火山群由 15 座火山组成，火山岩分布面积达800 km^2。老黑山、火烧山的喷发时间距今约 300 年，是我国活火山中有历史记载的喷发时间和地点最为准确的火山景区(参看图 7－37)。清康熙年间火山喷溢时的熔岩流将白河截为五段形成了五个熔岩偃塞湖，故称其为“五大连池”，为中国东北部著名的火山群。

火山口形态多呈截顶圆锥形及复合截顶圆锥形。火山锥高差为 60～147m，直径约为 240～500m，其边部大多有缺口，火山口规模较小，但熔岩流具有绳状、枕状和球状等形态，造景特征极为明显。

五大连池景区的另一个特色是火山“药泉”。火山口涌出多处含硫、氡等物质的泉水，这种泉水能有效地治疗肠胃病、皮肤病、脱发等多种疾病，当地人称为“药泉”。火山药泉既是奇特景点，也是保健娱乐场所。

(2)黑龙江镜泊湖火山。黑龙江镜泊湖是中国最大、世界第二大高山堰塞湖，国家级重点风景名胜区，国际生态旅游度假避暑胜地，为世界地质公园。景区有 13 个火山口，均为复式火山。全新世发生过五次火山爆发，由熔岩阻塞河流形成了高山堰塞湖。湖身纵长 50km，最宽处 9km，湖深 40m，由南向北逐渐加深，最深处达 62m。湖体蜿蜒曲折呈 S 型，湖岸多港湾，湖中多岛屿，为中国北方名湖。

景区由八大著名景点组成，即大孤山、小孤山、白石砬子、城墙砬子、珍珠门、道士山、老鸪砬子和吊水楼瀑布。其中吊水楼瀑布酷似闻名世界的“尼亚加拉大瀑布”，瀑布宽 40m，落差为 12m，雨季或汛期总幅宽达 200m，造成“疑似银河落九天”的壮观气势。

(3)吉林长白山天池火山。天池火山现在是一座休眠火山(图 8-26～图 8-29)，是新生代多成因复合火山。其火山活动经历了造盾、造锥、喷发三个阶段，岩浆成分经历了玄武岩—粗面岩—流纹岩为代表的演化过程。全新世以来天池火山至少有两次喷发：公元 1199—1201 年天池火山大喷发是全球近 2000 年来最大的一次喷发事件，当时的火山灰降落到远至日本海及日本北部。长白山火山作用形成了长白山群峰，共有 16 座海拔在 2 500m 以上的奇峰排列在天池火山口周围，它们是白云峰、芝盘峰、天文峰、华盖峰、天豁峰、龙门峰、紫霞峰、铁壁峰、观日峰、玉柱峰、冠冕峰、梯云峰、卧虎峰、孤隼峰、锦屏峰、白头峰等。十六峰地貌形态各异，似宝剑刺天，似少女梳妆，似雄鹰衔物，环列在天池周边，构成绝世奇景(参见图 8-29)。

(4)云南腾冲火山。腾冲火山群位于云南省西部的高黎贡山西侧，南北长约 87km，东西宽约 33km，为国家地质公园(参见图 7-36)。景区以古火山地质遗迹及相伴生的火山热泉为特色。景区有 97 座火山体，其中火山形态保存完整的火山口、火山锥有 25 座。景区内有数级熔岩台地，主要有熔岩台地、环火山锥熔岩台地和裂隙溢出的熔岩台地三种类型。腾冲火山熔岩景观类型主要有熔岩空洞、熔岩塌陷、熔岩流动构造和柱状节理构造，构成壮丽的火山旅游景观。腾冲火山活动的形式主要表现为强烈的水热活动。“热海热田”是腾冲地热区的高温中心，在热泉喷出的气体中，有大量的水蒸汽、二氧化碳、硫化氢、二氧化氮等气体。在喷泉、喷气活动的同时，经常发生水热爆炸、地吼、地哼和泥火山喷发、泥塘翻滚等现象，有些地方还生成多种泉华堆积，形成色彩各异的景观点。

(5)山西大同火山口国家地质公园。大同火山群地质公园是第四纪形成的火山群，位于大同盆地东翼及桑干河中游的河谷地带，也是黄土高原边缘著名的死火山群，被誉为“东亚大陆稀有的自然遗产”。火山口群由 30 多座中心喷发火山锥体组成，主要分布在大同盆地东部，最为著名的有黑山、马蹄山、阁老山、金山、狼窝山、双山、老虎山和昊天寺山等 15 处火山口，其中黑山规模最大，呈扁平穹隆状(图 11-21 左上图)；狼窝山范围最广，火山口直径 500m，西北有缺口(图 11-21 左下图)；马蹄山和阁老山等由火山碎屑物组成，为平顶圆锥形，亦有缺口，状似马蹄，这些火山口景观由于具有集中密集分布特征而构成景区最为壮观的一部分(图 11-21)。火山口特征值测量是基于卫星图像标志进行的。

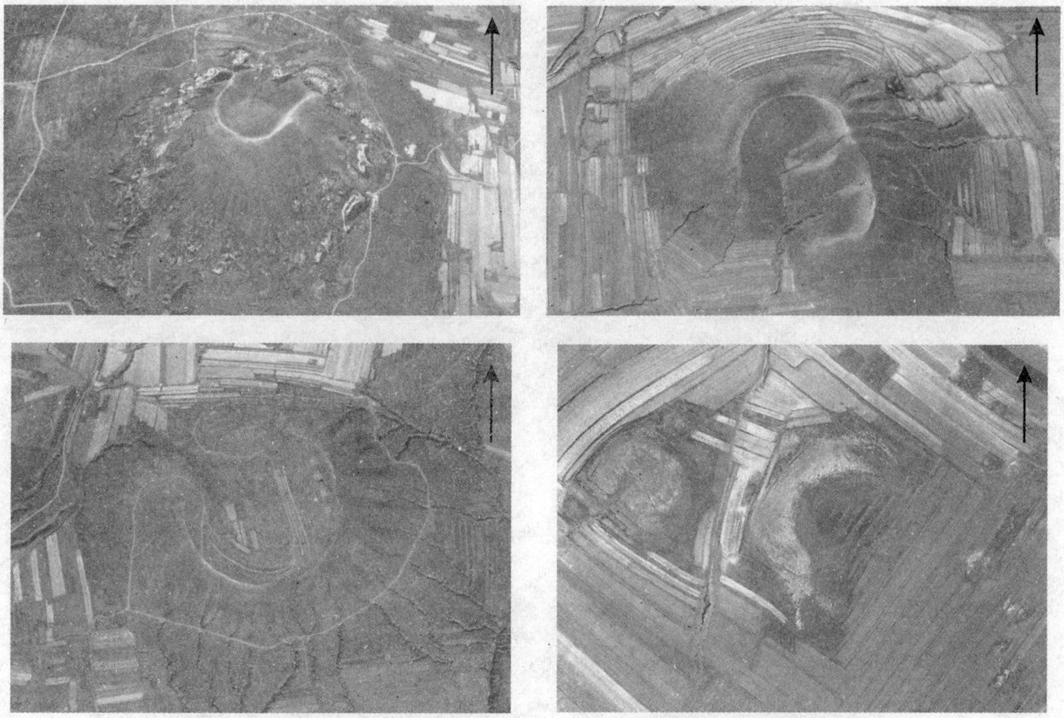

图 11－21　山西大同第四纪火山口群的卫星图像(QB－2,2009 年 11 月 21 日)
火山口顶部直径:左上图 230m;右上图 440m;左下图 560m;右下图:左侧 90m;右侧 140m

图 11－21 中的火山口顶部直径测量结果见图下说明。其中左下图火山口直径最大(狼窝山火山口),达 560m,几乎呈正圆形状,火山口深度达 30～50m,是大同火山群中火山口深度最大的一座。阎老山火山口(图 11－21 右上图)为一复合锥体,在火山口洼地右侧还发育一个次生火山口,在锥体外围发育放射状冲沟水系。图 11－21 右下图发育一座半圆形不完整火山口,其东南侧还分布有近 10 个尺度更小的火山口群,小火山口直径包括锥体外围在内不足 100m。

大同火山岩为基性玄武岩熔岩流所形成,柱状节理极为发育(图 11－22、图 11－23),主要出露点是在黑山火山口四周的黑色玄武岩露头处,遥感图像可以直接观测到柱状节理的分布特征,并可直接量测出景观特征值,即节理长度 50～80m,出露密度 8～12 条/10m。

火山锥体外侧的放射状水系也可构成旅游景观点,这类水系冲沟形态差异也较大,有切割深度大的,也有浅的,在组合形态上多为辐射状,但冲沟平面构图的特征值却具有较大的差异性,均可构成旅游资源。

图 11－24 为东坪火山口,其火山口形如马蹄,称为马蹄山火山口,在火山口东南侧沿喷溢口发育一条深切的河谷。

昊天山火山口是大同火山群自然锥体形态最完整的一座,因此明朝期间就在该火山顶部建造了佛教昊天寺佛刹(图 11－25),作为自然景观资源景区的配套人文旅游资源具有旅游多元文化结合的优势。火山口群距大同县城仅 6.58km,火山口群较为集中,空间间距平均为 2km,主要几个火山口呈 NW－SE 向展布,总长度为 5.8km,景观考察路线相对合理,景点配置具有一定的优越性。

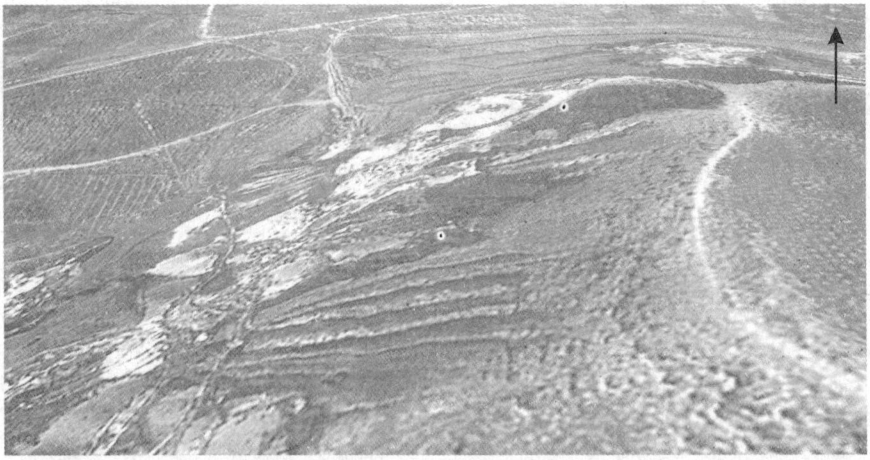

图 11-22　位于火山口锥体斜坡上的玄武岩柱状节理构造图像

显示图 11-21 左上图火山口左侧的放大部分，节理长度 50～80m

图 11-23　在冲沟中陡坎面上的玄武岩柱状节理构造图像

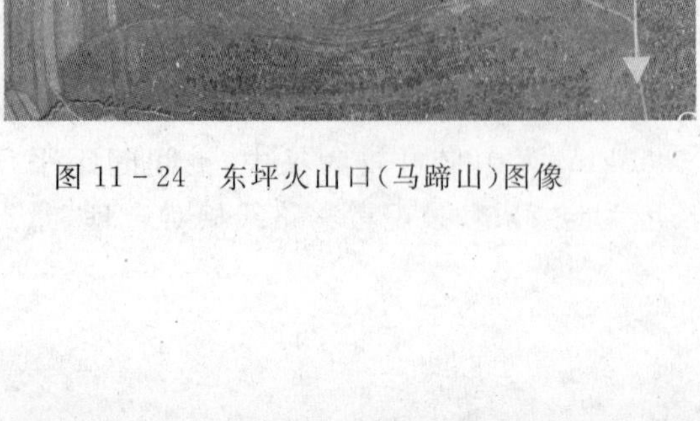

图 11-24　东坪火山口(马蹄山)图像

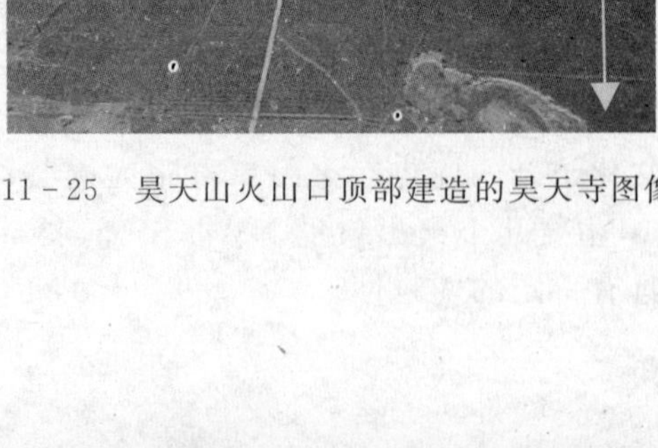

图 11-25　昊天山火山口顶部建造的昊天寺图像

(二)火山岩地貌景观

1. 漳州滨海火山国家地质公园

福建漳州滨海火山国家地质公园位于福建省漳州市漳浦县前亭镇、龙海县滨海一带，衬托在蓝天、碧海、沙滩、绿林之中，集观光旅游、休闲度假、海上娱乐、寻奇探险、科学研究、科普教育为一体，是一处回归大自然的综合性旅游度假区（图 11－26）。

图 11－26　福建漳州滨海火山国家地质公园卫星图像（QB－2，2008 年 9 月 21 日）

火山地貌由第三纪中心式火山喷发构造形迹和后期风化剥蚀的环形单元构成，景区景观特征有玄武岩柱状节理、古火山口构造、串珠状喷气口群、玄武岩流动构造四类。其成因机制为海底火山喷发经陆地抬升露出于地表的潮间带地理单元上，该旅游资源具有海底火山喷发活动的科普优势。

2. 浙江临海火山岩国家地质公园

浙江临海国家地质公园以晚白垩纪火山岩地层形成的火山岩溶地貌为特征而著称于世。火山岩溶地貌是指在火山岩覆盖区发育的类似岩溶地貌形态特征，它是火山凝灰岩、集块岩因含有不稳定矿物受流水溶蚀而形成的微地貌类型。如峰丛、石林等微地貌景观。

景区主体地层为上白垩统天台群，以酸性岩浆喷发溢流的层状火山岩地层为主。岩层中发育垂直柱状节理、火山通道、流纹构造及断裂构造四种地质因素，是景区四类基本景观元素的基本造景条件，形成峰丛、石林、石柱、大陡壁主要景观特征（图 11－27、图 11－28）。

柱状节理是由于流纹质次火山岩穹在熔岩冷却收缩作用下形成的柱状节理，其数量居多，约为 1 500 万根。石柱规模亦巨大，垂直延深可达 300～500m。当这些柱状节理露出地表，就构成了景区极为壮观的万柱石林。石柱几何形态呈五边形和六边形，构图极为规则，犹如人工雕刻开凿。石柱在空间排列有序，呈直立或斜卧状态产出，层层叠叠，宏伟壮观，气势非凡，构成景区的万柱峰、千柱崖、栅栏壁、巨人道、珊瑚岩等特征性的石林景观，形成了景区的基本地文景观类型，具有特殊的观赏价值。在遥感图像上，火山岩柱遍布丘陵坡地，出露的高度为 3～8m，多沿地层呈规则分布，宛如一朵朵开放的石花，极为罕见（图 11－27）。

酸性熔岩的流动构造也是景区的主要造景元素。流动构造呈水平状和直立状分布，流纹痕迹粗细皆有，构成了一幅巧夺天工的宏伟画面。

火山颈属于活火山通道，其岩石坚硬，发育柱状解理，是景区塔状岩峰地貌单元的造景元

图 11-27 浙江临海国家地质公园 1 500 万条柱状节理形成的石林微地貌景观卫星图像
(QB-2,2004 年 2 月 9 日)

素。它形成的岩塔式绝壁可高出周围山峦 150～200m,面对滨海特显壮观。从不同方向观看,如“塔”,如“城堡”,如“屏嶂”,如“芙蓉”,是观赏日出、雾海的绝佳之地(图 11-28)。

景区另一处具有科普意义的景点是埋藏于火山沉凝灰岩中的 6 具保存完整的翼龙(恐龙家族成员之一)化石,对研究白垩纪晚期古生物学、古生态学和火山灾变学具有重大科学意义。

图 11-28 浙江临海国家地质公园白岩峰火山颈岩塔式绝壁地貌景观卫星图像
(QB-2,2006 年 9 月 19 日)

六、黄土地貌景观

1. 黄土地貌旅游资源概述

黄土地貌遥感图像标志及解译要点已在第七章做了全面介绍,本节重点介绍黄土地貌的地学旅游资源特征及其景观特征的遥感图像解译及识别要点。

黄土地貌属于地文景观类型,是由黄土层的特殊造景机理形成的一种地质遗迹资源并具有地学文化内涵的特殊岩石景观类型。黄土高原地貌类型具有多样性,具有良好的观赏价值,其旅游价值的多重含义如下。

(1)黄土地貌景观作为旅游资源具有其自身的独特性和景观的美学价值，也具备从黄土科学研究向旅游资源转化的可行性和景观开发利用的可能性。

(2)黄土文化具有厚重的中国文化积淀，黄土高原是中华民族的发祥地。中华民族的祖先黄帝就出生在陕北黄土高原，黄帝族主要活动于陕北黄土高原，黄帝陵就位于黄陵县桥山。黄土高原凝聚着中国先古文化，黄土文化就成为中华民族的象征。

(3)黄土高原是世界上最大的黄土高原，黄土地貌景观以千沟万壑的塬、梁、峁，将自然和人文旅游景观相结合为特征，可以打造出知名旅游品牌，并可不断丰富和深化黄土旅游的文化内涵。

(4)黄土沟谷流水地貌具有其得天独厚的旅游资源优势，且分布广泛，从太行山以西到乌鞘岭以东，从秦岭以北到长城以南的黄土高原，覆盖层厚度可达 100～120m。由于其结构疏松，具有多孔性和垂直节理，透水性强，易被雨水冲刷和流水切割，所形成的梁、峁、塬、柱、洞、穴、沟谷景观特征明显，景观个体密度最大，地表破碎程度最高，水土流失最严重，其所具有的粗犷、豪放的高原性格与中华民族性格具有同一性。

(5)黄土高原独具一格的黄土窑洞和彪悍民俗具有地方文化的鲜明特征，具有深厚的社会学价值和强烈的旅游吸引力。

2. 黄土地貌旅游资源遥感图像解译与景观特征提取

黄土地貌旅游景观特征是指具有旅游观赏价值的地貌类型和特殊的形态结构类型。黄土景观资源的遥感图像解译是基于景观类型识别、景观结构特征提取、景区及景点的空间格局分析、景观旅游资源评价四项任务。

(1)黄土旅游景观类型识别。黄土旅游景观类型的图像解译是对黄土地貌类型的造景元素进行特征识别和微地貌类型划分的图像认知过程。解译重点是基于黄土塬、梁、峁、柱、沟、洞、穴、坎地貌类型的景观特征提取和形态类型划分。图 11－29 和图 11－30 为洛川黄土国家地质公园的遥感图像，图像中可以清楚显示黄土地貌景观的基本类型及景观形态类型的空间构图特征。图 11－29 的卫星图像成像时间为 2009 年春夏之交，黄土塬植被覆盖程度较高。

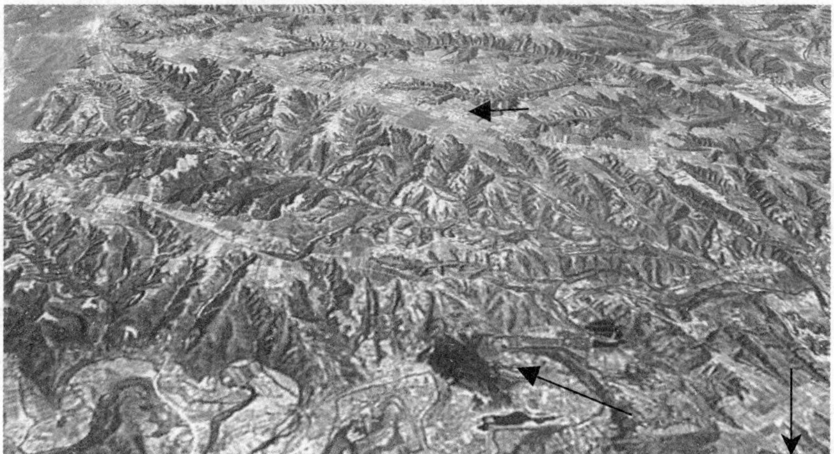

图 11－29　陕西洛川黄土国家地质公园卫星图像，显示黄土塬、梁、峁、沟谷及黄帝陵景点

图中长箭头指向县城，短箭头指向地质公园

图 11－30 卫星图像成像时间为 2005 年冬季，黄土塬耕地为浅色调，无植被覆盖。墚、峁景观在图 11－29 和图 11－30 中的区别表现在两墚之间的黄土冲沟的深度差异性，其成因是由于侵蚀基准面不同所引起的。

图 11－30 陕西洛川黄土国家地质公园卫星图像，显示黄土冲沟水系及墚峁地貌景观

在遥感图像上对地貌类型和旅游景观类型的解译原则是相同的，但解译重点及对地貌形态特征值提取的要素不尽相同。基于景观类型的图像解译更重视对景观要素的美学特征的识别与特征值提取，而地貌类型图像解译则强调对其成因类型的识别与分析。

(2)景观结构特征值提取。景观特征值提取是指对景观的形态特征值、分布特征值、结构特征值进行图像统计或测量。其中主要景观要素的高度类特征值包括景观面的海拔高程值、相对高差值、深度值等需要基于三维图像进行测量；长度类特征值可以基于 GIS 平台进行测量，如墚、峁、沟、坎等的延伸长度、方向等；面积类特征值亦可基于 GIS 平台进行量算，如黄土塬面积、谷底面积等；还有一类景观特征值是需要进行统计分析才可获取，如黄土冲沟密度、柱状节理形成的黄土柱体空间密度及排列样式、结构类型等都需要对于图像处理进行特征提取，然后进行地学统计分析。

(3)景区及景点的空间格局分析。黄土景观空间格局是指景观要素在景点的空间组合形式及其结构特征。如黄土冲沟与墚、峁、塬的空间组合形式，墚与沟之间的组合形态样式、黄土沟头的图像特征与墚、峁之间的组合类型及黄土陡壁、陡崖、陡坎的空间尺度特征等内容，都需要对图像信息进行空间分析和描述。

(4)景观资源评价。对黄土景观类型、特征值及空间格局进行旅游资源优势度、可观赏性、奇异性等方面的评价，其评价依据是旅游资源评价的美学、社会、历史、市场、综合五项指标。其评价内容主要有：①黄土地貌要素的系列评价，如黄土冲沟、墚、峁分布密度、景观可观赏性、景观容量、景观奇、异、特、险、怪、绝等特色性、旅游价值和功能、地域组合、资源性质等；②开发条件评价，包括区位、环境、客源、地区经济发展水平、建设施工条件、开发序位等；③效益评价，包括经济、社会、环境等效益及其经济影响因子等内容。

3. 陕西洛川黄土国家地质公园图像特征

陕西洛川黄土国家地质公园位于洛川县城南，距中华民族始祖黄帝陵 35km，距著名的壶口瀑布 130km，距司马迁故里韩城 140km，周边具备良好的旅游环境。

园区发育世界上极特殊和典型的黄土地质地貌景观。主要有黄土塬、墚、峁、柱、沟、穴、洞、桥、黄土“岩溶”等独特奇异的地貌景观；景区地势北高南低，黄土塬开阔平坦，向东南缓缓倾斜，塬面最高海拔 1 136m，为黄土地貌形成提供了侵蚀条件；黄土沟谷切深 80～140m，形成陡峻沟坡，坡度 30°～60°。局部发育黄土陡崖，在重力和地表、地下水作用下，沟谷陡坡沿黄土垂直节理面发生滑坡、崩塌、湿陷，并促使黄土沟头溯源侵蚀加剧，进一步加大了陡崖地貌的发育；黄土沟谷多为“V”型，两侧坡度陡峻，不断有滑坡发生，并形成坡面悬沟特异景观；景区黄土微地貌形态主要有黄土滑坡、崩塌、黄土悬沟、黄土落水洞、黄土桥、黄土柱、黄土墙等。这些微地貌构造奇特，天然成趣，观赏性极强。

景区著名景点有“万年睡童”、“海豚出水”、“孔雀下山”、“烽火台”、“金字塔”等。反映了250 万年以来古气候和古环境的演变历史。洛川黄土剖面不仅反映全球气候变化信息，还记录着黄土高原厚实的黄土文化。陕西洛川黄土国家地质公园是具有教学、科普及观光等多种功能的旅游景区。

第三节 峡谷地貌景观与图像识别

一、峡谷成因及景观类型

峡谷景观是地球内外力共同作用下的地貌形态类型。世界上江河峡谷地貌的成因类型基本相似，其地质成因的基本特征是：①都经历了自新生代以来地壳持续强烈抬升的隆起过程和河流持续稳定地向下侵蚀切割过程；②河流的垂直切割速度大于或等于地壳上升的幅度，并足以克服地壳上升过程带来的水流阻力；③河谷流经区域的岩层产状以水平或缓倾斜地层为主。具备以上三个条件就可能形成峡谷地貌单元，如美国著名的科罗拉多河大峡谷、长江三峡、雅鲁藏布江大峡谷等都具有上述三种地壳运动特征、河流垂直切割和岩层产状条件。

与传统地质调查方法比较，对峡谷地貌的遥感图像解译具有一定的技术优势。遥感图像解译具备视野广阔、多角度观测能力、三维测量技术、微地貌形态观测能力、不同峡谷地段景观结构的比较和无路线调查的穿越障碍等特点，故对峡谷地貌及地质考察均采用大比例尺高分辨率遥感图像解译与测绘制图方法。

对峡谷地貌景观的分类可依据峡谷形态、构造性质、岩石类型等因素进行成因类型、形态类型或岩石类型进行划分或命名；也可依据气候类型、生态景观类型进行划分和命名。基于旅游景观结构类型可将峡谷按河流名称或地域名称进行划分，如美国科罗拉多河大峡谷就是采用了河流名称进行划分及命名；有的依据峡谷的规模等级进行命名，谓之“大峡谷”、“小峡谷”、“小小峡谷”等；长江三峡则取“西陵峡”、“巫峡”、“瞿塘峡”三段峡谷之意而命名；“雅鲁藏布江大峡谷”以河流命名并取之其最长、最深、最高之意，称之为“大峡谷”。其他峡谷景观类型多以地域名称称之，如“浙西大峡谷”、“恩施大峡谷”、“川中大峡谷”、“金口（即金沙江口）大峡谷”等。

大峡谷的景观类型可基于峡谷的形态特征值（长度、深度、河谷弯曲度、谷底特征及结构等）进行景观分类，如深切峡谷、障谷、桌状山大峡谷等；也可依据峡谷的地质构造条件及地质环境进行景观类型划分，如构造隆升带峡谷（长江三峡）、高原峡谷（雅鲁藏布江大峡谷）、岩溶大峡谷（如恩施大峡谷）、区域断块隆起带峡谷（浙西大峡谷）等类型。基于峡谷的天文气象特征亦可对峡谷进行分类，如新疆库车红山大峡谷是在古河流及风蚀共同作用而形成的；雅鲁藏布江大峡谷既具有构造作用特征，又兼具冰川、寒冻和河流侵蚀作用特征，还具有独特的高原寒冷生物群落，是世界惟一存在的高原型大峡谷。

二、典型峡谷景观遥感图像解译

(一)美国大峡谷地质地貌景观图像解译

美国大峡谷(Grand Canyon),又名科罗拉多大峡谷,是举世闻名的自然奇观、旅游胜地、美国国家公园、世界七大奇迹之一,并于1979年纳入联合国世界遗产名录。

1. 大峡谷地理概况

大峡谷位于美国科罗拉多高原,科罗拉多河全长2 330km,流经怀俄明、科罗拉多、犹他、新墨西哥、内华达、亚利桑那和加利福尼亚七个州,大峡谷起于马布尔峡谷,终端为格兰德瓦什崖,全长446km。峡谷顶宽6～28km,谷底水面不足1 000m宽。谷底两岸最宽处不足1 000m,最窄处仅120m。两侧的谷壁呈阶梯状陡崖,谷顶为桌状山,峡谷最深处可达1 800m。科罗拉多大峡谷是全球最深、最宽、最长的绝世大峡谷之一,是在太空宇航站可用肉眼观察到的惟一的自然景观(图11-31)。

图11-31　美国大峡谷鸟览图(左图位于Yavapai,右图为马蹄湾峡谷鲍威尔湖)

2. 大峡谷地质地貌概况

科罗拉多高原位于南落基山脉与瓦萨其山脉之间,科罗拉多河中上游的地势高峻,海拔2 000～3 000m,面积约$30\times10^4km^2$。科罗拉多是北美古陆台的稳定地块,在前寒武纪结晶基底上沉积覆盖了古生代、中生代和新生代地层和熔岩层、侵入岩体和火山岩。高原表面地形平坦,在科罗拉多河及其支流的冲蚀作用下,形成多条深邃峡谷,以科罗拉多大峡谷最著名。古生界及中生界沉积地层多呈近水平产状,色调以红色碎屑岩为主,岩层层理构造十分清晰,在外力作用下雕琢成千姿百态的奇峰异石和峭壁石柱。科罗拉多高原为典型的"桌状高地",高原顶部平坦,河谷深切,峡谷两侧为陡崖绝壁,这种高原峡谷地貌称为平缓高原型大峡谷(图11-32)。图中可见峡谷两壁为阶梯状陡崖-缓坡地形,自上而下可分出两级大陡崖和多级小陡坡,地貌景观壮丽,具有雄、险、奇、幽、伟景观特色,旅游观赏价值极高。峡谷顶面地形具微波状起伏,最适宜于观光游览,旅游场地条件优越。

高原的基底为北美古陆台的结晶基底地层,是地球上最古老岩层。峡谷切穿了高原基底变质岩地层,被称为地史研究的"时间地基"。峡谷自上而下切透了10亿年形成的岩层,成为研究科罗拉多高原地质发展史和大峡谷地貌演化史的"地史博物馆"。

在图11-32中,可见NNW向断裂对大峡谷的控制及限制作用。岩层产状亦影响峡谷地貌的形态结构,如峡谷东侧(图像上部)的岩层三角面清晰,产状向峡谷中心倾斜,倾角很缓,地形陡崖与缓坡交替,尤其是在顶层第一个大陡崖下出现的宽缓斜坡的地貌形态特别突出;而西

图 11－32　美国大峡谷亚利桑那州国家公园卫星照片，显示峡谷地貌景观与成景地质条件图像特征(2007 年 6 月 8 日)

壁岩层产状与坡向相反，陡壁险峻，具有连续性大陡崖的特征。

3. 格伦峡谷国家公园的河谷地貌特征

格伦峡谷国家公园(Glen Canyon NP)位于大峡谷东端的鲍威尔(Powell)湖(格伦峡谷水库)马蹄形深切河谷处。鲍威尔湖是继胡佛水库[称米德湖(Mead)]之后的世界上第二超长大水库，成为大峡谷东段新的一处景点。峡谷两侧发育各种红色砂岩地层，主要地貌景观为大峡谷、拱门等壮丽画面，已成为美国西南部的主要国家休闲度假区。

图 11－31 右图的卫星图像显示了马蹄湾(Horseshoe)曲流峡谷的河谷地貌特性，它是由高原深切河曲的知名景点之一，其景观结构集雄、奇、险、幽特征于一体，具有极高的美学观赏价值。图 11－33A 中部的箭头处(1)表示其在大峡谷的河段位置。

在园区的东北处，发育由深切峡谷裁弯取直的河道演变遗迹[深色菱形虚线箭头(2)所指出]，其景点的旅游观赏价值极高，也具有河谷地貌研究价值(见图 11－33B，左图)。图中近圆形深切干河谷是原来的深曲峡谷河道被废弃后形成的，河床地面远高于现在的河床，干河床尚未被鲍威尔湖水面淹没，在卫星图像上可见近圆形的古河道地表呈褐红色，表面已经遭受剥蚀呈舒缓波状起伏的低丘景观，地貌学称之为离堆山。

图 11－33B 之右图位于国家休闲度假区，也为一深切曲流河谷地貌景观，可见多处裁弯取直的废弃河湾现象[河段位置见图 11－33A(3)处]。其景观特征值量测结果表明，曲流河谷长度与曲流颈部长度的比值为 14.8，远大于一般河曲的数值。图中圆圈处为正在或即将发生深切河曲裁弯取直的曲流颈部，故这类河谷极易发生裁弯取直事件，形成废弃河谷和离堆山地貌单元。

4. "拱门"国家公园(Arches NP)的盐丘构造与风成地貌图像特征

犹他州科罗拉多"拱门"国家公园(Arches NP)属于高原荒漠地理景观，其地质成因具有地质理论研究价值。图 11－34A 为拱门国家公园卫星图像，显示了大峡谷北岸典型的高原荒漠地貌景观标志。图中低山丘陵的岩石地层由石炭纪-二叠纪时期的含盐类地层的岩层所构

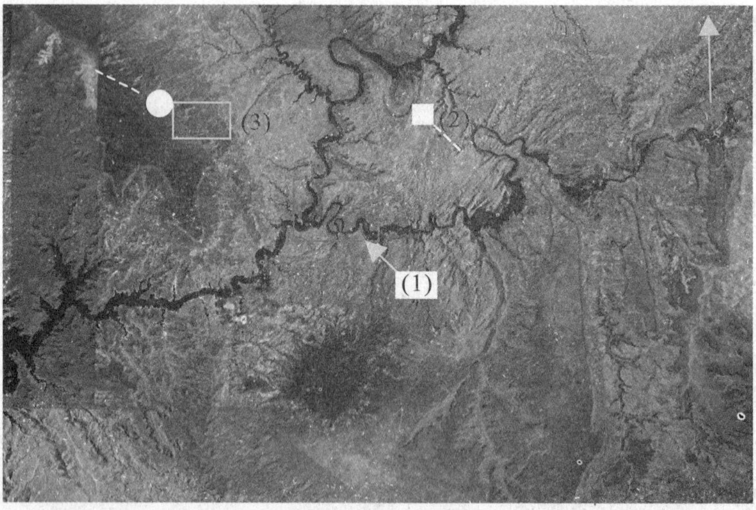

图 11-33A　格伦峡谷国家公园卫星图像与鲍威尔湖的地理位置

图 11-33B　格伦峡谷国家公园深切河曲地貌景观卫星图像

左图位于图 11-33A 的菱形箭头处(2),右图位于圆形箭头处(3)

成。在石炭纪时,科罗拉多高原处于海盆沉积环境,后由于地壳抬升造成犹他州所在的古海盆处于无机盐类沉积环境,形成了厚达数百米的盐类沉积层。随后几千万年,海水反复淹没这片地区,又反复退却,留下了厚达 1 600m 的沉积岩层和盐丘构造。盐丘构造是地球壳层中的盐壳层受到上覆岩层挤压后而形成的圆丘构造。圆丘体被断层切割破坏后形成密集的小陡坎,再经风蚀、水蚀、风化作用的共同侵蚀形成了现在的石拱微地貌景观。在犹他州拱门国家公园 310km^2 的范围内共有 2 000 个大自然雕塑形成的“拱门”奇观,它与中国新疆的“雅丹”风成地貌属于同一类型,具有异曲同工之妙(图 11-34A/B)。

图 11-34A 图像显示的景点为莫博镇(Moab)拱门公园,其地貌特征十分奇特,各种形态的奇峰、怪石、拱门景观林立,影像特征明显。拱门公园的面积为 200km^2,景区游览的交通条件十分便利,适宜合家同游,称为“家庭公园”。图像下方显示的就是公园浏览的车道。图 11-34B 为拱门国家公园的地面照片,显示出由盐丘构造、红色砂岩“丹霞”地貌、风成“雅丹”地貌多重成因类型的地貌景观特征。其中,左上图左侧为双拱(Double Arch)地貌;右上图为最为典型的"拱门"地貌;左下图为砂岩“丹霞”峰林景观、右下图为典型的风成“摇摆石”地貌景观。

5. 其他景点简介

(1)布莱斯国家公园(Bryce Canyon NP),被称为地质博物馆。布莱斯国家公园位于犹他州西南部,大峡谷北缘,是世界上最引人注目的和不寻常的国家公园之一。布莱斯高原有连续

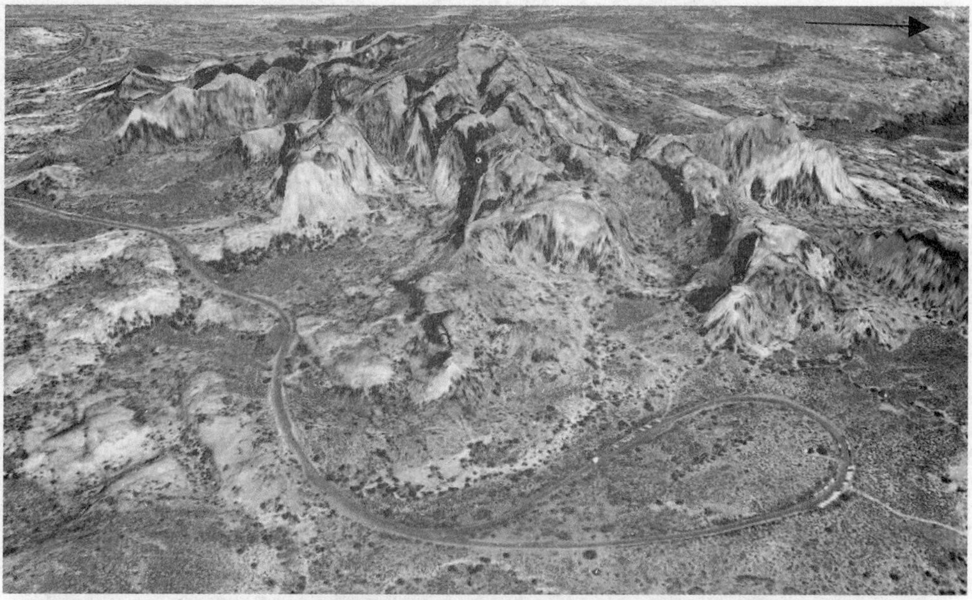

图 11-34A 犹他州科罗拉多拱门国家公园(Arches NP)卫星图像,显示风蚀地貌景观特征(2003 年 6 月 21 日)

图 11-34B 美国拱门国家公园盐丘—丹霞—雅丹多成因地貌景观照片

(曲梅兰摄于 2011 年)

五个大台阶依次取名为巧克力崖、朱崖、白崖、灰崖、粉崖,显示了近 30 亿年的沉积地层岩石学特征,被誉为"地质博物馆"。大峡谷岩层的岩石地貌具有丰富多彩的石柱、石林特征,而石林的颜色以红色为主,兼有其他颜色,如粉红色和金色等。地形为砂岩悬崖陡壁地貌形态,是布莱斯景区独特的景观资源。石林及陡崖的地貌成因具有水蚀和风蚀共同作用的特征。

图 11－35 为布莱斯国家公园卫星图像，可以看出地貌上由三个大陡崖所构成。地层自上而下为白垩纪湖相沉积的砂岩及页岩、第三纪的湖相沉积岩，由于科罗拉多高原的隆起，在断裂控制下，不同区域的隆起速率不同，形成了多级侵蚀基准，从而刻划出高原的多级大陡崖地貌景观结构。石柱、石林地貌形态与岩层的抗蚀能力相关，坚硬岩层（白色）形成悬崖陡壁或独立石柱，铁锰质粉砂质泥岩形成拱状微地貌、天然石桥、墙壁与天窗等地貌形态。据统计，布莱斯峡谷是目前地球上岩柱数量和密度最高的地方之一。在峡谷底部部分基底地层也被揭露出来，故称为“地质博物馆”。图 11－36 为布莱斯国家公园的地面照片，左图为大峡谷的五级大陡崖，中图为石林地貌景观，右图为石林石柱地貌景观。

图 11－35　布莱斯国家公园卫星图像（2006 年 2 月 25 日）

图 11－36　布莱斯国家公园五级大陡崖地貌结构与石柱石林景观（据网络资料）
左图为大峡谷五级大陡崖；中图为石林地貌；右图为石林石柱景观

（2）亚奇景点（Yaki Point）。这是大峡谷中一处重要的峡谷观察游览点，如图 11－37 所示，站在峡谷南缘平台，就可以向下观察到峡谷的全貌、地形结构和景观特征。大峡谷由三级大陡崖构成（图左下三个箭头处），自上而下为浅灰绿色大陡崖、红色大陡崖、棕褐色大陡崖，均由不同岩石地层所构成。其中，第二、第三陡崖之间为一宽缓斜坡，为大峡谷景观提供了绝妙的观赏环境。

（3）老鹰崖 (Eagle)与空中玻璃走廊。大峡谷西缘的老鹰崖景点位于亚利桑那州西北部大峡谷南壁，是观赏大峡谷老鹰崖的绝佳之地（图 11－38A）。2005 年在此处建造了马蹄形空

图 11-37　美国科罗拉多高原大峡谷 Yaki 景点三大陡崖卫星图像

中玻璃走廊(图 11-38B),为游客提供观赏大峡谷景观的透明平台。玻璃走廊位于科罗拉多河右岸 1 200m 的平台上,向外伸延 21m,游客可凌空漫步,欣赏峡谷绝佳景色。

(4)大峡谷的先民印第安遗址公园。大峡谷重要人文特点就是印第安民族留下的崖居遗迹,大峡谷在 Mesa Verde 设立了最有名的印第安遗址公园。大峡谷崖居是遗迹公园的主要景点。崖居是印第安人在悬崖下的大空洞里筑屋而居的村落遗址,少则几间,多则几百间,一个洞就是一个村落。"报纸岩(Newspaper Rock)"是印第安人的岩画,主要是动物和其他奇异的图形,距今已有几千年。现在亚利桑那境内的侯琵(Hopi)族可能就是崖居人的后裔。纪念

图 11-38A　大峡谷西缘老鹰崖景点与空中玻璃走廊(空心箭头处)卫星图像(2005 年 6 月 11 日)

谷(Monument Valley)跨越在犹他州和亚利桑那州的边界上，是纳威浩部落的公园，主要由岩洞构成，展示了印第安人推崇的神圣之灵。

图 11-38B　大峡谷西缘空中玻璃走廊观景台照片

(二)长江三峡旅游景观资源遥感

1. 三峡地质旅游资源概述

(1)地理历史概况。长江三峡是中国著名的大峡谷，西起重庆奉节县白帝城，东至湖北宜昌市南津关，由瞿塘峡、巫峡、西陵峡三段峡谷所组成，全长 191km。峡谷两岸悬崖绝壁，江中滩峡相间，水流湍急，三峡是中国十大风景名胜，也是国际性旅游产品和入境旅游胜地之一。另外，三峡中还有三段小峡谷，即大宁河、香溪、神农溪，也是集雄、奇、险、幽于一体的山水画廊。三峡是中国古文化的发源地之一，如大溪文化、巴楚文化、汉文化、三国文化等，主要名胜古迹有白帝城、黄陵、南津关等。

(2)三峡地质概况。三峡大峡谷发育有元古代震旦纪、古生代寒武纪、奥陶纪、志留纪、泥盆纪、石炭纪和二叠纪、中生代三叠纪、侏罗纪、白垩纪以及新生代沉积地层。由于三峡地区的岩石地层产状平缓，保存程度较好，是我国地层研究的经典区域之一。三峡地层是中国震旦纪、部分古生代、中生代的标准地层剖面的层型剖面或参考剖面，并在地层单位界线处竖立界线标志石碑，供国内外地学工作者、高等院校师生进行地学科学考察和研究。三峡的瞿塘峡、巫峡、西陵峡三段峡谷分别处于皇陵地块、神农架地块控制的断隆带的三个背斜构造核部，并受新生代地壳隆起运动格局的控制，这为研究三峡构造地质学、地层学及地貌学机理以及研究三峡峡谷地质地貌成因、长江河道演化与流域贯通问题、三峡地质灾害发生机理与预防预警问题、三峡生态环境保护问题等提供了科学研究基地。

三峡的地质遗迹主要有构造地貌、峡谷地貌、山峰地貌、岩溶地貌、岩石景观地貌、灾害遗迹地貌六大类；水体景观资源主要有三峡河谷(三峡水库)、小三峡(如大宁河)河谷、瀑布(白龙过江瀑布、万州青龙瀑布、紫阳河瀑布、丰度飞龙瀑布等)及泉水景观(云阳天师泉)等。总之，三峡的地质地貌景观资源具有其独有的品质和特性，是不可移植和复制的。可规划的地学科学考察旅游项目很多，如地层剖面考察、古生物化石景点考察、现代生物资源考察、古人类遗址考察、古水文遗迹考察以及灾害地质科学考察等旅游产品。

(3)生态资源概况。三峡地区具有丰富的生态资源，如神农架地区蕨类植物和种子植物共有 166 科，1 747 种，珍稀植物达 100 多种，如铁坚杉、秃杉、珙桐、水青等；动物资源有 70 余种兽类、90 多种鸟类、35 种鱼类，其中有 5 种国家一级保护动物、26 种二级保护动物，如金丝猴、毛冠鹿、大鲵、麝、马鹿等，已在神农架林区建立了林区珍稀动物陈列馆。

(4)三峡历史文化遗迹概况。三峡地区是中国早期人类历史的遗迹地研究基地之一。如早更新世的巫山县大庙龙骨坡古人类化石遗址；更新世的巴东县野三关古猿臼齿化石遗址；巫山县大溪和宜昌李家河-紫阳河新石器时期文化遗址等；三峡古代巴人遗址与悬棺遗迹；巴楚相争的古战场遗迹；秦、楚相争的残戈遗骨；楚大夫屈原的故里秭归；汉昭君故里遗址；三国文化历史遗迹等。总之，三峡的历史文化旅游资源丰富，可规划成巴楚文化、汉文化、三国文化、唐宋文化旅游等旅游项目产品。

2. 瞿塘峡遥感图像解译

图 11-39 是瞿塘峡的卫星图像，峡谷地质地貌标志清晰，可解译程度较高。瞿塘峡是三峡西部之首，西起奉节县夔门(白帝山)(双箭头处)，故亦称夔峡；东迄巫山县大溪镇(短箭头处)，峡谷长 8km，是三峡中最短又是最雄伟险峻的第一峡。

图 11-39　长江三峡瞿塘峡卫星图像(2004 年 3 月 10 日)

瞿塘峡区域地质特征：峡谷地层为三叠系石灰岩，其地质构造部位处于瞿塘峡背斜构造的核部，长江穿越背斜核部下切呈谷，随着地壳的不断抬升和河流的下切，形成现今的壮丽峡谷。瞿塘峡背斜的核部为志留系页岩和三叠系的灰岩、页岩。志留系地层多处于河床之下部，仅在江边偶而出露，峡谷陡壁出露的地层主要为三叠系灰岩，为峡谷地貌造景提供了岩石学条件。瞿塘峡两岸绝壁相连，灰岩奇峰异石，千姿百态；峡谷破夔门而入，形成三峡最为壮观的峡谷。在三峡水库蓄水前，江面仅宽 150～250m，最窄处宽仅 100m，是三峡河段中江面最狭之处。

瞿塘峡地貌景观特征：瞿塘峡两壁山峰海拔达 1 000～1 500m，峡谷地貌形态最为典型。在瞿塘峡入口处，两岸断崖壁立，相距不足 100m，形如门户，故名曰夔门，也称瞿塘峡关(箭头处)。峡谷北壁为赤甲山(古代巴国的赤甲将军曾在此屯营，故名之)，地貌形态为悬崖绝壁；南壁为白盐山，因云雾笼罩呈银灰色而名之。瞿塘峡峡谷长度较短，但因其峡谷气势雄伟，具有镇全川之水，扼巴鄂咽喉之势而著称于世。

主要地文景点：瞿塘峡峡谷窄如走廊，两岸崖陡似城垣，地质地貌特征明显，主要景点有背斜构造剖面、灰岩悬崖、岩溶洞穴及风箱峡、古悬棺遗迹、犀牛望月等形象怪石。

主要人文景点：白帝城(箭头处)背倚高峡，前临长江，三面环水，气势十分雄伟壮观，是三峡旅游线上久享盛名的景点。主要景点有奉节古城、八阵图、鱼复塔、古栈道、粉壁墙、孟良梯等。瞿塘峡东出峡口的南岸是大溪文化遗址，是新石器时代以红陶为主并含彩陶的古人文化遗存遗址。

3. 大溪宽谷与巫峡遥感图像解译

在瞿塘峡与巫峡之间为大溪宽谷(图 11-40)，大溪宽谷位于向斜褶皱构造核部的侏罗系碎屑岩地层部位，从大溪至大宁河口，长约 25km，又称大宁河宽谷[图中(2)处]。由于侏罗系砂页岩质地松软，抗侵蚀能力低而形成宽谷地貌。两岸山地海拔高度 1 000m 左右，山岭距河谷较远，唯大溪镇下游右岸有几道较近的峰峦，犬牙交错，相互错开排列，故此处又称为错开峡(小箭头处)。大溪向斜构造两侧为对称性较强的两个背斜构造[图中(1)、(3)处]，其核部地层为三叠系厚层状灰岩，瞿塘峡切穿背斜(1)形成峡谷(图左侧的背斜构造)，而巫峡也切穿背斜(3)(图左侧的背斜构造)形成峡谷(图右侧的背斜构造)。

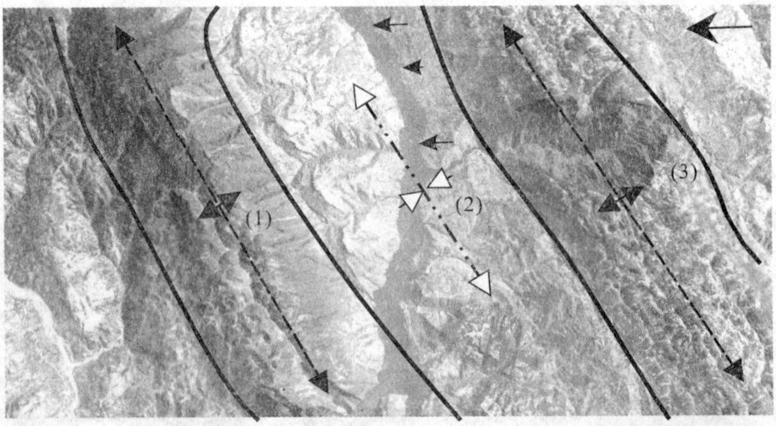

图 11－40　瞿塘峡与巫峡之间的大溪口向斜构造与三峡宽河谷图像特征
(2006 年 8 月 23 日)

巫峡全长 45km，是三峡河段中最长的峡谷(图 11－41)，西起巫山城东大宁河口，东至湖北巴东官渡口，峡谷以幽深秀丽而著称。峡谷穿越二叠系和三叠系石灰岩背斜和向斜，将巫峡分割为金盔银甲峡、巫峡和铁棺峡三个峡谷段(图 11－41)。金盔银甲峡(12km)切穿了由二叠系、三叠系厚层灰岩构成的背斜核部，呈向北突出的弧形。河谷在切割峡谷两岸陡倾斜灰岩地层时，由于河谷走向与地层走向呈正交、斜交乃至近平行三种空间关系(图 11－42 左图)，因此该段峡谷地貌形态多变，甚为奇伟壮观，从横石溪远远望去，峡谷南壁矗立着一座秀丽的峰峦，峰顶高插入云，峰峦顶端呈黄色，中下部为白色，故名曰“金盔银甲峡”；巫峡(28km)河谷走向与石灰岩走向基本平行，长江深切其中，使河谷呈“V”字型，部分峡谷河段陡崖的岩层产状呈

图 11－41　巫峡三段峡谷的地质地貌遥感图像
自左至右燕尾箭头分割的三段依次为金盔银甲峡(1)、巫峡(2)、铁棺峡(3)

垂直竖立状，其造型极为壮观。铁棺峡(4km)的地质构造处于由三叠系厚层灰岩背斜构造的核部，地表风化后呈褐红铁锈色而得名(图 11-42 右图)。整个巫峡峡谷两壁山峰的海拔高度大于 1 000m，由于岩溶地貌发育，构成群峰林立，如屏如画，座座孤峰傲然挺拔，峡谷以幽深秀丽著称，两壁以奇峰突兀、怪石磷峋、峭壁屏列称奇，构成了巫峡美妙的峰林地貌景观。大唐诗圣李白诗曰："疑是天边十二峰，飞入君家彩屏里。"巫峡地质地貌的造景条件优越，尤其是二叠系、三叠系的灰岩地层和岩溶地貌景观是三峡中最具旅游观赏价值的地文景观。

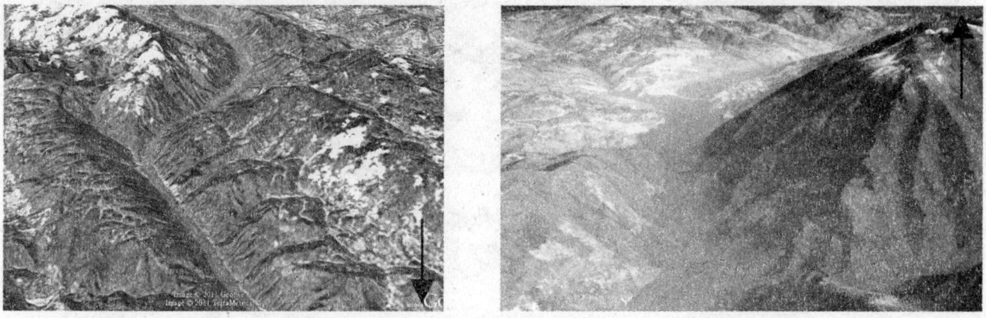

图 11-42　金盔银甲峡(左图)与铁棺峡(右图)的遥感图像

4. 香溪宽谷遥感图像解译

在巫峡和西陵峡之间，由巴东复向斜和秭归向斜盆地，构成了香溪宽谷地貌景观。香溪宽谷西起官渡口东至香溪口，全长 48km。自官渡口顺流而下，宽谷北岸为侏罗系碎屑岩地层，南岸为三叠系厚层灰岩，宽谷基本上沿着两套岩层的接触界面，并与地层走向线平行，形成典型的纵向峡谷或斜向峡谷。河谷在此段也较为开阔，两侧山峰的岩石地貌形态差异极为悬殊。北岸属于侏罗系岩层形成的碎屑岩地貌形态，发育多级陡坎、陡崖、斜坡、缓坡组合地形，是滑坡灾害的多发地段；南岸为三叠系、二叠系灰岩地层形成的岩溶地貌形态，多为峰林、峰丛和孤峰奇峰地貌景观组合。而自泄滩乡以下，为秭归宽谷。宽谷两岸地层为侏罗系、白垩系的砂岩及页岩地层，由于宽谷走向与地层走向呈正交或近于正交的切割关系，故形成横向河谷。秭归河段江面开阔，河谷两岸多桔园、茶圃及缓坡梯田，湖北省的巴东县城和秭归老城(新县城迁茅坪镇)分别位于宽谷西端和东端。

5. 西陵峡遥感图像解译

西陵峡是湖北省境内的长江大峡谷，西陵峡得名于南津关口的西陵山，是楚之西塞，夷陵(宜昌古称)之门。陈毅元帅称之"西陵甲三峡，忘返兴犹稠"。西陵峡谷有"三滩"(泄滩、青滩、崆岭滩)、"四峡"(兵书宝剑峡、牛肝马肺峡、灯影峡、黄猫峡)及黄陵庙、三游洞、陆游泉等名胜古迹。

(1)峡谷分段概况。西陵峡西起秭归县香溪河口，东至宜昌市南津关，全长 76km，是长江三峡中最长的峡谷，以险峻闻名于世。一般可将西陵峡分为东西两段峡谷和一个宽谷。西端峡谷自香溪口至庙河分为兵书宝剑峡和牛肝马肺峡，全长 15km，峡谷是由长江横穿黄陵背斜西翼而成；东段峡谷自宜昌县南沱至宜昌市南津关分为灯影峡与黄猫峡(又名宜昌峡)两段，全长 20km，系由长江穿越黄陵背斜东翼而成；西段峡谷与东段峡谷之间为庙南宽谷，西起秭归县庙河，东至宜昌县南陀，全长 31km，系由长江横穿黄陵背斜核部的元古界变质岩地层及侵入岩体所形成，是继大溪宽谷、香溪宽谷之后的第三段大宽谷(图 11-43)。

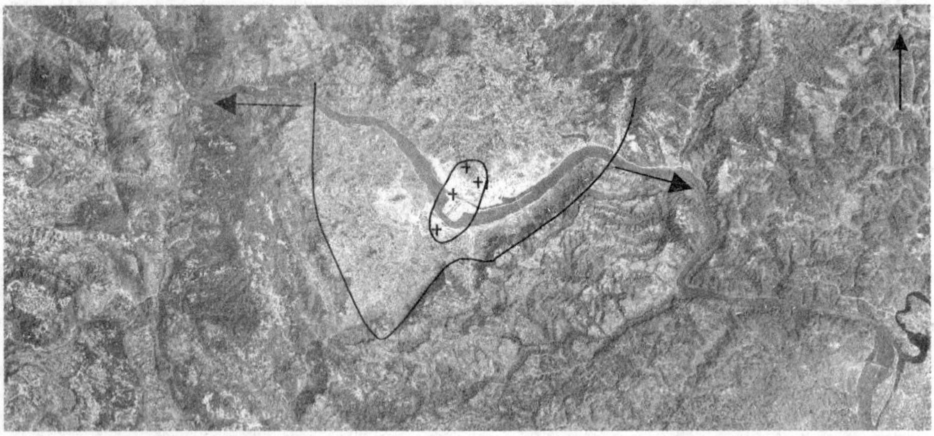

图 11－43　西陵峡峡谷与黄陵背斜构造地层岩性的空间控制关系卫星图像
黄陵背斜构造核部为元古界变质岩及燕山期花岗岩侵入体
背斜两翼为震旦亚界白云质灰岩，箭头处分别为西陵峡西段及东段

(2)西端峡谷概况。兵书宝剑峡位于香溪东 1.5km 处，在峡谷北侧的陡壁峭岩上(图 11－44 左图箭头处)，由近于直立的层状岩石形成状若书卷而名之，实为巴人悬棺之遗迹；紧邻其右下方又发育有凸起的硅质岩层，宛如巨剑而名曰“宝剑”。牛肝马肺峡西距秭归香溪 15km 处，全长 4.5km，是在江北悬崖上由两块重叠下垂的赭黄色岩石构成，形似牛肝与马肺的形象奇石而故名之(图 11－44 左图空心箭头处)。在地质环境监测中令人关注的链子崖巨型危岩体就位于该峡谷段南侧，呈陡崖地貌形态特征(参见图 10－23)。

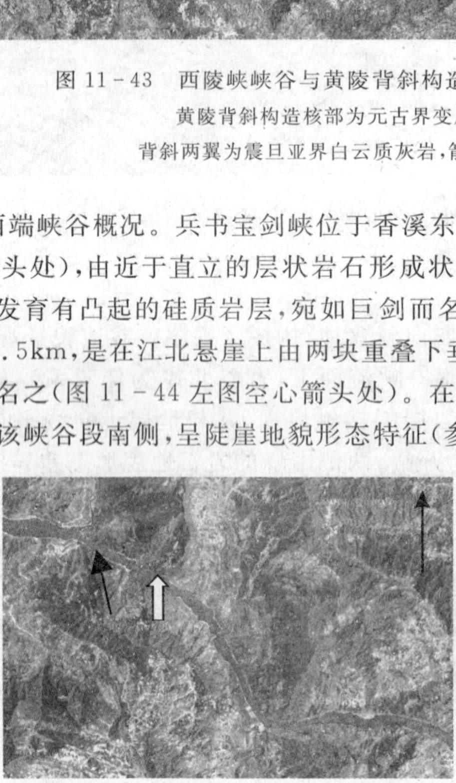

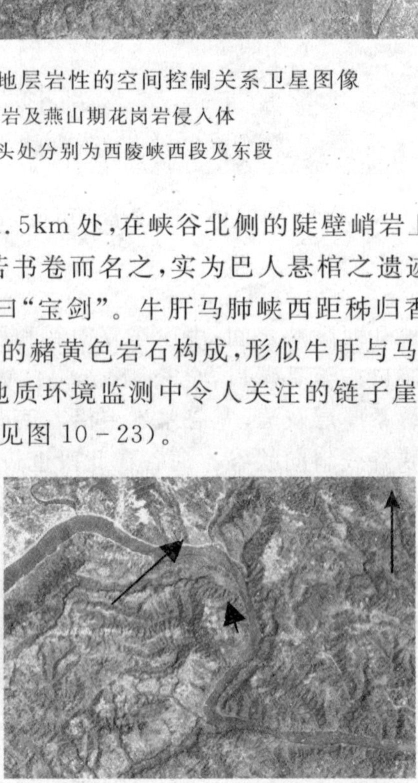

图 11－44　西陵峡西段(左图)与东段(右图)峡谷地质地貌卫星图像

(3)庙南宽谷概况。庙南宽谷位于黄陵背斜核部(图 11－43)的元古界变质岩及燕山期侵位的花岗岩体，由于易于风化剥蚀。庙南宽谷的江面可达 1 400m，谷坡较缓，是三峡中最开阔的河段。库区蓄水前，在宽谷西段的江中礁石林立，险滩重重，主要有著名的崆岭滩及崆岭峡，三斗坪大坝(图 11－43 中部)即位于该宽谷的中段。

(4)东段峡谷概况。东段峡谷横切黄陵背斜东翼的震旦亚界与下古生界的白云质灰岩及灰岩地层，形成三峡最东段的雄伟峡谷。灯影峡由震旦亚界的灯影组白云质灰岩所构成，位于庙南与石牌之间(图 11－44 右图箭头处)。峡谷南壁为马牙山，四个孤峰屹立于陡崖之上，甚为壮观；依其山峰形态造型特征，誉为唐僧西天取经，姿态酷肖。黄猫峡谷(图 11－44 右图右侧短箭头处)山形如黄猫蜷伏,故名。西陵峡东段岩溶地貌极为发育,据统计溶洞约174处,是这段峡谷岩溶地貌景观最为发育的景区。

西陵峡以险出名,以奇称世,集奇险之壮美,容幽雅之秀丽。在库区蓄水之前可直接观察到,其峡谷特点是峡中有峡,峡多雄奇;滩中有滩,滩多水险。库区蓄水后,惊险万状的"崆岭滩"、"鬼见愁"、"鬼门关"已被淹没。

长江三峡出南津关就是西陵峡的东端终点,与瞿塘峡的夔门一样,是三峡东端的天然门户。南津关两岸地势险要,陡壁直立,江面狭窄,自古就是军事要塞。

(三)雅鲁藏布大峡谷

雅鲁藏布大峡谷是世界第一深度大峡谷,北起米林县大渡卡村(图11-45左图),南到墨脱县巴昔卡村(图11-45右图),全长504.9km,平均深度2 268m,最深处达6 009m,是世界第一深切大峡谷(科罗拉多大峡谷深1 880m;秘鲁大峡谷深3 203m)。峡谷两侧悬崖陡壁及山峰发育,有滑坡、泥石流、崩塌、雪崩、冻土等地质灾害,是世界峡谷自然灾害最多的峡谷。图11-46A为大峡谷的大拐弯处,它是世界河谷地貌中弯曲度最大、弯流最长的大拐弯,也是现今存在的无人区之一,具有丰富的生态资源,是最具神秘引力的科学探索地区之一。图11-46B为雅鲁藏布大峡谷穿越区的雪山及冰川地貌景观单元区,它是世界上最高和冰雪地貌最发育的峡谷段。峡谷地域的地质构造复杂,至今又有许多地区无人涉足,是世界上最具有探索发现价值的"地球秘境"地区之一。

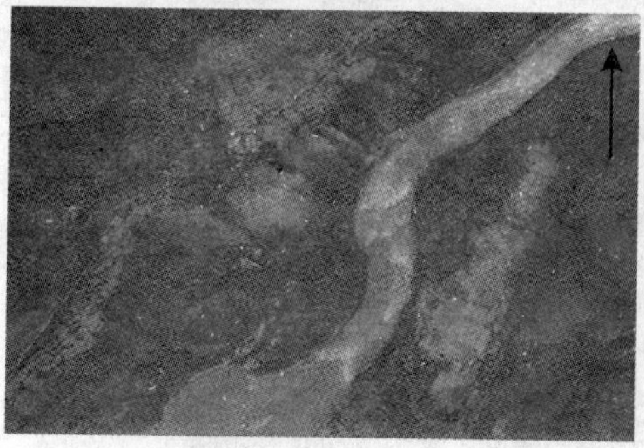

图11-45 雅鲁藏布大峡谷的起点(左图,2007年9月17日)和终点(右图,2006年10月9日)卫星图像

雅鲁藏布大峡谷以其深度、长度名列世界峡谷之首,也具有其重要的科学内涵,它是世界最大降水带流域之一,是世界热带气候带最北的地理带,是世界上濒临绝种的古老物种高寒原始生态和稀有生物资源保护区,是世界上最丰富的水能资源集中分布区。

图11-47为雅鲁藏布大峡谷墨脱段的卫星图像,峡谷的区域地质构造属雅鲁藏布江断裂带东端弧形构造带,并在墨脱形成大拐弯延伸到印度出境,该构造带在中国境内延长达1 700km,是白垩纪晚期造山带形成的由南向北俯冲构造带。图中的构造带严格控制了大峡谷的走向及空间展布方向。

西藏雅鲁藏布大峡谷从高山冰雪带到峡谷热带季雨林共发育有9个垂直自然分带,是中国目前保存最完好的高原原始森林自然景观区。雅鲁藏布江大拐弯是大峡谷最精彩的景观区,大断裂带在此处形成了一个巨大马蹄形的深切大峡谷。大峡谷还发育有四处罕见的大瀑布群,其中一些主体瀑布落差都在30~50m。图11-48位于雅鲁藏布江大拐弯之后的东南峡谷段。峡谷自北而南呈直线型,长度为3 470m,是该段峡谷中瀑布群最为发育的河段。据三

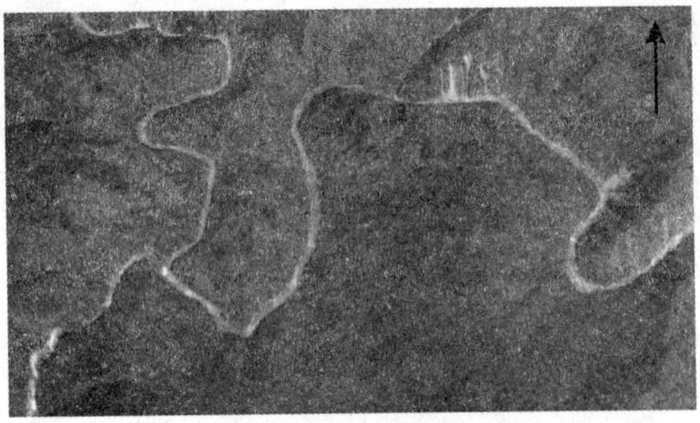

图 11-46A 雅鲁藏布大峡谷大拐弯处卫星图像(2000 年 11 月 9 日)

图 11-46B 雅鲁藏布大峡谷北侧的雪山冰川地貌卫星图像(2007 年 11 月 28 日)

图 11-47 雅鲁藏布大峡谷墨脱县城段遥感图像(2001 年 10 月 29 日)

维图像量测,峡谷西侧雪山海拔 5 874m,东侧雪山海拔 5 149m,谷底海拔1 330m,相对高差达 4 544m,而谷底宽度最窄处仅为 40m。由此可见,雅鲁藏布江大峡谷所处的地质构造位置及喜马拉雅山造山运动对大峡谷形成的控制作用。图中峡谷出现河谷裂点所形成的峡谷瀑布(图中箭头处)落差为 9m、26m,最大可达 50m。在峡谷东壁(图像右侧),发育一系列大瀑布,其图像识别特征为浅色调带状图形从悬崖陡壁顶部一直延展到峡谷底部。经测量,瀑布高差最大者为 1 980m,最低者为 1 010m。整个悬崖绝壁高差达 2 000m 以上,其宏伟气势绝无仅有,壮观之极。

(四)浙西大峡谷

浙西大峡谷位于浙皖接壤的临安市清凉峰国家级自然保护区,为黄山岩浆构造隆断带的东沿余脉,是华东地区较为罕见的深切峡谷地貌类型,被专家称之为华东第一旅游峡谷。峡谷为钱塘江上游水系,峡谷切过浙西中低山系,全长 80km。临安清凉峰国家自然保护区的地质

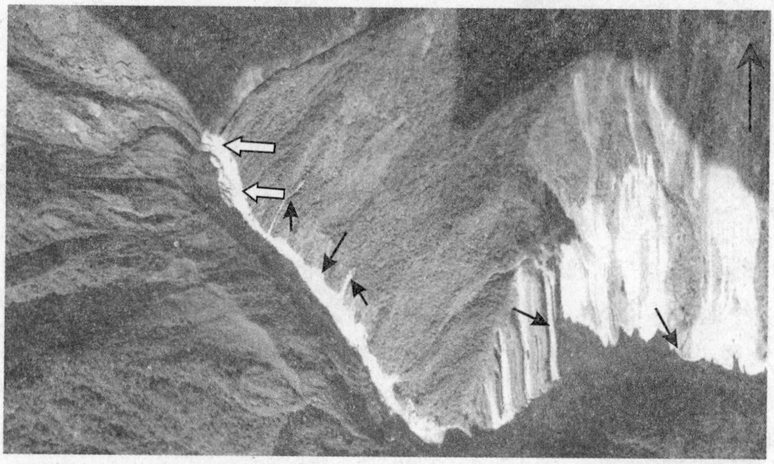

图 11-48 雅鲁藏布江大峡谷大拐弯东南段阿子登村峡谷瀑布群卫星图像(2000 年 11 月 9 日)

双线箭头为主河道瀑布点,单线箭头为峡谷东侧瀑布群

地貌景观景区比较集中,生态环境优良,以岩溶地貌、岩溶洞穴地貌、鸡血石矿山和浙西大峡谷地貌为特征。如瑞晶洞岩溶溶洞和浙西大峡谷源头的昌化鸡血石均为国家级地质遗迹保护区;浙西天池、湍口温泉、浙西大峡谷、马啸石长城、马啸加里东运动面、大明山花岗岩地貌等亦属于省级地质遗迹保护区。

图 11-49 为浙西大峡谷的卫星图像,区域地质背景为中生代火山岩建造环境,地层岩性主要有下古生界灰岩、中生界侏罗系层状火山熔岩、火山碎屑岩、凝灰岩、火山沉积岩及次火山岩、燕山期侵入岩类等。峡谷地貌主要由多组断裂构造及岩石柱状垂直节理共同控制,形成深切峡谷和各种微地貌景观资源。

卫星图像的构造解译发现,峡谷东南边界受 NEE78°走向的区域性大断裂带控制;北西边界受 NNE30°走向的区域级"伏岭镇"断裂构造带所控制;而峡谷河谷则主要沿 NW 向、NNE

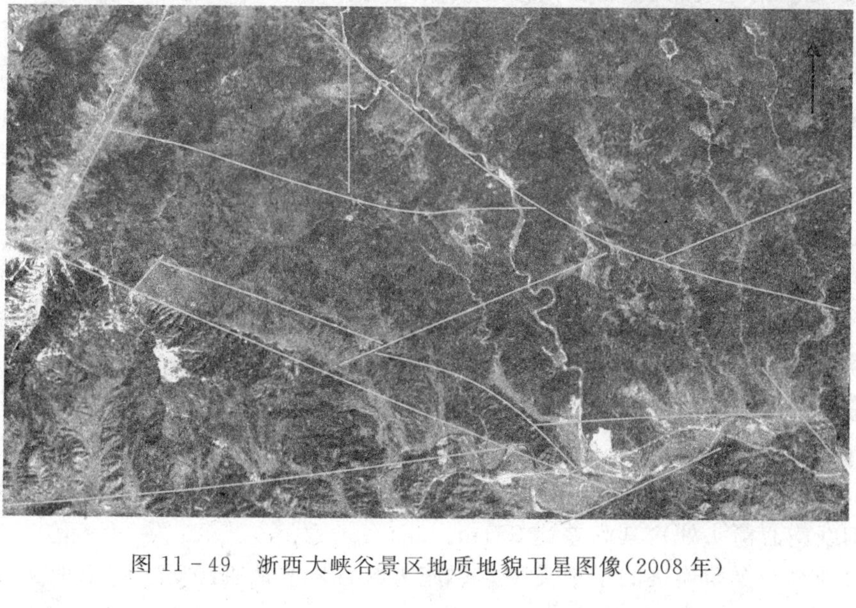

图 11-49 浙西大峡谷景区地质地貌卫星图像(2008 年)

向、NEE向多组断裂构造分布，并造就了悬崖绝壁地貌景观和陡峻的河谷地貌单元。

景区的剑门关景点就是沿断面发育的悬崖陡壁地形单元，加上流水侵蚀及地表剥蚀作用的微细刻划，形成了绝美的地学景观形态，具有自然美学价值。

断裂构造也形成了景区多处瀑布景观点。如柘林瀑布景区的龙门瀑和炎生瀑，瀑布形态垂挂如帘，极为雅秀。在剑门关景区的群峰连绵，山明水秀景观主要由熔岩层的垂直节理裂隙带所形成，系由节理带的差异风化和地表水冲蚀作用所形成。

景区还有"鸡血石"宝石矿产地，产于昌化玉岩山的低温热液矿床和火山岩与热泉沉积的朱砂条带及其边缘地带矿石，具有极大的旅游吸引力。

已建成的景区共分为三个景段，即"龙井峡"(18km)、"上溪峡"(26km)和"浙门峡"(40km)；主要景点有鸬鹚潭、吊水岩、柘林瀑、剑门关、嬉水滩、社门湾、老碓溪、狮象湾、白马崖等。浙西峡谷的地学景观及旅游资源的优势是峡谷最长、植被保护最好、山水风光最佳、峡谷内居住人口最少、距黄山与三清山著名景区距离最近以及具有较好的客源地优势。

(五)恩施大峡谷

湖北恩施大峡谷位于清江上游恩施市屯堡乡和板桥镇境内，属于岩溶型峡谷类型。恩施大峡谷形成于三峡地文期，地貌演化阶段经历了宽河谷、峡谷、地下岩溶、现代河谷四个阶段，在新生代地貌演化中，形成了地上岩溶景观、地下岩溶景观、现代河流峡谷三位一体的独特岩溶峡谷地貌景观资源。

1. 区域地质地貌概况

恩施岩溶型大峡谷的地理单元位于三峡构造隆起带，峡谷全长108km，峡谷中的地上岩溶地貌形态类型主要有岩溶悬崖绝壁与岩溶峰丛、峰林组合型的锥状岩溶景观形态、塔状岩溶景观形态、大陡崖峰丛岩溶景观形态、地缝峡谷型岩溶景观形态等类型；主要景点有前山绝壁、龙门峰林、后山独峰、雨龙山绝壁、朝东岩绝壁等。地下岩溶地貌形态类型主要有地下暗河、溶洞、漏斗、竖井、地下大厅、地下湖、伏流等。

图11－50为恩施岩溶地貌大峡谷朱家河段的卫星图像。峡谷景观区的基本地貌类型为灰岩地层形成的岩溶地貌，大峡谷自南向北横穿三叠系灰岩所构成的岩溶地貌单元区，图中所显示的延伸长度10km。峡谷两岸发育两级岩溶古宽河谷台地(箭头处)，左侧(燕尾形箭头)海拔2 012m，中部(虚尾形箭头)海拔1 675m，河谷处海拔1 324m。峡谷左侧形成两级大陡崖，陡崖高度分别为337m和351m，构成峡谷主要地貌景观(图11－51双线箭头处)。

在灰岩地层中发育多组区域节理构造，控制了灰岩台面的锥状岩溶景观或塔状岩溶景观的空间格局和形态特征(图11－52)。

2. 峡谷景观类型与图像解译

(1)岩溶悬崖绝壁峰丛景观类型。岩溶地貌陡崖一般不发育峰丛微地貌景观，而恩施大峡谷却发育有陡崖环峰丛独特的岩溶地貌类型，如沐抚大峡谷段的第一大陡崖地貌景观(图11－51、图11－52)。在图11－51左侧可见两级碳酸盐岩台地，台地顶面为峰丛岩溶地貌景观类型，其中在最高的岩溶陡崖壁面上峰丛最为发育，在台面上还发育有干谷、漏斗及小规模障谷景观。陡崖高差可达337m，在悬崖绝壁上还同时发育极为壮观的峰丛、峰林微地貌景观单元，其图像标志为垂直分布的条纹图案形态(粗线空心箭头处)。在第二级陡崖处，亦发育有陡崖峰丛景观(细线空心箭头处)，其高差达351m。

(2)岩溶地缝与瀑布连接的景观类型。恩施大峡谷岩溶地貌经历了三个地文期的演化史，

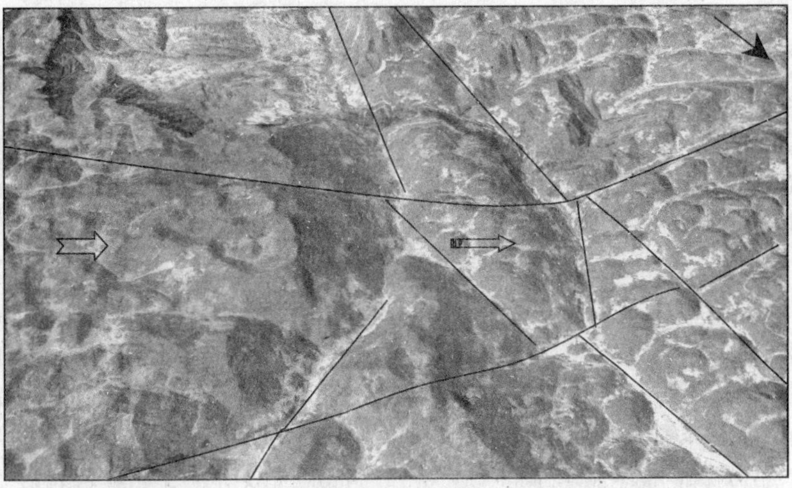

图 11-50　湖北恩施岩溶地貌大峡谷卫星图像(2009 年 3 月 7 日)

图 11-51　湖北恩施沐抚大峡谷段岩溶大陡崖峰丛地貌卫星图像
(2009 年 3 月 7 日)

即鄂西期高原面的岩溶发育阶段；山原期的落水洞、溶洞、地缝、地下暗河发展阶段；三峡期峡谷地貌发展阶段。恩施大峡谷内的云龙河地缝全长约 7 500m，峡谷最深处达 75m，在地缝两岸发育陡崖瀑布(图 11-52 最右侧)。在图 11-51 峡谷中，还发育有地下暗河的入口(第二级陡崖下单线实心箭头处)，形成河谷的盲谷景观。这类岩溶景观具有较大的旅游吸引力和较高的稀奇性指数。在恩施大峡谷中，地下暗河较为发育，可以构成旅游特殊资源类型，尤其是峡谷中时隐时现出现的暗河、盲谷、干谷和障谷景观，既具有新奇的吸引力，又具有科普教育意义。

(3)岩溶地缝与塌陷溶洞连接的景观类型。恩施大峡谷的地下暗河全长 50km，为世界之最。暗河地上的干谷、障谷出现的落水洞及塌陷竖井达百余个，形成非常罕见的地貌景观类型。岩溶地缝是岩溶地貌发育的第二阶段与第三阶段连续作用的产物，具有很高的景观欣赏价值和奇、险、怪、伟等视觉冲击力。因此，地缝式的塌陷落水洞及峡谷地貌的复合型景观区更具有地文旅游资源的特殊价值(图 11-52)。恩施沐抚大峡谷段的“地缝”是一个最窄、最深、最长、最陡、最直的障谷型类型(图 11－52 最右侧),形态上表现为地壳表面的一条深切的天然岩缝,"地缝"的成因罕见性成就了旅游景点的热门话题。

3. 岩溶峡谷及景观格局的地质条件

岩溶峡谷地貌属于三峡期演化阶段的地貌形态类型。其地质条件一般需具备:①石灰岩质纯;②石灰岩层厚;③岩层产状平缓或近水平产出;④地下水位变化幅度不大;⑤足够的水源流入补充;⑥缓慢的构造抬升作用与岩溶平原表面剥蚀速度相适应;⑦湿润炎热的古气候条件。

恩施大峡谷的地层以三叠系碳酸盐岩地层为主体,兼有二叠系灰岩地层。三叠系灰岩属于质地纯净的岩石类型,且地层厚度大,出露面积广,虽然处于褶皱构造带,但岩层产状较为平缓,为岩溶地貌形成提供了良好的岩石学条件。构造地质条件也符合上述基本条件,如地壳抬升幅度大,为落水洞、溶洞、地下暗河的形成提供了侵蚀基准面的基础条件,加之该区地表水源充沛及潮湿气候带条件都为岩溶峡谷提供了良好的水文地质条件。

图 11－52 地面摄影图片显示了恩施大峡谷的景观细节信息。如锥状岩溶景观形态、塔状岩溶景观形态、大陡崖峰丛岩溶景观形态、地缝式窄峡谷型岩溶景观形态及地缝与瀑布地貌形态等。

图 11－52　湖北恩施大峡谷岩溶地貌照片(据网络图片资料)

自左至右:大陡崖与峰林、陡壁与古栈道、塔式峰丛、大地缝与瀑布

(六)新疆库车红山大峡谷

新疆库车红山大峡谷位于库车县北 42km 的天山南麓山前活动构造地带,发育在中生代红色砂岩地层之中。交通位置处于 217 国道旁边,对旅游景点开发建设极为有利,2002 年列入国家地质公园名录。

1. 地质地貌概况

(1)区域构造对大峡谷形成的影响。区域构造位于东西向向斜构造的东部转折端东南翼,由中生代红色砂岩地层构成的低山地貌单元。岩层中发育一组共轭节理,即 NNE15°～21°、320°～328°,锐角指向为近东西向,与褶皱轴面面理基本平行。图像中可清晰并较为准确地解译勾绘出这组共轭节理和近东西向发育的轴面劈理构造。正是这些构造控制了峡谷地貌的走向与空间结构形态(图 11－53)。

(2)古河道对大峡谷形成的影响。峡谷是在一条古河道基础上发展演化形成的特殊型峡谷,属于古河道干谷型峡谷类型。峡谷总体走向近南北向,横穿由红色砂岩构成的山脉。在该峡谷西南侧 1km 处及 2km 处,现还有两条季节性河谷穿过,与峡谷的空间展布特征基本一致。图 11－54 最左侧图片即为现代河谷所形成的峡谷剖面形态。由于第四纪新构造运动的影响，红山峡谷原河道或因地壳抬升发生河道变迁，或因失去上游水源而废弃，称为古河道。在图像右侧发育一条较大规模的河谷，其水道绕向斜构造转折端呈弧形拐弯，因此可以认为红山大峡谷古河道的形成与该褶皱构造在第四纪时期的抬升作用有关。

图 11－53 新疆库车红山峡谷地貌景观遥感图像(2009 年 4 月 30 日)

图 11－54 新疆库车红山大峡谷地面三维立体摄影图像

(3)风蚀作用对大峡谷形成的影响。库车红山大峡谷被称为"天山神秘大峡谷"，并集峡谷之神、奇、险、雄、古、幽为一体，称为古丝绸黄金旅游线的一个地学旅游热点。其地学成因，除上述地质地貌基本成因机理外，还必须研究这个神秘大峡谷的风蚀作用成因机理。库车的风成地貌类型(参见图 7－27B)被地貌学命名为"雅丹地貌"学术专有名词。而该景区距离库车盐水沟雅丹地貌发育区近 60km，因此风力地质作用对库车红山大峡谷的塑造也具有重要的贡献。在古河道被废弃之后就为风力作用提供了一个狭窄的通道，并加大了风蚀强度，不断对古河道地形进行改造和塑造，才形成现今的神、奇、险、雄景观特征。

2. 峡谷景观的主要特征值

库车红山大峡谷的景观特征值可依据卫星遥感图像进行三维测量，其主要结果如下。

(1)峡谷两侧高度数据。山顶海拔 1 896m，景区北部天山海拔 4 094m，陡崖最大高差 368m，峡谷出口高差 245m。

(2)景观格局空间数据。景点距天山 30km，距库车县城 42km(直线)，据红石林景点 5km，距盐水沟雅丹地貌景点 60km。

(3)峡谷形态数据。峡谷谷顶陡崖间宽度 460m，谷底最窄处仅 0.4m，峡谷总长度：主干峡谷 1 550m，总长度 2 960m。

依据景观特征值，该峡谷最突出的特征是峡谷最短、谷底最窄、成因神秘、气候干旱、峡谷无水流，是极为少见的“干峡谷”。

3. 红石峰林地貌景观

与红石山大峡谷相邻的几座山峰既与河流侵蚀作用有关，又与风蚀作用有关。在大峡谷景点的左侧和右侧山峰，在河流与风的共同作用下，形成了类似于“丹霞石林”地貌特征的特殊景观单元，称之为红石山峰林景观。图 11－55 是红石林景观的卫星图像三维景观图，当其与北部天山的雪山景观映射在一幅画面时，具有特别的视觉冲击力。

图 11－55　新疆库车红山石林景观与天山雪山景观的卫星图像(2009 年 4 月 30 日)

第四节　海岸与岛屿地貌景观的图像识别

一、海岸带旅游资源概述

中国大陆海岸线从北到南长达 1.8×10^4km，占全球 44×10^4km 海岸线总长的 4.1%，中国海岸带及近海有 5 000 多座岛屿，实际海岸线总长达 3.2×10^4km。中国海岸类型多样，自北而南涵盖了所有海岸类型，如岩石海岸、砂质海岸、砾质海岸、淤泥质海岸及生物海岸。海岸带地质地貌景观旅游资源十分丰富，是最具有旅游吸引力的地貌类型之一，也是旅游产业最为重要的景观类型之一。

1. 海岸带类型划分

海岸地貌是在构造运动、海水动力、生物作用和气候作用的共同作用下形成的地貌类型。不同学派对海岸地貌的划分方案也不尽一致，如美国地理学家戴维斯(W. M. Davis)基于垂直运动的海岸地貌类型划分方案；著名地貌学家约翰逊(D. W. Johnso)的海岸动力过程的划分方案；中国海洋研究院的海岸带成分的划分方案等。本教材采用海岸带成分的划分方案，将海岸带类型分为岩石海岸(基岩海岸)、砂质海岸、砾质海岸、淤泥质海岸及生物海岸等。但基于地貌景观学成因机理，又强调构造运动对海岸地貌基本类型的影响，如原生海岸的景观类型有火山海岸(夏威夷)、断裂构造海岸、褶皱构造海岸、冰川海岸(阿拉斯加北海岸)等。

从海岸动力过程讲,强调波浪作用、潮汐作用、生物作用及气候作用对海岸带地貌景观的影响。从地貌成因上将其分为海蚀地貌和海积地貌,海蚀地貌如海蚀平台、海蚀柱、海蚀洞、海蚀拱桥、海蚀碑、海蚀崖等;海积地貌如海积阶地、沙滩、沙坝、沙嘴等。按海岸的物质组成可分为沙砾质海岸、淤泥质海岸、三角洲海岸、生物海岸等。按海岸带的地理区域分为近海水域、潮间带、潮上带、陆岸带等。海岸带的内界是从海岸线向陆延伸的15km处,外界为近海水域的15m等深线。海岸带的地理分带分为:①海岸带,包括海崖、阶地、海滨陆侧的低平地带、沙丘或稳定的植被地带;②海滨带(海滩),从低潮线以上的地带;③内滨带,为自低潮线向海延伸至破波带的外界;④外滨带,自破波带外界向海延伸的海底平缓地带。

2. 海岸带旅游资源类型

中国海岸带从北到南跨越了三个气候带,海岸线曲折绵长,岸外岛屿众多,海岸地貌类型齐全,自然风光各异,海洋人文景观具有多样性,历史文化积淀厚重,旅游景观资源丰富多彩,基本类型如下。

(1)海岸地貌景观类型。这类景观可分为:①岩石海岸的海蚀地貌景观,如大连金石滩海岸国家地质公园就属于海蚀岩溶地貌类型,称为“海上石林”;②砂质海岸景观,如北戴河海滩,长达30km,是最长的优良海滩;③淤泥质海岸景观,发育宽阔的潮坪带,如辽东湾、渤海湾和苏北海岸,拥有丰富的潮汐生物资源,具有采贝、捉蟹、观海鸟、泥浆浴等赶潮娱乐功能,具有巨大旅游吸引力。

(2)海岛地貌景观类型。海岛地貌经历了地壳变动和长期海蚀风化作用,形成了典型的海岛地貌自然景观。中国近海有近5 000多座岛屿,海岛地貌景观类型多样,蕴藏着极大的旅游资源。按海岛的成因可划分为大陆岛和大洋岛两大类。①大陆岛是指岛屿是大陆的连续部分,如中国的长山群岛、庙岛列岛、舟山群岛、海坛岛、湄州岛、台湾岛、海南岛等;大陆岛也包括基于屏障形成的沉积沙岛,如长江的崇明岛;近海地带也发育第四纪形成的火山岛,如澎湖列岛、台湾的兰屿岛、广西的涠州岛等。②大洋岛多形成于大洋中脊的火山岛弧,称为洋岛型火山岩岛,是由板块构造形成的原生岛屿,如马里亚纳群岛、阿留申群岛、汤加的大部分岛屿等;而冰岛则是大洋裂谷型的火山岩岛,它是由海底岩浆喷出凝结又出露于海面而形成的岩浆岩岛屿。大洋岛的另一种类型是火山热点型构造板块岛屿链,如夏威夷群岛。生物岛屿类型是热带岛屿的主要类型,如珊瑚环礁、暗礁岛屿类型。环礁形成于环形带中央的泻湖,如印度洋和太平洋莱恩群岛中的马尔代夫、中国的西沙群岛、南沙群岛都是珊瑚岛。

(3)滨海地貌景观类型。滨海山地地貌景观属于独特地理单元的景观类型。青岛崂山就是独特的景观旅游资源,如奇峰、异洞、怪石、飞瀑等景观,其旅游资源优势是因其临海而以“山海奇观”特征而著称天下。类似的海岸带名山景区还有大连老铁山、连云港云台山、舟山群岛的普陀山、福建太姥山等。

(4)岛屿地貌及其特色的生态景观类型。在岛屿地貌单元中,常有独特珍稀的生物群落,具有很高的旅游观赏价值和吸引力,如辽宁盘锦的苇田、江苏大丰的丹顶鹤与麋鹿、伶汀洋小岛上的猴群、亚热带海岸的红树林等。

(5)海底地貌及生态景观类型。在近岸海湾的海底珊瑚礁、特殊的海底地貌、海底生物群等亦具有奇特的旅游吸引力,可开发潜水旅游和建立海底游乐宫旅游项目,如南海、涠州岛、三亚玳瑁洲等。

(6)海岸带及岛屿的历史文化景观类型。中国东部沿海地带具有极其深厚的历史文化积淀,如丹东九连城、万里长城起点的山海关老龙头、孟姜女庙、八仙过海的蓬莱仙阁、甲午战争时期的刘公岛、田横岛五百义士墓、徐福出海的琅琊台、舟山群岛的普陀山佛教圣地、湄州岛的妈祖庙、福州的林则徐祠、虎门炮台等。

(7)滨海城市景观类型。此类景观如上海的南京路、外滩,青岛的栈桥、八大关,大连的星海公园,深圳的沙头角等。

3. 海岸带及岛屿国家地质公园

国家海滨公园是一个或多个保持自然状态的或可适度开发的有代表性的具有生态、文化及地质地貌景观价值的海岸带地理区域,是政府以保护为目的,避免人类过度开发活动影响而设立的、用于大众游憩娱乐的海洋保护区。国家海滨公园的主要目标在于保护特定海岸带或海域的自然生态环境,保护其自然及人类历史文化遗产,实现自然及文化历史遗产的代际共享。世界各国都建立了海岸带及岛屿国家公园,并建立了完善的海岸自然景观资源环境保护法规和条例。美国在沿西太平洋海岸就建立了多个国家公园或保留地,1937 年在东海岸设立了第一个国家海滨公园——哈特拉岬国家海岸公园。之后,英国设立了佩布鲁克国家公园和斯诺顿国家公园;加拿大设立了布鲁斯半岛国家海洋公园和圣劳伦斯湾国家海洋公园等。东亚及东南亚国家设立的国家公园也较多,如日本有 28 个,印度尼西亚有 29 个,马来西亚有 13 个,韩国有 20 个,印度有 66 个,泰国有 75 个,其中有相当数量的临海国家公园或专门的国家海滨公园。

中国于 2005 年设立了大连滨海国家地质公园——金石滩国家地质公园,这是全国目前惟一的海岸带国家地质公园。作为沿海 13 处国家级的重点风景名胜区,目前的主要功能仍以旅游开发和经济发展为主导,对海岸景观及海洋生态环境的保护尚存在一系列亟待解决的问题。如温州设立了"国家海滨湿地公园",旨在保护湿地生态资源;福建设立了"漳浦国家地质公园",旨在保护海滨和海岛地质地貌景观资源。

海岸带国家公园的功能是:①保护海岸、海洋环境及海岸带自然环境与历史文化遗产,为子孙后代提供一个公平享受自然及文化遗产的机会;②提供一个供国民游憩娱乐的场所,同时繁荣地方经济发展;③促进学术研究及海洋科普教育。

二、海岸带及岛屿地质旅游资源遥感图像解译

建立海岸带遥感图像解译标志是海岸带地质地貌景观遥感调查及旅游资源遥感分析评价的基本任务,主要包括:①首先建立海岸带成分及基本成因类型的图像识别标志;②分别建立各个海岸类型的地貌形态识别标志;③建立海岸带旅游景点的景观要素的图像识别标志,并设计景观特征值的量测或统计方法或数学模型;④建立景区地貌景观格局及景点配置的二维和三维图像分析模型并进行试验研究,确定模型的有效性和准确性。

1. 海岸带图像标志及旅游资源解译

按海岸带成分结构将海岸带划分为岩石海岸、砂质海岸、砾质海岸、淤泥质海岸、生物海岸五大基本类型。在中高分辨率多光谱遥感图像上,这五种基本类型的海岸带都具有较为典型的图像标志。

(1)基岩海岸图像标志与地质地貌景观解译。基岩海岸带在遥感图像上可分为两类地理环境:一类是以基岩陡岸为主的海岸带景观单元,如山东半岛海岸、江苏连云港、浙江省南部、

福建省的海岸带景观类型(参看图 10－24A/B、图 10－25、图 10－26、图 10－27A/B)。基岩海岸的地貌形态与沉积型海岸图像的地貌形态结构和影像纹理特征都具有较明显的差异,加上基岩海岸的岩石地层图像标志,很容易进行海岸带类型的图像识别与划分。与基岩海岸关联的就是砾质海岸,如在基岩海岸边沿地带,其海岸成分也以砾石成分为主。

(2)砂质海岸图像标志。砂质海岸的图像色调多为浅色调,与海水及海岸带的地学目标都具有强烈的反差,容易进行准确的区分与图形勾绘。图 11－56 为北戴河老虎石海滩的卫星图像。图像上部为北戴河街区景观,下部为大海,中部浅色调条带为砂质海岸图像标志。这条砂质海岸是北戴河海滨的黄金海岸,为主要休闲娱乐场所。在砂质海岸条带中,还有几处海岬地貌单元,自西而东依次为老虎石离岸岩岛与连岛沙坝(图左第一、第二箭头处),右侧四个箭头处亦均为基岩海岸及与其相适应的砾质海岸。

图 11－56　北戴河老虎石海岸卫星图像(2009 年 5 月 23 日)

(3)淤泥质海岸图像标志。淤泥质海岸主要分布在冲积平原海岸带或冲积海积平原外缘带,其成分主要为细粒淤泥和粉砂质淤泥,海岸岸坡平缓,水层很浅。中国淤泥质海岸主要分布在两个海岸带地域,即渤海湾滦河三角洲的塘沽盐场及黄河三角洲东营国家自然保护区(图 11－57 右图);黄海苏北海岸带的盐城市海岸带及国家麋鹿生态保护区(图 11－57 左图)。

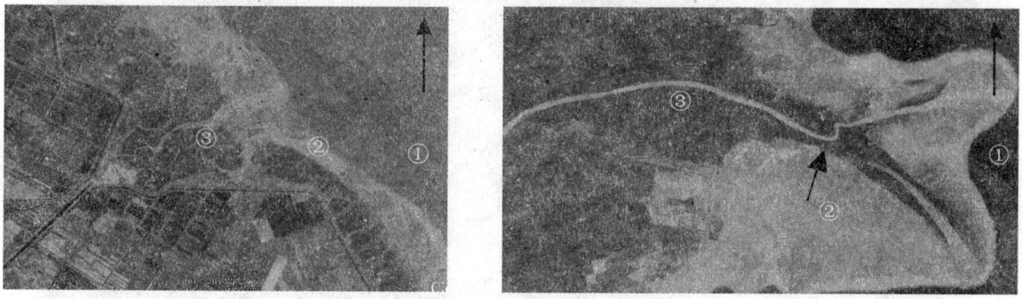

图 11－57　淤泥质海岸带遥感图像

左图为盐城海岸带,右图为东营市黄河三角洲海岸带

从图 11－57 图像中可以划分出淤泥质海岸的三个潮坪带单元:①潮下带,位于海水下的图像纹理标志,反映了潮下带的微地貌形态及其地形结构;②潮间带,即图像中浅色调条带部分,为潮汐作用范围;③潮上带,为图像深色调大斑块图形部分,为海岸湿地区域,是湿地生态

资源最为丰富的地区。对潮坪带的图像量测获得以下潮坪带基本数据：水下潮坪带一般为10km，最宽处可达60km，近岸水深1～2m；潮间带一般为1km，最宽处2.5km，最窄处0.5km；潮上带一般为2km，最宽处5.5km。潮上带是国家滩涂珍禽自然保护区和江苏大丰麋鹿国家自然保护区。

右图为黄河三角洲营口地区部分，图像也可划分出潮下带、潮间带及潮上带三部分近岸潮坪单元，依据图像形态标志可以划分出河道微地貌单元与潮汐带微地貌单元，较清晰地显示出黄河三角洲微地貌类型及其形态结构特征。黄河三角洲是一典型扇形三角洲，属河流冲积物覆盖海相层的二元相结构，如线状浅色调河滩地（河道）与线状深色调河滩高地。从图像色调特征也可划分已经废弃的河流故道、决口扇与淤泛地微地貌类型。

依据图像地貌形态及地表覆盖物类型可将黄河三角洲划分为上部三角洲平原、下部三角洲平原和水下三角洲三大部分。图像色调依次为深色调、浅灰色调和条纹状色调（纹理表征的水下部分）。

图中的两个沙嘴地貌为黄河入海河道演化的地貌单元，依据多时相遥感图像可以判断黄河三角洲演变历史，图像右下角的废弃河道于1776年5月被废弃，形成了其北侧的现代入海河道，两河道的改道点也清晰可辨（箭头处）。

1984年建立了黄河三角洲省级自然保护区，1992年晋升为国家级，并加入国际“人与生物圈”保护区网，主要保护对象为滩涂湿地生态系统和以丹顶鹤为代表的多种珍禽栖息地。

（4）亚热带生物海岸图像标志。生物海岸是由生物作用形成的海岸，主要类型有湿地沼泽海岸、红树林海岸、珊瑚礁海岸等。红树林是热带、亚热带海岸潮间带特有的胎生木本植物群落，被称为“海上森林”。红树林倚海而生，随潮涨而隐、随潮退而现，是特别生境的植物群落。图11－58为广西北海市山口镇的国家级红树林自然保护区卫星图像。图像中灰绿色斑点与斑块状的图像纹理区域为红树林发育的潮间带，呈大斑块结构处于河口三角洲网状潮沟微地貌单元之间，图像及色调标志清晰可辨，空间结构特征亦十分清晰；潮下带的图像标志由浅灰色夹条带状深色水下潮沟结构所构成，指示其水下微地貌结构特征。

图11－58　广西北海红树林自然保护区图像

热带生物海岸的另一地貌类型为礁岛型珊瑚礁岛屿，主要形成于中国南沙群岛诸多岛屿。在中国南沙群岛中的珊瑚礁有岸礁、堡礁和环礁三种类型，图 11－59～图 11－62 卫星图像显示了中国南沙群岛中的几个主要岛屿的形态结构、海岸类型及其岛面上的植被覆盖类型等图像标志（这些岛屿目前被菲律宾侵占）。

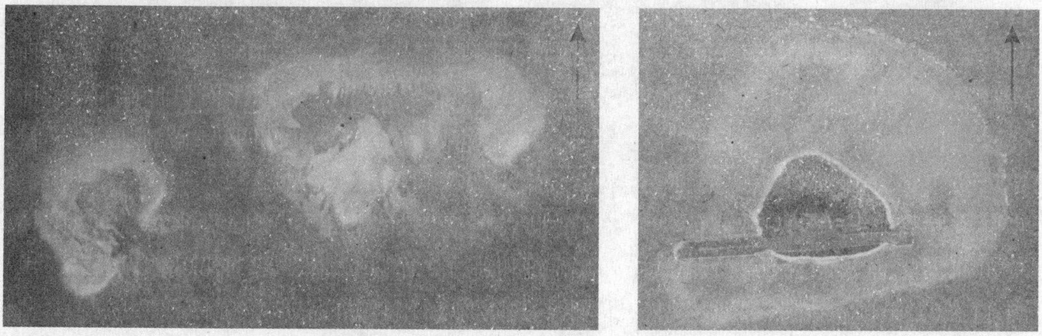

图 11－59　中国南沙群岛铁线礁（左图）与中业岛（右图）卫星图像（2007 年 2 月 25 日）

右图下部长条状图形为菲律宾侵占该岛后修建的机场

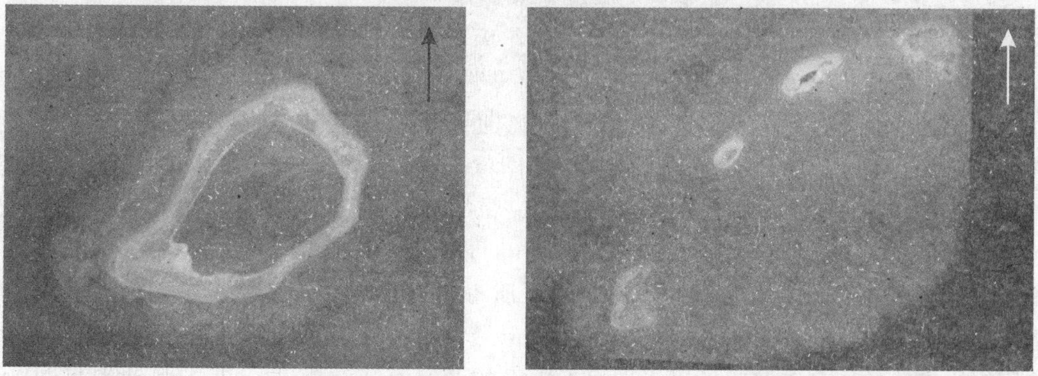

图 11－60　中国南沙群岛渚碧礁、双子群礁卫星图像

左图：渚碧礁（2005 年 4 月 9 日）；右图：双子群礁（2005 年 1 月 27 日）

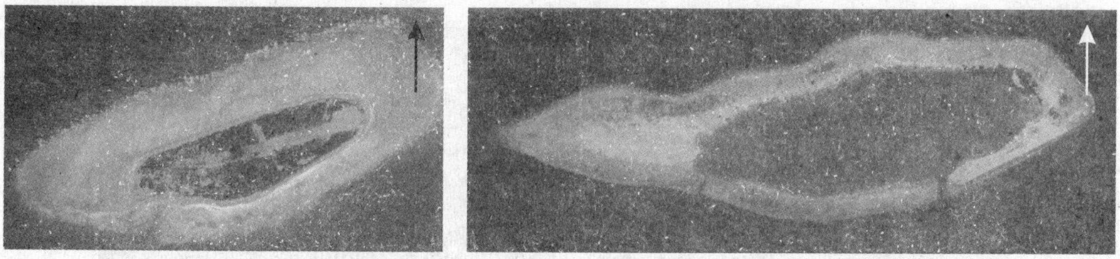

图 11－61　中国南沙群岛太平岛、弹丸礁卫星图像

左图：太平岛，东西长 1.34km，珊瑚礁岛 2.23km（2006 年 2 月 17 日）；右图：弹丸礁，东西长 7.23km（2003 年 1 月 25 日）

珊瑚岛礁的直径一般为 1km 大小，而中国南沙群岛的美济礁东西长 9.06km，由赤瓜礁—西门礁构成的大环礁北东向总长达 37.95km。

珊瑚礁蕴藏着丰富的矿产资源和极具特色的旅游资源。礁灰岩是良好油气的生储层，大型油气田多产于古代的堡礁中。珊瑚礁及其潟湖沉积层中具有煤炭、铝土矿、锰矿、磷矿的生

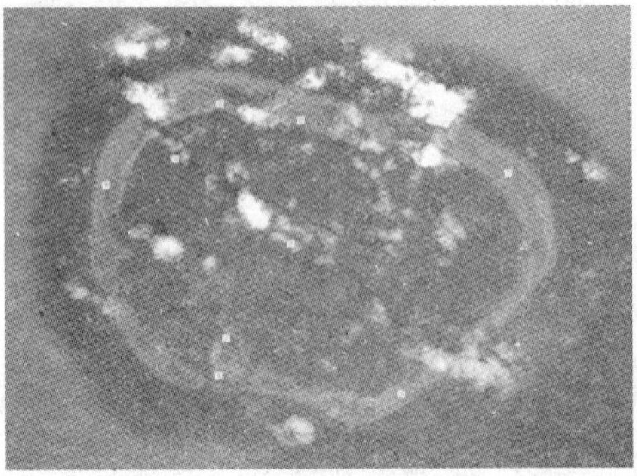
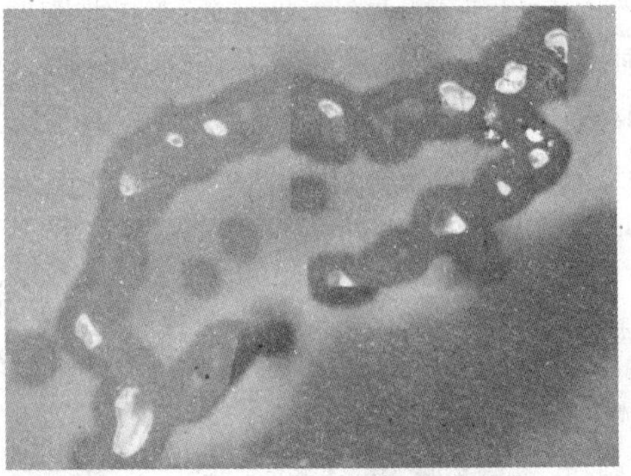

图 11-62　中国南沙群岛美济礁、赤瓜礁—西门礁卫星图像

左图:美济礁,东西长 9.06km(2005 年 4 月 9 日);右图:赤瓜礁—西门礁,北东长 37.95km(2005 年 1 月 27 日)

成条件,也具有铜、铅、锌等多金属层控矿床的生成条件,珊瑚灰岩是石灰、水泥的建材资源,礁岩储水层是洋岛重要的水资源,南沙群岛的很多岛屿已开辟为旅游景区和科考基地。

2. 海蚀地貌景观形态图像标志及旅游资源解译

基岩海岸的海蚀地貌形态特征主要由波浪作用所形成,其地貌景观格局主要表现为海岬地貌、半岛地貌、线性陡崖海岸地貌、复杂海湾地貌等类型,一般以地势陡峭、岸线曲折为基本特征。海蚀地貌的微地貌类型主要有海蚀崖、海蚀洞、海蚀平台、海蚀阶地等,更小的微观地貌形态类型有沟槽、海蚀坑、海蚀芽、海蚀凹槽等类型,但在图像上难以发现和解译。中国辽东半岛南端、山海关至葫芦岛一带、山东半岛、浙江南部和福建一带的基岩海岸带多属于海蚀地貌类型。

北戴河老虎石属于离岸基岩小岛(图 11-63),由于老虎石产生的海浪屏蔽作用,在其波浪阴影区形成连岛沙坝及两侧的砂质海岸带。砂质海岸总长 630m,老虎石基岩海蚀区东西总长 110m,连岛沙坝南北长 100m,东西宽最窄处 20m,最宽处 70m,构成了北戴河优良的海滩风景区和休闲娱乐主要场所。图像中可以识别出老虎石的两组海蚀沟槽,即 NE 向海蚀沟与 NW 向海蚀沟微地貌单元,从整体上可以建立基岩海岸的侵蚀地貌类型及其与构造地质的空间成因关系。由于海蚀微地貌景观的尺度很小,在卫星图像上难以建立其图像识别和量测标志。

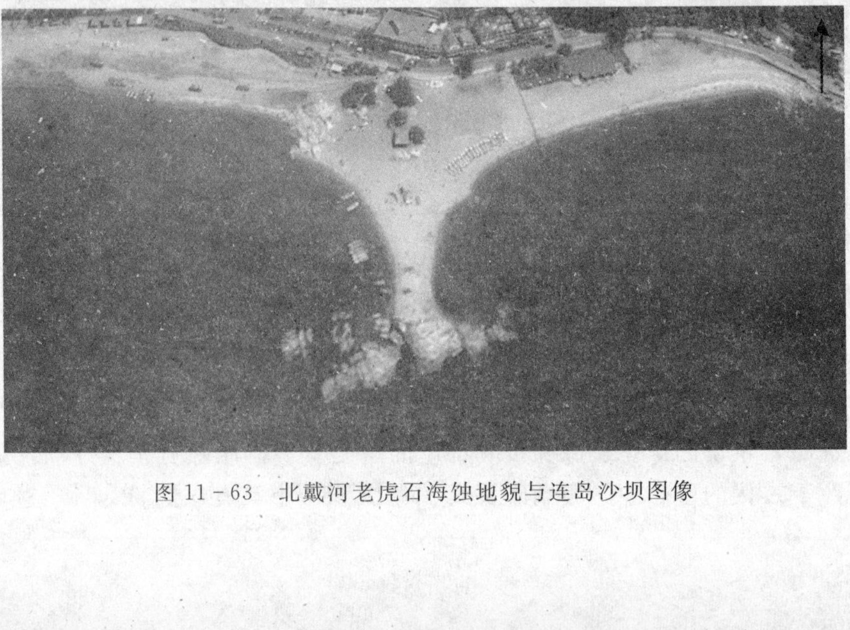

图 11-63　北戴河老虎石海蚀地貌与连岛沙坝图像

图 11-64 为近景摄影测量图像，用来确定地表目标的大小、形状和几何位置。近景摄影测量包括近景摄影和图像处理两个过程(参看第五章内容)，该图为处理后的老虎石近景图像。图中可以对海蚀沟槽、海蚀坑、海蚀芽进行解译和测量。

图 11-64　北戴河老虎石海蚀微地貌形态地面激光扫描立体图像

图 11-65 为北戴河小东山海岬的海蚀地貌卫星图像。图像右侧自南而北发育三条浅色调条带状海蚀微地貌景观单元，处于中间的一条即为北戴河实习基地的海蚀地貌教学观测点。其地质构造环境是 NW 向区域大节理带控制海蚀地貌单元的空间分布形态，海蚀凹槽亦呈 NW 向排列。组成海岬的岩石地层为元古界混合花岗岩及伟晶岩脉，其中，伟晶岩脉呈 NW 向展布，并控制了海蚀微地貌的展布方向。

图 11-65　北戴河小东山海岬海蚀地貌景观图像(2009 年 5 月 23 日)

3. 海积地貌景观形态图像标志

海积地貌是近岸物质在波浪、潮流和风的搬移下沉积形成的各种地貌单元，上述砂砾质海岸、淤泥质海岸、三角洲、生物海岸等均属于海积地貌类型。海积地貌按堆积体形态与海岸线的关系及其形成原因，可分成毗连地貌、自由地貌、封闭地貌、环绕地貌和隔岸地貌五种类型。按海积地貌形态特征可分为海滩、海潮、沙嘴、沙坝多种类型。在常规情况下，海积地貌的光谱特征突出，图像反差强烈，容易从色调和形态标志上直接进行识别。因此，遥感图像对海积地貌类型的识别则主要取决于图像的空间分辨率。

(1)河口三角洲形态及波痕构造图像特征。图 11－66 为北戴河鹰角亭新河口的河口三角洲图像，在三角洲的沙滩地貌单元中，可以识别出三角洲潮汐沟槽、沙滩波痕构造、水下波痕构造等多种微地貌景观类型。遥感图像波痕标志主要是针对波痕形态类型、波痕的大小、形态、对称性、介质类型等进行研究。图像中的波痕形态类型标志主要有：①三角洲顶端波痕，由于公路高堤坝的影响，使岸坡坡度变陡形成强干扰波痕，且表面已较为光滑；②三角洲中部的波痕形态较为清晰，为不连续脊状波痕；③水下波痕带自边缘到深水处变化明显，从波痕不发育到不连续发育，再到连续性大波痕，其波长由小变大的特征都十分明显。

新河口小三角洲由于人工构筑物的干扰作用，其三角洲形态已经被迫变形，并对波痕样式及波痕尺度具有一定的影响。

波痕景观属于小尺度景观类型，但却具有科普意义和一定的旅游吸引力。新河口三角洲由于出露规模小，因而具有旅游观赏的基本条件，基本资源有：波痕类型与波浪运动特征、三角洲小动物群落的采集与鉴别项目、沙滩景观与健身活动。

图 11－66　北戴河鹰角亭新河口三角洲卫星图像(2009 年 5 月 23 日)

图 11－67　山海关大石河河口三角洲改造利用后的图像(2007 年 5 月 6 日)

图 11－67 为山海关大石河河口三角洲人工改造利用后的地貌景观特征。改造工程是基于原三角洲堆积地貌的地形格局进行工程规划和施工，其总体形态特征仍然沿袭了三角洲地形展布的空间格局。该项工程对入海河道进行了疏通治理，将其分成两条水道入海，图像右侧下部为已经生成新的河口沙嘴微地貌单元，其长度为 260m。

(2)河口沙嘴地貌形态图像标志。图 11－68 为长江河口三角洲的沙嘴地貌形态图像标志，沙嘴地貌位于崇明岛国家地质公园东侧河口入海处。崇明岛为长江河口冲积沙岛，保存了大量的地质遗迹和地貌景观，主要有沙堤、海塘、避潮墩、潮沟、波痕、陡坎等淤泥质潮滩地貌景观和复杂的潮汐运动、大河分流、盐水入侵、近岸混浊带景观等河口地貌学特征。

沙嘴地貌形态是海岸堆积地貌形态类型之一。长江河口发育的两个大沙嘴地貌，其向海延展尺度分别为 33.93km 和 24.76km；宽度分别为 4.2km 和 2.4km，最宽处达 10km。沙嘴宽度是研究河口或海外波浪运动及泥沙运移规律的主要对象，其宽度大小取决于波浪的大小，波浪愈大，沙嘴周缘沉积速度加强形成的沙嘴宽度也更大；也取决于泥沙来源的丰度，一旦泥沙来源中断，沙嘴根部就会被改造会被冲断。长江河口的沙嘴的形成边界条件与崇明岛其沙嘴后端的小岛关系密切，其沙嘴的伸展指向和大小显示了该岸段泥沙流的强度和方向。对沙嘴地形的研究可为海岸工程提供依据，沙嘴地貌景观也具有旅游观赏价值。

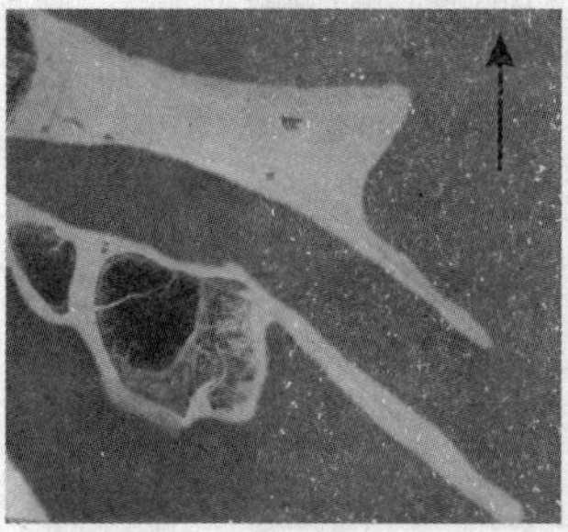

图 11-68 长江河口三角洲的沙嘴地貌形态图像

图 11-69 广东溪头镇阳西沙坝图像

(3)海滩及河口沙坝地貌形态图像标志。沙坝地貌是河流动力、泥沙运移与海岸近岸波浪动力、泥沙运移共同作用及其时空变化的结果，沙坝的形成机制和海滩状态密切关联，沙坝是河口地质作用与近岸流地质作用协调过程的产物，它与沿岸流的长周期驻立边缘波关系十分密切。运用遥感图像解译及多时相图像的动态分析，可以针对沙坝的运动规律和地貌形态变化特征进行监测和预测，也可为构建近岸环流模式与沙坝时空变化的动力学机制研究提供科学依据。

图 11-69 为广东阳西县溪头镇沙坝与原生态海岸地貌景观单元。沙坝可明显区分新老沙坝的微地貌及其景观要素特征，自西而东的序次为由老到新，最新的沙坝部分已经开始露出潮汐带。溪头镇砂质海岸与沙坝地貌已经合为一体，形成了旅游度假休闲景区，沙坝景观的科普性及其秀美景色都具有一定的旅游吸引力。

三、海岸带地理环境与旅游资源遥感

海岸带地理环境是指海岸带的地理分异规律及其地理环境的动力学特征、气候特征、生态特征、地壳运动特征、岩石类型特征及地质构造特征等。海岸地理环境的旅游资源遥感研究是针对海岸带地貌形态类型及其景观资源特征进行研究的，并根据海岸带地质学原理来研究旅游资源的地貌景观类型及其演变过程。

(一)半岛型地质地貌旅游资源

1. 大连滨海国家地质公园

辽东半岛占据了优越的地理位置与海岸自然条件，被称为东北“金三角”。辽东半岛具有山海之胜，大连海滨的海滩已成为旅游及避暑消夏胜地。大连滨海国家地质公园被称为“中国独一无二、世界极其罕见、地球不可再生的神力雕塑公园”(图 11-70)。景区以地质遗迹和海蚀地貌景观而著称，如典型的褶皱构造遗迹景观、典型前寒武纪的层型剖面、古生物化石、悬崖绝壁的海岸地貌景观(图 11－71)、形象化造型的各种礁石景观等(图 11－72)。金石滩国家地质公园已成为大连市科普教育基地,分别被大连理工大学、大连交通大学、大连民族学院作为“地质科普教学实习基地”。

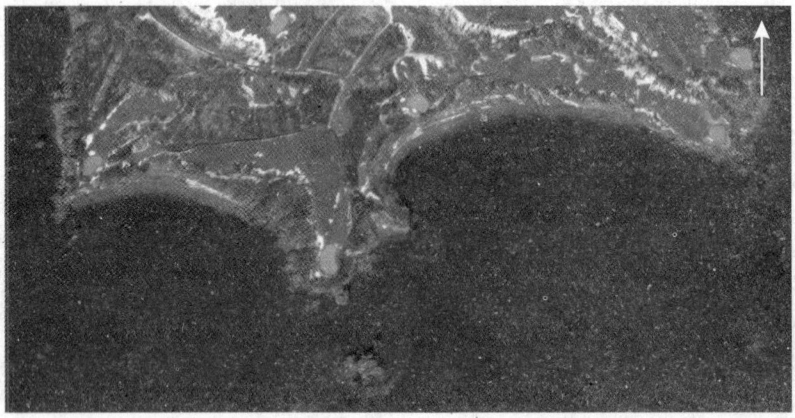

图 11－70　辽东半岛大连滨海国家地质公园卫星图像(2006 年 2 月 12 日)

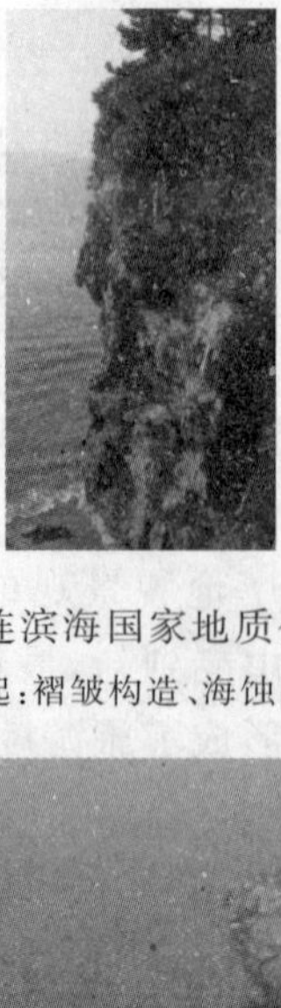

图 11－71　大连滨海国家地质公园地质遗迹与海蚀地貌照片(据网络资料)
左起:褶皱构造、海蚀陡崖景观、海蚀洞及角度不整合界面

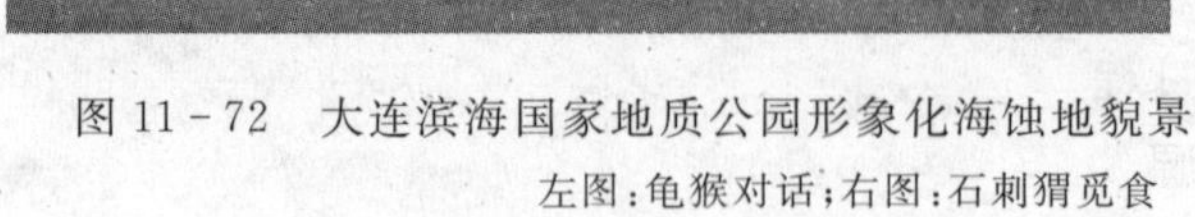
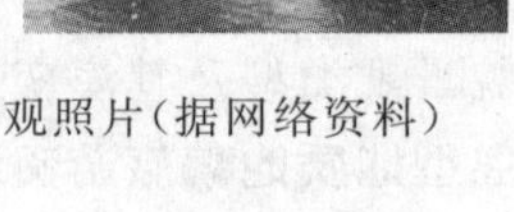

图 11－72　大连滨海国家地质公园形象化海蚀地貌景观照片(据网络资料)
左图:龟猴对话;右图:石刺猬觅食

2. 山东半岛滨海旅游资源

山东半岛也称胶东半岛,是中国第一大半岛,突出于黄海、渤海之间,隔渤海海峡与辽东半岛遥遥相对。地质构造属中朝准地台胶辽台隆,主要出露太古代片麻岩和片岩等深变质结晶岩石类型。白垩纪晚期由于受太平洋板块构造影响出现频繁的火山岩喷发和酸性岩浆侵入活

动。上新世末至第四纪由于渤海海峡断裂下陷而形成山东半岛。山东半岛海岸蜿蜒曲折、港湾岬角交错、岛屿罗列，是海岸地貌景观最为丰富多彩的地理区域。沿海岛屿众多，如象岛、莫邪岛、杜家岛、田横岛、刘公岛、鸡鸣岛、崆峒岛、褚岛、苏山岛和南黄岛等。

半岛三面临海，具有特殊的地域环境和人文景观资源。如天象与气候景观、历史遗址遗迹、宗教与祭祀活动景区、军事观光景区、日月星辰观察景区、海市蜃楼观赏景区等多类旅游资源。在中国远古时期，山东半岛就成为观测日月星辰的最佳地点，古人对日月出海的神秘现象和海市蜃楼的幻境激发了半岛先民对海上仙山的崇拜向往，形成了半岛神仙文化。如日主、月主、阴主、阳主、四时主等神仙都形成了专门化地域神仙文化和崇拜地。荣成是大陆最早迎接海上日出的地方，便产生了日主祠成山崇拜地（今荣成市成山头）（图 11－73 右图）；其他如月主祠莱山（今龙口市）；阴主祠三山（今莱州三山岛）；阳主祠芝罘（岛）（今烟台芝罘区）（图 11－73 左图）等。

胶东半岛滨海旅游资源具有区域旅游资源丰度最高、景区空间组合及配置条件最优越、旅游资源整体优势度最明显、地域自然景观与人文景观资源融和程度最高，其旅游资源具有较大的开发潜力。主要景区和景观点有：刘公岛（甲午战争博物馆、甲午海战纪念馆、刘公庙、刘公岛国家森林公园）、威海影视城（威海国际海水浴场、环翠楼公园）、蓬莱［蓬莱阁、八仙渡、海洋极地世界、三仙山、蓬莱水城、登州（古船）博物馆、圣会堂（戚继光故里）、戚继光纪念馆、振扬门（蓬莱水城南门）、田横山文化公园、韩菲乐园］、长岛（渔家乐、妈祖文化公园、海上石林公园、望福礁源民俗公园、林海烽山森林公园、九丈崖月牙湾公园、陀矶岛）、龙口、屺坶岛、招远（罗山国家森林公园、龙凤峡、温泉）、海阳（万米金沙滩、沙雕、招虎山、云顶、丛麻禅院）、莱州（莱州云峰山魏碑刻石）等。

图 11－73 为山东半岛北侧海岸带的卫星图像，左图为烟台、蓬莱、芝罘（岛）连岛沙坝的卫星图像特征；右图为威海、荣成半岛的地理景观图像特征。

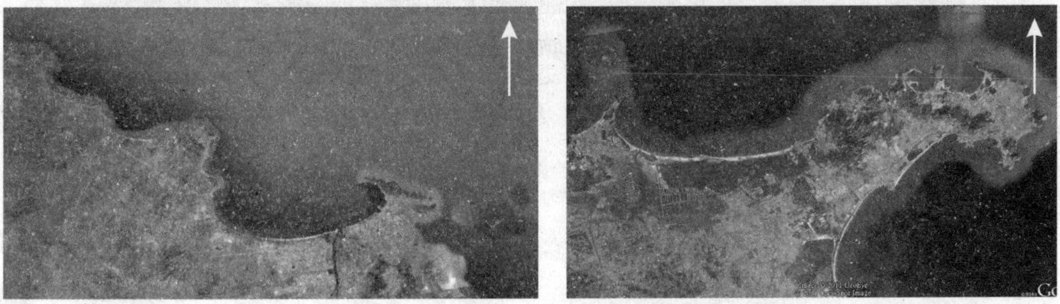

图 11－73　山东半岛北岸海岸带卫星图像

左图为蓬莱、芝罘（岛）连岛沙坝图像；右图为威海、荣成海蚀地貌图像

3. 深圳大鹏半岛国家地质公园

深圳市又称为“鹏城”，东临大亚湾，西至珠江口伶仃洋，南至深圳河与香港毗邻，北与东莞市、惠州市接壤。深圳以平原和台地地形为主，北面和东北面多为山地和丘陵，重峦迭翠，有丰富的森林资源；东部和西部沿海地带有丰富的海产资源。

深圳大鹏半岛是中国最美的八大海岸之一。深圳大鹏半岛国家地质公园地质遗迹类型丰富，具有“山海相依、水火共存”的奇特景观资源，是古与今、山与海、火与水的完美结合。

景区以晚侏罗纪古火山遗迹及火山岩海岸地貌为主，另有古生物化石以及褶皱、断层等地质构造。古火山地貌遗迹包括火山穹丘、火山锥、古火山口、火山柱(针)等，是我国东南沿海中生代火山活动演化阶段重要的地质遗迹。半岛海岸海积地貌有沙滩、沙堤、潟湖，组成优美的滨海风光田园；海蚀地貌有海蚀崖、海蚀平台、海蚀洞(穴)、海蚀拱桥、海蚀窗、海蚀柱等，形象化地貌形态奇特，具有各种造型。地文景观有新石器时代古人类文化遗址、断层和构造地貌、溪流峡谷、瀑布跌水、崩塌地质遗迹、海底珊瑚礁等景观。人文景观遗迹有咸头岭文化遗址、大鹏所城；奇异的天象景观，如日出日落、"佛光"普照、瀑布云涌，犹如带你走进梦幻般的世界。

主景区发育七娘山中侏罗纪火山岩地貌景观单元，是研究我国东南沿海侏罗纪火山活动的天然博物馆。在七娘山锥状古火山口附近的火山集块岩、火山角砾岩、石泡流纹岩、球粒流纹岩、旋涡状流纹岩等火山遗迹形成了奇特的地貌景观(图 11－74 双线空心箭头处)；古熔岩形成的火山穹丘、火山柱及火山针。次火山岩如花岗斑岩、流纹斑岩亦形成类似花岗岩地貌类型的景观特征(图 11－74 单线箭头处)。

图 11－74　深圳大鹏半岛国家地质公园卫星图像(2008 年 11 月 29 日)

图 11－75 为七娘山古火山穹窿构造、古火山颈形成的火山柱、古火山口角砾集块岩处形成的飞崖瀑布景观地面图片资料。

大鹏半岛国家地质公园的地理环境独特，具有山、海、空立体景观组合特征，融幽、秀、雄、奇于一体，是我国东南沿海颇有典型性和代表性的山水地质胜地，极具科学研究和观赏价值。

图 11－75　深圳大鹏半岛国家地质公园景点照片(据网络资料)

左图：火山岩穹隆；中图：七娘山火山柱；右图：古火山机构处地大鹿湖瀑布

(二)海湾型地质地貌旅游资源

海湾型海岸的地理环境是三面环陆,这与半岛型海岸正好相反。海湾型地貌类型可分为沉积型海湾与基岩型海湾两大类,如渤海湾就是以沉积型海岸为主的海湾类型,而浙江南部、福建、广东的海湾多属于基岩型海湾。这两种不同类型的海湾具有不同的地理环境,其海岸带的地质地貌结构特征也截然不同。故不同海湾类型具有不同的地质地理地貌格局及其自然旅游资源,也具有不同的人文旅游资源及人文环境。

黄河口海岸带,属于淤泥质海岸,其旅游资源以潮坪带的生态景观为主,而人文景观则与其盐业社会文化有关,如塘沽盐业、苏北盐城盐业等(参看图 7－12 黄河三角洲、图 7－15 滦河口三角洲、图 11－57 盐城淤泥质海岸)。

杭州湾北岸为长江三角洲南缘,沿岸深槽发育;南岸为宁绍平原,沿岸滩地宽广。海湾的地貌形态呈喇叭形特征,使这里常出现涌潮或暴涨潮。杭州湾是中国沿海潮差最大的海湾,历史上最大潮差曾达 8.93m(澉浦)(参看图 10－24A)。杭州湾也是中国旅游胜地之一。其中,地质地貌景观的旅游资源主要有钱塘江大潮和杭州湾外围的舟山群岛地质地貌旅游景区。钱塘江大潮的成因与海湾地形地貌的形态结构关系密切;舟山群岛的地质地貌旅游资源主要有普陀山花岗岩地貌及海蚀景观、普陀桃花岛晶洞花岗岩国家级地质遗迹景区;四大佛教名山的普陀岛;朱家尖海蚀海积地貌;白山花岗岩地貌;百步沙、千步沙海蚀沙景观;潮音洞海蚀洞穴;飞沙岙海岸地貌等景区。

自杭州湾以南,海岸地貌具有岩石海岸、砂质海岸、泥质海岸并存的特征,但以基岩海岸为主,属多海湾型地质地貌景观,许多海岸带景观单元已经形成旅游景区。象山县东部海岸带的石林地貌景观,是以海蚀海积地貌、火山岩原生地貌的地质遗迹为主的自然景观区,如象岩海岸地貌、石浦海岸岩溶、花岙火山岩柱状节理景观、高塘珍珠岩矿等海岸带自然景观资源。

三门湾地处浙东沿海,海湾三面环陆,属于半封闭海湾。湾内长 40km,宽约 10km,陆上地形复杂,以火山岩基岩海岸为主,地貌景观具有一定的观赏价值。海湾受 NNE 和 NNW 两组断裂控制,海岸山地地形结构复杂,构成了海湾独特的深水港湾和淤泥质海岸并存的海湾特殊环境(参看图 10－27A/B)。海湾滩涂地广阔,属细黏土物质,湾内风浪小,可开发盐业、水产养殖业和果园种植业,三门湾已成为浙江省新兴的柑橘出口基地。

湄洲湾位于福建省东海岸的中部,与台湾基隆港隔海相望,是闽台两省相距最近而又最大的一对姊妹港,湾口的湄州岛是国家著名度假休闲旅游区(图 11－76)。海湾三面为青翠连绵的小山环抱,湾口朝东南方向敞开,湄洲岛横亘在湾口北半部,成为湄洲湾的天然屏障,使湄洲湾成为避风良港。湄洲湾海波浩瀚澄碧,附近石奇岩峭,山环水绕,风景如画。自明代起海湾地貌景观就成为旅游胜地,如今尚存不少崖刻书法和画像。在此建设海上公园、疗养院、海滨浴场等海滨游览、休养基地具有极大的发展潜力。湄洲岛是妈祖文化发源地,已经形成了基于妈祖崇拜文化和旅游热点目的地。全岛森林覆盖率极高,海岸线曲折,优质沙滩长达 20km,可建海滨浴场。

钦州湾是中国南海北部湾的组成部分,受区域断裂控制形成钦州湾断陷,在第四纪海侵时形成岸线曲折、岛屿棋布、港汊众多的构造海湾。海湾内的红树林海岸带是国家级海岸生态保护区(参见图 11－58)。海湾众多岛屿与曲折水道,形成湾口龙门七十二泾地貌单元,构成了钦州旅游八大景区。钦州湾地理位置优越,气候条件良好,可开发亚热带作物生态旅游;其海滩广阔,岛屿众多,海湾线曲折,是发展旅游业的黄金海岸。

图 11-76 福建湄洲湾湄洲岛卫星图像
岛屿南北长 9.59km,宽 1.83km

在第十章"核电站场地选址"中列述的多数核电站都选择了海湾的海岬地貌单元或海湾的半岛地貌单元(参见图 10-24~图 10-28),如田湾、秦山、澉浦、三门、宁德核电站场地均位于海湾地理景观区域,且多具有地质地貌景观特色,加上核电厂的工业设施,都可以形成较为理想的集海岸自然景观旅游和工业旅游为一体的景区。在渤海湾,海上油田也可以发展成集自然景观与工业旅游为一体的景区。

第五节 地质旅游资源遥感评价

一、概述

旅游资源评价是评估不同资源在旅游业中的适宜性及开发优势度,它是旅游规划与发展的一个重要组成部分。旅游资源评价是对不同地域的旅游资源组合特点及由此而产生的质和量的差异、对旅游吸引力的大小进行科学划分,包括旅游资源的类型特征、规模等级、空间结构、数量和质量等级、开发潜力和开发条件等。

按评价客体分为:资源本身的评价、开发利用可行性评价、客源市场评价三大部分。

(1)资源本身的评价。主要包括旅游资源的质量特征(如美感度、奇特度、医疗价值、体育价值等)、丰度和集聚程度、环境容量、开发利用现状和开发潜力分析。

(2)开发利用可行性评价。包括气候条件对旅游业的影响,环境质量现状,铁路、公路及航空交通现状及交通建设的难易程度,服务、配套设施建设现状,旅游资源所在的区位距中心城市的距离,地区经济发展水平及对发展旅游业的扶持能力。

(3)客源市场评价。包括旅游资源对各层次游客的吸引力,确定目标市场、潜在市场及市场的地理区域。

旅游资源价值评价主要是对景观资源的历史文化价值、艺术观赏价值和科学考察价值进行评估,重点是对景观的艺术观赏价值和科学考察价值进行评价。如对景观实体的景象艺术特征和地学研究潜力、地位和意义进行定量或定性的评价。

二、地质旅游资源评价指标体系

地质旅游资源评价指标体系是基于自然景观资源特征值为基础的评价指标体系,主要反映自然景观资源的质量和旅游价值。指标体系的建立要选择旅游资源共有因子包括观赏指标、科学性指标、历史文化性指标等；评价指标类型包括景观特征值指标、景观共性指标等；评价指标性质包括定性指标和定量指标等。

对于地质地貌景观特征值评价指标，由于对地质、地貌、环境等景观对象的描述内容的地学差异性，其指标的量纲不同，不具备可比性。在建立评价指标体系后需要对其中的评价指标进行无量纲处理，将评价指标的实际值转化为指标的评价值，并将对地质地貌景观实体的绝对描述转化为相对描述，调整等级划分标准及相应的数值。

旅游资源评价指标体系应符合科学性、现实性、可测性、可比性、简明性和综合性原则，评价方法可采用模糊综合评价方法或借用其他资源领域的评价方法进行评价试验。如SWOT分析评价方法、层次分析法等。

旅游资源评价指标的主要内容可参考以下资源项目建立适合于调查地域的评价体系。

(1)资源的性质与特征项。包括景观单体性质、形态、结构、组成成分的外在表现和内在因素，景观单体的整体状况、形态和特征点；微地貌形象化形态的丰度及相似性、认同性特征；景观色彩特征和变化特征；奇异性特征；景观空间配置及布局特征；景观体的构造细节特征；景观构景要素及其特征值等。例如在图11－4中的丹霞地貌景观形态特征值、平面特征值、高度特征值、空间配置特征值均可在图像上进行测量，然后再进行量纲处理，生成评价定量指标值。

(2)景观的旅游功能与观赏性特征项。依据地质地貌景观实体的内在性质对景观点实体的旅游功能指标进行定性或定量赋值，生成评价指标。依据景观实体的坡度、地表可穿越性及行走环境等旅游功能进行赋值，确定旅游功能评价的量化值；针对景观对象的地文内容或人文内容，如三峡峡谷的地文期、景观的人文历史内容、历史文化内容进行赋值，量化其旅游功能特性、历史文化内涵、景观人文演化过程、科学价值、艺术价值等特征值，进行指标的赋值并处理生成共性评价指标值。

(3)景观成因机制与演化过程项。地质地貌景观实体都具有其特定的演化历史，如峡谷地貌单元的青年期、壮年期、老年期的演化特征，岩溶地貌景观格局的形成和演化过程本身就具有极大的旅游吸引力和科普价值。因此，对地学旅游资源实体的演化过程及演变时序数值的评价和对景观实体的形貌变化规律的评价研究，可以建立景观资源的观赏性。量化指标，如峡谷景观的形成机制与演化过程，岩溶景观从溶沟石芽到峰丛峰林，从落水洞、地下暗河到塌陷及"天坑"的地貌演化过程等均可针对其各个演化阶段的景观特征值建立量化评价指标。

(4)地学景观规模与尺度项。景观规模和尺度大小是地学旅游资源重要的评价指标，如悬崖绝壁与地形陡坎的景观尺度及景观规模。依据景观基本类型规模等级，可分为景观域、景观段和景观单元三个景观等级，其景观尺度和区域分布都具有可量化的尺度指标。如景观域的区域展布特征值、局域分布特征值、景观格局特征值等。但量化指标的测量主要还是针对景观实体进行的。面积型量化指标主要有体积、容积等；长度型量化指标主要有长度、宽度、高度、深度、直径、周长、进深、面宽、海拔、高差、产值、数量、生长期等；比率关系量化指标主要有矿化度、曲度、比降、覆盖度、圆度等。

(5)地理环境及景观背景项。地质地貌景观实体所处的地理环境包括气候环境、生态环境、水文环境、社会环境、文化环境、交通环境等。对于这些环境可分为有利环境和不利环境两大类进行评价指标的量化或二态变量取值，建立评价指标体系。对地理环境的量化主要是针对景域或景段进行测量或赋值，个别情况也可针对景元个体进行测量或赋值。有些地学景观的地理环境具有特殊性或具有旅游特殊功能，也需要在指标选取时予以规定，如特殊旅游功能、雪线高度、重要战事遗迹、特殊矿物质等地学景观环境。

(6)旅游景区的资源环境保护与开发现状项。包括地质遗迹、地貌形态、地理环境等旅游资源实体的存在现状、保护措施及开发状况等因素，如大型建设工程对地学景观的影响因素、环境污染对景观实体的影响因素、气候因素对景观实体的影响因素等。

(7)旅游景区空间配置及知名景区空间因素项。景观区域配置是指景点的空间分布特征值，如景点密度、景点间距离、路线长度与景点密度关系指标，包括景点数/单位长度、景点数/单位面积等；与知名景区的空间距离指数、交通便利性指数等；景区与客源地的空间关系等。

(8)基于遥感图像的景观特征值统计指标。景点特征值有点状要素景观实体的密度指标、线状要素景观实体的频率指数或密度指数；基于面积性的统计指标有景区面积、景点面积、水域面积、植被覆盖面积等，如岩溶景观中峰林、峰丛点密度指数、黄土沟谷密度指数、陡坎悬崖绝壁的长度及分布指数等。基于图像处理及GIS平台均可获取这类量化指标及统计数据。

旅游资源评价等级从高分到低分分为五级：五级旅游资源≥90分；四级旅游资源75～89分；三级旅游资源60～74分；二级旅游资源45～59分；一级旅游资源30～44分。

三、地质旅游资源评价方法

旅游资源评价方法分为两类：①经验分析法是在大量调查考察的基础上，凭经验进行评价；②定量评价法是将评价指标数量化，建立量化模型，然后采用旅游资源质量等级加权确定评价指标的标准值进行统计，求出其景观得分数值，进行等级分类和评价。现在多采用经验评价与定量评价相结合的综合评价方法，对景区资源的开发决策提供科学的评价意见。

1. 层次分析法

层次分析法是美国运筹学家 A L Saaty 于20世纪70年代提出的一种基于多指标系统进行结构分析的决策方法，用来解决复杂的多目标决策问题，简称AHP方法。层次分析法是将决策问题按总目标、各层子目标、评价准则、备投方案的顺序分解为不同的层次结构，然后基于判断矩阵的特征向量求得每一层次的各元素对上一层次某元素的优先权重，最后再加权求得总目标的最终权重，比较最终权重后求得最优方案。层次分析法适合于解决具有分层交错评价指标的目标系统，且目标值又难于定量描述的决策问题。

层次分析法的特点是使决策的思维过程数学化，为多目标、多准则或无结构特性的复杂决策问题提供简便的决策方法。该法尤其适合于对决策结果难于直接准确计量的场合。在地学旅游资源评价和景区规划决策中，由于景观要素及其旅游景点选择因素和判断的数据来源具有模糊性和不确定性，因此，仅仅依据经验评价方法容易受评价者的意识和经验的影响而出现概念化或个性化评价；而引入层次分析法则可以克服单纯经验评价带来的决策狭隘性问题。

在旅游资源层次分析法评价应用中可采用三类方法：①在构造旅游资源评级层次后，不使用判断矩阵，而是采用特菲尔法由专家打分进行评价分析。这种方法由于主观性太强，在层次分析法中缺少定量评价指标，在地学旅游资源评价中一般很少采用；②借用模型权重法对研究区的旅游资源评价因子进行打分，这种方法虽然减少了人为主观性，但直接借用不同景观区域的模型化权重有可能存在异域地学因子权重的不可比性问题而失去层次分析法的意义；③建立本地旅游资源评级因子的比较来构造判断矩阵，计算权重，但需要多个旅游地来比较其开发价值。这种方法比较符合层次分析法的要求。

层次分析法的基本步骤如下。

(1)建立层次结构模型。将地质地貌景观按旅游实体的不同属性分解成若干层次,同一层的诸因素从属于上一层因素或对上层因素有影响,同时又支配下一层的因素或受下层因素的作用。最上层为目标层,最下层为方案层或对象层,中间可以有一个或几个层次,通常为准则层或指标层。当准则层过多时可进一步分解出子准则层。

(2)构造成对比较阵。从层次结构模型的第2层开始,对于从属于上一层每个因素的同一层诸因素,用成对比较法和1～9比较尺度构造成对比较阵,直到最下层。

(3)计算权向量并进行一致性检验。对于每一个成对比较阵的最大特征根和对应的特征向量,利用一致性指标、随机一致性指标和一致性比率做一致性检验。若检验通过,特征向量(归一化后)即为权向量;若不通过,需重新构造成对比较阵。

(4)计算组合权向量并进行组合一致性检验。计算最下层的组合权向量,并根据公式进行一致性检验。若检验通过,则可按照组合权向量进行决策,否则需要重新考虑模型或重新构造成对比较阵。

2. SWOT分析法

SWOT是一种战略分析方法,通过对被分析对象的优势(Strengths)、劣势(Weaknesses)、机会(Opportunities)和威胁(Threats)进行综合评估与分析得出结论。SWOT分析法又称为态势分析法。SWOT分析法常常被用于制定集团发展战略和分析竞争对手情况,在战略分析中,它是最常用的方法之一。在旅游资源评价中,也采用SWOT分析法进行决策分析,主要有以下几个方面的内容。

(1)旅游资源优势分析。分析内容包括区位优势条件、景观特色优势条件、交通网络优势条件、客源市场优势条件、区域经济优势条件、商业产品优势条件、气候优势条件。

(2)旅游资源劣势分析。分析内容包括景观规模等级劣势、景点空间匹配劣势、景区的景域、景段、景点空间距离集中度劣势、交通条件劣势、气候环境劣势、舒适度劣势、客源地的空间距离劣势、与著名景点和景区空间结构上的劣势、区域经济发展劣势、商品资源吸引力劣势等;此外,对旅游景区开发、保护、管理也需进行客观的优势及劣势分析。

(3)旅游产品开发机遇分析。分析内容包括地方政府对旅游业的扶植力度,尤其是对投资建设地质公园的外部环境机遇、地方旅游城市建设决策机遇、地质地貌旅游产品独特性及吸引力机遇的分析。

(4)旅游资源开发建设的挑战性分析。创新性是挑战的最重要因素,旅游资源开发创新主要是指在旅游项目设计、景区规划、景点、景段、景域的空间配置及项目组合连接等方面的创新性。

复习思考题

1. 简述旅游资源的主要类型及其基本概念。
2. 自然旅游资源的概念,它包括哪些基本类型?
3. 简述地文旅游资源及其基本含义。
4. 试论述地质地貌景观资源的构成条件和基本要素。
5. 简述地质旅游资源遥感解译的方法与任务。

6. 简述建立国家地质公园的主要目的和科学意义。试论述中国国家地质公园设立的基本情况和发展态势。

7. 什么是地质遗产？试论述地质遗产保护的科学含义。

8. 简述地质地貌旅游资源图像解译的学科基础。

9. 简述地质地貌景观的形成机理和演变过程及其对旅游资源评价的意义。

10. 简述岩溶地貌景观的旅游资源类型及遥感图像的基本标志。

11. 简述丹霞地貌景观的旅游资源类型及遥感图像的基本标志。

12. 简述花岗岩地貌景观的旅游资源类型及遥感图像的基本标志。

13. 简述火山口地貌景观的旅游资源类型及遥感图像的基本标志。

14. 简述火山岩地貌景观的旅游资源类型及遥感图像的基本标志。

15. 简述黄土地貌景观的旅游资源类型及遥感图像的基本标志。

16. 什么是景观特征值？在遥感图像上如何提取和测量景观特征值？

17. 简述峡谷地貌景观的形成条件及其形成过程。

18. 简述峡谷景观的基本要素及其分类方法。

19. 试结合教材中的主要峡谷类型，论述峡谷景观旅游资源的主要特征及其评价要素。

20. 结合三峡图像特征，论述三峡峡谷景段的地貌学特征。

21. 简述雅鲁藏布江大峡谷的景观特征及其旅游价值。

22. 简述恩施大峡谷的岩溶地貌类型及其峡谷形成的地文期特征。

23. 试论述新疆库车大峡谷的成因类型及其神秘性的旅游价值。

24. 论述海岸地貌的基本类型及其图像解译标志。

25. 简述沙质海岸带图像标志，试论述北戴河沙质海岸的图像特征及其旅游功能。

26. 简述海蚀地貌的图像解译方法，试比较图像分辨率与微地貌景观的识别关系。

27. 简述淤泥质海岸带的潮坪带图像色调标志划分依据及方法。

28. 简述生物海岸遥感图像的基本标志。结合中国南沙群岛的图像特征，试论述中国热带珊瑚礁岛的主要类型与岛屿的形态特征。

29. 简述半岛型海岸带与海湾型海岸带的图像识别要素，试比较二者之间图像特征差异性。

30. 简述旅游资源评价指标体系的基本类型及其意义。

31. 简述旅游资源评价方法及应用意义。

附录　遥感专业词汇的中英文对照及名词解释

(1)遥感 remote sensing　不接触物体本身,用传感器收集目标物的电磁波信息,经处理、分析后,识别目标物,揭示其几何、物理性质和相互关系及其变化规律的空间科学技术。

(2)地质遥感 remote sensing in geology　又称遥感地质,是综合应用现代遥感技术来研究区域地质规律,进行地质调查和矿产资源勘察的一种图像解译方法。

(3)地理遥感 Geography remote sensing　基于遥感图像研究自然地理区域结构及地理分异规律,进行地形地貌、江河湖泊、冰川冻土、植被覆盖、土地利用、城市地理、环境地理区域调查和专题研究的遥感图像解译过程。

(4)资源与环境遥感 remote sensing of natural resources and environment　对地球自然资源环境调查和监测的遥感图像解译过程。

(5)主动式遥感 active remote sensing　遥感器本身装载有电磁辐射源并向目标物发射电磁辐射,然后接收从目标物返回的辐射能量的遥感方式。

(6)被动式遥感 passive remote sensing　由传感器直接接收来自目标物电磁辐射能量的遥感方式。被动式遥感器的波谱探测范围为紫外光、可见光、红外波段、微波波段区间。

(7)多光谱遥感 multispectral remote sensing　利用多光谱摄影系统或多光谱扫描系统对电磁波谱不同谱段做同步成像的遥感方式。

(8)多时相遥感 multitemporal remote sensing　利用不同时间所获取的同一地域图像,提取目标动态变化信息的遥感方法和技术。

(9)红外遥感 infrared remote sensing　运用红外线敏感元件探测地表目标的红外辐射特性的遥感技术。

(10)热红外遥感 thermal infrared remote sensing　利用地物在 8～14μm 谱段的自身热红外辐射能量进行空间探测的遥感技术系统。

(11)微波遥感 microwave remote sensing　运用波长为 1～1 000mm 的微波电磁波的遥感技术。其中,被动式遥感方式称为微波辐射测量;主动式成像遥感方式称为雷达遥感。

(12)太阳辐射波谱 solar radiation spectrum　反映太阳辐射能量按波长分布规律的图表。

(13)大气窗口 atmospheric window　太阳和地球电磁辐射能量透过大气层时透过率较高的光谱段称为大气窗口。大气窗口的光谱段主要有:微波波段、热红外波段、中红外波段、近红外波段、近紫外波段和可见光。

(14)大气透射率 atmospheric transmittance　电磁波通过大气中某个给定路径长度后的辐射能与入射辐射能之比。

(15)波谱特征曲线 spectrum character curve　物体的波谱发射率、反射率或透射率与波长的关系在直角坐标系中的表征曲线。

(16)反射波谱 reflectance spectrum　表示物体反射的电磁波能量按波长分布规律的图表。

(17)地物波谱特性 object spectrum characteristic　地物发射、反射和透射电磁波的强度的特性。

(18)热辐射 thermal radiation　任何物体只要处于绝对零度(－273℃)以上,其原子、分子都在不断地进行热运动而发射红外电磁辐射能量,可用红外辐射计进行探测。

(19)微波辐射 microwave radiation　物体辐射的电磁波波长在1～1 000mm范围内的电磁辐射。

(20)数据获取 data acquisition　是指利用各种装置采集各种目标源的数据并自动收集到数据采集的装置中。所采集的数据包括电磁辐射、温度、水位、风速、压力等,数据形式可以是模拟量或数值。

(21)数据传输 data transmission　依照适当的规程,经过一条或多条链路,在数据源和数据宿之间传送数据的过程。

(22)数据处理 data processing　利用相应的技术和设备进行各种数据加工处理的过程。

(23)地面接收站 ground receiving station　设置在地球上,跟踪卫星运转,接收卫星下行传送的各种数据,进行数据处理、储存和分发的地面工作站。

(24)图像复原 image restoration　将经压缩处理的图像恢复成未经压缩处理前的原样的图像处理技术。

(25)红外图像 infrared imagery　红外遥感器接收地物反射或自身发射的红外光谱能量而形成的图像。

(26)热红外图像 thermal infrared imagery　利用传感器接收波长为8～14μm的电磁辐射而产生的图像。

(27)微波图像 microwave imagery　由微波遥感装置探测地球-大气系统所获得的图像。

(28)成像雷达 imaging radar　由主动遥感装置生成的微波回波图像,图像具有多频谱、多极化方向的特征。

(29)信息提取 information extraction　从原始图像中按需求提取目标特征信息的图像处理过程。

(30)遥感平台 remote sensing platform　安放遥感器并能进行遥感作业的空间载体。

(31)航天飞机 space shuttle　可往返于地面和近地轨道之间的可重复使用的太空飞行器。

(32)陆地卫星 Landsat　美国用于地球资源调查的成像卫星,其数据主要用于中小比例尺区域调查。

(33)海洋卫星 Seasat　专门探测全球海洋表面状况与监测海洋动态变化的遥感卫星。

(34)立体测图卫星 stereo - mapsat satellite　专门为测图目的而设计的具有立体测图能力的卫星。

(35)Spot 卫星　法国的地球观测卫星,星载高分辨率立体成像装置和高空间分辨率的CCD成像系统卫星。

(36)地球资源卫星 earth resources technology satellite(ERTS)　美国的一种利用星载遥感器获取地球表面图像数据进行地球资源调查的卫星,后改称为陆地卫星(Laudsat)。

(37)环境探测卫星 environmental survey satellite　定时提供全球或局部地区的环境影像的卫星。

(38)遥感传感器 remote sensors　也称为遥感器,是测量和记录被探测物体的电磁波特性的敏感元件及光电装置,是遥感技术系统的重要组成部分。遥感器通常由收集器、探测器、信号处理和输出设备四部分组成。

(39)侧视雷达 side - looking radar(SLR)　利用装于飞机机身两侧或下方的天线，随着飞机向前飞行而扫描飞机下方两侧的带状地面，进行高分辨率地形测绘的雷达。

(40)合成孔径雷达 synthetic aperture radar(SAR)　一种利用合成天线技术获得高方位分辨率的相干成像雷达。

(41)专题制图仪 thematic mapper　具有更好的光谱分辨率和更高的空间分辨率的用于地学专题制图的遥感传感器。

(42)摄影测量学 photogrammetry　研究利用摄影图像测定目标物的形状、大小、空间位置、性质和相互关系的一门学科。

(43)卫星摄影测量 satellite photogrammetry　应用航天飞行器(人造地球卫星、宇宙飞船和轨道空间站)从宇宙空间对地球环境进行摄影，又称为航天摄影测量。

(44)航天摄影 space photography　从地球大气层以外的宇宙空间对星球(主要是地球)及其环境的摄影过程。

(45)航空摄影 aerial photography　是指在飞机或其他航空飞行器上利用航空摄影机获取地面景物相片的技术。

(46)立体摄影测量 stereophotogrammetry　利用立体像对建立立体模型而进行的摄影测量。

(47)近景摄影测量 close - range photogrammetry　利用对物距不大于 300m 的目标所摄取的立体像对进行的摄影测量。

(48)电荷耦合器件 charge - coupled device(CCD)　能在不同的内部部件之间进行电荷的存储和移出的半导体器件。

(49)多谱段摄影机 multispectral camera　将来自目标光波按波长分割成若干波段，然后分别将各个波段的影像同时拍摄(或记录)下来的一种专用摄影机。

(50)反束光导管摄像机 return beam vidicon camera(RBV)　陆地卫星 1、2、3 号上装载的一种成像传感器。

(51)像幅 picture format　相片的构像幅面尺寸。

(52)框标 fiducial mark　摄影机承片框上用于标定承影面中心位置的标志。

(53)瞬时视场角 instantaneous field of view(IFOV)　是指遥感系统在某一瞬间的探测单元所对应的瞬时视场，IFOV 以毫弧度(mrad)计量，其对应的地面大小被称为地面分辨率单元。

(54)几何畸变 geometric distortion　图像中的几何图形与该物体在选定投影中的几何图形的差异，或与地面实况的差异。几何畸变主要是由遥感器姿态角的变化、物镜系统的光学畸变、扫描速度不稳定、地球自转、地面曲率、地形起伏等因素所引起。

(55)影像分辨力 resolving power of image　由图像像元决定的影像对地面目标的分辨能力和影像的几何辨别能力。

(56)空间分辨率 spatial resolution　由图像像元决定的能使被测目标相邻两点区分开的最小距离或角度。

(57)光谱分辨率 spectral resolution　遥感器能分辨的最小波长间隔，遥感器的波段划分越细其光谱分辨率就越高，亦即遥感影像区分不同地物的光谱识别能力越强。

(58)黑白摄影 black - and - white photography　用黑白图像来表现被摄景物影像的摄影。

(59)彩色摄影 color photography　以彩色图像再现被摄景物彩色影像的摄影。

(60)假彩色摄影 false color photography　利用彩色红外图像进行的摄影。

(61)红外摄影 infrared photography　利用红外辐射进行的摄影，它利用红外感光设备与红外滤镜，有别于传统的黑白彩色照片，用于军事侦察、植被调查和地热调查。

(62)多谱段摄影 multispectral photography　同步记录同一景物不同波段影像的摄影。

(63)航向重叠 longitudinal overlap end overlap　同一航线内相邻相片上对同一地区影像的重叠部分，通常以百分比表示。山区一般最低为 70%，平原区最低为 60%。

(64)旁向重叠 lateral overlap　相邻航线的相邻相片上同一地区影像的重叠部分，一般不低于 10%。

(65)航摄像(相)片 aerial photograph　通过航空摄影获取的图像。

(66)数字图(影)像 digital image　以二维数组形式表示的图像，其最小数字单元为像元，像元值域为有限数值。

(67)影像密度 density　原指摄影图片的银粒密度，现泛指图像灰度值。

(68)图像灰度值 grey level　黑白图像所显示的灰度等级，也泛指单波段图像的像元灰度值或亮度值。

(69)像元 pixel　数字影像的基本单元，亦称像素(picture element)，是组成数字图像的最小单元。

(70)密度分割 density slicing　将图像的密度或亮度值分成若干等级的处理方法。图像密度是对应于地物的光谱亮度值，密度分割也是一种图像分类方法。

(71)像主点 principal point of photograph　以摄影物镜的后节点作像平面垂线的垂足。

(72)像底点 photo nadir point　过摄影物镜后节点作铅垂线与像平面的交点。

(73)地底点 ground nadir point　像底点在地面上的对应点。

(74)像点位移 displacement of image　相片上的实际像点与其理想状况下的像点间产生的点位差异，是由于地面起伏在中心投影图像中产生的像点位置移动现象。

(75)相片内方位元素 elements of interior orientation　内方位元素是描述摄影中心与相片之间相关位置的三个参数，即摄影中心 S 到相片的垂距(主距) f 及像主点。在像框标坐标系中的坐标为 x_0，y_0。

(76)相片外方位元素 elements of exterior orientation　是确定摄影光束在物方的几何关系的基本数据。用于表征摄影光束在摄影瞬间的空间位置，包括摄影中心在某一空间直角坐标系中的三维坐标值(x，y，z)和确定摄影光束空间方位的 3 个角定向元素，共计 6 个数据。

(77)相片方位元素 photo orientation elements　相片内、外方位元素的总称。

(78)立体像对 stereo - pair　从不同摄站摄取的具有重叠影像的一对相片。

(79)立体观测 stereoscopic observation　基于立体像对的光学立体模型或数值三维模型进行的图像立体观察和量测。

(80)正立体 ortho - stereoscopy　对平面图像的一种透视观察效果，在北半球的遥感图像上，目视观察图像时，当图像南北方向倒置时所观察到的地物立体效果为正立体。

(81)反立体 pseudo - stereoscopy　与正立体透视效果相反。

(82)相片纠正 photo rectification　通过对图像的投影转换，消除像点位移，将倾斜相片变换成规定比例尺的水平相片的作业过程。

(83)立体摄影测量 stereo - photogrammetry　利用立体像对建立立体模型进行的摄影测量。

(84)空中三角测量 aerotriangulation　利用航摄相片与所摄目标之间的空间几何关系，根据少量相片控制点，计算待求点的平面位置、高程和相片外方位元素的测量方法。

(85)像平面坐标系 photo coordinate system　在相片平面上为描述像点平面位置所选定的右旋直角坐标系。

(86)像空间坐标系 image space coordinate system　描述单张相片上像点在像方空间位置的右旋直角坐标系。它是以投影中心为原点，x、y 轴平行于像平面坐标系的相应轴，z 轴与物镜主光轴重合，$z=-f$(主距)的右旋直角坐标系。

(87)构像方程 imaging equation　以物点坐标为自变量描述其与相应像点坐标几何关系的数学方程。

(88)解析空中三角测量 analytical aerotriangulation　根据相片上量测的像点坐标和少量相片控制点，采用严密的数学公式，按最小二乘法原理，用计算机进行的空中三角测量。

(89)正射相片 orthophoto　具有正射投影性质的相片。

(90)正射影像图 orthophoto　用正射相片编制的带有公里格网、图廓整饰和注记的平面图。

(91)正射影像地图 orthophoto map　用正射相片编制的带有公里格网、图廓整饰和注记及有关地物要素的地图。

(92)量化 quantizing　把图像样本连续变化的模拟量或密度值转换成离散数字图像的过程。

(93)采样 sampling　把时间域或空间域的连续量转化成离散量的过程。

(94)重采样 resampling　在原采样的基础上再一次采样，每当对数字图像进行几何处理时总会用到重采样，也将采用内插算法进行处理称为重采样。

(95)采样间隔 sampling interval　指相邻两次采样间的时间间隔或空间间隔。

(96)数字测图 digital mapping　通过计算机加工处理各种采集的数据，并获得数字地图的方法。

(97)数字纠正 digital rectification　依据构像方程和数字高程模型对数字图像进行的逐像元纠正。

(98)数字镶嵌 digital mosaic　利用计算机对重叠邻接的数字图像进行镶嵌处理的技术。

(99)影像匹配 image matching　依据影像内容、特征、结构、关系、纹理及灰度等要素的对应关系，通过相似性和一致性分析寻求相同影像目标的方法。

(100)数字高程模型 digital elevation model(DEM)　在 x、y 域离散点(规则或不规则)上以地面高程表达地表起伏形态的数字集合。

(101)数字表面模型 digital surface model(DSM)　物体表面形态的数字表达的集合。

(102)地面摄影测量 terrestrial photogrammetry　利用地面摄影的相片对所摄目标物进行的摄影测量。

(103)工程摄影测量 engineering photogrammetry　用于现代建筑、水利、铁路、公路、桥梁、隧道等工程建设的摄影测量。

(104)建筑摄影测量 architectural photogrammetry 用于建筑领域中的摄影测量。

(105)考古摄影测量 archaeological photogrammetry 用于出土文物及其挖掘现场的摄影测量。

(106)图像处理 image processing 运用光学、电子光学、数字处理方法对图像进行复原、校正、增强、统计分析、分类和识别的处理过程。

(107)数字图像处理 digital image processing 用计算机对数字图像进行各种数学处理以提高图像质量、提取目标信息和进行图像分类的专门化图像处理。

(108)光学图像处理 optical image processing 用光学方法进行的图像处理。

(109)几何校正 geometric correction 为消除遥感图像的几何畸变而进行的校正处理。

(110)辐射校正 radiometric correction 为消除遥感图像的辐射失真或畸变而进行的校正处理。

(111)数字滤波 digital filtering 是由数字乘法器、加法器和延时单元组成的一种计算方法。数字滤波具有高精度、高可靠性、可程控改变特性或复用和便于集成的优点。

(112)图像几何配准 geometric registration of imagery 对同一地区不同时相、不同波段、不同手段所获得的图形图像数据，经几何变换使其同名点在位置上完全叠合的处理方法。

(113)假彩色合成 false color composite 将红绿蓝数字通道对应多光谱图像所做的图像彩色匹配方法，合成图像的色彩不同于原景物的色彩。

(114)图像识别 image recognition 利用计算机对图像进行处理、分析和理解，以识别各种不同模式的目标和对像的技术。

(115)图像编码 image coding 用尽可能少的比特数表示图像的信源编码，用以压缩图像数据，传输图像和进行提取特征等。

(116)彩色编码 color coding 是利用编码方法将黑白影像灰度转换为不同的彩色色调的过程，它是一种彩色增强技术，目的在于提高影像目视解译效果。

(117)多时相分析 multitemporal analysis 对多时间段成像的图像数据进行时差数据处理，并进行对比分析，提取时间变差信息的处理过程。

(118)图像分割 image segmentation 根据需要将图像划分为有意义的若干区域或部分的图像处理技术。

(119)图像复合 image overlaying 将不同时相、不同波段或不同传感器系统获取的同一地区图像按同名像点精确叠合在同一图面上的图像处理方法，亦称为数据融合、多元数据处理。

(120)二值图像 binary image 图像上每一像元只有两种可能的数值或灰度等级状态的图像。

(121)直方图均衡化 histogram equalization 把原始图像的灰度直方图从比较集中的某个灰度区间变成在全部灰度范围内的均匀分布，它是对图像进行的非线性拉伸，重新分配图像像元值，并使一定灰度范围内分布的像元数量大致相同。

(122)直方图规则化 histogram specification 将原直方图调整为事先规定的形式，然后按该形式直方图调整原图像的一种图像处理技术。

(123)图像变换 image transformation 按一定规则从一帧图像转化生成另一帧图像的处

理方法。

(124)主成分变换 principal component transformation　用原始图像数据协方差矩阵的特征值和特征矢量建立起来的变换矩阵对原始图像实施的一种线性变换，是图像降维处理的一种方法。

(125)沃尔什变换 Walsh transformation　在矢量空间用沃尔什函数对图像阵列进行的变换。

(126)比值变换 ratio transformation　在多重影像处理中，利用两图像间对应像元亮度值之比或多重影像组合的对应像元亮度值之比作为处理后的图像亮度值的图像处理方法。

(127)生物量指数变换 biomass index transformation　以近红外波段与红绿波段间的亮度值之差与其亮度值之和的比值作为新图像的亮度值的波段比值算法，提取植被生物量信息。

(128)穗帽变换 tesseled cap transformation　一种提取植物生长状况与土壤背景值的线性变换的多光谱数据处理方法。

(129)图像增强 image enhancement　应用计算机或光学设备通过对图像灰度等级的变换以达到改善图像视觉效果的处理技术。

(130)边缘增强 edge enhancement　突出不同物体影像之间的边界及细节信息的图像处理方法。其中使用数学方法提取图像像元中具有空间方向梯度大的边、线特征。

(131)反差增强 contrast enhancement　即称为对比度增强，是增加不同地类的图像亮度值差异的处理方法。

(132)纹理增强 texture enhancement　运用邻域处理方法突出图像细节信息(有规律的纹理)的处理方法。

(133)纹理分析 texture analysis　对影像纹理特征进行提取、分析、判断的过程。

(134)彩色增强 color enhancement　将单波段或多波段的黑白图像转变为彩色图像的处理技术，借以提高图像的光谱分辨率。

(135)模式识别 pattern recognition　借助计算机，模拟人类对某一特定环境中的客体、过程和现象的识别功能(包括视觉、听觉、触觉、判断等)所进行的自动模拟的处理技术。

(136)特征提取 feature extraction　通过影像分析和变换，以提取所需图像特征的方法。

(137)特征选择 feature selection　把原始多波段测量参数经过变换重新组合，从中选定对识别分类更有效的特征参数的过程。

(138)模式分析 pattern analysis　模式分析是从一批数据中寻找普遍关系的过程，如神经网络、句法模式识别、统计模式识别、数据挖掘技术等。

(139)分类器 classifier　将待分对象划归为某一类而使用的分类装置或数学模型。

(140)监督分类 supervised classification　根据已知训练区提供的样本，通过计算选择特征参数，建立判别函数并对各待分类像元进行的图像分类的方法。

(141)非监督分类 unsupervised classification　以不同像元在特征空间中类别特征的差别为依据的一种无先验类别标准的图像分类方法。

(142)盒式分类法 box classifier method　在多维特征空间中，设定表征每类属性的特征多面体，以待分个体落入某多面体中则属同一类作为判别准则的一种监督分类方法。

(143)模糊分类法 fuzzy classifier method　应用模糊数学理论，对待分类图像进行非二值逻辑判断的图像分类方法。

(144)最大似然分类 maximum likelihood classification　在两类或多类判决中，用统计方法根据最大似然比-贝叶斯判决准则法所建立的非线性判别函数集而进行分类的一种图像分类方法。

(145)最小距离分类 minimum distance classification　求出未知类别向量到要识别各类别向量中心点的距离，将未知类别向量归属于距离最小的一类的一种图像分类方法。

(146)贝叶斯分类 Bayesian classification　依据贝叶斯准则(两组间最大分离原则)建立的判别函数集进行的图像分类方法。

(147)图像分析 image analysis　利用数学模型并结合图像处理技术来分析底层特征和上层结构，从而提取具有一定智能性信息的图像检测方法。

(148)解译标志 interpretation key　是遥感影像上进行地学目标图像识别或解译的依据，包括影像的形状、阴影、色调、纹理、图形、位置等，解译标志分为直接标志和间接标志。

(149)直接解译标志 direct interpretation key　由地学目标物理属性及形态特征所构成的图像特征要素的解译标志。

(150)间接解译标志 indirect interpretation key　图像解译标志不是目标物的物理属性及形态特征，但与目标在成因或结构存在一定的内在联系或空间关系。

(151)图像解译 image interpretation　也称为影像解译、影像判读、影像判释等，是依据图像的光谱特性、空间特征、时间特征及成像规律，对图像中的地物类别及其物理属性和几何要素进行识别和量测的过程。在早期的航空摄影学中称为相片判读。

(152)目视解译 visual interpretation　将图像信息转换为地理、地质、资源、环境或其他专业信息的图像识别过程。

(153)认知过程 cognitive process　是指个体借以获得信息、作出计划和解决问题的知觉、记忆和信息加工等心理过程，也就是对信息的接受、编码、储存、提取和使用的过程。

(154)图像认知理论 cognitive theory of image　属于视知觉原理的科学，对遥感图像的地学认识过程而言，实质上就是对地学目标图像信息的认知综合与信息加工过程。

(155)信息复合法 information complex method　泛指多源信息的互相匹配复合。它是遥感影像综合和系统分析的一种手段。即应用同一区域不同种类遥感的或非遥感的信息相互匹配，以达到多种信息源相互补充、相互印证，提高遥感影像分析和解译效果的方法。

(156)空间推理 spatial reasoning　根据已知的空间事实来推断空间目标之间的关系、距离和方向。

参考文献

百度百科. http://baike.baidu.com/

陈于. 基于地学应用的遥感影像数据库及信息共享研究[D]. 武汉:中国地质大学研究生院. 2007.5. 指导教师:薛重生

陈华慧. 遥感地质学[M]. 北京:地质出版社,1984

代娟. 基于空间经济学线性模型的区域旅游空间结构研究[D]. 武汉:中国地质大学研究生院. 2010.5. 指导教师:薛重生

董玉森. 雷达干涉测量技术在地面形变监测中的应用研究[D]. 武汉:中国地质大学研究生院. 2007.5. 指导教师:薛重生

杜军. 基于三维影像数据的震后次生地质灾害风险评估[D]. 武汉:中国地质大学研究生院. 2010.5. 指导教师:薛重生

冈萨雷斯. 数字图像处理(第二版)[M]. 北京:电子工业出版社,2006

高杨. 区域积雪监测方法与应用[D]. 武汉:中国地质大学研究生院. 2009.5. 指导教师:薛重生

高松峰. 基于RS和GIS的城市景观变化及城市空间问题研究[D]. 武汉:中国地质大学研究生院. 2008.5. 指导教师:薛重生

贺佳惠. 热红外遥感温度场反演及应用研究[D]. 武汉:中国地质大学研究生院. 2011.5. 指导教师:薛重生

互动百科. http://www.hudong.com/

贾永红. 数字图像处理[M]. 武汉:武汉大学出版社,2004

李北平. 遥感地质学[M]. 北京:中国矿业大学出版社,1996

李会琴. 黄土高原生态旅游资源及适宜度评价研究[D]. 武汉:中国地质大学研究生院. 2008.4. 指导教师:薛重生

李名勇. 基于多尺度遥感解析的矿山环境监测与评价[D]. 武汉:中国地质大学研究生院. 2011.5. 指导教师:薛重生

刘春国. 基于地学的图像理解、多层次语义表达及空间数据服务[D]. 武汉:中国地质大学研究生院. 2004.5. 指导教师:薛重生

梅安新等. 遥感导论[M]. 北京:高等教育出版社,2001

美国国家地理杂志. http://www.nationalgeographic.com/

彭望琭等. 遥感概论[M]. 北京:高等教育出版社,2002

秦其明. 遥感实习教程[M]. 北京:高等教育出版社,2001

阮秋琦. 数字图象处理[M]. 北京:电子工业出版社,2001

汤国安. 遥感数字图像处理[M]. 北京:科学出版社,2007

童庆禧等. 高光谱遥感——原理、技术与应用[M]. 北京:高等教育出版社,2006

王怀武. 遥感多源信息集成与砂岩型铀矿成矿预测研究[D]. 武汉:中国地质大学研究生院. 2003.12. 指导教师:金振民、薛重生

韦玉春,汤国安等. 遥感数字图像处理教程[M]. 北京:科学出版社,2007

维基百科. http://zh.wikipedia.org/

武汉测绘学院．航空摄影测量学[M]．北京：中国工业出版社，1963
肖志坚．基于SIG长江中下游矿产资源评价方法[D].武汉：中国地质大学研究生院．2010.5.指导教师：薛重生
徐恺．遥感图像中地学信息理解和分析的智能化研究[D].武汉：中国地质大学研究生院．2000.5.指导教师：杨巍然、薛重生
徐希孺．遥感物理[M]．北京：北京大学出版社，2005
闫利．遥感图像处理实验教程[M]．武汉：武汉大学出版社，2010
杨伦．遥感图像岩性识别方法在地质填图中的应用[D].武汉：中国地质大学研究生院．2002、5.指导教师：杨巍然、薛重生
杨树文．工程地质遥感地学要素自动提取方法研究[D].武汉：中国地质大学研究生院．2011.5.指导教师：薛重生
余松煜．数字图像处理[M]．上海：上海交通大学出版社，2007
曾忠平．GIS/RS技术支持下区域滑坡危险性评价方法研究[D].武汉：中国地质大学研究生院．2006.5.指导教师：薛重生
张志．湖北省土壤侵蚀机理及其景观计算[D].武汉：中国地质大学研究生院．1999.5.指导教师：殷鸿福、薛重生
张明华．基于RS和GIS的线路工程地质信息的定量研究[D].武汉：中国地质大学研究生院．2007.5.指导教师：薛重生
张心彬．基于GIS的矿井突水预测方法研究及系统开发[D].武汉：中国地质大学研究生院．2006.5.指导教师：薛重生
张照录．基于GIS和RS区域土壤侵蚀定量监测方法研究[D].武汉：中国地质大学研究生院．2005.5.指导教师：薛重生
章孝灿．遥感数字图像处理[M]．浙江：浙江大学出版社，2008
赵雪莲．矿区地质遥感与多元信息综合成矿预测[D].武汉：中国地质大学研究生院．2010.5.指导教师：薛重生
赵英时等．遥感应用分析原理与方法[M]．北京：科学出版社，2003
中国国家地理网．http://www.dili360.com/
中国国土资源部网．http://www.mlr.gov.cn/
中国国土资源网．http://www.clr.cn/
朱明．国土资源遥感调查与空间信息技术应用[D].武汉：中国地质大学研究生院．2007.5.指导教师：薛重生
朱亮璞．遥感地质学[M]．北京：地质出版社，2001
朱述龙，朱宝山．遥感图像处理与应用[M]．北京：科学出版社，2006
GB 50021－2001．岩土工程勘察规范
GB/T 18972－2003．旅游资源分类、调查与评价
Google 地图．http://ditu.google.cn/
JTGT C21－01－2005．公路工程地质遥感勘察规范
TB10041－2003．铁路工程地质遥感技术规程[S]